Springer Collected Works in Mathematics

For further volumes:
http://www.springer.com/series/11104

Paris, 1953

André Weil

Oeuvres Scientifiques - Collected Papers II

1951 – 1964

Reprint of the 2009 and 1979 Edition

Springer

André Weil (1906 Paris, France –
1998 Princeton, USA)
Institute for Advanced Study
Princeton, NJ
USA

ISSN 2194-9875
ISBN 978-3-662-44322-4 (Softcover)
978-3-540-87735-6 (Hardcover)
DOI 10.1007/978-3-540-87736-3
Springer Heidelberg New York Dordrecht London

Library of Congress Control Number: 2012954381

Mathematics Subject Classification (2000): 01A75, 11-03, 14-03, 22-03, 46-03, 53-03, 57-03, 58-03

Printed on acid-free paper

Springer is part of Springer Science+Business Media (www.springer.com)

André Weil
Œuvres Scientifiques
Collected Papers

Volume II
(1951–1964)

Springer

Soft cover reprint of the 1979 edition published
with the ISBN
0-387-90330-5 Springer-Verlag New York
3-540-90330-5 Springer-Verlag Berlin Heidelberg

Library of Congress Control Number: 2008940272

Mathematics Subject Classification (2000):
01A75, 11-03, 14-03, 22-03, 46-03, 53-03, 57-03, 58-03

ISBN 978-3-540-87735-6

www.springer.com

Cover design: WMXDesign

987654321

Table des Matières
Volume II
[1951–1964]

Avant-Propos

Au siècle dernier, lorsqu'on publiait les œuvres complètes d'un savant, c'était un monument qu'on érigeait à sa gloire; entreprise laborieuse et coûteuse sans doute, mais honneur aussi, que les académies qui en assumaient la charge avaient coutume de réserver à leurs membres les plus illustres. On eût d'ailleurs regardé comme inconvenant de ne pas attendre pour cela qu'ils fussent morts, ou si voisins de la tombe qu'ils n'en valaient guère mieux.

Les facilités de la photocopie ont changé tout cela. Aussi ai-je cédé volontiers à la suggestion, flatteuse assurément, d'amis plus jeunes qui m'ont conseillé de faire paraître une édition collective de mes écrits; ma gratitude va aussi à la maison SPRINGER pour la bonne volonté avec laquelle elle a accueilli ce projet et le zèle qu'elle a apporté à sa bonne exécution.

Mais toute publication de ce genre est aussi une pierre ajoutée à l'histoire de notre science; à ce titre, elle ne peut manquer d'être d'autant plus utile que des commentaires appropriés replacent les fragments qui la composent dans la perspective de l'époque qui leur a donné naissance. M'appartenait-il d'entreprendre cette tâche? Ce n'est pas à moi d'en juger. Mais qui ne sait la valeur, pour l'histoire d'une science, des témoignages que nous ont laissés des auteurs du passé, non seulement les plus grands, mais ceux même de mérite secondaire, sur la genèse de leurs trouvailles et les mouvements d'idées qui les ont inspirées?

Il va sans dire que je n'ai pas prétendu faire l'histoire des idées mathématiques au cours du dernier demi-siècle. Tout au plus trouvera-t-on ici le tableau de quelques-unes de ces idées telles qu'elles se sont reflétées dans mon esprit, ou telles du moins que le souvenir m'en est resté. C'est dire que mes commentaires auront un caractère essentiellement subjectif d'un bout à l'autre, quel qu'ait été mon désir d'objectivité. En quelques occasions je ne me suis pas interdit d'indiquer que j'ai pu pressentir des idées ou des résultats dont ensuite, fort justement, le mérite est revenu à d'autres. Je puis aussi avoir été devancé parfois sans en faire la remarque, faute de m'en être aperçu. Est-il besoin de souligner qu'en aucun cas il ne s'est agi pour moi de revendiquer des priorités? Je n'ai jamais tenu de journal ni daté les notes destinées à mon seul usage. Pour les dates et pour les menus détails autobiographiques qu'on pourra rencontrer ici, je me suis fié à ma mémoire et aux lettres ou documents restés par hasard en ma possession. Peut-être jugera-t-on que j'ai fait à de tels détails une trop large place; mais j'ai souvent observé, à l'occasion de conférences sur l'histoire des mathématiques, que des informations de ce genre, même d'importance minime, ne contribuent pas peu à rehausser l'agrément d'un sec exposé historique.

Quant au contenu proprement dit de ces trois volumes, on y trouvera mes articles parus de 1926 à 1978, ainsi que divers inédits qu'il a paru convenable d'insérer pour des raisons scientifiques ou historiques. De mes ouvrages parus en librairie, il n'a été retenu que quelques préfaces; il ne s'agit pas ici, bien entendu, d' *Œuvres Complètes* au sens où on l'entendait autrefois, mais plutôt de *Collected Papers* (expression dont je ne trouve pas d'équivalent en français). Les articles parus en périodique ont été rangés strictement d'après l'ordre chronologique de leur publication, et, en principe, reproduits photographiquement, sauf en quelques cas où, pour raisons techniques, une nouvelle présentation typographique a paru nécessaire. Quelques fautes d'impression ou lapsus évidents ont été corrigés, mais je n'ai pas fourni l'effort de les rechercher systématiquement. Encore moins ai-je voulu corriger d'éventuelles erreurs mathématiques; quelques-unes ont été signalées dans les commentaires en fin de volume. Quant aux inédits, ils ont été insérés à la place correspondant à leur date de composition présumée. En appendice au volume II, on trouvera deux articles, l'un anonyme, l'autre pseudonyme, de la publication desquels j'ai été responsable en tant qu'éditeur de l' *American Journal* pour l'un, et des *Annals of Mathematics* pour l'autre.

Mes remercîments vont à tous les détenteurs de copyright (dont mention sera faite en son lieu), pour la permission de reproduire les articles en question. Ils vont tout particulièrement à C. Chevalley et à S. Lang, pour les articles écrits en collaboration avec eux, ainsi qu'à C. Lévi-Strauss, pour l'article qu'il m'a autorisé à détacher de sa thèse de doctorat; quant à C. Allendoerfer, avec qui je collaborai quand nous étions collègues à Haverford en 1941-1942, je ne puis plus qu'accorder ici un souvenir et un hommage à sa mémoire.

Je suis heureux de remercier aussi H. Cartan, pour la lettre en sa possession dont il m'a permis d'insérer la photographie au tome II, et pour m'avoir aidé à rafraîchir les souvenirs d'un demi-siècle passé en contact étroit l'un avec l'autre. Enfin, ma reconnaissance va à J.-P. Serre, qui non seulement a lu le manuscrit de mes commentaires et m'a fait part à ce sujet de mainte observation utile, mais surtout qui n'a cessé de m'encourager dans cette tâche et de me harceler jusqu'à ce qu'elle ait été menée à son terme. Au lecteur d'apprécier s'il a eu raison.

Princeton, le 7 novembre 1978

Curriculum

Né à Paris le 6 mai 1906.

Elève à l'Ecole Normale Supérieure, 1922–1925.

Boursier: Fondation Commercy, Rome 1925–1926; International Education Board (Rockefeller Foundation), Göttingen et Berlin, 1926–1927; Fondation Commercy, Paris 1927–1928.

Docteur ès sciences, Paris 1928.

Professeur, Aligarh Muslim University, Aligarh (United Provinces, British India), 1930–1932.

Chargé de cours, Faculté des Sciences de Marseille, 1932–1933.

Chargé de cours, puis maître de conférences, puis professeur, Faculté des Sciences de Strasbourg, 1933–1939.

Boursier, Rockefeller Foundation, 1941–1943.

Fellow, Guggenheim Foundation, 1944.

Professeur, Faculdade de Filosofia, Universidade de São Paulo, 1945–1947.

Professeur, University of Chicago, 1947–1958.

Professeur, Institute for Advanced Study, Princeton N.J., 1958–1976.

Membre du comité de rédaction, *American Journal of Mathematics*, 1955–1958; d°, *Annals of Mathematics*, 1958–1961.

Enseignement

(University of Chicago)

(Autumn 1947/Winter 1948) (a) Calculus of exterior differential forms and geometric applications; (b) Seminar on harmonic forms.

(Summer 1948)(a) Introduction to algebraic geometry; (b) Seminar on current literature.

(Autumn 1948/Winter 1949) (a) Algebraic geometry; (b) Seminar on current literature.

(Summer 1949) (a) Algebra I; (b) Seminar on elementary mathematics.

(Autumn 1949/Winter 1950) (a) Algebraic geometry; (b) Seminar on current literature.

(Summer 1950) (a) Functions of several complex variables; (b) Historical seminar.

(Autumn 1950/Winter 1951) (a) Harmonic integrals on algebraic manifolds; (b) Seminar on current literature.

(Spring 1951) (a) Arithmetic on an algebraic variety; (b) Seminar on current literature.

(Autumn 1951/Winter 1952) (a) Fibre-bundles; (b) Seminar on current literature.

(Summer 1953) (a) Elementary number-theory; (b) Seminar on current literature.

(Autumn 1953/Winter 1954) (a) Elliptic and modular functions; (b) Seminar on current literature.

(Autumn 1954/Winter 1955) (a) Algebraic geometry; (b) Seminar on current literature.

(Spring 1955) (a) Seminar on algebraic geometry; (b) Seminar on current literature.

(Autumn 1955/Winter 1956) (a) Dirichlet series and modular functions; (b) Seminar on current literature.

(Autumn 1956) (a) Algebraic number theory; (b) Seminar on modular functions.

(Winter 1957) (a) Quadratic forms; (b) Seminar on modular functions.

(Summer 1958) Automorphic functions of several variables.

(Institute for Advanced Study, Princeton N.J.)

(1958–1959) (a) Idele groups of semi-simple groups; (b) Joint Institute-University current literature seminar.

(1959–1960) (a) Adeles and algebraic groups; (b) Joint Inst.-Univ. current literature seminar.

(1960–1961) Joint Inst.-Univ. current literature seminar.

(1961–1962) (a) Discrete subgroups of Lie groups; (b) Joint Inst.-Univ. current literature seminar; (c) (at Princeton University) Algebraic number theory.

(1962–1963) The Poisson formula and some of its uses.

(1963–1964) The symplectic group of a locally compact abelian group, and Siegel's formula.

(1965–1966) Functional equations of zeta-functions.

(1969–1970) Zeta-functions and Mellin transforms.

(1971–1972) (a) The explicit formulas of number-theory; (b) Jacquet's theory of the functional equation for GL(n).

(1972–1973) Three hundred years of number-theory.

(1973–1974) Fifty years of number-theory.

(1974–1975) Elliptic functions according to Eisenstein.

(1975–1976) On Eisenstein's work.

Exposés au séminaire Bourbaki

(1e année, n° 16; Mai 1949)
Théorèmes fondamentaux de la théorie des fonctions thêta (d'après des mémoires de Poincaré et Frobenius), 10 pp.

(5e année, n° 72; Décembre 1952)
Variété de Picard et variétés jacobiennes, 8 pp.

(5e année, n° 83; Mai 1953)
Sur la théorie du corps de classes, 3 pp.

(8e année, n° 136; Mai 1956)
Multiplication complexe des fonctions abéliennes, 7 pp.

(9e année, n° 151; Mai 1957)
Sur le théorème de Torelli, 5 pp.

(10e année, n° 168; Mai 1958)
Modules des surfaces de Riemann, 7 pp.

(11e année, n° 186; Mai 1959)
Adèles et groupes algébriques, 9 pp.

(14e année, n° 239; Mai 1962)
Un théorème fondamental de Chern en géométrie riemannienne, 13 pp.

(18e année, n° 312; Juin 1966)
Fonction zêta et distributions, 9 pp.

(20e année, n° 346; Juin 1968)
Séries de Dirichlet et fonctions automorphes, 6 pp.

(26e année, n° 452; Juin 1974)
La cyclotomie jadis et naguère, 21 pp.

Bibliographie

(Les caractères gras désignent les livres et notes de cours; C.R. = Comptes Rendus de l'Académie des Sciences).

[1926] Sur les surfaces à courbure négative, *C.R.* 182, pp. 1069–1071.

[1927a] Sur les espaces fonctionnels, *C.R.* 184, pp. 67–69.

[1927b] Sul calcolo funzionale lineare, *Rend. Linc.* (VI) 5, pp. 773–777.

[1927c] L'arithmétique sur une courbe algébrique, *C.R.* 185, pp. 1426–1428.

[1928] L'arithmétique sur les courbes algébriques, *Acta Math.* 52, pp. 281–315.

[1929] Sur un théorème de Mordell, *Bull. Sc. Math.* (II) 54, pp. 182–191.

[1932a] On systems of curves on a ring-shaped surface, *J. Ind. Math. Soc.* 19, pp. 109–114.

[1932b] Sur les séries de polynomes de deux variables complexes, *C.R.* 194, pp. 1304–1305.

[1932c] (avec C. Chevalley) Un théorème d'arithmétique sur les courbes algébriques, *C.R.* 195, pp. 570–572.

[1934a] (avec C. Chevalley) Über das Verhalten der Integrale erster Gattung bei Automorphismen des Funktionenkörpers, *Hamb. Abh.* 10, pp. 358–361.

[1934b] Une propriété caractéristique des groupes de substitutions linéaires finis, *C.R.* 198, pp. 1739–1742.

[1934c] Une propriété caractéristique des groupes finis de substitutions, *C.R.* 199, pp. 180–182.

[1935a] Über Matrizenringe auf Riemannschen Flächen und den Riemann-Rochschen Satz, *Hamb. Abh.* 11, pp. 110–115.

[1935b] Arithmétique et Géométrie sur les variétés algébriques, *Act. Sc. et Ind.* no. 206, Hermann, Paris, pp. 3–16.

[1935c] Sur les fonctions presque périodiques de von Neumann, *C.R.* 200, pp. 38–40.

[1935d] L'intégrale de Cauchy et les fonctions de plusieurs variables, *Math. Ann.* 111, pp. 178–182.

[1935e] Démonstration topologique d'un théorème fondamental de Cartan, *C.R.* 200, pp. 518–520.

[1936a] Les familles de courbes sur le tore, *Mat. Sbornik* (N.S.) 1, pp. 779–781.

[1936b] Arifmetika algebraičeskykh mnogoobrazii (Arithmetic on algebraic varieties), *Uspekhi Mat. Nauk* 3, pp. 101–112.

[1936c] Matematika v Indii (Mathematics in India), *Uspekhi Mat. Nauk* 3, pp. 286–288.

[1936d] La mesure invariante dans les espaces de groupes et les espaces homogènes, *Enseign. Math.* 35, p. 241.

[1936e] La théorie des enveloppes en Mathématiques Spéciales, *Enseign. Scient.* 9e année, pp. 163–169.

[1936f] Les recouvrements des espaces topologiques; espaces complets, espaces bicompacts, *C.R.* 202, pp. 1002–1005.

[1936g] Sur les groupes topologiques et les groupes mesurés, *C.R.* 202, pp. 1147–1149.

[1936h] Sur les fonctions elliptiques p-adiques, *C.R.* 203, pp. 22–24.

[1936i] Remarques sur des résultats récents de C. Chevalley, *C.R.* 203, pp. 1208–1210.

[1937] Sur les espaces à structure uniforme et sur la topologie générale, *Act. Sc. et Ind.* no. 551, Hermann, Paris, pp. 3–40.

[1938a] Généralisation des fonctions abéliennes, *J. de Math. P. et App.*, (IX) 17, pp. 47–87.

[1938b] Zur algebraischen Theorie der algebraischen Funktionen, *Crelles J.* 179, pp. 129–133.

[1938c] "Science Française" (inédit).

[1939a] Sur l'analogie entre les corps de nombres algébriques et les corps de fonctions algébriques, *Revue Scient.* 77, pp. 104–106.

[1939b] Les groupes à p^n éléments, *Revue Scient.* 77, pp. 321–322.

[1940a] Une lettre et un extrait de lettre à Simone Weil (inédit).

[1940b] Sur les fonctions algébriques à corps de constantes fini, *C.R.* 210, pp. 592–594.

[1940c] Calcul des probabilités, méthode axiomatique, intégration, *Revue Scient.* 78, pp. 201–208.

[**1940d**] *L'intégration dans les groupes topologiques et ses applications,* Hermann, Paris (2e édition 1953).

[1941] On the Riemann hypothesis in function-fields, *Proc. Nat. Ac. Sci.* 27, pp. 345–347.

[1942] Lettre à Artin (inédit).

[1943a] (jointly with C. Allendoerfer) The Gauss-Bonnet theorem for Riemannian polyhedra, *Trans. A. M. S.* 53, pp. 101–129.

[1943b] Differentiation in algebraic number-fields, *Bull. A.M.S.* 49, p. 41.

[1945] A correction to my book on topological groups, *Bull. A. M. S.* 51, pp. 272–273.

[1946a] *Foundations of algebraic geometry,* Am. Math. Soc. Coll., vol. XXIX, New York (2nd edition 1962).

[1946b] Sur quelques résultats de Siegel, *Summa Brasil. Math.* 1, pp. 21–39.

[1947a] L'avenir des mathématiques, *"Les Grands Courants de la Pensée Mathématique",* éd. F. Le Lionnais, Cahiers du Sud, Paris, pp. 307–320 (2e éd., A. Blanchard, Paris 1962).

[1947b] Sur la théorie des formes différentielles attachées à une variété analytique complexe, *Comm. Math. Helv.* 20, pp. 110–116.

[1948a,b] (a) *Sur les courbes algébriques et les variétés qui s'en déduisent,* Hermann, Paris; (b) *Variétés abéliennes et courbes algébriques, ibid;* [2e édition de (a) et (b), sous le titre collectif *"Courbes algébriques et variétés abéliennes", ibid.,* 1971].

[1948c] On some exponential sums, *Proc. Nat. Ac. Sc.* 34, pp. 204–207.

[1949a] Sur l'étude algébrique de certains types de lois de mariage (Système Murngin), Appendice à la I[e] partie de: C. Lévi-Strauss, *Les structures élémentaires de la parenté,* P. U. F. Paris 1949, pp. 278–285.

[1949b] Numbers of solutions of equations in finite fields, *Bull. Am. Math. Soc.* 55, pp. 497–508.

[1949c] Fibre-spaces in algebraic geometry, in *Algebraic Geometry Conference,* U. of Chicago (mimeographed), pp. 55–59.

[1949d] Théorèmes fondamentaux de la théorie des fonctions thêta, *Séminaire Bourbaki* no. 16, mai 1949, 10 pp.

[1949e] Géométrie différentielle des espaces fibrés (inédit).

[1950a] Variétés abéliennes, in *Colloque d'Algèbre et Théorie des Nombres,* C.N.R.S., Paris, pp. 125–127.

[1950b] Number-theory and algebraic geometry, *Proc. Intern. Math. Congress, Cambridge, Mass.,* vol. II, pp. 90–100.

[1951a] Arithmetic on algebraic varieties, *Ann. of Math.* 53, pp. 412–444.

[1951b] Sur la théorie du corps de classes, *J. Math. Soc. Japan* 3, pp. 1–35.

[1951c] Review of "Introduction to the theory of algebraic functions of one variable, by C. Chevalley", *Bull. Am. Math. Soc.* 57, pp. 384–398.

[1952a] Sur les théorèmes de de Rham, *Comm. Math. Helv.* 26, pp. 119–145.

[1952b] Sur les "formules explicites" de la théorie des nombres premiers, *Comm. Lund* (vol. dédié à Marcel Riesz), p. 252.

[1952c] *Fibre-spaces in algebraic geometry* (Notes by A. Wallace). U. of Chicago, (mimeographed) 48 pp.

[1952d] Jacobi sums as "Grössencharaktere", *Trans. Am. Math. Soc.* 73, pp. 487–495.

[1952e] On Picard varieties, *Am. J. of Math.* 74, pp. 865–894.

[1952f] Criteria for linear equivalence, *Proc. Nat. Ac. Sc.* 38, pp. 258–260.

[1953] Théorie des points proches sur les variétés différentiables, in *Colloque de Géométrie Différentielle* (Strasbourg 1953), C.N.R.S., pp. 111–117.

[1954a] Remarques sur un mémoire d'Hermite, *Arch. d. Math.* 5, pp. 197-202.

[1954b] Mathematical Teaching in Universities, *Am. Math. Monthly* 61, pp. 34–36.

[1954c] The mathematical curriculum (a guide for students) (inédit).

[1954d] Sur les critères d'équivalence en géométrie algébrique, *Math. Ann.* 128, pp. 95–127.

[1954e] Footnote to a recent paper, *Am. J. of Math.* 76, pp. 347–350.

[1954f] (jointly with S. Lang) Number of points of varieties in finite fields, *Am. J. of Math.* 76, pp. 819–827.

[1954g] On the projective embedding of abelian varieties, in *Algebraic geometry and Topology, A Symposium in honor of S. Lefschetz,* Princeton U. Press, pp. 177–181.

[1954h] Abstract versus classical algebraic geometry, *Proc. Intern. Math. Congr. Amsterdam,* vol. III, pp. 550–558.

[1954i] Poincaré et l'arithmétique, in *Livre du Centenaire de Henri Poincaré,* Gauthier-Villars, Paris, 1955, pp. 206–212.

[1955a] On algebraic groups of transformations, *Am. J. of Math.* 77, pp. 355–391.

[1955b] On algebraic groups and homogeneous spaces, *Am. J. of Math.* 77, pp. 493–512.

[1955c] On a certain type of characters of the idèle-class group of an algebraic number-field, in *Proc. Intern. Symp. on Algebraic Number Theory, Tokyo-Nikko.* pp. 1–7.

[1955d] On the theory of complex multiplication, ibid., pp. 9–22.

[1955e] Science Française?, *La Nouvelle N.R.F.,* Paris, 3e année, n°25, pp. 97–109.

[1956] The field of definition of a variety, *Am. J. of Math.* 78, pp. 509–524.

[1957a] Zum Beweis des Torellischen Satzes, *Gött. Nachr. 1957,* no. 2, pp. 33–53.

[1957b] (avec C. Chevalley) Hermann Weyl (1885–1955), *Enseign. Math.* III, pp. 157–187.

[1957c] (1) Réduction des formes quadratiques, 9 pp.; (2) Groupes des formes quadratiques indéfinies et des formes bilinéaires alternées, 14 pp., *Séminaire H. Cartan,* 10e année, novembre 1957.

[**1958a**] *Introduction à l'étude des variétés kählériennes,* Hermann, Paris.

[1958b] On the moduli of Riemann surfaces (to Emil Artin), (inédit).

[1958c] Final Report on contract AF 18(603)-57 (inédit).

[**1958d**] *Discontinous subgroups of classical groups* (Notes by A. Wallace), U. of Chicago (mimeographed).

[1959a] Adèles et groupes algébriques, *Séminaire Bourbaki*, mai 1959, n° 186, 9 pp.

[1959b] Y. Taniyama (lettre d'André Weil), *Sugaku-no Ayumi*, vol. 6. no. 4, pp. 21–22.

[1960a] De la métaphysique aux mathématiques, *Sciences*, pp. 52–56.

[1960b] Algebras with involutions and the classical groups, *J. Ind. Math. Soc.* 24, pp. 589–623.

[1960c] On discrete subgroups of Lie groups, *Ann. of Math.* 72, pp. 369–384.

[**1961a**] *Adeles and algebraic groups*, I.A.S., Princeton.

[1961b] Organisation et désorganisation en mathématique, *Bull. Soc. Franco-Jap. des Sc.* 3, pp. 25–35.

[1962a] Sur la théorie des formes quadratiques, in *Colloque sur la Théorie des Groupes Algébriques*, C.B.R.M., Bruxelles, pp. 9–22.

[1962b] On discrete subgroups of Lie groups (II), *Ann. of Math.* 75, pp. 578–602.

[1962c] Algebraic geometry, in *Encyclopedia Americana*, New York, pp. 455–457.

[1964a] Remarks on the cohomology of groups, *Ann. of Math.* 80, pp. 149–157.

[1964b] Sur certains groupes d'opérateurs unitaires, *Acta Math.* 111, pp. 143–211.

[1965] Sur la formule de Siegel dans la théorie des groupes classiques, *Acta Math.* 113, pp. 1–87.

[1966] Fonction zêta et distributions, *Séminaire Bourbaki* no. 312, juin 1966.

[1967a] Über die Bestimmung Dirichletscher Reihen durch Funktionalgleichungen, *Math. Ann.* 168, pp. 149–156.

[1967b] Review: "The Collected papers of Emil Artin", *Scripta Math.* 28, pp. 237–238.

[**1967c**] *Basic Number Theory* (Grundl. Math. Wiss. Bd. 144), Springer (3rd edition, 1974).

[1968a] Zeta-functions and Mellin transforms, in *Proc. of the Bombay Coll. on Algebraic Geometry*, T.I.F.R., Bombay, pp. 409–426.

[1968b] Sur une formule classique, *J. Math. Soc. Japan* 20, pp. 400–402.

[1970] On the analogue of the modular group in characteristic p, in "Functional Analysis, etc.", *Proc. Conf. in honor of M. Stone*, Springer, pp. 211–223.

[**1971a**] *Automorphic forms and Dirichlet series*, Lecture-Notes no. 189, Springer.

[1971b] Notice biographique, in *Œuvres de J. Delsarte*, C.N.R.S., Paris 1971, t.I, pp. 17–28.

[1971c] L'œuvre mathématique de Delsarte, ibid., pp. 29–47.

[1972] Sur les formules explicites de la théorie des nombres, *Izv. Mat. Nauk* (Ser. Mat.) 36, pp. 3–18.

[1973] Review of "The mathematical career of Pierre de Fermat, by M. S. Mahoney", *Bull. Am. Math. Soc.* 79, pp. 1138–1149.

[1974a] Two lectures on number theory, past and present, *Enseign. Math.* XX, pp. 87–110.

[1974b] Sur les sommes de trois et quatre carrés, *Enseign. Math.* XX, pp. 215–222.

[1974c] La cyclotomie jadis et naguère, *Enseign. Math.* XX, pp. 247–263.

[1974d] Sommes de Jacobi et caractères de Hecke, *Gött. Nachr.* 1974, Nr. 1, 14 pp.

[1974e] Exercices dyadiques, *Invent. math.* 27, pp. 1–22.

[1975a] Review of "Leibniz in Paris 1672–1676, his growth to mathematical maturity, by Joseph E. Hofmann", *Bull. Am. Math. Soc.* 81, pp. 676–688.

[1975b] Introduction to E.E. Kummer. *Collected Papers* vol. I, pp. 1–11.

[**1976a**] *Elliptic Functions according to Eisenstein and Kronecker,* (Ergebnisse d. Mathematik. Bd. 88), Springer.

[1976b] Sur les périodes des intégrales abéliennes, *Comm. on Pure and Appl. Math.* XXIX, pp. 813–819.

[1976c] Review of "Mathematische Werke, by Gotthold Eisenstein", *Bull. Am. Math. Soc.* 82, pp. 658–663.

[1977a] Remarks on Hecke's lemma and its use, in *Algebraic Number Theory,* Intern. Symposium Kyoto 1976, S. Iyanaga (ed.), Jap. Soc. for the Promotion of Science 1977, pp. 267–274.

[1977b] Fermat et l'équation de Pell, ΠΡΙΣΜΑΤΑ (W. Hartner Festschrift), Fr. Steiner Verlag, Wiesbaden 1977, pp. 441–448.

[1977c] Abelian varieties and the Hodge ring (inédit).

[1978a] Who betrayed Euclid?, *Arch. Hist. Exact Sci.* 19, pp. 91–93.

[1978b] History of mathematics: Why and how, *Proc. Intern. Math. Congress, Helsinki.*

ANDRÉ WEIL
ŒUVRES SCIENTIFIQUES
COLLECTED PAPERS

[1951c] Review of "Introduction to the theory of algebraic functions, by C. Chevalley"

Introduction to the theory of algebraic functions of one variable. By C. Chevalley. (Mathematical Surveys, no. 6.) New York, American Mathematical Society, 1951. 12+188 pp. $4.00.

Here is algebra with a vengeance; algebraic austerity could go no

---

Reprinted from Bulletin of the American Mathematical Society, Vl. 57, pp. 384–398 by permission of the American Mathematical Society.

further. "We have not tried to hide (says the author) our partiality to the algebraic attitude . . . "; he has not indeed; and, if it were not for a few hints in the introduction and one casual remark at the end of Chapter IV, one might never suspect him of having ever heard of algebraic curves or of taking any interest in them. Fields and only fields are the object of his study. A field is given, or rather two fields: one, the function-field R; the other, the field K of constants; K is algebraically closed in R; and R is finitely generated and of degree of transcendency 1 over K. Everything must be "intrinsic," i.e. must be born from these by some standard operations. Later on the family circle is enlarged by the appearance of another function-field S containing R, with a field of constants L containing K, and a large portion of the book is devoted to the mutual relations between R and S; but nowhere except in one or two lemmas is any element allowed to appear unless it is contained in those fields or canonically generated from them.

The contents of the book are as follows. Valuations are introduced and the basic existence theorem on valuations is proved in the standard manner (th. 1, p. 6), by the use of Zorn's lemma: this is the theorem according to which every "specialization" of a subring $\mathfrak{o}$ of a field R (i.e. every homomorphic mapping of $\mathfrak{o}$ into a field) can be extended to a "valuation" of R (i.e. a specialization of a subring $\mathfrak{O}$ of R such that $R=\mathfrak{O}\cup\mathfrak{O}^{-1}$); the theorem, however, is not stated in its full generality. One might observe here that, in a function-field of dimension 1, every valuation-ring is finitely generated over the field of constants, and therefore, if a slightly different arrangement had been adopted, the use of Zorn's lemma (or of Zermelo's axiom) could have been avoided altogether; since Theorem 1 is formulated only for such fields, this treatment would have been more consistent, and the distinctive features of dimension 1 would have appeared more clearly.

Places are defined as being in one-to-one correspondence with the non-trivial valuation-rings of R, i.e. with those proper subrings $\mathfrak{o}$ of R which contain the field of constants K of R and satisfy $R=\mathfrak{o}\cup\mathfrak{o}^{-1}$. In Zariski's terminology, on the other hand, a place is a homomorphic mapping of a valuation-ring $\mathfrak{o}$ into a field; in consequence, if $\mathfrak{o}$ is a non-trivial valuation-ring of R, and $\mathfrak{p}$ the ideal of non-units in $\mathfrak{o}$ (the "place" in Chevalley's sense), there will be as many "places" belonging to $\mathfrak{o}$ and $\mathfrak{p}$, with values in a given "universal domain" Ω, as there are isomorphisms of the "residue-field" $\Sigma=\mathfrak{o}/\mathfrak{p}$ into Ω; their number is equal to the degree d_s over K of the maximal separable extension Σ_s of K contained in Σ. According to Chevalley's self-imposed taboos, however, only the field $\mathfrak{o}/\mathfrak{p}$ is allowed to exist, and the "place" determined by $\mathfrak{o}$ and $\mathfrak{p}$ (or by either of them) must be unique. This has far-reaching consequences: while otherwise sums (e.g. the sum of the residues of a differential) could be extended over all the d_s places belonging to $\mathfrak{o}$ and $\mathfrak{p}$, here the d_s terms belonging to such a sum can never be separated from each other. It is true that traces (of elements of Σ_s over K) are adequate substitutes for such sums; but it may well be doubted whether the constant use of traces is not an unnecessary complication, and whether it helps a beginner to understand the subject.

Chapter I then brings, as usual, proofs for the existence of a uniformizing variable at a place (i.e. a $t \in \mathfrak{p}$ such that $\mathfrak{p} = t\mathfrak{o}$), for the independence of valuations (or of "places"), and for the existence of the divisor of a function; it ends up with the theorem that the degree of the divisor of zeros of $x \in R$ is equal to $[R:K(x)]$. Chapter II follows, with the definition of differentials and the proof of the Riemann-Roch theorem due to A. Weil. The genus is defined by means of Riemann's theorem. A "repartition" is defined as a function assigning to each place $\mathfrak{p}$ an element $x(\mathfrak{p})$ of R (or, later, an element $x(\mathfrak{p})$ of the $\mathfrak{p}$-adic completion $\overline{R}_{\mathfrak{p}}$ of R at $\mathfrak{p}$), so that those places $\mathfrak{p}$ for which $x(\mathfrak{p})$ has a pole at $\mathfrak{p}$ are in finite number; then a differential is a linear function on the space of repartitions, continuous in a suitable sense, which vanishes on the subspace of "principal" repartitions (those for which $x(\mathfrak{p}) = x$ for all $\mathfrak{p}$, with $x \in R$). This rather abstract concept of differential is of course what makes possible such a brief proof of the Riemann-Roch theorem; while this is very convenient for many purposes, one should not forget that eventually (in the case where R is separably generated over K) differentials have to be identified with the expressions ydx, or, what amounts roughly to the same thing, it must be shown that the sum of the residues of ydx is 0; for this, in the present volume, one has to wait until p. 117.

Chapter III introduces the local or $\mathfrak{p}$-adic completions of the function-field K by means of the usual definitions and of Hensel's lemma; Σ_s being defined as before, it is shown that Σ_s can be canonically identified with a subfield of the completion $\overline{R}$ of R at $\mathfrak{p}$, and that, if $\Sigma = \Sigma_s$, this completion is essentially the ring $\Sigma((t))$ of power-series in t with coefficients in Σ, where t is any uniformizing variable at $\mathfrak{p}$; the structure of $\overline{R}$ when Σ is not separable over K is not further discussed. The last § of Chapter III brings the concept of residue of a differential, in terms of the values of the differential at certain "repartitions"; it then becomes trivial that the sum, not of the residues, but of the traces of the residues of a differential is 0.

So far only one function-field has been considered. Now another one, S, is introduced, with the field of constants L, such that $S \supset R$ and $K = L \cap R$; the next three chapters (nearly half the book) are devoted to the simultaneous study of the two fields R, S, under various assumptions. Some of the questions raised here by the author had never been treated before; unfortunately, as he treads new ground, his footsteps become more uncertain, and to follow in them is at times no easy task. In the language of algebraic geometry, the passage from R to S consists partly in enlarging the field of constants of a given curve, partly in considering the mutual relations of two curves in a $(1, m)$-correspondence with each other; the author tries to treat both problems by the same methods; however tempting this idea may appear to the algebraist, it is not altogether successful, and may well have caused some blurring of the picture.

Chapter IV is chiefly devoted to the case where S is of finite degree over R, and to the behavior of the places of R and S with respect to one another; these questions are fairly familiar, at least in the parallel case of number-fields, and no surprises are to be expected here. Because of the too special formulation which has been given of the theorem on the extension of specializations in Chapter I, the existence of a place of S lying over a given place $\mathfrak{p}$ of R is made to depend, strangely enough, upon Riemann's theorem. The ramification indexes e_λ and the relative degrees d_λ of the places $\mathfrak{P}_\lambda$ of S lying over $\mathfrak{p}$ are defined, and it is proved that $\sum_\lambda d_\lambda e_\lambda = [S:R]$; this might well have been postponed until it is shown that $d_\lambda e_\lambda$ is the degree of the $\mathfrak{P}_\lambda$-adic completion $\overline{S}_\lambda$ of S over the $\mathfrak{p}$-adic completion $\overline{R}$ of R, and a basis is explicitly given for the former over the latter (Theorems 4 and 5, p. 60–61); in between those results are inserted some remarks on the case of normal extensions, the proof for the existence of a base of S, integral at $\mathfrak{p}$, and auxiliary definitions and results on the Kronecker product of fields or commutative algebras, the latter being necessary in order to show that the direct sum of the $\overline{S}_\lambda$ is no other than the algebra over $\overline{R}$ obtained by considering S as an algebra over R and extending its ground-field to $\overline{R}$.

Then norms and conorms, traces and cotraces are defined for divisors and repartitions in S and in R; norms and traces are defined as usual; the conorm and cotrace are the dual operations, i.e. consist in "lifting" divisors, repartitions, etc., from R to S; the consistent use of these terms (rather than the more usual identification of divisors, etc., in R with the corresponding ones in S) is perhaps cumbersome, but is very helpful in keeping apart essentially distinct concepts while their main properties are being developed. The different is then defined, and its basic properties are given.

Chapter V discusses the extension of the field of constants; in the absence of a universal domain, such extensions have to be generated by the clumsy device of the tensor-product of fields; in the inseparable case, one has then to face the disagreeable appearance of radicals, whose rather arbitrary dismissal follows at once, not without the intervention of minimal ideals. More than half of the chapter is spent in such awkward discussions, beginning with the definition of separable (not necessarily algebraic) extensions by the non-existence of nilpotent elements in certain tensor-products and leading up to Theorem 3 (p. 92) which expresses, again in terms of such products, the effect on a place of R of an extension of the field of constants. There is hardly any connection between the foregoing and the basic Theorem 4; according to the latter, if the field of constants K of R is extended to a field L, separable over K, and if $\mathfrak{a}$ is a divisor of R, every element y of the extended function-field which is a multiple of $\mathfrak{a}$ (more accurately, of the "conorm" of $\mathfrak{a}$) is a linear combination, with coefficients in L, of elements of R which are multiples of $\mathfrak{a}$ (cf. A. Weil's *Foundations*, Chapter VIII, th. 10); from this it is deduced that the genus is not altered by the extension of the field of constants from K to L if L is separable over K, and that it can only decrease by an arbitrary extension.

Chapter VI takes up the behavior of differentials under an extension of the function-field; one of its main objectives is to identify the differentials in R with the symbols ydx, provided R is separable (i.e., separably generated) over K. This is done by means of a general theory for the "lifting" of a differential from a field R to a field S under suitable conditions; this operation is called the "cotrace." An explicit definition being given for a certain differential, called dx, in a purely transcendental extension $K(x)$ of the field of constants, dx is then "lifted" from $K(x)$ to R for every non-constant x in R. A drawback of this method is, of course, that, as dx and dy are lifted from different fields, there is no obvious connection between them, and $d(x+y)=dx+dy$ becomes a deep theorem; perhaps a more satisfactory arrangement would have been provided by a definition similar to that adopted for meromorphic differentials in Chapter VII. However that may be, after a preliminary discussion of the field $K(x)$, the fields K, R, L, S are again considered; the trace of a differential of S is defined, in the case where S is of finite degree over R; and the cotrace of a differential of R is defined, but merely for the case $K=L$; the behavior of residues under the operations of trace and cotrace, and other elementary properties, are established. The different (which had disappeared during the whole of Chapter V) turns up again, and it is shown that, when a differential is lifted from R to S, its divisor is multiplied by the different of S over R; it is a pity that this § is separated from the § on the different, as both could just as easily have been put together, either here or, even better, in Chapter IV. One then comes back to dx, which can now be lifted from $K(x)$ to R; among other results, its divisor is calculated; and it is shown that, if x is a uniformizing variable at a place $\mathfrak{p}$ of degree 1, the residue of ydx at $\mathfrak{p}$ is the coefficient of x^{-1} in the power-series expressing y in terms of x in the completion of R at $\mathfrak{p}$. The investigation is again interrupted, this time in order to introduce the general concept of derivation in fields, algebraic function-fields and power-series fields; it is resumed for the proof of the decisive Theorem 9, according to which, for a given x, dy/dx is the derivation D_xy of R which vanishes on K and has the value 1 at x; this is ingeniously proved by showing that the differential $dy-(D_xy)dx$ has infinitely many zeros.

The concept of cotrace is then extended to the case $K\neq L$, provided R is separable; since in that case the differentials of R can be written as ydx, with x, y in R, these same expressions can be used to lift them into S; in particular, under an extension of the field of constants of R, it is shown that the residues of a differential remain the same, that the divisor of a differential is unchanged if the genus is unchanged, that otherwise it is divided by an integral divisor. A further section (the purpose of which remains unexplained) discusses the effect on differentials and their residues of a derivation of the field of constants; and the chapter ends up, rather disappointingly, with a theory of differentials of the second kind confined to characteristic 0, in which case it is an easy application of the Riemann-Roch theorem.

Maybe the appearance of characteristic 0 at the end of Chapter VI was meant as a transition to the extensive Chapter VII (more than 50 pages), which treats the "classical" case, i.e. the case where the field of constants is the complex number-field, with its topology; this is almost a different book. It is hard to say what knowledge is assumed of the reader in this chapter; while it is tediously proved that meromorphic functions in an open set form a field, and one full page is devoted to the calculation of $\int dx/x$ on a circle surrounding the origin in the complex plane (the value being found to be $\pm 2\pi(-1)^{1/2}$), Schwarz's lemma suddenly turns up from nowhere (p. 152) in order to prove that holomorphic mappings preserve the orientation, a fact for which, fortunately, a more reasonable justification is given later (p. 181). The reader is further required to take for granted the validity of all the "axioms" of Eilenberg and Steenrod for the singular homology theory in arbitrary topological spaces, a statement of which is given in §3; thanks to this, says the author, "we have avoided the cumbersome decomposition of the Riemann surface into triangles." The truth is that this triangulation is a quite trivial matter; and, while the reduction of a triangulation to standard form (as done e.g. in Seifert-Threlfall) is a somewhat clumsy process, the canonical dissection of the Riemann surface which is so obtained has immense advantages over a purely homological theory; it shows that all Riemann surfaces of a given genus are homeomorphic; it gives the structure of the fundamental group, which, even to the pure algebraist, is of prime importance in determining the nature of the non-abelian extensions of the given function-field; such advantages seem to be more than enough to outweigh those of the more algebraic (and "intrinsic") procedure adopted by the author.

The chapter begins with the definition of the Riemann surface, i.e. of the set of places of the given field, as a topological space; unfortunately, its definition as an analytic manifold is given only much later, so that orientation is defined twice, and various special cases of Stokes' formula have to be proved separately. Meromorphic functions and differentials on open subsets of the Riemann surface are defined; it is shown in the usual manner that the meromorphic functions on the Riemann surface are the elements of the function-field. Periods of differentials are defined, essentially by analytic continuation (not by integration, since the 1-chains are not assumed to be differentiable), so that their definition virtually depends upon the concept of fundamental group, which however is carefully avoided.

We come now to one of the most interesting and original features of the whole book. With the author, let us denote by S the Riemann surface, by P and Q two mutually disjoint finite subsets of S. Then $H_1(S-P, Q)$ is the "relative" homology group of the open set $S-P$ modulo Q; in other words, it is the group of classes of 1-chains lying in $S-P$, with boundary in Q (the "relative cycles" in $S-P$ mod. Q), such a chain being homologous to 0 if it bounds in $S-P$. If γ is such a relative cycle, and γ' is a relative cycle in $S-Q$ mod. P, then, as the boundary of each cycle is disjoint from the other, the intersection-number or Kronecker index $I(\gamma, \gamma')$ is defined; it depends only upon the homology classes of γ, γ'; and it determines a duality between $H_1(S-P, Q)$ and $H_1(S-Q, P)$, in the sense that $I(\gamma, \gamma')$ cannot be 0 for all γ unless γ' is homologous to 0, and that there is a γ' such that $I(\gamma, \gamma')$ is equal to an arbitrarily given integral-valued linear function on $H_1(S-P, Q)$. These groups, and the duality between them, can now be translated into algebraic terms by means of the following concepts. Let $E(P, Q)$ be the set of differentials on S with no poles at the points of Q and no residue $\neq 0$ at any point outside P. Take a canonical dissection of S by means of curves, not going through the points of P and Q; S is then represented as a canonical polygon of $4g$ sides (where g is the genus, which we assume to be $\neq 0$, the case $g=0$ being similar but simpler), all the vertices corresponding to one and the same point of S, and the sides occuring in the order $a_1b_1a_1^{-1}b_1^{-1} \cdots a_gb_ga_g^{-1}b_g^{-1}$; join the origin O of a_1 (the extremity of b_g^{-1}) to the points P_μ of P, and to the points Q_ν of Q, by mutually disjoint simple arcs p_μ resp. q_ν, interior (except for their common origin O) to the fundamental polygon. In the polygon, cut along the arcs q_ν, an element ω of $E(Q, P)$ is the differential $\omega = d\phi$ of a one-valued function ϕ; similarly, in the polygon, cut along the arcs p_μ, an element ω' of $E(P, Q)$ is the differential $\omega' = d\phi'$ of a one-valued function ϕ'; we may assume that, at the vertex O, $\phi = \phi' = 0$. The integral of $\phi d\phi'$, or that of $-\phi' d\phi$, along the contour of the canonical polygon is equal to

$$I(\omega, \omega') = \int \phi d\phi' = -\int \phi' d\phi \tag{1}$$
$$= \sum_{\lambda=1}^{g} \left(\int_{a_\lambda} \omega \int_{b_\lambda} \omega' - \int_{b_\lambda} \omega \int_{a_\lambda} \omega' \right).$$

Apply now Cauchy's theorem, either to the differential $\phi\omega' = \phi d\phi'$ and to the polygon cut along the arcs q_ν, or to the differential $-\phi'\omega = -\phi' d\phi$ and to the polygon cut along the arcs p_μ. We get

$$\frac{1}{2\pi i} I(\omega, \omega') + \sum_\nu \phi'(Q_\nu) \cdot \mathrm{Res}_{Q_\nu}\, \omega + \sum_\nu \mathrm{Res}_{Q_\nu} \{ [(\phi' - \phi'(Q_\nu)]\omega \}$$
$$= \sum_\mu \mathrm{Res}_{P_\mu} (\phi\omega') + \sum_\rho \mathrm{Res}_{R_\rho} (\phi\omega')$$

where the R_ρ are all the poles of ω or of ω', other than the P_μ and Q_ν, and therefore:

$$j(\omega, \omega') = \sum_\mu \mathrm{Res}_{P_\mu} \{ [\phi - \phi(P_\mu)]\omega' \} - \sum_\nu \mathrm{Res}_{Q_\nu} \{ [\phi' - \phi'(Q_\nu)]\omega \}$$
$$+ \sum_\rho \mathrm{Res}_{R_\rho} (\phi\omega') \tag{2}$$
$$= \frac{1}{2\pi i} I(\omega, \omega') + \sum_\nu \phi'(Q_\nu)\, \mathrm{Res}_{Q_\nu}\, \omega - \sum_\mu \phi(P_\mu)\, \mathrm{Res}_{P_\mu}\, \omega'.$$

Here $j(\omega, \omega')$ is an alternating bilinear form, defined for $\omega \in E(Q, P)$,

$\omega' \in E(P, Q)$. Of the two expressions for it given by (2), the first one depends only upon the power-series expansions of ω, ω' at the points P_μ, Q_ν, R_ρ; in fact, $\phi - \phi(P_\mu)$ is the function vanishing at P_μ with the differential ω; $\phi' - \phi'(Q_\nu)$ is the function vanishing at Q_ν with the differential ω'; and at a point R_ρ we may, in calculating $\text{Res}_{R_\rho}(\phi\omega')$, take for ϕ any function with the differential ω (this being meromorphic there since $\text{Res}_{R_\rho}\, \omega = 0$), the residue of $\phi\omega'$ being independent of the choice of the additive constant in ϕ since $\text{Res}_{R_\rho}\, \omega'$ is 0; and we have $\text{Res}_{R_\rho}(\phi\omega') = -\text{Res}_{R_\rho}(\phi'\omega)$. Put $j(\omega, \omega') = j_\omega(\omega')$; then $\omega \to j_\omega$ maps $E(Q, P)$ into the space of linear functions on $E(P, Q)$; the second expression for $j(\omega, \omega')$ in (2) shows at once that the kernel of this mapping consists of the differentials $\omega = df$ of the meromorphic functions f on S which are 0 at the P_μ; if $F(P)$ is this kernel, then that same expression shows that $E(Q, P)/F(P)$, $E(P, Q)/F(Q)$ are two vector-spaces of finite dimension equal to $2g + (p-1)^+ + (q-1)^+$ (where p, q are the numbers of points in P, Q respectively, and $a^+ = \max(a, 0)$), and that $j(\omega, \omega')$ establishes a duality between them.

Now take $\omega' \in E(P, Q)$, and $c \in H_1(S-P, Q)$; let γ be a relative cycle in $S-P$ mod. Q belonging to the homology class c and disjoint from the poles of ω'; it is easy to see that $\int_\gamma \omega'$ depends only upon c and upon the class of ω' mod. $F(Q)$; therefore there is an $\omega_c \in E(Q, P)$ such that $\int_\gamma \omega' = j(\omega_c, \omega')$ for all ω', and the class of ω_c mod. $F(P)$ depends only upon c. Similarly, if $c' \in H_1(S-Q, P)$, one will attach to it an element $\omega'_{c'}$, of $E(P, Q)$, well defined mod. $F(Q)$.

It is easy to determine, in terms of the canonical dissection, the structure of $H_1(S-P, Q)$; this is generated by the a_λ, b_λ, by small circles γ_μ surrounding the P_μ and positively oriented, and by the linear combinations $\sum_\nu m_\nu q_\nu$ of the arcs q_ν, with integral coefficients m_ν satisfying $\sum_\nu m_\nu = 0$; the only relation between these generators is $\sum_\mu \gamma_\mu \sim 0$; $H_1(S-P, Q)$ is therefore a free abelian group of rank $2g + (p-1)^+ + (q-1)^+$. Also the intersection-numbers of cycles in $H_1(S-P, Q)$ with cycles in $H_1(S-Q, P)$ are then obvious. On the other hand, if one uses the second expression in (2) for $j(\omega, \omega')$, one obtains the conditions which $\omega = \omega_c$ has to satisfy, for a given c, in terms of the periods of ω and of the $\phi(P_\mu)$; proceeding similarly for $\omega'_{c'}$, one finds that *$j(\omega_c, \omega'_{c'})$ is equal to the intersection-number of c, c'* (i.e. of two cycles belonging to these homology classes).

While these are some of the main results of the author, he proceeds in an entirely different way. He first gives the algebraic definition of $j(\omega, \omega')$, and shows in a purely algebraic manner that this is a bilinear function on the spaces $E(Q, P)/F(P)$, $E(P, Q)/F(Q)$ and establishes a duality between them. He next defines ω_c, $\omega'_{c'}$ as above; and he calls $j(\omega_c, \omega'_{c'})$ the intersection-number of c, c'! He then (without condescending to say so) goes on to show that this intersection-number has the properties which characterize it from the topological point of view, viz., that it is an integer, that $I(\gamma, \gamma')=0$ if γ, γ' are disjoint, and that $I(\gamma, \gamma')=1$ if γ, γ' are arcs inside a small circle, with extremities on that circle, the cyclic order of these extremities being suitably related to the orientation; the proof for the second one of these facts (pp. 158–161) is a singularly difficult and tortuous one, appeals to a theorem (attributed to Montel) on so-called "normal families," and also (without any reference) to the fact that a continuous function of two complex variables, separately holomorphic in each, is holomorphic in both. All this could easily have been shown by means of the canonical dissection, even if one did not want merely to verify it *a posteriori* in the manner sketched above. The author now proceeds to the determination of the homology groups, which is far from easy and requires all the combined resources of topology and of algebraic function-theory. As this gives him the technical equivalent of the tools ordinarily provided by the canonical polygon and integration along its contour, he can then prove Abel's theorem and Riemann's bilinear inequalities; even at that stage, he needs two pages to prove Stokes' formula for the complement of the union of finitely many small circles on S, and two more pages, involving the use of differentials of the second kind, for the proof of the bilinear inequalities for periods of differentials of the first kind. On the other hand, a very simple and direct proof is given for the fact that the group of divisor-classes of degree 0 is isomorphic to the torus-group of real dimension $2g$.

We have not yet mentioned some illustrative sections in this and the earlier chapters, on fields of genus 0 and 1, on fields of elliptic functions, and one (Chapter IV, §9) on hyperelliptic fields. Except for the latter which is a kind of *tour de force* (hyperelliptic fields over an arbitrary field of constants had probably never been discussed before), these are elementary and could well have been given in the form of exercises or series of exercises; and it is greatly to be regretted that the author has not added many more in that form, out of his rich stock of knowledge on such subjects; he could thus have greatly enhanced the usefulness of the book at the cost of a very moderate increase in size. As it is, one will not even find in it a calculation of the genus of a field $k(x, y)$ defined by $y^2=P(x)$, where $P(x)$ is a polynomial. The book is also without any bibliography beyond a small number of references in the brief introduction, a few lines of which comprise all that the reader is told about the history of the subject; the name of Riemann occurs only as a label for some theorems and in "Riemann surface." Chapters I–VI are without a single reference; it is true that they are almost entirely self-sufficient, but even at places where a reference could help the reader (as e.g. in the section on elliptic functions) none is given; of the four references in Chapter VII, two (those to Montel and to Bourbaki) are irrelevant to the author's main purposes. There is nothing to indicate to the reader which results should be considered important, which ones could be further extended. As to the style, it is that of the modern algebraic or formalistic school; the resources of the English vocabulary and syntax could not be cut down any further. Definitions are either not motivated, or else the patronizing tone in which this is done indicates that it is mere condescension to human weaknesses of which the author does not approve. At the same time, as one could expect of him, he achieves everywhere the utmost precision; there is never one vague word to mislead the unwary, perplex the novice, or let loose the fancy of the imaginative. The reader is not to look forward to a conducted tour through a picturesque countryside; he is on a bus which runs to a schedule. Why should he want to look out of the window?

Enough has been said to indicate that, in spite of some shortcomings which it was our duty to point out, this is a valuable and useful book, and also a timely one. While it is not as attractively written as the classical paper of Dedekind and Weber, or as H. Weyl's *Idee der Riemannschen Fläche*, it covers far more ground than the former, and, even in its final chapter, has little in common with the latter. It was highly desirable that the principles of the theory of algebraic functions should be treated at least once in their full generality by purely algebraic methods; this is what the author has done as perhaps no one but he could do it, and for this he has a right to expect the gratitude of the mathematical community. His attitude towards his subject has been professedly one-sided; but his work should be of value, not only to those who will always prefer the algebraic methods for their own sake, but also to those who wish to ascertain both their scope and their limitations. Indeed some conclusions already seem to emerge from it, and will now briefly be set forth.

This branch of mathematics, says the author (p. v), has an "algebraico-arithmetical" and a geometric aspect; it is surprising that he should not even mention the function-theoretic method, which was that of Riemann, and is still in many ways the most powerful one of all; alone it supplies the proof for Riemann's existence theorems, and is therefore the only source of our present knowledge about the structure of the non-abelian extensions of a function-field; in higher-dimensional problems, it leads directly to harmonic integrals and the theory of Kähler manifolds, which has achieved such striking successes in the last 20 years. Even now its advantages are such that one who is chiefly interested in characteristic p will frequently begin by investigating the "classical" case and will do so by using function-theory, topology and harmonic integrals. However, as the author points out, there are valid reasons for considering other fields of constants than the complex numbers; if the characteristic is 0, it is still possible, by "Lefschetz' principle," to apply to them many of the results obtained in the classical case by function-theory; but finite fields of constants are becoming increasingly important, both for their own sake and because of possible applications to analytic number-theory; in particular, the so-called "singular series" depend upon numbers of solutions of equations over finite fields. Therefore, if for no other reason, one must be able to deal at any rate with fairly general fields of constants; and while in substance the means for doing so must be of a purely algebraic nature, one has to choose here between the language and technique of algebraic geometry and another language, originating in the theory of fields of algebraic numbers, which takes the function-field as the primary object of its study. "Whichever method is adopted," says the author, "the main results to be established are the same"; his book is good evidence to the contrary. On the one hand, the algebraic method which he follows emphasizes the analogies with algebraic numbers; one of its main advantages, in fact, is that many questions concerning algebraic numbers and functions of one variable can be so treated simultaneously, as has been shown by Artin and Whaples, and more recently by Hasse in his *Zahlentheorie*; in the book we are reviewing, the greater part of Chapters I, III and IV applies with little change to number-fields, and it is perhaps unfortunate that this is not pointed out there. For the same reasons, class-field theory can best be treated, at least at present, from that point of view; it is true that a treatment of class-field theory over function-fields of dimension 1 by the methods of algebraic geometry is greatly to be desired, for its own sake and as a preparation for the same theory in higher dimensions; but this would not, at least for some time to come, deprive the algebraic method of the advantages which it now seems to possess.

It also appears that the algebraic method is as yet the only one to deal with certain phenomena connected with inseparability. The algebraic geometer, in order to study a function-field, must assume, in the case of dimension 1, that it possesses a model without multiple points (a curve whose points are all absolutely simple in the sense of Zariski). But perhaps not much is lost by that assumption. It is always fulfilled in the case of a finite ground-field, since such fields are perfect; and the curves which arise from the application of the Picard method to varieties of higher dimension are without singular points, provided one starts from a "normal" variety. The fields which have no non-singular model may therefore, at the present moment, be regarded as pathological beings; these are the fields whose genus decreases under a suitable extension of the ground-field, and they are necessarily inseparable. If the author had excluded them, he could have spared himself some of the complications inherent in Chapters IV, V and VI; and the reader would not be left with the uncomfortable feeling of being told (sometimes without proof) that certain unpleasant things can happen, but not how and when they may happen. Thus, by imposing upon himself the task of working with an entirely unrestricted field of constants, the author, perhaps unintentionally, has overemphasized certain more or less pathological features connected with characteristic p, because he had to devise procedures which do not exclude them; on the other hand, far more interesting facts on characteristic p, such as Witt's residue-theorem for "Witt's vectors" (Crelles J., 176 (1936), p. 140), are not included, perhaps because the author considers them as pertaining to class-field theory.

The algebraic method begins to show its weakness when it comes to dealing with extensions of the field of constants. Here also a new language and new techniques had to be invented by the author, chiefly in order to show the invariance of the most important properties of a function-field under such extensions; in his introduction, he acknowledges the considerable effort which this has cost him, and, strangely enough, finds no better justification for it than a reference to a notably unsuccessful paper of Deuring on correspondence-theory, where the latter rediscovered rather clumsily a few of Severi's more elementary results on the same subject. Undoubtedly, whatever method is adopted, there are some crucial proofs (e.g. that of Theorem 4, Chapter V, p. 96) which cannot be avoided; but most readers of this book will feel the need for a language by which those properties and results which are invariant under an extension of the ground-field can be expressed and proved in a manner independent of that field; this is what algebra does not do, and what algebraic geometry does without any effort.

All this would not be decisive; as long as the geometer is exploring curves and nothing else than curves, the algebraist can keep pace with him; he will sometimes be in front, and at worst not far behind. What is decisive is that algebra stops short of higher-dimensional problems; and, even in the theory of curves, these cannot be avoided. To begin with, there are times when curves have to be embedded into projective spaces; even the author could not refrain at least once (at the end of Chapter IV) from interpreting in this manner a statement on the differentials of a non-hyperelliptic field. But the crucial test is supplied by the theory of correspondences, which is the theory of the product of two curves, and by that of the jacobian variety of a curve; there it would be impossible to take function-fields as the primary object, since one has to deal with properties of surfaces and varieties which depend upon the use of a particular model, and are not invariant under arbitrary birational transformations. It is therefore no accident that in the present book the group of divisor-classes of degree 0, which is nothing else than the jacobian, is discussed only in the "classical case" and by topological methods (v. Theorem 16 of Chapter VII, p. 176, and its corollary); and it is no accident that the algebraists who attacked those problems by their own methods failed to obtain any significant results.

Thus it appears that the author has somewhat overstated his claims, and has been too partial to the method dearest to his algebraic heart. Who would throw the first stone at him? It is rather with relief that one observes such signs of human frailty in this severely dehumanized book. And it would only remain for us to congratulate him on the service he has rendered to the mathematical public, if it were not necessary to devote some of our attention to typographical matters.

The book is generally well printed, and fairly free from misprints, much more so indeed than most previous publications of the same author; here are a few which might embarrass the reader: pp. 98–99, the references to Theorem 5 are really to Theorem 4; p. 111, l. 6–7, instead of "for the elements . . . to all be" read "for all the elements . . . to be"; p. 121, l. 6 from below, for "ramification index" read "differential exponent"; p. 123, l. 14, for "Theorem 5, V, §5" read "Theorem 4, V, §6"; p. 132, last line, for "such that" read "such that $\omega \equiv 0 \pmod{\mathfrak{a}^{-2}}$ and that"; p. 165, l. 22, for 2-chain, read 2-cycle. It is regrettable that the running title at the top of each page does not include the indication of the Chapter and §, as this makes references unnecessarily hard to find. But the point upon which we wish to draw attention is a far more serious one, and one which affects not merely this volume, but all modern mathematical printing in America. No typesetter would separate the word "and" into "a-" and "nd" at the end of a line. Yet on p. 169 of this book, $H_1(S-P, Q)$ is broken into $H_1(S-$ and $P, Q)$; on p. 149–150, a similar formula is similarly broken between one page and the next; on p. 121, the two factors of a product occur, one on line 22 and the other on line 23; several dozens of such instances could easily be given. It is difficult enough to follow such a text in detail without having constantly to reconstruct in one's mind what has been separated on paper; and, apart from all aesthetical considerations, such practices, which in this country are fast becoming the rule rather than the exception, may soon make many of our mathematical texts intolerably hard to read. It is high time that a reaction should set in against the tendency to cram as much text as possible into each page at the lowest possible cost, regardless of the effect on the reader; this will require a coordinated effort on the part of authors, editors and the printing-presses. The authors, who undoubtedly bear some responsibility for the present situation, should be more mindful of such matters in the preparation of their manuscripts; editors and editorial assistants should cooperate with them to a greater extent than sometimes happens now. As to the typesetters, who are doing an extraordinarily good job of setting the most complicated formulas, they could very easily be trained to avoid broken formulas, if their attention were drawn to it by the presses; they could well be trusted to use their judgment in displaying some long formulas, even in the absence of an indication from the author or editor; as to short formulas, all that is mostly required is some adjustment in the spacing of words; this might sometimes take more time than mechanically running along, but would still be far less expensive than later corrections which may affect a whole paragraph of type. Possibly, at least in the transitional period until typesetters acquire experience in such matters, the average cost of the printed page in mathematical texts would increase slightly; possibly the number of pages to be printed every year by mathematical journals would have to be somewhat cut down. Maybe the gain would be greater than the loss.

A. Weil

[1952a] Sur les théorèmes de de Rham

La démonstration actuellement la plus satisfaisante des célèbres théorèmes de de Rham est celle qui résulte de la théorie de l'homologie de H. Cartan, qui les renferme, ainsi que le théorème de dualité de Poincaré, comme cas particuliers. Mais cette théorie n'a fait l'objet que de publications partielles sous forme de notes de cours miméographiées[1]). A son origine se trouvent d'ailleurs, d'une part un mémoire de Leray, et d'autre part justement une démonstration des théorèmes de de Rham que je communiquai à Cartan en 1947. A défaut d'autre utilité, celle-ci peut encore servir d'introduction aux méthodes de Cartan; et c'est avant tout à ce titre que je la présente ici, avec des améliorations dont je dois quelques-unes à G. de Rham et à N. Hamilton; j'y joins une démonstration (datant aussi de 1947) du fait que tout espace possédant un recouvrement d'un certain type (dit «topologiquement simple») a même type d'homotopie que le nerf de ce recouvrement.

§ 1. Construction d'un recouvrement simple

Soit $(X_i)_{i\in I}$ une famille de parties d'un espace E, à ensemble d'indices I quelconque; on dit, comme on sait, que cette famille est *localement finie* si tout point de E a un voisinage qui ne rencontre qu'un nombre fini des X_i; si E est localement compact, il revient au même de dire que toute partie compacte de E ne rencontre qu'un nombre fini des X_i. Nous conviendrons une fois pour toutes, si $(X_i)_{i\in I}$ est une famille localement finie et si $J \subset I$, de poser $X_J = \bigcap_{i\in J} X_i$; l'ensemble N des parties non vides J de I telles que X_J ne soit pas vide s'appelle le **nerf** de la famille (X_i); si $J \in N$, J est finie.

L'objet de notre étude sera une variété différentiable V de dimension n, «paracompacte» c'est-à-dire dont toute composante connexe est dénombrable à l'infini; il revient au même de dire que V admet un recouvrement localement fini par des «cartes», c'est-à-dire par des parties ouvertes munies chacune d'un isomorphisme différentiable sur une partie

[1]) Cours de Harvard, 1948; Séminaire de l'E. N. S., Paris 1948—1949 et 1950—1951.

Reprinted by permission of the editors of *Comm. Math. Helv.*

ouverte de $\boldsymbol{R}^n$. Le mot «différentiable» sera toujours pris au sens «indéfiniment différentiable» (ou «de classe C^∞»). Cela n'est pas vraiment une restriction si on tient compte du théorème de Whitney d'après lequel toute variété de classe C^n, pour $n \geqslant 1$, admet un homéomorphisme de classe C^n sur une variété de classe C^∞; d'ailleurs la méthode qui va être exposée s'applique aussi aux variétés de classe C^n pour $n \geqslant 2$.

Notre outil principal sera *un recouvrement* $\mathfrak{U} = (U_i)_{i \in I}$ *localement fini de* V *par des ensembles ouverts* U_i *relativement compacts*, qui devra avoir de plus la propriété suivante: *chaque ensemble non vide* $U_J = \bigcap_{i \in J} U_i$ *possède une «rétraction différentiable»* c'est-à-dire une application différentiable φ_J de $U_J \times \boldsymbol{R}$ dans U_J telle que $\varphi_J(x, t) = x$ chaque fois que $x \in U_J$ et que $t \geqslant 1$, et que φ_J soit constante sur $U_J \times]-\infty, 0]$. Un tel recouvrement, muni de la donnée des rétractions φ_J, sera dit *différentiablement simple.*

Pour construire un tel recouvrement, on peut, comme le fait de Rham[2]), se servir d'un ds^2, mais il est peut-être plus élémentaire de procéder comme suit. Partons d'un recouvrement localement fini de V par des cartes ouvertes relativement compactes V_i; à V_i sera donc attaché un isomorphisme différentiable de V_i sur une partie ouverte de $\boldsymbol{R}^n$ au moyen de «coordonnées locales» $t_1^{(i)}, \ldots, t_n^{(i)}$. On peut alors, pour chaque i, définir des ouverts W_i, W_i' et une fonction f_i différentiable sur V de manière que les W_i forment encore un recouvrement de V, que l'on ait $\overline{W}_i \subset W_i'$ et $\overline{W}_i' \subset V_i$, et que f_i ait la valeur 1 sur $\overline{W}_i$ et 0 en dehors de W_i'. Posons $f_{i0} = f_i$, et désignons par f_{ij} la fonction égale à $f_i t_j^{(i)}$ dans V_i et à 0 en dehors de V_i; l'ensemble des fonctions f_{ij} pour $0 \leqslant j \leqslant n$, et pour toutes les valeurs de i, détermine une application de V dans l'espace $\boldsymbol{R}^{(A)}$, où A est l'ensemble des couples (i, j); on sait qu'on désigne ainsi l'espace vectoriel des applications de A dans $\boldsymbol{R}$ qui prennent la valeur 0 partout sauf en un nombre fini d'éléments de A. De plus, l'application (f_{ij}) de V dans $\boldsymbol{R}^{(A)}$ détermine sur toute partie ouverte relativement compacte Z de V un isomorphisme différentiable de Z sur une sous-variété d'un sous-espace vectoriel de dimension finie de $\boldsymbol{R}^{(A)}$. On pourra donc simplifier le langage en identifiant V avec son image dans $\boldsymbol{R}^{(A)}$. Sur $\boldsymbol{R}^{(A)}$, nous mettrons une structure d'espace métrique («préhilbertien») au moyen de la distance $d(x, y) = [\sum_{i,j} (x_{ij} - y_{ij})^2]^{\frac{1}{2}}$; elle

[2]) Cf. *G. de Rham*, Complexes à automorphismes et homéomorphie différentiable, Ann. Gren. 2 (1950) p. 51. Ce dernier exposé, comme ma démonstration de 1947, reste limité au cas compact; mais c'est de Rham qui m'a indiqué la possibilité d'étendre l'une et l'autre méthode aux variétés non compactes.

fait de tout sous-espace de dimension finie de $\boldsymbol{R}^{(A)}$ un espace euclidien. D'après ce qui précède, la distance de $\overline{W}_i$ à $V - W'_i$ est $\geqslant 1$, puisque la coordonnée x_{i0} a la valeur 1 sur le premier ensemble et 0 sur le second.

Pour tout $x \in V$, désignons par T_x la variété linéaire tangente à V en x, et par P_x la projection orthogonale de $\boldsymbol{R}^{(A)}$ sur T_x, considérée comme application linéaire de $\boldsymbol{R}^{(A)}$ sur T_x; et désignons par $U(x, r)$ l'intersection de V avec la boule ouverte de centre x et de rayon r; si $x \in \overline{W}_i$ et $r < 1$, on aura $U(x, r) \subset W'_i$; donc $U(x, r)$ est relativement compact pourvu que $r < 1$.

Soit $x \in \overline{W}_i$; soit E un espace vectoriel de dimension finie contenant $\overline{W}'_i$. En prenant dans E des coordonnées orthogonales d'origine x, les n premiers vecteurs coordonnés étant choisis dans T_x, on voit que x possède un voisinage ouvert U contenu dans W'_i et ayant les propriétés suivantes: (a) quel que soit $y \in U$, P_y induit sur U un isomorphisme différentiable (c'est-à-dire une application biunivoque, partout de rang n) de U sur son image $U_y = P_y(U)$ dans T_y; (b) quels que soient y, z_1, z_2 dans $\overline{U}$, on a $d(z_1, z_2) < 2d\big(P_y(z_1), P_y(z_2)\big)$; (c) quel que soit $z_0 \in U$, $d(z_0, z)^2$ est une fonction convexe de $P_y(z)$ dans U_y. En effet, cette dernière condition signifie que la matrice des dérivées secondes de $d(z_0, z)^2$ par rapport aux coordonnées de $P_y(z)$ dans T_y est la matrice d'une forme quadratique définie positive; or, dès que U est assez petit, cette matrice est aussi voisine qu'on veut de sa valeur pour $y = z_0 = z = x$, valeur qui n'est autre que la matrice unité. Soit alors K une partie compacte de V; recouvrons K par des ensembles U_α en nombre fini ayant les propriétés (a), (b), (c); et prenons $r(K) > 0$ et < 1 tel que $U\big(x, r(K)\big)$ soit contenu dans l'un des U_α quel que soit $x \in K$; ainsi $U\big(x, r(K)\big)$ aura les propriétés (a), (b), (c) quel que soit $x \in K$. De plus, pour $x \in K$ et $r = r(K)$, la projection $P_x[U(x, r)]$ de $U(x, r)$ sur T_x contiendra tous les points de T_x à distance $< r/2$ de x; en effet, si z' est un point frontière de cette projection, z' sera point limite de points $z'_\nu = P_x(z_\nu)$ avec $z_\nu \in U(x, r)$; $U(x, r)$ étant relativement compact sur V, on pourra remplacer les z_ν par une suite partielle ayant une limite z sur V. Comme P_x est un isomorphisme différentiable de $U(x, r)$ sur son image, tout point intérieur de $U(x, r)$ se projette sur un point intérieur de $P_x[U(x, r)]$; donc z est un point frontière de $U(x, r)$, et on a $d(x, z) = r$, d'où $d(x, z') > r/2$ en vertu de (b). Montrons maintenant que, si $x \in K$, $0 < r \leqslant r(K)/4$, et $y \in U(x, r)$, P_x induit sur $U(y, r)$ un isomorphisme différentiable de $U(y, r)$ sur une partie convexe de T_x. Comme on a $U(y, r) \subset U(x, 2r)$, le seul point à démontrer est la convexité de $P_x[U(y, r)]$. Or c'est là l'ensemble des points $z' = P_x(z)$

pour $z \in U(x, r(K))$ et $d(y,z)^2 < r^2$. Considérons deux tels points $z'_1 = P_x(z_1)$, $z'_2 = P_x(z_2)$; on a, pour $h = 1$ et $h = 2$, $d(z_h, x) < 2r$, donc $d(z'_h, x) < 2r$, donc aussi $d(z', x) < 2r \leqslant r(K)/2$ quel que soit z' sur le segment de droite qui joint z'_1 et z'_2 dans T_x ; ce segment est donc contenu dans $P_x[U(x, r(K))]$; comme $d(y,z)^2$ est une fonction convexe de $z' = P_x(z)$ dans ce dernier ensemble, c'est une fonction convexe de z' sur le segment qui joint z'_1 et z'_2 ; la valeur de cette fonction étant $< r^2$ aux extrémités du segment, elle l'est aussi sur tout le segment ; celui-ci est donc bien contenu dans $P_x[U(y, r)]$.

Cela étant, choisissons pour chaque i des points $x_{i\lambda}$ de $\overline{W}_i$, en nombre fini, tels que les ensembles $U_{i\lambda} = U(x_{i\lambda}, r(\overline{W}'_i)/4)$ forment un recouvrement de $\overline{W}_i$; je dis que les $U_{i\lambda}$ forment un recouvrement différentiablement simple de V. Comme on a $x_{i\lambda} \in \overline{W}_i$ et $r(\overline{W}'_i)/4 < 1$, on a $U_{i\lambda} \subset W'_i$, donc les $U_{i\lambda}$ sont relativement compacts et forment un recouvrement localement fini de V. Soit x un point commun à des ensembles $U_{i\lambda}, U_{j\mu}, U_{k\nu}, \ldots$, en nombre nécessairement fini ; soit r le plus grand des nombres $r(\overline{W}'_i), r(\overline{W}'_j), r(\overline{W}'_k), \ldots$; supposons par exemple qu'on ait $r = r(\overline{W}'_i)$. Alors chacun des ensembles $U_{i\lambda}$, $U_{j\mu}$, $\ldots$, est de la forme $U(y, r')$, avec $y \in U(x, r')$ et $r' \leqslant r(\overline{W}'_i)/4$; ils sont tous contenus dans $U(x, r(\overline{W}'_i))$, et, comme $x \in \overline{W}'_i$, P_x induit sur $U(x, r(\overline{W}'_i))$ un isomorphisme différentiable dans lequel chacun des $U_{i\lambda}, U_{j\mu}, \ldots$ a pour image une partie ouverte convexe de T_x d'après ce qu'on a démontré plus haut ; P_x induit donc aussi sur leur intersection un isomorphisme différentiable sur une partie ouverte convexe U' de T_x. Celle-ci admet la rétraction $(z', t) \rightarrow x + \lambda(t)(z' - x)$, où $\lambda(t)$ est une fonction différentiable sur $\boldsymbol{R}$, égale à 0 pour $t \leqslant 0$ et à 1 pour $t \geqslant 1$; en vertu de l'isomorphisme induit par P_x, cette rétraction se transporte à l'intersection des $U_{i\lambda}, U_{j\mu}, \ldots$, ce qui achève la démonstration.

Nous n'avons fait usage en réalité que du fait que, lorsque V est plongée dans $\boldsymbol{R}^{(A)}$, toute partie compacte de V est de courbure bornée, ou encore que tout point de V a un voisinage qui peut se représenter paramétriquement au moyen de fonctions de classe C^1 dont les dérivées d'ordre 1 ont leurs nombres dérivés bornés. Déjà pour une variété V de classe C^1, il ne semble pas aisé de construire un recouvrement simple sans définir d'abord sur V une structure de classe C^2 au moyen du théorème de Whitney déjà cité ; et le problème de l'existence d'un recouvrement simple reste ouvert en ce qui concerne les variétés de classe C^0 ; bien entendu, pour une telle variété, on n'imposerait plus aux rétractions φ_J que d'être continues. En revanche, tout complexe simplicial localement fini admet trivialement un tel recouvrement, formé des étoiles ouvertes de ses sommets ; en vue de ce qui va suivre, rappelons brièvement quelques définitions relatives à ces complexes. Par un complexe simplicial abstrait, on entend un ensemble N de parties finies non vides d'un ensemble quelconque I, tel que, si $J \in N$, toute partie non vide de J appartienne aussi à N ; N est dit localement fini (ou star-fini) si tout $i \in I$ n'appartient au plus qu'à un nombre fini d'éléments de N. Nous conviendrons d'identifier le complexe abstrait N avec sa «réalisation géométrique», c'est-à-dire avec l'ensemble des points $x = (x_i)_{i \in I}$ de l'espace $\boldsymbol{R}^{(I)}$ tels que $\sum_{i \in I} x_i = 1$, $x_i \geqslant 0$ pour tout i, et que l'ensemble des $i \in I$ tels que $x_i \neq 0$ appartienne à N. Sans restreindre la généralité, on peut supposer que I est la réunion des ensembles de N (sinon on remplacerait I par cette réunion) ; pour chaque i, soit e_i le point de $\boldsymbol{R}^{(I)}$ dont la coordonnée d'indice i est 1 et les autres sont nulles ; les éléments i de I, ou aussi les points e_i qui leur correspondent, seront appelés les sommets de N. A tout $J \in N$, on fera correspondre, d'une part le simplexe Σ_J, ensemble des points $x = (x_i)$ de N tels que $x_i = 0$ pour i n'appartenant pas à J, d'autre part l'étoile ouverte St_J, ensemble des points $x = (x_i)$ de N tels que $x_i > 0$ pour $i \in J$; si $J = \{i\}$, Σ_J se réduit au sommet e_i de N, et St_J, qu'on écrira St_i, est dite l'étoile ouverte de e_i ; pour $J \in N$, on a $St_J = \bigcap_{i \in J} St_i$. Si J a m éléments, donc si Σ_J est de dimension $m - 1$, le centre de gravité (ou barycentre) de Σ_J sera le point $e_J = (x_i)$, avec $x_i = 1/m$ pour $i \in J$, $x_j = 0$ pour j n'appartenant pas à J. Si la fonction $\lambda(t)$ est définie comme plus haut, $(x, t) \to e_J + \lambda(t)(x - e_J)$ est une rétraction de St_J ; les St_i forment donc bien un recouvrement simple de N.

§ 2. Les formes différentielles

Par une forme différentielle, on entendra toujours une telle forme dont les coefficients, lorsqu'on exprime localement la forme au moyen de coordonnées locales, soient des fonctions de classe C^∞ de ces coordonnées. Une forme ω est dite fermée si $d\omega = 0$; elle est dite homologue à 0, sur la variété où elle est définie, s'il existe sur cette variété une forme η telle que $\omega = d\eta$.

Soit U une partie ouverte d'une variété différentiable V, munie d'une rétraction φ ; soit ω une forme de degré m sur U ; considérons sur $U \times \boldsymbol{R}$ la forme $\omega[\varphi(x, t)]$, image réciproque de ω par φ. Si, au voisinage d'un point de $U, x_1, \ldots, x_n$ sont des coordonnées locales, on pourra écrire :

$$\omega[\varphi(x,t)] = \sum_{(i)} f_{(i)}(x,t)dx_{i_1}\wedge\ldots\wedge dx_{i_m} + \sum_{(j)} g_{(j)}(x,t)dt\wedge dx_{j_1}\wedge\ldots\wedge dx_{j_{m-1}},$$

où $\wedge$ désigne le produit extérieur. Dans le même voisinage, considérons la forme $I\omega$ de degré $m-1$ définie par

$$I\,\omega = \sum_{(j)} \Big(\int_0^1 g_{(j)}(x,t)\,dt\Big)\,dx_{j_1}\wedge\ldots\wedge dx_{j_{m-1}}.$$

On vérifie immédiatement que cet opérateur est compatible avec les changements de coordonnées locales et peut donc être considéré comme défini globalement dans U; si $m=0$, on a $I\,\omega = 0$. Au moyen de l'expression locale de I, on vérifie aussitôt que l'on a $\omega = Id\omega + dI\omega$ si $m>0$; si $m=0$, on a $\omega = Id\omega + \omega(a)$ si a est la valeur constante de $\varphi(x,t)$ pour $t\leqslant 0$. Il s'ensuit que, si $m>0$, $d\omega=0$ entraîne $\omega = dI\omega$.

Supposons maintenant donné, une fois pour toutes, un recouvrement différentiablement simple $\mathfrak{U} = (U_i)_{i\in I}$ de V; soit N le nerf de $\mathfrak{U}$. Si $H=(i_0, i_1, \ldots, i_p)$ est une suite quelconque d'éléments (distincts ou non) de I, on désignera par $|H|$ l'ensemble des i_ν distincts. Par un *coélément différentiel de bidegré* (m,p), on entendra un système $\Omega = (\omega_H) = (\omega_{i_0 i_1\ldots i_p})$ de formes de degré m, respectivement attachées aux suites $H=(i_0 i_1 \ldots i_p)$ de $p+1$ éléments de I telles que $|H|\in N$, ω_H étant pour tout H une forme définie dans $U_{|H|} = \bigcap_{0\leqslant\nu\leqslant p} U_{i_\nu}$. Le coélément Ω sera dit *fini* s'il ne comprend qu'un nombre fini de formes $\omega_H \neq 0$; il sera dit *alterné* si $\omega_H = \omega_{i_0\ldots i_p}$ est une fonction alternée des indices $i_0, \ldots, i_p$, ce qui implique que cette forme est nulle si les i_ν ne sont pas tous distincts.

Si $\Omega = (\omega_H)$ est un coélément de bidegré (m,p), $d\Omega = (d\omega_H)$ est un coélément de bidegré $(m+1,p)$. Comme par hypothèse on s'est donné une rétraction φ_J de U_J pour tout $J\in N$, on peut définir comme ci-dessus, pour tout $J\in N$, un opérateur I_J tel que $\omega = dI_J\omega$ pour toute forme fermée ω de degré $m>0$, définie dans U_J. Alors, si $\Omega = (\omega_H)$ est un coélément de bidegré (m,p), $I\Omega = (I_{|H|}\,\omega_H)$ est un coélément de bidegré $(m-1,p)$; si $m>0$, on a $\Omega = Id\Omega + dI\Omega$, et par suite $d\Omega=0$ entraîne $\Omega = dI\Omega$. Si $m=0$, $\Omega=(f_H)$ est un système de fonctions; comme les U_H sont rétractiles et par suite connexes, les f_H seront des constantes si $d\Omega = 0$; donc, en ce cas, Ω n'est pas autre chose qu'un système (ξ_H) de nombres réels respectivement attachés aux suites H de $p+1$ éléments de I telles que $|H|\in N$; c'est là ce qu'on appelle, comme on sait, une *cochaîne* de N (à coefficients réels), finie ou alternée si Ω est fini ou est alterné. Il est clair que les opérateurs d, I transforment les coéléments finis en coéléments finis, les coéléments alternés en coéléments alternés.

Soit encore $\Omega = (\omega_H) = (\omega_{i_0 \ldots i_p})$ un coélément de bidegré (m, p); on appellera *cobord* de Ω, et on désignera par $\delta\Omega$, le coélément $\delta\Omega = (\eta_{i_0 \ldots i_{p+1}})$ de bidegré $(m, p+1)$ défini par

$$\eta_{i_0 \ldots i_{p+1}} = \sum_{\nu=0}^{p+1} (-1)^\nu \omega_{i_0 \ldots i_{\nu-1} i_{\nu+1} \ldots i_{p+1}},$$

où il doit être entendu que chacun des termes du second membre est à remplacer par la forme qu'il induit sur $U_{|i_0 \ldots i_{p+1}|}$, ce qui a un sens puisque ce dernier ensemble est l'intersection des ensembles où ces termes sont définis. De même, si ω est une forme de degré m définie sur V, et si ω induit sur U_i la forme ω_i, on posera $\delta\omega = (\omega_i)$; $\delta\omega$ est donc un coélément alterné de bidegré $(m, 0)$, fini si ω est à support compact et dans ce cas seulement. Il est clair que δ est permutable avec d et transforme tout coélément fini en un coélément fini et tout coélément alterné en un coélément alterné; et on vérifie immédiatement que $\delta^2 = 0$.

Pour définir le dernier opérateur dont nous avons besoin, donnons-nous une fois pour toutes une partition différentiable de l'unité subordonnée au recouvrement $\mathfrak{U}$; on entend par là, comme on sait, une famille $(f_i)_{i \in I}$ de fonctions différentiables et $\geqslant 0$ sur V, telles que $\sum_{i \in I} f_i = 1$ et que le support de f_i (c'est-à-dire l'adhérence de l'ensemble où $f_i > 0$) soit contenu dans U_i pour tout $i \in I$. Cela posé, soient $J \in N$, $i \in I$ et $J' = J \cup \{i\}$; si ω est une forme définie dans $U_{J'}$, on conviendra de désigner par $f_i \omega$ la forme définie dans U_J qui est égale à $f_i \omega$ dans $U_{J'}$ et à 0 dans $U_J \cap \complement(U_{J'})$; il est immédiat en effet que c'est bien là une forme (à coefficients différentiables) dans U_J; si J' n'appartient pas à N, c'est-à-dire si $U_{J'} = \emptyset$, cette définition entraîne que $f_i \omega = 0$. Avec cette convention, si $\Omega = (\omega_H)$ est un coélément de bidegré (m, p) avec $p > 0$, nous poserons [3]) $K\Omega = (\zeta_{i_0 \ldots i_{p-1}})$, avec

$$\zeta_{i_0 \ldots i_{p-1}} = \sum_{k \in I} f_k \omega_{k i_0 \ldots i_{p-1}},$$

où les termes du second membre doivent être entendus comme il vient d'être dit. De même, si $\Omega = (\omega_i)$ est un coélément de bidegré $(m, 0)$, on désignera par $K\Omega$ la forme $\omega = \sum_{k \in I} f_k \omega_k$, où on doit entendre par $f_k \omega_k$ la forme définie sur V, égale à $f_k \omega_k$ dans U_k et à 0 en dehors de

[3]) Je dois l'opérateur K à N. Hamilton. Ma démonstration primitive se servait, au lieu de K, du théorème de prolongement de Whitney

U_k; ω est donc une forme définie sur V. Si Ω est de bidegré (m, p) et est fini, $K\Omega$ est fini si $p>0$, et est une forme à support compact si $p=0$; si Ω est alterné et $p>0$, $K\Omega$ est alterné. On vérifie immédiatement qu'on a $\Omega = K\delta\Omega + \delta K\Omega$, donc que $\delta\Omega = 0$ entraîne $\Omega = \delta K\Omega$, pour $p \geqslant 0$; si ω est une forme, on a $\omega = K\delta\omega$, et $\delta\omega = 0$ entraîne donc $\omega = 0$.

Dans ces conditions, considérons toutes les suites $(\omega, \Omega_0, \Omega_1, \ldots, \Omega_{m-1}, \Xi)$ où ω est une forme de degré $m>0$ sur V, Ω_h un coélément de bidegré $(m-h-1, h)$ pour $0 \leqslant h \leqslant m-1$, et Ξ un coélément de bidegré $(0, m)$, satisfaisant aux relations

$$\delta\omega = d\Omega_0; \quad \delta\Omega_h = d\Omega_{h+1} \quad (0 \leqslant h \leqslant m-2); \quad \delta\Omega_{m-1} = \Xi . \tag{I}$$

S'il en est ainsi, on a $d\delta\Omega_h = 0$ pour $0 \leqslant h \leqslant m-1$, $d\Xi = 0$ et $\delta\Xi = 0$, et $\delta d\omega = 0$ d'où $d\omega = K\delta d\omega = 0$. Donc ω appartient à l'espace vectoriel $\mathfrak{F}_m$ (sur $\boldsymbol{R}$) des formes fermées sur V; Ω_h appartient à l'espace vectoriel $\mathfrak{F}_{m,h}$ des coéléments de bidegré $(m-h-1, h)$ qui satisfont à $d\delta\Omega = 0$; quant à Ξ, puisqu'on a $d\Xi = 0$, on peut, comme on a vu, le considérer comme une cochaîne de N; comme $\delta\Xi = 0$, c'est un cocycle; donc Ξ appartient à l'espace vectoriel des cocycles de dimension m de N (à coefficients réels). Supposons Ω_h donné dans $\mathfrak{F}_{m,h}$, et $h<m-1$; alors la relation $\delta\Omega_h = d\Omega_{h+1}$ est satisfaite pour $\Omega_{h+1} = I\delta\Omega_h$. Supposons que Ω_h soit dans la somme $\mathfrak{H}_{m,h}$ des sous-espaces de $\mathfrak{F}_{m,h}$ respectivement déterminés par les conditions $d\Omega = 0$ et $\delta\Omega = 0$; on aura donc $\Omega_h = X + Y$, $dX = 0$, $\delta Y = 0$; comme X est de bidegré $(m-h-1, h)$, et qu'on a $m-h-1>0$, $dX = 0$ entraîne $X = dIX$; on aura donc $\delta\Omega_h = \delta d(IX)$, d'où $dZ = 0$ en posant $Z = \Omega_{h+1} - \delta IX$; comme on a $\Omega_{h+1} = \delta(IX) + Z$, $dZ = 0$, Ω_{h+1} est dans $\mathfrak{H}_{m,h+1}$. Exactement de même, on voit que, si Ω_{h+1} est donné dans $\mathfrak{F}_{m,h+1}$, la relation $\delta\Omega_h = d\Omega_{h+1}$ est satisfaite par $\Omega_h = Kd\Omega_{h+1}$, puis que $\Omega_{h+1} \in \mathfrak{H}_{m,h+1}$ entraîne $\Omega_h \in \mathfrak{H}_{m,h}$. Il s'ensuit que la relation $\delta\Omega_h = d\Omega_{h+1}$ détermine un isomorphisme entre les espaces vectoriels $\mathfrak{F}_{m,h}/\mathfrak{H}_{m,h}$ et $\mathfrak{F}_{m,h+1}/\mathfrak{H}_{m,h+1}$.

De même, si Ω_0 est donné dans $\mathfrak{F}_{m,0}$, on satisfera à $\delta\omega = d\Omega_0$ en prenant $\omega = Kd\Omega_0$; si Ω_0 est dans $\mathfrak{H}_{m,0}$, on aura $\Omega_0 = X + Y$, $dX = 0$, $\delta Y = 0$, d'où $Y = \delta(KY)$, et $\delta\omega = dY = \delta d(KY)$, d'où, en posant $\eta = KY$, $\delta(\omega - d\eta) = 0$, donc $\omega = d\eta$. Réciproquement, si ω est donnée dans $\mathfrak{F}_m$, on satisfera à $\delta\omega = d\Omega_0$ en prenant $\Omega_0 = I\delta\omega$; si $\omega = d\eta$, on aura $\delta d\eta = d\Omega_0$, donc, en posant $X = \Omega_0 - \delta\eta$, $\Omega_0 = X + \delta\eta$, $dX = 0$, donc $\Omega_0 \in \mathfrak{H}_{m,0}$. En désignant par $\mathfrak{H}_m$ l'espace vectoriel des formes de degré m homologues à 0 sur V, on voit donc que la relation $\delta\omega = d\Omega_0$ détermine un isomorphisme entre le «groupe de de Rham» $\mathfrak{F}_m/\mathfrak{H}_m$ et $\mathfrak{F}_{m,0}/\mathfrak{H}_{m,0}$. Enfin, si $\Omega_{m-1} = X + Y$, $dX = 0$, $\delta Y = 0$, on a $\Xi = \delta X$, et X est une cochaîne de N, donc Ξ est un cobord de N ; réciproquement, si Ξ est donné et $\delta\Xi = 0$, on satisfait à $\delta\Omega_{m-1} = \Xi$ en prenant $\Omega_{m-1} = K\,\Xi$; si $\Xi = \delta X$, où X est une cochaîne c'est-à-dire un coélément satisfaisant à $dX = 0$, on aura $\Omega_{m-1} = X + Y$, $dX = 0$, $\delta Y = 0$. Donc la relation $\delta\Omega_{m-1} = \Xi$ détermine un isomorphisme entre $\mathfrak{F}_{m,m-1}/\mathfrak{H}_{m,m-1}$ et le groupe de cohomologie $H^m(N)$ de dimension m de N à coefficients réels. En définitive, (I) *établit donc un isomorphisme entre le groupe de de Rham* $\mathfrak{F}_m/\mathfrak{H}_m$ *de* V, *et le groupe* $H^m(N)$; *et cet isomorphisme est canoniquement déterminé par la seule donnée du recouvrement simple* $\mathfrak{U}$.

On voit de plus que, si on se donne la forme fermée ω, on peut prendre $\Omega_h = (I\delta)^{h+1}\omega$, $\Xi = \delta(I\delta)^m\omega$; réciproquement, si on se donne le cocycle $\Xi = (\xi_{i_0\ldots i_m})$, on pourra prendre $\Omega_h = K(dK)^{m-h-1}\Xi$, $\omega = K(dK)^m\Xi$, c'est-à-dire:

$$\omega = (-1)^{\frac{m(m-1)}{2}} \sum_{i_0, i_1, \ldots, i_m} \xi_{i_0\ldots i_m} f_{i_m} df_{i_0} \wedge \ldots \wedge df_{i_{m-1}} .$$

Pour $m = 0$, on substituera aux relations (I) l'unique relation $\delta\omega = \Xi$, d'où on déduit trivialement les mêmes résultats.

Il n'y a rien à changer à ce qui précède si on désire considérer exclusivement des coéléments et cochaînes alternés. Il n'y a rien à y changer si, au lieu des formes, on désire considérer les «courants» (ce sont les formes dont les coefficients, quand on les exprime au moyen de coordonnées locales, sont des distributions au lieu d'être des fonctions différentiables). Enfin, il n'y a rien à y changer non plus si on désire considérer exclusivement les coéléments et cochaînes finis et les formes à support compact ; en ce cas, bien entendu, on n'aboutit pas en général aux mêmes groupes que précédemment, mais on obtient un isomorphisme entre les groupes de de Rham à support compact et les groupes de cohomologie de N relatifs aux cochaînes finies.

Enfin, supposons qu'on se soit donné deux formes fermées ω, ω' de degrés respectifs m, r, et qu'on ait formé deux suites $(\omega, \Omega_0, \ldots, \Omega_{m-1}, \Xi)$ et $(\omega', \Omega'_0, \ldots, \Omega'_{r-1}, \Xi')$ satisfaisant à (I). On peut alors former, sans nouvelle intégration, une suite $(\omega'', \Omega''_0, \ldots, \Omega''_{m+r-1}, \Xi'')$ satisfaisant à (I) et commençant par le produit extérieur $\omega'' = \omega\wedge\omega'$. Posons en effet $\Omega_h = (\omega^h_{i_0\ldots i_h})$, $\Xi = (\xi_{i_0\ldots i_m})$, et de même pour Ω'_k, Ξ' ; on pourra alors prendre :

$$\Omega''_h = (\omega^h_{i_0 \ldots i_h} \wedge \omega') \qquad (0 \leqslant h \leqslant m-1) ,$$
$$\Omega''_{m+k} = (\xi_{i_0 \ldots i_m} \omega'^k_{i_m \ldots i_{m+k}}) \qquad (0 \leqslant k \leqslant r-1) ,$$
$$\Xi'' = (\xi_{i_0 \ldots i_m} \xi'_{i_m \ldots i_{m+r}}) ,$$

c'est-à-dire $\Xi'' = \Xi \smile \Xi'$. Si on s'était servi exclusivement de coéléments alternés, les formules ci-dessus seraient à modifier ; la manière la plus simple de le faire est d'ordonner une fois pour toutes les $i \in I$ et de convenir que les Ω''_{m+k} et Ξ'' sont alternés et ont leurs composantes données par les formules ci-dessus pour $i_0 < i_1 < \cdots < i_{m+r}$; cela donne le «cup-product» de Whitney.

§ 3. Les cycles singuliers

Les hypothèses et notations restant les mêmes qu'au § 2, nous passons maintenant à l'étude des cycles singuliers différentiables.

Dans un espace affine, considérons $m+1$ points $a_0, \ldots, a_m$; soit K le plus petit ensemble convexe contenant les a_μ, et soit L la variété linéaire qui porte K ; L est l'ensemble des points $\sum_{\mu=0}^{m} x_\mu a_\mu$ pour $\sum_\mu x_\mu = 1$, et K est l'ensemble des points de cette forme pour lesquels $\sum_\mu x_\mu = 1$ et $x_\mu \geqslant 0$ pour tout μ. Si L est de dimension m, K est un «simplexe euclidien» de dimension m, de sommets $a_0, \ldots, a_m$. En particulier, si e_μ est le vecteur dans $\boldsymbol{R}^{m+1}$ dont la μ-ième composante est 1 et les autres sont nulles, on notera Σ^m le simplexe de sommets $e_0, \ldots, e_m$, c'est-à-dire l'ensemble des $x = (x_\mu)$ de $\boldsymbol{R}^{m+1}$ tels que $\sum_\mu x_\mu = 1$ et $x_\mu \geqslant 0$ pour tout μ.

Par un simplexe singulier différentiable de dimension m dans V, on entendra, suivant S. Eilenberg [4]), la restriction à Σ^m d'une application différentiable f dans V d'un voisinage de Σ^m ; $f(\Sigma^m)$ sera dit le support de ce simplexe. Si de plus K et L sont définis comme ci-dessus à partir de points $a_0, \ldots, a_m$, et que f soit une application différentiable dans V d'un voisinage de K (dans l'espace ambiant ou seulement dans L), l'application $(x_0, \ldots, x_m) \to f(\sum_\mu x_\mu a_\mu)$, restreinte à Σ^m, est un simplexe singulier différentiable qui sera noté $[f ; a_0 \ldots a_m]$; il est dégénéré si L est de dimension $< m$.

Le mot «différentiable» sera en général sous-entendu dans ce qui suit. Par une *chaîne* (ou plus explicitement une chaîne singulière différen-

---

[4]) *S. Eilenberg*, Singular homology in differentiable manifolds, Ann. Math. 48 (1947) p. 670.

tiable) de dimension m dans V, à coefficients dans un groupe abélien G, on entendra toute expression de la forme $t = \sum_{\varrho} c_{\varrho} s_{\varrho}$, où les c_{ϱ} sont dans G et les s_{ϱ} sont des simplexes singuliers de dimension m dans V dont les supports forment une famille localement finie ; une telle expression sera dite réduite si tous les s_{ϱ} sont distincts et tous les c_{ϱ} sont $\neq 0$. Toute chaîne possède une expression réduite et une seule ; le *support* $|t|$ d'une chaîne t sera la réunion des supports des simplexes figurant dans l'expression réduite de t ; on dira que t est contenue dans une partie U de V si $|t| \subset U$. Une chaîne est dite *finie* si son expression réduite est une somme finie, ou, ce qui revient au même, si son support est compact. Si $t = \sum_{\varrho} c_{\varrho} s_{\varrho}$ est une chaîne finie, on posera $\deg(t) = \sum_{\varrho} c_{\varrho}$.

Si $s = [f; a_0 \ldots a_m]$ et qu'on pose $s_{\mu} = [f; a_0 \ldots a_{\mu-1} a_{\mu+1} \ldots a_m]$, la chaîne finie $bs = \sum_{\mu=0}^{m} (-1)^{\mu} s_{\mu}$ s'appelle le *bord* de s ; cet opérateur s'étend aux chaînes par linéarité ; une chaîne de bord nul s'appelle un cycle ; on a $b^2 = 0$, ce qui permet de définir des groupes d'homologie de V au moyen de b et du groupe des chaînes (ou encore du groupe des chaînes finies) à coefficients dans G. Si t est de dimension 0, on a $bt = 0$, mais on posera $b_0 t = \deg(t)$ si t est fini ; on a $b_0 bt = 0$ si t est de dimension 1. Plus généralement, on a $\deg(bt) = \deg(t)$ si t est de dimension m paire > 0, et $\deg(bt) = 0$ en tout autre cas.

Soit s un simplexe singulier défini par une application différentiable f dans V d'un voisinage W de Σ^m ; si ω est une forme de degré m dans V, son image réciproque $\omega[f(x)]$ par f est une forme de degré m dans W, dont l'intégrale sur Σ^m est par définition l'intégrale $\int_s \omega$ de ω sur s ; cette définition s'étend par linéarité aux chaînes finies à coefficients réels, et même à toutes les chaînes à coefficients réels si ω est à support compact. On a la formule de Stokes $\int_t d\omega = \int_{bt} \omega$, valable chaque fois que t est une chaîne finie ou que ω est à support compact. Au moyen de $\int_t \omega$, qui est une forme bilinéaire en t et ω, les chaînes finies sont mises en dualité avec les formes, et les chaînes avec les formes à support compact, ce qui permet de transposer aux chaînes, par dualité, les opérations et les résultats du § 2 ; mais nous allons en donner un exposé indépendant, de manière à ne pas avoir à supposer $G = \boldsymbol{R}$.

Soit d'abord U une partie ouverte de V munie d'une rétraction différentiable φ ; soit p la valeur constante de $\varphi(x, t)$ pour $t \leqslant 0$. On désignera par $\bar{s}_m$ le simplexe dégénéré $[f; aa \ldots a]$ de dimension m, où

$f(a) = p$, ou, ce qui revient au même, le simplexe défini par la restriction à Σ^m de l'application constante de R^{m+1} sur p; on a $b\,\bar{s}_m = \bar{s}_{m-1}$ si m est pair et >0, $b\,\bar{s}_m = 0$ si m est impair ou 0. Considérons un simplexe singulier $s = [f;\, a_0 \ldots a_m]$ dans U, les a_μ étant des points d'un espace affine E; désignons par a^0_μ, a^1_μ les points $(a_\mu, 0)$ et $(a_\mu, 1)$ de $E \times \boldsymbol{R}$. Par définition, f est une application différentiable dans U d'un voisinage du plus petit ensemble convexe K contenant les a_μ; alors, si on pose $f'(x, t) = \varphi\,[f(x), t]$, f' est une application différentiable dans U d'un voisinage de $K \times \boldsymbol{R}$. Posons, dans ces conditions:

$$P s = \sum_{\mu=0}^{m} (-1)^\mu\, [f';\, a^0_0 \ldots a^0_\mu\, a^1_\mu \ldots a^1_m] + \bar{s}_{m+1}\ ,$$

et étendons cet opérateur par linéarité aux chaînes finies dans U. Un calcul facile donne $b\,Ps + Pbs = s$ pour $m>0$ et $bPs + Pbs = s - \bar{s}_0$ pour $m = 0$, donc, pour toute chaîne finie de dimension m, $t = bPt + Pbt$ si $m>0$ et $t = bPt + (b_0 t)\,\bar{s}_0$ si $m = 0$. Donc $bt = 0$ entraîne $t = bPt$ si $m>0$, et $b_0 t = 0$ entraîne $t = bPt$ si $m = 0$.

Par un $\mathfrak{U}$-simplexe, on entendra un simplexe singulier contenu dans l'un au moins des ensembles U_i du recouvrement $\mathfrak{U}$; par une $\mathfrak{U}$-chaîne, on entendra une chaîne dont tous les simplexes sont des $\mathfrak{U}$-simplexes. L'application de notre méthode exige qu'on se restreigne aux $\mathfrak{U}$-chaînes; d'après un théorème de S. Eilenberg [5]), cela ne change rien aux groupes d'homologie; rappelons les points principaux de sa démonstration. Soit $s = [f;\, a_0 \ldots a_m]$ un simplexe singulier. Posons $I_\mu = \{0, 1, \ldots, \mu\}$ pour $0 \leqslant \mu \leqslant m$; et, si $I = \{\mu_1, \ldots, \mu_k\}$ est une partie quelconque de I_m, posons $a_I = \sum_{h=1}^{k} (1/k)\, a_{\mu_h}$. Alors on appelle subdivision barycentrique de s la chaîne finie

$$\sigma s = \sum_{\pi} \varepsilon_\pi\, [f;\, a_{\pi(I_0)} \ldots a_{\pi(I_m)}]\ ,$$

où la somme est étendue à toutes les permutations π de I_m, et où $\varepsilon_\pi = \pm 1$ suivant que π est paire ou impaire; on étend l'opérateur aux chaînes par linéarité; on vérifie qu'on a $b\sigma = \sigma b$. D'autre part, Eilenberg (loc. cit., note 5, p. 429) définit un autre opérateur ϱ, analogue mais dont l'expression explicite serait plus compliquée, tel que $b\varrho + \varrho b = \sigma - 1$; ϱs est une chaîne finie de dimension $m+1$, somme de termes de la forme $\pm [f;\, b_0 \ldots b_{m+1}]$, où chacun des b_μ est l'un des a_I. Cela posé, si s est un simplexe singulier, on peut trouver un entier ν assez grand pour que $\sigma^\nu s$ soit une $\mathfrak{U}$-chaîne; soit $\nu(s)$ le plus petit entier ayant cette propriété; soit τ l'opérateur défini sur les simplexes singuliers par

[5]) *S. Eilenberg*, Singular homology theory, Ann. Math. 45 (1944) p. 407.

$$\tau s = \varrho (1 + \sigma + \cdots + \sigma^{\nu(s)-1}) s ,$$

et étendu aux chaînes par linéarité. Alors, si on pose comme plus haut $bs = \sum_\mu (-1)^\mu s_\mu$, on vérifie immédiatement qu'on a

$$(b\tau + \tau b) s = (\sigma^{\nu(s)} - 1) s - \sum_\mu (-1)^\mu \sum_{j=\nu(s_\mu)}^{\nu(s)-1} \varrho \sigma^j s_\mu ,$$

ce qui montre que $(1 + b\tau + \tau b)s$ est une $\mathfrak{U}$-chaîne finie, de support contenu dans celui de s. Donc, si t est une chaîne, $\bar{t} = (1 + b\tau + \tau b)t$ est une $\mathfrak{U}$-chaîne, finie si t est finie. Si t est un cycle, on a $\bar{t} = t + b\tau t$, donc $\bar{t}$ est un cycle et t est homologue à $\bar{t}$. De plus, la formule ci-dessus montre que $(b\tau + \tau b)s = 0$ si $\nu(s) = 0$, c'est-à-dire si s est un $\mathfrak{U}$-simplexe, donc $\bar{t} = t$ si t est une $\mathfrak{U}$-chaîne. Supposons qu'une $\mathfrak{U}$-chaîne t' soit le bord d'une chaîne t; on aura $t' = bt$, et $b\bar{t} = bt + b\tau bt = \bar{t}' = t'$, donc t' est aussi le bord d'une $\mathfrak{U}$-chaîne. Il s'ensuit bien que la restriction aux $\mathfrak{U}$-chaînes ne change rien aux groupes d'homologie; désormais nous ne considérerons que celles-là, et pour abréger nous dirons «chaîne» au lieu de «$\mathfrak{U}$-chaîne».

Par un *élément singulier de bidegré* (m, p), on entendra un système $T = (t_H) = (t_{i_0 \ldots i_p})$ de chaînes finies t_H de dimension m respectivement attachées aux suites $H = (i_0 \ldots i_p)$ de $p + 1$ éléments de I telles que $|H| \in N$, t_H étant contenue dans $U_{|H|}$ pour tout H. L'élément T sera dit *fini* si les t_H sont tous nuls à l'exception d'un nombre fini d'entre eux, *alterné* si $t_{i_0 \ldots i_p}$ est une fonction alternée de ses indices.

Si $T = (t_H)$ est un élément de bidegré (m, p), $bT = (bT_H)$ est un élément de bidegré $(m - 1, p)$, fini si T est fini, alterné si T est alterné; on a $b^2 = 0$. Si de plus $m = 0$, $b_0 T = (b_0 t_H)$ fait correspondre à tout H un élément $b_0 t_H$ du groupe de coefficients G; c'est là ce qu'on appelle une chaîne de N à coefficients dans G. Si $m = 1$, on a $b_0 bT = 0$.

Le recouvrement $\mathfrak{U}$ étant simple, on peut, au moyen des rétractions φ_J attachées à tout $J \in N$, définir dans les U_J des opérateurs P_J ayant les propriétés décrites plus haut, et tels en particulier que, si t est une chaîne finie de dimension $m > 0$ dans U_J, $bt = 0$ entraîne $t = bPt$. Alors, si $T = (t_H)$ est un élément de bidegré (m, p), on posera $PT = (P_{|H|} t_H)$; c'est un élément de bidegré $(m + 1, p)$; si $m > 0$, $bT = 0$ entraîne $T = bPT$; si $m = 0$, $b_0 T = 0$ entraîne $T = bPT$; en général, on a $T = bPT + PbT$ si $m > 0$; PT est fini si T est fini, alterné si T est alterné.

D'autre part, si $T = (t_{i_0 \ldots i_p})$ est un élément de bidegré (m, p), et si $p > 0$, nous définirons un élément $\partial T = (u_{i_0 \ldots i_{p-1}})$ de bidegré $(m, p - 1)$ au moyen de la formule

$$u_{i_0 \ldots i_{p-1}} = \sum_{\mu, k} (-1)^{\mu} t_{i_0 \ldots i_{\mu-1} k i_\mu \ldots i_{p-1}} ,$$

où la sommation doit être étendue aux valeurs de μ, k pour lesquelles $|i_0 \ldots i_{\mu-1} k i_\mu \ldots i_{p-1}| \in N$; ces valeurs sont en nombre fini, et tous les termes du second membre sont des chaînes finies dans $U_{|i_0 \ldots i_{p-1}|}$, donc ces formules définissent bien un élément ∂T, qui est fini si T est fini. De même, si $T = (t_i)$ est un élément de bidegré $(m, 0)$, on posera $\partial T = \sum_k t_k$; ∂T est alors une chaîne, finie si T est fini. On a $\partial^2 = 0$, et ∂ est permutable avec b. D'autre part, on peut aussi, dans la formule qui définit ∂T, interpréter T comme une chaîne de N, les t_H étant alors des éléments de G ; cette formule, où la sommation est étendue aux mêmes valeurs de μ, k que tout à l'heure, définit alors ∂T comme chaîne de N ; les groupes d'homologie de N sont ceux qui sont définis au moyen des chaînes de N et de l'opérateur ∂, ou encore au moyen des chaînes finies de N et de ∂. Dans ces conditions, ∂ est permutable avec b_0.

On va définir un opérateur L tel que $\partial T = 0$ entraîne $T = \partial L T$. Pour cela, convenons de choisir une fois pour toutes, pour tout $\mathfrak{U}$-simplexe s, l'un des U_i dans lesquels il est contenu ; soit $U_{f(s)}$ cet ensemble. Soit $T = (t_H)$ un élément de bidegré (m, p) ; soit $t_H = \sum_\varrho c_H^\varrho s_\varrho$ l'expression réduite de t_H. Si $H = (i_0 \ldots i_p)$, on posera $iH = (i i_0 \ldots i_p)$. Alors on définira un élément $LT = (v_{H'})$ de bidegré $(m, p+1)$ en posant $v_{iH} = \sum_{f(s_\varrho)=i} c_H^\varrho s_\varrho$ chaque fois que $|iH| \in N$; cela veut dire que la somme est étendue à toutes les valeurs de ϱ telles que $f(s_\varrho) = i$. Puisque t_H est une somme finie, v_{iH} en est une aussi ; et chaque simplexe s_ϱ figurant dans v_{iH} est contenu dans $U_{|H|}$ parce qu'il figure dans t_H, et dans U_i parce que $i = f(s_\varrho)$, donc aussi dans $U_{|iH|}$; LT est donc bien un élément, fini si T est fini. De même, si $t = \sum_\varrho c_\varrho s_\varrho$ est l'expression réduite d'une $\mathfrak{U}$-chaîne de dimension m, on définit, au moyen de $v_i = \sum_{f(s_\varrho)=i} c_\varrho s_\varrho$, un élément $Lt = (v_i)$ de bidegré $(m, 0)$, fini si t est finie. On a $T = \partial L T + L \partial T$ si T est un élément, et $t = \partial L t$ si t est une chaîne. Si donc T est un élément tel que $\partial T = 0$, on a $T = \partial L T$.

Il n'est pas vrai que LT soit alterné chaque fois que T est alterné. Si on veut se servir exclusivement d'élément alternés, il faut substituer à ∂, L les opérateurs ∂', L' qui, avec les mêmes notations que ci-dessus, sont définis par les formules

$$\partial' T = \Big(\sum_k t_{k i_0 \ldots i_{p-1}}\Big) ,$$

où la sommation est étendue aux k tels que $| k i_0 \dots i_{p-1} | \in N$, et

$$L' T = (\sum_{\mu=0}^{p+1} \sum_{f(s_\varrho)=i_\mu} (-1)^\mu c^\varrho_{i_0 \dots i_{\mu-1} i_{\mu+1} \dots i_{p+1}} s_\varrho) .$$

On vérifie facilement qu'ils possèdent des propriétés semblables à celles de ∂ et L lorsqu'on les applique à des éléments alternés et qu'ils transforment ceux-ci en éléments alternés.

Considérons maintenant toutes les suites $(t, T_0, \dots, T_m, Z)$, où t est une chaîne de dimension $m > 0$ de V, T_h un élément de bidegré $(m - h, h)$ pour $0 \leqslant h \leqslant m$, et Z une chaîne de dimension m de N, satisfaisant aux relations

$$t = \partial T_0 ; \quad b T_h = \partial T_{h+1} \quad (0 \leqslant h \leqslant m - 1) ; \quad b_0 T_m = Z . \tag{II}$$

S'il en est ainsi, on a $b \partial T_h = 0$ $(0 \leqslant h \leqslant m - 1)$, $b_0 \partial T_m = 0$, $bt = 0$ et $\partial Z = 0$. Donc t appartient au groupe $\mathfrak{C}_m$ des cycles singuliers différentiables à coefficients dans G sur V, et Z au groupe des cycles de N à coefficients dans G ; T_h appartient au groupe $\mathfrak{C}_{m,h}$ des éléments de bidegré $(m - h, h)$ qui satisfont à $b \partial T = 0$ pour $h < m$ et à $b_0 \partial T = 0$ pour $h = m$. Soit $\mathfrak{B}_m$ le groupe des bords dans V, c'est-à-dire le groupe des éléments de $\mathfrak{C}_m$ de la forme bt' ; soit $\mathfrak{B}_{m,h}$, pour $0 \leqslant h \leqslant m$, le groupe des éléments de $\mathfrak{C}_{m,h}$ de la forme $bX + \partial Y$, où X, Y sont des éléments de bidegrés respectifs $(m - h + 1, h)$ et $(m - h, h + 1)$. On satisfera à la relation $b T_h = \partial T_{h+1}$ en prenant $T_h = P \partial T_{h+1}$ si T_{h+1} est donné dans $\mathfrak{C}_{m,h+1}$, et $T_{h+1} = L b T_h$ si T_h est donné dans $\mathfrak{C}_{m,h}$; on satisfera à $t = \partial T_0$ en prenant $T_0 = Lt$ si t est donné dans $\mathfrak{C}_m$; enfin il est clair qu'on peut former T_m satisfaisant à $b_0 T_m = Z$ si Z est donné. Si $T_h \in \mathfrak{B}_{m,h}$, donc si $T_h = bX + \partial Y$, on aura, en posant $U = T_{h+1} - bY$, $\partial U = 0$, d'où $U = \partial(LU)$ et $T_{h+1} = bY + \partial(LU) \in \mathfrak{B}_{m,h+1}$; de même, si $T_{h+1} = bY + \partial V$, on aura $bW = 0$ en posant $W = T_h - \partial Y$, d'où $W = bPW$ puisque W est de bidegré $(m - h, h)$ et que $m - h > 0$; on a donc $T_h = b(PW) + \partial Y \in \mathfrak{B}_{m,h}$. Donc la relation $b T_h = \partial T_{h+1}$ détermine un isomorphisme entre $\mathfrak{C}_{m,h} / \mathfrak{B}_{m,h}$ et $\mathfrak{C}_{m,h+1} / \mathfrak{B}_{m,h+1}$. De même, si $t = \partial T_0$ et $T_0 = bX + \partial Y$, on a $t = b(\partial X) \in \mathfrak{B}_m$; si $t = bt'$, et qu'on pose $U = T_0 - b(Lt')$, on a $\partial U = 0$, donc $U = \partial LU$, et $T_0 = b(Lt') + \partial(LU) \in \mathfrak{B}_{m,0}$. Si $b_0 T_m = Z$ et $T_m = bX + \partial Y$, on a $Z = \partial(b_0 Y)$, donc Z est homologue à 0 ; et, si $Z = \partial Z'$ et $b_0 T' = Z'$, on aura, en posant $X = T_m - \partial T'$, $b_0 X = 0$, donc $X = bPX$ et $T_m = b(PX) + \partial T' \in \mathfrak{B}_{m,m}$. En définitive, on voit que *les relations* (II) *établissent un isomorphisme entre le groupe d'homologie singulière diffé-*

rentiable $\mathfrak{C}_m/\mathfrak{B}_m$ *de* V *et le groupe d'homologie des chaînes de* N, pour la dimension m et le groupe de coefficients G ; *et cet isomorphisme est canoniquement déterminé par la donnée du recouvrement simple* $\mathfrak{U}$.

Pour $m = 0$, on partira des relations $t = \partial T_0$, $b_0 T_0 = Z$, où T_0 est un élément de bidegré $(0, 0)$, et on arrive au même résultat par des raisonnements analogues mais plus simples.

Il n'y a rien à changer à ce qui précède si on veut considérer exclusivement les éléments et chaînes finis ; on obtient ainsi un isomorphisme entre les groupes d'homologie de V et de N obtenus au moyen de chaînes finies. Il n'y a rien à y changer si on veut se servir de chaînes de classe C^k, c'est-à-dire dont les simplexes sont définis par des applications k fois continument différentiables, k étant un entier quelconque ; en ce cas, il suffit que les rétractions φ_J soient elles-mêmes de classe C^k ; pour $k = 0$, on voit qu'on obtient les mêmes résultats au moyen de chaînes singulières continues, les φ_J étant alors seulement assujetties à être continues ; ce résultat s'applique en particulier au recouvrement simple d'un complexe simplicial localement fini par les étoiles ouvertes des sommets (voir § 1), et contient donc une démonstration de l'invariance topologique des groupes d'homologie combinatoires d'un tel complexe, qui d'ailleurs ne diffère qu'en apparence de la démonstration classique. Il n'y a rien à changer non plus à ce qui précède si l'on veut se servir exclusivement d'éléments alternés, et de chaînes alternées de N, sauf qu'il faut substituer ∂', L' à ∂, L.

Si on prend $G = \boldsymbol{R}$, les opérateurs qu'on a défini sur les éléments singuliers sont en dualité avec ceux qu'on a défini sur les coéléments différentiels. Soient en effet $\Omega = (\omega_H)$ et $T = (t_H)$ un coélément différentiel et un élément singulier, tous deux de bidegré (m, p), dont l'un soit fini ; on posera alors

$$(T, \Omega) = \sum_H \int_{t_H} \omega_H ,$$

et, s'ils sont tous deux alternés :

$$(T, \Omega)' = \frac{1}{(p+1)!}(T, \Omega) = \sum_H{}' \int_{t_H} \omega_H$$

où Σ' indique qu'on prend une fois seulement chaque combinaison $i_0, \ldots, i_p$ de $p+1$ éléments de I, rangés dans un ordre quelconque ; c'est de $(T, \Omega)'$ qu'il faut se servir dans la théorie alternée. La formule de Stokes donne $(bT, \Omega) = (T, d\Omega)$; et on vérifie facilement qu'on a $(\partial T, \Omega) = (T, \delta\Omega)$, et de même $(\partial' T, \Omega)' = (T, \delta\Omega)'$ si T, Ω sont alternés ; de même, si ω est une forme de degré m sur V et T un élément de bidegré $(m, 0)$, et que ω soit à support compact ou T fini, on a $(T, \delta\omega) = \int_{\partial T} \omega$. Enfin, si T est un élément de bidegré $(0, p)$, et Ξ un coélément de bidegré $(0, p)$ satisfaisant à $d\Xi = 0$ ou autrement dit une cochaîne de N, et si T ou Ξ est fini, on a $(T, \Xi) = (b_0 T, \Xi)$, où dans le second membre figure le produit scalaire des chaînes et cochaînes de N défini par $(Z, \Xi) = \sum_H z_H \xi_H$ pour $Z = (z_H)$, $\Xi = (\xi_H)$; ces formules sont à modifier d'une manière évidente dans la théorie alternée.

Considérons alors deux suites $(\omega, \Omega_0, \ldots, \Omega_{m-1}, \Xi)$ et $(t, T_0, \ldots, T_m, Z)$, satisfaisant respectivement aux relations (I) du § 2 et aux relations (II) ci-dessus ; supposons ω à support compact et les Ω_h et Ξ finis, ou t, les T_h et Z finis. Au moyen des formules ci-dessus, on obtient immédiatement :

$$\int_t \omega = (T_0, d\Omega_0) = \cdots = (T_{m-1}, d\Omega_{m-1}) = (T_m, \delta\Omega_{m-1}) = (Z, \Xi) .$$

Il s'ensuit que les groupes de de Rham et les groupes d'homologie singulière à coefficients réels de V ont entre eux les mêmes relations de dualité que les groupes de cohomologie et d'homologie de N. En particulier, il existe toujours une forme fermée ω sur V telle que $\int_t \omega$ soit une fonction linéaire arbitrairement donnée sur le groupe d'homologie singulière finie de V, ou autrement dit soit égale à une fonction linéaire $L(t)$ donnée sur l'espace vectoriel des cycles finis de V, nulle sur les bords de chaînes finies. D'autre part, si une forme fermée ω à support compact sur V est telle que $\int_t \omega = 0$ pour tout cycle t, fini ou non, de V, elle est de la forme $\omega = d\eta$, où η est à support compact ; de même, si une forme fermée ω est telle que $\int_t \omega = 0$ pour tout cycle fini t, elle est de la forme $\omega = d\eta$. En effet, d'après ce qui précède, il suffit, pour obtenir ces résultats, de vérifier les résultats analogues pour N, ce qui est immédiat.

Les espaces vectoriels dont il s'agit ici sont en général de dimension infinie si V n'est pas compacte ; on ne peut donc espérer établir entre eux de relations de dualité tout à fait satisfaisantes à moins d'y introduire des topologies convenables ; c'est là un terrain sur lequel nous ne nous engagerons pas. En revanche, si V est compacte, le recouvrement $\mathfrak{U}$ est fini ; ce qui précède montre donc que tous les groupes d'homologie de V sont alors de type fini, et s'annulent au-dessus d'une certaine dimension ; sur $\boldsymbol{R}$, en particulier, tous ces groupes sont des espaces vectoriels de dimension finie. On conclut alors de ce qui précède que la fonction bilinéaire $\int_t \omega$ met en dualité le groupe de de Rham de degré m et le groupe d'homologie différentiable de dimension m à coefficients réels.

On peut compléter ces résultats au moyen des remarques suivantes, que nous bornerons au cas compact, où toute chaîne est finie. Il est immédiat que toute chaîne t à coefficients réels peut se mettre sous la forme $t = \sum_i \xi_i t_i$, où les t_i sont des chaînes à coefficients entiers et les ξ_i sont des nombres réels linéairement indépendants sur le corps $\boldsymbol{Q}$ des rationnels ; alors $bt = 0$ entraîne $bt_i = 0$ pour tout i, donc tout cycle réel est combinaison linéaire de cycles entiers ; et, si un cycle entier t' est le bord bt d'une chaîne réelle t, alors, en mettant t sous la forme ci-dessus, on voit que l'un des ξ_i, par exemple ξ_1, doit être rationnel et qu'alors on a $t' = b(\xi_1 t_1)$, donc qu'un multiple entier de t' est le bord d'un cycle entier. Le groupe d'homologie entière de dimension m étant de type fini, il est somme directe d'un groupe fini et d'un groupe abélien libre engendré par des classes d'homologie entière en nombre fini ; soient $t_1, \ldots, t_r$ des cycles entiers appartenant respectivement à ces classes ; d'après ce qui précède, les classes d'homologie réelle de $t_1, \ldots, t_r$ forment alors une base du groupe d'homologie réelle de dimension m considéré comme espace vectoriel sur $\boldsymbol{R}$; et on peut identifier les formes linéaires sur ce dernier groupe avec les homomorphismes dans $\boldsymbol{R}$ du groupe d'homologie entière, une telle forme ou un tel homomorphisme étant complètement déterminé par ses valeurs sur les classes des cycles t_i.

Par une *période* d'une forme ω, on entend son intégrale $\int_t \omega$ sur un cycle entier t ; pour un choix déterminé des cycles $t_1, \ldots, t_r$, on appelle souvent «périodes fondamentales» de ω les intégrales de ω sur les t_i. On voit donc qu'il revient au même de se donner, soit la forme linéaire $\int_t \omega$ sur le groupe d'homologie réelle de V, soit l'homomorphisme $\int_t \omega$ du groupe d'homologie entière de V dans $\boldsymbol{R}$, soit les périodes fondamentales de ω. On a donc retrouvé les «théorèmes de de Rham» sous leur forme classique :

Sur une variété différentiable compacte V, il existe des formes fermées dont les périodes fondamentales sont arbitrairement données; toute forme fermée dont les périodes fondamentales sont nulles est homologue à 0 *sur V.*

Quant au «troisième théorème de de Rham», une partie en est contenue dans le résultat de la fin du § 2, d'après lequel le «cup-product» des cocycles de N correspond au produit extérieur des formes sur V. Pour passer de là à l'énoncé classique du même théorème, il faut se servir de la dualité de Poincaré établie par le nombre d'intersection entre les cycles réels de dimensions m et $n - m$, ou encore (ce qui au fond revient au même) passer au produit de la variété par elle-même, puis à la diagonale dans ce produit. Je n'insisterai pas sur ces questions déjà classiques ; mais il ne sera pas superflu de faire apparaître une conséquence importante de nos résultats, qui d'habitude se déduit du troisième théorème de de Rham. Bornons-nous toujours au cas compact ; considérons une forme ω sur V dont toutes les périodes sont entières ; soit Ξ un cocycle de N correspondant à ω, cocycle qui est bien déterminé à un cobord arbitraire près. Alors (Z, Ξ) est entier pour tout cycle entier Z. Mais le groupe des cycles entiers de N est le sous-groupe du groupe des chaînes entières déterminé par les conditions $\partial Z = 0$, donc toute chaîne entière dont un multiple est un cycle est elle-même un cycle ; d'après la théorie des diviseurs élémentaires, le groupe des chaînes entières est donc somme directe du groupe des cycles entiers et d'un autre groupe, de sorte qu'on peut étendre au groupe des chaînes tout homomorphisme donné sur le groupe des cycles. Comme tout homomorphisme du groupe des chaînes entières dans le groupe additif des entiers peut s'écrire sous la forme $Z \to (Z, \Xi_0)$, où Ξ_0 est une cochaîne entière, on voit qu'il existe une cochaîne entière Ξ_0 telle que $(Z, \Xi_0) = (Z, \Xi)$ pour tout cycle entier Z, donc aussi pour tout cycle réel Z. Il s'ensuit que $\Xi_0 - \Xi$ est le cobord d'une cochaîne réelle, donc que Ξ_0 est, aussi bien que Ξ, un cocycle correspondant à ω. Par suite, *pour qu'une forme ω corresponde à un cocycle Ξ à coefficients entiers, il faut et il suffit que toutes ses périodes soient des entiers*. De là et du résultat final du § 2, on conclut que, *si ω et ω' sont à périodes entières, il en est de même de leur produit extérieur $\omega \wedge \omega'$*. Bien entendu, on peut obtenir aussi ce même résultat en passant au produit de V par elle-même et en se servant du théorème de Künneth.

§ 4. La dualité de Poincaré

Tout ce que nous avons fait jusqu'ici repose en réalité sur une seule propriété du recouvrement $\mathfrak{U}$: c'est que les U_J sont homologiquement triviaux, c'est-à-dire ont l'homologie d'un espace réduit à un point. Nous nous sommes servis, il est vrai, des rétractions φ_J, mais seulement pour obtenir un exposé à la fois plus élémentaire et plus élégant grâce à la possibilité de définir explicitement les opérateurs I et P. L'exposé ci-dessus renferme donc, du moins pour l'homologie singulière, une démonstration du théorème de Leray d'après lequel, si un recouvrement $\mathfrak{U}$ d'un espace X est tel que les U_J soient homologiquement triviaux, l'homologie de X est la même que celle du nerf N de $\mathfrak{U}$.

En revanche, puisque tout complexe simplicial admet un recouvrement simple, il est évident que l'existence d'un tel recouvrement n'entraîne pas le théorème de dualité de Poincaré. Pour obtenir ce théorème sur une variété au moyen du recouvrement $\mathfrak{U}$, il faut mettre en œuvre une propriété des U_J qui n'est pas encore intervenue, à savoir que leur homologie modulo leur frontière est triviale dans toutes les dimensions sauf la dimension n de V. Ce n'est pas là une propriété «élémentaire» sauf en ce qui concerne les formes différentielles ; aussi nous bornerons-nous à celles-ci, et par conséquent à la dualité de Poincaré à coefficients réels. Pour les formes, la propriété en question des U_J n'est autre que le résultat suivant, qui est bien connu et facile à démontrer élémentairement :

Soit ω une forme différentielle à support compact contenu dans une partie ouverte convexe U de $\mathbf{R}^n$. Alors, pour que ω soit la différentielle $d\eta$ d'une forme η à support compact contenu dans U, il faut et il suffit qu'on ait $d\omega = 0$ si ω est de degré $< n$, et qu'on ait $\int_U \omega = 0$ si ω est de degré n.

Comme les ensembles U_J formés au moyen de notre recouvrement simple $\mathfrak{U}$ de V sont différentiablement isomorphes à des parties ouvertes convexes de $\mathbf{R}^n$, le résultat ci-dessus leur est applicable.

On supposera V orientable ; dans le cas contraire, il faudrait se servir de formes «de deuxième espèce» au sens de de Rham, c'est-à-dire à «coefficients locaux» qui sont les «réels tordus»; cela ne fait aucune difficulté mais entraîne quelques complications de langage qu'il vaut mieux éviter ici puisqu'il ne s'agit que de résultats bien connus par ailleurs. On supposera donc tous les U_J orientés d'une manière cohérente au moyen d'une orientation de V choisie une fois pour toutes ; c'est sur les U_J ainsi orientés qu'on intégrera les formes différentielles de degré n à supports contenus dans ces ensembles.

Par un *élément différentiel de bidegré* (m, p) on entendra un système $\Theta = (\theta_H)$ de formes de degré m respectivement attachées aux suites H de $p+1$ éléments de I telles que $|H| \in N$, θ_H étant pour tout H une forme à support compact contenu dans $U_{|H|}$; l'élément Θ sera dit *fini* si les θ_H sont nuls sauf un nombre fini d'entre eux. On pose $d\Theta = (d\theta_H)$; c'est là un élément de bidegré $(m+1, p)$. Si $\Theta = (\theta_H)$ est un élément de bidegré (n, p), on désignera par $\int \Theta$ la chaîne $Z = (z_H)$ de N définie par $z_H = \int_V \theta_H = \int_{U_{|H|}} \theta_H$. On a $d^2 = 0$, et $\int d\Theta = 0$ si Θ est de bidegré $(n-1, p)$. Pour que l'élément Θ de bidegré (m, p) soit de la forme $d\Theta'$, où Θ' est de bidegré $(m-1, p)$, il faut et il suffit que $d\Theta = 0$ si $m < n$, et que $\int \Theta = 0$ si $m = n$.

Si $\Theta = (\theta_H) = (\theta_{i_0 \ldots i_p})$ est un élément de bidegré (m, p), on définira pour $p > 0$ un élément $\partial\Theta = (\eta_{i_0 \ldots i_{p-1}})$ de bidegré $(m, p-1)$ au moyen de la formule

$$\eta_{i_0 \ldots i_{p-1}} = \sum_{\mu, k} (-1)^\mu \theta_{i_0 \ldots i_{\mu-1} k i_\mu \ldots i_{p-1}}$$

où la sommation est étendue aux valeurs de μ, k pour lesquelles on a $| i_0 \ldots i_{\mu-1} k i_\mu \ldots i_{p-1} | \in N$; ces valeurs sont en nombre fini, et chaque terme du second membre est une forme à support compact contenu dans $U_{| i_0 \ldots i_{p-1} |}$, donc cette formule définit bien un élément $\partial\Theta$, qui est fini si Θ est fini. De même, si $\Theta = (\theta_i)$ est de bidegré $(m, 0)$, on posera $\partial\Theta = \sum_k \theta_k$; $\partial\Theta$ est alors une forme sur V, à support compact si Θ est fini. On a $\partial^2 = 0$; et ∂ est permutable avec d et $\int$.

Si (f_i) désigne de nouveau une partition différentiable de l'unité subordonnée à $\mathfrak{U}$, on désignera par L l'opérateur qui, à tout élément $\Theta = (\theta_H)$ de bidegré (m, p), fait correspondre l'élément $L\Theta = (\zeta_{H'})$ de bidegré $(m, p+1)$ défini par $\zeta_{iH} = f_i \theta_H$; de même, si θ est une forme de degré m sur V, on désignera par $L\theta$ l'élément de bidegré $(m, 0)$ défini par $L\theta = (f_i \theta)$; on a alors $\theta = \partial L \theta$. Si Θ est un élément, on a $\Theta = \partial L \Theta + L \partial \Theta$; donc $\partial\Theta = 0$ entraîne $\Theta = \partial L \Theta$.

Cela posé, la théorie du § 3 s'applique sans aucun changement si on substitue les éléments différentiels de bidegré $(n-m, p)$ aux éléments singuliers de bidegré (m, p), les formes de degré $n-m$ aux chaînes de dimension m, et les opérateurs d, $\int$, ∂ aux opérateurs b, b_0, ∂. On partira donc des relations

$$\theta = \partial\Theta_0 ; \quad d\Theta_h = \partial\Theta_{h+1} \quad (0 \leqslant h \leqslant m-1) ; \quad \int \Theta_m = Z , \qquad \text{(III)}$$

où θ est une forme de degré $n-m$, Θ_h un élément différentiel de bidegré $(n-m+h, h)$ pour $0 \leqslant h \leqslant m$, et Z une chaîne de N de dimension m à coefficients réels ; et on conclut, comme au § 3, que (III) établit un isomorphisme entre le groupe de de Rham de V de degré $n-m$ et le groupe d'homologie de N de dimension m à coefficients réels. Il n'y a rien à changer si on se borne aux formes à support compact sur V et aux éléments et chaînes finis. On pourrait aussi, naturellement, se servir d'éléments alternés en modifiant ∂ et L comme il a été dit au § 3.

Enfin, la dualité établie au § 3 entre coéléments différentiels et éléments singuliers se transporte ici aux coéléments et éléments différentiels. Si $\Omega = (\omega_H)$ est un coélément différentiel de bidegré (m, p), et $\Theta = (\theta_H)$ un élément différentiel de bidegré $(n-m, p)$, et que l'un d'eux soit fini, on posera $(\Theta, \Omega) = \sum_H \int_{U_{|H|}} \theta_H \wedge \omega_H$; on a alors

$(\partial\Theta, \Omega) = (\Theta, \delta\Omega)$, mais la formule de Stokes donne cette fois $(d\Theta, \Omega) = (-1)^{n-m}(\Theta, d\Omega)$ si Θ est de bidegré $(n-m-1, p)$ et Ω de bidegré (m, p), de sorte qu'on a, pour deux suites satisfaisant respectivement à (III) et à (I), $\int_V \theta \wedge \omega = (-1)^{mn+\frac{m(m-1)}{2}} (Z, \Xi)$. La conclusion est que les relations de dualité entre l'homologie et la cohomologie de N se transportent aux groupes de de Rham de dimensions complémentaires sur V. En particulier, si V est compacte, on voit que la forme bilinéaire $\int_V \theta \wedge \omega$ met en dualité les groupes de de Rham de degrés $n-m$ et m, respectivement.

A titre d'exemple, considérons les groupes relatifs aux dimensions 0 et n ; pour simplifier le langage, supposons V connexe, le cas général se déduisant trivialement de là par formation de sommes directes ou de produits, suivant qu'il s'agit des groupes à support compact ou non. Les groupes de dimension 0 se déterminent immédiatement ; le groupe d'homologie finie de V de dimension 0 est libre et engendré par la classe d'un cycle réduit à un point ; si V n'est pas compacte, le groupe d'homologie infinie de dimension 0 s'annule ; le groupe de de Rham de degré 0 à support quelconque est engendré par la forme 1, et le même groupe à support compact s'annule si V n'est pas compacte. D'après les résultats du présent §, on en conclut que le groupe de de Rham de degré n à support compact est engendré par la classe d'une forme ω_0 de degré n telle que $\int_V \omega_0 = 1$, et que le groupe de de Rham de degré n à support quelconque s'annule si V n'est pas compacte ; et, pour qu'une forme ω de degré n à support compact puisse s'écrire $\omega = d\eta$, avec η à support compact, il faut et il suffit que $\int_V \omega = 0$. Au moyen des résultats du § 3, on peut alors conclure qu'il existe un cycle singulier différentiable t_0 de dimension n tel que $\int_{t_0} \omega_0 = 1$; alors, si ω est à support compact, on a $\omega = c\,\omega_0 + d\eta$ avec $c = \int_V \omega$ et η à support compact, donc $\int_{t_0} \omega = c$, et par suite on a $\int_{t_0} \omega = \int_V \omega$ quel que soit ω à support compact, ce qui entraîne que le support de t_0 est V ; on peut conclure aussi que tout cycle fini t tel que $\int_t \omega_0 = 0$ est le bord d'une chaîne finie ; donc le groupe d'homologie de dimension n à support compact, à coefficients réels, s'annule si V n'est pas compacte. Si on suppose V compacte, on peut conclure de plus que le groupe d'homologie de V de dimension n, à coefficients réels, est engendré par t_0. Mais nous n'avons pas prouvé qu'on puisse prendre pour t_0 un cycle entier, ni que ce cycle engendre le groupe d'homologie de V de dimension n à coefficients entiers ; pour cela il faudrait faire usage, soit d'une triangulation de V, soit d'une théorie du degré d'application pour les applications différentiables, soit de moyens topologiques plus puissants tels que ceux que fournit la théorie de Cartan, qui contient bien entendu les résultats en question.

§ 5. Le théorème d'homotopie

Comme on l'a remarqué, le fait que le nerf N de $\mathfrak{U}$ a même homologie que V dépend seulement des propriétés homologiques des ensembles U_J. Si on tient compte du fait qu'ils sont homotopiquement triviaux, on obtient un résultat beaucoup plus précis ; c'est que N a même type d'homotopie que V. Il s'ensuit que N peut être substitué à V dans tout problème qui ne dépend que du type d'homotopie, et par exemple dans la plupart des questions concernant les espaces fibrés de base V ; dans de telles circonstances, le nerf d'un recouvrement simple de V peut donc souvent servir aux mêmes usages qu'une triangulation de V ; il semble qu'on ait là un outil élémentaire très maniable dans l'étude des variétés. C'est ce que montre aussi l'application qu'en a faite récemment G. de Rham à l'étude des invariants dits de torsion [6]) ; il est remarquable que ce ne sont pas là des invariants du type d'homotopie. Il se peut donc que les nerfs des recouvrements simples aient des propriétés encore plus précises que celle qui va être indiquée maintenant.

Le résultat qui va suivre est de nature purement topologique. Pour l'énoncer, rappelons qu'on dit qu'un espace B a *la propriété d'extension* si toute application continue dans B d'une partie fermée X d'un espace normal A peut être prolongée à une application continue de A dans B.

Soit alors $\mathfrak{U} = (U_i)_{i\in I}$ un recouvrement localement fini d'un espace E par des ouverts U_i ; soit N son nerf. On dira que $\mathfrak{U}$ est *topologiquement simple* si, pour tout $J \in N$, l'ensemble $U_J = \bigcap_{i\in J} U_i$ possède la propriété d'extension.

Notre théorème s'énonce alors comme suit [7]) : *si E est un espace tel que $E \times E \times [0, 1]$ soit normal, et si $\mathfrak{U}$ est un recouvrement topologiquement simple de E, le nerf N de $\mathfrak{U}$ a même type d'homotopie que E.*

La démonstration s'appuyera sur le lemme suivant :

[6]) loc. cit., note 2.

[7]) Dans le travail déjà cité (note 2), de Rham reproduit une partie de la démonstration qui suit, réduite à ce qui suffit au cas particulier qu'il a en vue. Un résultat apparenté au nôtre a été publié par K. Borsuk pour les espaces de dimension finie (On the imbedding of systems of compacta in simplicial complexes, Fund. Math. 35 (1948) p. 217); les démonstrations n'ont, semble-t-il, rien de commun.

Lemme. *Soit E un espace tel que $E \times E \times [0, 1]$ soit normal. Soit $(X_i)_{i \in I}$ une famille localement finie de parties fermées de E ; soit N son nerf ; pour $J \in N$, soit $X_J = \bigcap_{i \in J} X_i$. Soit $(U_J)_{J \in N}$ une famille de parties de E telle que, pour tout $J \in N$, U_J ait la propriété d'extension et contienne X_J, et qu'on ait $U_J \subset U_{J'}$, chaque fois que $J \supset J'$, $J \in N$, $J' \in N$. Alors il existe une application continue $F(x, y, t)$ de $\bigcup_{i \in I}(X_i \times X_i \times [0, 1])$ dans E telle que, pour tout $J \in N$, $x \in X_J$ et $y \in X_J$ entraîne $F(x, y, t) \in U_J$ et $F(x, x, t) = x$ quel que soit t, $F(x, y, 0) = x$, et $F(x, y, 1) = y$.*

Pour toute partie N' de N, posons $Y(N') = \bigcup_{J \in N'} (X_J \times X_J \times [0, 1])$; considérons toutes les applications continues F' d'ensembles $Y(N')$ dans E qui satisfont, là où elles sont définies, à toutes les conditions du lemme ; on les ordonnera en disant que $F' > F''$ si $Y(N') \supset Y(N'')$ et si F' coïncide avec F'' sur $Y(N'')$. En tenant compte du fait que (X_i) est localement finie, et que par suite tout $x \in E$ a un voisinage qui ne rencontre qu'un nombre fini des X_J, on voit immédiatement qu'on peut appliquer aux F' ainsi ordonnées le théorème de Zorn. Soit donc F' une telle application maximale c'est-à-dire non prolongeable, définie sur $Y(N')$. Supposons qu'il existe $J \in N$ tel que $X_J \times X_J \times [0, 1]$ ne soit pas contenu dans $Y(N')$; parmi les $J' \in N$ en nombre fini qui contiennent J, prenons-en un qui ait la même propriété et qui ait le plus grand nombre possible d'éléments ; en remplaçant J par celui-ci, on voit qu'on peut supposer de plus que $X_{J'} \times X_{J'} \times [0, 1] \subset Y(N')$ pour tout $J' \neq J$ tel que $J' \supset J$. Comme $X_J \times X_J \times [0, 1]$ est une partie fermée de $E \times E \times [0, 1]$, c'est un espace normal ; les points (x, y, t) de cet espace qui satisfont à $x = y$, à $t = 0$ et à $t = 1$ en forment des parties fermées ; son intersection avec $Y(N')$ est fermée aussi en raison du caractère localement fini de la famille (X_i) ; il s'ensuit qu'il y a une application continue $G(x, y, t)$ de $X_J \times X_J \times [0, 1]$ dans U_J qui coïncide avec F' sur l'intersection de cet ensemble avec $Y(N')$ et qui satisfasse à $G(x, x, t) = x$, $G(x, y, 0) = x$, $G(x, y, 1) = y$. Montrons que la fonction qui coïncide avec F' sur $Y(N')$ et avec G sur $X_J \times X_J \times [0, 1]$ a toutes les propriétés énoncées dans le lemme, contrairement à l'hypothèse que F' n'est pas prolongeable. Le seul point à vérifier est que, si $J' \in N$ et si x et y sont dans $X_J \cap X_{J'}$, $G(x, y, t)$ est dans $U_{J'}$; c'est évident si $J' \subset J$, puisqu'alors $U_{J'} \supset U_J$; dans le cas contraire, posons $J'' = J \cup J'$; on aura $J'' \neq J$ et $J'' \in N$, donc, en vertu de l'hypothèse faite sur J, $X_{J''} \times X_{J''} \times [0, 1] \subset Y(N')$, donc $F'(x, y, t) \in U_{J''} \subset U_{J'}$, d'où la conclusion annoncée puisque G coïncide avec F' en (x, y, t). Donc, quel que soit $J \in N$, on a

$X_J \times X_J \times [0, 1] \subset Y(N')$, et en particulier $X_i \times X_i \times [0, 1] \subset Y(N')$ pour tout $i \in I$; F' est donc la fonction F qu'il s'agissait de construire.

Corollaire. *Les hypothèses étant celles du lemme, soient f, f' deux applications continues d'un espace A dans E, telles que, quel que soit $u \in A$, il y ait un $i \in I$ pour lequel $f(u) \in X_i$ et $f'(u) \in X_i$. Alors f et f' sont homotopes.*

En effet, $F(f(u), f'(u), t)$ est une homotopie joignant f à f'.

Nous pouvons passer maintenant à la démonstration de notre théorème. Soit d'abord $\mathfrak{U} = (U_i)$ n'importe quel recouvrement localement fini d'un espace normal E par des ouverts U_i ; alors il y a une partition (f_i) de l'unité subordonnée à $\mathfrak{U}$; posons, pour $p \in E$, $f(p) = (f_i(p))$; f est une application continue de E dans le nerf N de $\mathfrak{U}$, réalisé géométriquement conformément aux définitions rappelées à la fin du § 1. Si $p \in E$, et si J est l'ensemble des $i \in I$ tels que $p \in U_i$, $f(p)$ est dans le simplexe Σ_J de N ; si donc (f'_i) est une autre partition de l'unité subordonnée à $\mathfrak{U}$, le segment de droite joignant $f(p)$ et $f'(p)$ est contenu dans Σ_J, donc dans N ; par suite, l'application $p \to (1 - t)f(p) + tf'(p)$ est une homotopie joignant f à f' ; la classe d'homotopie de f est donc complètement déterminée par la donnée de $\mathfrak{U}$.

Supposons maintenant que les $U_J = \bigcap_{i \in J} U_i$, pour $J \in N$, aient tous leurs groupes d'homotopie nuls ; autrement dit, toute application continue dans l'un des U_J de la frontière d'un simplexe de dimension m peut se prolonger à tout le simplexe ; pour $m = 1$, cela veut dire que U_J est connexe par arcs. Pour tout $J \in N$, soit e_J le centre de gravité de Σ_J. Considérons toutes les suites croissantes $J_0 \subset J_1 \subset \cdots \subset J_m$ d'éléments tous distincts de N ; pour une telle suite, soit $\Sigma'(J_0, \ldots, J_m)$ le simplexe de sommets $e_{J_0}, \ldots, e_{J_m}$; N est la réunion de tous ces simplexes, qui en forment la subdivision barycentrique. On va définir par récurrence une application continue g de N dans E telle que $g(\Sigma'(J_0, \ldots, J_m)) \subset U_{J_0}$ pour toute suite $J_0, \ldots, J_m$. On prendra $g(e_J)$ quelconque dans U_J pour tout $J \in N$. Supposons g définie sur les simplexes de la subdivision barycentrique de N de dimension $\leqslant m - 1$; alors g est définie sur la frontière du simplexe $\Sigma'(J_0, \ldots, J_m)$, qui est la réunion des simplexes $\Sigma'_\mu = \Sigma'(J_0, \ldots, J_{\mu-1}, J_{\mu+1}, \ldots, J_m)$ pour $0 \leqslant \mu \leqslant m$. D'après l'hypothèse de récurrence, on a $g(\Sigma'_0) \subset U_{J_1} \subset U_{J_0}$, et $g(\Sigma'_\mu) \subset U_{J_0}$ pour $1 \leqslant \mu \leqslant m$; donc on peut prolonger g à une application de $\Sigma'(J_0, \ldots, J_m)$ dans U_{J_0}. Si d'ailleurs g' est une autre application de N dans E satisfaisant à la même condition, on peut, par une récurrence tout à fait analogue, construire une homotopie joignant g à g' ; la classe d'homotopie de g est donc bien déterminée par la condition qu'on s'est imposée.

Montrons que, dans ces conditions, $f \circ g$ est une application de N dans N homotope à l'application identique. Soit en effet F_i la réunion des images par g de tous les simplexes $\Sigma'(J_0, \ldots, J_m)$ pour lesquels $i \in J_0$; comme ces simplexes sont en nombre fini, F_i est une partie compacte de U_i. Pour chaque i, soit U'_i une partie ouverte de U_i contenant F_i, telle que $\overline{U}'_i \subset U_i$, et que les U'_i forment encore un recouvrement de E ; puisque le choix de la partition (f_i) subordonnée à $\mathfrak{U}$ est sans influence sur la classe d'homotopie de f, on peut la supposer choisie de telle sorte que $f_i > 0$ sur F_i et $f_i = 0$ en dehors de U'_i, pour tout $i \in I$. Soit $x = (x_i)$ un point de N ; choisissons un i tel que $x_i = \max_{j \in I}(x_j)$; alors x est dans un simplexe de la subdivision barycentrique de N ayant un sommet en e_i, et on a donc $g(x) \in F_i$, d'où $f_i\big(g(x)\big) > 0$. Pour tout $i \in I$ et tout $x = (x_i) \in N$, posons $\varphi_i(x) = \min[x_i, f_i\big(g(x)\big)]$; les φ_i sont des fonctions continues $\geqslant 0$ sur N, et on a $\varphi_i(x) = 0$ si $x_i = 0$, c'est-à-dire si x n'appartient pas à St_i ; de plus, d'après ce qu'on vient de montrer, il y a pour tout $x \in N$ un i tel que $\varphi_i(x) > 0$. Il s'ensuit que $\varphi = \sum_i \varphi_i$ est une fonction continue partout > 0 sur N, et par suite que les $h_i = \varphi_i/\varphi$ forment sur N une partition de l'unité subordonnée au recouvrement (St_i) ; si donc on pose $h(x) = \big(h_i(x)\big)$, h est une application de N dans N. Si, pour $x \in N$, J est l'ensemble des $i \in I$ tels que $h_i(x) > 0$, on aura, pour tout $i \in J$, $x_i > 0$ et $f_i\big(g(x)\big) > 0$; alors $h(x)$ est dans Σ_J, et x et $f\big(g(x)\big)$ sont tous deux dans St_J, de sorte que les segments de droite qui joignent $h(x)$ à x d'une part et à $f\big(g(x)\big)$ d'autre part sont contenus dans N ; comme tout à l'heure on conclut de là que h est homotope à l'application identique d'une part, et à $f \circ g$ d'autre part.

Enfin, soit $p \in E$, et soit J l'ensemble des $i \in I$ tels que $f_i(p) > 0$; on aura donc $p \in U'_i$ pour tout $i \in J$; on aura $f(p) \in \Sigma_J$, donc $f(p)$ appartiendra à un des simplexes de la subdivision barycentrique de Σ_J ; mais ce sont là, avec les notations employées plus haut, les simplexes $\Sigma'(J_0, \ldots, J_m)$ avec $J_m \subset J$; si alors on prend $i \in J_0$, on aura $g\big(f(p)\big) \in F_i$; donc p et $g\big(f(p)\big)$ sont tous deux dans U'_i. Posons $X_i = \overline{U}'_i$; soit N' le nerf de la famille (X_i) ; on aura $N' \subset N$. Si de plus on suppose maintenant que les U_J ont la propriété d'extension, c'est-à-dire que $\mathfrak{U}$ est topologiquement simple, on voit que les familles $(X_i)_{i \in I}$ et $(U_J)_{J \in N'}$ satisfont à toutes les conditions du lemme de tout à l'heure ; d'après le corollaire de ce lemme, on peut donc affirmer que $g \circ f$ est homotope à l'application identique de E pourvu que $E \times E \times [0, 1]$ soit normal. Le théorème annoncé est donc complètement démontré.

Supposons en particulier que l'un des U_i soit recouvert par la réunion des autres, donc qu'on ait $U_i = \bigcup_{j \neq i} U_{ij}$, et que $U_i \times U_i \times [0, 1]$ soit normal. Alors les U_{ij} non vides forment un recouvrement topologiquement simple de U_i, dont le nerf a donc même type d'homotopie que U_i ; ce type est trivial, puisque U_i a la propriété d'extension et est donc contractile. Si on omet U_i dans le recouvrement $\mathfrak{U}$, ce qui reste est encore un recouvrement $\mathfrak{U}'$ de E en vertu de l'hypothèse ; le nerf N' de $\mathfrak{U}'$ se déduit de N en en retranchant St_i ; et la frontière de St_i n'est autre que le nerf du recouvrement $(U_{ij})_{j \neq i}$ de U_i, donc est un complexe fini homotopiquement trivial (c'est-à-dire contractile) ; comme on le voit facilement, cela équivaut à dire qu'il existe une rétraction de l'adhérence $\overline{St}_i$ de St_i sur sa frontière $\overline{St}_i \cap N'$, donc une rétraction de N sur N', et même qu'il existe une telle rétraction dépendant continument d'un paramètre, c'est-à-dire une application continue $F(x, t)$ de $N \times [0, 1]$ dans N telle que $F(x, 0) = x$ et $F(x, 1) \in N'$ pour tout $x \in N$, $F(x, t) = x$ quel que soit t pour tout $x \in N'$, et $F(x, t) \in \overline{St}_i$ quel que soit t pour tout $x \in \overline{St}_i$. En particulier, de Rham a montré (loc. cit., note 6) que, si on se borne à considérer la famille des recouvrements simples qu'il appelle «convexes» d'une variété différentiable compacte, on peut toujours passer de l'un à l'autre de ces recouvrements par insertions et omissions successives d'ensembles superflus ; le résultat que nous venons de démontrer indique, d'une manière un peu plus précise que ne le faisait de Rham, l'effet de ces opérations sur les nerfs des recouvrements correspondants.

(Reçu le 22 novembre 1951.)

DRUCK: ART. INSTITUT ORELL FÜSSLI AG., ZÜRICH

R.Belgica 107
S.Paulo, 18 janvier. 47

Mon cher Cartan,

Ayant commencé à réfléchir à un projet de rapport sur les espaces fibrés et questions connexes, j'ai obtenu une démonstration des théorèmes de de Rham (préliminaire indispensable à ces questions) que je te communique, dans l'espoir que ça t'engagera à te remettre toi-même au projet de topologie combinatoire dont tu nous as déjà fourni une première esquisse. Tu ne manqueras pas de reconnaître dans cette démonstration une idée qui apparaît déjà dans ma lettre à de Rham. Le 3e th. de de Rham (sur le produit des formes) se déduit aisément des 2 premiers, pourvu qu'on connaisse la base d'homologie dans le produit d'une variété par elle-même (cas simple: groupes d'homologie sur R) (et à ce propos, on te supplie humblement de débrouiller au plus vite le th. de Kuneth, SVP). Quant aux deux premiers, ils établissent un isomorphisme (canonique) entre le p-ième groupe de de Rham d'une variété V (groupe des formes différentielles fermées de degré p, i.e. des ω de degré p satisfaisant à $d\omega = 0$, modulo le sous-groupe des formes $\omega = d\eta$, η = forme quelconque de degré p-1), et le groupe de cohomologie de dimension p sur R. Si je définis <u>directement</u> un tel isomorphisme, j'aurai l'essentiel (le reste s'établit ~~aisément après coup~~ par la même méthode).

Le seul point un peu délicat est de démontrer la possibilité d'un recouvrement de V par des ensembles A_i [1 en nombre fini], suffisamment petits pour que dans chacun on puisse prendre des coordonnées locales (i.e. pour que chacun puisse être différentiablement appliqué sur une partie de R^n), et tels que les A_i et toutes leurs intersections ~~finies~~ non vides soient homéomorphes à des boules B^n. On peut y arriver par exemple en plongeant différentiablement V dans un espace euclidien R^N (ce qui est élémentaire) et en prenant pour les A_i des intersections de V avec de petites boules euclidiennes ayant leurs centres sur V, et ayant toutes même rayon (suffisamment petit). De toute manière, c'est là une question technique infiniment plus facile que la triangulation. Cette question étant résolue, si une forme de degré $p > 0$, définie dans une intersection ~~finie~~ d'ensembles A_i , satisfait à $d\omega = 0$, on pourra toujours l'écrire sous la forme $\omega = d\eta$, η étant définie dans la même intersection. Autrement dit, si A' désigne une intersection ~~finie~~ d'ensembles A_i , nous avons attaché à A' une suite $G_p(A')$ de groupes (p = 0, 1, 2,...), à savoir les groupes de formes de degré p, définies dans A', pour toutes les valeurs de p, et, pour tout p, un homomorphisme $\omega \rightarrow d\omega$ de $G_p(A')$ dans $G_{p+1}(A')$ de telle sorte que le noyau de ~~[illegible]~~ l'homomorphisme d de G_{p+1} dans G_{p+2} soit l'image par d de G_p dans G_{p+1} (cascade !), et cela quel que soit $p > 0$; quant au noyau de l'homomorphisme d de G_0 dans G_1 , il est formé par les constantes, donc isomorphe à R.

Définir une forme (de degré p donné) globalement sur V, c'est donner pour toute valeur de i un élément ω_i de $G_p(A_i)$, de telle sorte que l'on ait, dans $G_p(A_i \cap A_j)$, la relation $\omega_i - \omega_j = 0$, pour toutes les valeurs de i et j (si $A_i \cap A_j = \emptyset$, cette relation doit être considérée comme automatiquement satisfaite). J'utilise ici le fait trivial, mais qui (en vue d'éventuelles généralisations) mérite d'être énoncé explicitement, que, si A' et A" sont des intersections d'ensembles A_i , tels que $A' \supset A''$, il y a un homomorphisme canonique de $G_p(A')$ dans $G_p(A'')$, à savoir celui qui, à toute forme dans A', fait correspondre la restriction de cette forme à A".

2.

J'aurai de plus à me servir du principe de prolongement suivant. Soient A', $A''_2, \dots, A''_m$ des intersections d'ensembles A_i, toutes contenues dans la première A'; supposons donnée, dans chacun des A''_μ, une forme de degré p, ω''_μ, de manière qu'on ait $\omega''_\mu - \omega''_\nu = 0$ dans $A''_\mu \cap A''_\nu$ quels que soient μ, ν ; alors il existe une forme ω' dans A' qui induise ω''_μ sur A''_μ pour tout μ. Pour le voir, il suffit de prendre dans A' des coordonnées locales, au moyen desquelles on peut exprimer les formes en question, et d'appliquer le théorème de Whitney (prolongement d'une fonction différentiable donnée dans une partie de R^n; à ce propos, il serait très désirable d'avoir une démonstration simple et naturelle de ce théorème).

Ce principe permet en particulier de résoudre la question suivante: supposons donné, pour chaque couple de valeurs de i, j, un élément η_{ij} de $G_p(A_i \cap A_j)$; peut-on attacher à tout i un élément ω_i de $G_p(A_i)$, de façon à avoir $\eta_{ij} = \omega_j - \omega_i$? On a évidemment les conditions nécessaires $\eta_{ii} = 0$, $\eta_{ij} + \eta_{ji} = 0$ (dans $A_i \cap A_j$), $\eta_{ij} + \eta_{jk} + \eta_{ki} = 0$ (dans $A_i \cap A_j \cap A_k$). Ces conditions sont suffisantes: en effet, supposant les ω_j déterminées pour $j < i$, la détermination de ω_i dans A_i est un problème de prolongement du type indiqué plus haut (ω_i est soumise à la condition d'induire des formes déjà connues sur tous les $A_i \cap A_j$ pour $j < i$).

De même, on pourra se demander, étant donnés des $\zeta_{ijk} \in G_p(A_i \cap A_j \cap A_k)$, s'il existe des $\eta_{ij} \in G_p(A_i \cap A_j)$ tels que $\eta_{ii} = 0$, $\eta_{ij} + \eta_{ji} = 0$, et $\eta_{ij} + \eta_{jk} + \eta_{ki} = \zeta_{ijk}$; d'ou par récurrence, une suite de formules qui (automatiquement, et pas grâce à un deus ex machina !) font apparaître l'expression connue pour le bord d'un simplexe. Je formule la question comme suit:

Disons qu'on aura défini un boum λ d'ordre m et de degré p chaque fois qu'à tout système d'indices $i_1, \dots, i_m$ on aura attaché un élément $\lambda_{(i)} = \lambda_{i_1 i_2 \dots i_m}$ de $G_p(A_{i_1} \cap \dots \cap A_{i_m})$; on n'aura à considérer que des boums alternés (c'est-a-dire que $\lambda_{(i)}$ change de signe pour toute permutation impaire d'indices, et s'annule quand deux indices sont égaux). On introduit l'opérateur ∂ (co-bord) par la formule:

$$(\partial \lambda)_{i_0 i_1 \dots i_m} = \sum_{\nu=0}^{m} (-1)^\nu . \lambda_{i_0 \dots i_{\nu-1} i_{\nu+1} \dots i_m}$$

Si λ est alterné, $\partial\lambda$ l'est aussi. D'autre part, l'opérateur d fait correspondre, a tout boum d'ordre m et de degré p, un boum d'ordre m et de degré p+1, défini par $(d\lambda)_{(i)} = d(\lambda_{(i)})$; les opérateurs d et ∂ sont permutables; et les boums alternés d'ordre m, de degré 0, satisfaisant à $d\lambda = 0$, ne sont pas autre chose que les co-chaînes du nerf du recouvrement (A_i) de V, prises avec le groupe de coefficients R.

Cela posé, pour qu'un boum alterné λ, d'ordre m et de degré p, soit de la forme $\lambda = \partial\mu$, où μ est un boum alterné d'ordre m-1 et de degré p $(m > 1)$, il faut et il suffit qu'on ait $\partial\lambda = 0$. C'est ce que j'ai démontré plus haut pour m = 2; dans le cas général on procède par récurrence sur m. Supposons le théorème vrai pour $m' < m$. Supposons les $\mu_{i_1 \dots i_{m-1}}$ déjà déterminés pour toutes les valeurs des indices $i_\nu < r$; il s'agit de savoir si les conditions auxquelles les $\mu_{i_1 \dots i_{m-2} r}$ doivent satisfaire, lorsqu'on donne à $i_1, \dots, i_{m-2}$ toutes les valeurs $< r$, sont compatibles; or cela résulte de l'hypothèse de récurrence (théorème supposé vrai pour m-1).

Venons-en au groupe de de Rham. C'est, par définition, le quotient du groupe des boums ω d'ordre 1, de degré p, satisfaisant à $d\omega = \partial\omega = 0$, par le sous-groupe des boums de la forme $\omega = d\eta$, où η est d'ordre 1, de degré p-1, et satisfait à $\partial\eta = 0$. Mais, si $d\omega = 0$, on a $\omega = d\lambda$, où λ est un boum d'ordre 1, de degré p-1; il s'ensuit que le groupe de de Rham en question est isomorphe au quotient du groupe des boums λ d'ordre 1, de degré p-1, satisfaisant à $d\partial\lambda = 0$, par le composé des sous-groupes respectivement définis par $d\lambda = 0$ et par $\partial\lambda = 0$. Montrons, par récurrence sur ν, que ce groupe est isomorphe au groupe ~~analogue~~ défini d'une manière analogue au moyen des boums d'ordre ν et de degré $p-\nu$, quel que soit $\nu \leqslant p$; en effet, $d\partial\lambda = 0$ entraîne que $\partial\lambda$ est de la forme $d\mu$, avec μ d'ordre $\nu+1$ et de degré $p-\nu-1$ (si λ est d'ordre ν et de degré $p-\nu$); la relation $\partial\partial\lambda = 0$ entraîne $\partial d\mu = 0$; d'où l'assertion, en appliquant les théorèmes d'isomorphisme. Donc le groupe de de Rham en question est isomorphe au quotient du groupe des boums d'ordre p, de degré 0, satisfaisant à $d\partial\lambda = 0$, par le composé des sous-groupes définis par $d\lambda = 0$ et par $\partial\lambda = 0$; en posant $\partial\lambda = \mu$, on a $d\mu = 0$, de sorte que μ est une co-chaîne, de dimension p, et $\partial\mu = 0$, c'est à-dire que μ est un co-cycle; en appliquant de même que plus haut les théorèmes d'isomorphisme, on voit qu'on aboutit bien au p-ième groupe de cohomologie, pour le nerf du recouvrement considéré; en vertu des hypothèses faites pour ce recouvrement, c'est bien là le p-ième groupe de cohomologie de la variété V.

...

A part ça rien de neuf, pour l'instant. La famille va bien. Sache, puisque tu y tiens, que le bébé s'appelle Nicolette, comme il convient à une fille de Bourbaki.

Meilleures amitiés à tous

A Weil

P.S. Pourrais-tu me faire savoir de suite comment tu définis l'<u>anneau</u> de cohomologie (i.e. l'opération du produit)?

[1952b] Sur les "formules explicites" de la théorie des nombres premiers

La théorie analytique des nombres connaît quelques formules qui relient des sommes étendues à tous les zéros non triviaux de la fonction zêta à des sommes étendues aux puissances de nombres premiers.[1] Il n'est pas difficile d'étendre ces formules, dites »explicites», à des cas beaucoup plus généraux, et ce n'est là à vrai dire qu'un simple exercice. Si je me permets de l'offrir en hommage à Marcel Riesz, c'est que d'une part il met en valeur le rôle que joue dans la question une transformée de Fourier qui n'est pas une fonction mais une distribution au sens de L. Schwartz, et que d'autre part la structure formelle des formules ainsi obtenues semble présenter quelque intérêt, de sorte que par là elles méritent d'être mises à la disposition des chercheurs.

Rappelons d'abord la définition des fonctions L de Hecke »mit Grössencharakteren».[2] Soit k un corps de nombres algébriques, de degré d sur le corps des rationnels; si v est une valuation de k, on désignera par k_v le corps déduit de k par complétion par rapport à v, et par k_v^* le groupe multiplicatif des éléments non nuls de k_v. Si v est une valuation discrète, elle correspond à un idéal premier $\mathfrak{p}$ de k, et on se donnera le droit d'écrire $\mathfrak{p}$ au lieu de v, donc $k_\mathfrak{p}$, $k_\mathfrak{p}^*$ au lieu de k_v, k_v^*; on désignera en ce cas par $U_\mathfrak{p}$ le groupe (compact) des unités du corps $\mathfrak{p}$-adique $k_v=k_\mathfrak{p}$. On désignera par $v_\varrho\,(1\leq\varrho\leq r_1)$ les valuations archimédiennes réelles de k, par $v_\iota\,(r_1+1\leq\iota\leq r_1+r_2)$ les valuations archimédiennes complexes de k, et par k_λ le complété de k par rapport à $v_\lambda\,(1\leq\lambda\leq r_1+r_2)$; k_ϱ est donc pour tout ϱ le corps des réels, et k_ι est pour tout ι le corps des complexes; on posera $\eta_\varrho=1$, $\eta_\iota=2$.

[1] V. par exemple A. E. Ingham, *The distribution of prime numbers* (Cambridge Tracts, n°30, Cambridge 1932), Chap. IV; dans ce qui suit, nous nous référerons à ce livre par le sigle DP.

[2] E. Hecke, *Eine neue Art von Zetafunktionen...*, Math. Zeitschr. 1 (1918), p. 357, et 5 (1919), p. 11.

On sait qu'on entend par un idèle de k un élément $a=(a_v)$ du groupe $\prod_r k_r^*$ tel que $a_\mathfrak{p} \in U_\mathfrak{p}$ pour presque tout $\mathfrak{p}$ (c'est-à-dire pour tout $\mathfrak{p}$ à un nombre fini d'exceptions près); le groupe des idèles, topologisé de la manière »naturelle»,[3] sera désigné par I_k; P_k étant le groupe des idèles principaux, soit $C_k=I_k/P_k$. Soit χ un caractère de C_k, ou, ce qui revient au même, un caractère de I_k prenant la valeur 1 sur P_k. Si $\mathfrak{p}$ est un idéal premier de k, soit $m(\mathfrak{p})$ le plus petit des entiers $m\geq 0$ tels que $\chi(a)=1$ pour $a \in U_\mathfrak{p}$ (c'est-à-dire $a_\mathfrak{p} \in U_\mathfrak{p}$, et $a_v=1$ pour $v\neq\mathfrak{p}$) et $a_\mathfrak{p}\equiv 1$ mod. $\mathfrak{p}^m$; de la continuité de χ sur I_k, il résulte que $m(\mathfrak{p})$ est toujours fini, et nul pour presque tout $\mathfrak{p}$, donc que $\mathfrak{f}=\prod\mathfrak{p}^{m(\mathfrak{p})}$ est un idéal de k; $\mathfrak{f}$ s'apelle le *conducteur* de χ. D'autre part, sur le sous-groupe $\prod_\lambda k_\lambda^*$ de I_k, χ est de la forme

$$\chi(a_1, \ldots, a_{r_1+r_2})=\prod_{\lambda=1}^{r_1+r_2}\left(\frac{a_\lambda}{|a_\lambda|}\right)^{-f_\lambda}|a_\lambda|^{i\eta_\lambda\varphi_\lambda} \tag{1}$$

où chacun des f_ϱ est égal à 0 ou 1, où les f_ι sont entiers, et où les φ_λ sont réels.

Soit $a=(a_v)$ un idèle; pour chaque $\mathfrak{p}$, $a_\mathfrak{p}$ détermine un idéal principal $(a_\mathfrak{p})=\mathfrak{p}^{n(\mathfrak{p})}$ de $k_\mathfrak{p}$; par définition des idèles, $n(\mathfrak{p})$ est 0 pour presque tout $\mathfrak{p}$, donc $\prod\mathfrak{p}^{n(\mathfrak{p})}$ est un idéal entier ou fractionnaire de k, qu'on désignera par (a). Par définition de $\mathfrak{f}$, on a $\chi(a)=1$ si $(a)=1$, $a_\lambda=1$ pour tout λ, et $a_\mathfrak{p}=1$ pour tout diviseur premier $\mathfrak{p}$ de $\mathfrak{f}$; donc, si $a_\lambda=1$ pour tout λ, et $a_\mathfrak{p}=1$ pour tout diviseur premier $\mathfrak{p}$ de $\mathfrak{f}$, $\chi(a)$ dépend seulement de l'idéal $\mathfrak{a}=(a)$; on a ainsi défini une fonction $\chi(\mathfrak{a})=\chi(a)$ des idéaux $\mathfrak{a}$ de k premiers à $\mathfrak{f}$. On pose alors:

$$L(s)=\sum_\mathfrak{a}\frac{\chi(\mathfrak{a})}{(N\mathfrak{a})^s}=\prod_\mathfrak{p}\left(1-\frac{\chi(\mathfrak{p})}{(N\mathfrak{p})^s}\right)^{-1} \tag{2}$$

où la somme est étendue à tous les idéaux entiers $\mathfrak{a}$ de k premiers à $\mathfrak{f}$, et le produit à tous les idéaux premiers $\mathfrak{p}$ de k qui ne divisent pas $\mathfrak{f}$. Si χ est le caractère χ_0 partout égal à 1, $L(s)$ est la fonction zêta $\zeta(s)$ du corps k. On tire de (2):

$$L'/L(s)=-\sum_\mathfrak{p}\sum_{n=1}^{\infty}\log(N\mathfrak{p})\,\chi(\mathfrak{p})^n\,(N\mathfrak{p})^{-ns}. \tag{3}$$

Si on pose $s=\sigma+it$, les séries et produits ci-dessus convergent absolument et uniformément dans tout demi-plan $\sigma\geq 1+a$, pour $a>0$; donc, dans un tel demi-plan, $L(s)$, $L(s)^{-1}$, et $L'/L(s)$ sont bornées.

---

[3] Cf. A. Weil, *Sur la théorie du corps de classes,* Journ. Math. Soc. Japan, vol. 3 (1951) p. 1.

Pour $a \in I_k$ et $\mathfrak{a}=(a)$, soit $\|a\|=\prod_\lambda |a_\lambda|^{\eta_\lambda} N(\mathfrak{a})^{-1}$. Comme $\|a\|=1$ pour $a \in P_k$, $\chi_1(a)=\|a\|^{i\tau}\chi(a)$ est encore un caractère de C_k; la fonction L associée à χ_1 est $L_1(s)=L(s+i\tau)$; on dira que χ, χ_1 sont associés. Parmi tous les caractères associés à un caractère donné, il y en a un et un seul pour lequel les exposants φ_λ qui figurent dans (1) satisfont à $\sum \eta_\lambda \varphi_\lambda=0$; sans restreindre la généralité, on pourra donc supposer désormais que cette condition est satisfaite.

Soit Δ le discriminant de k; soit $A=(2\pi)^{-d}|\Delta|N\mathfrak{f}$. On posera:

$$s_\lambda=s+i\varphi_\lambda \qquad (1\leq\lambda\leq r_1+r_2)$$

$$G(s)=(2^{r_1}A)^{s/2}\prod_\lambda \Gamma\left(\frac{\eta_\lambda s_\lambda+|f_\lambda|}{2}\right) \tag{4}$$

$$G_1(s)=\overline{G(1-\bar{s})}=(2^{r_1}A)^{\frac{1-s}{2}}\prod_\lambda \Gamma\left(\frac{\eta_\lambda(1-s_\lambda)+|f_\lambda|}{2}\right)$$

où $\overline{}$ désigne l'imaginaire conjugué, puis

$$\mathcal{G}_{\eta,f}(s)=(2/\eta)^s\,\Gamma\left(\frac{\eta s+|f|}{2}\right)\Gamma\left(\frac{\eta(1-s)+|f|}{2}\right)^{-1} \tag{5}$$

$$\mathcal{G}(s)=G(s)/G_1(s)=2^{-\sum_\varrho(\frac{1}{2}+i\varphi_\varrho)}A^{s-\frac{1}{2}}\prod_\lambda \mathcal{G}_{\eta_\lambda, f_\lambda}(s_\lambda).$$

En vertu des propriétés connues de la fonction Γ, $|G(s)|^{-1}$ est $O(e^{c|t|})$ uniformément dans toute bande $\sigma_0\leq\sigma\leq\sigma_1$, pour $c>\pi d/4$, et, dans la même bande, $|\mathcal{G}(s)|$ est $O(|t|^N)$ pour $N=d\left(\sigma_1-\frac{1}{2}\right)$ si on exclut un voisinage des pôles de $\mathcal{G}(s)$.

Posons maintenant $\Lambda(s)=G(s)L(s)$. Un théorème fondamental de Hecke (loc. cit.[2]) dit que $\Lambda(s)$ est une fonction méromorphe dans tout le plan, ayant ses pôles en $s=0$, 1 si $\chi=\chi_0$, sans pôle si $\chi\neq\chi_0$, et qu'elle satisfait à l'équation fonctionnelle

$$\Lambda(1-\bar{s})=\varkappa\,\overline{\Lambda(s)} \tag{6}$$

où $\varkappa$ est une constante, et $|\varkappa|=1$. La démonstration se fait en exprimant $\Lambda(s)$ au moyen d'une intégrale définie; cette expression montre en même temps que $\Lambda(s)$ est bornée dans toute bande $\sigma_0\leq\sigma\leq\sigma_1$, des voisinages des pôles $s=0$, 1 étant exclus pour $\chi=\chi_0$. Soit $L_1(s)=s(s-1)L(s)$, et prenons $\sigma_0<0<1<\sigma_1$; dans $\sigma_0\leq\sigma\leq\sigma_1$, on aura $|L_1(s)|\leq Ce^{c|t|}$, où c, C

sont des constantes. Mais, d'après (2), $L(s)$ est bornée sur $\sigma=\sigma_1$, et $L(1-\bar{s})$ l'est sur $\sigma=\sigma_0$; comme on a

$$|L_1(s)|=|s(s-1)\,L(s)|=|s(s-1)\,\mathcal{G}(1-\bar{s})\,L(1-\bar{s})|,$$

il s'ensuit que $|L_1(s)|$ est $O(|t|^N)$ sur $\sigma=\sigma_0$ et sur $\sigma=\sigma_1$ si N est pris assez grand. D'après des théorèmes classiques, on en conclut que $|L_1(s)|\leq D|t|^N$ dans $\sigma_0\leq\sigma\leq\sigma_1$, $|t|\geq 1$, D étant une constante; appliquant alors par exemple le théorème D de DP, p. 49, à deux cercles de rayons constants r, R et de centre $1+a+it$, où a est fixe >0, on voit que le nombre de zéros de $L_1(s)$ dans le plus petit de ces cercles est $O(\log|t|)$. Comme, en vertu de (2) et de (6), tous les zéros de $\Lambda(s)$ sont dans la bande $0\leq\sigma\leq 1$,[4] il s'ensuit que le nombre des zéros de $\Lambda(s)$ satisfaisant à $T\leq|t|\leq T+1$ est $O(\log T)$; il y a donc une constante a, et, pour tout entier m tel que $|m|\geq 2$, un T_m compris dans l'intervalle $m<T_m<m+1$, tels que $\Lambda(s)$ n'ait pas de zéro dans la bande $|t-T_m|\leq a/\log|m|$.

D'autre part, $|G(s)|$ est $O\left(e^{|s|^{1+\varepsilon}}\right)$ pour tout $\varepsilon>0$ dans le demi-plan $\sigma\geq 1$; comme $L(s)$ est bornée dans le demi-plan $\sigma\geq 1+a$, pour $a>0$, il s'ensuit que $|\Lambda(s)|$ est $O\left(e^{|s|^{1+\varepsilon}}\right)$ dans ce demi-plan, donc aussi, d'après (6), dans le demi-plan $\sigma\leq -a$; comme $\Lambda(s)$ est bornée dans $-a\leq\sigma\leq 1+a$ (à un voisinage près des pôles), il s'ensuit que $[s(s-1)]^{\delta_\chi}\Lambda(s)$ est une fonction entière d'ordre 1 si on pose $\delta_\chi=1$ pour $\chi=\chi_0$ et $\delta_\chi=0$ pour $\chi\neq\chi_0$. On a donc:

$$\Lambda(s)=ae^{bs}\left[s(s-1)\right]^{-\delta_\chi}\prod_{\omega}\left(1-\frac{s}{\omega}\right)e^{s/\omega}$$

où a, b sont des constantes, et où le produit est étendu aux zéros ω de $\Lambda(s)$ comptés avec leur multiplicité.[5] On a donc, quels que soient s, s_0:

$$\Lambda'/\Lambda(s)-\Lambda'/\Lambda(s_0)=\sum_{\omega}\left(\frac{1}{s-\omega}-\frac{1}{s_0-\omega}\right)-\delta_\chi\left(\frac{1}{s}+\frac{1}{s-1}-\frac{1}{s_0}-\frac{1}{s_0-1}\right),$$

d'où en particulier pour $s=1-\bar{s}_0$, en tenant compte de (6):

$$\Re\left[\Lambda'/\Lambda(s_0)\right]=\sum_{\omega}\Re\left(\frac{1}{s_0-\omega}\right)-\delta_\chi\,\Re\left(\frac{1}{s_0}+\frac{1}{s_0-1}\right)$$

---

[4] Le raisonnement classique d'Hadamard, appliqué comme le fait Landau (*Vorlesungen über Zahlentheorie*, vol. II, p. 14—15), montre d'ailleurs que $\Lambda(s)$ n'a pas de zéros sur la droite $\sigma=1$, ni par conséquent sur $\sigma=0$. Ce raisonnement ne tombe en défaut que si χ est un caractère réel $\neq\chi_0$; mais en ce cas $L(s)$ est le quotient, par la fonction zêta de k, de la fonction zêta d'une extension quadratique de k, et par suite le résultat reste valable.

[5] Si $s=0$ était un zéro de Λ, le facteur correspondant devrait être remplacé par s, et il n'y aurait rien à changer à ce qui suit; d'ailleurs cette circonstance ne peut pas se présenter (cf.[4]).

où $\mathfrak{R}$ désigne la partie réelle. Pour $s_0=1+a+it$, $0<a\leq 1$, cela donne:

$$|\Lambda'/\Lambda(s_0)|\geq\mathfrak{R}\,[\Lambda'/\Lambda(s_0)]\geq\sum_{\omega}\frac{a}{(a+1)^2+(t-\gamma)^2}-\delta_\chi\left(\frac{1}{a+1}+\frac{1}{a}\right)$$

où on a posé $\omega=\beta+i\gamma$. Mais $L'/L(s)$ est bornée sur la droite $\sigma=1+a$; sur cette droite, $G'/G(s)$ est $O(\log|t|)$; donc $|\Lambda'/\Lambda(s_0)|$ est $\leq A_0\log|t|+A_1$, et on a par suite

$$\sum_{\omega}\frac{1}{a^2+(t-\gamma)^2}\leq\frac{(a+1)^2}{a^2}\sum_{\omega}\frac{1}{(a+1)^2+(t-\gamma)^2}\leq A_0'\log|t|+A_1',$$

où A_0, A_1, A_0', A_1' dépendent de a mais non de t. D'autre part, si on prend $s=\sigma+it$, $-a\leq\sigma\leq 1+a$, et $t=T_m$, d'où $|t-\gamma|\geq a/\log|m|$, un raisonnement élémentaire (DP th. 26, p. 71—72) montre qu'on a

$$|\Lambda'/\Lambda(s)-\Lambda'/\Lambda(s_0)|\leq\frac{\sqrt{2}}{a}(a+1-\sigma)\log|m|\left(\sum_{\omega}\frac{1}{a^2+(t-\gamma)^2}+\frac{2\delta_\chi}{a^2+t^2}\right);$$

d'après ce qui précède, le premier membre est donc $\leq B_0(\log|m|)^2+B_1$, où B_0, B_1 ne dépendent que de a; comme d'ailleurs $|\Lambda'/\Lambda(s_0)|$ est $O(\log|m|)$, on a donc en définitive, pour m entier, $|m|\geq 2$, $s=\sigma+iT_m$, et $-a\leq\sigma\leq 1+a$, $0<a\leq 1$:

$$|\Lambda'/\Lambda(s)|\leq B(\log|m|)^2 \tag{7}$$

où B dépend de a, mais non de m ni de σ.

Cela posé, soit $F(x)$ une fonction à valeurs complexes définie sur la droite réelle qui possède une »transformée de Mellin«[6]

$$\Phi(s)=\int_{-\infty}^{+\infty}F(x)\,e^{(s-\frac{1}{2})x}\,dx$$

holomorphe dans une bande $-a\leq\sigma\leq 1+a$; d'une manière plus précise, nous supposerons qu'il existe $a'>0$ tel que $F(x)\,e^{(\frac{1}{2}+a')|x|}$ appartienne à L^1, ce qui assure que $\Phi(s)$ existe et est holomorphe dans $-a'<\sigma<1+a'$; et nous supposerons de plus qu'il existe $a>0$ tel que $a\leq 1$, $a<a'$, et que $\Phi(s)$ soit $o\big((\log|t|)^{-2}\big)$ uniformément dans la bande $-a\leq\sigma\leq 1+a$. Prenons $T>2$, $T'>2$; il y aura des entiers l, m tels que $|T-T_m|<1$, $|-T'-T_l|<1$. Le nombre des zéros $\omega=\beta+i\gamma$ de $\Lambda(s)$ dont la partie imaginaire γ est comprise entre T et T_m est $O(\log T)$, donc la somme $\sum\Phi(\omega)$, étendue à ces zéros, tend vers 0 quand T augmente indéfini-

[6] Conformément aux usages reçus, il faudrait dire que $\Phi(s)$ est la transformée de Mellin de la fonction $v^{-1/2}F(\log v)$, définie pour $v>0$.

ment; il en est de même pour $-T'$ et T_l. Considérons alors l'intégrale de $\Phi(s)\,d\log\Lambda(s)$ sur le contour du rectangle formé par les droites $\sigma=-a$, $\sigma=1+a$, $t=T_m$, $t=T_l$; en vertu de (7) et de l'hypothèse faite sur Φ, l'intégrale prise sur le côté $t=T_m$ de ce rectangle tend vers 0 avec $1/T$, et celle relative au côté $t=T_l$ tend vers 0 avec $1/T'$. En tenant compte de (6), on obtient:

$$\sum_{-T'<\gamma<T}\Phi(\omega)\equiv\delta_\chi\left[\Phi(0)+\Phi(1)\right]+I(T_m,T_l)\qquad \text{mod. } o(1) \tag{8}$$

où on désigne par $o(1)$ le groupe additif des fonctions de T, T' qui tendent vers 0 avec $1/T$, $1/T'$, et où on pose:

$$I(t,t')=\frac{1}{2\pi i}\int_{1+a+it'}^{1+a+it}\Phi(s)\,d\log\Lambda(s)-\Phi(1-\bar{s})\,d\log\overline{\Lambda(s)}$$

Comme d'ailleurs, sur la droite $\sigma=1+a$, $L'/L(s)$ est bornée, et $G'/G(s)$ est $O(\log|t|)$, $I(T,T_m)$ tend vers 0 avec $1/T$, et $I(-T',T_l)$ avec $1/T'$, de sorte que dans (8) on peut remplacer $I(T_m,T_l)$ par $I(T,-T')$. Dans $I(T,-T')$, remplaçons $\Lambda(s)$ par $G(s)\,L(s)$; $I(T,-T')$ apparaît comme somme d'une intégrale analogue $I_0(T,-T')$ portant sur $L(s)$ et d'une autre $I_1(T,-T')$ portant sur $G(s)$. Appliquant (3), on obtient:

$$I_0(T,-T')=\frac{-1}{2\pi}\int_{-T'}^{T}dt\sum_{\mathfrak{p},n}\int_{-\infty}^{+\infty}H_{\mathfrak{p},n}(u)\,e^{itu}\,du \tag{9}$$

où l'on a posé

$$H_{\mathfrak{p},n}(u)=\frac{\log N\mathfrak{p}}{N\mathfrak{p}^{n/2}}\Big[\chi(\mathfrak{p})^n\,F(u+\log N\mathfrak{p}^n)\,e^{\left(\frac{1}{2}+a\right)u}+$$
$$+\chi(\mathfrak{p})^{-n}\,F(u-\log N\mathfrak{p}^n)\,e^{-\left(\frac{1}{2}+a\right)u}\Big]$$

D'autre part, on a

$$2\pi i\,I_1(T,-T')=\int_{1+a-iT'}^{1+a+iT}\Phi(s)\,d\log G(s)-\int_{-a-iT'}^{-a+iT}\Phi(s)\,d\log G_1(s).$$

Mais $G'/G(s)$ n'a pas de pôle dans le demi-plan $\sigma>0$, et par suite $G_1'/G_1(s)$ n'en a pas dans $\sigma<1$; d'ailleurs ces fonctions sont $O(\log|t|)$ dans $\sigma_0\leq\sigma\leq\sigma_1$, en dehors de voisinages de leurs pôles, quels que soient σ_0, σ_1. Il s'ensuit qu'on a

$$I_1(T,-T')\equiv\frac{1}{2\pi i}\int_{\frac{1}{2}-iT'}^{\frac{1}{2}+iT}\Phi(s)\,d\log\mathcal{G}(s)\qquad \text{mod. } o(1)$$

d'où, en appliquant encore une fois le même raisonnement:

$$I_1(T, -T') \equiv J_0(T, -T') + \sum_{\lambda=1}^{r_1+r_2} J_\lambda(T, -T') \qquad \bmod . o(1)$$

en posant

$$J_0(T, -T') = \frac{\log A}{2\pi i} \int_{\frac{1}{2}-iT'}^{\frac{1}{2}+iT} \Phi(s)\, ds,$$

$$J_\lambda(T, -T') = \frac{1}{2\pi i} \int_{\frac{1}{2}-iT'}^{\frac{1}{2}+iT} \Phi(s - i\varphi_\lambda)\, d \log \mathcal{G}_{\eta_\lambda, f_\lambda}(s).$$

On a donc:

$$\sum_{-T'<\gamma<T} \Phi(\omega) \equiv \delta_\chi [\Phi(0) + \Phi(1)] + I_0(T, -T') + J_0(T, -T') +$$
$$+ \sum_{\lambda=1}^{r_1+r_2} J_\lambda(T, -T') \qquad \bmod . o(1) \tag{10}$$

Comme d'ailleurs $\Phi\left(\frac{1}{2} + it - i\varphi_\lambda\right)$ est la transformée de Fourier de $F(x)\, e^{-i\varphi_\lambda x}$, on a

$$J_\lambda(T, -T') = \int_{-\infty}^{+\infty} F(x)\, e^{-i\varphi_\lambda x}\, \mathcal{H}_{\eta_\lambda, f_\lambda}(x; T, -T')\, dx$$

avec

$$\mathcal{H}_{\eta, f}(x; T, -T') = \frac{1}{2\pi i} \int_{-T'}^{T} e^{ixt}\, d \log \mathcal{G}_{\eta, f}\left(\tfrac{1}{2} + it\right).$$

Posons maintenant

$$H_{\eta, f}(x) = \frac{1}{2\pi i} \int_{-\infty}^{+\infty} e^{ixt} \left[\frac{2}{\eta}\, d \log \mathcal{G}_{\eta, f}\left(\tfrac{1}{2} + it\right) - d \log \mathcal{G}_{2, 0}\left(\tfrac{1}{2} + it\right)\right];$$

en vertu d'identités et d'évaluations connues, on voit que la différence entre l'intégrale du second membre, et la même intégrale prise entre les limites $-T'$ et T, est, en valeur absolue, $\leq 2\left(e^{-\pi T} + e^{-\pi T'}\right)$ pour $\eta = 1$, $f = 0$ ou 1, et $\leq C_f(T^{-1} + T'^{-1})$ pour $\eta = 2$, C_f dépendant de f mais non de T, T'. De plus, en vertu de formules connues, on a:

$$H_{1, f}(x) = \frac{(-1)^{1-f}}{e^{x/2} + e^{-x/2}}, \qquad H_{2, f}(x) = \frac{1 - e^{-|fx|/2}}{|e^{x/2} - e^{-x/2}|}.$$

Il s'ensuit qu'on a:

$$J_\lambda(T, -T') \equiv \frac{\eta_\lambda}{2} \int_{-\infty}^{+\infty} F(x)\, e^{-i\varphi_\lambda x} H_{\eta_\lambda, f_\lambda}(x)\, dx +$$

$$+ \frac{\eta_\lambda}{2} \int_{-\infty}^{+\infty} F(x)\, e^{-i\varphi_\lambda x} \mathscr{H}_{2,0}(x; T, -T')\, dx \qquad \bmod . o(1).$$

Pour aller plus loin, nous ferons sur $F(x)$ des hypothèses plus précises que jusqu'ici. Nous supposerons pour fixer les idées que $F(x)$ satisfait aux conditions suivantes:

(A) $F(x)$ est continue et continument différentiable partout sauf en un nombre fini de points a_i, en lesquels $F(x)$ et sa dérivée $F'(x)$ n'ont qu'une discontinuité de première espèce, et en chacun desquels on a $F(a_i) = \frac{1}{2}\left[F(a_i+0) + F(a_i-0)\right]$.

(B) Il existe $b>0$ tel que $F(x)$ et $F'(x)$ soient $O\left(e^{-(\frac{1}{2}+b)|x|}\right)$ pour $|x| \to +\infty$.

Cela entraîne que, pour $0<a'<b$, $F(x)\, e^{(\frac{1}{2}+a')|x|}$ est dans L^1, et que $\Phi(s)$ est $O\left(|t|^{-1}\right)$ uniformément dans $-a' \leq \sigma \leq 1+a'$; les résultats précédemment démontrés sont donc valables pourvu qu'on prenne $0<a<a'<b$, $a\leq 1$. Pour un choix convenable de la constante C, on aura

$$|F(x)| \leq C\, e^{-(\frac{1}{2}+b)|x|},$$

d'où, en posant $\delta = b - a$:

$$\frac{|H_{\mathfrak{p},n}(u)|}{C \log N\mathfrak{p}} \leq \frac{e^{-\delta|u|}}{N\mathfrak{p}^{n(1+b)}} + N\mathfrak{p}^{nb}\, e^{\delta|u|} \inf\left(N\mathfrak{p}^{-n(1+2b)}, e^{-(1+2b)|u|}\right) \leq 2N\mathfrak{p}^{-n(1+a)}$$

d'où

$$\int_{-\infty}^{+\infty} |H_{\mathfrak{p},n}(u)|\, du \leq 2C\left(\frac{1}{\delta} + \frac{1}{1+2a+\delta}\right)\frac{\log N\mathfrak{p}}{N\mathfrak{p}^{n(1+a)}}.$$

Il s'ensuit que la série $H(u) = \sum H_{\mathfrak{p},n}(u)$ est absolument et uniformément convergente et définit une fonction $H(u)$ qui est dans L^1, et que (9) peut s'écrire

$$I_0(T, -T') = \frac{-1}{2\pi} \int_{-T'}^{T} dt \int_{-\infty}^{+\infty} H(u)\, e^{itu}\, du.$$

De plus, $H(u)$ est continue et continument différentiable en dehors des points $a_i \pm \log N\mathfrak{p}^n$ où elle a, ainsi que sa dérivée, au plus des discontinuités de première espèce, et où sa valeur est moyenne arithmétique entre ses limites à droite et à gauche. Dans ces conditions, la formule d'inversion de l'intégrale de Fourier s'applique, c'est-à-dire que $I_0(T, -T)$ tend vers $-H(0)$ pour $T \to +\infty$.

Pour obtenir la limite commune des deux membres de (10) pour $T = T' \to +\infty$, il ne nous reste donc plus qu'à évaluer la limite de $J_\lambda(T, -T)$ dans le cas où $\eta_\lambda = 2$, $f_\lambda = 0$. Autrement dit, il faut évaluer la limite de

$$\frac{1}{2\pi i} \int_{-T}^{+T} \Psi(t)\, d \log \mathcal{G}_{2,0}\left(\tfrac{1}{2}+it\right) = \frac{1}{\pi} \int_{-T}^{+T} \Psi(t)\, \Re\left[\Gamma'/\Gamma\left(\tfrac{1}{2}+it\right)\right] dt$$

pour $T \to +\infty$, $\Psi(t)$ étant la transformée de Fourier d'une fonction $F_1(x) = F(x)\, e^{-i\varphi_\lambda x}$ qui satisfait aux conditions (A) et (B).

Mais la fonction $\Re\left[\Gamma'/\Gamma\left(\frac{1}{2}+it\right)\right]$ est paire et est de la forme $\log|t| + O(t^{-2})$ pour $|t| \to +\infty$. La transformée de Fourier de $\log|t|$ est une distribution, qui a été déterminée par L. Schwartz[7]; celle de $\Re\left[\Gamma'/\Gamma\left(\frac{1}{2}+it\right)\right]$ est donc une distribution, qui ne diffère de la précédente que par une fonction continue. On trouve que c'est la distribution $-\pi\ \mathrm{PF}\left(|e^{x/2} - e^{-x/2}|^{-1}\right)$, où le symbole PF est défini comme suit. Soit $\alpha(x)$ une fonction appartenant à L^1 sur $(-\infty, -1)$ et sur $(+1, +\infty)$, et telle que $\beta(x) = |x|\, \alpha(x)$ satisfasse à la condition (A); on posera:

$$\mathrm{PF}\int_{-\infty}^{+\infty} \alpha(x)\, dx = \lim_{\lambda \to +\infty} \left[\int_{-\infty}^{+\infty} (1 - e^{-\lambda|x|})\, \alpha(x)\, dx - 2\beta(0) \log \lambda \right].$$

Alors, si $\alpha(x)$ est telle que $|x|\, \alpha(x)$ satisfasse à (A), et si $\varphi(x)$ est continue et continument différentiable à support compact, la formule

$$\mathrm{PF}\,\alpha(\varphi) = \mathrm{PF}\int_{-\infty}^{+\infty} \alpha(x)\, \varphi(x)\, dx$$

définit une distribution $\mathrm{PF}\,\alpha$, égale à la fonction α sur tout intervalle ne contenant pas 0, et qui ne diffère de la distribution $\mathrm{Pf}\,\alpha$ de Schwartz que par un multiple de la distribution δ de Dirac. Cela posé, il résulte des

---

[7] L. Schwartz, *Théorie des Distributions*, vol. II (Act. Sc. et Ind. n°1122, Paris, Hermann et Cie, 1951), formule (VII, 7; 18).

théorèmes de Schwartz que, si $F_1(x)$ et $\Psi(t)$ sont comme ci-dessus, on a

$$\lim_{T\to+\infty}\int_{-T}^{+T}\Psi(t)\,\Re\left[\Gamma'/\Gamma\left(\tfrac{1}{2}+it\right)\right]dt=-\pi\,\mathrm{PF}\int_{-\infty}^{+\infty}\frac{F_1(x)\,dx}{|e^{x/2}-e^{-x/2}|};$$

on peut d'ailleurs le vérifier directement comme suit. Comme

$$\Re\left[\Gamma'/\Gamma\left(\tfrac{1}{2}+it\right)\right]$$

ne diffère de $\log|t|$ que par une fonction de L^2, il suffit, en vertu du théorème de Plancherel, de vérifier la formule analogue pour $\int_{-T}^{+T}\Psi(t)\log|t|\,dt$. On peut, sans rien changer, remplacer $\Psi(t)$, $F_1(x)$ par $\Psi(t)+\Psi(-t)$, $F_1(x)+F_1(-x)$, ou autrement dit supposer que F_1 et Ψ sont paires; vérifiant le résultat directement pour F_1 égale à 1 pour $|x|<1$, à 0 pour $|x|>1$, on se ramène au cas où $F_1(0)=0$, donc, compte tenu de (A), où $F_1(x)=|x|\,F_2(x)$, F_2 étant une fonction paire, continue sauf en un nombre fini de discontinuités de première espèce, et $O(e^{-|x|/2})$ à l'infini. On a alors en définitive à démontrer la formule suivante:

$$\int_0^{+\infty}F_2(x)\,dx=-\frac{2}{\pi}\lim_{T\to+\infty}\int_0^{T}\log t\left[\int_0^{+\infty}F_2(x)\cos(tx)\,dx\right]dt,$$

ou, après une intégration par parties:

$$\int_0^{+\infty}F_2(x)\,dx=\frac{2}{\pi}\lim_{T\to+\infty}\int_0^{T}\int_0^{+\infty}F_2(x)\,\frac{\sin(tx)}{t}\,dt\,dx;$$

l'intégrale double du second membre est absolument convergente, et peut donc s'écrire:

$$\int_0^{+\infty}F_2(x)\left(\int_0^{xT}\frac{\sin t}{t}\,dt\right)dx=\frac{\pi}{2}\int_0^{+\infty}F_2(x)\,dx-\int_0^{+\infty}F_2(x)\left(\int_{xT}^{+\infty}\frac{\sin t}{t}\,dt\right)dx$$

et il est immédiat que le dernier terme tend vers 0 pour $T\to+\infty$, ce qui achève la démonstration.

Nous obtenons donc le résultat définitif suivant:

Si $F(x)$ satisfait aux conditions (A), (B), *la somme $\sum\Phi(\omega)$, étendue aux zéros $\omega=\beta+i\gamma$ de $L(s)$ qui satisfont à $0\le\beta\le 1$, $|\gamma|<T$, tend vers une limite pour $T\to+\infty$, et cette limite a la valeur*

$$\lim_{T\to+\infty}\sum_{|\gamma|<T}\Phi(\omega)=\delta_\chi\int_{-\infty}^{+\infty}F(x)\left(e^{x/2}+e^{-x/2}\right)dx+F(0)\log A$$

$$-\sum_{\mathfrak{p}}\sum_{n=1}^{\infty}\frac{\log N\mathfrak{p}}{N\mathfrak{p}^{n/2}}\left[\chi(\mathfrak{p})^n F(\log N\mathfrak{p}^n)+\chi(\mathfrak{p})^{-n}F(\log N\mathfrak{p}^{-n})\right]$$

$$-\sum_{\lambda=1}^{r_1+r_2}\mathrm{PF}\int_{-\infty}^{+\infty}F(x)\,e^{-i\varphi_\lambda x}K_{\eta_\lambda,f_\lambda}(x)\,dx \qquad (11)$$

où on a posé:

$$K_{1,f}(x)=\frac{e^{(\frac{1}{2}-f)|x|}}{|e^x-e^{-x}|},\quad K_{2,f}(x)=\frac{e^{-f|x|/2}}{|e^{x/2}-e^{-x/2}|}.$$

Telle est la forme la plus générale des »formules explicites«. Naturellement, on pourrait élargir sensiblement les hypothèses faites sur F.

Nous allons appliquer ces résultats à une transformation de l'hypothèse de Riemann qui n'est peut-être pas sans intérêt. Pour cela, nous nous appuyerons sur le lemme suivant:

Pour que $L(s)$ satisfasse à l'hypothèse de Riemann, il faut et il suffit que la valeur commune des deux membres de (11) *soit* ≥ 0 *pour toute fonction F de la forme*

$$F(x)=F_0(x)*\overline{F_0(-x)}=\int_{-\infty}^{+\infty}F_0(x+t)\,\overline{F_0(t)}\,dt,$$

où F_0 est une fonction satisfaisant à (A), (B).

F est alors continue et est la primitive d'une fonction F' continue partout sauf en un nombre fini de discontinuités de première espèce (ce sont les points a_i-a_j si les a_i sont les points de discontinuités de F_0); F satisfait à (B); et, si Φ_0 est la »transformée de Mellin« de F_0 (cf.[6]), celle de F est $\Phi(s)=\Phi_0(s)\,\overline{\Phi_0(1-\bar{s})}$. Si donc tous les zéros ω de $L(s)$ dans la bande critique sont sur $\sigma=\frac{1}{2}$, le premier membre de (11) est ≥ 0 pour ce choix de F et Φ. Supposons au contraire que $L(s)$ ait dans cette bande un zéro $\omega_0=\beta_0+i\gamma_0$ avec $\beta_0\neq\frac{1}{2}$. Posons

$$z=i\left(s-\tfrac{1}{2}-i\gamma_0\right),\ \Phi_0(s)=\Psi_0(z),\ \Phi(s)=\Psi(z),$$

de sorte qu'on a $\Psi(z)=\Psi_0(z)\,\overline{\Psi_0(\bar{z})}$ et que $F_0(x)\,e^{i\gamma_0 x}$, $F(x)\,e^{i\gamma_0 x}$ sont les transformées de Fourier des fonctions induites par $\Psi_0(z)$, $\Psi(z)$ sur l'axe réel. Comme la transformée de Fourier de toute fonction de la forme $P(x)\,e^{-Ax^2}$, où P est un polynome et $A>0$, est une fonction de même forme, il s'ensuit que, si on prend pour $\Psi_0(z)$ une fonction $P(z)\,e^{-Az^2}$, $F_0(x)$ satisfera à (A) et (B). Pour un tel choix de $\Psi_0(z)$, $\Psi(z)$ sera de la même forme, donc $\Phi(s)$ sera $O\left(e^{-A't^2}\right)$ pour tout $A'<A$, uniformément dans $0\leq\sigma\leq 1$, et par suite $\sum\Phi(\omega)$ sera absolument convergente; pour achever de démontrer le lemme, il suffira de faire voir que cette somme sera <0 pour un choix convenable de $P(z)$ et de A. Posons en effet, pour tout zéro ω de $L(s)$ dans la bande critique, $\eta=i\left(\omega-\frac{1}{2}-i\gamma_0\right)$, et en particulier $\eta_0=i\left(\omega_0-\frac{1}{2}-i\gamma_0\right)=i\left(\beta_0-\frac{1}{2}\right)$. Soit $Q(z)$ le polynome ayant pour zéros simples tous les η distincts, autres que η_0 et $\bar{\eta}_0$, qui satisfont à $|\Re\eta|\leq 2$; comme, d'après (6), les η sont réels ou deux à deux imaginaires conjugués, on peut prendre Q à coefficients réels; on prendra $P(z)=zQ(z)\,Q(-z)$. Alors, si m est l'ordre de ω_0 comme zéro de $L(s)$, on aura, pour $A>1$:

$$\sum\Phi(\omega)=-2m\left(\beta_0-\tfrac{1}{2}\right)^2|Q(\eta_0)|^4 e^{2A(\beta_0-\frac{1}{2})^2}+\sum_{|\Re\eta|>2}P(\eta)^2\,e^{-2A\eta^2}\leq$$

$$\leq -2m\left(\beta_0-\tfrac{1}{2}\right)^2|Q(\eta_0)|^4\,e^{2A(\beta_0-\frac{1}{2})^2}+e^{-3A}\sum_{|\Re\eta|>2}|P(\eta)^2\,e^{-\eta^2}|,$$

et il est clair que le dernier membre est <0 pour A assez grand.

On va maintenant, au moyen du lemme, donner une condition nécessaire et suffisante pour que toutes les fonctions L construites sur le corps k satisfassent à l'hypothèse de Riemann.

Pour cela, soit comme précédemment $C_k=I_k/P_k$ le groupe des classes d'idèles de k; pour toute valuation v de k, k_v^* sera identifié avec le groupe des idèles dont toutes les composantes sont égales à 1 sauf au plus celle relative à v; comme l'homomorphisme canonique de I_k sur C_k induit sur ce groupe k_v^* un isomorphisme de k_v^* sur son image dans C_k, cette image sera, elle aussi, identifiée à k_v^*. On a défini précédemment la fonction $\|a\|$ sur I_k; comme elle est égale à 1 sur P_k, elle détermine sur C_k, par passage au quotient, une fonction qu'on notera $\|\xi\|$; $\xi\to\|\xi\|$ est un homomorphisme de C_k sur le groupe multiplicatif γ des réels >0, dont le noyau C_k^0 est compact (cf.[3]). La fonction $\|\xi\|$ induit $|x|$ sur k_ϱ^*, $|x|^2$ sur k_ι^*, et $N\mathfrak{p}^{-n(x)}$ sur $k_\mathfrak{p}^*$ si $n(x)$ est défini pour $x\in k_\mathfrak{p}^*$ par $(x)=\mathfrak{p}^{n(x)}$.

D'une manière générale, si φ est un homomorphisme à noyau compact d'un groupe G sur le groupe γ, on peut normer la mesure de Haar sur G par la condition que la mesure de la partie compacte de G déterminée par $1\leq\varphi(\xi)\leq M$ soit $\log M$; si φ est un homomorphisme à noyau compact de G sur un sous-groupe discret γ' de γ, on peut normer la mesure de Haar sur G par la condition que la mesure de la partie compacte (ouverte et fermée) de G déterminée par $1\leq\varphi(\xi)\leq M$ soit $\log M+O(1)$ pour $M\to+\infty$; en ce dernier cas, si γ' est engendré par $a>1$, la mesure du noyau de φ sera log a. Dans l'un et l'autre cas, la mesure de Haar ainsi déterminée sur G sera dite *normée au moyen de* φ. On notera $d\xi$ la mesure de Haar sur C_k, normée au moyen de $\|\xi\|$; et, quel que soit v, on notera $d^\times x$ la mesure de Haar sur k_v^*, normée aussi au moyen de $\|x\|$; cette notation est destinée à rappeler qu'il s'agit d'une mesure de Haar sur le groupe multiplicatif k_v^*; si d^+x est une mesure de Haar sur le groupe additif k_v, $d^\times x$ ne différera de $d^+x/\|x\|$ que par un facteur constant. Sur k_ϱ^*, on a $d^\times x = dx/2|x|$; sur k_ι^*, si on pose $x=re^{i\theta}$, on a $d^\times x = drd\theta/\pi r$; sur $k_\mathfrak{p}^*$, la mesure, pour $d^\times x$, du groupe compact $U_\mathfrak{p}$ des unités de $k_\mathfrak{p}$ est log $(N\mathfrak{p})$.

Considérons le sous-groupe de I_k formé des idèles $a=(a_v)$ tels que $a_\mathfrak{p}=1$ quel que soit $\mathfrak{p}$, et $a_\lambda = a_1 > 0$ pour $1 \leq \lambda \leq r_1+r_2$; soit γ_k l'image de ce groupe dans C_k; γ_k est isomorphe à γ, et C_k est produit direct de C_k^0 et γ_k; de plus, les caractères χ de C_k qui satisfont à $\sum \eta_\lambda \varphi_\lambda = 0$ sont ceux qui prennent la valeur 1 sur γ_k, de sorte que le groupe Γ de ces caractères est isomorphe au groupe des caractères du groupe compact C_k^0; on attribuera donc à Γ la topologie discrète. Soit $F_0(\chi, x)$ une fonction définie sur $\Gamma \times R$, nulle pour presque tout χ (c'est-à-dire que, pour tous les χ sauf un nombre fini d'entre eux, on a $F_0(\chi, x)=0$ quel que soit x), et telle que, pour tout χ, $F_0(\chi, x)$ satisfasse à (A) et (B). On posera, pour $\xi \in C_k$:

$$\Omega(\xi) = \sum_{\chi \in \Gamma} F_0(\chi, -\log\|\xi\|)\,\chi(\xi),$$

et, pour tout $\chi \in \Gamma$,

$$F(\chi, x) = \int_{-\infty}^{+\infty} F_0(\chi, x+t)\overline{F_0(\chi, t)}\,dt.$$

On aura, dans ces conditions:

$$P(\xi) = \Omega(\xi) * \overline{\Omega(\xi^{-1})} = \sum_{\chi \in \Gamma} F(\chi, -\log\|\xi\|)\,\chi(\xi),$$

où $*$ désigne le produit de composition dans C_k, pour la mesure $d\xi$; $P(\xi)$ est une fonction de type positif sur C_k. Ecrivons que le second membre de (11) est ≥ 0 quand on y substitue $F(\chi, x)$ à $F(x)$; et faisons la somme des inégalités ainsi obtenues pour tous les $\chi \in \Gamma$. On obtient, après quelques calculs sans difficulté:

$$D(P) = \varrho P(1) + \int_{C_k} P(\xi)\left(\|\xi\|^{1/2} + \|\xi\|^{-1/2}\right) d\xi -$$

$$- \sum_v \int_{k_v^*} \frac{P(x) - P(1)\,\theta_v(\|x\|)}{\|x-1\| \cdot \|x\|^{-1/2}}\, d^\times x \geq 0 \tag{12}$$

avec

$$\varrho = \log|\Delta| + \log(2\pi)^{-d} - \sum_{\lambda=1}^{r_1+r_2} \mathrm{PF} \int_{-\infty}^{+\infty} \theta_\lambda(e^{-x})\, K_{\eta_\lambda,0}(x)\, dx \qquad (13),$$

où on a pris $\theta_v(1)=1$ quel que soit v, $\theta_{\mathfrak{p}}(t)=0$ pour $t\neq 1$ quel que soit $\mathfrak{p}$, et où les θ_λ sont tels que (13) ait un sens; on peut prendre par exemple $\theta_\lambda(t)=1$ quel que soit t. La valeur de $D(P)$ est indépendante du choix des θ_λ.

Il résulte du lemme que $D(P)\geq 0$, pour toutes les fonctions P obtenues comme il a été dit, est une condition nécessaire et suffisante pour que toutes les fonctions L construites sur le corps k satisfassent à l'hypothèse de Riemann. Comme D, en tant que fonction de P, est une distribution sur C_k, cette condition peut s'exprimer en disant que D est »de type positif». Il est à peine besoin de dire que l'hypothèse de Riemann ne paraît pas plus facile à démontrer sous cette forme que sous sa forme classique. En revanche, notre énoncé met en évidence l'analogie entre corps de nombres et corps de fonctions. Si en effet k est un corps de fonctions algébriques de dimension 1, sur un corps de constantes fini à q éléments, on peut définir (cf.[3]) le groupe C_k des classes d'idèles de k (qui ici est totalement discontinu, et limite projective de groupes discrets), ainsi que les sous-groups k_v^* de C_k relatifs aux valuations v de k (qui ici sont toutes discrètes); pour un idèle a, on pose $\|a\|=q^{-\deg(\mathfrak{a})}$, où $\mathfrak{a}$ est le diviseur associé naturellement à l'idèle a; de même que plus haut, on normera au moyen de $\|a\|$ les mesures de Haar sur C_k et sur les groupes k_v^*. On définira une distribution D sur C_k au moyen de (12), en prenant cette fois $\varrho=(2g-2)\log q$, g étant le genre, et en prenant $\theta_v(1)=1$, $\theta_v(t)=0$ pour $t\neq 1$ quel que soit v. Cela posé, des calculs semblables aux précédents, mais beaucoup plus élémentaires, montrent que l'exactitude de l'hypothèse de Riemann pour toutes les fonctions L construites sur k équivaut à l'inégalité $D(P)\geq 0$ pour toutes les fonctions

$$P(\xi)=\Omega(\xi) * \overline{\Omega(\xi^{-1})}$$

sur C_k, où Ω est une fonction sur C_k, nulle en dehors d'un compact, et constante sur les classes suivant un sous-groupe ouvert de C_k. Bien entendu, dans le cas des corps de fonctions algébriques, l'hypothèse de Riemann est un résultat acquis, et par suite, au sens qu'on vient de dire, la distribution D attachée à un tel corps est bien »de type positif».

UNIVERSITY OF CHICAGO

[1952d] Jacobi sums as "Grössencharaktere"

Let $\mathfrak{o}$ be the ring of integers of an algebraic number-field k of degree d; let $\mathfrak{m}$ be an ideal in $\mathfrak{o}$; a complex-valued function $f(\mathfrak{a})$, defined and $\neq 0$ for all ideals $\mathfrak{a}$ prime to $\mathfrak{m}$ in $\mathfrak{o}$, is a "Grössencharakter" according to Hecke's definition if $f(\mathfrak{a}\mathfrak{b}) = f(\mathfrak{a})f(\mathfrak{b})$ whenever $\mathfrak{a}$, $\mathfrak{b}$ are prime to $\mathfrak{m}$ and if there are rational integers e_λ and complex numbers c_λ $(1 \leqq \lambda \leqq d)$ with the following property: if α is in $\mathfrak{o}$ and is $\equiv 1 \pmod{\mathfrak{m}}$, and if $\alpha_1 = \alpha, \alpha_2, \cdots, \alpha_d$ are the conjugates of α, then $f((\alpha)) = \prod_\lambda \alpha_\lambda^{e_\lambda} |\alpha_\lambda|^{c_\lambda}$. The ideal $\mathfrak{m}$ is called a defining ideal for f. Two such characters are called equivalent if they coincide whenever they are both defined; among the defining ideals of all the characters which are equivalent to a given one, there is one which divides all the others; it is called the conductor of that class of equivalent characters. It is easily seen that classes of equivalent characters are in a one-to-one correspondence with the representations of the group of idèle-classes of k into the multiplicative group of complex numbers; Hecke has shown that one can use them in order to build up L-series which have all the usual properties of the ordinary L-series. Those classes of characters which are of finite order in the group of all such classes are those which occur in the classical classfield theory and in the ordinary L-series; they correspond to the characters of the group of idèle-classes which take the value 1 on the connected component of the neutral element in that group; Artin's law of reciprocity states that they are the same as the characters defined by the cyclic extensions of k. No such arithmetic interpretation is known for the more general characters of Hecke, and to discover one may well be considered as one of the major tasks of modern number-theory.

Here I shall deal with a very special case of this problem by showing that the Jacobi sums are characters (in the sense of Hecke) of cyclotomic fields; Jacobi sums are certain sums of roots of unity, closely related to Gaussian sums(1). This will at the same time be a contribution to the old problem of the determination of the argument for Jacobi sums and Gaussian sums; it will be shown that it also contains the proof for a special case of an interesting conjecture of Hasse on "zeta-functions of algebraic curves over algebraic number-fields".

1. **Jacobi sums.** Let m be any integer >1 and ζ a primitive m-th root of

Received by the editors February 25, 1952.

(1) For a bibliography on this subject, see my article *Numbers of solutions of equations in finite fields*, Bull. Amer. Math. Soc. vol. 55 (1949) p. 497; the numbers in brackets will refer to the bibliography at the end of that paper, which will be quoted as NF.

unity over the field $\mathbf{Q}$ of rational numbers (e.g. $\zeta = e^{2\pi i/m}$). If t is any integer prime to m, $\zeta \rightarrow \zeta^t$ determines an automorphism σ_t of $\mathbf{Q}(\zeta)$ over $\mathbf{Q}$; the Galois group of $\mathbf{Q}(\zeta)$ over $\mathbf{Q}$ consists of all σ_t and therefore is isomorphic with the multiplicative group of integers prime to m modulo m.

Let $\mathfrak{p}$ be any prime ideal prime to m in $\mathbf{Q}(\zeta)$, and put $q = N\mathfrak{p}$; then $q \equiv 1 \pmod{m}$. The m-th roots of unity ζ^a, for $0 \leqq a < m$, are all incongruent to each other mod $\mathfrak{p}$ and therefore are all the roots of the congruence $X^m \equiv 1 \pmod{\mathfrak{p}}$ in $\mathbf{Q}(\zeta)$. For every integer x prime to $\mathfrak{p}$ in $\mathbf{Q}(\zeta)$, $x^{(q-1)/m}$ is a root of that congruence, and so there is one and only one m-th root of unity $\chi_{\mathfrak{p}}(x)$ satisfying the condition

$$\chi_{\mathfrak{p}}(x) \equiv x^{(q-1)/m} \pmod{\mathfrak{p}}.$$

For $x \equiv 0 \pmod{\mathfrak{p}}$ we put $\chi_{\mathfrak{p}}(x) = 0$. Then $\chi_{\mathfrak{p}}$ is a multiplicative character of order m of the field of q elements consisting of the congruence classes in $\mathbf{Q}(\zeta)$ mod $\mathfrak{p}$.

Let r be any integer $\geqq 1$; the really significant case is $r = 2$, since the quantities we shall construct are trivial for $r = 1$, and those corresponding to $r > 2$ can all be expressed in terms of those belonging to $r = 2$ and $r = 1$. Let $a = (a_\rho)_{1 \leqq \rho \leqq r}$ be a set of r integers a_ρ modulo m, i.e. an element of the direct product G^r of r groups all identical with the additive group of integers modulo m; the characters on the group G^r are the functions on G^r of the form $\zeta^{\sum a_\rho u_\rho}$, where $u = (u_\rho)$ is also an element of G^r. Now write

$$\text{(I)} \qquad J_a(\mathfrak{p}) = (-1)^{r+1} \sum_{\substack{x_1 + \cdots + x_r \equiv -1 (\mathfrak{p}) \\ x_1, \cdots, x_r \bmod \mathfrak{p}}} \chi_{\mathfrak{p}}(x_1)^{a_1} \cdots \chi_{\mathfrak{p}}(x_r)^{a_r}$$

where the x_ρ run over complete sets of representatives of the congruence classes modulo $\mathfrak{p}$ in $\mathbf{Q}(\zeta)$ subject to the condition $\sum_{\rho=1}^r x_\rho \equiv -1 \pmod{\mathfrak{p}}$. For a given $\mathfrak{p}$, this is a function of $a \in G^r$. If, for any $u = (u_\rho)$, we denote by $N(u)$ the number of distinct sets of congruence classes (x_ρ) modulo $\mathfrak{p}$ satisfying $\sum_{\rho=1}^r x_\rho \equiv -1 \pmod{\mathfrak{p}}$ and $\chi_{\mathfrak{p}}(x_\rho) = \zeta^{u_\rho}$ for $1 \leqq \rho \leqq r$, then we have

$$\text{(1)} \qquad J_a(\mathfrak{p}) = (-1)^{r+1} \sum_u N(u) \zeta^{\sum a_\rho u_\rho}$$

which gives the expression of $J_a(\mathfrak{p})$ as a function on G^r in terms of the characters on G^r. By induction on r it is easily seen that we have

$$\text{(2)} \qquad J_0(\mathfrak{p}) = q^{-1}[1 - (1 - q)^r].$$

When some but not all of the a_ρ are 0, e.g. if $a_{s+1} = \cdots = a_r = 0$ and none of the $a_1, \cdots, a_s$ is 0, then it is easy to see that $J_a(\mathfrak{p})$ reduces to the sum $J_{a'}(\mathfrak{p})$ similarly built up from $a' = (a_1, \cdots, a_s)$; in particular, if all the a_ρ except a_1 are 0 and $a_1 \neq 0$, then $J_a(\mathfrak{p}) = \chi_{\mathfrak{p}}(-1)^{a_1}$. If we put $\alpha_\rho = a_\rho/m$ for $1 \leqq \rho \leqq r$, $J_a(\mathfrak{p})$, except for the sign, is no other than the Jacobi sum $j(\alpha_1, \cdots, \alpha_r, -\sum_{\rho=1}^r \alpha_\rho)$ as defined in NF.

For each $a \in G^r$, we extend the definition of $J_a(\mathfrak{p})$ to all ideals prime to m in $\boldsymbol{Q}(\zeta)$ by the condition

$$\text{(II)} \qquad J_a(\mathfrak{a}\mathfrak{b}) = J_a(\mathfrak{a})J_b(\mathfrak{b})$$

which is to hold whenever $\mathfrak{a}$, $\mathfrak{b}$ are two such ideals. Our main purpose is to prove the following theorem:

THEOREM. *For each $a \neq (0)$, the function $J_a(\mathfrak{a})$ defined by* (I) *and* (II) *is a character on $\boldsymbol{Q}(\zeta)$ in the sense of Hecke; and m^2 is a defining ideal for it.*

In order to prove this, we first observe that for each $\mathfrak{a}$ there is a function $A(u)$ with rational integral values on the group G^r such that

$$(3) \qquad J_a(\mathfrak{a}) = \sum_u A(u)\zeta^{\Sigma a_\rho u_\rho}$$

for all $a \in G^r$; in fact (1) shows that this is so if $\mathfrak{a}$ is prime; and if $J_a(\mathfrak{a})$, $J_a(\mathfrak{b})$ can be so expressed by means of integral-valued functions $A(u)$, $B(u)$, it follows immediately that $J_a(\mathfrak{a}\mathfrak{b})$ has a similar expression by means of the "convolution" of $A(u)$ and $B(u)$.

Furthermore we have, for all $\mathfrak{a}$:

$$(4) \qquad J_0(\mathfrak{a})N\mathfrak{a} \equiv 1 \pmod{m^r},$$

where $N\mathfrak{a}$ is the norm of $\mathfrak{a}$. In fact, since m divides $q-1$, (2) shows that this is so when $\mathfrak{a}$ is prime; the general case follows from this at once.

If all the a_ρ except one are 0, and e.g. $a_1 \neq 0$, then, as we have seen, $J_a(\mathfrak{a}) = J_1(\mathfrak{a})^{a_1}$ where $J_1(\mathfrak{a})$ is defined by (II) and by $J_1(\mathfrak{p}) = \chi_\mathfrak{p}(-1)$. If m is odd, we have $J_1(\mathfrak{a}) = 1$ for all $\mathfrak{a}$; if m is even, it is well known that $J_1(\mathfrak{a})$ is a character of conductor 4 on $\boldsymbol{Q}(\zeta)$ belonging to the quadratic extension $\boldsymbol{Q}(\zeta^{1/2})$ of $\boldsymbol{Q}(\zeta)$. This implies that in all cases $J_1((\alpha)) = 1$ whenever α is an integer in $\boldsymbol{Q}(\zeta)$ such that $\alpha \equiv 1 \pmod{m^2}$.

Now we need the prime ideal decomposition of $J_a(\mathfrak{a})$; for a prime $\mathfrak{a}$ this has been obtained by Stickelberger [7] and is as follows. Let $\psi(x)$ be any nontrivial character of the additive group of congruence classes modulo $\mathfrak{p}$ in $\boldsymbol{Q}(\zeta)$; consider the Gaussian sum

$$g(a) = \sum_{x \bmod \mathfrak{p}} \chi_\mathfrak{p}(x)^a \psi(x)$$

for any integer a modulo m; then $g(a)^m$ is an integer in $\boldsymbol{Q}(\zeta)$ whose prime ideal decomposition is given by $(g(a)^m) = \mathfrak{p}^{m\theta(a)}$ and by

$$(5) \qquad \theta(a) = \sum_{\substack{(t,m)=1 \\ t \bmod m}} \left\langle \frac{ta}{m} \right\rangle \sigma_{-t}^{-1}.$$

Here $\langle\lambda\rangle$ denotes the "fractional part" of the real number λ, defined by putting $\langle\lambda\rangle=\lambda-[\lambda]$ where $[\lambda]$ is the "integral part" of λ, i.e. the greatest integer $\leqq\lambda$; the summation is over all integers t prime to m modulo m. Thus $m\theta(a)$ is an element of the group-ring (with integral coefficients) of the Galois group of $\mathbf{Q}(\zeta)$ over $\mathbf{Q}$; symbolic powers of elements and of ideals of $\mathbf{Q}(\zeta)$ are to be understood as usual by putting e.g. $\mathfrak{a}^\nu=\prod_t(\mathfrak{a}^{\sigma_t})^{n_t}$ if ν is the element $\nu=\sum_t n_t\sigma_t$ of the group-ring. It is clear that we have

$$\theta(a)\sigma_t=\theta(ta),\qquad \theta(a)(\sigma_0+\sigma_{-1})=\theta(a)+\theta(-a)=\sum_t\sigma_t \tag{6}$$

where t is again prime to m.

We now borrow from NF (p. 501) the classical and easily proved relation

$$J_a(\mathfrak{p})=N\mathfrak{p}^{-1}g(a_1)\cdots g(a_r)g\left(-\sum_{\rho=1}^{r}a_\rho\right), \tag{7}$$

which holds whenever the a_ρ are not all 0 and shows incidentally that $J_a(\mathfrak{a})$ depends symmetrically upon the $r+1$ integers $a_1,\cdots,a_r,-\sum a_\rho$ (a fact which we do not need here). This gives at once, at first for a prime ideal $\mathfrak{p}$ and then for an arbitrary $\mathfrak{a}$, the prime ideal decomposition of $J_a(\mathfrak{a})$:

$$(J_a(\mathfrak{a}))=\mathfrak{a}^{\omega(a)}\qquad (a\not\equiv(0)) \tag{8}$$

where $\omega(a)$ is the element of the group-ring defined by

$$\begin{aligned}\omega(a)&=\sum_{\rho=1}^{r}\theta(a_\rho)+\theta\left(-\sum_{\rho=1}^{r}a_\rho\right)-\sum_t\sigma_t\\&=\sum_{\rho=1}^{r}\theta(a_\rho)-\theta\left(\sum_{\rho=1}^{r}a_\rho\right)\\&=\sum_{\substack{(t,m)=1\\ t \bmod m}}\left[\sum_{\rho=1}^{r}\left\langle\frac{ta_\rho}{m}\right\rangle\right]\sigma_{-t}^{-1}.\end{aligned} \tag{9}$$

The last expression, where [ ] denotes the integral part, shows that the coefficients of the σ_t in $\omega(a)$ are integers $\geqq 0$ and $\leqq r-1$.

At the same time we have $g(0)=-1$ and, for $a\neq 0$, $|g(a)|^2=q$; this last relation (cf. NF p. 501) may be considered as the special case $r=1$ of (7) if one takes into account the value $J_a(\mathfrak{p})=\chi_{\mathfrak{p}}(-1)^a$ of $J_a(\mathfrak{p})$ for $r=1$ and the obvious relation $\overline{g(a)}=\chi_{\mathfrak{p}}(-1)^a g(-a)$. This gives, again at first for a prime ideal and then in general:

$$|J_a(\mathfrak{a})|^2=N\mathfrak{a}^{s-2} \tag{10}$$

if exactly s of the $r+1$ integers a_ρ, $\sum_\rho a_\rho$ are $\not\equiv 0 \pmod m$ and $s\geqq 1$; moreover, when that is so, all the conjugates of $J_a(\mathfrak{a})$ have that same absolute value since they are given by

$$J_a(\mathfrak{a})^{\sigma_t} = J_{ta}(\mathfrak{a}) \tag{11}$$

which is an obvious consequence of (3).

All this applies to the case where $\mathfrak{a}$ is a principal ideal (α). In that case we put, whenever the a_ρ are not all 0:

$$\epsilon(a) = J_a((\alpha))\alpha^{-\omega(a)}. \tag{12}$$

Then, by (8), $\epsilon(a)$ is a unit in $Q(\zeta)$. The conjugate imaginary to any element β of $Q(\zeta)$ is $\beta^{\sigma-1}$, and more generally the conjugate imaginary to β^{σ_t} is $\beta^{\sigma_{-t}}$, so that $|\beta^{\sigma_t}|^2 = \beta^{\sigma_t + \sigma_{-t}}$; using (6) and (9), one finds at once that all conjugates of $\alpha^{\omega(a)}$ have the absolute value $N(\alpha)^{(s-2)/2}$, where s is as above. As the field $Q(\zeta)$ is purely imaginary, there is no distinction to be made between the norms of the number α and of the principal ideal (α). Therefore, by (10), $\epsilon(a)$ and all its conjugates have the absolute value 1. By a classical theorem of Kronecker, this implies that $\epsilon(a)$ is a root of unity and hence of the form $\pm\zeta^h$; but we shall not need this. If all but one of the a_ρ are 0, and e.g. $a_1 \neq 0$, then, by (9), $\omega(a) = 0$ and $\epsilon(a) = J_{a_1}((\alpha))$.

Now take $\alpha \equiv 1 \pmod{m^r}$. By (4) and (12) this implies that

$$J_a((\alpha)) \equiv \epsilon(a) \pmod{m^r}$$

if we put $\epsilon(0) = 1$. For any $u \in G^r$ put

$$E(u) = m^{-r} \sum_a \epsilon(a)\zeta^{-\Sigma a_\rho u_\rho}.$$

If we use (6), (9), (11), and (12), we see at once that $\epsilon(a)^{\sigma_t} = \epsilon(ta)$ for any t prime to m; this implies that the $E(u)$ are invariant by all automorphisms σ_t and are therefore in Q. At the same time, using (3), we get

$$E(u) = A(u) + m^{-r} \sum_a \big(\epsilon(a) - J_a((\alpha))\big)\zeta^{-\Sigma a_\rho u_\rho},$$

which, by the above congruences, shows that the $E(u)$ are integers and therefore rational integers. Finally we have

$$\sum_u |E(u)|^2 = m^{-r} \sum_a |\epsilon(a)|^2$$

(the "Parseval relation" for the group G^r). As all $\epsilon(a)$ have the absolute value 1, the right-hand side is 1; as the $E(u)$ are integers, they are all 0 except one of them which is ± 1; if that one is $E(v)$, we have therefore $\epsilon(a) = E(v)\zeta^{\Sigma a_\rho v_\rho}$ for all a. Taking $a = (0)$, we get $E(v) = 1$. Taking one a_ρ equal to 1 and all others equal to 0, we get $\zeta^{v_\rho} = J_1((\alpha))$ for all ρ. But we have seen that $\alpha \equiv 1 \pmod{m^2}$ implies $J_1((\alpha)) = 1$; so we have proved that if $r \geqq 2$ and $\alpha \equiv 1 \pmod{m^r}$ the units $\epsilon(a)$ are all equal to 1, or in other words

$$J_a((\alpha)) = \alpha^{\omega(a)}$$

whenever the a_ρ are not all 0. This shows that $J_a(\mathfrak{a})$ is a "Grössencharakter" with the defining ideal m^r.

But, as we have mentioned, the characters $J_a(\mathfrak{a})$ for $r>2$ can be expressed in terms of those for $r=1$ and 2; in fact, using (7), once easily gets the relations

$$J_{a_1,\cdots,a_r}(\mathfrak{a}) = J_{a_2}(\mathfrak{a})J_{a_3,\cdots,a_r}(\mathfrak{a})N\mathfrak{a}$$

if $a_1+a_2\equiv 0 \pmod{m}$, and

$$J_{a_1,\cdots,a_r}(\mathfrak{a}) = J_{a_1+a_2}(\mathfrak{a})J_{a_1,a_2}(\mathfrak{a})J_{a_1+a_2,a_3,\cdots,a_r}(\mathfrak{a})$$

if $a_1+a_2 \not\equiv 0 \pmod{m}$. As m^2 is a defining ideal for $r=1$ and for $r=2$ it follows by induction on r that it is also a defining ideal for all r.

It seems doubtful whether m^2 is ever the true conductor of the characters $J_a(\mathfrak{a})$. For $m=4$, one finds that the conductor is 4; when m is an odd prime one finds that the conductor is either $(1-\zeta)$ or $(1-\zeta)^2$; actually it is the latter in the numerical examples which I have examined. A general investigation of this question might lead to results of some interest.

2. **Hasse's conjecture.** Consider the plane algebraic curve

(III) $$Y^e = \gamma X^f + \delta$$

where e, f are integers such that $2\leqq e\leqq f$ and γ, δ are nonzero elements of a field k of characteristic prime to ef. Let m be the L.C.M. of e and f, and let ζ be a primitive m-th root of unity in the algebraic closure of k. Then the Galois group of $k(\zeta)$ over k consists of the automorphisms $\zeta\rightarrow\zeta^t$ where t runs over a subgroup H of the multiplicative group of integers prime to m modulo m. If (x, y) is a generic point of the curve (III) over k, the normal field generated by $k(x, y)$ and its conjugates over $K_0=k(x^f, y^e)$ is $K=k(\zeta, x, y)$, and its Galois group Γ consists of the automorphisms

$$(\zeta, x, y) \rightarrow (\zeta^t, \zeta^u x, \zeta^v y)$$

with $t\in H$, $u\equiv 0 \pmod{m/f}$, $v\equiv 0 \pmod{m/e}$, u and v as well as t being taken modulo m; these automorphisms will be denoted respectively by (t, u, v). The subfield $k(\zeta)$ of K corresponds to the subgroup G of Γ consisting of the automorphisms $(1, u, v)$ in Γ; this is isomorphic to a subgroup of the group denoted by G^2 in §1. It is an elementary exercise to determine all the irreducible representations of the group Γ and in particular to determine the decomposition into irreducible representations of the permutation group Γ/H (i.e. of the group Γ acting on the cosets of H in Γ). One finds that the latter is the sum of irreducible representations $D_{a,b}$, each taken with coefficient 1; here a is an integer modulo f, b an integer modulo e, and one must take one representative for each set of pairs $(ta, tb)_{t\in H}$. Furthermore one finds that the monomial representation of Γ induced by the character $e^{2\pi i(au+bv)/m}$ of G contains the representation $D_{a,b}$ with the coefficient 1 and does not contain any representation $D_{a',b'}$ not equivalent to $D_{a,b}$.

Assume first that k is a finite field with q elements; for that case the zeta-function of the curve (III) has been determined in NF; it can be written as

$$Z(U) = \prod_{a,b} L_{a,b}(U)$$

where the pair (a, b) runs over a complete set of representatives for the sets of pairs $(ta, tb)_{t\in H}$, a being an integer modulo f and b an integer modulo e, and where the $L_{a,b}(U)$ are as follows. If one and only one of the numbers af^{-1}, be^{-1}, and $af^{-1}+be^{-1}$ is $\equiv 0 \pmod 1$, we have $L_{a,b}(U)=1$; for $a=b=0$, we have

$$L_{0,0}(U) = \frac{1}{(1-U)(1-qU)}\cdot$$

Finally, when af^{-1}, be^{-1}, and $af^{-1}+be^{-1}$ are all $\not\equiv 0 \pmod 1$, let m_0 be the smallest integer such that $a_0=m_0af^{-1}$ and $b_0=m_0be^{-1}$ are integers; m_0 is a divisor of m. Let d be the degree over k of the field $k'=k(\zeta^{m/m_0})$. Let w be a generator of the multiplicative group of nonzero elements in k' such that

$$\zeta^{m/m_0} = w^{(q^d-1)/m_0};$$

let χ be the character of that multiplicative group determined by $\chi(w)=e^{2\pi i m/m_0}$. Then we have

$$L_{a,b}(U) = 1 + \chi[(\gamma^{-1}\delta)^{a_0}(-\delta)^{b_0}]jU^d,$$

where j is the Jacobi sum in k' defined by

$$j = \sum_{\substack{x+y+1=0\\ x,y \text{ in } k'}} \chi(x)^{a_0}\chi(y)^{b_0}.$$

This suggests that the $L_{a,b}(U)$ are no other than the Artin L-functions belonging to the representations $D_{a,b}$, which is indeed the case. In order to verify it, one need only remark that those L-functions, in view of the results stated above, must respectively be the G.C.D.'s of $Z(U)$ and of the L-functions of the field $k(\zeta, x, y)$ over $k(\zeta, x^f, y^e)$; the latter, being abelian L-functions, are easily determined (the case $\gamma=-1$, $\delta=1$ has been treated by Davenport and Hasse in [5], and the general case is quite similar).

Now we take for k an algebraic number-field. If $\mathfrak{p}$ is a prime ideal in k, prime to $ef\gamma\delta$, the equation (III), reduced modulo $\mathfrak{p}$, defines a curve over the finite field with $q=N\mathfrak{p}$ elements; if we call $Z_{\mathfrak{p}}(U)$ the zeta-function of that curve, Hasse defines the zeta-function of the curve (III) over k as

$$Z(s) = \prod_{\mathfrak{p}} Z_{\mathfrak{p}}(N\mathfrak{p}^{-s}),$$

and he conjectured that this is a meromorphic function satisfying a functional equation of the usual type. Now consider the group Γ and its representations.

When we reduce everything modulo $\mathfrak{p}$, the group H is replaced by the subgroup H_0 of H generated by q; Γ is replaced by the subgroup Γ_0 consisting of the elements of Γ of the form (t, u, v) with $t \in H_0$; and $D_{a,b}$ splits up as follows on Γ_0. If m_0 is again the smallest integer such that $a_0 = m_0 af^{-1}$ and $b_0 = m_0 be^{-1}$ are integers, and if H_0' is the subgroup of H consisting of the elements of H which are $\equiv 1 \pmod{m_0}$, $D_{a,b}$ splits up on Γ_0 into the sum of the representations $D_{ta,tb}$ of Γ_0 where t runs over a set of representatives for the cosets of H_0H_0' in H. Now, to $D_{a,b}$ and $\mathfrak{p}$, we attach the product $P_{a,b,\mathfrak{p}}(U)$ of the L-functions $L_{ta,tb}(U)$ of the curve (III) reduced modulo $\mathfrak{p}$ when t runs over a set of representatives for the cosets of H_0H_0'; and we introduce the function

$$\mathcal{L}_{a,b}(s) = \prod_{\mathfrak{p}} P_{a,b,\mathfrak{p}}(N\mathfrak{p}^{-s}).$$

It is clear that $\mathcal{L}_{a,b}(s) = 1$ when one and only one of the numbers af^{-1}, be^{-1}, $af^{-1} + be^{-1}$ is an integer, and that

$$\mathcal{L}_{0,0}(s) = \zeta_k(s)\zeta_k(s-1)Q_{0,0}(s)^{-1}$$

where $\zeta_k(s)$ is the Dedekind zeta-function of the field k and $Q_{0,0}(s)$ is the product of those factors in the infinite product for $\zeta_k(s)\zeta_k(s-1)$ which pertain to the prime ideals dividing $ef\gamma\delta$. Let now a, b be such that af^{-1}, be^{-1}, $af^{-1}+be^{-1}$ are all $\not\equiv 0 \pmod 1$; define m_0, a_0, b_0 as above; put $\zeta_0 = e^{2\pi i/m_0}$ and $\xi = (\gamma^{-1}\delta)^{a_0}(-\delta)^{b_0}$. For each prime ideal $\mathfrak{P}$ prime to $ef\gamma\delta$ in the field $k(\zeta_0)$, let $\chi_{\mathfrak{P}}(x)$ be the character modulo $\mathfrak{P}$ in $k(\zeta_0)$ defined by taking

$$\chi_{\mathfrak{P}}(x) \equiv x^{(N\mathfrak{P}-1)/m_0} (\mathfrak{P})$$

for all integers x in $k(\zeta_0)$. Then, after some calculations which we will omit, one finds for $\mathcal{L}_{a,b}(s)$ the expression

$$\mathcal{L}_{a,b}(s) = \prod_{\mathfrak{P}} \left(1 - \chi_{\mathfrak{P}}(\xi) J_{a_0,b_0}[N_{k(\zeta_0)/Q(\zeta_0)}\mathfrak{P}] N\mathfrak{P}^{-s}\right)$$

where the product is taken over all prime ideals $\mathfrak{P}$ prime to $ef\gamma\delta$ in $k(\zeta_0)$; N denotes the absolute norm, and $N_{k(\zeta_0)/Q(\zeta_0)}$ the relative norm over $Q(\zeta_0)$ of ideals in $k(\zeta_0)$; as to $J_{a_0,b_0}(\mathfrak{a})$, it is the character we have introduced and studied in §1.

Classfield theory shows that $\chi_{\mathfrak{P}}(\xi)$ is a character in $k(\zeta_0)$ belonging to the cyclic extension $k(\zeta_0, \xi^{1/m_0})$ of $k(\zeta_0)$. The infinite product for $\mathcal{L}_{a,b}(s)$ is therefore no other, except possibly for a finite number of factors, than that for the reciprocal of the Hecke L-function defined on the field $k(\zeta_0)$ by the "Grössencharakter"

$$\chi(\mathfrak{P}) = \chi_{\mathfrak{P}}(\xi) J_{a_0,b_0}[N_{k(\zeta_0)/Q(\zeta_0)}\mathfrak{P}].$$

The missing factors, whose product we shall denote by $Q_{a,b}(s)$, are those pertaining to the prime ideals dividing $ef\gamma\delta$ which do not divide the conductor of that character. As the above character is of absolute value $N\mathfrak{P}^{1/2}$, we write our result as follows:

$$\mathcal{L}_{a,b}(s) = H_{a,b}\left(s - \frac{1}{2}\right)^{-1} Q_{a,b}(s)^{-1},$$

where $H_{a,b}(s)$ is the Hecke L-function defined by means of the character $\chi(\mathfrak{P})N\mathfrak{P}^{1/2}$.

These results imply that $Z(s)$ is a meromorphic function and that $Z(2-s)Z(s)^{-1}$ can be expressed as a product of a finite number of "elementary" factors (including of course gamma functions) which could easily be written explicitly. Thus we have verified Hasse's conjecture in the case of the curve (III). For $e=2$ and $f=3$ or 4, (III) defines an elliptic curve with a complex multiplication; it would be of considerable interest to investigate more general elliptic curves with a complex multiplication from the same point of view.

UNIVERSITY OF CHICAGO,
CHICAGO, ILL.

[1952e] On Picard varieties

In an important recent paper [7], J. Igusa has defined two abelian varieties attached to a non-singular algebraic subvariety V of a complex projective space, and proved some basic results concerning these varieties and their relationship to each other. In the language of the Italian school, these varieties are those attached respectively to the periods of the simple integrals of the first kind on V, and to the continuous systems on V. It is my purpose here to present a somewhat different approach to the same problem, leading to a proof of Igusa's theorems under more general conditions, and to further results in the same direction. I shall avail myself freely of some of Igusa's ideas, but shall not otherwise make any use of his paper.

§ I. Igusa's duality theorems.

1. A vector space A of dimension q over the field $\boldsymbol{C}$ of complex numbers is at the same time a vector-space, which we shall denote by A_0, of dimension $2q$ over the field $\boldsymbol{R}$ of real numbers; the scalar multiplication by i in A is an automorphism J of A_0, satisfying $J^2 = -I$, where I is the identical automorphism of A_0. Conversely, if A_0 is a vector-space of dimension $2q$ over $\boldsymbol{R}$, and J is a linear mapping of A_0 into itself, satisfying $J^2 = -I$, we can define on A_0 a vector-space structure over $\boldsymbol{C}$ by putting $(\alpha + i\beta)x = \alpha x + \beta Jx$ for any $\alpha \in \boldsymbol{R}$, $\beta \in \boldsymbol{R}$; with this additional structure, A_0 will be denoted by A. Linear forms on A_0 will be called real-linear; linear forms on A will be called complex-linear. The complex-linear forms on A are those complex-valued real-linear forms $L(x)$ on A_0 which satisfy $L(Jx) = iL(x)$; if $M(x)$ is any real-valued real-linear form on A_0, then there is one and only one complex-linear form on A with the real part $M(x)$, viz. $L(x) = M(x) - iM(Jx)$.

A and A_0 being as above, let A'_0 be the dual space of A_0; denote by $\langle x', x\rangle$ the canonical bilinear form on $A'_0 \times A_0$. Put $J' = {}^tJ^{-1} = -{}^tJ$; as we have $J'^2 = -I'$, where I' is the identical automorphism of A'_0, J' can be used to make of A'_0 a complex vector-space A'. Put

$$B(x', x) = \tfrac{1}{2}[\langle x', x\rangle - i\langle x', Jx\rangle] = \tfrac{1}{2}[\langle x', x\rangle + i\langle J'x', x\rangle];$$

* Received December 21, 1951.

Reprinted from the *Am. J. of Math.* 74, 1952, pp. 865-894, by permission of the editors, © 1952 The Johns Hopkins University Press.

for each $a' \varepsilon A'$, $B(a', x)$ is a complex-linear form on A, and every such form can be so written in one and only one way; similarly, for each $a \varepsilon A$, $\overline{B(x', a)}$ is a complex-linear form on A', and every such form can be so written in one and only one way. We shall say that the sesquilinear form $B(x', x)$ defines A' as the antidual space of A.

2. By a *complex torus* Θ, of complex dimension q, we shall understand a torus of real dimension $2q$, with a translation-invariant complex-analytic structure. The universal covering group of Θ is then a vector-space of dimension $2q$ over $\boldsymbol{R}$ with a translation-invariant complex-analytic structure, or, what is the same thing, a vector-space A of dimension q over $\boldsymbol{C}$. In other words, a complex torus Θ is the quotient of a vector-space A of dimension q over $\boldsymbol{C}$ by a discrete subgroup Δ of rank $2q$ of A. If $\Theta_1 = A_1/\Delta_1$, $\Theta_2 = A_2/\Delta_2$ are two such complex toruses, a complex-analytic homomorphism of Θ_1 into Θ_2 will be given by a complex-linear mapping L of A_1 into A_2 such that $L(\Delta_1) \subset \Delta_2$. If Θ_1, Θ_2 have the same dimension, and if there exists an *invertible* complex-linear mapping L of A_1 into A_2 such that $L(\Delta_1) \subset \Delta_2$, then we say that Θ_1, Θ_2 are *isogenous*; as L must then map Δ_1 isomorphically onto a subgroup of finite index of Δ_2, there will then be an integer $n \neq 0$ such that nL^{-1} maps Δ_2 into Δ_1; it follows that isogeneity is an equivalence relation between complex toruses (to this relation, an unfortunate tradition had attached the word "isomorphism," which of course is here restored to its proper meaning).

3. Let Θ be a complex torus, of complex dimension q; let A be the universal covering group of Θ, considered as above as a vector-space of dimension q over $\boldsymbol{C}$. Let A_0 be the underlying real vector-space of A, of dimension $2q$ over $\boldsymbol{R}$, and let J be the automorphism of A_0 defined by the scalar multiplication by i on A. Let Δ be the kernel of the canonical homomorphism of A onto Θ, so that $\Theta = A/\Delta$. Let A' be the antidual space to A, as defined in no. 1, so that its underlying real vector-space A'_0 is the dual of A_0, and that A' is determined over A'_0 by the automorphism $J' = {}^tJ^{-1} = -{}^tJ$. Let Δ' be the subgroup of A'_0 associated with the subgroup Δ of A_0, i. e. consisting of all the elements r' of A'_0 such that $\langle r', r \rangle \equiv 0 \bmod 1$ for all $r \varepsilon \Delta$. Then Δ' is a discrete subgroup of rank $2q$ of A'; and $\Theta' = A'/\Delta'$ is a complex torus, which will be called *dual* to Θ. It is clear that Θ is then dual to Θ'

Let $\Theta_1 = A_1/\Delta_1$, $\Theta_2 = A_2/\Delta_2$ be two complex toruses, and Θ'_1, Θ'_2 their duals. Consider a complex-analytic homomorphism of Θ_1 into Θ_2, given as above by a complex-linear mapping L of A_1 into A_2, such that $L(\Delta_1) \subset \Delta_2$.

But, if A_1, A_2 are defined by the underlying real vector-spaces and the automorphisms J_1, J_2 of these corresponding to the scalar multiplication by i, a complex-linear mapping of A_1 into A_2 is the same as a real-linear mapping L_0 satisfying $L_0 J_1 = J_2 L_0$; as this implies ${}^tL_0(-{}^tJ_2) = (-{}^tJ_1){}^tL_0$, it follows that ${}^tL_0$ is a complex-linear mapping of A'_2 into A'_1; and one verifies at once that ${}^tL_0(\Delta'_2) \subset \Delta'_1$. Therefore ${}^tL_0$ defines a complex-analytic homomorphism of Θ'_2 into Θ'_1.

4. With the same notations as above, let $\Theta = A/\Delta$ be a complex torus of complex dimension q. Let Γ be the group of all representations of the additive group Δ into the multiplicative group $\boldsymbol{C}^*$ of complex numbers $\neq 0$; let Γ_0 be the subgroup of the elements μ of Γ such that $|\mu(r)| = 1$ for all $r \in \Delta$, i. e. the character-group of Δ. As Δ is a free abelian group of rank $2q$, Γ_0 is a torus of real dimension $2q$, and Γ is isomorphic to $(\boldsymbol{C}^*)^{2q}$. Elements of Γ will be called *multiplicator-sets*. By a multiplicative function belonging to Θ, with the multiplicator-set μ, we shall understand a complex-valued function ϕ on A, not everywhere 0 or ∞, such that $\phi(x+r) = \phi(x)\mu(r)$ for all $x \in A$, $r \in \Delta$. A multiplicative function which is an entire (i. e., everywhere holomorphic) function of the complex coordinates on A, and is nowhere 0, must be of the form[1] $e[L(x)+c]$, where c is a constant and $L(x)$ a complex-linear form on A; the multiplicator-set $e[L(r)]$ of any such function will be called *trivial*; we shall denote by γ the group of all trivial multiplicator-sets.

If $\mu \in \Gamma$, $\log|\mu(r)|$ is a representation of the additive group Δ into the additive group $\boldsymbol{R}$; this can be extended in one and only one way to a real-valued real-linear form $M(x)$ on A_0; let $L(x) = M(x) - iM(Jx)$ be the complex-linear form on A with the real part $M(x)$. Then $\nu(r) = e^{L(r)}$ is a trivial multiplicator-set, satisfying $|\nu(r)| = |\mu(r)|$ for all $r \in \Delta$, and it is the only such set. Hence every coset of γ in Γ has one and only one element in Γ_0, i. e. we have $\Gamma = \gamma \times \Gamma_0$; and Γ/γ may be canonically identified with Γ_0.

Let A', A'_0, Δ' be as in no. 3. Each element of Γ_0 can be written as $e(\langle a', r\rangle)$, with $a' \in A'$; this defines therefore a homomorphism of A' onto Γ_0, the kernel of which is Δ', hence an isomorphism between Γ_0 and A'/Δ'. Thus we have canonical isomorphisms between Γ/γ, Γ_0, and the underlying real torus of $\Theta' = A'/\Delta'$; we can use these to transport to Γ/γ and Γ_0 the complex torus structure of Θ', and to identify these three toruses with one another.

---

[1] Here and in the rest of this paper we put $e(t) = e^{2\pi i t}$.

5. On Γ, one can define a complex-analytic structure in an obvious manner, viz. by the condition that, for each $r \in \Delta$, $\mu(r)$, as a function of $\mu \in \Gamma$, should be a holomorphic function on Γ. We now prove that the canonical homomorphism of Γ onto Γ/γ is complex-analytic, when the complex structure on Γ/γ is defined as in no. 4, and that this complex structure on Γ/γ is the only one for which this is so. In fact, let B' be the vector-space of dimension $2q$ over $\boldsymbol{C}$, derived from A'_0 by extending the field of scalars of A'_0 from $\boldsymbol{R}$ to $\boldsymbol{C}$; every element of B' can be written as $z' = x' + iy'$, with $x' \in A'_0$, $y' \in A'_0$; if we write $\mu_{z'}(r) = e(\langle x', r\rangle + i\langle y', r\rangle)$, the mapping $z' \rightarrow \mu_{z'}$ is a complex-analytic homomorphism of B' onto Γ. Now the element ν of γ which satisfies $|\nu(r)| = |\mu_{z'}(r)|$ for all $r \in \Delta$ is $\nu(r) = e(\langle y', Jr\rangle + i\langle y', r\rangle)$; hence the element of Γ_0 which belongs to the same coset of γ as $\mu_{z'}$ is $e(\langle x', r\rangle - \langle y', Jr\rangle) = e(\langle x' + J'y', r\rangle)$. Now denote that coset by $f(z')$; f is a homomorphism of B' onto Γ/γ. Call ω the canonical homomorphism of A' onto $\Theta' = A'/\Delta'$; and, for $z' = x' + iy'$, put $g(z') = x' + J'y'$; Θ' and Γ/γ being identified as in no. 4, what we have just shown amounts to $f = \omega \circ g$. As we have $g(iz') = -y' + J'x' = J'(x' + J'y')$, g is a complex-analytic homomorphism; so is ω; the same, therefore, is true of f. Conversely, if J'_1 is an automorphism of A'_0, defining on A'_0 a complex structure such that f, hence also g, are complex-analytic mappings, then we must have $g(iz') = J'_1 g(z')$, hence $J'_1 = J'$.

6. From the theory of abelian varieties and of theta-functions ([8], [9]; cf. [11]), we borrow the following facts. In order that there should be q algebraically independent meromorphic functions on the complex torus $\Theta = A/\Delta$, it is necessary and sufficient that there should exist a real-valued alternating bilinear form $E(x, y)$ on $A_0 \times A_0$, such that $E(r, s) \equiv 0 \bmod 1$ whenever $r \in \Delta$, $s \in \Delta$, and that the bilinear form $F(x, y) = E(Jx, y)$ is symmetric and positive-definite (i. e. satisfies $F(x, x) > 0$ for all $x \neq 0$). Such a form E will be called a *Riemann form* for Θ; if we write it as $E(x, y) = \langle Ex, y\rangle$, where E is a linear mapping of A_0 into A'_0, the condition that it should be alternating is expressed by ${}^tE = -E$; this being assumed, we have $F(x, y) = \langle EJx, y\rangle = -\langle Ey, Jx\rangle$, and the condition that F should be symmetric is expressed by $EJ = {}^t(EJ) = J'E$, hence it is equivalent to the condition that E should be a complex-linear mapping of A into A'. The condition $E(r, s) \equiv 0 \bmod 1$ for $r \in \Delta$, $s \in \Delta$, is equivalent to $E(\Delta) \subset \Delta'$. Hence E defines a complex-analytic homomorphism of Θ into its dual Θ'. Finally, if F is positive-definite, we must have $Ex \neq 0$ for $x \neq 0$, hence E is invertible. Therefore the existence of a Riemann form implies that Θ and Θ' are isogenous; if moreover E maps Δ onto Δ', they will be isomorphic, but they need not be so otherwise.

A Riemann form E being given, one can define (by the explicit construction of so-called theta-series) theta-functions belonging to Θ and E, i. e. entire functions ϑ of the complex coordinates on A, satisfying periodicity conditions which, suitably normalized, may be assumed to be

$$\vartheta(x+r)=\vartheta(x)e[-\tfrac{1}{2}E(r,x)+\tfrac{i}{2}E(r,Jx)-\tfrac{1}{4}E^0(r,r)+\tfrac{i}{4}E(r,Jr)]$$

for all $x \varepsilon A$, $r \varepsilon \Delta$, where $E^0(x,y)$ is a symmetric bilinear form on $A_0 \times A_0$ such that $E^0(r,s) \equiv E(r,s) \bmod 2$ for all $r \varepsilon \Delta$, $s \varepsilon \Delta$. Then, for any $a \varepsilon A$, the function

$$\vartheta(x+a)\vartheta(x)^{-1}e[\tfrac{1}{2}E(a,x)-\tfrac{i}{2}E(a,Jx)]$$

is a multiplicative meromorphic function of the complex coordinates on A, with the multiplicator-set $e[E(a,r)]=e(\langle Ea,r\rangle)$. As E maps A_0 onto A'_0, this, in conjunction with the results of no. 4, shows that there exist meromorphic multiplicative functions with arbitrarily given multiplicator-sets.

Now consider a maximal set of linearly independent theta-functions $\vartheta_j(x)$ belonging to Θ and the Riemann form NE, N being an integer >0. These must be in finite number; and, if they are taken as homogeneous coördinates of a point $P(x)$ in a suitable projective space, we have $P(x+r)=P(x)$ for $r \varepsilon \Delta$, so that the mapping $x \to P(x)$ induces a complex-analytic mapping Φ of Θ into that projective space. By a theorem of Lefschetz [8], as soon as N is large enough, Φ is a one-to-one mapping of Θ onto an algebraic variety $\Phi(\Theta)$, and its Jacobian matrix has everywhere the rank q, so that $\Phi(\Theta)$ is without multiple points; Φ can then be used to identify Θ with $\Phi(\Theta)$. For that reason, we shall say that a complex torus Θ is an *abelian variety* whenever there exists a Riemann form for Θ.

If Θ is an abelian variety, so is every complex torus isogenous to Θ, hence in particular the dual torus Θ'. In fact, let $\Theta_1 = A_1/\Delta_1$ be isogenous to Θ; then there is an invertible complex-linear mapping L of A_1 onto A, such that $L(\Delta_1) \subset \Delta$. Let $E(x,y)$ be a Riemann form for Θ; then the bilinear form $E(Lx_1, Ly_1)$ is alternating, and is $\equiv 0 \bmod 1$ for $x_1 \varepsilon \Delta_1$, $y_1 \varepsilon \Delta_1$; also, as $LJ_1 = JL$, we have

$$E(LJ_1x_1, Ly_1) = E(JLx_1, Ly_1) = F(Lx_1, Ly_1),$$

where F is defined as before; this is symmetric, and >0 whenever $Lx_1 = Ly_1 \neq 0$, hence, since L is invertible, whenever $x_1 = y_1 \neq 0$.

7. Now let V be a Kähler manifold, i. e. a connected compact complex-analytic manifold with a Kähler metric; I shall use the notations of a previous note of mine ([10]; cf. [3], Part II).

If G is the fundamental group of V, and G' the commutator-group of G, $H = G/G'$ is the one-dimensional homology group of V with integral coefficients; it is the direct product of its torsion group T, i. e. of the finite group of its elements of finite order, and of a free abelian group, whose rank, by Hodge's theorems, is an even number $2q$. If we consider H as a module over the ring of integers, and extend [3] its ring of operators to $\boldsymbol{R}$, we obtain a vector-space A_0 of dimension $2q$ over $\boldsymbol{R}$, which is the one-dimensional homology group of V with real coefficients; we shall denote by λ the canonical homomorphism of H into A_0; the kernel of λ is T, and the image $\Delta = \lambda(H)$ of H by λ is a discrete subgroup of rank $2q$ of A_0.

Let $\hat{V}$ be the covering manifold of V belonging to the subgroup G' of G; every element σ of H determines an automorphism of $\hat{V}$, transforming each point $\hat{M}$ of $\hat{V}$ into a point $\sigma\hat{M}$ lying over the same point M of V as $\hat{M}$. If θ is any closed differential form of degree 1 on V, and $\hat{P}$, $\hat{M}$ are two points on $\hat{V}$, the integral $\int_{\hat{P}}^{\hat{M}} \theta$ (taken along any differentiable path from $\hat{P}$ to $\hat{M}$ on $\hat{V}$) defines, when $\hat{P}$ is fixed, a function $f(\hat{M})$ such that $df = \theta$; we have simplified notations here by writing θ also for the inverse image of θ on $\hat{V}$. For any $\sigma \varepsilon H$, $p_\sigma = f(\sigma\hat{M}) - f(\hat{M})$ is a constant, which we can also write as $p_\sigma = \int_\sigma \theta$, the integral being taken along any closed differentiable path of class σ on V. Then $\sigma \rightarrow p_\sigma$ is a representation of H into the additive group $\boldsymbol{R}$; this must be 0 on T, and it can be extended, in one and only one way, to a linear form on A_0; this form will be denoted by $p(\theta, x)$, so that we have $p_\sigma = \int_\sigma \theta = p[\theta, \lambda(\sigma)]$.

Now let B be the vector-space of real harmonic differential forms of degree 1 on V; then $p(\theta, x)$, as a function of $(\theta, x) \varepsilon B \times A_0$, is a bilinear form, which, by Hodge's fundamental theorem, determines a duality between B and A_0; hence we may use it to identify B with the dual space A'_0 of A_0, i. e. with the one-dimensional cohomology group of V with real coefficients; and we write, from now on, $\langle\theta, x\rangle$ instead of $p(\theta, x)$ when θ is harmonic, i. e. when $\theta \varepsilon A'_0$.

If θ is harmonic, and if $\hat{P}$, $\hat{M}$ are two points on $\hat{V}$, the integral $\int_{\hat{P}}^{\hat{M}} \theta$ is a real number depending linearly upon θ, which, when $\hat{P}$ is fixed, can be written as $\langle\theta, \hat{F}(\hat{M})\rangle$, with $\hat{F}(\hat{M}) \varepsilon A_0$. Then $\hat{F}$ is a mapping of $\hat{V}$ into A_0, satisfying $\langle\theta, \hat{F}(\sigma\hat{M}) - \hat{F}(\hat{M})\rangle = \int_\sigma \theta = \langle\theta, \lambda(\sigma)\rangle$, i. e. $\hat{F}(\sigma\hat{M}) = \hat{F}(\hat{M}) + \lambda(\sigma)$,

[3] Cf. N. Bourbaki, *Algèbre*, Chap. III, § 2, no. 1.

hence $\hat{F}(\sigma\hat{M}) \equiv \hat{F}(\hat{M}) \bmod \Delta$. Therefore $\hat{F}$ determines a mapping F of V into the torus A_0/Δ; $\hat{F}$ and F, or any mappings derived from these by the addition of constants, will be called the *canonical mappings* of $\hat{V}$ into A_0, and of V into A_0/Δ, respectively.

So far we have made no use of the complex structure of V. Now we introduce the operator C derived from this structure (cf. [10]); this transforms real differential forms into real differential forms of the same degree, harmonic forms into harmonic forms; hence it induces an automorphism on the space A'_0 of real harmonic forms of degree 1, whose transpose will be denoted by J. As we have $C(C\theta) = -\theta$ for any form of degree 1, we have $J^2 = -I$. Furthermore, if f is any holomorphic function in the neighborhood of a point of V, then we have $C(df) = i \cdot df$, $C(\overline{df}) = -i \cdot \overline{df}$; conversely, any closed form ζ of degree 1, satisfying $C\zeta = i\zeta$, is holomorphic, i. e. it is locally the differential of a holomorphic function. In particular, if θ is a real harmonic form, the form $\zeta = \theta - iC\theta$ is closed and satisfies $C\zeta = i\zeta$, hence it is everywhere holomorphic, i. e. it is a simple differential of the first kind; since, conversely, the real part of such a form is harmonic, this implies that the space A'_0 of real harmonic forms of degree 1 depends only upon the complex structure of V, and not upon the choice of a Kähler metric (provided one exists).

Now we use the automorphism J of A_0 in order to convert A_0 into a vector-space A of dimension q over $\boldsymbol{C}$, so that $\Theta = A/\Delta$ is then a complex torus. As any complex-linear form in A can be written as

$$L(x) = \langle\theta, x\rangle - i\langle\theta, Jx\rangle = \langle\theta, x\rangle - i\langle C\theta, x\rangle,$$

with some $\theta \in A'_0$, we have, for such a form, $L[\hat{F}(\hat{M})] = \int_{\hat{P}}^{\hat{M}} \zeta$ with $\zeta = \theta - iC\theta$, which shows that $L[\hat{F}(\hat{M})]$ is then a holomorphic function on $\hat{V}$. Therefore $\hat{F}$ *and* F *are complex-analytic mappings* of $\hat{V}$ into A, and of V into Θ, respectively.

8. Let Ω be the differential form of degree 2 on V canonically associated with the given Kähler metric (cf. [10]). If all the periods of Ω are integers (i. e., if Ω is homologous to an integral cocycle), we shall say that V satisfies the Hodge condition, or that it is a Hodge manifold. A recent theorem of Hodge [6] states that, when that is so, the complex torus Θ associated with V is an abelian variety. In our notation, Hodge's proof for this is as follows. Let $*$ be the usual operator, transforming forms of degree d into forms of degree $2n - d$ if n is the complex dimension of V (cf. [10]).

If θ is any differential form of degree 1, one verifies easily that $(C\theta)\Omega^{n-1} = -(n-1)! * \theta$, multiplication being of course the exterior multiplication of differential forms. Put now:

$$E'(\theta, \eta) = -\int_V \theta\eta\Omega^{n-1};$$

this is an alternating bilinear form on $A'_0 \times A'_0$. Call Δ' the subgroup of A'_0 associated with the subgroup Δ of A_0; it consists of those harmonic forms, all of whose periods are integers. As the periods of Ω are integers, one of de Rham's theorems shows that $E'(\theta, \eta) \equiv 0 \bmod 1$ for $\theta \varepsilon \Delta', \eta \varepsilon \Delta'$. If J' is defined as usual by $J' = -{}^tJ$, we have $J'\theta = -C\theta$ for $\theta \varepsilon A'_0$, hence

$$E'(J'\theta, \eta) = (n-1)! \int_V \eta \cdot (*\theta).$$

As this is symmetric and positive-definite, we see that E' is a Riemann form for Θ', so that Θ', hence also Θ, are abelian varieties. We shall call Θ' *the Picard variety*, and Θ *the dual Picard variety, of V.*

9. Henceforward, let V be a Hodge manifold. Let all notations have the same meaning as above; in particular, we still denote by λ the canonical homomorphism of H into A_0, and by $\hat{F}$, F the canonical mappings of $\hat{V}$ into A, and of V into Θ. Let ϵ be any representation of H into the multiplicative group $\boldsymbol{C}^*$; by a multiplicative function on V, with the multiplicator-set ϵ, we shall understand a complex-valued function ϕ on V, not everywhere 0 or ∞, such that $\phi(\sigma\hat{M}) = \phi(\hat{M})\epsilon(\sigma)$ for all $\hat{M} \varepsilon \hat{V}$, $\sigma \varepsilon H$. In particular, if ψ is a multiplicative function belonging to Θ, with the multiplicator-set μ, $\psi[\hat{F}(\hat{M})]$, provided it is not everywhere 0 or ∞, is a multiplicative function on $\hat{V}$ with the multiplicator-set $\epsilon = \mu \circ \lambda$; any multiplicator-set ϵ of that form will be called *special*, and any multiplicative function on $\hat{V}$ with such a multiplicator-set will be called *special.* A multiplicator-set ϵ is special if and only if it is equal to 1 on the torsion-group T. The mapping $\mu \to \mu \circ \lambda$ is an isomorphism of the group Γ of multiplicator-sets belonging to Θ onto the group Γ' of special multiplicator-sets for V; we shall denote by Γ'_0, γ' the images, by this isomorphism, of the subgroups Γ_0, γ of Γ as defined in no. 4; elements of γ' will be called the *trivial* multiplicator-sets for V.

If ψ is any holomorphic multiplicative function without zeros, belonging to Θ, and μ is its multiplicator-set, then $\mu \varepsilon \gamma, \mu \circ \lambda \varepsilon \gamma'$, and $\psi[\hat{F}(\hat{M})]$ is a holomorphic multiplicative function without zeros on $\hat{V}$, with the multiplicator-set $\mu \circ \lambda$. Conversely, let ϕ be a holomorphic multiplicative function without zeros on $\hat{V}$; then $\zeta = \frac{1}{2\pi i} d(\log \phi)$ is a holomorphic differential on V, hence of the form $\zeta = \theta - iC\theta$, with $\theta \varepsilon A'_0$; then we have

$$\phi(\hat{M}) = e\left(\int_{\hat{P}}^{\hat{M}} \zeta + c\right) = \psi[\hat{F}(\hat{M})],$$

with

$$\psi(x) = e[L(x) + c], \qquad L(x) = \langle\theta, x\rangle - i\langle C\theta, x\rangle = \langle\theta, x\rangle - i\langle\theta, Jx\rangle,$$

where c is a constant; as L is a complex-linear form on A, this shows that the multiplicator-set of ϕ is trivial.

If ψ is any meromorphic multiplicative function belonging to Θ, with the multiplicator-set μ, one can choose a constant $a \varepsilon A$ so that $\psi[\hat{F}(\hat{M}) + a]$ is not everywhere 0 or ∞, and then this is a meromorphic multiplicative function on V with the multiplicator-set $\mu \circ \lambda$; in conjunction with the results of no. 6, this shows that there exist meromorphic multiplicative functions on $\hat{V}$ with an arbitrarily given special multiplicator-set.

10. One can define the *divisor* on V of any meromorphic multiplicative function on $\hat{V}$, or more generally of any meromorphic function ϕ on $\hat{V}$ such that, for every $\sigma \varepsilon H$, $\phi(\sigma\hat{M})/\phi(\hat{M})$ is a holomorphic function without zeros on $\hat{V}$; the definition is briefly as follows (cf. K. Kodaira, [3], Part II). If $z_1, \cdots, z_n$ are local complex coordinates in a neighborhood of a point P of V, and $\hat{P}$ is a point lying over P on $\hat{V}$, $z_1, \cdots, z_n$ can be used as local coordinates on $\hat{V}$ at $\hat{P}$, and ϕ can be expressed as a product $\phi = E(z)\prod_j \phi_j(z)^{m_j}$ of a unit-factor $E(z)$ (i. e. a holomorphic function, $\neq 0$ at P) and of powers of irreducible holomorphic functions $\phi_j(z)$ (irreducible, that is, in the ring of holomorphic functions at $\hat{P}$). Replacing $\hat{P}$ by another point $\sigma\hat{P}$ of $\hat{V}$ lying over P will merely affect $E(z)$, but not the $\phi_j(z)$ or the m_j. The divisor of ϕ on V will then be defined locally, in a neighborhood of P, as $\sum_j m_j W_j$, where W_j is the irreducible algebroid variety, of complex dimension $n-1$, defined by $\phi_j(z) = 0$, with the orientation determined by the condition $\Omega^{n-1} > 0$. Then the divisor (ϕ) of ϕ on V will be defined globally, by means of any suitable finite open covering of V; it will be of the form $\sum_\rho a_\rho Z_\rho$, where the a_ρ are integers, and the Z_ρ are irreducible compact analytic (i. e., everywhere algebroid) subvarieties of V, of complex dimension $n-1$, with the orientation defined above. More generally, any such expression will be called a divisor (more precisely, an analytic divisor) on V.

11. Now, let again ϕ be a meromorphic multiplicative function on $\hat{V}$, and put $\zeta = \frac{1}{2\pi i} d(\log \phi)$; it follows from the multiplicative property of ϕ that this is a meromorphic differential form on V (more accurately, it is the inverse image on $\hat{V}$ of such a form). By analytic continuation, one sees that $\phi(\hat{M}) = e(\int_{\hat{P}}^{\hat{M}} \zeta + c)$, where c is a constant; the integral is taken along any differentiable path, from the fixed point $\hat{P}$ on $\hat{V}$ to $\hat{M}$, which does not meet (ϕ); hence, for $\sigma \varepsilon H$, we have $\phi(\sigma\hat{M}) = \phi(M) e(\int_\sigma \zeta)$. If ϕ is factored as $\phi = E(z) \prod_j \phi_j(z)^{m_j}$ in terms of local coordinates in the neighborhood of a point of $\hat{V}$, then $\zeta - \sum_j m_j \frac{1}{2\pi i} d(\log \phi_j)$ is holomorphic in that neighborhood; from this, one deduces, by first considering the case of a singular 2-cell in such a neighborhood and of its boundary, that, if S is any 2-dimensional singular chain in V, whose boundary C is a differentiable singular chain and does not meet (ϕ), the intersection-number of S and (ϕ) is equal to $\int_C \zeta$; in the language of the theory of currents (cf. [3]), this shows that the cycle (ϕ) of dimension $2n-2$ on V is the differential of the current ζ. This implies, firstly, that (ϕ) is homologous to 0 with real coefficients, hence also (since it is an integral cycle [4]) with rational coefficients. In particular, a holomorphic multiplicative function ϕ on $\hat{V}$ cannot have zeros: for otherwise the integral of Ω^{n-1} on (ϕ) would be > 0, and, as this is a closed form, (ϕ) could not be homologous to 0. Also, if $\tau \varepsilon T$, the linking coefficient of τ and (ϕ) is equal to $\int_\tau \zeta \bmod 1$ (cf. Igusa [7]); for, if t is any differentiable singular cycle of class τ which does not meet (ϕ), that linking coefficient is by definition the intersection-number of (ϕ) and of any 2-dimensional singular chain with real coefficients, with the boundary t, reduced mod 1. As it is known, by Poincaré's duality theorem, that the linking coefficient defines the torsion groups of V, of dimensions 1 and $2n-2$, as a dual pair, it follows that (ϕ) is homologous to 0 with integral coefficients if and only if $\int_\tau \zeta \equiv 0 \bmod 1$ for all $\tau \varepsilon T$, i. e. if and only if the multiplicator-set of ϕ is special.

12. Let now Z be any analytic divisor on V. We can cover V with open sets U_h, so small that, in each U_h, Z can be written as $\sum_j m_j W_j$, where

---

[4] As to this and other "obvious" homological properties of the subvarieties of V and in particular of the divisors on V, they can best be justified by the definitions and results in N. Hamilton's forthcoming thesis [4].

W_j is the variety of zeros of an irreducible holomorphic function $\phi_j(z)$ in U_h, the z's being local complex coordinates in U_h. Define the differential form ζ_h in U_h by $\zeta_h = \sum_j m_j \frac{1}{2\pi i} d(\log \phi_j)$; then $\zeta_h - \zeta_k$ is holomorphic in $U_h \cap U_k$; hence, by the main theorem of [10], if Z is homologous to 0 with real coefficients (and only in that case), there will be a meromorphic differential form ζ on V, such that, in each U_h, $\zeta - \zeta_h$ is a closed holomorphic form. Analytic continuation and the monodromy principle then show that there exists a meromorphic multiplicative function ϕ on $\hat{V}$, such that, in each U_h, $\phi = E(z)\prod_j \phi_j(z)^{m_j}$, where $E(z)$ is a unit-factor in U_h, and that $\zeta = \frac{1}{2\pi i} d(\log \phi)$; then we have $(\phi) = Z$. By the results of no. 11, Z is homologous to 0 with integral coefficients if and only if the multiplicator-set of ϕ is special.

Now suppose that ϕ_1, ϕ are two meromorphic multiplicative functions such that $(\phi) = (\phi_1) = Z$; then ϕ_1/ϕ is a holomorphic multiplicative function without zeros, hence its multiplicator-set is trivial. Therefore, if $\mathfrak{G}_h$ is the group of the analytic divisors which are homologous to 0 with real coefficients, we have attached to each $Z \in \mathfrak{G}_h$ a coset $c(Z)$ of the group γ' of trivial multiplicator-sets in the group of all multiplicator-sets, consisting of the multiplicator-sets of all meromorphic multiplicative functions ϕ such that $(\phi) = Z$. This coset will consist of special multiplicator-sets, i. e. it will be in Γ'/γ', if and only if Z is in the subgroup $\mathfrak{G}_a$ of $\mathfrak{G}_h$ consisting of the divisors which are homologous to 0 with integral coefficients. We have $c(Z) = \gamma'$ if and only if Z is the divisor of a function ϕ with the multiplicator-set 1, i. e. of a meromorphic function on V; then we say that Z is linearly equivalent to 0; the group of such divisors will be denoted by $\mathfrak{G}_l$.

But Γ'/γ' can be canonically identified with Γ/γ, hence also with Γ_0 and Θ'. Therefore the mapping $Z \to c(Z)$, restricted to $\mathfrak{G}_a$, defines a canonical homomorphism of $\mathfrak{G}_a$ onto the Picard variety Θ' of V, with the kernel $\mathfrak{G}_l$; we may also say that we have defined a canonical isomorphism between $\mathfrak{G}_a/\mathfrak{G}_l$ and the character-group Γ_0 of Δ: this is Igusa's first duality theorem. Similarly, the mapping $Z \to c(Z)$ determines a canonical isomorphism between $\mathfrak{G}_h/\mathfrak{G}_l$ and a subgroup of finite index of the character-group of H; this subgroup will be the whole character-group of H whenever every character of H of finite order is the multiplicator-set of some meromorphic multiplicative function on $\hat{V}$, or, what amounts to the same in view of the above results, whenever every homology class of dimension $2n-2$ and of finite order on V (with integral coefficients) contains an analytic divisor. This is Igusa's second duality theorem. By a theorem of Lefschetz ([8]), V will have that property whenever it is a non-singular algebraic subvariety of a projective space; indeed, it seems likely that, for such variety V, every covering manifold of V with a finite number of sheets is again an algebraic variety.

§ II. Construction of a system of representatives for the group of divisor-classes.

13. For the proof of the main result of this §, we shall need various lemmas on theta-functions. As explained in no. 10, if ϑ is a theta-function (other than 0) belonging to an abelian variety Θ, one can define the divisor (ϑ) of ϑ on Θ; this is a positive divisor, i. e. all its components have positive coefficients. If a point u of Θ lies on a component of (ϑ), we shall say that ϑ is 0 at u.

Periodicity conditions for theta-functions will always be understood to be in the normalized form given in no. 6. As this still depends upon the choice of a symmetric form E^0, when Θ and E are given, we shall further normalize this by choosing a set of generators $r_1, \cdots, r_{2q}$ for Δ, and taking $E^0(r_j, r_k) = E(r_j, r_k)$ for $1 \leqq j \leqq k \leqq 2q$; then E^0 depends linearly upon E. In applying this to a product $\Theta \times \Theta_1$ of two abelian varieties $\Theta = A/\Delta$, $\Theta_1 = A_1/\Theta_1$, it should be understood that, after having chosen the sets of generators for Δ, Δ_1, we take, as the generators for $\Delta \times \Delta_1$ those for Δ and those for Δ_1, in that order.

From this agreement it follows that, if E and E_1 are Riemann forms for Θ, and ϑ, ϑ_1 are theta-functions, belonging to Θ and E, and to Θ and E_1, respectively, then $\vartheta\vartheta_1$ is a theta-function belonging to $E + E_1$; and so is $\vartheta(x - E^{-1}E_1 a)\vartheta_1(x + a)$ for every $a \varepsilon A$, as one easily verifies. It is clear that one can choose a so that this is not 0 at a given point u of Θ, provided ϑ, ϑ_1 are not everywhere 0. In other words, if a Riemann form E is the sum of two Riemann forms, and if u is any point of Θ, there is a theta-function, belonging to Θ and E, which is not 0 at u.

14. If E is a Riemann form for Θ, the set of theta-functions belonging to Θ and E is a vector-space of finite dimension over $\boldsymbol{C}$. Let $(\vartheta_\mu)_{0 \leqq \mu \leqq M}$ be a basis for the space of theta-functions belonging to Θ and mE, where m is an integer > 0; by what has been said above, as soon as $m \geqq 2$, there is no point of Θ where all the ϑ_μ are 0; furthermore, by a theorem of Lefschetz which we have mentioned in no. 6, as soon as m has been taken large enough, the mutual ratios of the ϑ_μ cannot be the same at two points of A unless these points have the same image in Θ; let m be so chosen, once for all. Let now Z be an infinite subset of Θ; consider all the homogeneous polynomials

$\Phi(U_0, \cdots, U_M)$ in $M+1$ indeterminates, such that $\Phi(\vartheta_0, \cdots, \vartheta_M)$ is 0 on Z; they generate a homogenous ideal in the ring of all polynomials in $U_0, \cdots, U_M$, whose set of zeros, in the projective space of dimension M with the homogeneous coordinates $(u_0, \cdots, u_M)$, is infinite and therefore has at least one component of dimension > 0. In the vector-space of all homogeneous polynomials Φ of degree r in $U_0, \cdots, U_M$, consider the subspace of those for which $\Phi(\vartheta_0, \cdots, \vartheta_M)$ is 0 on Z, let $\delta(r)$ be its codimension, i. e. the difference between the dimensions of the space and of the subspace. By Hilbert's theorem on the characteristic function of a homogeneous ideal, $\delta(r)$ increases indefinitely with r.

Now take for Θ the dual Picard variety of a Hodge manifold V, and for Z the image $Z = F(V)$ of V by the canonical mapping F of V into Θ; Z is connected, hence it is an infinite set unless it is reduced to a point, in which case we must have $q = 0$; this trivial case will be excluded henceforward. The product $\vartheta\vartheta'$ of two theta-functions cannot be 0 on Z unless ϑ or ϑ' is 0 on Z; for, if $\vartheta\vartheta'$ is 0 on Z, $\vartheta[\hat{F}(\hat{M})]\vartheta'[\hat{F}(\hat{M})]$ is 0 on $\hat{V}$, and, as this is the product of two holomorphic functions on $\hat{V}$, one factor must be 0 on an open set, hence everywhere. The integer m and the set (ϑ_μ) having been chosen as above, we use Z, as above, to define a homogeneous polynomial ideal; and we choose r so that $\delta(r) \geqq q+1$.

15. Let E'' be the sum of two Riemann forms for the product $\Theta'' = \Theta \times \Theta'$ of Θ and of the dual variety Θ'. In our usual notation, we have $\Theta = A/\Delta$, $\Theta' = A'/\Delta'$, hence $\Theta'' = A''/\Delta''$ with $A'' = A \times A'$, $\Delta'' = \Delta \times \Delta'$; as usual, write A_0, A'_0, and $A''_0 = A_0 \times A'_0$ for the underlying real spaces of A, A', A''. As E'' is a bilinear form on $A''_0 \times A''_0$, it can be written, more explicitly, as $E''(x, x'; y, y')$, with $(x, x') \in A_0 \times A'_0$, $(y, y') \in A_0 \times A'_0$. Then, for each integer $N \geqq 0$, the bilinear form

$$E''_N(x, x'; y, y') = E''(x, x'; y, y') + NE(x, y)$$

is a Riemann form for Θ''; let Λ_N be the vector-space of all theta-functions belonging to Θ'' and E''_N. Take any $u' \in \Theta'$; we shall now prove that the codimension of the subspace of Λ_{mr}, consisting of the functions in it which are 0 on $Z \times u'$, is $\geqq q+1$.

In fact, as E'' is the sum of two Riemann forms, the result in no. 13 shows that we can choose a function ϑ'_0 in Λ_0 which is not 0 at (z, u'), z being an arbitrarily chosen point in Z. Now, Φ being a homogeneous polynomial of degree r in $U_0, \cdots, U_M$, put

$$\vartheta''_\Phi(x, x') = \vartheta'_0(x, x')\Phi[\vartheta_0(x), \cdots, \vartheta_M(x)];$$

the mapping $\Phi \rightarrow \vartheta''_\Phi$ is a linear mapping of the space of such polynomials into Λ_{mr}; and ϑ''_Φ is 0 on $Z \times u'$ if and only if $\Phi(\vartheta_0, \cdots, \vartheta_M)$ is 0 on Z. As the codimension of the inverse image of a linear subspace by a linear mapping is at most equal to that of the subspace, it follows that the subspace of Λ_{mr}, consisting of the functions in it which are 0 on $Z \times u'$, has at least the codimension $\delta(r)$.

16. Now we shall prove that there is a function in Λ_{mr} which is not 0 on any of the sets $Z \times u'$, where u' is any point of Θ'. In fact, let $(\vartheta''_\rho)_{0 \leqq \rho \leqq R}$ be a basis for Λ_{mr}; writing any function ϑ'' in Λ_{mr} as $\vartheta''_t = \sum_\rho t_\rho \vartheta''_\rho$, we can identify Λ_{mr} with the affine space $\boldsymbol{C}^{R+1}$ of dimension $R+1$ over $\boldsymbol{C}$; from this we can derive, in the usual manner, a projective space P^R of dimension R, with the homogeneous coordinates $(t_0, \cdots, t_R)$. The mutual ratios of the ϑ''_ρ are meromorphic functions on Θ'', hence algebraic functions on $\Theta'' = \Theta \times \Theta'$ when Θ, Θ' are identified with algebraic varieties by Lefschetz's theorem (cf. no. 6); therefore the condition that the function ϑ''_t should be 0 at a point (u, u') of Θ'' determines an algebraic set of points $((u, u'), (t_0, \cdots, t_R))$, i. e. a bunch of varieties, on the product-variety $\Theta'' \times P^R$. Hence, for any $z \varepsilon Z$, the condition that ϑ''_t should be 0 at (z, u') determines an algebraic set B_z in the product $\Theta' \times P^R$. Let B be the intersection of all the sets B_z, for all $z \varepsilon Z$; this is again an algebraic set; let B' be its projection on P^R. If $t = (t_0, \cdots, t_R)$ is not in B', then, to every $u' \varepsilon \Theta'$, there is a $z \varepsilon Z$ such that (u', t) is not in B_z, i. e. such that ϑ''_t is not 0 at (z, u'); hence ϑ''_t has the desired property. What we have to show is therefore that $B' \neq P^R$; and for this it is enough to show that no component of B can have a dimension $\geqq R$. Assume therefore that some component W of B has a dimension $\geqq R$; then, if u' is in the projection of W on Θ', the intersection $B \cap (u' \times P^R)$ has a component of dimension $\geqq R - q$. But this intersection is nothing else than the set of points (u', t) of $u' \times P^R$ such that ϑ''_t is 0 on $Z \times u'$; as such functions ϑ''_t form a subspace of Λ_{mr} of codimension $\geqq q+1$, it follows that $B \cap (u' \times P^R)$ is a linear subspace of $u' \times P^R$ of dimension $\leqq R - q - 1$, and this contradicts the above assumption.

17. After these preliminaries, we are now ready to attack the main problem of this §, which is to construct an algebraic family of divisors on V, parametrized by Θ', containing one and only one representative of each class in $\mathfrak{G}_a/\mathfrak{G}_l$.

In the first place, consider on $A''_0 \times A''_0$ the bilinear form

$$E''_0(x, x'; y, y') = \langle y', x \rangle - \langle x', y \rangle.$$

The dual of $A''_0 = A_0 \times A'_0$ being $A'_0 \times A_0$, this form can be written as $\langle E''_0 x'', y'' \rangle$, where $x'' = (x, x')$, $y'' = (y, y')$, and where E''_0 is the linear mapping $E''_0 = \begin{pmatrix} 0 & -I' \\ I & 0 \end{pmatrix}$ of $A_0 \times A'_0$ onto $A'_0 \times A_0$, I and $I' = {}^tI$ denoting again the identical automorphisms of A_0, A'_0. The scalar multiplication by i in $A'' = A \times A'$ induces on $A''_0 = A_0 \times A'_0$ the automorphism $J'' = \begin{pmatrix} J & 0 \\ 0 & J' \end{pmatrix}$. Then we have $E''_0(J''x'', y'') = \langle y', Jx \rangle + \langle x', Jy \rangle$; as this is symmetric, it follows that, as soon as the integers N, N' are large enough, the bilinear form

$$E''_{N,N'}(x'', y'') = E''_0(x'', y'') + N \cdot E(x, y) + N' \cdot E'(x', y')$$

is a Riemann form for $\Theta'' = \Theta \times \Theta'$, if E, E' are, as before, Riemann forms for Θ, Θ' respectively.

By no. 13, as soon as $N \geqq 2$, there is a theta-function ϑ, belonging to Θ and NE, which is not 0 on $Z = F(V)$. Also, $E(x, y) + E'(x', y')$ is a Riemann form for Θ''; hence, if $E''_{N,N'}$ is a Riemann form for Θ'', $E''_{N+1,N'+1}$ is the sum of two Riemann forms for Θ''; then the main result of no. 16, applied to this instead of E'', shows that there is a theta-function ϑ'', belonging to Θ'' and to $E''_{N+1+mr,N'+1}$, which is not 0 on any of the sets $Z \times u'$. If we write again N, N' instead of $N + 1 + mr$, $N' + 1$, we have thus shown that, for a suitable choice of N, N', there will be a theta-function ϑ, belonging to Θ and NE, which is not 0 on $F(V)$, and a theta-function ϑ'', belonging to Θ'' and $E''_{N,N'}$, which is not 0 on any set $F(V) \times u'$.

In this, it is understood that the periodicity conditions for these functions have been normalized as explained in no. 13; this implies that, if E^0, E'^0 are the symmetric forms attached, as there, to E, E', the symmetric form attached to $E''_{N,N'}$ is:

$$\langle y', x \rangle + \langle x', y \rangle + NE^0(x, y) + N'E'^0(x', y').$$

18. ϑ, ϑ'' being chosen as explained in no. 17, we now put

$$\eta(x, x') = \vartheta(x)\vartheta''(x, x')^{-1}.$$

This is a meromorphic function with the periodicity properties

$$\eta(x + r, x') = \eta(x, x')e(\tfrac{1}{2}\langle x', r \rangle + \tfrac{i}{2}\langle x', Jr \rangle),$$

$$\eta(x, x' + r') = \eta(x, x')e[L_{r'}(x, x')],$$

for $x \varepsilon A$, $x' \varepsilon A'$, $r \varepsilon \Delta$, $r' \varepsilon \Delta'$, $L_{r'}(x, x')$ being a certain complex-linear function on $A \times A'$, which depends upon r'. Hence, if we put, for any $a' \varepsilon A'$,

$$\psi_{a'}(x) = \eta(x, a')e(\tfrac{1}{2}\langle a', x\rangle - \tfrac{i}{2}\langle a', Jx\rangle),$$

we have

$$\psi_{a'}(x + r) = \psi_{a'}(x)e(\langle a', r\rangle),$$

$$\psi_{a'+r'}(x) = \psi_{a'}(x)e[L_{a',r'}(x)],$$

where $L_{a',r'}(x)$ is a complex-linear function on A, depending upon a', r'; $\psi_{a'}(x)$ is a meromorphic function on A, which, by the properties which we have assumed for ϑ and ϑ'', is not everywhere 0 or ∞ on $\hat{F}(\hat{V})$; and it is a multiplicative function, with the multiplicator-set $e(\langle a', r\rangle)$ of absolute value 1. This shows that $e[L_{a',r'}(x)]$ has the multiplicator-set 1, hence it is a constant (as could also readily have been verified by its explicit calculation). Therefore we have

$$\psi_{a'+r'}(x) = c(a', r')\psi_{a'}(x),$$

where $c(a', r')$ depends only upon a' and r'.

19. It follows from the relations in no. 18 that $\psi_{a'}[\hat{F}(\hat{M})]$ is a meromorphic multiplicative function, not everywhere 0 or ∞, on $\hat{V}$, with the multiplicator-set $\mu_{a'} \circ \lambda$, where $\mu_{a'}(r) = e(\langle a', r\rangle)$, and λ is as in no. 7. As $\psi_{a'}$ is multiplied by a constant when a' is replaced by $a' + r'$, its divisor $(\psi_{a'})$ on V depends only upon the image $u' = \omega(a')$ of a' by the canonical homomorphism ω of A' onto $\Theta' = A'/\Delta'$; hence we may write it as $(\psi_{a'}) = D(u')$.

$D(u')$ is also the divisor of the multiplicative function

$$\vartheta[\hat{F}(\hat{M})]\vartheta''[\hat{F}(\hat{M}), a']^{-1}$$

on $\hat{V}$. Now $\vartheta[\hat{F}(\hat{M})]$ is a holomorphic function on $\hat{V}$, which, when $\hat{M}$ is replaced by $\sigma\hat{M}$, is multiplied by an exponential factor; hence (cf. no. 10) one can define its divisor W_0 on V. Similarly one can define the divisor W of $\vartheta''[\hat{F}(\hat{M}), x']$ on $V \times \Theta'$. By purely local considerations, using the expression of this function as a product of irreducible holomorphic functions in the neighborhood of a point, one shows that the divisor of $\vartheta''[\hat{F}(\hat{M}), a']$ on V, for a fixed a', is the intersection of W with $V \times u'$, where $u' = \omega(a')$, each component of that intersection being counted with its multiplicity; more correctly it is the divisor $W(u')$ on V such that $W(u') \times u'$ is the intersection of W and $V \times u'$. There is, in a case such as this, no difficulty in defining the intersection-multiplicities, by function-theoretic or topological means.

Therefore we have $D(u') = W_0 - W(u')$; and what we have done shows that this is a divisor in the group $\mathfrak{G}_a$, which has the image u' in Θ' by the canonical homomorphism of $\mathfrak{G}_a$ onto Θ'. As Θ' is an algebraic variety, we may express the relation $W(u') \times u' = W \cdot (V \times u')$, where the $\cdot$ denotes the intersection, by saying that the $W(u')$ are an algebraic family of positive divisors, parametrized by the variety Θ'. The canonical homomorphism of $\mathfrak{G}_a$ onto Θ', with the kernel $\mathfrak{G}_l$, can then be defined by saying that it maps each divisor $X \varepsilon \mathfrak{G}_a$ onto the (uniquely determined) point u' of Θ' such that $W(u')$ is linearly equivalent to $W_0 - X$. This implies of course that $W(0)$ is linearly equivalent to W_0, so that, in this last statement, W_0 may be replaced by $W(0)$.

§ III. The main theorem.

20. By an analytic subset of a complex-analytic manifold, we understand a closed subset of it which, in some neighborhood of everyone of its points, is the set of common zeros of a finite number of holomorphic functions; an analytic subset which is irreducible (i. e. which is not the union of two other such sets) is called a subvariety. By a divisor X, we understand, as above, any formal sum of subvarieties of maximal dimension, with integral coefficients; if the latter are positive, X is said to be positive, and we write $X \succ 0$; we write $X \succ Y$ for $X - Y \succ 0$. By the carrier $|X|$ of X, we understand the union of the components of X.

In all this §, we shall denote by V a connected compact complex-analytic manifold of complex dimension n. If S is a complex-analytic manifold, and X a divisor on $V \times S$, the relation $X(s) \times s = X \cdot (V \times s)$ defines a divisor $X(s)$ on V for every $s \varepsilon S$ such that $V \times s$ is not contained in $|X|$; as $|X|$ is closed, the set S' of these points is an open subset of S, which may be considered as a complex-analytic manifold; we shall say that the set of all divisors $X(s)$, for $s \varepsilon S'$, is an *analytic family* of divisors on V, parametrized by S', or having S' as its parameter manifold.

Notations being as above, one may always assume that X has no component of the form $V \times T$, where T is a subvariety of S of maximal dimension; in fact, adding such a component to X does not modify $X(s)$ when s is not on T, and makes $X(s)$ undefined if s is on T. That being assumed, we shall show that the set $S - S'$ of points s of S for which $X(s)$ is not defined is an analytic subset of S, of (complex) dimension $\leqq p - 2$ if p is the dimension of S. It is clearly enough to prove this for $X \succ 0$. Each point $M \times s_0$ of $V \times S$ has a neighborhood where X can be written as the divisor (Φ) of some holomorphic function Φ; let $z_1, \cdots, z_n$ be local coordinates on V in a neighborhood of M; then, if a point s, sufficiently near to s_0, is such that $V \times s \subset |X|$, we must have $\Phi(z, s) = 0$ identically in z near $z = 0$; therefore the points of $S - S'$ near s_0 are common zeros of all coefficients of Φ when Φ is expanded into a power-series in $z_1, \cdots, z_n$ with coefficients in the ring of holomorphic functions of s at $s = s_0$; conversely, if a point s, sufficiently near to s_0, is a common zero of all these coefficients, then it is easily seen, by analytic continuation along $V \times s$, that $V \times s$ is contained in $|X|$. Applying a theorem of H. Cartan,[5] one sees that $S - S'$ can be defined, in a sufficiently small neighborhood of s_0, by equating to 0 a finite number of the coefficients of Φ; therefore it is an analytic set. If now T is any component of $S - S'$, $V \times T$ is contained in $|X|$; therefore, if T were of dimension $p - 1$, $V \times T$ would be a component of X, which is against our assumption.

In particular, if S is connected, S' also is connected. Then the homological theory of subvarieties of a complex-analytic manifold ([4]) shows that any two divisors of the form $X(s)$ are homologous to each other on V; in particular, if $X(s)$ is homologous to 0 for some s, the same is true for all $s \in S'$.

The main purpose of this § is to show that, *if V is a Hodge manifold, the canonical mapping c of the group $\mathfrak{G}_a$ of the divisors on V, homologous to* 0 *on V, into the Picard variety Θ' of V* (§ I, no. 12) *induces an analytic mapping into Θ' of every analytic family of divisors belonging to $\mathfrak{G}_a$ on V.* In other words, if S, X, S' and $X(s)$ are as above, and if $X(s)$ is homologous to 0 for all $s \in S'$, the mapping $s \to c[X(s)]$ is a complex-analytic mapping of S' into Θ'. Assuming for a moment that this is so, we shall show that *this mapping can be extended to a complex-analytic mapping of S into Θ'.* In fact, write as before $\Theta' = A'/\Delta'$, where A' is a complex vector-space and Δ' a discrete subgroup of A'; if x' is a variable point of A', we may consider dx' as a vector-valued differential form on A' (with values in A'); as this form is invariant by translations in A' and in particular by Δ', it induces on Θ' a vector-valued form which, in terms of the complex structure of Θ', is a holomorphic form; its inverse image ω on S' by the mapping $s \to c[X(s)]$ is therefore a holomorphic form on S'. As $S - S'$ is an analytic subset of S and has no component of dimension $p - 1$, it follows, by Hartogs' theorem, that ω can be extended to a holomorphic form on S. As every 1-dimensional cycle on S can be deformed into one on S', the periods of ω on S are the

[5] "Théorème α" of [1], p. 191.

same as those on S'; as the latter must belong to Δ', the same is therefore true on S; as in § I, one concludes from this that the mapping $\hat{s} \rightarrow \int_{\hat{a}}^{\hat{s}} \omega$ of the universal covering of S into A' (for a fixed $\hat{a}$) induces a holomorphic mapping of S into Θ', which, on S', coincides (up to a translation) with the given one $s \rightarrow c[X(s)]$. This proves our assertion.

Even so, our result will remain incomplete in one important respect: we shall not prove it for families of divisors which are parametrized by algebroid varieties. By an algebroid variety, we understand one on which each point has a neighborhood isomorphic to a locally irreducible analytic subset of a complex-analytic manifold. It seems likely that the proof which is to be given here of our main theorem could be applied to this more general problem with no more than slight modifications, or at any rate that the more general result could be shown to follow from ours, if only the foundations of algebroid geometry were not even now as shaky as those of algebraic geometry once used to be.[6]

21. Let $X(s)$ and $Y(t)$ be two analytic families of divisors on V, respectively parametrized by the manifolds S and T. We shall now prove that *the set of points* (s, t) *of* $S \times T$ *such that* $X(s) \succ Y(t)$ *is an analytic subset of* $S \times T$. If we put $\bar{X} = X \times T$, $\bar{X}$ is a divisor on $V \times (S \times T)$, and we have $\bar{X}(s, t) = X(s)$; operating similarly on Y, we see that it is enough to show that, *if* $X(s)$, $Y(s)$ *are two families, parametrized by the same manifold* S, *the set of points* $s \varepsilon S$ *such that* $X(s) \succ Y(s)$ *is an analytic subset of* S. If we write $X = X' - X''$, $Y = Y' - Y''$, where X', X'', Y', Y'' are positive divisors, $X(s) \succ Y(s)$ is equivalent to $X'(s) + Y''(s) \succ X''(s) + Y'(s)$; therefore it will be enough to prove our assertion for positive X and Y. As the question is purely local so far as S is concerned, we may assume that S is a neighborhood of 0 in the space of p complex variables.

Let M be any point on V; take local coordinates $(w, z_1, \cdots, z_{n-1})$ on V in a neighborhood of M, such that the subvariety (of complex dimension 1) of that neighborhood defined by $z_1 = \cdots = z_{n-1} = 0$ is not contained in $|X(0)|$ nor in $|Y(0)|$. Then, by Weierstrass's lemma, X can be written in a neighborhood of $M \times 0$ on $V \times S$ as the divisor (Φ) of a function Φ of the form

[6] It is to be hoped that someone will soon undertake the taxing but necessary task of consolidating them or rather building them up anew. As some at least of the main difficulties have been removed by the recent work of H. Cartan, W. L. Chow, N. Hamilton, K. Oka and others, the time seems ripe for such an undertaking.

$$\Phi(w, z, s) = w^a + \sum_{i=1}^{a} w^{a-i}\phi_i(z, s),$$

where the ϕ_i are holomorphic and 0 at the origin; similarly, Y can be written as (Ψ) in a neighborhood of $M \times 0$, with Ψ of the form

$$\Psi(w, z, s) = w^b + \sum_{j=1}^{b} w^{b-j}\psi_j(z, s),$$

where the ψ_j are holomorphic and 0 at the origin. Considering Φ and Ψ as polynomials over the ring of holomorphic functions of z, s at the origin, we can divide Φ by Ψ; let R be the remainder, which is of the form $R(w, z, s) = \sum_{h=0}^{b-1} w^h \chi_h(z, s)$, where the χ_h are holomorphic at the origin. Put $|z| = \sup_{1 \leq i \leq n-1} |z_i|$; take $\rho > 0$ and an open neighborhood S' of 0 on S so that the range of the local coordinates (w, z) contains the closure of the polycylinder P defined by $|w| < \rho$, $|z| < \rho$, that Φ, Ψ are holomorphic in $P \times S'$, and that X, Y coincide respectively with (Φ) and with (Ψ) in $P \times S'$. Take $\epsilon > 0$ and $< \rho$ and a neighborhood S'' of 0 in S' so that, for $|z| < \epsilon$ and $s \in S''$, Φ and Ψ, considered as polynomials in w, have all their roots inside the disk $|w| < \rho$. Then, if $\zeta = (\zeta_1, \cdots, \zeta_{n-1})$ is such that $|\zeta| < \epsilon$, and if $s \in S''$, the roots of $\Phi(w, \zeta, s) = 0$, counted with their multiplicities, make up the intersection of $X(s)$ with the subvariety of P (of complex dimension 1) defined by $z = \zeta$; and the roots of $\Psi(w, \zeta, s) = 0$ make up the intersection of Y with that subvariety; therefore, if $X(s) \succ Y(s)$ for some $s \in S''$, $\Phi(w, \zeta, s)$ must be a multiple of $\Psi(w, \zeta, s)$, i. e. $R(w, \zeta, s)$ must be 0, whenever $|\zeta| < \epsilon$; for such an s, each coefficient $\chi_h(z, s)$ of R must therefore be identically 0 as a function of z; if the $\chi_h(z, s)$ are expanded into power-series in $z_1, \cdots, z_{n-1}$ with coefficients which are holomorphic functions of s in S', every $s \in S''$ such that $X(s) \succ Y(s)$ must be a common zero of all these coefficients. Conversely, if s is such a common zero, then $R = 0$, and so Φ is a multiple of Ψ in the ring of polynomials over holomorphic functions of z in $|z| < \rho$ and a fortiori in the ring of holomorphic functions in P. Therefore, when that is so, no component of $X(s) - Y(s)$ which has a coefficient < 0 in that divisor can have any point in P.

To every point M on V, we have thus assigned a neighborhood $P = P(M)$ of M with the above stated properties; V can then be covered with a finite number of such neighborhoods $P_\nu = P(M_\nu)$. To each M_ν, the above construction also assigns a neighborhood S''_ν of 0 on S; we may replace the S''_ν by their intersection S''. Then our construction defines infinitely many functions $f_\alpha(s)$, holomorphic in S'', viz. the coefficients of the expansions into power-series in z of the functions $\chi_h(z,s)$ attached to the various points M_ν, with the following properties: if $s \varepsilon S''$ is such that $X(s) \succ Y(s)$, then all the $f_\alpha(s)$ are 0; conversely, if $s \varepsilon S''$ and all the $f_\alpha(s)$ are 0, then no component of $X(s) - Y(s)$ with a coefficient < 0 in that divisor can have a point in any P_ν; as the P_ν are a covering of V, this implies that $X(s) \succ Y(s)$. By Cartan's theorem,[5] this completes our proof.

If $X(s)$, $Y(t)$ are again two analytic families of divisors on V, then *the set of points* (s,t) *of* $S \times T$ *such that* $X(s) = Y(t)$ *is an analytic subset of* $S \times T$; in fact, it is the intersection of the two analytic subsets determined by $X(s) \succ Y(t)$ and by $Y(t) \succ X(s)$.

22. If X is any divisor on V, we shall denote by $L(X)$ the set of all meromorphic functions ϕ on V which are either identically 0 or such that $(\phi) \succ -X$; this is a vector-space over the field of constants. We shall now prove that, *for every divisor* X *on* V, *the vector-space* $L(X)$ *is of finite dimension.*

If $X = X' - X''$, with positive X' and X'', we have $L(X) \subset L(X')$; so it will be enough to prove our theorem for a positive divisor X. Then every point M on V has a neighborhood $U = U(M)$ in which X can be written as the divisor (Φ_M) of a function Φ_M, holomorphic in U; and the set $\Phi_M \cdot L(X)$ of all functions $\psi = \Phi_M\phi$, with $\phi \varepsilon L(X)$, consists of functions which are holomorphic in U. Consider the ideal generated by $\Phi_M L(X)$ in the ring of holomorphic functions at M; by Cartan's theorem,[5] this ideal is generated by a finite number of elements $\psi_i^{(M)}$ of $\Phi_M L(X)$, and there is an open neighborhood $U' = U'(M)$ of M and a constant $k = k(M)$ with the following properties: the closure $\bar{U}'$ of U' is contained in U; and every $\psi \varepsilon \Phi_M L(X)$ such that $|\psi| \leqq 1$ in $\bar{U}$ can be expressed as $\psi = \sum_i \lambda_i \psi_i^{(M)}$, where the λ_i are holomorphic and such that $|\lambda_i| \leqq k$ on $\bar{U}'$. Take a covering of V by a finite number of neighborhoods $U'_\nu = U'(M_\nu)$; to each there belongs a function $\Phi_\nu = \Phi_{M_\nu}$, a constant $k_\nu = k(M_\nu)$, and a finite set of functions $\psi_i^{(M_\nu)} \varepsilon \Phi_\nu L(X)$; put $k = \sup_\nu k_\nu$, and call $\phi_1, \cdots, \phi_m$ the functions $\Phi_\nu^{-1}\psi_i^{(M_\nu)}$; these are functions in $L(X)$. Put $C_\nu = \bar{U}'_\nu$. Then, for every $\phi \varepsilon L(X)$ and every ν, there are functions $\lambda_{\nu j}$ holomorphic on C_ν, such that $\phi = \sum_{j=1}^m \lambda_{\nu j}\phi_j$ on C_ν; furthermore, if $|\Phi_\nu \phi| \leqq 1$, on C_ν, the $\lambda_{\nu j}$ may be taken such that $|\lambda_{\nu j}| \leqq k$ on C_ν.

Now put

$$\|\phi\| = \sup_\nu \sup_{C_\nu} |\Phi_\nu \phi|$$

for each $\phi \varepsilon L(X)$; then every $\phi \varepsilon L(X)$ can be written in C_ν as $\phi = \sum_j \lambda_{\nu j}\phi_j$, with $|\lambda_{\nu j}| \leqq k \| \phi \|$ on C_ν. We shall now prove that, if the vector-space $L(X)$ is considered as a normed vector-space with the norm $\| \phi \|$, it is locally compact, i. e. that the "unit-sphere" $\| \phi \| \leqq 1$ is compact. In fact, take any sequence ϕ_α of functions in $L(X)$ such that $\| \phi_\alpha \| \leqq 1$; in C_ν, ϕ_α can be written as $\phi_\alpha = \sum_j \lambda_{\nu j}{}^{(\alpha)}\phi_j$, with $|\lambda_{\nu j}{}^{(\alpha)}| \leqq k$ on C_ν. By the well-known elementary theorem on sequences of bounded holomorphic functions, we may, after replacing the sequence ϕ_α by a suitable subsequence, assume that, for each ν and each j, the sequence $\lambda_{\nu j}{}^{(\alpha)}$ converges to a limit $\lambda_{\nu j}$ uniformly on every closed subset of U'_ν. Then one sees immediately that there is a function $\phi \varepsilon L(X)$ such that $\phi = \sum \lambda_{\nu j}\phi_j$ in U'_ν for each ν; furthermore, as we have

$$\Phi_\nu \phi = \sum_j \lambda_{\nu j}(\Phi_\nu \phi_j) = \lim_{\alpha \to \infty} \sum_j \lambda_{\nu j}{}^{(\alpha)} \Phi_\nu \phi_j = \lim_{\alpha \to +\infty} (\Phi_\nu \phi_\alpha)$$

uniformly on every closed subset of U'_ν, we see that the sequence ϕ_α tends to ϕ in the topology defined by the norm $\| \phi \|$, and that $\| \phi \| \leqq 1$. This shows that the normed vector-space $L(X)$ is locally compact; by a well-known elementary theorem of Banach, this implies that it has a finite dimension.

23. From now on, we assume that V is a Hodge manifold; and we proceed to prove the theorem stated in no. 20. Let $X(s)$ be an analytic family of divisors, parametrized by a manifold S; we have to prove that, if the divisors $X(s)$ are homologous to 0, $s \to c[X(s)]$ is a complex-analytic mapping of S into Θ'. We may assume that S is connected; and we choose a point s_0 on S. Call X', $-X''$ the positive and negative parts of X, i. e. the sums of terms, with positive and negative coefficients respectively, in the expression of X in terms of its irreducible components. Then $X(s)$ is the sum of the divisors $X'(s) - X'(s_0)$, $-[X''(s) - X''(s_0)]$ and $X(s_0)$, which are all homologous to 0, and it is enough to prove our assertion for the families $X'(s) - X'(s_0)$, $X''(s) - X''(s_0)$. In other words, it will be enough to show that if $X(s)$ is any family of positive divisors parametrized by the connected manifold S, $s \to c[X(s) - X(s_0)]$ is an analytic mapping of S into Θ'. Now, in § II, we have constructed an analytic family $W(u')$ of positive divisors on V, parametrized by Θ', such that $u' = c[W(0) - W(u')]$. This implies that there is one and only one point u' on Θ', given by $u' = c[X(s) - X(s_0)]$, for which $W(0) - W(u')$ is linearly equivalent to $X(s) - X(s_0)$, i. e. $W(u') + X(s)$ to $W(0) + X(s_0)$. Let $\phi_0, \cdots, \phi_m$ be a basis for the vector-space $L[W(0)+X(s_0)]$; then, if s and u' are as we have said, there is one and only one point ξ in the projective m-dimensional space P^m such that, if $(\xi_0,\cdots,\xi_m)$ is a set of homogeneous coordinates for ξ, the divisor of the function $\phi=\sum_{i=0}^{m}\xi_i\phi_i$ is

$$(\phi)=W(u')+X(s)-[W(0)+X(s_0)].$$

For every $\phi=\sum_i \xi_i\phi_i$ in $L[W(0)+X(s_0)]$, put $Z(\xi)=(\phi)+W(0)+X(s_0)$, where ξ denotes the point with the homogeneous coordinates $(\xi_0,\cdots,\xi_m)$ in P^m; one sees at once that $Z(\xi)$ is an analytic family of divisors parametrized by P^m. By the final result of no. 21, the set of all points (s,u',ξ) in $S\times\Theta'\times P^m$ such that $Z(\xi)=W(u')+X(s)$ is an analytic subset Γ of $S\times\Theta'\times P^m$. But we have just shown that, for every $s\,\varepsilon\,S$, there is one and only one point (u',ξ) in $\Theta'\times P^m$ such that (s,u',ξ) is in Γ; as Γ is closed and Θ' and P^m are compact, this implies in the first place that Γ is the graph of a continuous mapping f of S into $\Theta'\times P^m$; it is then easily seen that f induces a holomorphic mapping on every subvariety of complex dimension 1 of any open subset of S; from this, using elementary results on functions of several complex variables, one deduces easily that f is holomorphic on S itself. This completes the proof.

The same method can be applied to the determination of all positive divisors in a given homology class. Consider a homology class which contains at least one positive divisor X_0; let $\phi_0,\cdots,\phi_m$ be a basis for the vector-space $L[W(0)+X_0]$; for every $\phi=\sum_i \xi_i\phi_i$ in that space, put $Z(\xi)=(\phi)+W(0)+X_0$, ξ being the point in P^m with the homogeneous coordinates $(\xi_0,\cdots,\xi_m)$. Then we see, as above, that for every positive divisor X homologous to X_0 there is one and only one point (u',ξ) of $\Theta'\times P^m$ such that $Z(\xi)=W(u')+X$; therefore this formula determines a one-to-one correspondence between such divisors X and the points (u',ξ) of $\Theta'\times P^m$ such that $Z(\xi)\succ W(u')$. As we have shown, the latter relation determines an analytic subset of $\Theta'\times P^m$, which, since Θ' and P^m are compact, is the union of a finite number of subvarieties of $\Theta'\times P^m$; moreover, as Θ' is an algebraic variety, these are algebraic subvarieties of $\Theta'\times P^m$ by Chow's theorem ([2]). This shows that *the positive divisors in a given homology class on V make up a finite number of algebraic families,* i. e. of families parametrized by algebraic varieties; of course the latter may have singular points and so need not be complex-analytic manifolds, but are algebroid varieties in the sense defined at the end of no. 20. One may also observe that for a given u' in Θ' the points ξ of P^m

such that $Z(\xi) \succ W(u')$ are those in a linear subvariety of P^m, corresponding to the subspace $L[W(0)+X_0-W(u')]$ of the vector-space $L[W(0)+X_0]$; in particular, each one of the above families of positive divisors may be considered as a fibre-variety over a subvariety of Θ', the fibres being projective spaces.

§ IV. The higher Jacobian varieties.

24. I shall take this opportunity for making explicit some results implicitly contained in Hodge's book ([5]; cf. also [6]), as this can be done very simply in the language which has been introduced above in § I and throws some additional light on the results of that §.

As before, let V be a Kähler manifold of complex dimension n; take p such that $0 \leqq p \leqq n-1$; call now A_0 and A'_0 the homology groups of V over the real number-field $\boldsymbol{R}$ for the dimensions $2p+1$ and $2n-2p-1$ respectively. These are vector-spaces of finite dimension over $\boldsymbol{R}$; call Δ and Δ' the subgroups of A_0 and of A'_0 consisting of those homology classes which contain cycles with integral coefficients (i. e. the images in A_0 and in A'_0 of the homology groups of V with integral coefficients for the same dimensions); Δ is a discrete subgroup of A_0 of maximal rank, i. e. of rank equal to the dimension of A_0, so that A_0/Δ is a torus of that same dimension; and the same is true of A'_0 and Δ'.

By the Poincaré duality theorem, A_0 and A'_0 are put into duality with each other by the intersection-number (or "Kronecker index"), which induces a bilinear form $\langle x', x\rangle$ on $A'_0 \times A_0$; moreover, by the same theorem, Δ and Δ' are associated to each other in that duality, i. e. Δ' consists of all the elements r' of A'_0 such that $\langle r', r\rangle \equiv 0 \bmod 1$ for all $r \in \Delta$. We may therefore identify A'_0 with the dual space to A_0, i. e. with the cohomology group of V of dimension $2p+1$ with real coefficients, and similarly A_0 may be identified with the cohomology group of V of dimension $2n-2p-1$ with real coefficients. In particular, A_0 and A'_0 may be identified with the de Rham groups of degrees $2n-2p-1$ and $2p+1$ respectively; by the de Rham group of degree d, we understand the group of closed differential forms of degree d on V modulo the exterior differentials of forms of degree $d-1$. Then Δ, Δ' are the classes of forms of degrees $2n-2p-1$ and $2p+1$ with integral periods; and if elements x, x' of A_0, A'_0 are the cohomology classes of two closed forms ω, ω' of respective degrees $2n-2p-1$ and $2p+1$, we have $\langle x', x\rangle = \int_V \omega'\omega$.

By Hodge's existence theorems, each cohomology class contains one and only one harmonic form; so A_0 may also be identified with the space of harmonic forms of degree $2n-2p-1$. As in no. 7, consider the operator C derived from the complex structure of V; if ω is a form of degree d, we have $C(C\omega)=(-1)^d\omega$, so that C induces an operator such that $C^2=-I$ on forms of any odd degree. As C commutes with the operator $\Delta=d\delta+\delta d$, it transforms harmonic forms into harmonic forms; call J the operator induced by $-C$ on the space A_0 of harmonic forms of degree $2n-2p-1$; this is an endomorphism of A_0 satisfying $J^2=-I$; therefore A_0 must be of even dimension, and J can be used to define a complex structure on A_0; with that structure, A_0 becomes a vector-space over the field of complex numbers, which will be denoted by A. In a similar manner, A'_0 becomes a vector-space A' over complex numbers by means of the operator J' induced by $-C$ on harmonic forms of degree $2p+1$. Let ω, ω' be two harmonic forms of respective degrees $2n-2p-1$, $2p+1$; as C is an automorphism of the ring of differential forms, we have $C(\omega'\omega)=C\omega'\cdot C\omega$; as every form ζ of degree $2n$ can be written as $f dz_1 d\bar{z}_1\cdots dz_n d\bar{z}_n$ in terms of local coordinates, we have $C\zeta=\zeta$ for such a form, and in particular $C(\omega'\omega)=\omega'\omega$. This gives $J'\omega'\cdot J\omega=\omega'\omega$, whence $\langle J'\omega', J\omega\rangle=\langle\omega',\omega\rangle$, or, if we replace ω by $J^{-1}\omega$, $\langle J'\omega',\omega\rangle=\langle\omega', J^{-1}\omega\rangle$; this shows that J' is the transpose of J^{-1} for the duality determined by the bilinear form $\langle x', x\rangle$. According to our definitions in § I, no. 1, this makes A' the "antidual" space of A; and, if we put $\Theta=A/\Delta$, $\Theta'=A'/\Delta'$, these are two complex toruses, dual to each other.

25. We shall now give a definition of J, as an endomorphism of the de Rham group of degree $2n-2p-1$, which depends only upon the complex structure of V and not upon the choice of a Kähler metric; the existence of a Kähler metric on V, however, is essential to our purposes. Take any d such that $0\leqq d\leqq 2n$; in each cohomology class of degree d, there are forms ω such that $d\omega=d(C\omega)=0$; in fact, the harmonic form of that class has that property. We now prove that, for $d\omega=0$ and $d(C\omega)=0$, the homology class of $C\omega$ depends only upon that of ω. In fact, assume that ω is homologous to 0; let ζ be any harmonic form of degree $2n-d$, and put $\zeta'=C^{-1}\zeta$; then ζ' is harmonic; we have $\zeta'\omega=C(\zeta'\omega)$ since $\zeta'\omega$ is of degree $2n$, and $C(\zeta'\omega)=C\zeta'\cdot C\omega=\zeta(C\omega)$, and so $\zeta'\omega=\zeta(C\omega)$. As ω is homologous to 0, we have $\int_V \zeta'\omega=0$; this gives $\int_V \zeta(C\omega)=0$; as this is true for all harmonic forms ζ, i. e. for representatives of all cohomology classes of degree

$2n-d$, and as $C\omega$ is closed, it implies that $C\omega$ is homologous to 0.[7] If now x is a cohomology class of degree d, and ω is a representative of that class such that $d\omega = 0$ and $d(C\omega) = 0$, we shall denote by Cx the class of the form $C\omega$; this is an endomorphism of the de Rham group of dimension d which satisfies $C^2 = (-1)^d I$ and depends only upon the complex structure of V; for $d = 2n - 2p - 1$, the operator J defined above is $J = -C$.

The complex torus Θ defined above by means of the cohomology group A_0 of degree $2n-2p-1$, of the complex structure determined by J, and of the subgroup Δ of classes of A_0 with integral periods, will henceforth be denoted by Θ_p; with this notation, the torus denoted above by Θ' now appears as Θ_{n-p-1}. Instead of A, Δ, we now write $A^{(p)}$, $\Delta^{(p)}$, so that $\Theta_p = A^{(p)}/\Delta^{(p)}$.

Thus, if V is any connected compact complex-analytic manifold of complex dimension n on which there exists at least one Kähler metric, we have defined a sequence $\Theta_0, \Theta_1, \cdots, \Theta_{n-1}$ of complex toruses invariantly attached to it, in such a way that Θ_p and Θ_{n-p-1} are dual to each other for $0 \leqq p \leqq n-1$. The torus Θ attached to V in § I, no. 7, is no other than Θ_0 in this notation, and its dual Θ' is Θ_{n-1}.

26. It will now be shown that, if V is a Hodge manifold, not only Θ_0 and Θ_{n-1} (as we have seen in § I) but all the Θ_p are abelian varieties; these will be called *the Jacobian varieties of V*. As before, denote by Ω the fundamental form of degree 2 of the Kähler metric, which by assumption has integral periods; we have $C\Omega = \Omega$. If x is the cohomology class of a form ω, that of $\Omega\omega$ will be denoted by Lx. If ω is a representative of the class x such that $d\omega = 0$ and $d(C\omega) = 0$, we have $d(\Omega\omega) = 0$ and $d[C(\Omega\omega)] = d[\Omega(C\omega)] = 0$, and therefore, according to our definitions, $L(Cx) = C(Lx)$. For forms of odd degree, this gives $L(Jx) = J(Lx)$; so L is a complex-linear mapping of $A^{(p)}$ into $A^{(p-1)}$ for all p. As $\Omega\omega$ has integral periods whenever ω has integral periods, L maps $\Delta^{(p)}$ into $\Delta^{(p-1)}$; so L induces a complex-analytic homomorphism of Θ_p into Θ_{p-1}, which will again be denoted by L. But by

---

[7] Using de Rham's operator H (cf. [3], § 19), this can be proved more briefly: if $d\omega = 0$, $H\omega = 0$ is a necessary and sufficient condition for ω to be homologous to 0; as H commutes with C, $H\omega = 0$ implies $H(C\omega) = 0$. This argument applies also to the projection operators $P_{a,b}$ which map each form ω of degree $a+b$ into the sum of the terms of type (a, b) in the expression of ω in terms of local complex coordinates. As $d\omega = d(C\omega) = 0$ implies $d(P_{a,b}\omega) = 0$, and as H commutes with $P_{a,b}$, one can define a projection operator $P_{a,b}$, invariantly related to the complex structure on V, on the cohomology group of V with real coefficients for the dimension $a+b$. The dimension of the image of this group under $P_{a,b}$ is Hodge's invariant $\rho^{a,b}$ ([6], Theorem I, p. 109).

Hodge's theorems, if ω is harmonic, so is $\Omega\omega$, and the mapping $\omega \rightarrow \Omega\omega$ of the space of harmonic forms of degree d into the space of harmonic forms of degree $d+2$ has the kernel 0 if $d \leqq n-1$ and maps the former space onto the latter if $d \geqq n-1$. So L maps Θ_p onto Θ_{p-1} for $2p \leqq n$, and it maps Θ_p into Θ_{p-1} with a finite kernel if $2p \geqq n$.

For $d \leqq n-1$, call B, B_1, B_2 the spaces of harmonic forms of degrees d, $d+2$, $2n-d$ respectively. As we have just said, L maps B isomorphically onto its image $L(B)$ in B_1. On the other hand, call E the kernel of the mapping L^{n-1-d} of B_1 into B_2, i. e. of the mapping $\omega \rightarrow \Omega^{n-1-d}\omega$; E is the space of "effective" harmonic forms of degree $d+2$ in Hodge's terminology, and Hodge has proved that B_1 is the direct sum of $L(B)$ and of E. Let Δ, Δ_1, Δ_2 be the groups of forms with integral periods in B, B_1, B_2 respectively; as we have said, L maps Δ into Δ_1, and so L^{n-1-d} maps Δ_1 into Δ_2; taking sets of generators of Δ, Δ_1, Δ_2 as bases for B, B_1, B_2 respectively, we see that the mappings L and L^{n-1-d} will then be given by matrices with integral coefficients, and so the linear subspaces $L(B)$ and E of B_1 can both be defined by linear equations with integral coefficients. This implies that the group $\Delta'_1 = L(\Delta) + (E \cap \Delta_1)$ is a subgroup of B_1 of maximal rank and a subgroup of Δ_1 of finite index, and that $E \cap \Delta_1$ is a subgroup of E of maximal rank.

Now, assuming that d is odd, we give to B, B_1, B_2 the complex structure determined by $J = -C$; as L and L^{n-1-d} are complex-linear mappings, $L(B)$ and E are then complex-linear subspaces of B_1. If we put $d = 2p-1$, we have $2p \leqq n$, and, with the notation explained above, $B = A^{(n-p)}$, $B_1 = A^{(n-p-1)}$, $\Delta = \Delta^{(n-p)}$, $\Delta_1 = \Delta^{(n-p-1)}$, and therefore $\Theta_{n-p} = B/\Delta$, $\Theta_{n-p-1} = B_1/\Delta_1$. Put $\Theta'_{n-p-1} = B_1/\Delta'_1$; the identical mapping of B_1 onto itself maps Δ'_1 into Δ_1, and so it induces a complex homomorphism of Θ'_{n-p-1} onto Θ_{n-p-1}; therefore these two toruses are isogenous (§ I, no. 2); but the former is the direct product of the complex torus $L(B)/L(\Delta)$, which is isomorphic to $B/\Delta = \Theta_{n-p}$, and of the complex torus $\Theta''_{n-p-1} = E/(E \cap \Delta_1)$. So Θ_{n-p-1} is isogenous to the product of Θ_{n-p} and of Θ''_{n-p-1} whenever $2p \leqq n$; and if we prove that Θ''_{n-p-1} is an abelian variety for $2p \leqq n-1$, it will follow by induction on p that the same is true of Θ_{n-p-1} for the same values of p, and also of Θ_p for these values of p since Θ_p is dual to Θ_{n-p-1}; as every integer q such that $0 \leqq q \leqq n-1$ can be written either as $q = p$ or as $q = n-p-1$ with $2p \leqq n-1$, our proof will then be complete. Now consider the bilinear form

$$F(\omega, \omega') = (-1)^{p+1} \int_V \omega\omega'\Omega^{n-2p-1}$$

for $\omega \,\varepsilon\, E$, $\omega' \,\varepsilon\, E$; as ω, ω' are of odd degree, we have $\omega\omega' = -\omega'\omega$, and F is alternating. If ω, ω' are in $E \cap \Delta_1$, i. e. if they have integral periods, $F(\omega, \omega')$ is an integer. Finally, again by Hodge's theorems, we have, for every $\omega \,\varepsilon\, E$:

$$\Omega^{n-2p-1}(C\omega) = (-1)^{p+1}(n-2p-1)!\,{*\omega},$$

and therefore

$$F(J\omega, \omega') = (n-2p-1)! \int_V \omega'(*\omega);$$

this is symmetric and positive-definite; so F is a Riemann form for Θ''_{n-p-1}; and this torus is an abelian variety.

27. By an analytic cycle of (complex) dimension p on V, we understand a finite sum, with integral coefficients, of subvarieties of V of complex dimension p. Let $\mathfrak{G}_h^{(p)}$ be the group of those cycles of dimension p on V which are homologous to 0 on V (with integral coefficients). Under the assumption that each analytic cycle on V defines a "current," i. e. essentially that the integral of a differential form of degree $2p$ on the manifold of simple points of a subvariety of V of complex dimension p is always convergent, one can define a canonical mapping of the group $\mathfrak{G}_h^{(p)}$ into the complex torus Θ_p. This assumption is "undoubtedly" true, but no proof of it seems to have been published; in order to simplify the definition of the canonical mapping of $\mathfrak{G}_h^{(p)}$ into Θ_p, I shall assume even more, viz. that every cycle in $\mathfrak{G}_h^{(p)}$ can be expressed as the boundary of a singular chain of such a nature that differential forms of degree $2p+1$ can be integrated on it.

That being assumed, let X be any cycle in $\mathfrak{G}_h^{(p)}$; put $X = bQ$, where b is the boundary operator and Q is a chain with integral coefficients. Let x' be a cohomology class of degree $2p+1$ with real coefficients; take a representative ω for x' such that $d\omega = 0$ and $d(C\omega) = 0$; we shall prove that $\int_Q \omega$ depends only upon x'. In fact, assume that ω is homologous to 0. As ω is then orthogonal to all harmonic forms, there is a form ζ such that $\omega = \Delta\zeta = d\delta\zeta + \delta d\zeta$; this implies $d(\delta d\zeta) = 0$; as $\delta d(d\zeta) = 0$, $d\zeta$ is therefore harmonic; as it is homologous to 0, it is 0. This shows that $d\zeta = 0$ and $\omega = d\delta\zeta$. As Δ commutes with C, we have $C\omega = \Delta(C\zeta)$; as $d(C\omega) = 0$, we can reason in the same manner on $C\omega$, $C\zeta$ as we have done on ω, ζ, and so we get $d(C\zeta) = 0$ and $C\omega = d\delta C\zeta$ (which proves again that $C\omega$ is homologous to 0). By another fundamental identity of the Kähler metric, we have $\Lambda d - d\Lambda = -C\delta C^{-1}$ (the nature of the operator Λ need not concern us here) and so $dC\delta = -d\Lambda dC$ and $dC\delta\zeta = -d\Lambda(dC\zeta) = 0$. By Stokes's theorem, we have $\int_Q \omega = \int_X \delta\zeta$. But if λ is any form of degree $2p$, λ and $C\lambda$ induce the same form on every analytic subvariety of V of complex dimension p; in particular, we have $\int_X \delta\zeta = \int_X C\delta\zeta = \int_Q d(C\delta\zeta) = 0$. This shows that $\int_Q \omega$ depends only upon x'; as it is a linear function of x', it can be written as $\langle x', x\rangle$, where $x = x(Q)$ is an element of the homology group A_0 of V with real coefficients for the dimension $2p+1$. If X is given, Q is well determined modulo cycles of dimension $2p+1$ with integral coefficients; if Z is such a cycle, its class z in A_0 belongs to the subgroup of A_0 which we have called Δ, or more precisely $\Delta^{(p)}$; if we replace Q by $Q+Z$, $x(Q)$ is replaced by $x(Q+Z) = x(Q) + z$. Therefore, when X is given, $x(Q)$ is well determined modulo Δ; if we denote by $c_p(X)$ the image of $x(Q)$ in the factor-group A_0/Δ, $X \rightarrow c_p(X)$ is therefore a homomorphism of $\mathfrak{G}_h^{(p)}$ into Θ_p whose definition depends only upon the complex structure of V provided there exists at least one Kähler metric on V. This is the canonical mapping that we wished to construct.

For $p = 0$, the group $\mathfrak{G}_h^{(0)}$ is the group generated by the cycles $M - P$ if P is a fixed point on V and M is arbitrary; in order to determine c_0, it is therefore enough to know the mapping $M \rightarrow c_0(M-P)$ of V into Θ_0; it is easy to see that this is no other than the canonical mapping F which was defined in § I, no. 7. On the other hand, it follows from a theorem of Kodaira (Theorem 3, p. 110, in [3]) that the mapping c_{n-1} of $\mathfrak{G}_h^{(n-1)} = \mathfrak{G}_a$ into Θ_{n-1} is the same as the canonical mapping c defined above in § I, no. 12.

It is of course tempting to conjecture that any analytic family of cycles of dimension p on V, belonging to the group $\mathfrak{G}_h^{(p)}$, is mapped analytically into Θ_p by c_p; this seems very likely, but I have not yet succeeded in proving it. One would also like c_p to map $\mathfrak{G}_h^{(p)}$ onto Θ_p, as this would pave the way to an algebraic interpretation of the Jacobian varieties Θ_p when V is an algebraic variety; in fact, Θ_p could then be described as the factor-group of $\mathfrak{G}_h^{(p)}$ modulo a concept of equivalence which one might hope to define in algebraic terms. But Prof. Hodge has pointed out to me that c_p cannot map $\mathfrak{G}_h^{(p)}$ onto Θ_p unless all harmonic forms of degree $2p+1$ are sums of forms of type $(p+1, p)$ and of forms of type $(p, p+1)$; as in general this is not the case, some altogether new idea is required if the higher Jacobian varieties are to acquire the place which seems to belong to them in algebraic geometry.

UNIVERSITY OF CHICAGO.

REFERENCES.

[1] H. Cartan, "Idéaux de fonctions analytiques de n variables complexes," *Ann. Sc. E. N. S.* (III) 61 (1944), p. 149.

[2] W. L. Chow, "On compact complex analytic varieties," *American Journal of Mathematics*, vol 71 (1949), p. 893.

[3] G. de Rham and K. Kodaira, *Harmonic Integrals* (Mimeographed notes, The Institute for Advanced Study, Princeton, 1950).

[4] N. Hamilton, *Homology theory of complex-analytic manifolds*, Ph. D. thesis, Chicago.

[5] W. V. D. Hodge, *The theory and applications of harmonic integrals*, Cambridge University Press, Cambridge, 1941.

[6] ———, "A special type of Kähler manifold," *Proc. L. M. S.* (III), 1 (1951), p. 104.

[7] J. Igusa, "On the Picard varieties attached to algebraic varieties," *American Journal of Mathematics*, vol. 74 (1952), pp. 1-22.

[8] S. Lefschetz, "On certain numerical invariants of algebraic varieties with application to Abelian varieties," *Transactions of the American Mathematical Society*, vol. 22 (1921), p. 327.

[9] C. L. Siegel, *Analytic functions of several complex variables* (Mimeographed notes, The Institute for Advanced Study, Princeton, 1949).

[10] A. Weil, "Sur la théorie des formes différentielles attachées à une variété analytique complexe," *Comm. Math. Helv.*, vol. 20 (1947), p. 110.

[11] ———, *Théorèmes fondamentaux de la théorie des fonctions thêta* (mimeographed), Séminaire Bourbaki, Paris, 1949.

[1953] Théorie des points proches sur les variétés différentiables

Je me propose d'esquisser ici quelques-unes des idées de mon maître Nicolas BOURBAKI sur la théorie des points « proches » ou « infiniment voisins » sur les variétés différentiables. Cette théorie a une double source, d'une part le retour aux méthodes de Fermat dans le calcul infinitésimal du premier ordre et d'autre part, la théorie des jets développée dans ces dernières années par Ch. Ehresmann ; elle a pour but de fournir, pour le calcul différentiel d'ordre infinitésimal quelconque sur une variété, des moyens de calcul et des notations intrinsèques qui soient aussi bien adaptés à leur objet, et si possible, plus commodes que ceux du calcul tensoriel classique pour le premier ordre. Il serait tout à fait prématuré d'affirmer dès à présent que ce but soit près d'être atteint ; il est plus vraisemblable que de nouvelles recherches et bien des tâtonnements seront encore nécessaires ; aussi les indications que va donner le présent exposé doivent-elles être considérées comme provisoires, et destinées avant tout à provoquer des commentaires et des observations. Suivant l'usage, je remercie N. Bourbaki pour la communication de ses manuscrits inédits et pour de nombreuses conversations sur le sujet qui va être traité ici.

I. Par une ALGÈBRE LOCALE, on entendra une algèbre associative et commutative A sur le corps **R** des réels, de dimension finie sur **R**, possédant un élément unité et un idéal I tel que A/I soit de dimension 1 sur **R** et que $I^{m+1} = 0$ pour un entier m ; le plus petit m tel qu'il en soit ainsi s'appellera la hauteur de A. On identifiera le corps **R** des scalaires avec le sous-espace de A formé des multiples scalaires de l'élément unité, celui-ci étant noté 1 ; A est somme directe de ce sous-espace et de I, ce qui s'écrit $A = R \oplus I$; I est l'unique idéal maximal de A. Si $a \in A$, le scalaire a_0 défini par $a \equiv a_0$ mod. I s'appelle la PARTIE FINIE de a ; A/I étant identifiée avec **R**, $a \rightarrow a_0$ est l'homomorphisme canonique de A sur $A/I = \mathbf{R}$.

Soit A une algèbre locale de hauteur m, d'idéal maximal I. Soit $P = P(X_1, \ldots, X_h)$ une série formelle en $X_1, \ldots, X_h$, à coefficients dans **R** ; soit $P_m = P_m(X_1, \ldots, X_h)$ le polynome de degré $\leqslant m$ somme des termes de degré $\leqslant m$ dans la série formelle P ; soient $i_1, \ldots, i_h$ des éléments de I ; par définition, l'élément

Reprinted from *Colloque de Géométrie Différentielle*, C.N.R.S., 1953, pp. 111–117.

112

$P_m(i_1, \ldots, i_h)$ de A sera noté $P(i_1, \ldots, i_h)$. Il est immédiat que, si $i_1, \ldots, i_h$ sont donnés, l'application

$$P \longrightarrow P(i_1, \ldots, i_h)$$

est un homomorphisme dans A de l'algèbre des séries formelles en $X_1, \ldots, X_h$, à coefficients dans **R**, algèbre que pour abréger on conviendra de désigner par R_h. Par récurrence sur la hauteur *m*, on démontre aisément que c'est là un homomorphisme de R_h SUR A pourvu que les images de $i_1, \ldots, i_h$ dans l'espace vectoriel I/I^2 engendrent ce dernier espace. On appellera largeur de A la dimension de I/I^2 sur **R** ; si cette largeur est *n*, on voit donc que A est isomorphe à un quotient de R_n par un idéal de R_n. Réciproquement, il est immédiat que tout quotient de R_n par un idéal de codimension finie dans R_n, autre que R_n, est une algèbre locale de largeur $\leqslant$ n. Autrement dit, la notion d'algèbre locale coïncide avec la notion d'algèbre quotient, de dimension finie sur **R**, d'une algèbre de séries formelles sur **R**. En particulier, si I est l'idéal maximal de R_n, formé des séries sans terme constant, le quotient R_n/I^{m+1} est une algèbre locale de hauteur *m* et de largeur *n* qui sera notée par $R_n^{(m)}$; on vérifie facilement que son groupe d'automorphismes est un groupe de Lie.

Soit A une algèbre locale de hauteur m ; toute sous-algèbre de A contenant 1 est une algèbre locale de hauteur $\leqslant$ m ; il en est de même de toute algèbre quotient de A. Soient A, B, deux algèbres locales, de hauteurs respectives, *m*, *n*, ayant respectivement pour idéaux maximaux I et J ; alors leur produit tensoriel $A \otimes B$ est une algèbre locale d'idéal maximal $A \otimes J + I \otimes B$, de hauteur m + n. On notera que la théorie des « jets » de Ch. Ehresmann équivaut au cas particulier de la théorie exposée ci-après qui s'obtiendrait en se restreignant à la seule considération des algèbres locales isomorphes à des algèbres $R_n^{(m)}$; cette restriction a le grave inconvénient que les sous-algèbres, les algèbres quotients, et (ce qui est essentiel dans la théorie du prolongement) les produits tensoriels d'algèbres de ce type ne sont plus des algèbres du même type.

2. Soit V une variété différentiable (dans tout ce qui suit, on convient de dire « différentiable » au lieu de « indéfiniment différentiable » ou autrement dit « de classe C^∞ » et même le plus souvent d'omettre ce qualificatif ; désignons par D (V) l'algèbre des fonctions numériques différentiables sur V. Soit *x* un point de V ; soit I (x) l'idéal maximal de D (V) formé des fonctions nulles en *x* ; alors $I(x)^{m+1}$ est l'idéal de D (V) formé des fonctions qui s'annulent en *x* ainsi que toutes leurs dérivées d'ordre $\leqslant$ m, c'est-à-dire qui ont en *x* un contact d'ordre *m* avec la constante 0 ; l'algèbre quotient $D(V)/I(x)^{m+1}$, qu'on désignera par $D^{(m)}(V ; x)$, est une algèbre locale isomorphe à $R_n^{(m)}$ si *n* est la dimension de V ; on obtient un isomorphisme entre ces algèbres en choisissant sur V un système de coordonnées locales (une « carte ») au voisinage de *x*. On observera que le quotient de D (V) par l'idéal formé des fonctions qui s'annulent en *x* ainsi que TOUTES leurs dérivées est isomorphe à R_n ; autrement dit, il existe sur V des fonctions différentiables dont le développement (formel) de Taylor au point *x* est une série formelle ARBITRAIRE dans les coordonnées locales au point *x* ; mais nous n'aurons pas à faire usage de ce fait. Si *x* est donné, on pourrait, dans tout ce qu'on vient de dire, remplacer D (V) par l'algèbre des germes de fonctions différentiables en x sans qu'il y eût rien de changé.

DÉFINITION. — SOIT A UNE ALGÈBRE LOCALE. SOIENT V UNE VARIÉTÉ DIFFÉRENTIABLE, D (V) L'ALGÈBRE DES FONCTIONS NUMÉRIQUES DIFFÉRENTIABLES SUR V, x UN POINT DE V. ON APPELLERA A-POINT DE V PROCHE DE x, OU POINT PROCHE (OU INFINIMENT VOISIN DE x D'ESPÈCE A SUR V TOUT HOMOMORPHISME DE D (V) DANS A TEL QUE LA PARTIE FINIE DE L'IMAGE DE f $\in$ D (V) DANS A SOIT f (x).

Si x' est un tel point, l'élément de A que x' associe à f $\in$ D (V) sera désigné, soit par f (x'), soit plus explicitement par l'une des notations suivantes :

$$A f(x') \quad , \quad A_x^{x'} f(x) \;;$$

dans cette dernière, x doit être considéré comme « variable liée ». Si I est l'idéal maximal de A, on a par définition f (x') $\equiv$ f (x) mod. I. L'image dans A, par l'homomorphisme f $\to$ f (x'), de l'idéal I (x) des fonctions nulles en x est contenue dans I, donc l'image de $I(x)^{m+1}$ est contenue dans I^{m+1}, et est donc $\{0\}$ si A est de hauteur m. Autrement dit, tout A-point x' proche de x détermine si A est de hauteur m, un homomorphisme dans A de l'algèbre $D^{(m)}$ (V ; x), et réciproquement.

Si on écrit f (x') = f (x) + L (f), f $\to$ L (f) est une application de D (V) dans I, linéaire sur **R** ; dire que f $\to$ f (x') est un homomorphisme revient alors à dire que l'on a, quels que soient f, g :

$$L(fg) = L(f)g(x) + f(x)L(g) + L(f)L(g)$$

donc, réciproquement, toute application linéaire de D (V) dans I ayant cette propriété définit un A-point de V proche de x. En particulier, si A est de hauteur 1, on aura L (f) L (g) = 0, et la relation ci-dessus se réduit à

$$L(fg) = L(f)\, g(x) + f(x)\, L(g)$$

Si, en particulier, I est de dimension 1, engendré par un élément τ satisfaisant à $\tau^2 = 0$ (A est alors l' « algèbre des nombres duaux »), on voit que la notion de A-point de V proche de x est identique à la notion de vecteur tangent à V en x. C'est là essentiellement le point de vue de Fermat dans ses travaux sur le calcul différentiel (Fermat employait la lettre o là où nous écrivons τ).

On notera que l'homomorphisme canonique de D (V) sur l'algèbre locale $D^{(m)}$ (V ; x) définit un point proche de x d'espèce $D^{(m)}$ (V ; x), dit POINT PROCHE DE x CANONIQUE DE RANG m.

Si on prend pour V la droite numérique **R**, et que x' soit un A-point de **R** proche de x $\in$ **R**, x' est complètement déterminé par la connaissance de l'élément ι (x') de A que x' associe à l'application identique ι de **R** sur **R** considérée comme élément de D (**R**). On conviendra d'identifier x' avec l'élément ι (x') de A:

Si φ est une application différentiable d'une variété V dans une variété W, g $\to$ g o φ est un homomorphisme de D (W) dans D (V) ; composant celui-ci avec l'homomorphisme de D (V) dans A qui définit un A-point x' de V proche de $x \in V$, on obtient un A-point de W proche de $\varphi(x)$, qu'on notera $\varphi(x')$, ou plus explicitement $A\varphi(x')$.

3. On peut, d'une manière « évidente », définir une structure de variété différentiable, et plus précisément de variété différentiable fibrée de base V, sur l'ensemble des A-points de V proches de points de V, A étant une algèbre locale donnée ; muni de cette structure, l'ensemble en question s'appellera LE PROLONGEMENT DE V D'ESPÈCE A et se notera ^{A}V. Plus généralement, supposons qu'on se donne une variété fibrée de base V, dont les fibres soient des algèbres isomorphes à une algèbre locale fixe A ; si $A(x)$ est la fibre appartenant à $x \in V$, considérons l'ensemble des $A(x)$ -points de V proches de x ; la réunion de ces ensembles, quand x décrit V, pourra encore être munie d'une structure de variété fibrée de base V, et s'appellera encore un prolongement de V.

Si U et V sont des variétés, on vérifie immédiatement que le prolongement d'espèce A de la variété produit $U \times V$ s'identifie canoniquement au produit des prolongements d'espèce A de U et de V :

$$^{A}(U \times V) = {}^{A}U \times {}^{A}V$$

Soit φ une application d'une variété V dans une variété W ; si $x' \in {}^{A}V$, c'est-à-dire si x' est un A-point de V proche d'un point x de V, on a défini plus haut le point $^{A}\varphi(x')$, qu'on peut écrire aussi $\varphi(x')$, comme un A-point de W proche de $\varphi(x)$. On vérifie que $x' \to {}^{A}\varphi(x')$ est une application différentiable de ^{A}V dans ^{A}W, qui s'appelle le A-prolongement de φ ; elle se note $^{A}\varphi$ (ou simplement φ par abus de langage quand aucune confusion n'est à craindre).

On notera que, quelle que soit l'algèbre locale A, on a convenu de considérer $\mathbf{R}$ comme plongée dans A, et que, dans ces conditions, si $x \in V$, l'application $f \to f(x)$ de $D(V)$ dans $\mathbf{R} \subset A$ définit un A-point de V proche de x, qu'on identifiera toujours avec x ; de cette manière V se trouve identifiée avec une sous-variété de ^{A}V. Si W est aussi une variété, elle sera de même identifiée avec une sous-variété de ^{A}W ; et, si φ est une application de V dans W, il est immédiat que $^{A}\varphi$ induit sur V, considérée comme sous-variété de ^{A}V, l'application φ de V sur W considérée comme sous-variété de ^{A}W.

4. Soit, par exemple, $(x, y) \to f(x, y)$ une loi de composition interne définie sur une variété V, c'est-à-dire une application de $V \times V$ dans V ; son prolongement ^{A}f est une application de $^{A}V \times {}^{A}V$ dans ^{A}V, c'est-à-dire une loi de composition sur ^{A}V ; il est immédiat que, si f est associative (resp. commutative), il en est de même de ^{A}f. Si V est un groupe de Lie, le prolongement de ^{A}V de la loi de composition sur V fait de ^{A}V un groupe de Lie. Si V est la droite numérique munie de sa structure de corps, on peut prolonger à ^{A}V les lois de composition additive et multiplicative de V ; mais on a vu que dans ce cas ^{A}V s'identifie avec l'algèbre A ; on vérifie immédiatement que les lois ainsi obtenues sur ^{A}V ne sont autres que l'addition et la multiplication de l'algèbre A.

Supposons qu'on prenne pour V un espace vectoriel (de dimension finie) sur $\mathbf{R}$. Le prolongement à ^{A}V de l'addition des vecteurs dans V détermine sur ^{A}V une structure de groupe abélien ; d'autre part, on peut prolonger à

$$^{A}(\mathbf{R} \times V) = {}^{A}\mathbf{R} \times {}^{A}V = A \times {}^{A}V$$

l'application $(\lambda, x) \longrightarrow \lambda x$ de $\mathbf{R} \times V$ dans V. Au moyen de ces deux lois, on définit sur ${}^A V$ une structure de A-module ; on vérifie facilement (par exemple au moyen d'une base de V) que ce module s'identifie canoniquement avec le produit tensoriel $A \otimes V$ considéré comme A-module. Si de plus on s'est donné sur V une multiplication qui fasse de V une algèbre commutative sur $\mathbf{R}$, le prolongement de cette loi à ${}^A V$ détermine sur ${}^A V$, avec les lois précédentes, une structure d'algèbre sur A pour laquelle ${}^A V$ s'identifie encore canoniquement avec $A \otimes V$ muni de la structure correspondante.

5. On est alors en état de démontrer le théorème fondamental de TRANSITIVITÉ DES PROLONGEMENTS sous la forme précise suivante :

THÉORÈME. — SOIENT A ET B DEUX ALGÈBRES LOCALES, V UNE VARIÉTÉ. IL EXISTE UN ISOMORPHISME CANONIQUE ENTRE LE PROLONGEMENT D'ESPÈCE $A \otimes B$ DE V ET LE PROLONGEMENT D'ESPÈCE A DU PROLONGEMENT D'ESPÈCE B DE V.

Soit en effet $f \in D(V)$; f se prolonge en une application ${}^B f$ de ${}^B V$ dans ${}^B \mathbf{R} = B$, puis celle-ci en une application ${}^A({}^B f)$ de ${}^A({}^B V)$ dans ${}^A B = A \otimes B$; si $x'' \in {}^A({}^B V)$, ${}^A({}^B f)(x'')$ est donc un élément de $A \otimes B$. Remontant aux définitions, on voit immédiatement que, si x'' est donné, $f \longrightarrow {}^A({}^B f)(x'')$ est un homomorphisme de D (V) dans $A \otimes B$; de plus, si x'' est proche de $x' \in {}^B V$ et x' proche de $x \in V$, la partie finie de ${}^A({}^B f)(x'')$, considérée comme élément de l'algèbre locale $A \otimes B$, est f ('x) ; l'homomorphisme en question définit donc un $(A \otimes B)$ -point z' proche de x sur V ; et $x'' \longrightarrow z'$ est, dans ces conditions, une application canonique de ${}^A({}^B V)$ dans le prolongement de V d'espèce $A \otimes B$. Reste à montrer que cette application est un isomorphisme de la première variété sur la seconde ; comme c'est là une propriété purement locale par rapport à la base V, il suffit de la vérifier lorsque V est une partie ouverte d'un espace vectoriel E ; mais, en ce cas, elle résulte immédiatement des isomorphismes précédemment établis entre ${}^A({}^B E)$ et $A \otimes (B \otimes E)$, d'une part, et entre le $(A \otimes B)$ -prolongement de E et $(A \otimes B \otimes E)$, d'autre part, et de l'associativité du produit tensoriel.

6. La notion classique de transformation infinitésimale se généralise ici comme suit. Si A est une algèbre locale, et V une variété, une transformation infinitésimale d'espèce A sur V sera, au sens de la théorie des espaces fibrés, une section (différentiable) de la variété fibrée ${}^A V$ de base V, ou autrement dit une application différentiable de V dans son prolongement ${}^A V$ qui, à tout point x sur V, fasse correspondre un A-point x' proche de x sur V. Si A est l'algèbre des nombres duaux (n° 2), la connaissance de x' équivaut à celle d'un vecteur tangent à V en x, et on retrouve la notion classique.

Plus généralement, une A-application d'une variété V dans une variété W sera une application F de V dans ${}^A W$; si, pour $x \in V$, f (x) est le point de W dont F (x) est proche, on dira que F est proche de l'application f de V dans W. Une transformation infinitésimale est donc une A-application proche de l'application identique.

Soient U, V, W des variétés ; soient F une A-application de U dans V, et G une A-application de V dans W. Alors ${}^A G \circ F$ est une $(A \otimes A)$ -applica-

116

tion de U dans W, qui fait donc correspondre à tout x ∈ U un (A ⊗ A)-point de W. Mais l'algèbre A ⊗ A admet un homomorphisme canonique sur A, donné par a ⊗ a' ⟶ aa' ; si on le désigne par σ, le composé de cet homomorphisme avec l'homomorphisme définissant un (A ⊗ A)-point w' de W proche de w ∈ W définira un A-point de W proche de *w*, qu'on notera $\sigma_w w'$, ou, s'il n'y a pas de confusion à craindre, σ w' (plus généralement, si λ est un homomorphisme d'une algèbre locale A dans une algèbre locale B, le composé de λ et d'un A-point x' d'une variété X est un B-point de X noté $\lambda_X x'$ ou λ x', dit « spécialisé de x' par λ"). Cela étant, $\sigma_W \circ {}^A G \circ F$ est une A-application de U dans W, dite composée de G et de F, qu'on notera G ∗ F ; si G et F sont respectivement proches d'applications *g* de V dans W et *f* de U dans V, G ∗ F est proche de g ∘ f ; en particulier, si F et G sont des transformations infinitésimales d'espèce A d'une variété V, il en est de même de leur composée G ∗ F. On vérifie facilement que la loi de composition qu'on vient de définir entre A-applications est associative.

7. Soient U, V, X des variétés, A une algèbre locale, *e* un point de X, e' un A-point de X proche de *e*. Soit Ω un voisinage de U × {e} dans U × X ; soit *f* une application de Ω dans V. Posons, pour tout u ∈ U :

$$F(u) = A_x^{e'} f(u, x) \; ;$$

c'est là un A-point de V proche de f (u, e), et F est donc une A-application de U dans V proche de l'application f_e définie par $f_e(u) = f(u, e)$; on peut dire que F est obtenue à partir de *f* par passage du fini à l'infiniment petit.

Lorsque A est l'algèbre des nombres duaux, on peut montrer, au moyen de la théorie des équations différentielles, que toute transformation infinitésimale d'espèce A peut être ainsi obtenue par « passage du fini à l'infiniment petit » ; il serait intéressant de savoir si ce résultat reste valable pour toute algèbre locale A. Mais il est facile en tout cas de montrer qu'il subsiste localement c'est-à-dire que la restriction à un voisinage suffisamment petit d'un point de V d'une transformation infinitésimale d'espèce A arbitrairement donnée sur V peut être obtenue par passage du fini à l'infiniment petit. Cela donne un moyen commode de démontrer des théorèmes de caractère local sur les transformations infinitésimales, et en particulier, l'important résultat suivant :

Théorème. — LES TRANSFORMATIONS INFINITÉSIMALES D'ESPÈCE DONNÉE A SUR UNE VARIÉTÉ V FORMENT UN GROUPE POUR LA LOI DE COMPOSITION (G, F) ⟶ G ∗ F.

Le même résultat est d'ailleurs susceptible d'une démonstration plus « intrinsèque » (ou, si l'on veut, plus algébrique), ne faisant pas appel au passage du fini à l'infiniment petit.

8. Il est bien connu que, dans la théorie classique, un champ de vecteurs X (ou « transformation infinitésimale » au sens classique) sur une variété V permet de définir comme suit un opérateur θ_X opérant sur les champs de tenseurs, ou, beaucoup plus généralement sur tout « être géométrique » défini sur V, à valeurs dans un espace vectoriel. Soit (x, t) ⟶ f (x, t) une application de V × **R** dans V, telle que f (x, O) = x et $(\partial f/\partial t)_{t=0} = X(x)$ quel que soit *x* ;

par exemple, on pourra prendre pour f la solution du système différentiel défini sur V par le champ X. Soit par exemple U un champ de tenseurs sur V ; soit U_t son transformé par $x \to f_t(x) = f(t, x)$, cette dernière application étant (du moins localement au voisinage d'un point x donné) un homéomorphisme local, différentiable ainsi que son réciproque, dès que t est assez voisin de O ; on posera dans ces conditions $\theta_X U = (\partial U_t / \partial t)_{t=0}$. Si, par exemple, U est aussi un champ de vecteurs, on obtient ainsi la définition du crochet [X, U].

Ces opérations se généralisent aux transformations infinitésimales d'espèce quelconque. On constate que celles-ci opèrent d'une manière « naturelle » sur tout espace fibré défini d'une manière intrinsèque à partir de la variété de base. D'une manière précise, ces espaces fibrés sont définis comme suit. Soit V une variété de dimension n ; $R_n^{(m)}$ étant l'algèbre locale définie au n° 1, un point d'espèce $R_n^{(m)}$ de V, proche de $x \in V$, est (n° 2) un homomorphisme de $D^{(m)}(V ; x)$ dans $R_n^{(m)}$; si cet homomorphisme est un isomorphisme de $D^{(m)}(V ; x)$ sur $R_n^{(m)}$, le point en question s'appellera un REPÈRE D'ORDRE m EN X SUR V. L'espace des repères d'ordre m sur V apparaît ainsi comme partie ouverte du prolongement d'espèce $R_n^{(m)}$ de V. Mais, sur cet espace, on peut définir une structure d'espace fibré principal de base V, le groupe étant le groupe de Lie des automorphismes de l'algèbre $R_n^{(m)}$; muni de cette structure, cet espace sera noté $P^{(m)}(V)$. Tout espace fibré de base V associé à un espace principal $P^{(m)}(V)$ pour un m convenable sera dit CANONIQUEMENT ATTACHÉ A V (ces espaces sont les « prolongements » de V au sens d'Ehresmann). C'est sur ces espaces qu'opèrent « naturellement » les transformations infinitésimales. La définition de $P^{(m)}(V)$ comme partie ouverte du prolongement de V d'espèce $R_n^{(m)}$ permet d'appliquer commodément les principes introduits ci-dessus à l'étude de ces opérateurs. Il est impossible d'entrer ici dans le détail des résultats déjà obtenus, dont certains sont de démonstration assez difficile. Indiquons simplement que les notions ci-dessus permettent de faire apparaître, par exemple, le crochet des champs de vecteurs comme un cas particulier de la formation du commutateur, les propriétés formelles du premier se déduisant donc directement de celles du second. En particulier, l'application à la théorie des groupes de Lie permet de donner une forme naturelle aux relations entre commutateur et crochet, où l'on n'a plus à faire intervenir les « coordonnées canoniques ». D'autre part, la notion de « connexion » se définit tout naturellement dans le cadre de la présente théorie, et donne lieu à des généralisations dont il serait prématuré d'essayer d'apprécier l'importance.

[1954a] Remarques sur un mémoire d'Hermite

A Alexandre Ostrowski

Au début de son beau mémoire sur les formes biquadratiques binaires, Hermite [1]) énonce la relation

$$4g^3 - if^2g - jf^3 = h^2 \tag{A}$$

entre la forme biquadratique f, ses invariants i, j et ses covariants g, h, relation qu'il dit avoir été découverte indépendamment par Cayley et par lui-même et dont il donne ensuite une démonstration. Nous en donnerons ici une interprétation qui en fera apparaître l'intérêt du point de vue de la théorie des courbes algébriques de genre 1.

Avec les notations d'Hermite, nous écrivons

$$f(X, Y) = aX^4 + 4bX^3Y + 6cX^2Y^2 + 4b'XY^3 + a'Y^4,$$

où a, b, c, b', a' sont des éléments d'un corps de base k dont il est seulement nécessaire de supposer que sa caractéristique n'est ni 2 ni 3. Les invariants i, j sont des polynomes en a, b, c, b', a':

$$i = aa' - 4bb' + 3c^2, \quad j = aca' + 2bcb' - ab'^2 - a'b^2 - c^3. \tag{I}$$

Les covariants g, h sont des polynomes en a, b, c, b', a', X, Y, respectivement homogènes de degrés 4 et 6 en X, Y. Les fonctions $\varphi = f^{-1}g$, $\psi = f^{-3/2}h$ sont alors homogènes de degré 0 en X, Y et la relation de Cayley-Hermite s'écrit:

$$\psi^2 = 4\varphi^3 - i\varphi - j.$$

Autrement dit, les formules

$$\xi = \varphi(x,1) = z^{-2}g(x,1), \qquad \zeta = \psi(x,1) = z^{-3}h(x,1)$$

définissent une correspondance entre les courbes

$$z^2 = f(x,1) = ax^4 + 4bx^3 + 6cx^2 + 4b'x + a' \tag{II}$$

et

$$\zeta^2 = 4\xi^3 - i\xi - j. \tag{III}$$

[1]) Voir Bibliographie, page 202.

Nous supposerons désormais, une fois pour toutes, que f est un produit de facteurs linéaires distincts; (II) est alors une courbe de genre 1. Nous complèterons le résultat de CAYLEY-HERMITE en faisant voir que (III) est alors la jacobienne de (II), c'est-à-dire qu'il y a une correspondance birationnelle sur le corps de base k entre les points de (III) et les classes de diviseurs de degré 0 sur (II); on verra en même temps que (II) et (III) sont birationnellement équivalentes sur la clôture algébrique de k, ce qui est d'ailleurs déjà contenu dans les résultats d'HERMITE. Comme il y a sur (II) des diviseurs de degré 2 rationnels sur k (par exemple le diviseur des pôles de x), on peut, en vertu du théorème de RIEMANN-ROCH, considérer, au lieu des classes de diviseurs de degré 0, les classes de diviseurs positifs de degré 2; si un tel diviseur a pour composants, distincts ou non, les points (x_1, z_1), (x_2, z_2), on le notera $(x_1, z_1) + (x_2, z_2)$.

Associons à la forme biquadratique f la forme multilinéaire symétrique f^* à quatre séries de variables $(X_\nu, Y_\nu)_{1 \leq \nu \leq 4}$ telle que l'on ait

$$f(X, Y) = f^*(X, Y; X, Y; X, Y; X, Y).$$

Cette forme est unique, et s'écrit explicitement:

$$\begin{aligned} f^* = {} & a X_1 X_2 X_3 X_4 + b(Y_1 X_2 X_3 X_4 + X_1 Y_2 X_3 X_4 + X_1 X_2 Y_3 X_4 + X_1 X_2 X_3 Y_4) \\ & + c(Y_1 Y_2 X_3 X_4 + Y_1 X_2 Y_3 X_4 + Y_1 X_2 X_3 Y_4 + X_1 Y_2 Y_3 X_4 + X_1 Y_2 X_3 Y_4 + \\ & \quad + X_1 X_2 Y_3 Y_4) \\ & + b'(X_1 Y_2 Y_3 Y_4 + Y_1 X_2 Y_3 Y_4 + Y_1 Y_2 X_3 Y_4 + Y_1 Y_2 Y_3 X_4) + a' Y_1 Y_2 Y_3 Y_4 . \end{aligned}$$

Elle est évidemment covariante à f en ce sens que, si F est la transformée de f par la substitution $(X, Y) \to (\alpha X + \beta Y, \gamma X + \delta Y)$, la forme multilinéaire symétrique F^* associée à F comme f^* l'est à f est la transformée de f^* par la substitution

$$(X_\nu, Y_\nu) \to (\alpha X_\nu + \beta Y_\nu, \gamma X_\nu + \delta Y_\nu) \quad (\nu = 1, 2, 3, 4)$$

sur les quatre séries de variables (X_ν, Y_ν). Posons pour abréger, quels que soient les indices $\lambda, \mu, \nu, \varrho$:

$$f_{\lambda\mu\nu\varrho} = f^*(X_\lambda, Y_\lambda; X_\mu, Y_\mu; X_\nu, Y_\nu; X_\varrho, Y_\varrho),$$

et convenons de plus d'écrire f_λ au lieu de $f_{\lambda\lambda\lambda\lambda}$, donc $f_\lambda = f(X_\lambda, Y_\lambda)$.

Considérons maintenant les fonctions

$$\varphi(X_1, Y_1; X_2, Y_2) = \frac{f_{1122} - f_1^{1/2} f_2^{1/2}}{2(X_1 Y_2 - X_2 Y_1)^2}$$

$$\psi(X_1, Y_1; X_2, Y_2) = \frac{f_2^{1/2} f_{1112} - f_1^{1/2} f_{2221}}{(X_1 Y_2 - X_2 Y_1)^3}.$$

Elles sont homogènes de degré 0 en (X_1, Y_1) d'une part et en (X_2, Y_2) d'autre part. Si on fait sur ces deux séries de variables la substitution

$$(X_1, Y_1; X_2, Y_2) \to (\alpha X_1 + \beta Y_1, \gamma X_1 + \delta Y_1; \alpha X_2 + \beta Y_2, \gamma X_2 + \delta Y_2),$$

et que F dénote comme plus haut la transformée de f par la substitution $\begin{pmatrix}\alpha & \beta\\ \gamma & \delta\end{pmatrix}$, φ et ψ se comportent comme des covariants de f, c'est-à-dire que les expressions Φ, Ψ formées de même au moyen de F satisferont aux relations

$$\Phi(X_1, Y_1; X_2, Y_2) = (\alpha\delta - \beta\gamma)^2\, \varphi(\alpha X_1 + \beta Y_1, \gamma X_1 + \delta Y_1; \alpha X_2 + \beta Y_2, \gamma X_2 + \delta Y_2)$$

$$\Psi(X_1, Y_1; X_2, Y_2) = (\alpha\delta - \beta\gamma)^3\, \psi(\alpha X_1 + \beta Y_1, \gamma X_1 + \delta Y_1; \alpha X_2 + \beta Y_2, \gamma X_2 + \delta Y_2).$$

Prenons α, β, γ, δ dans une extension algébrique de k et tels que $\alpha\delta - \beta\gamma = 1$ et que F se réduise à la forme canonique

$$f(\alpha X + \beta Y, \gamma X + \delta Y) = F(X, Y) = 4X^3 Y - g_2 X Y^3 - g_3 Y^4:$$

Les invariants i, j de CAYLEY définis par les formules (I) ont alors même valeur pour f et pour F, ce qui donne $i = g_2$, $j = g_3$; ces invariants ne sont donc autres que les coefficients de la forme normale (dite de WEIERSTRASS), forme déjà indiquée comme telle par HERMITE dans le mémoire cité [1, p. 360]. Ecrivons maintenant les covariants Φ, Ψ en y remplaçant de plus X_1, Y_1, X_2, Y_2 par $\xi_1, 1, \xi_2, 1$:

$$\Phi(\xi_1, 1; \xi_2, 1) = \frac{1}{4(\xi_1 - \xi_2)^2}\left[(\xi_1 + \xi_2)(4\xi_1\xi_2 - i) - 2j - 2F_1^{1/2}F_2^{1/2}\right]$$

$$\begin{aligned}\Psi(\xi_1, 1; \xi_2, 1) = \frac{1}{4(\xi_1 - \xi_2)^3}\big[&F_2^{1/2}(4\xi_1^3 + 12\xi_1^2\xi_2 - 3i\xi_1 - i\xi_2 - 4j)\\ &- F_1^{1/2}(4\xi_2^3 + 12\xi_1\xi_2^2 - i\xi_1 - 3i\xi_2 - 4j)\big],\end{aligned}$$

avec

$$F_1 = 4\xi_1^3 - i\xi_1 - j, \qquad F_2 = 4\xi_2^3 - i\xi_2 - j.$$

Dans les formules ci-dessus, écrivons ζ_1, ζ_2 au lieu de $F_1^{1/2}$, $F_2^{1/2}$; (ξ_1, ζ_1) et (ξ_2, ζ_2) seront donc deux points de la courbe (III). On vérifie alors, par un calcul qui ne présente pas de difficulté, que le point $(\Phi, -\Psi)$ est le troisième point d'intersection de cette courbe avec la droite qui passe par les deux points en question; autrement dit, les formules écrites ci-dessus pour Φ, Ψ sont les formules d'addition pour la courbe (III), le point à l'infini de celle-ci étant pris comme d'habitude comme élément neutre du groupe. Si on suppose par exemple que le corps de base k soit un sous-corps du corps des complexes, (III) s'uniformisera au moyen des fonctions elliptiques de WEIERSTRASS par les formules $\xi = \wp u$, $\zeta = \wp' u$; et, si u_1, u_2 sont les arguments elliptiques des points (ξ_1, ζ_1), (ξ_2, ζ_2), on aura

$$\Phi = \wp(u_1 + u_2), \qquad \Psi = \wp'(u_1 + u_2),$$

comme on peut le vérifier également par comparaison avec les formules d'addition des fonctions elliptiques.

Continuons à nous servir du langage des fonctions elliptiques; le lecteur familier avec la théorie abstraite des variétés abéliennes, ou simplement des corps de fonctions algébriques de genre 1, n'aura aucune peine à faire la traduction en termes abstraits, valables pour tout corps de base de caractéristique autre que 2 ou 3. Considérons la courbe (II); en vertu de la manière dont on a défini F, (II) et (III) sont birationnellement équivalentes sur le corps $k(\alpha,\beta,\gamma,\delta)$, une correspondance birationnelle entre l'une et l'autre étant donnée par les formules

$$x = \frac{\alpha\xi+\beta}{\gamma\xi+\delta}, \qquad z = \frac{\zeta}{(\gamma\xi+\delta)^2}.$$

Autrement dit, les coordonnées x,z d'un point de (II) s'expriment au moyen de l'argument elliptique u par les formules

$$x = \frac{\alpha\wp u+\beta}{\gamma\wp u+\delta}, \qquad z = \frac{\wp' u}{(\gamma\wp u+\delta)^2}.$$

Réciproquement, d'ailleurs, u se définit comme l'intégrale de la différentielle de 1e espèce $du = dx/z = d\xi/\zeta$. Les points (x_1,z_1), (x_2,z_2) étant ceux qui correspondent aux arguments elliptiques u_1,u_2, on a donc en définitive, en vertu de la covariance de φ, ψ:

$$\wp(u_1+u_2) = \varphi(x_1,1;x_2,1), \qquad \wp'(u_1+u_2) = \psi(x_1,1;x_2,1),$$

étant entendu que, dans les seconds membres, $f_1^{1/2}$ et $f_2^{1/2}$ sont à remplacer par z_1 et z_2 respectivement; on peut dire qu'on a mis sous forme covariante, du point de vue de la théorie projective des formes biquadratiques, les formules d'addition des fonctions elliptiques.

Pour que deux diviseurs de degré 2, $(x_1,z_1)+(x_2,z_2)$ et $(x_1',z_1')+(x_2',z_2')$, sur la courbe (II), de composants appartenant respectivement aux arguments elliptiques u_1, u_2, u_1', u_2', soient linéairement équivalents, il faut et il suffit que u_1+u_2 et $u_1'+u_2'$ ne diffèrent que par une période, c'est-à-dire que $\wp$ et $\wp'$ aient mêmes valeurs pour ces arguments. Il s'ensuit qu'il y a correspondance birationnelle entre la classe du diviseur $(x_1,z_1)+(x_2,z_2)$ sur la courbe (II) et le point (φ,ψ) sur la courbe (III), correspondance qui s'exprime par les formules ci-dessus. Celles-ci étant rationnelles sur k, ce résultat peut s'interpréter en disant que (III) est la jacobienne de (II) sur le corps de base k.

Pour retrouver la relation de CAYLEY-HERMITE, on écrira φ, ψ sous la forme

$$\varphi(X_1,Y_1;X_2,Y_2) = \frac{1}{f_{1122}+f_1^{1/2}f_2^{1/2}}\cdot\frac{f_{1122}^2-f_1f_2}{2(X_1Y_2-X_2Y_1)^2}$$

$$\psi(X_1,Y_1;X_2,Y_2) = \frac{1}{f_2^{1/2}f_{1112}+f_1^{1/2}f_{2221}}\cdot\frac{f_2f_{1112}^2-f_1f_{2221}^2}{(X_1Y_2-X_2Y_1)^3}.$$

Le calcul montre que les fractions qui figurent comme seconds facteurs des seconds membres de ces relations sont en réalité des polynomes en $a, b, c, b', a', X_1, Y_1, X_2, Y_2$, et que, si on substitue (X, Y) à la fois à (X_1, Y_1) et à (X_2, Y_2) dans ces polynomes, ils se réduisent respectivement à $2g(X, Y)$ et à $2h(X, Y)$, où g, h sont les covariants considérés par HERMITE. Autrement dit, on a:

$$\varphi(X, Y; X, Y) = \frac{g(X,Y)}{f(X,Y)}, \qquad \psi(X, Y; X, Y) = \frac{h(X,Y)}{f(X,Y)^{3/2}},$$

et la relation de CAYLEY-HERMITE exprime que ce sont là les coordonnées d'un point de la courbe (III).

Se plaçant à un autre point de vue, on peut dire aussi que les courbes (II) et (III) forment les deux composantes d'un groupe algébrique. Pour deux points de (III), la loi de groupe est la loi habituelle donnée par les formules d'addition de $\wp u$, $\wp' u$, l'élément neutre étant le point à l'infini sur (III). Pour deux points de (II), la loi de groupe est donnée par les formules écrites ci-dessus, la somme de deux tels points (x_1, z_1), (x_2, z_2) étant donc le point (φ, ψ) de (III) qu'on a fait correspondre à la classe du diviseur $(x_1, z_1) + (x_2, z_2)$. Enfin, à un point (x, z) de (II) et un point (ξ, ζ) de (III), la loi de groupe fera correspondre le point (x', z') de (II) tel qu'on ait l'équivalence linéaire

$$(x, z) + (\xi, \zeta) \sim (x', z') + \infty$$

où (ξ, ζ) est identifié à la classe de diviseurs de degré 2 qui lui correspond sur (II) et où ∞ désigne la classe du diviseur des pôles de x sur (II), ou, ce qui revient au même par l'identification en question, le point à l'infini sur (III). Il revient au même de dire que (x', z') est déterminé par la condition que (ξ, ζ) soit le point de (III) correspondant à la classe du diviseur $(x, -z) + (x', z')$ sur (II).

Sous cette forme, nos résultats sont susceptibles d'être généralisés comme suit. Soit C une courbe de genre 1 sur un corps de base k. Pour tout entier n, il y a une courbe C_n en correspondance birationelle sur le corps k avec les classes de diviseurs de degré n sur C. En vertu du théorème de RIEMANN-ROCH, on peut définir C_n pour $n > 0$ au moyen des classes de diviseurs positifs de degré n: C_0 est la jacobienne de C, et C_1 peut être identifiée avec C; les courbes C_n sont toutes birationellement équivalentes les unes aux autres sur la clôture algébrique de k. Soit d le plus petit entier > 0 parmi les degrés des diviseurs sur C rationnels par rapport à k; alors C_m et C_n seront birationellement équivalentes sur k si $m \equiv n \pmod d$ et dans ce cas seulement. Dans ces conditions, on peut définir un groupe algébrique abélien dont les composantes sont les courbes $C_0, C_1, \ldots, C_{d-1}$; il admet C_0 comme sous-groupe, les C_i étant les classes suivant ce sous-groupe, et le groupe quotient étant cyclique d'ordre d. Le cas $d = 2$ est essentiellement celui qui a été étudié ci-dessus. Comme il est bien connu, si k est un corps à un nombre fini d'éléments, on a nécessairement $d = 1$; il serait intéressant d'examiner si d est susceptible de prendre toutes les valeurs entières lorsque k est le corps des rationnels. Peut-être les notions ci-dessus pourraient-elles servir à une classification de l'ensemble des courbes de genre 1, sur un corps de base k donné, dont la jacobienne est une courbe donnée; celle-ci a nécessairement un point rationnel, à savoir l'élément neutre du groupe algébrique dont elle forme le support, et on peut donc la supposer donnée sous la forme normale "de WEIERSTRASS" si la caractéristique n'est ni 2 ni 3. Pour le cas $d = 2$, il se peut que l'étude de ce problème conduise à reprendre et à approfondir les résultats d'HERMITE sur la théorie arithmétique des formes biquadratiques et en particulier sur la réduction de ces formes, résultats exposés dans la seconde partie du memoire qui nous a servi de point de départ.

Bibliographi

[1] CH. HERMITE, Sur la théorie des fonctions homogènes à deux indeterminées. Premier Mémoire, Oeuvres t. I, p. 350 = J. reine angew. Math. **52**, 1 (1856).

Eingegangen am 19. 10. 1953

[1954b] Mathematical teaching in Universities

The following is the outline of a lecture once given by the author at a joint meeting of the Nancago Mathematical Society and of the Poldavian Mathematical Association. It is printed here at the editor's request, as the principles stated there seem to be of general application.

1. Improvements in the mathematical teaching in Poldavian Universities depend largely upon general improvements in the educational system in Poldavia. Mathematicians should devote themselves to the task of making such improvements as lie within their power at present, and thus contributing their share towards general reforms, which in turn will enable them to make further progress.

2. No satisfactory results can be achieved unless reforms are made both in school-teaching and in University teaching. So far as school-teaching is concerned, the efforts of mathematicians in the country should be mainly directed towards necessary changes in the curricula and towards the training of better teachers.

3. University teaching in mathematics should: (a) answer the requirements of all those who need mathematics for practical purposes; (b) train specialists in the subject; (c) give to all students that intellectual and moral training which any University, worthy of the name, has the duty to impart.

These objects are not contradictory but complementary to each other. Thus, a training for practical purposes can be made to play the same part in mathematics as experiments play in physics or chemistry. Thus again, personal and independent thinking cannot be encouraged without at the same time fostering the spirit of research.

4. The study of mathematics, as well as of any other science, consists in the acquisition of useful reflexes and in that of independent habits of thought. The acquisition of useful reflexes should never be separated from the perception of their usefulness.

It follows that problem-solving should never be practised for its own sake; and particularly tricky problems must be excluded altogether. The purpose of problems is twofold; either to drill the student in the application of some method of special importance, or to develop his originality by guiding him along some new path. Drill is essentially a school-method, and ought to become unnecessary at the final stages of University teaching.

5. Rigor is to the mathematician what morality is to man. It does not consist in proving everything, but in maintaining a sharp distinction between what is assumed and what is proved, and in endeavoring to assume as little as possible at every stage.

The student should therefore be gradually accustomed, by means of startling examples, to question the truth of every unproved proposition, until at last he is able to deduce from the ordinary axioms everything that he has learned.

6. Knowledge of a proof means the understanding of its machinery and the ability to reconstruct it. This implies: (a) perfect correctness in the definitions; (b) a faculty of connecting a given question with the general ideas underlying it; (c) a perception of the logical nature of any proof.

The teacher should therefore always follow, not the quickest nor even the most elegant method, but the method which is related to the most general principles. He should also point out everywhere the relation between the various elements of the hypothesis and the conclusion; students must be accustomed to draw a sharp distinction between premises and conclusion, between necessary and sufficient conditions, between a theorem and its converse.

7. The teaching of mathematics must be a source of intellectual excitement. This can be achieved, at the higher stages, by taking the student to the brink of the unknown; at earlier stages, by making him solve for himself questions of theoretical or practical importance.

This is the method followed in the "seminars" of the German Universities, first organized by Jacobi a century ago, and even now the most prominent feature of the German system; division of labor between students in the study of a given group of questions is a common practice in these seminars, and proves to be a powerful incentive to work.

8. Theoretical lectures should neither be a reproduction of nor a comment upon any text-book, however satisfactory. The student's notebook should be his principal text-book.

In fact, taking down notes intelligently (not under dictation) and working them out carefully at home should be considered as an essential part of the student's work; and experience shows that it is not the least useful part of it.

9. The right of any topic to form part of any curriculum is to be tested according to: (a) its importance for modern mathematics or for the applications of mathematics to modern science or technique; (b) its relations with other branches of the curriculum; (c) the intrinsic difficulty of the ideas underlying it.

This involves a revision of the present curriculum. For instance, the idea of function, the process of differentiation and integration, should appear at an early stage, because of their enormous importance both for the theory and for the most ordinary practice. Because of its practical importance, numerical calculation, and all the devices connected with it, would seem to deserve a far more prominent place in elementary teaching than they receive at present.

[1954c] The mathematics curriculum

(A short guide for students)

The American student, compared with his European counterpart, suffers under some severe handicaps, which it is essential to point out in order that he may realize them and strive to overcome them. Apart from his lack of earlier training in mathematics (or whatever field of studies he has selected for himself), he suffers chiefly from his lack of training in the fundamental skills—reading, writing, and speaking—that is, from his inability to make adequate use of the written and the spoken word. For instance:

a) The average student is unable to study from a book, unless the book is dealt out to him in small sections ("spoon-feeding"). In order to become proficient in mathematics, or in any subject, he must realize that most topics involve only a small number of basic ideas, which, once grasped, give easy access to the mass of details with which they are inevitably surrounded. Reading a book, or a paper of any length, should not mean crawling along its outer circumference, but, by whatever method one finds best suited to his own temperament, aiming straight at the center, from which the clearest view may be obtained of the whole panorama. This is one of the most essential skills which have to be acquired by the prospective scientist.

b) The average student is unable to take notes intelligently. This, again, stems from an inability to perceive quickly, while listening to a lecture, what is essential and has to be written down, and what may be omitted because it is merely a commentary or illustration or because it can easily be filled in later. It need hardly be said that the profit a student may derive from his classes will depend more and more upon his ability to take notes, as his studies proceed.

c) The average student is unable to express himself in a precise and coherent manner, either orally or in writing. Bearing in mind the impending demands upon him of the existing examination system, and the somewhat more distant ones of a teaching career, he has therefore to acquire, not merely some fluency in the use of the spoken word if he is not naturally so gifted, but chiefly the art of organizing a topic, if need be at the briefest notice, in order to give clear expression to whatever he knows about it. In order to be able to do the same in writing, he cannot do otherwise than to train himself in the basic principles of English composition, since applying them to a scientific subject does not make them different from what they are. Unfortunately, too many students also have to be reminded that, even in a scientific department, the ordinary rules of English spelling and grammar still apply, and may not be disregarded.

Undoubtedly, the proper place where such skills should be acquired, and training in them given, is the secondary school. The student who reaches the University without them (and this means the vast majority of the student body as at present constituted) will have to acquire them, or else he cannot reach the degree of scientific maturity which a Master's degree, or even more so the Ph.D., is supposed to indicate. He should understand that he cannot expect much help in this from his teachers at the University; teachers at this level are in the first place scientists, whose main interest lies in the subject-matter to which they devote most of their time and thought, both as teachers and as creators; few of them take a deep interest in the educational process as such; few are willing to educate except by indirection. That is one of the most serious aspects of higher education in this country; it becomes all the more serious if the student fails to realize what he lacks in his intellectual outfit, and, as mostly happens, yields to the temptation of immersing himself into his day-to-day tasks and the painstaking study of sometimes not too inspiring textbooks. This does not mean that a mastery of detail is not as necessary to the accomplished craftsman in mathematics as in any other field; it does mean that in mathematics, as well as elsewhere, such mastery can never be acquired except through a vital understanding of essentials; and to reach the essentials through a mass of details requires a technique which can and must be acquired.

All this might apply equally well to any subject; we come to what is more specific to the study of mathematics. The study of any mathematical topic, at an elementary level, usually involves the following: (a) mastering the main concepts and theorems, usually very few in number, which form the core of the subject; (b) drill in routine exercises, by which the necessary reflexes in handling such concepts may be acquired; (c) problems involving some real mathematical difficulties, by which freer play is given to the imagination and faculty of invention of the student in connection with the same concepts. At an elementary level, all three are equally important; as a more advanced level is reached, (b) becomes less so, or rather becomes undistinguishable from (c). Also, any book or course at an advanced level must, for the sake of brevity, leave a great deal for the student to work out or think out for himself; the need for separate problems therefore tends to disappear at that stage, but the student has to a large extent to be an active collaborator of his teacher; he cannot hope to be successful in this unless he has had, or has given himself, considerable previous training in problem-solving of type (c) at the more elementary stages.

It need hardly be said that there can be no real understanding of the basic concepts of a mathematical theory without an ability to use them intelligently and apply them to specific problems, and still less the latter without the former. Therefore the three aspects, (a), (b), and (c), of the process of mathematical learning, ought never to be separated. Perhaps under the influence of the engineering schools, and of a mistaken notion of the so-called "practical" uses of mathematics, most of the mathematical teaching in American colleges traditionally consists of a more or less mechanical drill; this, alone by itself, is well suited to the teaching of the multiplication table, but to little else. In the new rearrangement of mathematical courses in this division, the emphasis has been put back where it belongs, viz. on the understanding of the main concepts. This might easily lead to a disregard of parts (b) and (c) of the learning process; all the more easily, in fact, because of the unduly short time within which the teaching of the necessary material has to be compressed. In the first place, the American student reaches the University with almost no mathematical knowledge worth speaking of; secondly, it has not yet become the practice in this country, as is done in the Universities of many foreign countries, that each mathematical course should be accompanied by frequent problem-sessions, in the charge of a competent assistant, so that, while the professor is able to devote himself chiefly to the more theoretical aspects in which he usually takes more interest, the practical aspects be treated with the importance they deserve. Since most courses in the division are on a 3-hour basis, it is almost unavoidable, and most regrettable, that emphasis on (a) should be at the expense of (b) and (c), even aside from the fact that the importance of (c) is only barely beginning to be duly recognized. While the teaching body of this Department is paying due attention to all such problems, and, subject to existing conditions, striving to improve all aspects of the teaching, improvement is bound to be gradual; students, especially those who have in mind a mathematical career, should try to keep a balance between (a), (b), (c); and, since (c) is most likely to be neglected for some time to come, it is recommended that they learn to use the books, American or foreign, which contain collections of problems (as distinct from mere routine exercises) on the topics they have to study.

The various topics which make up the present curriculum will now be discussed, in themselves and in their relation to each other. The organization of the traditional curriculum was simple. At an elementary level, it consisted of analytic geometry, in 2 and 3 dimensions ("plane" and "solid"), and so-called "college algebra", viz. the elementary theory of equations, with the professed aim of teaching the numerical solution of equations with real coefficients, in one unknown; analytic geometry was presented in the form which it had reached in the XVIIIth century, with Clairaut, Euler and Lagrange (although its edge had been much dulled since that time by considerable wear and tear); the "algebra" was still essentially that of Descartes, as improved by Newton. Then followed "The calculus", and its elementary applications to the theory of curves and surfaces, following roughly the patterns laid down by Euler, and so-called "Applied mathematics", i.e., elementary theoretical dynamics on Newtonian lines, as developed by writers of textbooks of the last century. "The calculus" culminated in "Functions of a complex variable", a strongly bowdlerized version of some of the work of Cauchy, Riemann and more especially Weierstrass, on that subject. If, at the end of this, the student had learnt the definition of elliptic functions, and a few formulas about these, then he was deemed an accomplished mathematician, fit for higher work in his subject.

Unfortunately, teachers and students of mathematics have a less easy life nowadays: the above topics have not ceased to be basic, but they are so far from being sufficient that all devices have to be sought by which more can be accomplished within a briefer time. Also, the development of so-called "abstract" mathematics, and of the "axiomatic" method, during approximately the last half-century has led to an ever clearer realization of the fact that mathematics is, in part, a language, that this language must keep pace with the needs it has to serve, that it has a grammar and vocabulary of its own, and that these have eventually to be learnt. The grammar and vocabulary of modern mathematics are chiefly supplied, in the first place, by so-called "abstract set theory", and, beyond this, by general topology and by algebra: these are, essentially, auxiliary branches of mathematics, with, however, this notable difference between them, that abstract set theory was created less than 100 years, and general topology less than 50 years ago, and both can already be considered as completed, so far as the needs of present-day mathematics are concerned; while algebra goes back to the Babylonians, and is still vigorously growing. However that may be, these topics had been infiltrating the more traditional ones in the curriculum, calculus and geometry, for a long time, before the wastefulness of studying them piecewise in many different contexts became recognized. For example, the process of reducing a quadratic form to a sum of squares is nothing else than the method of solving quadratic equations by "completing squares", already known to the Babylonians; it is basic for the study of conics and quadrics in plane and solid analytic geometry, for the study of the same in projective geometry, the natural extension of these subjects to higher dimensions, for the study of maxima and minima in the calculus, for the "orthogonalizing process" in Hilbert space and the many special cases of this process which had preceded the introduction of Hilbert space into mathematics. There is an obvious advantage in dealing at one stroke with the underlying idea of all such topics, in the way most suitable to the various applications which have to be made of it.

At the same time, it has to be borne in mind that learning the grammar of a language can never (except for the professional linguist) precede the practical use of that language, but must go hand in hand with it. Similarly, in mathematics, abstract concepts have to be introduced, especially to the beginner, gradually and with caution. This, fortunately, is made easier by the fact that most concepts in general topology, and many in algebra (viz. the greater part of linear algebra and matrix-theory), are to a large extent of geometric origin, and can best be expressed in geometric language which makes them accessible to the intuition.

The above considerations explain the present lay-out of the courses. Courses at pre-divisional level give the student the opportunity of filling up any gap in his knowledge concerning the more elementary aspects of such topics as analytic geometry, trigonometry, complex numbers, etc., which will have to be used constantly in his further work. Then comes the calculus, the chief purpose of which may be described as the local study of functions of one or more real variables ("local" is to be understood in the sense of "in the neighborhood of given values of the variables"), under suitable regularity assumptions. While such functions do not loom as large in the mathematics, pure and applied, of the present day as they did 100 years or even 50 years ago, the methods by which they are studied still make up one of the most indispensable constituents of the general education of the prospective mathematician, as well as of any one who is likely to use mathematics professionally; and it is in this study that most of the substantial (as opposed to the formal) knowledge of the mathematical student, at an elementary stage, will be acquired. The study of the calculus has been organized into a sequence of four courses, which beginners are expected to take in succession. These contain a certain amount of illustrative material; but, from a certain point onwards, it is necessary that more such material should be given in separate courses, viz. those on elementary differential geometry on the one hand, and on elementary dynamics on the other (the latter being given at present by the department of physics), which also pave the way to a more advanced study of the same topics.

At the same time as he begins his study of the calculus, or soon after, it is necessary that the student should begin to acquire some familiarity with the more abstract concepts which will be indispensable to him later on. This is one main purpose of the algebra sequence; while using, at first, the ordinary integers on the one hand, and the 2- and 3-dimensional vector-spaces of ordinary analytic geometry, on the other, as illustrative material, this sequence introduces the student, at first, to the concepts of group, ring, field, vector-space, linear transformations, and to the basic theorems concerning these; such concepts pervade the greater part of modern mathematics, including even some of the topics which are part of the calculus sequence (e.g. the subject of line and surface integrals, and Stokes' theorem in its various forms, require a knowledge of Grassmann algebra, which is an essential part of multilinear algebra and inseparable from the theory of determinants), so that careful dovetailing between these sequences is necessary. At the same time, much in the algebra sequence is undistinguishable from the closely allied topics of affine geometry, projective geometry, and Euclidian geometry in spaces of arbitrary (finite) dimension, making a separate study of the latter subjects largely unnecessary, provided algebra is studied not in a formal manner, but in such a way as to develop and promote a geometric outlook at every opportunity.

While studying algebra and the calculus, the student will gradually realize the need for some very general concepts and notations for sets (whether they be sets of real numbers or of functions or of elements of a group, etc.), and operations on sets (union, intersection, product, etc.); in algebra, he becomes familiar with mathematical objects which, instead of being taken for granted (as integers and real numbers must be in an elementary treatment), are merely described by some properties which do not suffice to characterize them. In other words, the student comes into contact with the handling of abstract sets, and with the axiomatic method. As recently as fifty years ago, formal training in such matters would have seemed more fitting for the logician than for the mathematician; the evolution of mathematics has had the effect, not only of making such training necessary, but to make it convenient to give it as early as the student is intellectually ready for it, i.e., as experience seems to show, not later than after two years of the calculus. This accounts for the courses in the general theory of sets, and in "general" (or "point-set") topology. While the substantial content of both of these is largely trivial, they provide the language in which most of the subjects to be studied subsequently can be most conveniently expressed.

We have now reached a point in our description, beyond which specialization might begin. One can be a good analyst without knowing Galois theory, a good algebraist without knowing the Lebesgue integral, a good topologist without knowing about algebraic number-fields. All that is possible; it is scarcely desirable. All-round mathematicians are rarer now than they used to be; but, without entering upon a discussion of the evils of specialization as such, we need only say here that this department wishes to discourage premature specialization, and expects all students to acquire such basic knowledge of the main branches of pure mathematics as will enable them to test their own abilities and make an intelligent selection of a field in which to do further work. This must comprise at least: (a) in analysis, some knowledge of modern integration-theory (preferably not confined to the traditional "Lebesgue integral" of functions of one or more real variables, but extending to compact and locally compact spaces), of Hilbert space, of differential equations (ordinary and partial), and of functions of one complex variable; (b) in algebra, of the general theory of fields and field extensions, including Galois theory; (c) some knowledge of number-theory, extending at least as far as the quadratic reciprocity law and ideal-theory in quadratic fields; (d) in geometry, knowledge of the relation between geometry and group-theory, as exemplified on the one hand by the so-called "Erlanger program" as it applies to Euclidian, projective and non-Euclidian geometry, and on the other hand by the moving frame method in Riemannian geometry; (e) in topology, knowledge of the fundamental group and covering spaces, of the one-dimensional homology group, and of the classification of closed surfaces. To a large extent, these topics can be studied independently from one another; it is only at a higher level that the interplay between the various branches of mathematics becomes significant again. The order in which they are to be studied can therefore be left to the student's inclination and convenience, and is largely a matter of choice and opportunity.

Finally, students must learn to realize that mathematics is a science with a long history behind it, and that no true insight into the mathematics of the present day can be obtained without some acquaintance with its historical background. In the first place time gives an additional dimension to one's mental picture both of mathematics as a whole, and of each individual branch. Also, the main ideas in mathematics are not many in number, and the best way of acquiring a clear perception of them is to learn to follow up their gradual development, as they penetrate one branch of mathematics after another; this is of particular importance to the prospective teacher of mathematics at every level, for whom a mere factual knowledge of the topics he will have to teach is far less essential than an awareness of the chief ideas underlying them. Lastly, the study of mathematics is an intellectual pursuit, whose value will be lost on the student unless it gives him some opportunity of coming into contact with intellectual greatness; such opportunities are not to be had from the study of text-books, and seldom from the study of contemporary mathematical literature, of the kind that the would-be Ph.D. is likely to come across. Under present circumstances, it cannot be expected of a student that he could acquire a comprehensive knowledge of the history of mathematics, unless he decides to specialize in that subject, and perhaps not even in that case; it may be expected, however, that he become acquainted, in some direction in which he happens to be particularly interested, with some of the original work of the great mathematicians of the past.

[The above to be followed by: (a) a bibliography of books useful to students (Collections of problems, such as Julia's Exercises d'Analyse; Courant-Robbins; Klein's Entwicklung d.Math.; etc.); (b) advice to beginners about making use of the library and of standard reference-works (the Enzyk. Math. Wiss., and its French edition; the Jahrbuch, Zentralblatt and Math. Rev.; collected works; etc.); (c) a detailed syllabus of courses, with "Leitfaden"; and an indication and brief discussion of the main text-books and reference-books to be used in connection with each.]

[1954d] Sur les critères d'équivalence en géométrie algébrique

En géométrie algébrique classique, les critères d'équivalence linéaire et d'équivalence algébrique, dûs pour la plupart aux géomètres italiens, jouent un rôle important (cf. en particulier O. ZARISKI, *Algebraic Surfaces*, pp. 88—89 et pp. 126—128). La géométrie moderne se devait de s'assimiler ces résultats en leur donnant le degré de généralité qui est devenu nécessaire. C'est là, en partie du moins, ce qui va être fait ici. D'autres résultats classiques, où interviennent les intégrales de 3ᵉ espèce, ne peuvent être transcrits en termes abstraits que moyennant la théorie des variétés fibrées et seront traités ailleurs.

Tout le § I du présent mémoire, et le n° 19 du § IV, sont consacrés à des résultats auxiliaires; les uns peuvent être dits appartenir aux fondements de la géométrie algébrique, mais, comme malheureusement les ouvrages qui prétendent traiter de cette matière sont loin de fournir à cet égard ce qu'on serait en droit d'en attendre, il a fallu y consacrer une assez large place; d'autres constituent des compléments à la théorie des variétés abéliennes. Le § II donne, sous diverses formes, le «premier critère d'équivalence», qui est indépendant de la théorie des variétés abéliennes et est de nature essentiellement élémentaire et même triviale. Les résultats plus profonds sont contenus dans les §§ III—IV; dans les démonstrations, on s'est inspiré, bien entendu, des méthodes des géomètres italiens.

Les sigles *F* et *VA* renvoient respectivement à mes *Foundations of Algebraic Geometry* (Amer. Math. Soc. Coll. vol. XXIX, New York 1946; p. ex. F-VIII$_2$ renvoie au Chap. VIII, § 2 de ce volume), et à mes *Variétés abéliennes* (Act. Sc. et Ind. n° 1064, Hermann et Cie, Paris 1948).

I. Résultats préliminaires.

1. Nous aurons besoin de divers compléments à la théorie des variétés abéliennes; en premier lieu nous généraliserons aux correspondances entre deux courbes certains des résultats de VA, § VI.

Soient C_1, C_2 deux courbes (complètes, sans point multiple). Pour $i = 1, 2$, soient J_i la jacobienne de C_i, φ_i la fonction canonique sur C_i (à valeurs dans J_i), f_i une fonction définie sur C_i, à valeurs dans une variété abélienne A, et λ_i l'extension linéaire de f_i à J_i; soit X un diviseur sur A; soient (avec les notations de VA, n°s 44—45) $d_i = d(\lambda_i, X)$, $\varrho_i = (\lambda_i)'_X$. Soit F la fonction définie sur $C_1 \times C_2$ par $F(P \times Q) = f_1(P) + f_2(Q)$. Soit k un corps de définition pour toutes les variétés et fonctions ci-dessus, par rapport auquel X soit rationnel. Comme dans VA, n° 46, on voit que le cycle $Z = \overset{-1}{F}(X_u)$ est défini si u est générique sur A par rapport à k; Z est un diviseur sur $C_1 \times C_2$, c'est-à-dire une correspondance entre C_1 et C_2, à laquelle on peut appliquer les définitions de VA, n° 43; soit ζ la classe de cette correspondance, et soit ζ' la classe de la correspondance Z' entre C_2 et C_1 qu'on déduit de Z en échangeant les deux facteurs du produit $C_1 \times C_2$. Dans ces conditions, il n'est que de reproduire les raisonnements de VA, n° 46, pour voir que $d(Z) = d_2$, $d'(Z) = d(Z') = d_1$, et pour obtenir les relations:

$$S\{\varphi_2[Z(M)]\} = \varrho_2[u - f_1(M)] + b_2,$$
$$S\{\varphi_1[Z'(N)]\} = \varrho_1[u - f_2(N)] + b_1,$$

où b_1, b_2 sont des points de J_1, J_2 rationnels par rapport à k. Comme dans VA, n° 46, on en conclut:

$$\zeta = -\varrho_2\lambda_1, \quad \zeta' = -\varrho_1\lambda_2.$$

2. Prenons en particulier $A = J_2$, $f_2 = \varphi_2$, donc $\lambda_2 = \delta_{J_2}$; et prenons pour X la variété Θ définie (conformément à VA, n° 41) sur J_2, variété que nous noterons Θ_2. Enfin, ξ étant une correspondance arbitraire entre C_1 et C_2, identifiée comme dans VA, n° 43, avec un homomorphisme de J_1 dans J_2, prenons $f_1 = \xi \circ \varphi_1$, d'où $\lambda_1 = \xi$. D'après VA, n° 48, on a $\varrho_2 = \delta_{J_2}$, donc $\zeta = -\lambda_1 = -\xi$; et on a $\zeta' = -\varrho_1$, d'où

$$\xi' = (\xi)'_{\Theta_2}.$$

On a aussi $d'(Z) = d(\lambda_1, \Theta_2)$, donc, d'après la prop. 21 de VA, n° 47, et la prop. 19 de VA, n° 41 (ou encore d'après le th. 31 de VA, n° 61),

$$d'(Z) = \frac{1}{2}\sigma(\xi'_{\Theta_2}\xi) = \frac{1}{2}\sigma(\xi'\xi).$$

Comme Z est une correspondance positive, on a $d'(Z) \geqq 0$; et $d'(Z) = 0$ entraîne $Z \equiv 0$, donc $\xi = 0$. On a donc démontré le théorème suivant, qui généralise le théorème fondamental sur les correspondances sur une courbe:

Théorème 1. *Soit ξ une classe de correspondances entre deux courbes: on a $\sigma(\xi'\xi) \geqq 0$; et, si $\xi \neq 0$, on a $\sigma(\xi'\xi) > 0$.*

Corollaire 1. *Si ξ est comme ci-dessus, $\sigma(\xi'\xi) = 0$ entraîne $\xi = 0$.*

Corollaire 2. *Soit λ un homomorphisme de la jacobienne J d'une courbe C dans une variété abélienne A; soit X un diviseur sur A. Alors λ ne s'annule qu'en un nombre fini de points de l'image $\lambda'_X A$ de A par λ'_X dans J.*

Il revient au même de dire que, si B est la composante de 0 dans le noyau de l'homomorphisme λ'_X de A dans J, et B' la composante de 0 dans le noyau de l'homomorphisme $\lambda\lambda'_X$ de A dans A, on a $B' = B$. Sinon, en effet, il y aurait une courbe contenue dans B' et non dans B, courbe qu'on pourrait écrire $f(C')$, où C' est une courbe abstraite (complète sans point multiple) et f une application de C' dans A. Soit μ l'extension de f à la jacobienne J' de C'; on aura alors $\lambda'_X\mu \neq 0$ et $\lambda\lambda'_X\mu = 0$. En posant $\xi = \lambda'_X\mu$, on aura $\xi' = \mu'_X\lambda$ d'après le n° 1, donc $\xi'\xi = 0$, ce qui implique $\xi = 0$ en vertu du coroll. 1, d'où contradiction.

Corollaire 3. *Soient J_1, J_2 les jacobiennes de deux courbes C_1, C_2; soit ξ une classe de correspondances entre C_1 et C_2, c'est-à-dire un homomorphisme de J_1*

dans J_2. *Alors* ξ *ne s'annule qu'en un nombre fini de points de l'image* $\xi' J_2$ *de* J_2 *par* ξ' *dans* J_1.

C'est là en effet le cas particulier du coroll. 2 qu'on obtient en y remplaçant C, J, A, X, λ par $C_1, J_1, J_2, \Theta_2, \xi$ respectivement.

3. Pour la commodité du lecteur, nous donnerons aussi la démonstration du résultat suivant, qui est connu[1]):

Lemme 1. *Soit* V^n *une sous-variété d'un espace projectif* P^N. *Soit* L *un hyperplan de* P^N, *générique par rapport à un corps de définition* k *de* V. *Alors le cycle* $V \cdot L$ *est sans composante de multiplicité* > 1; *si* $n \geqq 2$, *il n'a qu'une seule composante* W, *et les points multiples de* W *sont les points de* L *qui sont multiples sur* V *et ceux-là seulement.*

Soit x un point de $V \cap L$, simple sur V; il résulte du critère de multiplicité 1 (F-VI_2, th. 6) que, si L ne contient pas la variété linéaire tangente à V en x, x est contenu dans une seule composante W de $V \cap L$ et est un point simple de W, et que W a la multiplicité 1 dans $V \cdot L$. Disons suivant l'usage qu'un hyperplan est tangent à V en x s'il contient la variété linéaire tangente à V en x; nous allons montrer que L ne peut être tangent à V en aucun point simple x de V. Supposons par exemple que x ne soit pas contenu dans l'hyperplan $X_0 = 0$ (en désignant par $X_0, \ldots, X_N$ les coordonnées homogènes dans P^N); prenant celui-ci pour «hyperplan à l'infini», passons à l'espace affine S^N. Dans cet espace, soit $F_\mu(X) = 0$ $(1 \leqq \mu \leqq m)$ un système d'équations pour V à coefficients dans k; l'équation de L sera $\sum_{i=1}^{N} u_i X_i - v = 0$, où (u, v) est un système de $N+1$ variables indépendantes sur k. La variété linéaire tangente à V en x est définie par les équations $\sum_i \partial F_\mu / \partial x_i \cdot (X_i - x_i) = 0$; si L est tangente à V en x, il y aura des quantités z_μ telles que $u_i = \sum_\mu z_\mu (\partial F_\mu / \partial x_i)$, et on aura $v = \sum_i u_i x_i$. Soit $\bar{x}$ un point générique de V par rapport à k; soient $\bar{z}_\mu$ m variables indépendantes sur $k(\bar{x})$; posons $\bar{u}_i = \sum_\mu \bar{z}_\mu (\partial F_\mu / \partial \bar{x}_i)$, $\bar{v} = \sum_\mu \bar{u}_i \bar{x}_i$; (x, z, u, v) est alors une spécialisation de $(\bar{x}, \bar{z}, \bar{u}, \bar{v})$ sur k; puisque (u, v) a la dimension $N+1$ sur k, $(\bar{u}, \bar{v})$ doit donc avoir au moins cette dimension. Mais la matrice $\| \partial F_\mu / \partial \bar{x}_i \|$ est de rang N-n, et on peut donc supposer les F_μ rangés dans un ordre tel que l'on ait $\partial F_\mu / \partial \bar{x}_i = \sum_{\nu=1}^{N-n} \bar{w}_{\mu\nu} (\partial F_\nu / \partial \bar{x}_i)$, avec $\bar{w}_{\mu\nu} \in k(\bar{x})$, quels soient μ et i; on en déduit $\bar{u}_i = \sum_{\nu=1}^{N-n} \bar{t}_\nu (\partial F_\nu / \partial \bar{x}_i)$, avec $\bar{t}_\nu = \sum_\mu \bar{z}_\mu \bar{w}_{\mu\nu}$; on a alors $k(\bar{u}, \bar{v}) = k(\bar{x}, \bar{t})$, ce qui montre que $k(\bar{u}, \bar{v})$ a au plus la dimension $n + (N$-$n) = N$ sur k.

[1]) Cf. O. Zariski, Trans. Am. Soc. **50** (1941), pp. 48—70, et **56** (1944), pp. 130—140, et aussi T. Matsusaka, Kyoto Math. Mem. **26** (1950), pp. 51—62, et Y. Nakai, ibid., pp. 185—187.

Soit d'autre part x un point contenu dans une seule composante W de $V \cdot L$, et simple sur W; et supposons que W ne soit pas une sous-variété multiple de V; d'après ce qui précède, W a alors la multiplicité 1 dans $V \cdot L$; par suite, d'après le critère de multiplicité 1 (F-VI$_2$, th. 6), x est simple sur V. Il nous reste seulement à démontrer que, si $n \geqq 2$, $V \cdot L$, ou ce qui revient au même $V \cap L$, a une seule composante, non multiple sur V. Supposant par exemple V non contenue dans $X_0 = 0$, passons à l'espace affine en prenant $X_0 = 0$ pour hyperplan à l'infini; le th. 1 de F-V$_1$ montre que $V \cap L$ n'est pas vide (dans S^N). Soit $\sum_i u_i X_i - v = 0$ l'équation de L; soit $K = k(u, v)$; soient W une composante de $V \cap L$ dans S^N, et x un point générique de W par rapport à $\overline{K}$. La prop. 2 de F-V$_1$ montre que x est générique sur V par rapport à $k(u)$ et n'est donc ni multiple sur V ni contenu dans un hyperplan $X_i = 0$ à moins que V n'y soit contenue; il s'ensuit de même que, dans l'espace projectif, $V \cap L$ n'a aucune composante dans l'hyperplan $X_0 = 0$ puisque celui-ci ne contient pas V, donc qu'on obtient toutes les composantes de $V \cap L$ dans l'espace projectif en raisonnant dans l'espace affine S^N. Mais, toujours d'après la prop. 2 de F-V$_1$, $V \cap L$ n'a d'autres composantes (dans S^N) que W et ses conjuguées sur K; pour montrer que W est l'unique composante de $V \cap L$, il suffira donc de démontrer que x a un lieu sur K, car ce lieu ne peut être autre alors que W. D'ailleurs, d'après ce qui précède, W a la multiplicité 1 dans $V \cdot L$, et a donc, d'après F-V$_2$, prop. 14, l'ordre d'inséparabilité 1 sur K, c'est-à-dire que $K(x)$ est une extension séparable (au sens de N. BOURBAKI, *Alg.*, Chap. V, ou encore «séparablement engendrée» au sens de F-I) de $K = k(u, v)$. D'après F-I$_7$, th. 5, tout revient donc à montrer que $K = k(u, v)$ est algébriquement fermé dans $K(x)$[1]; d'ailleurs, puisque $v = \sum_i u_i x_i$, on a $K(x) = k(u, x)$.

Soit K_1 la fermeture algébrique de K dans $K(x)$; comme $K(x)$ est séparable sur K, il l'est a fortiori sur K_1 et est donc une extension régulière de K_1 (d'après F-I$_7$, th. 5). Soient t, t' deux variables indépendantes sur $K(x) = K_1(x) = k(u, x)$; soit $L = k(u, t, t')$; alors $L(x) = K_1(x, t, t')$ est une extension régulière de $L_1 = K_1(t, t')$, qui est algébrique sur $L(v) = K(t, t')$; donc L_1 est la fermeture algébrique de $L(v)$ dans $L(x)$; de plus, comme $K \subset K_1 \subset L_1$, et que K est algébriquement fermé dans $L(v) = K(t, t')$, on ne peut avoir $L_1 = L(v)$ que si $K = K_1$; donc tout revient à montrer que $L_1 = L(v)$. Supposons les coordonnées rangées dans un ordre tel que $k(x)$ soit algébrique séparable sur $k(x_1, \ldots, x_n)$. Désignons par τ l'automorphisme de $L(x) = k(u, x, t, t')$ qui laisse invariants tous les éléments de $k(u, x)$ et qui échange t et t'; désignons par σ l'automorphisme du même corps qui laisse invariants tous les éléments de $k(u_2, \ldots, u_N, x, t, t')$ et transforme u_1 en $u_1 + t$; posons $y = v^\sigma = v + t x_1$ et $y' = v^{\sigma\tau} = v + t' x_1$. On a $L^\sigma = L$, donc $L(v)^\sigma = L^\sigma(v^\sigma) = L(y)$; par suite, la fermeture algébrique de $L(y)$ dans $L(x)$ est $M = L_1^\sigma$, et de même celle de $L(y')$ dans $L(x)$ est $M^\tau = L_1^{\sigma\tau}$. On a, dans ces conditions: $L(x_1, v, x_3, \ldots, x_n) = L(y, y', x_3, \ldots, x_n) \subset M(y', x_3, \ldots, x_n) \subset L(x)$.

[1]) Ce résultat, et la démonstration qu'on va en donner, sont empruntés en substance à O. ZARISKI, Trans. Am. Math. Soc. 50 (1941). lemma 5, p. 68– 69.

Posons $K_0 = k(u)$; on déduit aisément de F-IV$_6$, prop. 24, que $K_0(x)$ est algébrique séparable sur $K_0(x_1, v, x_3, \ldots, x_n)$. Au moyen de la théorie de GALOIS (N. BOURBAKI, *Alg.*, Chap. V, § 10, n° 4, th. 1, cor. 1), on en conclut que tout corps intermédiaire entre $L(x_1, v, x_3, \ldots, x_n)$ et $L(x)$ est de la forme $N(t, t')$, où N est un corps intermédiaire entre $K_0(x_1, v, x_3, \ldots, x_n)$ et $K_0(x)$; un tel corps est donc transformé en lui-même par τ. En particulier, le corps $M(y', x_3, \ldots, x_n)$ a donc cette propriété, c'est-à-dire qu'on a

$$M(y', x_3, \ldots, x_n) = M^\tau(y, x_3, \ldots, x_n).$$

Si donc on pose $M' = M^\tau(x_3, \ldots, x_n)$, on aura $M \subset M'(y)$. On a d'autre part $L \subset M' \subset L(x)$, donc, comme $L(x)$ est une extension régulière de L, il en est de même de M'. Comme d'ailleurs le corps $L(y, y', x_3, \ldots, x_n)$ n'est autre que $L(x_1, \ldots, x_n)$ et est donc une extension purement transcendante de L de dimension n, y est transcendant sur $L(y', x_3, \ldots, x_n)$, donc aussi sur M' qui en est une extension algébrique. Il s'ensuit que $M'(y)$ est une extension régulière de $L(y)$; comme $L(y) \subset M \subset M'(y)$, et que M est algébrique sur $L(y)$, on en conclut que $M = L(y)$, donc $L_1 = L(v)$, ce qui achève la démonstration.

4. La variété V et le corps k étant comme dans le lemme 1, soient L_ν des hyperplans définis respectivement par les équations $\sum_i u_{\nu i} X_i = 0$, pour $1 \leqq \nu \leqq n-1$, les $v_{\nu i}$ étant $(n-1)(N+1)$ variables indépendantes sur k; soit $M_\nu = L_1 \cap L_2 \cap \ldots \cap L_\nu$, donc en particulier $M_0 = P^N$; M_ν est une variété linéaire de dimension $N - \nu$, générique sur k, et on a $M_\nu = M_{\nu-1} \cdot L_\nu$. Soit $V_0 = V$, et définissons V_ν par récurrence par $V_\nu = V_{\nu-1} \cdot L_\nu$; on vérifie immédiatement, par récurrence sur ν et en vertu de l'associativité des intersections, que $V_\nu = V \cdot M_\nu$. Dans ces conditions, l'application du lemme 1 donne, par récurrence sur ν, le résultat suivant:

Lemme 2. *Soit V^n une sous-variété d'un espace projectif P^N; soit M une variété linéaire de dimension $N - \nu \geqq N - n$ dans P^N, générique sur un corps de définition k de V. Alors le cycle $V \cdot M$ est défini, et, pour $0 \leqq \nu \leqq n-1$, il se réduit à une variété W de dimension $n - \nu$, dont les points multiples sont les points de M qui sont multiples sur V et ceux-là seulement.*

Corollaire 1. *Les hypothèses étant les mêmes que dans le lemme 2, supposons de plus que V^n n'ait pas de sous-variété multiple de dimension $n-1$. Alors W n'a pas de sous-variété multiple de dimension $n - \nu - 1$. En particulier, si $\nu = n-1$, W est une courbe sans point multiple dont tous les points sont simples sur V.*

En effet, l'ensemble des points multiples de V est alors réunion de variétés Z_ϱ de dimension $\leqq n-2$, algébriques sur k; et, d'après le lemme 2, l'ensemble des points multiples de W est réunion des $Z_\varrho \cap M$, d'où le résultat annoncé par application du lemme 2 aux Z_ϱ.

Corollaire 2. *Soient V^n une sous-variété d'un espace projectif P^N, et X^r un cycle sur V; soit k un corps de définition de V par rapport auquel X soit rationnel; soient $L_1, \ldots, L_r$ des hyperplans génériques indépendants sur k; soient $M_\nu = L_1 \cap \ldots \cap L_\nu$ et $M_{\mu\nu} = L_{\mu+1} \cap L_{\mu+2} \cap \ldots \cap L_\nu$ pour $0 \leqq \mu < \nu \leqq r$; soit $V_\nu = V \cdot M_\nu$ pour $0 \leqq \nu \leqq r$. Alors $X_\nu = \{X \cdot M_\nu\}_{P^N}$ est défini et est un cycle sur V_ν; on a*

$X_\nu = \{X_\mu \cdot M_{\mu\nu}\}_{P^N} = \{X_\mu \cdot V_\nu\}_{V_\mu}$ *pour* $0 \leqq \mu < \nu \leqq r$, *et en particulier, pour* $\mu = 0$, $X_\nu = \{X \cdot V_\nu\}_V$; *enfin, si* $r = n - 1$ *et* $X = (\varphi)$, φ *étant une fonction sur* V, φ *induit une fonction* φ_ν *sur* V_ν, *et on a* $X_\nu = (\varphi_\nu)$, *pour* $0 \leqq \nu \leqq n - 1$.

En appliquant le lemme 2 à M_ν et à chacune des composantes de X, on voit que X_ν est défini. Soit k_ν un corps de définition de M_ν, contenant k; soit x un point générique par rapport à $\bar{k}_\nu$ d'une composante Z de X_ν; si Z était multiple sur V_ν, x le serait aussi, et serait donc multiple sur V d'après le lemme 2; le lieu U de x sur $\bar{k}$ serait donc multiple sur V. Mais U est contenu dans une composante de X, et est donc de dimension $\leqq r - 1$ puisque X est un cycle sur V et qu'une composante de X ne peut (par définition des cycles) être multiple sur V; d'après le lemme 2, $U \cap M_\nu$, et par suite Z qui y est contenu, sont alors de dimension $\leqq r - \nu - 1$, ce qui est impossible puisque Z est une composante de X_ν qui est de dimension $r - \nu$. Donc X_ν est bien un cycle sur V_ν. La relation $X_\nu = \{X_\mu \cdot M_{\mu\nu}\}_{P^N}$ résulte immédiatement de l'associativité des intersections (F-VII$_6$, th. 10, cor.); cela donne en particulier $V_\nu = \{V_\mu \cdot M_{\mu\nu}\}_{P^N}$. Alors F-VII$_6$, th. 18 (ii), appliqué à P^N, V_μ, X_μ et $M_{\mu\nu}$, montre qu'on a $X_\nu = \{X_\mu \cdot V_\nu\}_{V_\mu}$. Enfin la dernière assertion résulte immédiatement de F-VIII$_2$, th. 4, cor. 1.

5. Le lemme 1 ne renseigne sur le cycle $V \cdot L$ que si L est générique sur un corps de définition de V; mais cela ne nous suffira pas. Soit P'^N l'espace projectif dual de P^N; si $w = (w_0, \ldots, w_N)$ est un point de P'^N, désignons par L_w l'hyperplan défini par $\sum_i w_i X_i = 0$ dans P^N; nous aurons besoin de connaître des conditions suffisantes pour que $V \cdot L_w$ soit une variété, et aussi des conditions suffisantes pour que $V \cdot L_w$ n'ait pas de composantes multiples. Pour $n = 2$, $N = 3$, le théorème classique de KRONECKER-CASTELNUOVO fournit une réponse à la première question, en géométrie algébrique de caractéristique 0. Les résultats que nous obtiendrons seront moins précis, mais suffisants pour notre objet.

Si V est définie sur le corps k, il en est de même de la plus petite variété linéaire L_0 contenant V; en effet, si on définit V par un idéal homogène dans $k[X_0, \ldots, X_N]$, L_0 sera définie en égalant à 0 l'ensemble des formes linéaires appartenant à cet idéal. Le cycle $V \cdot L_w$ est défini ou non suivant que L_w ne contient pas ou contient L_0, c'est-à-dire suivant que w n'est pas dans la variété linéaire L'_0 duale de L_0 ou est dans L'_0. Comme L_0 est de dimension $\geqq n$, L'_0 est de dimension $\leqq N - n - 1$.

Lemme 3. *Soit* V^n *une sous-variété d'un espace projectif* P^N; *soit* W^m *une sous-variété de l'espace projectif* P'^N *dual de* P^N; *soit* k *un corps de définition de* V *et de* W. *Soit* $w = (w_0, \ldots, w_N)$ *un point générique de* W *par rapport à* k; *soit* L_w *l'hyperplan* $\sum_i w_i X_i = 0$ *dans* P^N. *Alors, si* $m > N - n + 1$, *le cycle* $V \cdot L_w$ *est défini et est une variété; si* $m > N - n$, *il est défini et sans composante multiple.*

C'est trivial si $n = 0$ ou 1; nous procéderons par récurrence sur n. D'après ce qu'on a vu plus haut, $V \cdot L_w$ est en tout cas défini si $m \geqq N - n$; soient alors $Z_1, \ldots, Z_r$ les composantes de $V \cdot L_w$; on a $V \cdot L_w = \sum_\varrho a_\varrho Z_\varrho$; nous devons montrer que $m > N - n$ entraîne $a_\varrho = 1$ pour tout ϱ, et que $m > N - n + 1$ entraîne de plus $r = 1$. C'est vrai pour $m = N$ d'après le lemme 1; donc nous pouvons supposer $m < N$. Soit H un hyperplan de P^N, générique par rapport à $k(w)$, donné par une équation $\sum_i z_i X_i = 0$, où $z = (z_0, \ldots, z_N)$ est un point de P'^N générique sur $k(w)$. D'après le lemme 1, $V \cdot H$ est une variété $\overline{V}^{n-1}$; le cycle $\overline{V}$ est rationnel sur $K = k(z)$, donc $\overline{V}$ est définie sur K. D'après le lemme 1, $\overline{Z}_\varrho = Z_\varrho \cdot H$ est une variété si $n > 2$, une somme de points distincts si $n = 2$. Mais $\overline{L} = L_w \cdot H$ est une variété linéaire, et on a $H \cdot (V \cdot L_w) = (H \cdot V) \cdot L_w = \overline{V} \cdot L_w$, puis $\{\overline{V} \cdot L_w\}_{P^N} = \{\overline{V} \cdot \overline{L}\}_H$ d'après F-VII$_6$, th. 18, cor.; donc on a, dans H, $\overline{V} \cdot \overline{L} = \sum_\varrho a_\varrho \overline{Z}_\varrho$. Prenant $(X_1, \ldots, X_N)$ comme coordonnées homogènes dans H, soit $\sum_{i=1}^{N} \overline{w}_i X_i = 0$ l'équation de $\overline{L}$ dans H; soit $\overline{W}$ le lieu du point de coordonnées homogènes $(\overline{w}_1, \ldots, \overline{w}_N)$ par rapport à $\overline{K}$ dans un espace projectif de dimension $N - 1$; soit $\overline{m}$ la dimension de $\overline{W}$. L'hypothèse de récurrence, appliquée à $\overline{V}, \overline{W}, \overline{L}$, montre que $\overline{m} > (N-1) - (n-1) = N - n$ entraîne $a_\varrho = 1$ pour tout ϱ, et que $\overline{m} > N - n + 1$ entraîne de plus $r = 1$. Pour achever la démonstration, il suffira de faire voir que $\overline{m} = m$. Pour cela, soit w le point $(0, \overline{w}_1, \ldots, \overline{w}_N)$ dans P'^N; comme l'équation de $\overline{L}$ peut s'écrire

$$z_0 \left(\sum_{i=0}^{N} w_i X_i\right) - w_0 \left(\sum_{i=0}^{N} z_i X_i\right) = 0$$

les points z, w et $\overline{w}$ sont en ligne droite. Soit w' un point générique par rapport à $K(\overline{w})$ de la droite joignant z et $\overline{w}$; si $\overline{w}$ avait une dimension $< m$ sur K, w' aurait une dimension $\leqq m$ sur K. Comme w est une spécialisation de w' sur $K(\overline{w})$, et a fortiori sur K, et a la dimension m sur K, w et w' seraient alors spécialisations génériques l'un de l'autre sur K, donc w' serait un point du lieu W de w par rapport à K. La droite joignant z et $\overline{w}$ serait par suite contenue dans W; mais cela ne peut être car on a $m < N$, donc z n'est pas dans W.

Pour $n = 1$, il n'est pas possible d'améliorer les inégalités du lemme 3; le théorème de Kronecker-Castelnuovo rend vraisemblable qu'on pourrait les améliorer pour $n \geqq 2$ à condition d'exclure certaines variétés (variétés réglées, variétés de Segre, peut-être d'autres).

6. Si V est contenue dans une variété linéaire L_0 de dimension $N' < N$, on peut considérer L_0 comme un espace projectif de dimension N', et V comme variété plongée dans ce dernier. Il s'ensuit que, dans les questions qui nous occupent ici, on ne diminue pas la généralité en supposant que V n'est contenue dans aucun hyperplan, ni donc dans aucune sous-variété linéaire de P^N autre que P^N; cela entraîne que $V \cdot L_w$ est défini quel que soit l'hyperplan L_w. Nous ferons souvent cette hypothèse dans ce qui suit.

On sait qu'au moyen de la méthode des «formes associées» (ou «formes de Chow») on peut associer à tout cycle positif Z de dimension r dans l'espace projectif P^N une forme à $r+1$ séries d'indéterminées $U_i^{(\varrho)}$ $(0 \leqq i \leqq N,$

$0 \leqq \varrho \leqq r$), de degré d par rapport à chacune d'elles si d est le degré de Z; à la somme de deux cycles correspond le produit des formes associées; et, si on prend les coefficients de la forme associée à Z comme coordonnées homogènes d'un point dans un espace projectif P^M, les points de P^M ainsi associés aux cycles de dimension r et de degré d forment un «ensemble algébrique fermé» $\mathfrak{Z}_{N,r,d}$ dans P^M (c'est-à-dire l'union de sous-variétés de P^M en nombre fini), ensemble qui est normalement algébrique sur le corps premier[1]); il s'ensuit que les points de P^N correspondant aux cycles positifs de dimension r et de degré d dans P^N qui ne sont pas des variétés (resp. qui ont au moins une composante multiple) forment aussi un ensemble algébrique fermé $\mathfrak{Z}'_{N,r,d}$ (resp. $\mathfrak{Z}''_{N,r,d}$) normalement algébrique sur le corps premier.

Soit alors V^n une variété de degré d dans P^N, non contenue dans un hyperplan; soit $F(U^{(0)}, \ldots, U^{(n)})$ la forme associée à V. Soit w un point du dual P'^N de P^N; soit L_w l'hyperplan de P^N correspondant à w. Il résulte des définitions que la forme associée au cycle $V \cdot L_w$ est $F(w, U^{(0)}, \ldots, U^{(n-1)})$, forme qui n'est pas identiquement nulle puisque $V \cdot L_w$ est défini, et dont les coefficients sont les coordonnées homogènes d'un point de $\mathfrak{Z}_{N,n-1,d}$. Les points w de P'^N tels que ce dernier point soit dans $\mathfrak{Z}'_{N,n-1,d}$ (resp. dans $\mathfrak{Z}''_{N,n-1,d}$) forment par conséquent un ensemble algébrique fermé, normalement algébrique sur le plus petit corps de définition de V; le lemme 3 montre alors que ces composantes sont de dimension $\leqq N - n + 1$ (resp. $\leqq N - n$). Autrement dit:

LEMME 4. *Soit V^n une sous-variété de l'espace projectif P^N, non contenue dans un hyperplan. Pour tout point w du dual P'^N de P^N, soit L_w l'hyperplan $\sum_i w_i X_i = 0$. Soit $\mathfrak{R}$ (resp. $\mathfrak{R}'$) l'ensemble des points w de P'^N tels que le cycle $V \cdot L_w$ ne soit pas une variété (resp. ait une composante multiple). Alors $\mathfrak{R}$ et $\mathfrak{R}'$ sont des ensembles algébriques fermés dans P'^N, normalement algébriques sur tout corps de définition de V; et les composantes de $\mathfrak{R}$ (resp. de $\mathfrak{R}'$) sont de dimension $\leqq N - n + 1$ (resp. $\leqq N - n$).*

7. Les lemmes suivants sont destinés à rendre plus maniable la notion de diviseurs «continûment équivalent», ou, comme nous dirons plutôt, algébriquement équivalents. Je dois à MAX ROSENLICHT la démonstration du lemme 5.

LEMME 5. *Soient a, b (resp. a', b') deux points sur une courbe C (resp. C'). Alors il existe, sur la surface $C \times C'$, une courbe passant par les points $a \times a'$ et $b \times b'$.*

Soient $\overline{C}$, $\overline{C}'$ des courbes complètes sans points multiples, birationnellement équivalentes respectivement à C et à C'; on pourra écrire $C = f(\overline{C})$, $C' = f'(\overline{C}')$; $\overline{C}$ et $\overline{C}'$ étant complètes, il y aura des points $\bar{a}$, $\bar{b}$ sur $\overline{C}$, $\bar{a}'$, $\bar{b}'$ sur $\overline{C}'$ tels que $a = f(\bar{a})$, $b = f(\bar{b})$, $a' = f'(\bar{a}')$, $b' = f'(\bar{b}')$; alors, si on construit sur $\overline{C} \times \overline{C}'$ une courbe passant par $\bar{a} \times \bar{a}'$ et $\bar{b} \times \bar{b}'$, son image par (f, f') satisfera aux conditions

[1]) Rappelons qu'un ensemble algébrique fermé ("bunch of Varieties" dans la terminologie de F-VII) est dit algébrique sur k si toutes ses composantes le sont, et normalement algébrique sur k si de plus celles-ci sont permutées entre elles par tout automorphisme de $\bar{k}$ laissant invariants tous les éléments de k.

du lemme. Il suffit donc de faire la démonstration dans le cas où C, C' sont complètes sans points multiples. En vertu du théorème de RIEMANN-ROCH, il existe alors sur C une fonction φ non constante, sans pôle en dehors de a et ne s'annulant pas en b; on peut en effet choisir une telle fonction parmi celles qui ont en a un pôle d'ordre N, dès que N est assez grand. En multipliant φ par une constante, on peut supposer $\varphi(b) = 1$. Soit de même φ' une fonction non constante sur C', sans pôle en dehors de a' et telle que $\varphi'(b') = 1$. Sur $C \times C'$, soit ψ la fonction définie par

$$\psi(M \times M') = \varphi(M) - \varphi'(M')$$

pour $M \neq a$, $M' \neq a'$; on a $\psi(b \times b') = 0$. Soit D une composante passant par $b \times b'$ du diviseur $(\psi)_0$ des zéros de ψ; on va montrer que D passe par $a \times a'$. En effet, comme φ' n'est pas constante, ψ n'induit pas la constante 0 sur $b \times C'$, donc on a $D \neq b \times C'$; par suite D coupe toute courbe $P \times C'$, quel que soit P sur C, en un point au moins. Mais, si a'' est un point de C' autre que a', φ' y est définie et $\neq \infty$; la relation

$$\psi^{-1} = \varphi^{-1}. (1 - \varphi^{-1}\varphi')^{-1}$$

montre alors que ψ est définie et a la valeur ∞ en $a \times a''$, donc $a \times a''$ ne peut être sur D. Par suite D coupe $a \times C'$ au seul point $a \times a'$, ce qui achève la démonstration.

Lemme 6. *Soit P un point d'une variété (abstraite) W, définie sur un corps k; soit M un point générique de W par rapport à $k(P)$. Alors il existe sur W une courbe passant par M et P, ayant en M un point simple; si de plus P est simple sur W, il existe une telle courbe ayant en P un point simple.*

Comme M a un représentant sur tout représentant de W, on peut passer à un représentant de W sur lequel P ait un représentant; autrement dit, il suffit de se placer dans le cas où W est une variété affine. Soient n la dimension de W, S^N l'espace affine ambiant; par une translation, on peut amener P en 0; la nouvelle variété W ainsi déduite de l'ancienne sera définie sur $K = k(P)$. Soit L la variété linéaire de dimension $N - n + 1$ définie par $\sum_{j=1}^{N} u_{ij} X_j = 0$ $(1 \leqq i \leqq n-1)$, les u_{ij} étant $N(n-1)$ variables indépendantes sur K; soit C une composante de $W \cap L$ passant par 0; si 0 est simple sur W, L est transversale à W en 0, donc C est unique, de dimension 1, et 0 est simple sur C; en tout cas C est de dimension $d \geqq 1$, et est définie sur la clôture algébrique $\overline{K}'$ de $K' = K(u)$; soit $x = (x_1, \ldots, x_N)$ un point générique de C par rapport à $\overline{K}'$. Comme $x \neq 0$, on peut supposer par exemple $x_1 \neq 0$, d'où

$$u_{i1} = -\sum_{h=2}^{N} u_{ih} x_h / x_1 \qquad (1 \leqq i \leqq n-1).$$

Donc $K(u, x)$ est de dimension $\leqq (n-1)(N-1)$ sur $K(x)$, et par suite de dimension $\leqq (n-1)(N-1) + \nu$ sur K si ν est la dimension de x sur K. Comme d'autre part $K(u, x)$ est de dimension d sur $K(u)$, donc de dimension $d + (n-1)N$ sur K, on aura $(n-1)(N-1) + \nu \geqq d + (n-1)N$, donc $\nu \geqq d + n - 1$. Comme $d \geqq 1$ et $\nu \leqq n$, on a donc $d = 1$ et $\nu = n$; autrement dit, C est une courbe, et x est générique sur W par rapport à K. Comme M

est aussi générique sur W par rapport à K, il y a donc un isomorphisme σ de $\overline{K}'(x)$ sur une extension de $\overline{K}(M)$ transformant x en M et laissant invariants les éléments de $\overline{K}$. La courbe C^σ satisfait aux conditions de l'énoncé.

8. Lemme 7. *Soient V une variété, W une variété complète, et B un sous-ensemble algébrique fermé de $V \times W$, algébrique (resp. normalement algébrique) sur un corps commun de définition k de V et de W. Soit B'_r l'ensemble des points M de V tels $B \cap (M \times W)$ ait au moins une composante de dimension $\geqq r$. Alors B'_r est un sous-ensemble algébrique fermé de V, algébrique (resp. normalement algébrique) sur k; et, si Z' est une variété de dimension m contenue dans B'_r, il y a une variété Z de dimension $\geqq m + r$ contenue dans B et ayant la projection Z' sur V.*

Si on suppose le résultat établi pour B algébrique sur k, et que de plus B soit normalement algébrique sur k, il est clair que B'_r sera invariant par tout automorphisme de $\overline{k}$ laissant invariants les éléments de k. Il suffit donc de faire la démonstration pour B algébrique sur k. Comme W est complète, l'ensemble B' des points de V projections sur V de points de B est algébrique fermé dans V (d'après F-VII$_4$, prop. 10 et 11); on procédera par récurrence sur la plus grande des dimensions des composantes de B'; si celle-ci est 0, le résultat est trivial; on l'admettra donc pour le cas où toutes les composantes de B ont sur V une projection de dimension $< d$, et tout revient alors à faire la démonstration pour le cas où B se réduit à une seule variété X ayant sur V une projection X' de dimension d; soit $d + m$ la dimension de X. Pour $r \leqq m$, le résultat est vrai d'après F-VII$_4$, prop. 8, 10 et 11; pour le démontrer dans le cas $r \geqq m + 1$, on va construire un sous-ensemble algébrique fermé B'' de X' algébrique sur k, ayant toutes ses composantes de dimension $< d$ et tel que $B'_{m+1} \subset B''$, donc $B'_r \subset B''$ pour tout $r \geqq m + 1$; cela fait, l'application de l'hypothèse de récurrence à $X \cap (B'' \times W)$ suffira pour achever la démonstration. Pour construire B'', il suffit de considérer séparément chaque représentant de la variété (abstraite) V, donc de faire la démonstration pour le cas où V est une variété affine. Soient $W_\alpha (1 \leqq \alpha \leqq A)$ les représentants de W tels que X ait un représentant dans $V \times W_\alpha$; soit (x, y) un point générique de X par rapport à $\overline{k}$; soit (x, y_α) son représentant sur $V \times W_\alpha$; soit $z = (y_1, \ldots, y_A)$; alors z est de dimension m sur $k(x)$; quels que soient $z_0, \ldots, z_m$ pris parmi les coordonnées de z, il y aura un polynome $P \in k[X, Z_0, \ldots, Z_m]$ tel que $P(x, Z) \neq 0$ et $P(x, z) = 0$; il y a alors, parmi les coefficients de $P(X, Z)$ considéré comme polynome en $Z_0, \ldots, Z_m$ à coefficients dans $k[X]$, un coefficient $F \in k[X]$ tel que $F(x) \neq 0$; pour tout choix de $m + 1$ coordonnées parmi les coordonnées de z, choisisons un tel polynome F, et soit Φ le produit de tous les polynomes F ainsi obtenus; on aura $\Phi(x) \neq 0$. Montrons qu'on peut prendre pour B'' l'ensemble des points de X' satisfaisant à $\Phi(X) = 0$. En effet, si x' est dans B'_{m+1}, il y a par hypothèse un point (x', y') de X ayant au moins la dimension $m + 1$ sur $k(x')$; y' aura au moins un représentant y'_α qui soit de dimension $\geqq m + 1$ sur $k(x')$; z aura une spécialisation z' sur $(x, y_\alpha) \to (x', y'_\alpha)$ par rapport à k, et il y aura, parmi les coordonnées de z', $m + 1$ coordonnées algébriquement indépendantes sur $k(x')$; comme elles doivent satisfaire à la relation correspondante $P(x', z') = 0$, x' devra donc annuler tous les coefficients de $P(X, Z)$ considéré comme polynome en Z, donc en particulier le polynome F appartenant au choix en question de $m+1$ coordonnées de z, et par suite aussi le polynome Φ.

Corollaire 1. *Soient V^n et W deux variétés, et Z^{n+r} une sous-variété de $V \times W$ ayant la projection V sur V; soit k un corps de définition commun pour V, W et Z. Il existe alors un sous-ensemble algébrique fermé B de V, normalement algébrique sur k, distinct de V, tel que $Z \cap (M \times W)$ n'ait que des composantes de dimension r chaque fois que le point M de V n'est pas dans B.*

D'après F-VII$_4$, prop. 8, toute composante de $Z \cap (M \times W)$ a au moins la dimension r quel que soit M sur V. Supposons d'abord W complète; alors, d'après le lemme 7, il y a un sous-ensemble B de V, normalement algébrique sur k, dont les points soient les points M de V tels que $Z \cap (M \times W)$ ait au moins une composante de dimension $\geqq r+1$; si on avait $B = V$, alors, d'après le lemme 7, il y aurait une sous-variété de Z de dimension $\geqq n+r+1$, ce qui n'est pas le cas; donc $B \neq V$. Si maintenant W est une variété affine, on peut compléter l'espace où elle se trouve plongée en un espace projectif, donc considérer W comme partie ouverte d'une variété complète W^* (c'est-à-dire comme complément sur W^* d'un sous-ensemble algébrique fermé de W^*); le lieu par rapport à k sur $V \times W^*$ d'un point générique de Z par rapport à k sera alors une sous-variété Z^* de $V \times W^*$; appliquant à V, W^* et Z^* ce qui précède, on obtient B tel que $Z^* \cap (M \times W^*)$ n'ait que des composantes de dimension r quand M n'est pas dans B; mais alors $Z \cap (M \times W)$ n'a à plus forte raison que des composantes de dimension r. Enfin, si W est une variété abstraite quelconque, soient W_α ceux de ses représentants pour lesquels Z a un représentant Z_α sur $V \times W_\alpha$; pour chaque α, soit B_α un sous-ensemble algébrique fermé de V, normalement algébrique sur k, distinct de V, tel que $Z_\alpha \cap (M \times W_\alpha)$ n'ait pas de composante de dimension $> r$ quand M n'est pas dans B_α. Alors la réunion B des B_α satisfait aux conditions du corollaire.

Corollaire 2. *Soient V et W des variétés définies sur un corps k; soit Z un cycle sur $V \times W$, rationnel par rapport à k. Il existe un sous-ensemble algébrique fermé B de V, normalement algébrique sur k, distinct de V, tel que le cycle $Z \cdot (M \times W)$ soit défini pour tout point M de V qui n'est pas dans B.*

Par linéarité, et en remplaçant k par $\bar{k}$, on voit qu'il suffit de considérer le cas où Z est une variété. Si la projection Z' de Z sur V n'est pas V, $Z \cdot (M \times W)$ est défini et égal à 0 chaque fois que M n'est pas dans Z'. Si $Z' = V$, on est ramené au coroll. 1.

Corollaire 3. *Soient V^n et W des variétés, et X^n une sous-variété de $V \times W$ ayant la projection V sur V. Alors les sous-variétés de X de dimension $n-1$ ayant sur V une projection de dimension $< n-1$ sont en nombre fini; et, si k est un corps de définition de V, W et X, la réunion de ces variétés est normalement algébrique sur k.*

En prenant des représentants de W, on se ramène au cas où W est une variété affine; en complétant l'espace affine en un espace projectif, on se ramène au cas où W est complète. Soit alors Y une sous-variété de X de dimension $n-1$ dont la projection Y' sur V ait une dimension $< n-1$; d'après F-VII$_4$, prop. 8,

10 et 11, si M est un point de Y', $Y \cap (M \times W)$ est non vide et a ses composantes de dimension $\geqq 1$; donc Y' est contenu dans l'ensemble B' des points M de V tels que $X \cap (M \times W)$ ait au moins une composante de dimension $\geqq 1$. D'après le lemme 7, B' est un sous-ensemble algébrique fermé de V, normalement algébrique sur k; et on a $B' \neq V$, car d'après le même lemme, si on avait $B' = V$, il y aurait une sous-variété de X de dimension $\geqq n+1$. Il s'ensuit que $X \cap (B' \times W)$ est un sous-ensemble algébrique fermé de X, distinct de X, normalement algébrique sur k; comme Y y est contenue, Y est une composante de cet ensemble. Les Y sont donc bien en nombre fini; la dernière assertion du lemme est évidente.

9. Le coroll. 3 ci-dessus est utile dans la théorie des correspondances birationnelles; le coroll. 2 est utile dans l'étude des familles algébriques de cycles sur une variété. Dans cette dernière étude, nous conviendrons d'adopter les notations suivantes. Soient V, W des variétés (abstraites) et Z un cycle sur $V \times W$; une fois pour toutes, nous désignerons par $Z(M)$ le cycle sur V défini par $Z(M) \times M = Z \cdot (V \times M)$, chaque fois que M est un point simple de W tel que $Z \cdot (V \times M)$ soit défini. Le coroll. 2 du lemme 7 dit que $Z(M)$ est défini chaque fois que M n'est pas dans un certain sous-ensemble algébrique fermé de W, distinct de W. Soient X une composante de Z, et X' sa projection sur W. Si $Z \cdot (V \times M)$ est défini, $X \cdot (V \times M)$ doit l'être. Mais, d'après F-VII$_4$, prop. 8, toute composante de $X \cap (V \times M)$ a au moins la dimension $\dim(X) - \dim(X')$; si elle est simple sur $V \times W$, il faut, pour qu'elle soit propre, qu'elle soit de dimension $\dim(X) - \dim(W)$; on doit donc avoir $X' = W$. Soit Z_0 le cycle ayant pour composantes celles des composantes de Z qui ont la projection W sur W, avec les coefficients qu'elles ont respectivement dans Z; $Z_0(M)$ est défini quand $Z(M)$ est défini, et on a alors $Z_0(M) = Z(M)$. Par suite, chaque fois qu'il s'agit de cycles de la forme $Z(M)$, on peut supposer, sans diminuer la généralité, que toutes les composantes de Z ont la projection W sur W; cela implique, bien entendu, que la dimension de Z est au moins égale à celle de W.

Lemme 8. *Soient V et W des variétés, W' une sous-variété simple de W, et Z un cycle sur $V \times W$. Soient Z_h les composantes de Z, a_h leurs coefficients dans Z; soient $Z'_{h\nu}$ toutes les composantes propres distinctes de $Z_h \cap (V \times W')$ ayant la projection W' sur W. Posons*

$$Z' = \sum_{h,\nu} i(Z_h \cdot (V \times W'), Z'_{h\nu}; V \times W)\, a_h\, Z'_{h\nu}.$$

Alors Z' est un cycle sur $V \times W'$; si k est un corps de définition de V, W et W', par rapport auquel Z soit rationnel, Z' est rationnel par rapport à k; et, chaque fois que M est un point de W', simple sur W et sur W', tel que $Z(M)$ soit défini, $Z'(M)$ est aussi défini et est égal à $Z(M)$.

On notera que, dans cet énoncé, $Z(M)$ et $Z'(M)$ sont définis respectivement par les relations

$$Z(M) \times M = \{Z \cdot (V \times M)\}_{V \times W}, \quad Z'(M) \times M = \{Z' \cdot (V \times M)\}_{V \times W'}.$$

La rationalité de Z' sur k est une conséquence immédiate de F-VI$_2$, th. 4. Quant au reste, il suffit, par linéarité, de faire la démonstration quand Z

est une variété. Si Z n'a pas la projection sur W, $Z \cdot (V \times M)$ est 0 quand il est défini; si une composante Z'_ν de $Z \cap (V \times W')$ a la projection W' sur W, W' doit être contenue dans la projection de Z sur W; mais alors F-VII$_4$, prop. 8, montre que Z'_ν ne peut être propre; donc en ce cas on a $Z' = 0$, et le lemme est vérifié. Supposons donc que Z ait la projection W sur W; soient m, m' et $m + r$ les dimensions respectives de W, W' et Z. Soit M un point de W', simple sur W, tel que $Z(M)$ soit défini; soit X une composante de $Z \cdot (V \times M)$, c'est-à-dire une composante de $Z \cap (V \times M)$ simple sur $V \times W$; X a la dimension r. Soit T une composante de $Z \cap (V \times W')$ contenant X; alors T est simple sur $V \times W$, et a donc (F-VI$_1$, th. 1, cor. 1) une dimension $s \geqq m' + r$. Si X' est une composante de $T \cap (V \times M)$ contenant X, X' sera contenu dans Z et dans $V \times M$, donc on a $X' = X$; par suite X est une composante de $T \cap (V \times M)$. Soit T' la projection de T sur W; soit t sa dimension; d'après F-VII$_4$, prop. 8, la dimension de X est $\geqq s - t$; on a donc $r \geqq s - t$, d'où $t \geqq s - r \geqq m'$. Mais on a $T' \subset W'$, donc $t \leqq m'$, d'où $t = s - r = m'$ et $T' = W'$; par conséquent, T est l'une des variétés Z'_ν; si on suppose de plus que M est simple sur W', X sera simple sur $V \times W'$ (F-IV$_6$, th. 13, cor. 1) et sera composante propre de $T \cap (V \times M)$ sur $V \times W'$. Toute composante de $Z \cdot (V \times M)$ est donc, dans ces conditions, composante propre de l'une des intersections $Z'_\nu \cap (V \times M)$ sur $V \times W'$. Réciproquement, soit T l'une des Z'_ν; T est simple sur $V \times W$, donc a sur V une projection qui est simple sur V, et est donc simple sur $V \times W'$ (F-IV$_4$, th. 13, cor. 1), ce qui montre déjà que Z' est un cycle sur $V \times W'$. Soit encore M un point de W', simple sur W et sur W'; soit X' une composante de $T \cap (V \times M)$, simple sur $V \times W'$; comme T, composante propre de $Z \cap (V \times W')$ sur $V \times W$, a la dimension $m' + r$, X' a au moins la dimension r; de plus, toujours d'après F-IV$_6$, th. 13, cor. 1, X' est simple sur $V \times W$; donc toute composante de $Z \cap (V \times M)$ contenant X' est simple sur $V \times W$, donc propre si $Z \cdot (V \times M)$ est défini, et par suite est alors de dimension r. Si donc on suppose M tel que $Z \cdot (V \times M)$ soit défini, X' en est une composante; et on a montré en même temps que, dans ce cas, $\{T \cdot (V \times M)\}_{V \times W'}$ est défini. En définitive, on a donc montré que, chaque fois que M est un point de W', simple sur W et sur W', et que $Z \cdot (V \times M)$ est défini sur $V \times W$, $Z' \cdot (V \times M)$ est défini sur $V \times W'$, et que ces deux cycles ont mêmes composantes; il ne reste donc plus qu'à vérifier que celles-ci ont même coefficient dans les deux cycles; c'est ce qui résulte immédiatement de l'application de F-VI$_3$, th. 9, à $V \times W$, $V \times W'$, $V \times M$ et Z, compte tenu de ce qu'on a démontré plus haut.

10. Soit V^n une variété (abstraite); soit r un entier $< n$, qui, dans les applications que nous aurons à faire de ceci par la suite, aura toujours la valeur $n - 1$. On va désigner par $\mathfrak{G}_a$, $\mathfrak{G}'_a$, $\mathfrak{G}''_a$, $\mathfrak{G}^*_a$ quatre ensembles de cycles de dimension r sur V, définis comme suit. Soit W^m une variété (abstraite) quelconque; soit Z^{m+r} un cycle sur $V \times W$; si M, N sont deux points simples de W tels que $Z(M)$ et $Z(N)$ soient définis, considérons sur V le cycle $X = Z(N) - Z(M)$. Par $\mathfrak{G}_a$, nous entendrons l'ensemble des cycles qu'on peut obtenir ainsi sur V, pour tous les choix de W, Z, M et N satisfaisant aux conditions ci-dessus. Par $\mathfrak{G}'_a$, (resp. $\mathfrak{G}''_a$) nous entendrons l'ensemble des

cycles X qu'on obtient ainsi lorsqu'on impose de plus à W d'être une *courbe* (resp. la *jacobienne d'une courbe*). Par $\mathfrak{G}_a^*$ nous entendrons le sous-groupe du groupe additif des cycles de dimension r sur V qui est engendré par les éléments de $\mathfrak{G}_a$.

Lemme 9. *Avec les notations ci-dessus, on a:*

$$\mathfrak{G}_a = \mathfrak{G}_a' = \mathfrak{G}_a'' = \mathfrak{G}_a^*.$$

Montrons d'abord que $\mathfrak{G}_a^*$ est engendré par les éléments de $\mathfrak{G}_a'$, ou autrement dit que $\mathfrak{G}_a$ est contenu dans le groupe engendré par $\mathfrak{G}_a'$. En effet, les notations étant comme ci-dessus, soit $Z(N) - Z(M)$ un élément de $\mathfrak{G}_a$; soit k un corps de définition de V et W, par rapport auquel Z soit rationnel; soit P un point générique de W par rapport à $k(M, N)$. D'après F-VII$_6$, th. 12 (i), $Z(P)$ est défini; comme on a

$$Z(N) - Z(M) = (Z(N) - Z(P)) - (Z(M) - Z(P)),$$

il suffira, pour justifier notre assertion, de faire voir que $Z(M) - Z(P)$ est dans $\mathfrak{G}_a'$; car alors il s'ensuivra de même que $Z(N) - Z(P)$ est dans $\mathfrak{G}_a'$. Or, d'après le lemme 6 du n° 7, il y a sur W une courbe C passant par M et P et ayant en M et P des points simples; d'après le lemme 8 du n° 9, il y a alors sur $V \times C$ un cycle Z' tel que $Z'(M) = Z(M)$, $Z'(P) = Z(P)$. On a donc bien $Z(M) - Z(P) \in \mathfrak{G}_a'$. On va montrer maintenant que $\mathfrak{G}_a'$ est un groupe; d'après ce qui précède, il s'ensuivra que $\mathfrak{G}_a^* = \mathfrak{G}_a' = \mathfrak{G}_a$. Soient donc C, C' deux courbes, Z^{r+1} un cycle sur $V \times C$, Z'^{r+1} un cycle sur $V \times C'$, M et N deux points simples sur C et M' et N' deux points simples sur C' tels que $Z(M)$, $Z(N)$, $Z'(M')$, $Z'(N')$ soient définis; posons

$$X = Z(N) - Z(M), \quad X' = Z'(N') - Z'(M').$$

D'après le lemme 5 du n° 7, il y aura sur $C \times C'$ une courbe D passant par $M \times M'$ et $N \times N'$; D est birationnellement équivalente à une courbe complète Γ sans point multiple, de sorte qu'on peut écrire $D = f(\Gamma)$, f étant une fonction définie sur Γ, à valeurs dans $C \times C'$; il y a alors deux points P, Q sur Γ tels que $f(P) = M \times M'$, $f(Q) = N \times N'$. Soit G la courbe dans $(C \times C') \times \Gamma$ qui se déduit du graphe de f dans $\Gamma \times (C \times C')$ par permutation des deux facteurs Γ, $C \times C'$; c'est une courbe sans point multiple qui passe par $M \times M' \times P$ et par $N \times N' \times Q$. Soit $U = Z \times C' \times \Gamma$; soit U' le cycle sur $V \times C \times C' \times \Gamma$ qui se déduit du cycle $Z' \times C \times \Gamma$ sur $V \times C' \times C \times \Gamma$ par permutation des facteurs C, C' dans ce dernier produit. Il est immédiat que l'on a $Z(M) = U(M \times M' \times P)$, $Z'(M') = U'(M \times M' \times P)$, et de même pour $Z(N)$, $Z'(N')$; en posant $T = U - U'$, on aura donc:

$$X - X' = T(N \times N' \times Q) - T(M \times M' \times P).$$

D'après le lemme 8 du n° 9, il y a alors un cycle T' sur $V \times G$ tel que les deux termes du second membre soient égaux respectivement à $T'(N \times N' \times Q)$ et $T'(M \times M' \times P)$; on a donc bien $X - X' \in \mathfrak{G}_a'$. Il reste à faire voir que $\mathfrak{G}_a' \subset \mathfrak{G}_a''$. Pour cela, soient C une courbe, Z^{r+1} un cycle sur $V \times C$, et M, N deux points simples de C tels que $Z(M)$, $Z(N)$ soient définis; posons $X = Z(N) - Z(M)$. En remplaçant au besoin C par une courbe qui lui soit birationnellement équivalente, on peut la supposer complète et sans point multiple; soit g son genre. Supposons d'abord $g \neq 0$; soit J la jacobienne de C; soit f la fonction canonique sur C, à valeurs dans J; soit k un corps de définition pour V, C, f et J, par rapport auquel Z soit rationnel. Soient $M_1, \ldots, M_g$ g points génériques indépendants sur C par rapport à $k(M, N)$; soit $x = \sum_{i=1}^{g} f(M_i)$; avec les notations de VA, n° 4, on a $k(x) = k(M_1, \ldots, M_g)_0$ (VA, n° 37, th. 18). Soit $\mathfrak{m} = \sum_{i=1}^{g} M_i$; c'est un diviseur sur C, rationnel sur $k(x)$ (VA, n° 4, lemme 1). On a $Z(M_i) = pr_V[Z \cdot (V \times M_i)]$, donc

$$\sum_{i=1}^{g} Z(M_i) = pr_V[Z \cdot (V \times \mathfrak{m})];$$

le premier membre est donc un cycle rationnel sur $k(x)$. D'après F-VII$_6$, th. 12 (iii), il y a alors un cycle U^{r+g} sur $V \times J$, rationnel sur k, dont toutes les composantes aient la projection J sur J et tel que $U(x) = \sum_{i=1}^{g} Z(M_i)$. Soit $x_0 = \sum_{j=2}^{g} f(M_j)$, $f' = f + x_0$, et $C' = f'(C)$; f' détermine une correspondance birationnelle partout birégulière entre C et C', définie sur le corps $k(M_2, \ldots, M_g)$ (VA, n° 40). D'après le lemme 8 du n° 9, il y a un cycle U' sur $V \times C'$ tel que $U'[f'(P)] = U[f'(P)]$ pour tout point P sur C pour lequel $U[f'(P)]$ est défini, et on peut (n° 9) supposer que toutes les composantes de U' ont la projection C' sur C'. En particulier, on a $f'(M_1) = x$, donc

$$U'[f'(M_1)] = Z(M_1) + \sum_{j=2}^{g} Z(M_j);$$

comme M_1 est générique sur C par rapport à $k(M_2, \ldots, M_g)$, ceci implique, d'après F-VII$_6$, th. 12 (ii), que, si on identifie C et C' au moyen de f', U' ne diffère de $Z + (\sum_{j=2}^{g} Z(M_j)) \times C$ que par des composantes dont la projection sur C n'est pas C; par suite, M étant tel, par hypothèse, que $Z(M)$ soit défini, on a

$$U'[f'(M)] = Z(M) + \sum_{j=2}^{g} Z(M_j),$$

et de même pour $U'[f'(N)]$, d'où

$$X = Z(N) - Z(M) = U'[f'(N)] - U'[f'(M)]$$

et enfin $X = U[f'(N)] - U[f'(M)]$ pourvu que les deux termes du second membre soient définis. Pour vérifier ce dernier point, observons que, d'après VA, n° 39, le point $w = f'(M) = f(M) + \sum_{j=2}^{g} f(M_j)$ a, par rapport au corps $K = k(M)$, un lieu W de dimension $g - 1$. Supposons que U ait une composante U_0 telle que $U_0 \cdot (V \times w)$ ne soit pas défini; soit $Q \times w$ un point générique, par rapport à la clôture algébrique de $K(w)$, d'une composante de $U_0 \cap (V \times w)$ de dimension $> r$; Q aura donc sur $K(w)$ une dimension $\geqq r + 1$, et le lieu de $Q \times w$ par rapport à $\bar{K}$ sera une sous-variété de U_0 de dimension $\geqq r + g$; ce lieu n'est donc autre que U_0, et par suite U_0 a la projection W sur J, contrairement à la définition de U. De même $U[f'(N)]$ est défini, ce qui achève la démonstration de $X \in \mathfrak{G}_a''$ dans le cas $g \neq 0$. Soit enfin $g = 0$; C est alors la droite projective. Soit A une courbe de genre 1, qu'on peut identifier avec sa propre jacobienne. Soit f une fonction non constante sur A, à valeurs dans la droite projective D; soit k un corps de définition pour V, A, f, par rapport auquel Z soit rationnel. Soit Γ le graphe de f dans $A \times C$; soient P, Q des points de A tels que $f(P) = M$, $f(Q) = N$. Soit T le cycle sur $V \times A \times C$ qui se déduit de $Z \times A$ sur $V \times C \times A$ par permutation des facteurs C et A; il est immédiat qu'on a $T(P \times M) = Z(M)$, $T(Q \times N) = Z(N)$; de plus, d'après le lemme 8 du n° 9, il y a un cycle T' sur $V \times \Gamma$ tel que $T'(P \times M) = T(P \times M)$ et $T'(Q \times N) = T(Q \times N)$, d'où $X = T'(Q \times N) - T'(P \times M)$. Comme on peut identifier Γ avec A au moyen de la projection de Γ sur A, qui est une correspondance birationelle partout birégulière entre Γ et A, ceci achève la démonstration.

11. Les notations étant celles du début du n° 10, on se bornera désormais à considérer le cas où V^n est une variété *complète, sans sous-variété multiple de dimension* $n - 1$, et où $r = n - 1$; d'après le lemme 9, $\mathfrak{G}_a$ est alors un sous-groupe du groupe des diviseurs sur V; on dira que deux diviseurs sur V sont *algébriquement équivalents* s'ils appartiennent à une même classe suivant $\mathfrak{G}_a$. On désignera d'autre part par $\mathfrak{G}_l$ le groupe des diviseurs sur V de la forme (f), où f est une fonction sur V (autre que la constante 0 ou la constante ∞); on dit que deux diviseurs X, Y sur V sont *linéairement équivalents* si $X - Y \in \mathfrak{G}_l$, ce qu'on écrira aussi $X \sim Y$. Si $X = (f)$, on a $X = (f)_0 - (f)_\infty$, $(f)_c$ étant défini pour tout c par $(f)_c \times c = \Gamma \cdot (V \times c)$, où Γ est le graphe de f (cf. F-VIII$_2$); ceci montre qu'alors $X \in \mathfrak{G}_a$, donc que $\mathfrak{G}_l \subset \mathfrak{G}_a$. Plus généralement, il résulte de F-VIII$_2$, th. 5, que si D est la droite projective, et Z un diviseur sur $V \times D$, on a $Z(b) - Z(a) \sim 0$ chaque fois que a, b sont des points de D tels que $Z(a)$, $Z(b)$ soient définis.

Soit Z un diviseur sur $V \times W$; toute composante de Z qui a sur W une projection W' autre que W est nécessairement $V \times W'$. Comme au début du n° 9, soit Z_0 le diviseur obtenu en supprimant, dans l'expression réduite de Z, tous les termes correspondant à de telles composantes; soit Z_1 le diviseur obtenu en supprimant, dans l'expression réduite de Z_0, tous les termes de la forme $m \cdot (V' \times W)$, où V' est une sous-variété de V. On aura donc $Z_0 - Z_1 = X \times W$, où X est un diviseur sur V. Comme on a vu, on a $Z_0(M) = Z(M)$ chaque fois que $Z(M)$ est défini; et on a, chaque fois que $Z_0(M)$ est défini, $Z_1(M) = Z_0(M) - X$. Par suite, chaque fois que $Z(M)$, $Z(N)$ sont définis, on a $Z_1(N) - Z_1(M) = Z(N) - Z(M)$. Autrement dit, quand on considère sur V un diviseur de la forme $Z(N) - Z(M)$, on peut toujours supposer que Z est un diviseur sur $V \times W$ sans composantes de la forme $V \times W'$ ni $V' \times W$; un tel diviseur sera dit *réduit*. En particulier, si C est une courbe et Z un diviseur réduit sur $V \times C$, il résulte de F-VII$_6$, prop. 16, que $Z(M)$ est défini quel que soit M sur C; d'ailleurs, comme on l'a déjà remarqué, on ne restreint pas en ce cas la généralité en supposant que C est une courbe complète sans point multiple. Donc:

Lemme 10. *Tout diviseur algébriquement équivalent à 0 sur V est de la forme $Z(N) - Z(M)$, où Z est un diviseur réduit sur le produit $V \times C$ de V et d'une courbe complète C sans point multiple, et où M, N sont deux points de C.*

II. Le premier critère d'équivalence.

Dans les §§ II—III, on désignera par $V = V^n$ une sous-variété de l'espace projectif $P = P^N$, non contenue dans un hyperplan, et sans sous-variété multiple de dimension $n - 1$.

12. Théorème 2. (i) *Supposons $n \geqq 2$; soient X un diviseur sur V, et k un corps de définition de V par rapport auquel X soit rationnel; soit L un hyperplan générique par rapport à k; soit $W = V \cdot L$; soit $Y = \{X \cdot L\}_P = \{X \cdot W\}_V$. Alors $X \sim 0$ sur V entraîne $Y \sim 0$ sur W.* (ii) *Si X, Y, W sont définis comme dans* (i), *et si $n \geqq 3$ ou bien si $n = 2$ et s'il existe un entier $m \neq 0$ tel que $mX \sim 0$, alors $Y \sim 0$ sur W entraîne $X \sim 0$ sur V.* (iii) *Si $n = 2$, il existe des courbes Γ_i sur V en nombre fini telles que, si X, Y, W sont comme dans* (i), *$Y \sim 0$ sur W entraîne que X satisfait à une relation $X \sim \sum_i m_i \Gamma_i$, les m_i étant des entiers.*

L'assertion (i) est contenue dans le coroll. 2 du lemme 2, n° 4. Supposons donc réciproquement que $Y \sim 0$ sur W. Soient $(u'_0, \ldots, u'_N)$, $(u''_0, \ldots, u''_N)$ $2N + 2$ variables indépendantes sur k; soit t une variable sur $K = k(u', u'')$; posons $u_i = u'_i - t u''_i$ et:

$$L'(X) = \sum_i u'_i X_i, \quad L''(X) = \sum_i u''_i X_i, \quad L(X) = L'(X) - t L''(X) = \sum_i u_i X_i.$$

Comme le corps $k(u, u', t) = k(u', u'', t)$ est de dimension $2N + 3$ sur k, les u_i, u'_i et t sont $2N + 3$ variables indépendantes sur K. En particulier, on peut supposer qu'on a pris pour L (dans l'énoncé du th. 2) l'hyperplan $L(X) = 0$. Posons $R(X) = L'(X)/L''(X)$; R est une fonction sur P ayant $K = k(u', u'')$ pour corps de définition, à valeurs dans la droite projective D, et définie en tout point de P sauf sur la variété linéaire M de dimension $N - 2$ définie par $L'(X) = 0$, $L''(X) = 0$. Comme V et les composantes de X sont algébriques sur k et que W et les composantes de Y le sont sur $k(u)$, le lemme 1 du n° 3 montre qu'aucune de ces variétés ne peut être contenue dans l'hyperplan $L'(X) = 0$ qui est générique sur $k(u)$, ni a fortiori dans M. Soit alors Q la variété (non complète) qu'on obtient en enlevant M de P; la fonction R est partout définie sur Q; soit Q' son graphe dans $Q \times D$; la projection de Q' sur Q est une correspondance birationnelle T partout birégulière entre Q' et Q, définie sur le corps K; soient L', V', W', X', Y' les variétés et cycles sur Q' qui correspondent à L, V, W, X, Y par la réciproque de T. Il est immédiat (par exemple en vertu du critère de multiplicité 1) que, si z est le point de D de coordonnées homogènes (z', z''), $Q' \cdot (Q \times z)$ est la sous-variété de Q' à laquelle correspond par T, dans Q, la variété définie par

$$z' L'(X) - z'' L''(X) = 0;$$

en particulier, on a $L' = Q' \cdot (Q \times t)$. Comme T est birégulière, on a:

$$W' = \{V' \cdot L'\}_{Q'}, \quad Y' = \{X' \cdot L'\}_{Q'} = \{X' \cdot W'\}_{V'}.$$

d'où, d'après F-VII$_6$, th. 18 (ii):

$$W' = \{V' \cdot (Q \times t)\}_{Q \times D}, \quad Y' = \{X' \cdot (Q \times t)\}_{Q \times D}.$$

Par hypothèse, on a $Y = (\varphi)$ sur W, φ étant une fonction sur W qu'on peut supposer définie sur le corps $k(u)$ (F-VIII$_3$, th. 10, cor. 1) puisque les cycles W et Y sont rationnels sur $k(u)$ et que par suite $k(u)$ est un corps de définition pour W (F-VII$_6$, prop. 14). On a donc $Y' = (\varphi')$, où φ' est la fonction $\varphi \circ T$ sur W'; φ' est définie sur le corps $k(u, u', u'') = K(t)$. Soit x un point générique de W par rapport à $k(u)$; le point correspondant de W' est $x' = x \times R(x)$; il est générique sur $W' = V' \cdot (Q \times t)$ par rapport à $K(t)$; d'après F-VI$_3$, th. 11, il est donc générique sur V' par rapport à K. Posons $w = \varphi(x) = \varphi'(x')$; on a $w \in k(x) \subset K(x) = K(x')$; il y a donc des fonctions ψ sur V et ψ' sur V', ayant K pour corps de définition, telles que $w = \psi(x) = \psi'(x')$; posons $X_1 = (\psi)$ et $X_1' = (\psi')$; les cycles X_1, X_1' sont rationnels sur K. D'après le lemme 1 du n° 3 et le coroll. 1 du lemme 2 du n° 4, toute sous-variété de W de dimension $n-2$ est simple sur W et sur V; il en est donc de même pour W' et V'; par suite, d'après F-VIII$_2$, th. 4, cor. 1, on a $\{X_1' \cdot W'\}_{V'} = (\varphi') = Y'$, donc, d'après F-VII$_6$, th. 18 (ii), $X_1' \cdot (Q \times t) = Y' = X' \cdot (Q \times t)$, les intersections étant prises ici dans $Q \times D$. D'après F-VII$_6$, th. 12 (ii), il s'ensuit que toutes les composantes du cycle $X' - X_1'$ ont des projections de dimension 0 sur D ou autrement dit sont contenues dans des variétés $Q \times z$. Considérons une composante quelconque Z du cycle $X - X_1$ sur V; elle est de dimension $n-1$ et ne peut donc être contenue dans M, puisque, d'après le lemme 1, $V \cap M$ est de dimension $n-2$; sa transformée Z' par T^{-1} est donc une composante de $X' - X_1'$, donc contenue dans une variété $Q \times z$; il s'ensuit que Z est contenue dans un hyperplan $z' L'(X) - z'' L''(X) = 0$. Si on désigne par u', u'' les points $(u_0', \ldots, u_N')$ et $(u_0'', \ldots, u_N'')$ de l'espace projectif P' dual de P, ce dernier hyperplan correspond à un point v de la droite Δ joignant u' et u'' dans P'; désignons-le par L_v. On a donc montré que toute composante Z de $X - X_1$ est une composante d'un cycle de la forme $V \cdot L_v$, où v est un point de Δ.

Appliquons le lemme 4 du n° 6; $\mathfrak{R}$ et $\mathfrak{R}'$ étant définis comme dans ce lemme, les composantes de $\mathfrak{R}$ sont de dimension $\leqq N - n + 1 \leqq N - 1$, et celles de $\mathfrak{R}'$ de dimension $\leqq N - n \leqq N - 2$; et elles sont algébriques sur le plus petit corps de définition k_0 de V. Comme la droite Δ est générique sur k dans P', le lemme 2 du n° 4 montre qu'elle est sans point commun avec $\mathfrak{R}'$, sans point commun avec $\mathfrak{R}$ si $\mathfrak{R}$ n'a que des composantes de dimension $\leqq N-2$, et a avec $\mathfrak{R}$ des points communs en nombre fini si $\mathfrak{R}$ a des composantes de dimension $N-1$. Nous distinguerons alors trois cas:

(a) Les composantes de $\mathfrak{R}$ sont de dimension $\leqq N-2$; il en est nécessairement ainsi si $n \geqq 3$. Alors, quel que soit v sur Δ, $V \cdot L_v$ est une variété; donc $X - X_1$ est combinaison linéaire de cycles $V \cdot L_v$. Mais tous les cycles de la forme $V \cdot L_v$, où v désigne un point quelconque de P', sont linéairement équivalents les uns aux autres; en effet, si $H(X) = 0$, $H'(X) = 0$ sont les équations de deux hyperplans H, H' dans P, $H - H'$ est le diviseur de la fonction $H(X)/H'(X)$ dans P, et $V \cdot H - V \cdot H'$ est donc, d'après F-VIII$_2$, th. 4, cor. 1, le diviseur de la fonction induite par celle-là sur V. Comme $X_1 \sim 0$ sur V, il s'ensuit donc qu'on a $X \sim m(V \cdot L')$ sur V, L' étant l'hyperplan $L'(X) = 0$ et m étant un entier. Mais alors on a $m \cdot (V \cdot L' \cdot L) \sim Y \sim 0$ sur W, ce qui est impossible d'après F-VIII$_2$, th. 2, à moins que $m = 0$. On a donc bien $X \sim 0$.

(b) Supposons que $\mathfrak{R}$ ait des composantes de dimension $N - 1$, ce qui implique $n = 2$; soient v_λ les points d'intersection de $\mathfrak{R}$ et Δ; soient Y_ϱ toutes les composantes distinctes des cycles $V \cdot L_{v_\lambda}$; les v_λ et les Y_ϱ sont algébriques sur $k_0(u', u'')$. D'après ce qu'on a vu, $X - X_1$ est une combinaison linéaire des Y_ϱ et de variétés $V \cdot L_v$; mais chacune de celles-ci est linéairement équivalente à l'un quelconque des cycles $V \cdot L_{v_\lambda}$, donc à une somme de variétés Y_ϱ; comme $X_1 \sim 0$, X est donc linéairement équivalent à une combinaison linéaire des Y_ϱ.

Supposons choisis une fois pour toutes deux points a', a'' de P', génériques indépendants par rapport à k_0; soient b_μ les points d'intersection de $\mathfrak{R}$ avec la droite joignant a' et a''; soient Γ_i toutes les composantes distinctes des cycles $V \cdot L_{b_\mu}$. Soient encore $\bar{u}'$, $\bar{u}''$ deux points génériques indépendants de P' sur $k(u', u'', a', a'')$. Il y a un isomorphisme σ de la clôture algébrique de $\bar{k}(u', u'')$ sur celle de $\bar{k}(\bar{u}', \bar{u}'')$ qui laisse invariants les éléments de $\bar{k}$ et transforme u', u'' en $\bar{u}'$, $\bar{u}''$; il y a d'autre part un isomorphisme τ de la clôture algébrique de $k_0(u', u'', \bar{u}', \bar{u}'')$ sur celle de $k_0(a', a'', \bar{u}', \bar{u}'')$ qui laisse invariants les éléments de la clôture algébrique de $k_0(\bar{u}', \bar{u}'')$ et transforme u', u'' en a', a''. Comme X est linéairement équivalent à un cycle de la forme $\sum_\varrho m_\varrho Y_\varrho$, son transformé par σ, qui est X lui-même, est linéairement équivalent à $\sum_\varrho m_\varrho Y_\varrho^\sigma$; on a donc $\sum_\varrho m_\varrho (Y_\varrho - Y_\varrho^\sigma) \sim 0$. Comme les Y_ϱ sont algébriques sur $k_0(u', u'')$ et que les Y_ϱ^σ le sont donc sur $k_0(\bar{u}', \bar{u}'')$, le transformé par τ du premier membre de cette dernière relation est donc ~ 0; comme τ laisse les Y_ϱ^σ invariants et transforme les Y_ϱ dans les Γ_i, $\sum_\varrho m_\varrho Y_\varrho^\sigma$ est donc linéairement équivalent à une combinaison linéaire des Γ_i; X est donc linéairement équivalent à cette combinaison linéaire. Cela démontre (iii).

(c) Les hypothèses étant celles de (b), supposons de plus qu'on ait $m X \sim 0$ avec $m \neq 0$, donc $m X = (\theta)$, θ étant une fonction sur V ayant k pour corps de définition. Alors on a, de même que plus haut, $m X' = (\theta')$, où θ' est la fonction $\theta \circ T$ sur V', définie sur le corps K. Soit η' la fonction induite par θ' sur W'; elle est définie sur le corps $K(t)$; x et x' étant comme plus haut, on aura $\theta(x) = \theta'(x') = \eta'(x')$. De même que plus haut, on peut appliquer F-VIII$_2$, th. 4, cor. 1, qui donne:

$$(\eta') = \{m X' \cdot W'\}_{V'} = m Y' = (\varphi'^m),$$

donc $\eta' \varphi'^{-m}$ est une constante sur W'; autrement dit, on a $\eta'(x') \varphi'(x')^{-m} \in K(t)$, c'est-à-dire $\theta'(x') \psi'(x')^{-m} = \lambda(t)$, λ étant une fonction sur D ayant K

pour corps de définition. Cela s'écrit aussi $\theta(x)\,\psi(x)^{-m} = \lambda\,[R(x)]$. Dans cette relation, θ, ψ et $\lambda \circ R$ sont des fonctions sur V ayant K pour corps de définition, et x est générique sur V par rapport à K; on a donc $\theta\,\psi^{-m} = \lambda \circ R$; le second membre est d'ailleurs la fonction induite sur V par la fonction $\lambda \circ R$ définie dans P. Il est immédiat que cette dernière a pour diviseur une combinaison linéaire d'hyperplans L_v correspondant à des points v de Δ; donc le diviseur de la fonction qu'elle induit sur V est combinaison linéaire de cycles $V \cdot L_v$; autrement dit, le diviseur $m\,(X - X_1)$ de $\theta\,\psi^{-m}$ sur V est une telle combinaison linéaire. Mais, comme Δ n'a aucun point commun avec $\mathfrak{R}'$, les cycles $V \cdot L_v$ sont sans composantes multiples; ils sont aussi deux à deux sans composante commune, car une telle composante serait contenue dans $V \cap M$ qui est de dimension $n-2$; une combinaison linéaire de cycles $V \cdot L_v$ ne peut donc être multiple de m, dans le groupe des diviseurs sur V. que si tous les coefficients sont multiples de m. Autrement dit, $X - X_1$ est lui-même combinaison linéaire de cycles $V \cdot L_v$; comme dans le cas (a), on en conclut que $X \sim 0$ sur V. Cela achève la démonstration.

On notera en vue de ce qui suit qu'avec les notations ci-dessus les courbes Γ_i construites dans le cas (b) sont algébriques sur $k_0(a', a'')$.

13. Proposition 1. *Soit k_0 le plus petit corps de définition de V^n. Soit X un diviseur sur V; soit k un corps contenant k_0 par rapport auquel X soit rationnel; soit L une variété linéaire de dimension $N - n + 1$ dans P, générique par rapport à k; soit C la courbe $V \cdot L$. Alors, si le diviseur $\{X \cdot L\}_P = \{X \cdot C\}_V$ est ~ 0 sur C, il y a un diviseur X_0 sur V, à composantes algébriques sur k_0, tel que $X \sim X_0$.*

Nous pouvons supposer que L est intersection de $n-1$ hyperplans L_ν $(1 \leqq \nu \leqq n-1)$ appartenant à des points w_ν du dual P' de P, génériques indépendants dans P' sur le corps k; soit w_n un point générique de P' sur $k\,(w_1, \ldots, w_{n-1})$.

Soit k' le plus petit corps de définition commun de V et des composantes de X; c'est un corps de type fini sur k_0, donc on peut écrire $k' = k_0(t)$, avec $t = (t_1, \ldots, t_m)$. Comme $k \supset k_0$, la clôture algébrique $\bar{k}$ de k contient celle $\bar{k}_0$ de k_0; mais $\bar{k}$ est corps de définition commun de V et des composantes de X et contient donc $k' = k_0(t)$, et par suite aussi $\bar{k}_0(t)$. Les hypothèses de l'énoncé restent satisfaites si on y remplace k par $\bar{k}_0(t)$; on peut donc supposer qu'on a $k = \bar{k}_0(t)$. Soit T le lieu du point t par rapport à $\bar{k}_0$ dans l'espace affine S^m. D'après F-VII$_6$, th. 12 (iii), il y a un diviseur Z sur $V \times T$, rationnel sur $\bar{k}_0$, tel que $X \times t = Z \cdot (V \times t)$; avec les notations du § I, n° 8, cela s'écrit $X = Z\,(t)$.

Soit M l'intersection des hyperplans $L_1, \ldots, L_{n-2}$; c'est une variété linéaire de dimension $N - n + 2$, générique sur k; d'après le coroll. 1 du lemme 2, n° 4, $W = V \cdot M$ est une surface sans courbe multiple, définie sur le corps $k_0(w_1, \ldots, w_{n-2})$; on va lui appliquer le th. 2 du n° 12. Compte tenu de la remarque qui termine le n° 12, on voit qu'il y a sur W des courbes Γ_i en nombre fini, algébriques sur $k_0(w_1, \ldots, w_n)$ et a fortiori sur $K = \bar{k}_0(w_1, \ldots, w_n)$, ayant les propriétés énoncées dans le th. 2 (iii). Posons

$Y = \{X \cdot M\}_P$; d'après le coroll. 2 du lemme 2, n° 4, Y est un diviseur sur W, et on a $Y = \{X \cdot W\}_V$ et $\{Y \cdot L_{n-1}\}_P = \{X \cdot L\}_P$; comme par hypothèse le second membre de cette dernière relation est ~ 0 sur C, le th. 2 (iii) permet de conclure que $Y \sim \sum_i m_i \Gamma_i$, les m_i étant des entiers.

Mais, comme $w_1, \ldots, w_n$ sont des points génériques indépendants de P' sur $k = \bar{k}_0(t)$, t est générique sur T par rapport à K; si donc t' est un point générique de T sur $K(t)$, il y a un isomorphisme σ de $K(t)$ sur $K(t')$ laissant invariants les éléments de K et transformant t en t'. Alors σ laisse invariants W, les Γ_i et Z, et transforme $X = Z(t)$ en $X^\sigma = Z(t')$ et Y en $Y^\sigma = \{X^\sigma \cdot W\}_V$. On a alors $Y^\sigma \sim \sum_i m_i \Gamma_i \sim Y$.

Soit maintenant M_ν l'intersection des hyperplans $L_1, \ldots, L_\nu$, donc $M_0 = P$, $M_{n-2} = M$ et $M_{n-1} = L$. Soit $V_\nu = V \cdot M_\nu$, donc $V_0 = V$, $V_{n-2} = W$, $V_{n-1} = C$. Si on applique le lemme 2 du n° 4 et ses corollaires, et le th. 2 (ii), on voit par récurrence sur ν que, si X_1 est un diviseur sur V rationnel par rapport à un corps de définition k_1 de V, et si $w_1, \ldots, w_{n-2}$ sont génériques indépendants dans P' par rapport à k_1, alors $X_1 \cdot V_\nu \sim 0$ sur V_ν entraîne $X_1 \sim 0$ sur V pourvu que $\nu \leqq n-2$. Comme t, t' sont génériques indépendants sur T par rapport à K, $w_1, \ldots, w_n$ sont génériques indépendants dans P' par rapport à $\bar{k}_0(t, t')$; X est rationnel sur $\bar{k}_0(t)$ et X^σ sur $\bar{k}_0(t')$; prenant $k_1 = k_0(t, t')$, $X_1 = X - X^\sigma$, $\nu = n-2$, on voit qu'on a $X - X^\sigma \sim 0$ sur V puisque $Y - Y^\sigma \sim 0$ sur W. Il y a donc sur V une fonction φ, définie sur le corps $\bar{k}_0(t, t')$, telle que $(\varphi) = X - X^\sigma$.

Soit x un point générique de V par rapport à $\bar{k}_0(t, t')$; posons $z = \varphi(x)$; on a $z \in \bar{k}_0(t, t', x)$; donc il y a une fonction Φ sur $V \times T \times T$, ayant $\bar{k}_0$ pour corps de définition, telle que $z = \Phi(x, t, t')$. D'après F-VIII$_2$, th. 1, cor. 3, on a:

$$(\Phi) \cdot (V \times t \times t') = (\varphi) \times t \times t' = (X - X^\sigma) \times t \times t';$$

puisque $X = Z(t)$, $X^\sigma = Z(t')$, on aura donc, en posant $Z' = Z \times T$, et en désignant par Z'' le cycle qui se déduit du cycle Z' sur $V \times T \times T$ par la permutation des deux derniers facteurs du produit $V \times T \times T$:

$$(\Phi) \cdot (V \times t \times t') = (Z' - Z'') \cdot (V \times t \times t').$$

D'après F-VII$_6$, th. 12 (i), il s'ensuit que $(\Phi) - Z' + Z''$ n'a que des composantes dont la projection sur $T \times T$ est de dimension $< 2 \dim(T)$, et est donc de la forme $V \times U$, où U est un diviseur sur $T \times T$, rationnel sur $\bar{k}_0$ puisqu'il en est ainsi de (Φ), Z' et Z''. En vertu du lemme 7, cor. 2, du n° 8 et de F-IV$_1$, prop. 3, il y a un point simple s sur T, algébrique sur k_0, tel que $Z(s)$ et $U \cdot (T \times s)$ soient définis; comme $t \times s$ est un point générique de $T \times s$ sur $\bar{k}_0$, ce point n'est donc dans aucune composante de U. On a

$$Z' \cdot (V \times t \times s) = (Z \times T) \cdot (V \times t \times s) = Z(t) \times t \times s = X \times t \times s;$$

de même, en échangeant les deux derniers facteurs de $V \times T \times T$, on voit qu'on a $Z'' \cdot (V \times t \times s) = Z(s) \times t \times s$. Comme $(V \times U) \cdot (V \times t \times s) = 0$, on voit donc que $(\Phi) \cdot (V \times t \times s)$ est défini et égal à $[X - Z(s)] \times t \times s$. D'après

F-VIII$_2$, th. 4, cor. 1, on en conclut que ce dernier cycle est le diviseur de la fonction induite par Φ sur $V \times t \times s$. On a donc $X - Z(s) \sim 0$ sur V; comme $Z(s)$ est rationnel sur $\bar{k}_0$, cela démontre la proposition.

Corollaire. *Dans le th.* 2 (iii), *on peut prendre les courbes Γ_i algébriques sur le plus petit corps de définition k_0 de V.*

En effet, supposons les Γ_i choisies simplement de manière à posséder la propriété du th. 2 (iii). Soit $\mathfrak{G}$ le groupe de diviseurs sur V engendré par les Γ_i; soit $\mathfrak{G}'$ le sous-groupe de $\mathfrak{G}$ formé des $U \in \mathfrak{G}$ qui sont linéairement équivalents à un diviseur rationnel sur $\bar{k}_0$. Comme $\mathfrak{G}$ est un groupe abélien libre de type fini, il en est de même de $\mathfrak{G}'$; soit (U_j) un système de générateurs de $\mathfrak{G}'$; pour chaque j, soit U'_j un diviseur $\sim U_j$ et rationnel sur $\bar{k}_0$. Avec les notations du th. 2, $Y \sim 0$ entraîne, d'après le th. 2 (iii), une relation $X \sim U$ avec $U \in \mathfrak{G}$, et aussi d'après la prop. 1, une relation $X \sim X_0$ avec X_0 rationnel sur $\bar{k}_0$; donc on a $U \in \mathfrak{G}'$, de sorte que U et par suite X sont linéairement équivalents à une combinaison linéaire des U'_j. En remplaçant les Γ_i par les composantes des U'_j, on satisfera donc à la fois au th. 2 (iii) et au corollaire ci-dessus.

14. Théorème 3. *Soit k_0 le plus petit corps de définition de V. Il existe sur V un ensemble fini de diviseurs D_α, rationnels sur $\bar{k}_0$, ayant les propriétés suivantes*: (a) $\sum_\alpha m_\alpha D_\alpha \sim 0$ *entraîne que $m_\alpha = 0$ quel que soit α*; (b) *soit X un diviseur sur V; soit k un corps de définition de V par rapport auquel X soit rationnel; soit L une variété linéaire de dimension $N - n + 1$, générique par rapport à k; soit $C = V \cdot L$; alors, pour que le diviseur $\{X \cdot L\}_P = \{X \cdot C\}_V$ soit ~ 0 sur C, il faut et il suffit qu'il y ait des entiers m_α tels que $X \sim \sum_\alpha m_\alpha D_\alpha$.*

Soient $L_1, \ldots, L_{n-1}$ des hyperplans correspondant à des points génériques indépendants $w_1, \ldots, w_{n-1}$ de P' sur k_0; soient $M_\nu = L_1 \cap \ldots \cap L_\nu$ et $V_\nu = V \cdot M_\nu$. En vertu du th. 2 (iii) et du coroll. de la prop. 1, il y a sur V_{n-2} des courbes Γ_i, algébriques sur $k_0(w_1, \ldots, w_{n-2})$, ayant les propriétés du th. 2 (iii); comme L_{n-1} est un hyperplan générique sur ce même corps, les cycles $\{\Gamma_i \cdot L_{n-1}\}_P$ sont définis et sont des diviseurs sur la courbe V_{n-1}. Soit $\mathfrak{G}$ le groupe des diviseurs sur V_{n-2} engendré par les Γ_i; soit $\mathfrak{G}_1$ le sous-groupe de $\mathfrak{G}$ formé des $U \in \mathfrak{G}$ tels que $\{U \cdot L_{n-1}\}_P \sim 0$ sur V_{n-1}; soit $\mathfrak{G}_2$ le sous-groupe de $\mathfrak{G}_1$ formé des $U \in \mathfrak{G}_1$ tels qu'il existe un diviseur D sur V, rationnel sur $\bar{k}_0$, satisfaisant à $\{D \cdot V_{n-2}\}_V \sim U$; soit $\mathfrak{G}_3$ le sous-groupe de $\mathfrak{G}_2$ formé des $U \in \mathfrak{G}_2$ qui sont ~ 0 sur V_{n-2}. D'après le th. 2 (i), tout élément de $\mathfrak{G}$ qui est ~ 0 sur V_{n-2} appartient à $\mathfrak{G}_1$ et par suite à $\mathfrak{G}_2$, donc à $\mathfrak{G}_3$. Puisque $\mathfrak{G}$ est abélien libre de type fini, il en est de même de $\mathfrak{G}_1$, $\mathfrak{G}_2$, $\mathfrak{G}_3$. Si $U \in \mathfrak{G}_1$ et $mU \in \mathfrak{G}_3$, m étant un entier $\neq 0$, le th. 2 (ii) montre que $U \in \mathfrak{G}_3$; autrement dit, le groupe $\mathfrak{G}_1/\mathfrak{G}_3$ n'a pas d'élément d'ordre fini. On sait que dans ces conditions on peut écrire $\mathfrak{G}_1 = \mathfrak{G}'_1 \times \mathfrak{G}_3$, $\mathfrak{G}'_1$ étant un sous-groupe de $\mathfrak{G}_1$ convenablement choisi; comme $\mathfrak{G}_2 \supset \mathfrak{G}_3$, on aura donc $\mathfrak{G}_2 = \mathfrak{G}'_2 \times \mathfrak{G}_3$, avec $\mathfrak{G}'_2 = \mathfrak{G}_2 \cap \mathfrak{G}'_1$; $\mathfrak{G}'_1$, $\mathfrak{G}'_2$ sont abéliens libres de type fini. Soit (U_α) un système libre de générateurs de $\mathfrak{G}'_2$; pour chacun, d'après la définition de $\mathfrak{G}'_2$, on peut choisir un diviseur D_α sur V, rationnel sur $\bar{k}_0$, tel que $\{D_\alpha \cdot V_{n-2}\}_V \sim U_\alpha$ sur V_{n-2}. On va montrer que les D_α ont les propriétés énoncées dans le th. 3. Soit $D = \sum_\alpha m_\alpha D_\alpha$ une combinaison linéaire des D_α; comme dans la démonstration de la prop. 1, on voit par récurrence sur ν, pour $0 \leqq \nu \leqq n-2$, au moyen du th. 2 (ii), que, pour que $D \sim 0$ sur V, il faut et il suffit que $\{D \cdot V_\nu\}_V \sim 0$ sur V_ν, donc en définitive que $\{D \cdot V_{n-2}\}_V \sim 0$ sur V_{n-2}, ou autrement dit que $U = \sum_\alpha m_\alpha U_\alpha \sim 0$ sur V_{n-2} c'est-à-dire $U \in \mathfrak{G}_3$; comme $\mathfrak{G}_2' \cap \mathfrak{G}_3 = \{0\}$, $U \in \mathfrak{G}_3$ entraîne $U = 0$, donc $m_\alpha = 0$ quel que soit α; les D_α possèdent donc bien la propriété (a). Soient de nouveau $D = \sum_\alpha m_\alpha D_\alpha$, $U = \sum_\alpha m_\alpha U_\alpha$; posons $D' = \{D \cdot V_{n-2}\}_V$, d'où $D' \sim U$; d'après le th. 2 (i), on a $\{D' \cdot V_{n-1}\}_{V_{n-2}} \sim \{U \cdot V_{n-1}\}_{V_{n-2}}$ sur V_{n-1}; par définition de $\mathfrak{G}_1$, le second membre est ~ 0 sur V_{n-1}; d'après le coroll. 2 du lemme 2, n° 4, le premier membre n'est autre que $\{D \cdot V_{n-1}\}_V = \{D \cdot M_{n-1}\}_P$; on a donc $\{D \cdot M_{n-1}\}_P \sim 0$ sur V_{n-1}. Soit maintenant L une variété linéaire de dimension $N - n + 1$, générique sur un corps de définition k de V et par suite a fortiori sur k_0; il y a alors un isomorphisme σ d'un corps de définition K de M_{n-1} contenant $\bar{k}_0$ sur un corps de définition K' de L contenant $\bar{k}_0$ qui laisse invariants tous les éléments de $\bar{k}_0$ et transforme V_{n-1} en L; σ laisse invariants les D_α et transforme donc $\{D \cdot M_{n-1}\}_P$ en $\{D \cdot L\}_P$; comme le premier de ces diviseurs est ~ 0 sur V_{n-1}, le second l'est sur $C = V \cdot L$; si donc X est un diviseur, rationnel sur k, tel que $X \sim D$ sur V, on aura $\{X \cdot C\}_V \sim 0$ sur C d'après le coroll. 2 du lemme 2, n° 4; cela démontre que la condition dans (b) est suffisante. Soit réciproquement X un diviseur sur V, rationnel par rapport à k, tel que $\{X \cdot C\}_V \sim 0$ sur C; d'après la prop. 1, il y aura un diviseur X_0, rationnel par rapport à $\bar{k}_0$, tel que $X \sim X_0$ sur V, d'où $\{X_0 \cdot C\}_V \sim 0$ d'après le coroll. 2 du lemme 2, n° 4. Posons $X_\nu = \{X_0 \cdot M_\nu\}_P = \{X_0 \cdot V_\nu\}_V$ pour $0 \leqq \nu \leqq n-1$; l'isomorphisme σ^{-1}, appliqué à $\{X_0 \cdot C\}_V \sim 0$, montre qu'on a $X_{n-1} \sim 0$ sur V_{n-1}; le th. 2 (iii), appliqué à V_{n-2}, X_{n-2}, montre alors qu'il y a $U \in \mathfrak{G}$ tel que $X_{n-2} \sim U$ sur V_{n-2}; d'après le th. 2 (i) on a $U \in \mathfrak{G}_1$, et par suite $U \in \mathfrak{G}_2$ par définition de $\mathfrak{G}_2$; comme $\mathfrak{G}_2 = \mathfrak{G}_2' \times \mathfrak{G}_3$, on peut écrire $U = U' + U''$, avec $U' \in \mathfrak{G}_2'$, $U'' \in \mathfrak{G}_3$; comme alors $U'' \sim 0$ sur V_{n-2}, on a $U' \sim U \sim X_{n-2}$ sur V_{n-2}. Par définition des D_α, il y a donc une combinaison linéaire $D = \sum_\alpha m_\alpha D_\alpha$ des D_α telle que $X_{n-2} \sim \{D \cdot V_{n-2}\}_V$, donc, en posant $Y_0 = X_0 - D$ et $Y_\nu = \{Y_0 \cdot V_\nu\}_V$, $Y_{n-2} \sim 0$ sur V_{n-2}. Comme précédemment, on voit, au moyen du th. 2 (iii) et par récurrence sur ν pour $0 \leqq \nu \leqq n-2$, que $Y_\nu \sim 0$ sur V_ν entraîne $Y_0 \sim 0$ sur V. On a donc bien $Y_0 \sim 0$ sur V, c'est-à-dire $X_0 \sim D$ ou encore $X \sim D$, ce qui achève la démonstration.

III. Le second critère d'équivalence (forme provisoire)

15. Soit φ une fonction définie sur V, à valeurs dans une variété abélienne A; d'après VA, n° 15, th. 6, φ est définie en tout point simple de V. Soit X un diviseur sur V; soit k un corps de définition pour V, A et φ, par rapport auquel X soit rationnel. Soit L une variété linéaire de dimension $N - n + 1$ dans P, générique par rapport à k; soit $C = V \cdot L$; C est une courbe sans point multiple, ne passant par aucun point multiple de V, de sorte que φ est définie en tout point de C. Soit L définie par les équations $\sum_{j=0}^{N} u_{ij} X_j = 0$ $(1 \leqq i \leqq n-1)$,

où les u_{ij} sont $(n-1)(N+1)$ variables indépendantes sur k; alors $Y=\{X\cdot L\}_P$ est un cycle de dimension 0 sur V, ou encore un diviseur sur C, rationnel sur $k(u)$; si $Y=\sum_\nu y_\nu$, les y_ν étant des points de C, φ est défini en chacun des y_ν; soit $w=\sum_\nu \varphi(y_\nu)$, c'est-à-dire, avec les notations de VA, n° 16, $w=S[\varphi(Y)]$; d'après VA, n° 7, th. 1, w est rationnel sur $k(u)$; si donc u est considéré comme point générique sur k de l'espace affine S^M à $M=(n-1)(N+1)$ dimensions, on peut écrire $w=\psi(u)$, où ψ est une application de cet espace dans A ayant k pour corps de définition. Mais une telle fonction est nécessairement constante (VA, n° 19, th. 8, cor.); sa valeur constante est alors rationnelle sur k, c'est-à-dire qu'on a $k(w)=k$. Soit alors L' une variété linéaire de dimension $N-n+1$ dans P, définie par $\sum_{i=0}^{N} u'_{ij}X_j=0$ $(1\leqq i\leqq n-1)$, telle que $Y'=\{X\cdot L'\}_P$ soit défini et que les composants de Y' soient simples sur V; on va montrer qu'alors $S[\varphi(Y')]$ est encore égal à w. En effet, soit x générique sur L par rapport à $k(u)$; soit Ω le lieu de $x\times u$ sur k dans $P\times S^M$; on vérifie facilement que $\Omega\cdot(P\times u')=L'\times u'$, d'où

$$Y'\times u'=(X\cdot L')\times u'=(X\times S^M)\cdot(L'\times u')=(X\times S^M)\cdot[\Omega\cdot(P\times u')].$$

Mais il est facile de voir aussi que $\Theta=(X\times S^M)\cdot\Omega$ est défini; de F-VII$_6$, th. 10, cor., on conclut alors que $Y'\times u'=\Theta\cdot(P\times u')$ et en particulier, pour $u'=u$, que $Y\times u=\Theta\cdot(P\times u)$. Il résulte alors de F-VII$_6$, th. 13, que Y' est l'unique spécialisation de Y par rapport à k sur $u\to u'$; par suite, $S[\varphi(Y')]$ est une spécialisation de $w=S[\varphi(Y)]$ sur k et n'est donc autre que w puisque $k(w)=k$. Il s'ensuit en particulier que, si V, X et φ sont donnés, w est indépendant du choix de k et de L; une fois pour toutes, nous conviendrons, dans ce qui suit, de désigner par $w=\overline{\varphi}(X)$ le point $w=S[\varphi(Y)]$ de A construit comme il a été dit. Nous pouvons résumer comme suit les résultats qu'on vient d'obtenir:

Théorème 4. *Soient X un diviseur sur V, et φ une application de V dans une variété abélienne A. Alors il existe un point $\overline{\varphi}(X)$ de A et un seul tel que l'on ait $\overline{\varphi}(X)=S[\varphi(Y)]$ pour tout cycle Y de la forme $Y=\{X\cdot L\}_P$, où L est une variété linéaire de dimension $N-n+1$ dans P telle que tous les composants de Y soient simples sur V. De plus, si k est un corps de définition de V, A et φ par rapport auquel X soit rationnel, $\overline{\varphi}(X)$ est rationnel sur k.*

Convenons désormais de dire que toute courbe C sur V de la forme $C=V\cdot L$, où L est une variété linéaire de dimension $N-n+1$ dans P telle que $V\cdot L$ soit une courbe sans point multiple dont tous les points soient simples sur V, est une *courbe typique* de V. Alors nous pouvons énoncer le corollaire suivant du th. 4:

Corollaire 1. *Soient X, A et φ comme dans le th. 4; soit C une courbe typique de V telle que $X\cdot C$ soit défini sur V. Alors on a $\overline{\varphi}(X)=S[\varphi(X\cdot C)]$; et, si $X\cdot C\sim 0$ sur C, on a $\overline{\varphi}(X)=0$.*

Soit en effet $C=V\cdot L$, L étant une variété linéaire de dimension $N-n+1$; il résulte de F-VII$_6$, th. 18, cor., que $\{X\cdot L\}_P$ est défini et égal à $\{X\cdot C\}_V$; et φ est définie sur C (VA, n° 15, th. 6). La dernière assertion résulte alors de VA, n° 23, th. 10.

Corollaire 2. *Les hypothèses et notations étant celles du th.* 4, $X \sim 0$ *sur* V *entraîne* $\overline{\varphi}(X) = 0$; *et l'application* $X \to \overline{\varphi}(X)$ *détermine un homomorphisme du groupe des classes de diviseurs sur* V *au sens de l'équivalence linéaire dans le groupe additif des points de* A.

En effet, prenons L générique par rapport à un corps k ayant les propriétés énoncées dans le th. 4, et soit $C = V \cdot L$; le coroll. 2 du lemme 2, n° 4, montre que, si $X \sim 0$, toutes les hypothèses du coroll. 1 du th. 4 sont satisfaites, donc qu'on a $\overline{\varphi}(X) = 0$. Le reste est immédiat.

16. Théorème 5. *Soit* φ *une application de* V *dans une variété abélienne* A. *Soient* W *une variété (abstraite) et* Z *un diviseur sur* $V \times W$. *Alors il existe une application* ψ *de* W *dans* A *telle que l'on ait* $\psi(M) = \overline{\varphi}[Z(M)]$ *chaque fois que* M *est un point simple de* W *et que* $Z(M)$ *est défini; et, si* k *est un corps de définition pour* V, A, φ *et* W, *par rapport auquel* Z *soit rationnel, c'est un corps de définition pour* ψ.

Le corps k étant pris comme ci-dessus, le point $z = \overline{\varphi}[Z(M)]$ sur A est rationnel sur $k(M)$; si en particulier on prend M générique sur W par rapport à k, il y aura donc une application ψ de W dans A, définie sur le corps k, telle que $\psi(M) = \overline{\varphi}[Z(M)]$. Alors, si M' est simple sur W, $\psi(M')$ est défini; nous avons à faire voir que $\psi(M') = \overline{\varphi}[Z(M')]$ lorsque $Z(M')$ est défini. En procédant par linéarité, et remplaçant au besoin k par $\overline{k}$, on voit qu'il suffit de considérer le cas où Z est une variété. Soit L une variété linéaire de dimension $N - n + 1$ dans P, définie par $\sum_j u_{ij} X_j = 0$ $(1 \leqq i \leqq n - 1)$, où les u_{ij} sont $(n-1)(N+1)$ variables indépendantes sur $k(M, M')$. Soit $C = V \cdot L$; C est une courbe définie sur le corps $k(u)$ (cf. F-VII$_6$, prop. 14), et on voit, au moyen de F-V$_1$, prop. 2, qu'un point générique de C par rapport à $k(u)$ est générique sur V par rapport à k; il s'ensuit qu'un point générique de $C \times W$ par rapport à $k(u)$ est générique sur $V \times W$ par rapport à k et ne peut donc être dans Z. Par suite (F-VII$_6$, prop. 16), le cycle

$$T = \{Z \cdot (C \times W)\}_{V \times W}$$

est défini. En vertu de F-VII$_6$, th. 10, cor., on a donc:

$$T \cdot (V \times M') = [Z \cdot (V \times M')] \cdot (C \times W) = [Z(M') \times M'] \cdot (C \times W)$$
$$= [Z(M') \cdot C] \times M';$$

dans cette relation, le dernier membre est défini d'après le coroll. 2 du lemme 2, n° 4, et cela entraîne que les troisième et deuxième membres le sont aussi. Cela peut s'écrire $T(M') = Z(M') \cdot C$; on aura en particulier $T(M) = Z(M) \cdot C$. Mais, par définition de $\overline{\varphi}$, on a

$$\overline{\varphi}[Z(M')] = S\{\varphi[Z(M') \cdot C]\}.$$

On a donc $\overline{\varphi}[Z(M')] = S\{\varphi[T(M')]\}$, et de même pour M. Mais il résulte de F-VII$_6$, th. 13, que $T(M')$ est l'unique spécialisation de $T(M)$ sur $M \to M'$ par rapport à $k(u)$; donc $\overline{\varphi}[Z(M')]$ est la spécialisation de $\psi(M) = \overline{\varphi}[Z(M)]$ sur $M \to M'$ par rapport à $k(u)$, et a fortiori par rapport à k; c'est ce qu'il fallait démontrer.

Corollaire. *Soit φ une application dans une variété abélienne A d'une courbe complète Γ sans point multiple. Soient W une variété et Z un diviseur sur $\Gamma \times W$. Alors il existe une application ψ de W dans A telle que l'on ait $\psi(M) = S\{\varphi[Z(M)]\}$ pour tout point simple M de W tel que $Z(M)$ soit défini; et, si k est un corps de définition pour Γ, A, φ et W, par rapport auquel Z soit rationnel, c'est un corps de définition pour ψ.*

En effet, c'est là un cas particulier du th. 5 si on tient compte du fait que toute courbe complète sans point multiple peut être plongée dans un espace projectif. Il n'y aurait aucune difficulté à démontrer le corollaire directement sans plonger Γ dans un espace projectif, en suivant pas à pas la démonstration du th. 5.

17. Après ces préliminaires, nous pouvons aborder la démonstration du second critère d'équivalence. Une première forme, incomplète et provisoire, en est la suivante:

Proposition 2. *Soient D_α des diviseurs sur V ayant les propriétés énoncées dans le th. 3. Soit X un diviseur algébriquement équivalent à 0 sur V, tel que l'on ait $\overline{\varphi}(X) = 0$ pour toute application φ de V dans une variété abélienne. Alors il y a des entiers $m \neq 0$ et m_α tels que $mX \sim \sum_\alpha m_\alpha D_\alpha$.*

D'après le lemme 10 du n° 11, on peut écrire $X = Z(N) - Z(M)$, Z étant un diviseur réduit sur le produit $V \times \Gamma$ de V et d'une courbe complète Γ sans point multiple, et M, N étant deux points de Γ. Soient J la jacobienne de Γ, et f l'application canonique de Γ dans J. Soit k un corps de définition de V, Γ, J et f, par rapport auquel Z, M et N soient rationnels. Soit L une variété linéaire de dimension $N - n + 1$ dans P, générique par rapport à k; soit $C = V \cdot L$. Comme dans la démonstration du th. 5, on voit que $T = Z \cdot (C \times \Gamma)$ est défini et que l'on a $Z(M) \cdot C = T(M)$, où $T(M)$ est défini comme d'habitude par $T(M) \times M = \{T \cdot (V \times M)\}_{V \times \Gamma}$; mais ce dernier cycle s'écrit aussi $\{T \cdot (C \times M)\}_{C \times \Gamma}$, comme il résulte de F-VII$_6$, th. 18, cor., et du fait que tout point de C est simple sur C et sur V. Si donc φ est une application de V dans une variété abélienne, on aura

$$\overline{\varphi}(X) = S\{\varphi[T(N) - T(M)]\}.$$

Soit maintenant x un point de C; soit W le lieu de x par rapport à $\overline{k}$; si W était de dimension $\leqq n - 2$, L n'aurait aucun point commun avec W; donc W est de dimension $n - 1$ ou n. Soit P un point générique de Γ par rapport à $\overline{k}(x)$; comme toute composante de Z est algébrique sur k, une telle composante ne peut contenir $x \times P$ sans contenir le lieu $W \times \Gamma$ de $x \times P$ sur $\overline{k}$, ce qui n'est pas puisque Z est supposé réduit; donc aucune composante de Z ne contient $x \times \Gamma$; par suite, aucune composante de T n'est de la forme $x \times \Gamma$. D'après F-VII$_6$, th. 18, cor., on en conclut que l'on a, quel que soit x sur C, $\{Z \cdot (x \times \Gamma)\}_{V \times \Gamma} = \{T \cdot (x \times \Gamma)\}_{C \times \Gamma}$. Posons $\{T \cdot (x \times \Gamma)\}_{C \times \Gamma} = x \times T^*(x)$ pour tout x sur C; posons aussi $\{Z \cdot (y \times \Gamma)\}_{V \times \Gamma} = y \times Z^*(y)$ pour tout y sur V tel que le premier membre soit défini. On aura donc $Z^*(x) = T^*(x)$ pour tout x sur C.

Mais, d'après le coroll. du th. 5, n° 16, il y a une application φ de V dans J, définie sur k, telle que $\varphi(y) = S\{f[Z^*(y)]\}$ pour tout point simple y de V tel que $Z^*(y)$ soit défini. On va appliquer l'hypothèse de notre proposition à cette fonction φ. D'après ce qui précède, on a, pour tout x sur C, $\varphi(x) = S\{f[T^*(x)]\}$. Désignons par τ la classe de T considéré comme diviseur sur $C \times \Gamma$, c'est-à-dire comme correspondance entre C et Γ ou encore (VA, n° 43) comme homomorphisme dans J de la jacobienne J_C de C. Le th. 22 de VA, n° 43, montre que l'extension linéaire à J_C de la fonction induite par φ sur C n'est autre que τ, et que, si g est l'application canonique de C dans J_C, on a

$$S[\varphi(\mathfrak{m})] = S\{f[T^*(\mathfrak{m})]\} = \tau\, S[g(\mathfrak{m})]$$

quel que soit le diviseur $\mathfrak{m}$ de degré 0 sur C. Le même théorème montre qu'on a, pour $\mathfrak{m} = T(N) - T(M)$:

$$S[g(\mathfrak{m})] = \tau' S[f(N - M)] = \tau'[f(N) - f(M)],$$

d'où $\overline{\varphi}(X) = \tau\,\tau'[f(N) - f(M)]$ d'après l'expression obtenue plus haut pour $\overline{\varphi}$. L'hypothèse de notre proposition donne donc $\tau\,\tau'[f(N) - f(M)] = 0$. D'après le coroll. 3 du th. 1, n° 2, cela entraîne qu'il y a $m \neq 0$ tel que $m\,\tau'[f(N) - f(M)] = 0$, c'est-à-dire $m\, S[g(\mathfrak{m})] = 0$, donc $m\,\mathfrak{m} \sim 0$ sur C d'après VA, n° 38, th. 19. Cela s'écrit $m\,[Z(N) - Z(M)] \cdot C \sim 0$, d'où la conclusion en vertu du th. 3.

18. Il résulte en même temps de la démonstration ci-dessus que, si Z est tel que $\overline{\varphi}[Z(N) - Z(M)] = 0$ quels que soient M, N sur Γ, la fonction $\tau\,\tau' \circ f$ est constante sur Γ, donc que $\tau\,\tau'$ qui en est l'extension linéaire est 0, d'où $\tau = \tau' = 0$ d'après le coroll. 1 du th. 1, n° 2, puis $Z(N) - Z(M) \sim \sum_\alpha m_\alpha D_\alpha$. Mais on a un résultat plus précis:

Théorème 6. *Soient W une variété et Z un diviseur sur $V \times W$. Supposons que, pour toute application φ de V dans une variété abélienne, l'application ψ de W dans celle-ci définie comme dans le th. 5 soit constante. Alors on a $Z(M) \sim Z(N)$ chaque fois que $Z(M)$, $Z(N)$ sont définis.*

Soit K un corps de définition de W; soit P générique sur W par rapport à $K(M, N)$; il suffira de démontrer que $Z(M) \sim Z(P)$, car alors on aura de même $Z(N) \sim Z(P)$. Au moyen des lemmes 6 (n° 7) et 8 (n° 9), on voit alors qu'il suffit de faire la démonstration dans le cas où W est une courbe Γ; raisonnant comme à la fin du n° 11, on voit qu'on peut supposer Γ complète et sans point multiple, et Z réduit. Ce qui précède montre alors qu'avec les hypothèses du th. 6 tout diviseur de la forme $Z(N) - Z(M)$ est linéairement équivalent à un diviseur $\sum_\alpha m_\alpha D_\alpha$. Soit k un corps de définition pour V et Γ, par rapport auquel Z et les D_α soient rationnels; soient P, Q, R trois points génériques indépendants de Γ par rapport à k. On a une relation $Z(P) - Z(R) \sim \sum_\alpha m_\alpha D_\alpha$; si on lui applique l'isomorphisme de $k(P, R)$ sur $k(Q, R)$ qui laisse invariants les éléments de $k(R)$ et transforme P en Q, on obtient $Z(Q) - Z(R) \sim \sum_\alpha m_\alpha D_\alpha$; donc on a $Z(P) \sim Z(Q)$. Soit g la fonction sur V, ayant $k(P, Q)$ pour corps de définition, telle que $(g) = Z(P) - Z(Q)$; soit x un point générique de V par rapport à $k(P, Q)$; soit h la fonction sur $V \times \Gamma$ ayant $k(P)$ pour corps de définition et telle que $h(x \times Q) = g(x)$. D'après F-VIII$_2$, th. 1, cor. 4, on a $(h) \cdot (V \times Q) = Z(P) - Z(Q)$, donc, d'après F-VII$_6$, th. 12 (ii), $(h) = Z(P) \times \Gamma - Z + V \times \mathfrak{a}$, où $\mathfrak{a}$ est un diviseur sur Γ, rationnel par rapport à $k(P)$; en remplaçant au besoin $h(x \times Q)$ par $h(x \times Q)\,\lambda(Q)$, où λ est une fonction définie sur Γ, on peut supposer de plus que M, N ne sont pas des composants de $\mathfrak{a}$. Alors h induit sur $V \times M$ une fonction h_0 telle que $(h_0) = [Z(P) - Z(M)] \times M$, d'où il s'ensuit que $Z(P) \sim Z(M)$ sur V; de même $Z(P) \sim Z(N)$. Donc $Z(M) \sim Z(N)$.

Corollaire 1. *Soient W une variété, Z un diviseur sur $V \times W$, et C une courbe typique sur V. Supposons qu'il existe un corps de définition k de V et W, par rapport auquel Z soit rationnel, tel que $Z(M) \cdot C$ soit défini et ~ 0 sur C quel que soit M générique sur W par rapport à k. Alors on a $Z(N) \sim Z(N')$ sur V chaque fois que N, N' sont des points de W tels que $Z(N)$, $Z(N')$ soient définis.*

Soit φ une application de V dans une variété abélienne; d'après le coroll. 1 du th. 4, n° 15, on a $\bar{\varphi}[Z(M)] = 0$ pour tout M générique sur V par rapport à k, donc $\psi(M) = 0$ si ψ est la fonction définie au moyen du th. 5; en prenant M générique par rapport à un corps de définition de ψ qui contienne k, cela implique $\psi = 0$, d'où la conclusion en vertu du th. 6.

Corollaire 2. *Soit k un corps de définition de V; soit X un diviseur sur V, satisfaisant à une relation $mX \sim X_0$, où m est un entier $\neq 0$ et X_0 un diviseur rationnel sur k. Alors il y a un diviseur X_1 rationnel sur $\bar{k}$ tel que $X \sim X_1$.*

Soit K le plus petit corps de définition commun des composantes de X qui contienne $\bar{k}$; K est de type fini sur $\bar{k}$ et peut donc s'écrire comme $K = \bar{k}(t)$ avec $t = (t_1, \ldots, t_m)$. Soit W le lieu de t sur $\bar{k}$; d'après F-VII$_6$, th. 12 (iii), il existe un diviseur Z sur $V \times W$, rationnel par rapport à $\bar{k}$, tel que $X = Z(t)$; on va montrer que Z a la propriété énoncée dans le th. 6 du n° 18. Soit φ une application de V dans une variété abélienne A; soit k' un corps de définition de A et φ contenant $\bar{k}$; d'après le th. 5 du n° 16, il y a une application ψ de W dans A, définie sur k', telle que $\psi(u) = \bar{\varphi}[Z(u)]$ pour tout point u sur W pour lequel $Z(u)$ est défini. D'après le th. 4 du n° 15, le point $a = \bar{\varphi}(X_0)$ est rationnel par rapport à k'; d'après le coroll. 2 de ce théorème, on a $m\,\psi(t) = a$. Mais, d'après VA, n° 49, prop. 24, les points w de A qui satisfont à $m\,w = a$, qui sont les projections sur A de l'intersection de $A \times a$ et du graphe de $m\,\delta_A$, sont en nombre fini et algébriques sur k'; donc $\psi(t)$ est algébrique sur k' et par suite rationnel sur k' puisque k' est un corps de définition de ψ; ψ est donc une fonction constante. D'après le th. 6 du n° 18, on a donc $Z(t) \sim Z(u)$ chaque fois que $Z(u)$ est défini. Mais, d'après le coroll. 2 du lemme 7, n° 8, et F-IV$_1$, prop. 3, on peut choisir un point u sur W, algébrique sur k, tel que $Z(u)$ soit défini; pour un tel point, posons $X_1 = Z(u)$; on aura bien $X \sim X_1$.

IV. Le second critère d'équivalence (forme définitive).

19. Nous commencerons par quelques résultats généraux, indépendants du contenu des §§ II et III ci-dessus.

Proposition 3. *Si X est un diviseur algébriquement équivalent à 0 sur une variété abélienne A, on a $X \equiv 0$.*

Cette dernière relation a le sens défini dans VA, n° 57, p. 107. L'hypothèse, d'après le lemme 9 du n° 10, équivaut à dire qu'on a

$$X = Z(v) - Z(u) = pr_A [Z \cdot (A \times v) - Z \cdot (A \times u)],$$

Z étant un diviseur sur le produit $A \times J$ de A et d'une jacobienne J, et u, v étant des points de J tels que $Z(u)$, $Z(v)$ soient définis. Il est immédiat qu'on a alors, quel que soit t sur A,

$$X_t - X = pr_A [T \cdot (A \times 0)],$$

T étant le diviseur sur $A \times J$ défini par

$$T = Z_{(t,-v)} - Z_{(t,-u)} - Z_{(0,-v)} + Z_{(0,-u)},$$

où $Z_{(t,w)}$ désigne comme d'habitude (VA, n° 11) le transformé de Z par la translation sur $A \times J$ qui amène (0,0) en (t, w). Mais alors, d'après VA, n° 57, th. 30, coroll. 2, on a $T \sim 0$ sur $A \times J$, et par suite $X_t - X \sim 0$ sur A d'après F-VIII$_2$, th. 4, coroll. 1; t étant arbitraire, cela démontre la proposition.

Corollaire 1. *Si X est un diviseur sur une variété abélienne A, et s'il existe un entier $m \neq 0$ tel que $mX \in \mathfrak{G}_a$ sur A, on a $X \equiv 0$.*

En effet, d'après la prop. 3, on a $mX \equiv 0$, c'est-à-dire (d'après VA, n° 57, th. 30, coroll. 1) $\lambda'_{mX} = 0$ pour tout homomorphisme λ d'une jacobienne dans A, ou autrement dit (d'après VA, n° 45) $m\lambda'_X = 0$, donc enfin $\lambda'_X = 0$ d'après VA, n° 49, prop. 24; comme il en est ainsi quel que soit λ, le coroll. 1 du th. 30, VA, n° 57, montre qu'on a bien $X \equiv 0$.

Réciproquement, on peut montrer que, si A est une variété abélienne donnée, il existe un entier $m \neq 0$ (qu'on peut même prendre de la forme p^ν, où p est la caractéristique, donc égal à 1 si celle-ci est 0) tel que $X \equiv 0$ entraîne $mX \in \mathfrak{G}_a$. D'après la prop. 3, les relations $X \equiv 0$, $X \in \mathfrak{G}_a$ sont donc équivalentes en géométrie algébrique de caractéristique 0. Il en est de même, quelle que soit la caractéristique, sur toute variété jacobienne, en vertu de la prop. 3 ci-dessus et de VA, n° 62, th. 32, coroll. 2. Il serait fort intéressant de savoir si ce résultat reste valable sur toute variété abélienne.

Proposition 4. *Soient U une variété (abstraite) et A une variété abélienne; soit Z un diviseur sur $U \times A$; pour $a \in A$, désignons par Z_a le transformé de Z par la transformation birationnelle de $U \times A$ en soi-même qui transforme $M \times u$ en $M \times (u + a)$ quels que soient M sur U et u sur A. On a alors, quels que soient u, v sur A:*

$$Z_{u+v} - Z_u - Z_v + Z \sim 0.$$

Soient M, N des points simples de U tels que les cycles

$$Z \cdot (M \times A) = M \times S, \quad Z \cdot (N \times A) = N \times T$$

soient définis; comme alors S et T sont algébriquement équivalents sur A, on a $S \equiv T$ d'après la prop. 3. Il est immédiat de plus qu'on a alors

$$Z_u \cdot (M \times A) = M \times S_u,$$

où S_u désigne comme d'habitude le transformé de S par la translation sur A qui amène 0 en u. Posons dans ces conditions

$$X = Z_u - Z - U \times (T_u - T).$$

On aura, d'après ce qu'on vient de voir:

$$pr_A [X \cdot (M \times A)] = S_u - S - (T_u - T) = (S - T)_u - (S - T).$$

Le dernier membre est ~ 0 puisque $S - T \equiv 0$. Il en sera ainsi en particulier si on prend pour M un point générique de U par rapport à $k(u, N)$, k étant un corps de définition pour U et A par rapport auquel Z soit rationnel. Posons $K = k(u, N)$; il y aura donc sur A une fonction φ, ayant $K(M)$ pour corps de définition, telle que $X \cdot (M \times A) = M \times (\varphi)$. Soit x un point générique de A par rapport à $K(M)$; posons $z = \varphi(x)$; on aura $z \in K(M, x)$, et il y aura donc une fonction ψ sur $U \times A$, ayant K pour corps de définition, telle que $z = \psi(M, x)$. D'après F-VIII$_2$, th. 1, coroll. 3, on aura dans ces conditions

$$X \cdot (M \times A) = (\psi) \cdot (M \times A).$$

Comme X et (ψ) sont rationnels sur K, et M générique par rapport à K, cela entraîne (F-VII$_6$, th. 12 (ii)) que toute composante W de $X - (\psi)$ a sur U une projection $W' \neq U$; comme on a alors $W \subset W' \times A$, et que, si $U \times A$ est de dimension d, W est de dimension $d - 1$ tandis que $W' \times A$ est de dimension $< d$, il s'ensuit qu'on a $W = W' \times A$, et par conséquent $X - (\psi) = R \times A$, où R est un diviseur sur U, donc en définitive:

$$Z_u - Z \sim U \times (T_u - T) + R \times A.$$

Appliquons à cette relation la transformation birationnelle de $U \times A$ qui transforme tout point $P \times w$ en $P \times (w + v)$; celle-ci transforme Z_u en Z_{u+v}, Z en Z_v, $U \times T_u$ en $U \times T_{u+v}$, $U \times T$ en $U \times T_v$, et laisse $R \times A$ invariant. On a donc:

$$Z_{u+v} - Z_v - (Z_u - Z) \sim U \times [T_{u+v} - T_v - (T_u - T)],$$

ce qui achève la démonstration en vertu de VA, n° 57, th. 30, coroll. 2, et de F-VIII$_2$, th. 1, coroll. 4.

Corollaire 1. *Les hypothèses et notations étant celles de la prop.* 4, *soient* m_i *des entiers,* u_i *des points de* A, *et posons* $m = \sum_i m_i$, $u = \sum_i m_i u_i$; *on a alors:*

$$\sum_i m_i Z_{u_i} \sim Z_u + (m - 1) Z.$$

En effet, la prop. 4 peut s'interpréter en disant que la correspondance entre u et la classe (par rapport à l'équivalence linéaire $\sim$ sur $U \times A$) du diviseur $Z_u - Z$ est un homomorphisme du groupe additif des points de A dans le groupe additif des classes de diviseurs sur $U \times A$. Avec les notations du corollaire, on a donc bien

$$Z_u - Z \sim \sum_i m_i (Z_{u_i} - Z).$$

De plus, U, A et Z étant comme il est dit dans la prop. 4, les notations générales introduites au n° 9 nous imposent de désigner par $Z(u)$ le diviseur sur U défini par $Z \cdot (U \times u) = Z(u) \times u$ chaque fois que u est tel que le premier membre ait un sens; mais, lorsqu'il en est ainsi, il est immédiat qu'on a aussi:

$$Z_{-u} \cdot (U \times 0) = Z(u) \times 0 .$$

Il résulte alors immédiatement de la prop. 4 et de son coroll. 1, combinés avec F-VIII$_2$, th. 4, coroll. 1, qu'on a ce qui suit:

Corollaire 2. *Les hypothèses et notations étant celles de la prop. 4 et du coroll. 1, on a*

$$Z(u+v) - Z(u) - Z(v) + Z(0) \sim 0 ,$$

$$\sum_i m_i Z(u_i) \sim Z(u) + (m-1) Z(0) ,$$

pourvu que tous les cycles figurant dans ces relations soient définis.

Corollaire 3. *Soient X un diviseur sur U, et m un entier $\neq 0$, tels qu'on ait $mX \in \mathfrak{G}_a$ sur U. Alors il y a sur U un diviseur X' tel que $X - X' \in \mathfrak{G}_a$ et que $mX' \sim 0$.*

En effet, d'après le lemme 9 du n° 10, on peut écrire $mX = Z(v) - Z(u)$, où Z est un diviseur sur le produit $U \times J$ de U et d'une jacobienne J et où u, v sont tels que $Z(u)$, $Z(v)$ soient définis. Soit $w \in J$ tel que $mw = v - u$; d'après le coroll. 2, on satisfera aux conditions imposées en prenant

$$X' = X - Z(t+w) + Z(t),$$

t étant un point de J tel que le second membre soit défini.

20. Revenons maintenant à l'étude de la variété V^n plongée dans l'espace projectif P^N et satisfaisant aux hypothèses énoncées au début du § II.

Avant de donner les énoncés définitifs que nous avons en vue, nous démontrerons encore un résultat provisoire:

Proposition 5. *Soient k un corps de définition de V, et X un diviseur sur V, rationnel par rapport à k, algébriquement équivalent à 0. Supposons que, pour toute variété linéaire L de dimension $N-n+1$, générique sur k, $\{X \cdot L\}_P$ soit un diviseur ~ 0 sur $C = V \cdot L$. Alors il y a un entier $m \neq 0$ tel que $mX \sim 0$ sur V.*

On observera que, si $\{X \cdot L\}_P \sim 0$ sur la courbe $V \cdot L$ pour une variété linéaire L générique sur k, il en sera de même pour toute autre variété linéaire générique sur k, comme on le verrait facilement au moyen d'un automorphisme convenable du domaine universel; mais, comme nous avons en vue un résultat encore plus précis, nous n'aurons pas besoin de cette remarque. D'après le lemme 9 du n° 10, notre hypothèse sur X permet d'écrire X sous la forme $X = Z(v) - Z(u)$, où Z est un diviseur sur le produit $V \times J$ de V et d'une jacobienne J, et où u, v sont des points de J tels que $Z(u)$, $Z(v)$ soient définis. Soit K un corps de définition de J, contenant k et par rapport auquel Z soit rationnel; prenons L générique par rapport à $K(u, v)$. Comme dans la démonstration du th. 5 du n° 16, on voit qu'il y a sur C un point x qui est générique sur V par rapport à $K(u, v)$; alors, si $x \times u$ était contenu dans une composante de Z, son lieu $V \times u$ par rapport à $K(u, v)$ serait contenu dans cette composante, et $Z(u)$ ne serait pas défini. Donc aucune composante de Z

ne peut contenir $C \times u$, ni de même $C \times v$, ni à plus forte raison $C \times J$. Soit t un point de J tel que $C \times t$ ne soit contenu dans aucune composante de Z; alors $Z \cdot (C \times t)$ sera défini sur $V \times J$ (F-VII$_6$, prop. 16), et on aura, par associativité (F-VII$_6$, th. 10 (v)):

$$(V \times t) \cdot [Z \cdot (C \times J)] = [(V \times t) \cdot Z] \cdot (C \times J) = [Z(t) \cdot C] \times t.$$

Si on pose $T = Z \cdot (C \times J)$, on aura, d'après F-VII$_6$, th. 18, coroll.:

$$\{T \cdot (V \times t)\}_{V \times J} = \{T \cdot (C \times t)\}_{C \times J},$$

donc, en désignant par $T(t) \times t$ le cycle défini par le second membre de cette dernière relation, $T(t) = Z(t) \cdot C$, notre calcul montrant que $Z(t)$ et $T(t)$ sont définis chaque fois que $C \times t$ n'est contenu dans aucune composante de Z.

Soient J_C la jacobienne de C et g l'application canonique de C dans J_C; soit K' un corps de définition pour L, C, J_C et g, contenant $K(u, v)$. Si w est générique sur J par rapport à K', aucune composante de Z ne contient $C \times w$, sans quoi elle contiendrait un point générique de $C \times w$ par rapport à $K'(w)$, et par suite le lieu $C \times J$ de ce point par rapport à la clôture algébrique de K' qui est un corps de définition pour cette composante. Comme $S[g(T(w))]$ est rationnel sur $K'(w)$, il y a une application f de J dans J_C, définie sur K', telle que $f(w) = S[g(T(w))]$. D'après F-VII$_6$, th. 13, chaque fois que $T(t)$ est défini, c'est l'unique spécialisation de $T(w)$ sur $w \to t$ par rapport à K', ce qui implique que $T(t)$ a même degré que $T(w)$, donc que $Z(t) \cdot C - Z(w) \cdot C$ est de degré 0, et aussi que $f(t) = S[g(T(t))]$ puisque f est définie en t (VA, n° 15, th. 6). Autrement dit, chaque fois que $C \times t$ n'est contenu dans aucune composante de Z, on a:

$$f(t) = S\{g[Z(t) \cdot C]\}.$$

Mais, d'après VA, n° 20, th. 9, $f_0(w) = f(w) - f(0)$ est un homomorphisme de J dans J_C; soit N le noyau de cet homomorphisme. D'après VA, n° 25, th. 11, N admet un sous-groupe B d'indice fini m qui est une sous-variété abélienne de J. Comme par hypothèse on a $\{X \cdot C\}_V \sim 0$ sur C, on a $f(v) - f(u) = 0$ (VA, n° 38, th. 19), donc, en posant $a = v - u$, $a \in N$ et par suite $ma \in B$. D'après le coroll. 2 de la prop. 4, n° 19, on a

$$mX \sim Z(w + ma) - Z(w),$$

w étant comme ci-dessus, et tout revient à faire voir que le second membre est ~ 0. En vertu du lemme 8, n° 9, il y a un diviseur Z' sur $V \times B$ tel que, pour tout point b de B tel que $Z(w + b)$ soit défini, $Z'(b)$ soit défini et égal à $Z(w + b)$; en particulier, on aura $Z'(0) = Z(w)$, $Z'(ma) = Z(w + ma)$. Prenons b générique sur B par rapport à un corps de définition K'' de B contenant $K'(w)$; si $C \times (w + b)$ était contenu dans une composante de Z, celle-ci contiendrait un point générique de $C \times (w + b)$ par rapport à $K''(b)$, donc le lieu $C \times B_w$ de ce point par rapport à la clôture algébrique de $K''(b)$, donc aussi $C \times w$, ce qui n'est pas le cas. Il s'ensuit donc qu'on a:

$$S\{g[Z'(b) \cdot C]\} = S\{g[Z(w + b) \cdot C]\} = f(w + b) = f(w)$$

puisque b est dans le noyau de l'homomorphisme f_0; cela s'écrit aussi

$$S\{g[Z'(b) \cdot C]\} = S\{g[Z'(0) \cdot C]\}.$$

Comme on a vu que $Z'(b) \cdot C$, $Z'(0) \cdot C$ ont même degré, le th. 19 de VA, n° 38, montre que dans ces conditions ces diviseurs sont linéairement équivalents sur C. Le diviseur $Z' - Z'(0) \times B$ satisfait donc aux hypothèses du coroll. 1 du th. 6, n° 18; en vertu de ce corollaire, on a donc $Z'(b') \sim Z'(b'')$ chaque fois que b', b'' sont des points de B tels que les deux membres soient définis; en prenant $b' = ma$, $b'' = 0$, on obtient bien $Z'(ma) - Z'(0) \sim 0$.

Corollaire. *Si les D_α sont des diviseurs sur V ayant les propriétés énoncées dans le th.* 3 (*n°* 14), $\sum_\alpha m_\alpha D_\alpha$ *ne peut être algébriquement équivalent à* 0 *que si les m_α sont tous nuls.*

En effet, si $X = \sum_\alpha m_\alpha D_\alpha$ est algébriquement équivalent à 0, on peut appliquer à X la prop. 5; il y aura donc un entier $m \neq 0$ tel que $\sum m m_\alpha D_\alpha \sim 0$, d'où $m m_\alpha = 0$ pour tout α.

21. Nous pouvons maintenant énoncer sous leur forme définitive les critères d'équivalence que nous avions en vue.

Théorème 7. *Soit X un diviseur algébriquement équivalent à* 0 *sur V, tel que l'on ait $\overline{\varphi}(X) = 0$ pour toute application φ de V dans une variété abélienne. Alors il y a un entier $m \neq 0$ tel que $mX \sim 0$.*

En effet, d'après la prop. 2, on a alors une relation $mX \sim \sum_\alpha m_\alpha D_\alpha$. Mais alors $\sum m_\alpha D_\alpha$ est algébriquement équivalent à 0, donc est 0 d'après le coroll. de la prop. 5.

Corollaire 1. *Soit C une courbe typique sur V; soit X un diviseur algébriquement équivalent à* 0 *sur V. Alors, si $X \cdot C$ est défini et est ~ 0 sur C, il y a un entier $m \neq 0$ tel que $mX \sim 0$.*

En effet, X satisfait alors aux hypothèses du th. 7.

Corollaire 2. *Soit L une variété linéaire de dimension $N - n + 1$, générique sur le plus petit corps de définition de V; soit $C = V \cdot L$. Soit X un diviseur sur V. Alors, s'il y a un entier $m \neq 0$ tel que mX soit algébriquement équivalent à* 0 *sur V, et si $X \cdot C$ est défini et est ~ 0 sur C, on a $X \sim 0$ sur V.*

En effet, d'après le coroll. 1 appliqué à mX, il y a alors un entier $m' \neq 0$ tel que $mm'X \sim 0$. D'après le coroll. 2 du th. 6, n° 18, il y a donc un diviseur X_0, à composantes algébriques sur le plus petit corps de définition de V, tel que $X \sim X_0$. Mais alors $\{X_0 \cdot L\}_P$, ou autrement dit $\{X_0 \cdot C\}_V$, est défini; comme on a $X \sim X_0$ sur V et $X \cdot C \sim 0$ sur C, on a $X_0 \cdot C \sim 0$ sur C d'après F-VIII$_2$, th. 4, coroll. 1. On peut alors appliquer à X_0 le th. 3 du n° 14, ce qui montre qu'on a une relation $X_0 \sim \sum n_\alpha D_\alpha$. Mais alors on a $mm' \sum n_\alpha D_\alpha \sim 0$, donc tous les n_α sont nuls.

(*Eingegangen am 16. November 1953.*)

[1954e] Footnote to a recent paper

In a recent paper, L. Carlitz [1] has given formulas for the number of solutions of special pairs of equations $F = a$, $G = b$, where F, G are quadratic forms over a field k with q elements, q being odd. More complete results may be obtained more briefly by the same method. Observe first that, if N is the number of solutions of $F = a$, $G = b$, and if N', N'' are the numbers of solutions of $F = G = 0$ and of $F - at^2 = G - bt^2 = 0$, respectively, where t is a variable not occurring in F, G, then $N = (q-1)^{-1}N'' - N'$; so it is enough to consider the homogeneous case $F = G = 0$, where F, G are quadratic forms in any number of variables $x_0, x_1, \cdots, x_n$, which may of course be assumed to be linearly independent. By $\det(F)$, if $F = \sum a_{ij}x_ix_j$, we understand the determinant of the coefficients a_{ij}. We put

$$\phi(u, v) = \det(uF + vG);$$

this is a form of degree $n + 1$ in u, v, which may be identically 0.

Let ψ be any non-trivial character of the additive group of the elements in k; let χ be the character of order 2 of the multiplicative group of non-zero elements in k, i. e. $\chi(x) = 1$ or -1 according as x is or is not a square in k, and $\chi(0) = 0$. Then the Gaussian sum $g = \sum \chi(x)\psi(x)$ satisfies $g^2 = \chi(-1)q$. Carlitz's method depends upon the following well-known and elementary fact: if the quadratic form $H(x_0, \cdots, x_n)$ is equivalent over k to the form $\sum_{i=0}^{m} c_iy_i^2$, where the c_i are $\neq 0$ and $0 \leqq m \leqq n$, then

$$\sum_x \psi[H(x_0, \cdots, x_n)] = \chi(c_0c_1 \cdots c_m)g^{m+1}q^{n-m},$$

so that in particular, if $\det(H) \neq 0$ and therefore $m = n$, the left-hand side has the value $\chi[\det(H)]g^{n+1}$.

Now, calling N the number of solutions of $F = G = 0$, we observe with Carlitz that we have

$$N = q^{-2} \sum_{x,u,v} \psi(uF)\psi(vG) = q^{-2} \sum_{u,v} \left(\sum_x \psi(uF + vG)\right),$$

* Received November 27, 1953.

Reprinted from the *Am. J. of Math.* 76, 1954, pp. 347-350, by permission of the editors,

and evaluate the last sum by the above formula. For $u = v = 0$, we get q^{n+1}. For $\phi(u, v) \neq 0$, we get $\chi[\phi(u, v)]g^{n+1}$. Let now $b_\rho u - a_\rho v$, for $1 \leqq \rho \leqq r$, be all the essentially distinct linear forms with coefficients in k which divide $\phi(u, v)$; two linear forms which differ only by a constant factor are not to be reckoned as essentially different. If ϕ is identically 0 we have $r = q + 1$, otherwise $r \leqq n + 1$. Let $m_\rho + 1$ be the rank of $H_\rho = a_\rho F + b_\rho G$; let H_ρ be equivalent over k *to* $\sum_i c_{\rho i} y_i^2$, where $0 \leqq i \leqq m_\rho$, and put $C_\rho = c_{\rho 0} c_{\rho 1} \cdots c_{\rho m_\rho}$. Then we get

$$N = q^{n-1} + q^{-2} g^{n+1} S + \sum_\rho q^{n-m_\rho-2} g^{m_\rho+1} T_\rho$$

where S and the T_ρ are defined by

$$S = \sum_{\phi(u,v)\neq 0} \chi[\phi(u, v)], \qquad T_\rho = \sum_{t\neq 0} \chi(C_\rho t^{m_\rho+1}).$$

Clearly the latter sum is 0 if m_ρ is even, and has the value $(q - 1)\chi(C_\rho)$ if m_ρ is odd. In the former sum, the restriction $\phi(u, v) \neq 0$ may be removed, as $\chi(0) = 0$; replacing u, v in it by ut, vt changes S into $\chi(t^{n+1})S$, so that S is 0 if n is even. If n is odd, it is clear that we have $S = \bar{N} - q^2$, where $\bar{N}$ is the number of solutions of $t^2 = \phi(u, v)$ and is related in an obvious manner to the number of points on the hyperelliptic curve $y^2 = \phi(x, 1)$. Specializing this to the case considered by Carlitz, one gets all his results immediately.

For a non-singular variety V in a projective space over a field k with q elements, I have defined ([2], p. 507) a zeta-function $Z(U)$ by the formula

$$D \log Z(U) = \sum_1^\infty N_\nu U^{\nu-1}, \qquad (D = d/dU),$$

where N_ν is the number of points on V with coordinates in the extension k_ν of degree ν of k. Now, for the variety defined by the pair of quadratic equations $F = G = 0$ to be non-singular, it is necessary and sufficient that $\phi(u, v)$ should not be identically 0 and should have no multiple linear factors in any extension of k (i. e., that its discriminant should be $\neq 0$). If that is so, then, with the same notations as above, m_ρ cannot have any other value than $n - 1$. If therefore n is odd, the T_ρ are all 0. The curve $y^2 = \phi(x, 1)$ has here the genus $(n - 1)/2$, and its zeta-function is known to be of the form

$$\bar{Z}(U) = (1 - U)^{-1}(1 - qU)^{-1} \prod_{\nu=1}^{n-1} (1 - \alpha_\nu U)$$

where the α_ν are of absolute value $q^{1/2}$. Then the above formulas give, for the zeta-function $Z(U)$ of the variety $F = G = 0$, the value

$$Z(U) = \prod_{h=0}^{n-2} (1 - q^h U)^{-1} \prod_{\nu=1}^{n-1} (1 - q^{(n-3)/2}\chi(-1)^{(n+1)/2}\alpha_\nu U);$$

this seems to suggest some relationship between the intrinsic properties of the variety $F = G = 0$ and those of the curve $y^2 = \phi(x, 1)$. On the other hand, one finds, when n is even:

$$Z(U) = \prod_{h=0}^{n-2} (1 - q^h U)^{-1} \prod_{\lambda} (1 - q^{d_\lambda(n-2)/2}\chi(-1)^{d_\lambda n/2}\epsilon_\lambda U^{d_\lambda})^{-1},$$

where the d_λ and ϵ_λ are as follows. The d_λ are the degrees of all the irreducible factors $\phi_\lambda(u, v)$ into which $\phi(u, v)$ splits up over the field k; and, if k_λ is the extension of k of degree λ, and $b_\lambda u - a_\lambda v$ is a linear factor of $\phi_\lambda(u, v)$ in k_λ, ϵ_λ is 1 or -1 according as $a_\lambda F + b_\lambda G$ is or is not equivalent over k_λ to a sum of n squares.

The same method still yields interesting results if one applies it to any number of homogeneous quadratic equations $F_1 = \cdots = F_r = 0$, provided the quadratic forms $F_1, \cdots, F_r$ contain only the squares of the variables (this is the assumption made by Carlitz in the case $r = 2$, unnecessarily as we have shown). It gives a relation between the number of solutions of that system and the numbers of solutions of certain equations of the type $t^2 = P(u_1, \cdots, u_s)$ where the right-hand side is a product of an even number of linear forms. In the case of a non-singular variety defined by three quadratic equations of the above form, one gets in this manner a fairly simple formula for the zeta-function.

The above results provide additional evidence concerning the conjectures on the zeta-functions of non-singular varieties formulated in my article [2]; for a comparison with the topological properties of varieties defined by pairs of quadratic equations $F = G = 0$ over complex numbers, results of Hirzebruch (still unpublished) are now available, which include the calculation of the Betti numbers of all non-singular complete intersections of hypersurfaces in a projective space. Since somewhat misleading statements have crept into the recent literature on this subject, it seems worthwhile to emphasize that *all the evidence on hand* (including some which is still unpublished) *fully confirms those conjectures,* not only as to the rationality of the zeta-functions but also as to the existence of the functional equation and the relationship with Betti numbers in the classical case.

Naturally, one may also attach a function $Z(U)$, defined by the same formula as above, to varieties with singular points, to varieties in affine spaces, etc., and it seems very likely that all functions defined in this manner are still rational; at least this is so in all the examples known to me at present where they can be calculated explicitly. However, the most trivial examples (e. g., that of a quadratic cone in a 3-dimensional projective space) show that such functions need not satisfy a functional equation of the kind which is typical for zeta-functions, so that it is not altogether proper to call them by that name.

UNIVERSITY OF CHICAGO.

REFERENCES.

[1] L. Carlitz, "Pairs of quadratic equations in a finite field," *American Journal of Mathematics*, vol. 76 (1954), pp. 137-154.

[2] A. Weil, "Numbers of solutions of equations in finite fields," *Bulletin of the American Mathematical Society*, vol. 55 (1949), pp. 497-508.

[1954f] Number of points of varieties in finite fields

(jointly with S. Lang)

1. Statement and proof of the main theorem. Let V be a variety in a projective space P^n. If V has dimension r and degree d, we shall indicate this by writing $V = V_{n,d,r}$. A point of V can be represented by homogeneous coordinates $(x) = (x_0, \cdots, x_n)$, and we shall also say that (x) is a point of V. We use k to denote a finite field and q to denote the number of elements in k. Let V be defined over k. A point (x) of V is said to be rational over k, or more briefly to be in k, if its coordinate ratios x_i/x_j $(x_j \neq 0)$ are in k. We intend to give an estimate for the number of points of V which are in k. Denoting this number by N, we prove

THEOREM 1. *There exists a constant $A(n, d, r)$ depending only on n, d, r such that for any variety $V = V_{n,d,r}$ defined over a finite field k we have*

$$| N - q^r | \leqq \delta q^{r-\frac{1}{2}} + A(n, d, r) q^{r-1}$$

where $\delta = (d-1)(d-2)$.

If $r = 1$, i.e. if V is a curve, the above diophantine statement is a reformulation of the Riemann hypothesis in function fields [2]. Indeed, let V_1 be a non singular projective curve, defined over k, birationally equivalent to V over k. Let g be the genus of V and V_1. Then we know that the number N_1 of rational points of V_1 satisfies $| 1 + q - N_1 | \leqq 2gq^{\frac{1}{2}}$. Each non singular point of V corresponds to exactly one point of V_1. The number of singular points on V is bounded by a constant depending only on d, and each singular point of V corresponds at most to d points on V_1. Hence $| N_1 - N | \leqq A$ where A is a constant depending only on d. This shows that $| N - q | \leqq 2gq^{\frac{1}{2}} + (A + 1)$. Using the fact that $g \leqq \frac{1}{2}(d-1)(d-2)$, we see that Theorem 1 is true for $r = 1$.

The proof of Theorem 1 will now be carried out by induction on the dimension r, and the arguments will be of an elementary nature.

We begin by two lemmas and use throughout the terminology of [1],

* Received November 30, 1953.

Reprinted from the *Am. J. of Math.* 76, 1954, pp. 819-827, by permission of the editors, © 1954 The Johns Hopkins University Press.

except that a bunch of varieties will be called an algebraic set. We shall say that an algebraic set is defined over k if it is defined by algebraic equations $f_\alpha = 0$ with coefficients in k. If the algebraic set is in projective space, then the f_α can be chosen to be forms, and the algebraic set is identified with the rays of zeros of these forms. For example, a hyperplane H in P^n is defined by an equation $\sum w_i X_i = 0$. If $w_i \in k$, then H is defined over k, or as we shall say more briefly, H is in k.

Let Z be a positive cycle in P^n, of degree $d > 0$, and dimension r. We can then write $Z = \sum a_i V_i$ as a formal sum of distinct varieties V_i, with integer coefficients $a_i > 0$. We then have $d = \deg Z = \sum a_i \cdot \deg V_i$, and $\dim V_i = r$ for each i. By a point of Z we shall mean a point of any of the varieties V_i. The set of points of Z is an algebraic set denoted by $|Z|$. If Z is rational over k, then $|Z|$ is defined over k. We let N_Z be the number of points of Z in k.

LEMMA 1. *There exists a constant $A_1(n, d, r)$ depending only on n, d, r such that for any positive cycle Z in P^n, of degree d, dimension r, and rational over k, we have $N_Z \leqq A_1 q^r$.*

Proof. By induction on the dimension r. Suppose first $r = 0$. Then $|Z|$ consists of at most d points, and the lemma is trivial. Assume now $r \geqq 1$. If we express Z as a sum of prime rational cycles over k, then there will be at most d such cycles in the sum. Hence it suffices to prove the result for a prime rational cycle. Let $(X_0, \cdots, X_n)$ be the variables of P^n. For some pair of indices, say $(0, 1)$, Z (which we assume to be prime rational over k) intersects properly the hyperplanes H_ξ defined by the equations $X_0 - \xi X_1 = 0$ where ξ ranges over k, and the hyperplane H defined by $X_1 = 0$. Every point of Z in k is contained in one of the cycles $Z \cdot H_\xi$ or $Z \cdot H$, each of which has degree d by Bezout's Theorem ([1], App. I) and is of dimension $r - 1$. According to the induction hypothesis, there exists a constant $B(n, d, r-1)$ such that $N_{Z \cdot H_\xi}$ and $N_{Z \cdot H} \leqq B(n, d, r-1) q^{r-1}$. As we have exactly $q + 1$ cycles, we see that there are at most $B(q+1) q^{r-1}$ points in Z, and this is certainly $\leqq 2Bq^r$. The constant $2B$ is what we are looking for.

Our second lemma will be concerned with the following situation. Let V be a variety in P^n, of dimension $r \geqq 2$, and not contained in a hyperplane. Let P'^n be the projective space dual to P^n, and let $(w) = (w_0, \cdots, w_n)$ be the homogeneous coordinates of a point in P'^n. Let H_w be the hyperplane defined by $\sum w_i X_i = 0$. Then the set R of points (w) of P' such that the cycle $V \cdot H_w$ is not a variety is an algebraic set, defined over every field of definition of V, and $R \neq P'$. (Cf. [4], § 1, 6). The hyperplanes H such that $V \cdot H$ is not a variety may therefore be viewed as forming an algebraic set R in P'. Lemma 2 gives an estimate for the number of such hyperplanes defined over a finite field k.

LEMMA 2. *There exists a constant* $A_2(n, d, r)$ *depending only on* n, d, r *having the following property. If* $V = V_{n,d,r}$ *is any variety defined over* k, *not contained in a hyperplane, and if* N_R *is the number of hyperplanes* H *in* k *such that* $V \cdot H$ *is not a variety, then* $N_R \leqq A_2 q^{n-1}$.

Proof. Let Z be a positive cycle of dimension r and degree d in P^n. Let $F(U^{(0)}, \cdots, U^{(r)})$ be the associated form of Z. It is of degree d in each set of variables $U^{(0)}, \cdots, U^{(r)}$, and its coëfficients are called the Chow coordinates of Z. These are viewed as the homogeneous coordinates of a point in a projective space P^M. The coordinates $(c) = (c_0, \cdots, c_M)$ of a cycle which is not a variety form an algebraic set C in P^M (cf. [4], §1, 6), and C is defined over the prime field. We let $\phi_\alpha = 0$ be a finite system of equations with coefficients in the prime field, defining C. The forms ϕ_α depend only on n, r, and d.

Let now $V = V_{n,d,r}$ be a variety defined over k, not contained in a hyperplane. Let (w) be a point of P', and let $c(w) = (c_0(w), \cdots, c_M(w))$ be the Chow coordinates of the cycle $V \cdot H_w$. If $F(U^{(0)}, \cdots, U^{(r)})$ is the associated form of V, then it can be verified that the associated form of $V \cdot H_w$ is $F(w, U^{(0)}, \cdots, U^{(r-1)})$. Hence each $c_i(w)$ is a form of degree d in the quantities (w), with coefficients in k.

Let R be the algebraic set of points (w) in P' such that $V \cdot H_w$ is not a variety. This algebraic set R is defined over k, and we have $(w) \in R$ if and only if $c(w) \in C$, i. e. if and only if $\phi_\alpha(c(w)) = \phi_\alpha(c_0(w), \cdots, c_M(w)) = 0$ for all α. If $(W) = (W_0, \cdots, W_n)$ are the variables of P', at least one of the polynomials $\phi_\alpha(c(W))$ does not vanish identically. (If they all did, R would be the entire space P', which is not true.) The degree of this $\phi_\alpha(c(W))$ depends only on the degree of ϕ_α and on the degree d of each $c_i(W)$. Since the ϕ_α depend only on n, d, and r we have proved that R is contained in a hypersurface $\phi_\alpha(c(W)) = 0$ with coefficients in k, whose degree is a constant e depending only on n, d, r. This hypersurface defines a positive cycle Z in P^n, of degree e and dimension $n-1$, rational over k. By Lemma 1, we have $N_R \leqq N_Z \leqq A_1(n, e, n-1) q^{n-1}$ where A_1 is the constant of Lemma 1. Putting $A_2(n, d, r) = A_1(n, e, n-1)$, we see that Lemma 2 is proved.

Remark: All the constants depending on n, d, r which we are finding in this paper can easily be estimated, except for e in the proof of the preceding lemma.

We are now in a position to prove the main theorem.

Let $V = V_{n,d,r}$ be defined over k. We may assume that V is not contained in a hyperplane. Indeed, if V is contained in a hyperplane, or in a linear variety, then it is easily verified that the smallest linear variety L_0 containing V is also defined over k. (The linear forms defining L_0 are precisely the linear forms contained in the prime homogeneous ideal in $k[X]$ defining V.) L_0 can then be viewed as a projective space of dimension $n_0 \leqq n$, and it would suffice to prove our theorem for V as a subvariety of L_0.

If V is not contained in a hyperplane, then the cycle $V \cdot H$ is defined for every hyperplane H, and Lemma 2 will be applicable.

We consider the pairs $((x), H)$ consisting of a point (x) of V in k and a hyperplane H in P'^n defined by an equation $\sum w_i X_i = 0$ with $w_i \in k$ and passing through (x), i. e. such that $H(x) = \sum w_i x_i = 0$. We shall count these pairs in two ways.

We shall denote by κ_{n+1} the number of points in k in the projective space P^n. This is given by $\kappa_{n+1} = q^{n+1} - 1/q - 1 = 1 + q + \cdots + q^n$. This is also the number of hyperplanes H of P' in k. Similarly, the number of hyperplanes in k passing through a given point (x) in k is κ_n. From these remarks, it follows that the number of pairs $((x), H)$ is given by the following two equal numbers:

$$N\kappa_n = \sum_H N_{V \cdot H}$$

where N is the number of points of V in k, $N_{V \cdot H}$ is the number of points of the cycle $V \cdot H$ in k, and the sum is taken over all hyperplanes H in k. Solving for N, and using the same notation as in Lemma 2, we see that N is equal to

$$\frac{1}{\kappa_n} \sum_{H \notin R} N_{V \cdot H} + \frac{1}{\kappa_n} \sum_{H \in R} N_{V \cdot H} \tag{1}$$

where R is the algebraic set of hyperplanes H such that $V \cdot H$ is not a variety.

If N_R is the number of terms in the second sum, i. e. the number of hyperplanes H in R, the number of terms in the first sum is $\kappa_{n+1} - N_R$. We shall now estimate the two sums, and begin with the first one.

For $H \notin R$, $V \cdot H$ is a variety of degree d, dimension $r - 1$, defined over k. It follows from the induction hypothesis that for $H \notin R$, we have $| N_{V \cdot H} - q^{r-1} | \leqq \delta q^{r-3/2} + A_3 q^{r-2}$ where $A_3 = A(n, d, r-1)$ is the constant determined inductively, depending only on n, d, and $r - 1$. Summing over $H \notin R$, and dividing by κ_n we get

$$\left| \frac{1}{\kappa_n} \sum_{H \notin R} N_{V \cdot H} - Q \right| \leqq \frac{\kappa_{n+1} - N_R}{\kappa_n} (\delta q^{r-3/2} + A_3 q^{r-2})$$

where $Q = \kappa_n^{-1}(\kappa_n - N_R)q^{r-1}$. We note that $\kappa_{n+1} = q\kappa_n + 1$, and $q^{n-1} \leqq \kappa_n$. Also we know by Lemma 2 that $N_R \leqq A_2 q^{n-1} \leqq A_2\kappa_n$. This shows that $| Q - q^r | \leqq (1 + A_2)q^{r-1}$ and that $\kappa_n^{-1}(\kappa_{n+1} - N_R) \leqq \kappa_n^{-1}\kappa_{n+1} \leqq q + 1$. From this we conclude immediately that

$$(2) \qquad \left| \frac{1}{\kappa_n} \sum_{H \in R} N_{V \cdot H} - q^r \right| \leqq \delta q^{r-\frac{1}{2}} + A_4 q^{r-1}$$

with a suitable A_4.

We now turn to our second sum, $\sum_{H \in R} N_{V \cdot H}$, and we shall prove that it can be absorbed by the error term involving q^{r-1} only.

If $H \in R$, then $V \cdot H$ is a cycle of degree d, dimension $r - 1$, and rational over k. By Lemma 1, it follows that $N_{V \cdot H} \leqq A_1 q^{r-1}$ for a suitable constant A_1. By Lemma 2, we know that $N_R \leqq A_2 q^{n-1}$. Hence

$$(3) \qquad \frac{1}{\kappa_n} \sum_{H \in R} N_{V \cdot H} \leqq \frac{q^{n-1}}{\kappa_n} A_1 A_2 q^{r-1} \leqq A_5 q^{r-1}$$

because $q^{n-1} \leqq \kappa_n$, as we have already remarked.

Combining (1), (2), and (3) we see that there exists a constant A_6 (the desired constant $A(n, d, r)$) such that $| N - q^r | \leqq \delta q^{r-\frac{1}{2}} + A_6 q^{r-1}$. This concludes the proof of the theorem.

2. Corollaries and applications. We list some of the immediate corollaries to Theorem 1.

In the first place, our theorem is of the nature of an asymptotic result. If k_ν is the extension of degree ν over k, and $N^{(\nu)}$ is the number of points of V in k_ν then

$$N^{(\nu)} = q^{\nu r} + O(q^{\nu(r-\frac{1}{2})}) \quad \text{for} \quad \nu \to \infty.$$

In particular, if $\nu \to \infty$ then $N^{(\nu)} \to \infty$ also. We shall now see that this asymptotic behavior can be stated more generally for abstract varieties.

Let $V = V_{n,d,r}$ be a variety defined over k, and let F be a frontier on V (i.e. an algebraic set properly contained in V) also defined over k. Let $N^{(\nu)}{}_{V-F} = N^{(\nu)}{}_V - N^{(\nu)}{}_F$ be the number of points of $V - F$ which are in k_ν. Then from Lemma 1 we see immediately that $| N^{(\nu)}{}_{V-F} - N^{(\nu)}{}_V | \leqq Bq^{\nu(r-1)}$ where B is a constant depending on V and on F.

If V and V' are two varieties of dimension r in P^n, defined over k, and if T is a birational correspondence between them, also defined over k, then there exist frontiers F and F' defined over k such that T is everywhere biregular in $V - F$ and $V' - F'$. T gives a $1 - 1$ correspondence between the points of $V - F$ and those of $V' - F'$, so $N^{(\nu)}{}_{V-F} = N^{(\nu)}{}_{V'-F'}$.

Let now $V=(V_\alpha, F_\alpha, T_{\beta\alpha})$ be an abstract variety, represented by varieties V_α in projective space, with frontiers F_α, and birational correspondences $T_{\beta\alpha}$, all of which are defined over k. If P is a point of V, then P has representatives P_α in some of the V_α. If one of these P_α is rational over k, then so are all the other representatives, and hence in this case we may say that P is rational over k.

If K is a function field of dimension r over k, then we shall say that an abstract variety V is a model of K if V is defined over k, and if $K=k(P)$ where P is a generic point of V over k. The following two corollaries of Theorem 1 are immediate consequences of the preceding discussion.

COROLLARY 1. *Let K be a function field of dimension r over a finite constant field k. If V is any abstract model of K, and $N^{(\nu)}$ the number of points of V in k_ν, then $N^{(\nu)}-q^{\nu r}$,* mod $O(q^{\nu(r-1)})$, *is a birational invariant (i. e. does not depend on the choice of the model V of K).*

COROLLARY 2. *Let K/k be as in Corollary* 1. *There exists a constant γ such that for any abstract model V of K, we have*

$$|N^{(\nu)}-q^{\nu r}| \leqq \gamma q^{\nu(r-\frac{1}{2})}+Bq^{\nu(r-1)}$$

where B is a constant depending on V. If K has a projective model of degree d, then we can take $\gamma \leqq (d-1)(d-2)$.

The smallest constant γ that can be selected in Corollary 2 is obviously a birational invariant, and we shall return to discuss it below. For the moment, we note that an abstract model of the function field K can be projective or affine, and can also be chosen without singularities, because the singular points on a variety defined over k are a frontier F, properly contained in V and defined over k. Hence our corollaries show that as ν increases indefinitely, the number of simple points on V in k_ν also increases indefinitely.

COROLLARY 3. *Let V be an abstract variety defined over k. Let m be a given integer. There exists a zero dimensional positive cycle on V, rational over k, and of degree prime to m. Hence there exist cycles on V which are zero dimensional, rational over k, and of degree* 1.

Proof. From the above remark and the corollaries, there exist non singular points of V in the field k_ν when ν is sufficiently large and prime to m.

The preceding result generalizes the well known theorem that a function field in one variable over a finite constant field always has a divisor of degree 1. In this vein, we can state the following invariant result:

COROLLARY 4. *Let K be a function field over a finite constant field k. Let $x_1, \cdots, x_n$ be a finite set of non zero elements of K. For all ν sufficiently large, there exists a place ϕ of K which is k_ν-valued, and such that $\phi(x_i) \neq 0, \neq \infty$ for any i.*

Proof. After enlarging our set (x) by a finite number of elements if necessary, we may assume that $k(x) = K$, and that for each i, x_i^{-1} appears in the set (x). Under these assumptions it suffices to prove that there exists a place ϕ of K which is k_ν-valued and such that $\phi(x_i)$ is finite for all x_i. We view (x) as the generic point of an affine variety V defined over k. By Corollary 1, for all sufficiently large ν, there exists a point (x') of V in k_ν which is simple on V. If $\mathfrak{o}$ is the specialization ring of (x') in K and $\mathfrak{p}$ the maximal prime ideal, then $\mathfrak{o}/\mathfrak{p}$ is isomorphic to the subfield $k' = k(x')$ of k_ν. (The isomorphism is induced by the map $f(x) \to f(x')$, $f \in k[X]$). Since k is perfect, the completion of $\mathfrak{o}$ is isomorphic to a power series ring $k'\{t\} = k'\{t_1, \cdots, t_r\}$ and K can be identified with a subfield of the quotient field Ω of $k'\{t\}$. It is clear that there exists a k'-valued place ϕ of Ω mapping each t_j on 0. (For instance, view Ω as a subfield of the repeated power series field $\Gamma = k'\{t_1\}\{t_2\} \cdots \{t_r\}$. By mapping successively each t_j $(j = r, \cdots, 1)$ on 0, we get a k'-valued place ϕ of Γ.) Since the quantities x_i are in $\mathfrak{o}$ for all i, the place ϕ is finite on the x_i. The restriction of ϕ to K gives the desired place.

We now turn to the applications of Corollaries 1 and 2 to the zeta function. Let V be an abstract variety of dimension r, defined over k. We associate with V the analytic function $Z(U)$ defined by

$$d \log Z(U)/dU = \sum_{\nu=1}^{\infty} N^{(\nu)} U^{\nu-1}.$$

If V is complete and without multiple points, then $Z(U)$ is the zeta function of V [5] and Weil's conjectures state among other things that $Z(U)$ is a rational function, satisfying a functional equation of the usual type. If V has singular points, or is not complete, then the function $Z(U)$ is probably still a rational function, but it need not satisfy a functional equation.

We shall not at this point go into a detailed analysis of the relation between the functions $Z(U)$ associated with arbitrary varieties, and those associated with complete varieties without multiple points, because the results which we shall now prove as a consequence of Corollary 2 will be applicable to any variety.

COROLLARY 5. *Let V be an abstract variety of dimension r, defined over k. Then the associated function $Z(U)$ has no pole or zero in the circle*

$|U| < q^{-r}$, *and has exactly one pole of order* 1 *in the circle* $|U| < q^{-(r-\frac{1}{2})}$, *namely at* $U = q^{-r}$.

Proof. According to Corollary 2, we can write $N^{(\nu)} = q^{\nu r} + A_\nu q^{\nu(r-\frac{1}{2})}$, where A_ν is a constant, bounded in absolute value by a fixed constant A. This gives

$$d \log Z(U)/dU = q^r \sum_{\nu=0}^{\infty} (q^r U)^\nu + \sum_{\nu=1}^{\infty} A_\nu (q^{r-\frac{1}{2}} U)^\nu.$$

The first of these series is the geometric series and defines the function $1/(1-q^r U)$. Since $-q^r/(1-q^r U) = d \log (1-q^r U)/dU$ we see that $d \log [Z(U)(1-q^r U)]/dU = \sum_{\nu=1}^{\infty} A_\nu (q^{r-\frac{1}{2}} U)^\nu$. Hence $Z(U)(1-q^r U)$ has no pole or zero in the circle $|U| < q^{-(r-\frac{1}{2})}$ because the latter series converges in that circle. Furthermore q^{-r} is a pole, and is the only pole inside the circle, as was to be shown.

COROLLARY 6. *Let V and V' be two varieties which are birationally equivalent, and let $Z(U)$ and $Z'(U)$ be the associated functions. Then the function $Z(U)/Z'(U)$ has no zero or pole in the circle $|U| < q^{-(r-1)}$. Hence the zeros and poles of $Z(U)$ in this circle are birational invariants.*

Proof. It is clear from Corollaries 1 and 2 that the series for

$$d \log Z(U)/dU - d \log Z'(U)/dU = d \log (Z(U)/Z'(U))/dU$$

converges in the circle $|U| < q^{-(r-1)}$, and hence that $Z(U)/Z'(U)$ has no zero or pole in the circle.

Concerning the behavior of $Z(U)$ for $|U| \geqq q^{-(r-\frac{1}{2})}$ we can only make the following conjectural statements, which complement the conjectures of Weil [5].

Let P be the Picard variety of V. P is an abelian variety, whose dimension g is the irregularity of V. Let ι be the endomorphism induced on P by the automorphism $(x \rightarrow x^q)$ of the universal domain, and let

$$F(U) = \prod_{i=1}^{2g} (1 - \alpha_i U)$$

be the characteristic polynomial of ι as defined in [3], § 67. Then the series for

$$d \log Z(U)/dU + d \log (1 - q^r U)/dU - d \log F(U)/dU$$

converges in the circle $|U| < q^{-(r-1)}$, and the function $Z(U)(1-q^r U)/F(U)$ has no zero and no pole inside this circle, and has at least one pole on the circle $|U| = q^{-(r-1)}$, provided of course that V is complete and without multiple points.

Furthermore, if K/k is a function field as in Corollary 2, and if γ is the smallest constant for which Corollary 2 holds, then $\gamma = 2g$. (This gives the explicit determination of γ as a birational invariant.)

If V is a curve, then $P = J$ is the Jacobian variety, and g is the genus of the curve. For this case, all the preceding statements are well known and are contained in [2], except for the last, i. e. that $\gamma = 2g$ is actually the best possible constant for the inequality $|N^{(\nu)} - q^{\nu}| \leqq \gamma q^{\nu/2} + B$ of Corollary 2. As to this, it obviously suffices to prove it in the case that V is complete and without multiple points, and then it amounts to proving that $\gamma = 2g$ is the best possible constant for the inequality $|1 + q^{\nu} - N^{(\nu)}| \leqq \gamma q^{\nu/2}$. Actually, this last statement is implicit in [2], as the following argument shows.

We have ([2], § 22, p. 71) $|1 + q^{\nu} - N^{(\nu)}| = \sigma(\iota^{\nu}) = \sum_{i=1}^{2g} \alpha_i^{\nu}$ and $|\alpha_i| = q^{\frac{1}{2}}$, so that we can write $\alpha_i = q^{\frac{1}{2}} \exp(2\pi i \theta_i)$ where θ_i is a real number between 0 and 1. Hence we can write

$$\sigma(\iota^{\nu}) = q^{\frac{1}{2}} \sum_{i=1}^{2g} \exp(2\pi i \nu \theta_i).$$

For infinitely many ν, $\sum_{i=1}^{2g} \exp(2\pi i \nu \theta_i)$ will be as close to $2g$ as we please, and hence $2g$ is indeed the best possible constant.

UNIVERSITY OF CHICAGO.

REFERENCES.

[1] A. Weil, "Foundations of algebraic geometry," American Mathematical Society Colloquium Publications, Vol. XXIX, New York, 1946.

[2] ———, "Sur les courbes algébriques et les variétés qui s'en déduisent," Hermann et Cie., Paris, 1948.

[3] ———, "Variétés abéliennes et courbes algébriques," Hermann et Cie., Paris, 1948.

[4] ———, "Critères d'Equivalence," to appear in *Mathematische Annalen*.

[5] ———, "Number of solutions of equations in finite fields," *Bulletin of the American Mathematical Society*, vol. 55 (1949), no. 5, pp. 497-508.

[1954g] On the projective embedding of abelian varieties

THE modern theory of Abelian varieties may be said to have originated from Lefschetz's Bordin prize memoir [1]. The abstract theory, developed more recently, consists largely in nothing else than the extension to arbitrary groundfields, not only of Lefschetz's results, but also, whenever possible, of his methods.

The purpose of the present note, respectfully dedicated to Lefschetz, is to give still another example of the application of his ideas to a problem of the abstract theory; we shall concern ourselves with the projective embedding of Abelian varieties, a question which has attracted a good deal of attention in recent years and to which Chow and Matsusaka have applied the method of associated forms ('Chow coordinates'). In the classical case, Lefschetz had given a solution ([1], pp. 368–369) which seemingly depended upon the use of theta-functions. It will be shown here that his idea can be extended very simply to the abstract case, giving a more complete result than those of Chow and of Matsusaka.

Following modern usage in the theory of complex-analytic varieties, we shall say that a complete linear system is *ample* if it has no fixed component and defines a one-to-one and everywhere biregular embedding of the variety into a projective space. On a complete non-singular abstract variety V, a complete linear system S is ample if and only if the following two conditions are satisfied:

(A) *S separates points on V.* This means that, given any two distinct points P, Q on V, there is a divisor in S going through P and not through Q; when that is so, S can have no 'base-points'.

(B) *S separates infinitely nearby points* in the sense that, given any point P on V and any tangent vector T to V at P, there is a divisor X in S going simply through P and transversal to T at P. This means that there is just one component of X going through P, that it has the coefficient 1 in X and has a simple point at P, and that the tangent linear variety to it at P is tranversal to T.

We shall say that a class of divisors (for linear equivalence) is *ample* if the complete linear system consisting of all the positive divisors in that class is ample.

To say that a variety is projectively embeddable is to say that there exists on it at least one ample class of divisors. For Abelian varieties over complex numbers, Lefschetz proved much more; he showed that a suitable multiple of the class determined by any Riemann form (satisfying Riemann's bilinear relations and inequalities) is ample. His proof will be extended to the corresponding theorem in the abstract case.

Let A be an Abelian variety of dimension n. If X is any divisor on A, we denote by X_a, as usual, the transform of X by the translation $x \rightarrow x+a$. Let the $W^{(i)}$ be finitely many subvarieties of A of dimension $n-1$, all going through O and with the following properties: (a) $\bigcap W^{(i)} = \{0\}$; (b) given any tangent vector T to A at O, there is a $W^{(i)}$ having a simple point at O and transversal to T at O. *Then the class determined on A by the divisor $3\sum W^{(i)}$ is ample.* In fact, by a known result ([3], no. 57, Theorem 30, Corollary 2), this class contains all the divisors

$$X = \sum (W^{(i)}_{u_i} + W^{(i)}_{v_i} + W^{(i)}_{-u_i-v_i}).$$

Let a and b be two distinct points of A. By our assumption (a), one at least of the $W^{(i)}$, say $W^{(1)}$, does not go through $b-a$. Take $u_1 = a$; take for v_1 and the u_i, v_i for $i \neq 1$ a set of independent generic points of A over $k(a, b)$, where k is a common field of definition of A and the $W^{(i)}$. Then X goes through a and not through b, i.e. it satisfies condition (A). Similarly, let T be a tangent vector to A at a; the translation $x \rightarrow x-a$ transforms it into a tangent vector T_0 to A at O. By our assumption (b), one at least of the $W^{(i)}$, say $W^{(1)}$, has at O a simple point and is transversal to T_0. Taking the u_i, v_i just as before, we get a divisor X which satisfies condition (B).

Now the existence of varieties $W^{(i)}$ such as we want them here is a trivial consequence of the following facts:

(a′) given any point a on A, there is a subvariety W of A of dimension $n-1$ going through O and not through a;

(b′) given any linear subvariety L of dimension $n-1$ of the space of tangent vectors to A at O, there is a subvariety W of A of dimension $n-1$ having O as a simple point and L as its tangent linear variety at O.

The latter is true for arbitrary varieties; it is a purely local property of simple points, is obvious for a variety in an affine space, and is therefore always true. As to the former, A being given as an abstract variety, let A' be one of its representatives; if k is a field of definition for A, and u a generic point of A over $k(a)$, $u+a$ is also generic on A over $k(a)$, and so both u and $u+a$ have representatives u', v' on A'. If W' is any subvariety of A' of dimension $n-1$ going through u' and not through v' (e.g. a component going through u' of the intersection of A' with any hyperplane going through u' and not through v'), it will be the representative on A' of a subvariety W of A such that W_{-u} satisfies (a').

This already shows that A is projectively embeddable. But we want to prove the following precise result:

THEOREM. *Let X be a positive divisor on A. In order that there may exist an integer $n>0$ such that the class of nX be ample on A, it is necessary and sufficient that X should be non-degenerate.*

Here, following an interesting recent paper by Morikawa [2], we say that a divisor X on A is *non-degenerate* if there are only finitely many points t of A such that $X_t \sim X$; otherwise it is called *degenerate*.

Assume first that X is non-degenerate. Write X as $X=\sum X^{(\nu)}$, where the $X^{(\nu)}$ are subvarieties of A of dimension $n-1$. The set γ of points a of A such that $X_a^{(\nu)}=X^{(\nu)}$ for all ν is contained in the set of those a for which $X_a \sim X$ and is therefore finite. Consider the divisor

$$Y=\sum(X_{u_\nu}^{(\nu)}+X_{v_\nu}^{(\nu)}+X_{-u_\nu-v_\nu}^{(\nu)}).$$

We see, as before, that $Y\sim 3X$. Let a and b be two points of A such that $b-a$ is not in γ; then there is an $X^{(\nu)}$, say $X^{(1)}$, and a point c in $X^{(1)}$ such that $c+(b-a)$ is not in $X^{(1)}$. Take $u_1=a-c$ and take for v_1 and the u_ν, v_ν for $\nu\neq 1$ a set of independent generic points of A over $K(a,b,c)$, where K is a common field of definition for A and the $X^{(\nu)}$; then the divisor Y goes through a and not through b. This shows that the complete linear system determined by $3X$ separates at any rate all pairs of points a, b such that $b-a$ is not in γ. Let $f_0=1, f_1, \dots, f_N$ be a basis for the vector-space of all functions f on A such that $(f)\succ -3X$; these functions, taken as homogeneous coordinates, determine a mapping F of A into the projective space P^N in which two points a, b cannot have the same image unless $b-a$ is in γ. As γ is finite, this implies that the image $F(A)$ of A has the same dimension n as A itself. Therefore, if W is any subvariety of A of dimension $n-1$, its image $F(W)$ is not $F(A)$, so that there is a homogeneous polynomial $P(X_0, \dots, X_N)$ which is 0 on $F(W)$ and not on $F(A)$. Let d be the degree of P, and put $g=P(f_0, \dots, f_N)$; g is not identically 0 on A; we have $(g)\succ -3dX$; and W is a component of the positive divisor $Z=(g)+3dX$.

Now let $W^{(i)}$ be a system of finitely many subvarieties of A such as was used above in order to embed A projectively. We have just shown that to every $W^{(i)}$ one can find an integer d_i and a positive divisor $Z_i \sim 3d_i X$ having $W^{(i)}$ as one of its components. Put $d = \sum d_i$ and $Z = \sum Z_i$; Z is a positive divisor, linearly equivalent to $3dX$, having all the $W^{(i)}$ among its components. Putting $Z = \sum W^{(i)} + \sum Z^{(j)}$, and reasoning just as before, one sees that the complete linear system determined by the class of $3Z$, i.e. by that of $9dX$, is ample. This completes the proof of the sufficiency of the condition in our theorem.†

In order to prove the converse, we shall have to lean somewhat more heavily upon the results and notations of [3]. We need the following lemmas:

LEMMA 1. *Let W be a subvariety of A of dimension $n-1$. Let f be a mapping of a curve Γ into A, and λ its linear extension* ([3], no. 42) *to the Jacobian variety J of Γ. Then, if $d(\lambda, W) = 0$* ([3], no. 44), *W is invariant by the translation λz for every z in J.*

Let k be a field of definition for A, W, Γ, f; let M and x be independent generic points of Γ and W over k. The assumption means (loc. cit.) that $x - f(M)$ is of dimension $< n$ over k; its locus W' over k is therefore of dimension $\leqq n-1$. But W' contains all points $y - f(P)$, where y is any point of W and P any point of Γ; hence it contains all the varieties $W_{-f(P)}$, and therefore, since these have the dimension $n-1$, it must coincide with everyone of them. This shows that W is invariant by the translation $f(P) - f(Q)$ when P, Q are any two points of Γ, and therefore by the whole subgroup of A generated by these translations; this subgroup consists precisely of the translations λz, with z in J.

LEMMA 2. *Let f, Γ, λ, J be as in Lemma 1; let X be a divisor on A, and t a point such that $X_t \sim X$. Then we have $\lambda'_X t = 0$.*

In fact, we have $X_{u+t} \sim X_u$ for every u. Taking u such that $X_u \cdot f(\Gamma)$ and $X_{u+t} \cdot f(\Gamma)$ are defined, and calling ϕ a function on A such that $(\phi) = X_{u+t} - X_u$, one finds that the divisor $\overset{-1}{f}(X_{u+t} - X_u)$ is the divisor of the function $\phi \circ f$ on Γ and therefore is ~ 0 on Γ; the assertion follows by Theorem 23 of [3], no. 45.

Now let $\mathfrak{g}$ be the subgroup of A consisting of all points t such that $X_t \sim X$; and assume that X is degenerate, i.e. that $\mathfrak{g}$ is infinite. It could be shown that $\mathfrak{g}$ is a closed algebraic set, and therefore, being infinite, must contain an Abelian subvariety of A; but we do not wish

† A similar reasoning shows that the class of $3Z + mX_1$ is ample if $m \geqq 2$ and X_1 is any positive divisor. In particular, the class of nX is ample for every $n \geqq 9d+2$. Using a result of Morikawa ([2], Lemma 7; cf. ibid., Lemma 10), one can even see that, if X_1 is any positive divisor, the class of $3Z + 2X + X_1$, i.e. that of $(9d+2)X + X_1$, is ample.

to prove this here, and therefore reason as follows. Among all Abelian subvarieties of A containing infinitely many points of $\mathfrak{g}$, let B be one of smallest dimension. If f, Γ, λ, J are as in Lemmas 1 and 2, Lemma 2 shows that $\mathfrak{g}$ is contained in the kernel N of λ'_X. It follows that N must contain B; in fact, if this were not so, the component of 0 in $N \cap B$ would be an Abelian subvariety B' of B, other than B, and therefore would contain only a finite number of points of $\mathfrak{g}$; as B' is of finite index in $N \cap B$, the same would then be true of $N \cap B$ and therefore of B since $\mathfrak{g} \subset N$.

Take now for f a non-constant mapping of a curve Γ into B; this is possible, since B contains infinitely many points and is therefore not of dimension 0. Then λ is a homomorphism of J into B; as B is contained in the kernel of λ'_X, we have $\lambda'_X \lambda = 0$ and therefore, by Theorem 31 of [3], no. 61, $d(\lambda, X) = 0$.

Now let X' be any positive divisor linearly equivalent to a multiple nX of X; then $d(\lambda, X') = 0$. As X' is positive, we can write it as $X' = \sum X_\nu$, where the X_ν are subvarieties of A of dimension $n-1$. By the definition of $d(\lambda, X)$ as an intersection number, we have $d(\lambda, X_\nu) \geqq 0$ for all ν. Since $d(\lambda, X') = 0$, this gives $d(\lambda, X_\nu) = 0$ for all ν. By Lemma 1, this shows that the X_ν are invariant by all translations λz, where z is any point of J. Since this is so for every component of every positive divisor $X' \sim nX$, it is clear that such divisors cannot separate two points λz, $\lambda z'$ on A, and therefore the class of nX cannot be ample. This completes the proof.

UNIVERSITY OF CHICAGO

REFERENCES

[1] S. LEFSCHETZ, *On certain numerical invariants of algebraic varieties, with application to abelian varieties*, Trans. Amer. Math. Soc., 22 (1921), 327–482.

[2] H. MORIKAWA, *On abelian varieties*, Nagoya Math. J., 6 (1953), pp. 151–170.

[3] A. WEIL, Variétés abéliennes et courbes algébriques, Act. Sci. Ind., no. 1064, Hermann et Cie, Paris, 1948.

[1954h] Abstract versus classical algebraic geometry

The word "classical", in mathematics as well as in music, literature or most other branches of human endeavor, may be taken in a chronological sense; it then means anything which antedates whatever one chooses to consider as "modern", and may be used to describe remote antiquity or the achievements of yesteryear, according to the mood and the age of the speaker. Sometimes, too, it is purely laudatory and is applied to any piece of work which is thought to be of permanent value.

Here, however, while discussing algebraic geometry, I wish to use the words "classical" and "abstract" in a strictly technical sense which will be explained presently. Until not long ago algebraic geometers did their work exclusively with reference to the field of complex numbers; at the same time they worked on non-singular models, or at any rate their concern with multiple points was merely in order to try to push them out of the way by suitable birational transformations. Thus transcendental and topological tools of various kinds were available, and it was merely a matter of individual taste, personal inclination or expediency whether to use them or not on any given occasion. The most decisive progress ever made in the theory of algebraic curves was achieved by Riemann precisely by introducing such methods. Later authors took considerable pains to obtain the same results by other means. In so doing, they were motivated, at least in part, by the fact that Riemann had given no justification for Dirichlet's principle and that it took many years to find one. Similarly, the use of topological methods by Poincaré and Picard, not to mention some more recent writers, has often been such as to justify doubts about the validity of their proofs, while conversely it has happened that theorems which had merely been made plausible by so-called geometrical reasoning were first put beyond doubt by the transcendental theory.

Now we have progressed beyond that stage. Rigor has ceased to be thought of as a cumbersome style of formal dress that one has to wear on state occasions and discards with a sigh of relief as soon as one comes home. We do not ask any more whether a theorem has been rigorously proved but whether it has been proved. At the same time we have acquired the techniques whereby our predecessors' ideas and our own can be expanded into proofs as soon as they have reached the necessary degree of maturity; no matter whether such ideas are

Reprinted by permission of the editors of *Proc. Intern. Math. Congress Amsterdam*.

based on topology or analysis, on algebra or geometry, there is little excuse left for presenting them in incomplete or unfinished form.

What, then, is the true scope of the various methods which we have learnt to handle in algebraic geometry? The answer is obvious enough. Let us call "classical" those methods which, by their very nature, depend upon the properties of the real and of the complex number-fields; such methods may be derived from topology, calculus, convergent series, partial differential equations or analytic function-theory. As examples, one may quote the use of the differential calculus in the proof of the Kronecker-Castelnuovo theorem, of theta-functions in the theory of elliptic curves and abelian varieties, of topology in the proof of the "principle of degeneracy". Let us call "abstract" those methods which, being basically algebraic, are essentially applicable to arbitrary groundfields; this includes for instance the theory of differentials of the first, second and third kinds (but of course not that of their integrals) and the greater part of the "geometric" proofs of the Italian school. Thus it is plain that, in all cases where an abstract proof is available, it may be expected to yield more than any classical proof for the same result. No one could deny this unless he had made up his mind to ignore fields of non-zero characteristic and was prepared to maintain that a theorem in algebraic geometry which has been proved for the field of complex numbers can always be extended to any field of characteristic 0. There are indeed many cases where this is so; quite often, however, the extension can only be made to algebraically closed fields. As to denying any existence to algebraic geometry of non-zero characteristic, not merely would this, in view of recent developments, amount to denying motion; it would also deprive algebraic geometry of a rich and promising field of possible applications to number-theory, where one cannot do without reduction modulo p.

At present, abstract methods also possess the invaluable advantage of being inherently applicable to varieties with arbitrary singularities, while only the non-singular varieties fall within the scope of all but the most elementary of the classical methods known to us. For instance we have now a fully developed abstract theory of the so-called Picard and Albanese varieties attached to a given algebraic variety. The corresponding classical theory depends upon Hodge's existence theorem for simple integrals of the first kind. In order to apply the latter to a given variety, of course over the field of complex numbers, one has to transform it first into a non-singular variety; this is a famous problem for which no general solution is yet available. The former method, however, requires no other preliminary step than the normalization of the given variety, a very simple process of universal scope; once this has been done, it is not subject to any limitation whatsoever concerning the groundfield. The situation is similar for Severi's theorem of the base and its extension by Néron to the abstract case.

On the other hand, partly because of our habits of thought, partly for more substantial reasons, it is frequently much easier to prove a theorem in the classical case and by classical methods than to prove it abstractly. For instance the so-called principle of degeneracy is almost trivial in the classical case, for elementary topological reasons; its abstract proof by Zariski is an awe-inspiring achievement and requires the formidable apparatus of the abstract meromorphic functions. In the theory of abelian varieties, it is rather obvious that such a variety over complex numbers is a compact commutative Lie group and is therefore isomorphic to a torus of topological dimension $2n$ where n is the algebraic dimension of the variety. The number of elements of given order r in the group is then r^{2n}. This is still so in the abstract case provided r is prime to the characteristic; but there is no easy proof for it at present. Here we meet with a theorem whose abstract formulation requires an assumption involving the characteristic. If we reformulate it, however, by saying that division by r defines an extension of degree r^{2n} of the field of algebraic functions on the variety, then it remains always true, whatever the characteristic may be. This example is fairly typical. If a result which can be formulated in purely algebraic terms is known to be true in the classical case, it almost invariably happens that there is a corresponding result in the abstract theory; just what this may be is sometimes a matter for guesswork.

I do not mean to suggest that classical methods have no other purpose than occasionally to give easier proofs for abstract results under suitable additional assumptions. Algebraic varieties are objects of considerable interest to analysts and topologists; it is right and proper that they should study them for their own sake or as special cases of more general objects with no counterpart in algebraic geometry, for instance complex or quasi-complex manifolds. From the point of view of the algebraic geometer, however, it cannot be denied that the chief use of classical methods is to lend plausibility to results which have then to be attacked directly. Some examples of this will now be discussed in greater detail.

The first one deals with correspondences between curves. If C, C' are two curves, one says that a correspondence between them, i.e. a cycle on the surface $C \times C'$, is equivalent to 0 if it is linearly equivalent to an element of the group generated by all curves $P \times C'$ (where P is any point of C) and $C \times P'$ (where P' is any point of C'). One of Castelnuovo's most interesting theorems gives an "enumerative" criterion for equivalence; it attaches to every correspondence an integer $\delta(X) \geqq 0$, the so-called "equivalence defect", such that $\delta(X) = 0$ is necessary and sufficient for X to be equivalent to 0. Let X' be the correspondence between C' and C obtained by interchanging the two factors of the product $C \times C'$. The multiplication of correspondences being defined in a fairly obvious manner, $X'X$ is then a correspondence between C and itself. If Z is any such correspondence, let $f(Z)$ be the number of its fixed points, i.e. its intersection-number with the diagonal of the product $C \times C$; let $d(Z)$, $d'(Z)$ be its degrees, i.e. its intersection-numbers with the curves $P \times C$, $C \times P$, respectively. Put

$$S(Z) = d(Z) + d'(Z) - f(Z).$$

It is easily seen that $S(Z)$ is the same for any two equivalent correspondences and that it has the formal properties of a trace on the ring of classes of correspondences. Castelnuovo's equivalence defect can then be expressed as $\delta(X) = S(X'X)$; and his theorem can be written as $S(X'X) \geqq 0$, with $S(X'X) = 0$ if and only if X is equivalent to 0. In this form, it may be regarded as the fundamental theorem on correspondences; for instance, the so-called Riemann hypothesis for function-fields follows from it almost immediately.

Castelnuovo's proof was "geometric"; in other words, it was such that its translation into abstract terms was essentially a routine matter once the necessary techniques had been created; in fact, all modern proofs are based upon the ideas introduced by him and supplemented by the later work of other Italian geometers, particularly Severi, on the same subject. It will now be shown how a rather simple proof can be given in the classical case by using transcendental and topological methods.

In the first place, any correspondence Z between two non-singular varieties V and W over complex numbers induces homomorphisms of the homology groups of V into those of W. If V, W and Z have the same dimension, these homomorphisms map the homology group of V for any dimension into that of W for the same dimension. If V is the same as W, the number of fixed points of Z (its intersection-number with the diagonal) is given by Lefschetz's formula as the alternating sum of the traces of the endomorphisms induced by Z on the homology groups of V. From this it follows immediately that in the case of a curve the integer $S(Z)$ defined above is the trace of the endomorphism induced by Z on the homology group H of C for dimension 1. If g is the genus of C, H is a free abelian group of rank $2g$; for a given choice of generators, an endomorphism of H is represented by an integral-valued square matrix of order $2g$.

Let X be a correspondence between two curves C, C'. Let H, H' be the homology groups of dimension 1 for C and C'; let $\gamma_1, \ldots, \gamma_{2g}$ be generators for H, and $\gamma'_1, \ldots, \gamma'_{2g'}$ generators for H'. Call $E = \| e_{\lambda\mu} \|$ the intersection-matrix for the γ_λ, which is skew-symmetric of determinant 1; call E' the similar matrix for the γ'_ϱ. By a well-known theorem in topology, the cycles $P \times C'$, $C \times P'$ and $\gamma_\lambda \times \gamma'_\varrho$ generate the homology group of dimension 2 for $C \times C'$, so that X must be homologous on $C \times C'$ to a linear combination

$$d \,.\, (P \times C') + d' \,.\, (C \times P') + \sum_{\lambda, \varrho} a_{\lambda\varrho} \,.\, (\gamma_\lambda \times \gamma'_\varrho).$$

Put $A = ||a_{\lambda\varrho}||$. It is easily seen that the matrices of the homomorphisms of H into H' and of H' into H induced respectively by X and by X' are

$$L = {}^t(EA) \quad , \quad L' = AE'$$

where ^{t} denotes the transpose of a matrix. This gives

$$L' = E^{-1} \, . \, {}^tL \, . \, E'.$$

Consider now on C the harmonic differentials, i.e. the real parts of the differentials of the first kind on C; the vector-space of such differentials is of (real) dimension $2g$. Take for this a basis consisting of forms ω_λ respectively homologous to the γ_λ in the sense of de Rham, i.e. such that

$$\int_{\gamma_\lambda} \omega_\mu = e_{\lambda\mu} \qquad (\lambda, \mu = 1, 2, \ldots, 2g).$$

By de Rham's theorems, E is then also the matrix of the integrals $\iint \omega_\lambda \wedge \omega_\mu$ taken on C.

The differential ζ_λ of the first kind with the real part ω_λ has an imaginary part which is also harmonic and can therefore be written as $\sum_\mu c_{\mu\lambda}\omega_\mu$. Put $J = ||c_{\lambda\mu}||$. From the fact that $i\zeta_\lambda$ is again of the first kind, it follows at once that $J^2 = -1$, where 1 denotes the unit matrix. We have $\zeta_\lambda \wedge \zeta_\mu = 0$; integrating this over C and expressing ζ_λ, ζ_μ in terms of the ω_λ, we find $E = {}^tJ \, . \, E \, . \, J$ or the equivalent relation ${}^t(EJ) = EJ$, expressing that EJ is a symmetric matrix. If ζ is any differential of the first kind, we have $i\zeta \wedge \bar{\zeta} \geqq 0$ everywhere, C being oriented in the usual manner. Integrating this over C, we find that the quadratic form with the matrix EJ is positive-definite. These statements on EJ are substantially identical with Riemann's bilinear relations and inequalities for the periods of the integrals of the first kind; nor does the proof just given differ in substance from Riemann's.

Now let again X be as above; define the forms ω'_ϱ, ζ'_ϱ and the matrix J' for C' just as ω_λ, ζ_λ, J have been defined for C. The differential form $\zeta_\lambda \wedge \zeta'_\varrho$ induces 0 on every component of X since such components are algebraic subvarieties of $C \times C'$. Therefore $\iint \zeta_\lambda \wedge \zeta'_\varrho$, taken on X, must be 0. Expressing X as above in terms of a homology basis on $C \times C'$ and expressing ζ_λ, ζ'_ϱ in terms of the ω_λ, ω'_ϱ, one finds, by taking the real and imaginary parts of the double integral, two equivalent relations, one of which is

$$(EA)E' = {}^tJ \, . \, (EA) \, . \, E'J'.$$

Take the transpose of this relation, remembering that ${}^t(EA) = L$ and that

$E'J'$ is symmetric; multiply to the left by E'^{-1} and to the right by $J^{-1} = -J$; we get

$$LJ = J'L.$$

This expresses the fact that X induces a linear mapping of the complex vector-space of differentials of the first kind on C into the corresponding space for C', or also a complex homomorphism of the jacobian variety of C into that of C'.

All this is well-known. The inequality $S(X'X) \geqq 0$ is now easy to prove. In fact, $S(X'X)$ is no other than the trace of the matrix $L'L$, which is the same as that of $M = J^{-1}L'LJ$. This may be written as

$$M = J^{-1} . E^{-1} . {}^tL . E'LJ = (EJ)^{-1} . {}^tL . E'J'L.$$

As the quadratic form with the matrix EJ is positive-definite, it can be transformed into a sum of $2g$ squares by a suitable substitution U. This gives ${}^tU . EJ . U = 1$ and therefore $(EJ)^{-1} = U . {}^tU$. The trace of M is the same as that of the matrix

$$N = U^{-1}MU = {}^t(LU) . (E'J') . (LU).$$

Put $E'J' = \| s_{\varrho\sigma} \|$, $LU = \| x_{\varrho\lambda} \|$; then the trace of N is

$$Tr(N) = \sum_{\lambda} (\sum_{\varrho, \sigma} s_{\varrho\sigma} x_{\varrho\lambda} x_{\sigma\lambda}).$$

Since $E'J'$ is positive-definite, it is clear that the right-hand side is $\geqq 0$ and that it is > 0 except when $LU = 0$ i.e. when $L = 0$. In order to complete the proof, it only remains to show that L cannot be 0 unless X is equivalent to 0; this is an easy consequence of Abel's theorem.

If I may be allowed a personal note here, this is precisely how I first persuaded myself of the truth of the abstract theorem even before I had perceived the connection between the trace $S(Z)$ and Castelnuovo's equivalence defect. No one with any experience in such matters will fail to acknowledge the cogency of such an argument, even though no proof can be based on it.

Is it possible to extend these results to higher dimensions? Many facts point to a generalization of the Riemann hypothesis which can be stated as follows. Let V be a variety over the field k with q elements. Then there is for each integer ν a correspondence I_ν between V and itself such that to each point of V with coordinates $x_1, \ldots, x_N$ there corresponds by I_ν the point with the coordinates $x_1^{q^\nu}, \ldots, x_N^{q^\nu}$. The fixed points for I_ν are precisely those which have their coordinates in the extension k_ν of degree ν of k. Let N_ν be the number of such points; if V is non-singular, this is the intersection-number of I_ν with the diagonal of $V \times V$.

Now in the classical case the numbers N_ν of fixed points for the successive powers of a given correspondence Z between a compact non-singular variety V

and itself is given by Lefschetz's formula as being equal to

$$N_\nu = \sum_{h=0}^{2n} (-1)^h \sum_{i=1}^{B_h} (\alpha_{hi})^\nu \tag{A}$$

where n is the complex dimension of V, B_h its Betti number for the (topological) dimension h, and the α_{hi}, for $1 \leqq i \leqq B_h$, are the characteristic roots of the endomorphism induced by Z on the Betti group of V for the dimension h. This makes it plausible that in the case described above the number N_ν of fixed points of the correspondence I_ν is given by a formula of this type.

Not only has this been found to be so in all cases where the N_ν could actually be computed, but it turns out that the α_{hi} are of absolute value $q^{h/2}$ in all such cases. For $n = 1$ the latter fact is precisely the Riemann hypothesis; if true in general, it is therefore the generalization we have been looking for. Analogy suggests that it must depend upon some generalization of Castelnuovo's theorem or rather of the inequality $S(X'X) \geqq 0$; if so, then presumably this generalization might admit a comparatively easy proof in the classical case by means of Hodge's theory of harmonic differentials.

Before coming to the next example, let me recall the concept of numerical equivalence. Two cycles of the same dimension on a non-singular complete variety are said to be numerically equivalent if their intersection-numbers with every cycle of the complementary dimension are equal whenever they are both defined. In the classical case, two cycles which are homologous to each other are obviously equivalent in this sense; this implies at once that the group of equivalence classes of cycles of a given dimension is finitely generated. In the abstract case, Néron's theorem shows that this is so for divisors (cycles of dimension $n-1$ on a variety of dimension n) and therefore also for cycles of dimension 1; to prove it for dimensions between 1 and $n-1$ seems still beyond our reach at present.

Again in the classical case, more precise results are known under special assumptions. For instance, there are varieties whose homology groups are all generated by algebraic cycles; this implies that they vanish for the odd dimensions. If V and W are such varieties, all algebraic cycles on $V \times W$ must then be numerically equivalent to linear combinations of cycles of the form $X \times Y$, where X is a cycle on V and Y is a cycle on W. This must be so, in particular, if V and W are non-singular rational surfaces, since the homology groups of such surfaces are known to have the property in question. Making use of Néron's theorem, we thus get the following purely algebraic statement. Let S, S' be two non-singular rational surfaces; let the X_i be generators for the group of divisor-classes on S modulo algebraic equivalence; let the X'_j be the generators for the corresponding group on S'; then every cycle of dimension 2 on $S \times S'$ is numerically equivalent to a linear combination of the cycles $P \times S'$, $S \times P'$ (where P is a point of S and P' a point of S') and $X_i \times X'_j$. It does not seem hopeless to try to find an abstract proof for this statement.

Let us for a moment assume it to be true. Applying it to the diagonal of $S \times S$, one deduces immediately from it the validity of Lefschetz's fixed point formula for S in the following form: if X is a correspondence of dimension 2 between S and itself, the number of its fixed points is $d(X) + d'(X) + S(X)$, where $d(X)$, $d'(X)$ are the degrees of X (its intersection-numbers with $P \times S$ and with $S \times P$) and $S(X)$ is the trace of the endomorphism induced by X on the group of divisor-classes on S modulo numerical equivalence. This can then be applied as above to a surface S defined over a finite field k of q elements and to the number N_ν of points of S with coordinates in the field k_ν with q^ν elements. One finds that N_ν is of the form

$$N_\nu = q^{2\nu} + q^\nu \sum_i (\varepsilon_i)^\nu + 1$$

where the ε_i are the characteristic roots for a certain linear substitution of finite order and are therefore roots of unity.

Under the same assumption, one can then verify in this case the following general conjecture. Let V be a non-singular complete variety of dimension n over an algebraic number-field K; for the sake of simplicity we assume that it is embedded in a projective space and write a set of equations for it as $F_\mu(X_0, X_1, \ldots, X_N) = 0$, where the F_μ are homogeneous polynomials with coefficients in the ring of integers of K. Let $B_0, B_1, \ldots, B_{2n}$ be the Betti numbers of V (with $B_0 = B_{2n} = 1$, since V is irreducible, and $B_h = B_{2n-h}$ by the duality theorem). Let $\mathfrak{F}$ be a prime ideal in K such that the equations $F_\mu = 0$, reduced modulo $\mathfrak{F}$, define a non-singular variety $V_\mathfrak{F}$ of dimension n over the residue field $K_\mathfrak{F}$ of K mod. $\mathfrak{F}$; it is not hard to show that all but a finite number of prime ideals in K have that property. Assuming the validity of a formula of type (A) for $V_\mathfrak{F}$, and assuming (as is the case in all examples which could be treated so far) that the integers B_h in it are no other than the Betti numbers of V, call $\alpha_{hi}(\mathfrak{F})$, for $0 \leqq h \leqq 2n$, $1 \leqq i \leqq B_h$, the numbers occurring in the right-hand side of the formula (A) for the variety $V_\mathfrak{F}$; as mentioned before, these numbers are of absolute value $q^{h/2}$ whenever they can be calculated. Put now

$$\Phi_h(s) = \prod_{\mathfrak{F}} \prod_i \left(1 - \alpha_{hi}(\mathfrak{F}) \,.\, N\mathfrak{F}^{-s}\right)^{-1}.$$

Then our examples indicate that $\Phi_h(s)$ coincides (except for a finite number of factors) with the Euler product for a Dirichlet series which can be continued in the whole plane and satisfies a functional equation of the familiar type

$$\Psi(s) = \Psi(h + 1 - s)$$

where Ψ is the product of the Dirichlet series, of a gamma factor and of an exponential factor. It is tempting to surmise that this is always so, but I have little hope that a general proof may soon be found. For non-singular rational surfaces at any rate the results stated above would imply that $\Phi_2(s)$, except for a finite number of factors, is the same as a suitable L-function (in the sense of Artin) for a certain extension of K. For instance, for a non-singular cubic surface in the projective 3-space, one thus gets an L-function belonging to the extension of K determined by the 27 straight lines on the surface. The Galois group for this is known; it is a group of order $2^7 . 3^4 . 5$ and has a simple subgroup of index 2. In general, therefore, the function $\Phi_2(s)$ which we may expect to belong to a given cubic surface is essentially an L-function of a definitely non-abelian type. Here is a rather unexpected connection between number-theory and algebraic geometry.

[1954i] Poincaré et l'arithmétique

CONFÉRENCE DE M. A. WEIL

Poincaré et l'Arithmétique.

Qu'il me soit permis avant tout d'adresser mes remerciements à nos collègues hollandais, organisateurs de cette journée consacrée à Henri POINCARÉ, pour leur aimable invitation. J'ai accueilli celle-ci avec plaisir, car elle va me donner

*

l'occasion d'attirer l'attention sur des aspects peu connus de l'œuvre de Poincaré, dont je suis persuadé qu'on trouverait profit à reprendre l'étude.

Malheureusement les limitations de temps qui nous sont imposées aujourd'hui n'ont laissé aucune place pour un exposé, si bref fût-il, des travaux de Poincaré sur la géométrie algébrique et sur les fonctions abéliennes; je ne puis néanmoins me dispenser ici d'en signaler l'importance capitale et la profonde influence sur le développement que ces branches des Mathématiques ont pris depuis lors.

Les écrits de Poincaré qui touchent à l'Arithmétique occupent un volume entier (tome V des *Œuvres*). On ne saurait nier qu'ils sont de valeur inégale. Certains n'ont guère d'autre intérêt que de nous faire voir combien attentivement Poincaré à ses débuts a étudié toute l'œuvre d'Hermite et comme il s'en est assimilé les méthodes et les résultats. On a dit parfois que Poincaré lisait peu; ce qui frappe dans le volume de ses *Œuvres* dont il s'agit, c'est surtout qu'il s'y montre fort peu instruit des travaux en langue allemande; sans doute ne lisait-il l'allemand qu'avec beaucoup de peine. Mais il ne donne certes pas l'impression d'un ignorant ni d'un autodidacte.

C'est sous l'influence d'Hermite, bien évidemment, que Poincaré a consacré plusieurs de ses premiers travaux à la théorie algébrique et arithmétique des formes, et particulièrement des formes cubiques ternaires et quaternaires. Ses réflexions sur ce sujet l'ont amené en particulier à une démonstration et à une extension du théorème de Jordan d'après lequel il n'y a qu'un nombre fini de classes de formes algébriquement équivalentes à une forme donnée de discriminant non nul (*Œuvres*, t. V, p. 299-305); cette question, longtemps négligée, mériterait certainement d'être reprise, par exemple afin d'étendre le théorème de Jordan aux corps de nombres algébriques; sans doute conviendra-t-il pour cela d'avoir recours à Poincaré.

Mais laissons la parole à notre auteur. Voici comme il parle de ses premières recherches, dans son célèbre récit de la découverte des fonctions fuchsiennes (*Science et Méthode*, p. 52) :

« ... Je me mis alors à étudier des questions d'Arithmétique sans grand résultat apparent et sans soupçonner que cela pût avoir le moindre rapport avec mes recherches antérieures (sur les fonctions fuchsiennes). Dégoûté de mon insuccès, j'allai passer quelques jours au bord de la mer, et je pensai à tout autre chose. Un jour, en me promenant sur la falaise, l'idée me vint, toujours avec les mêmes caractères de brièveté, de soudaineté et de certitude immédiate, que les transformations arithmétiques des formes quadratiques ternaires indéfinies étaient identiques à celles de la Géométrie non euclidienne.

« Étant revenu à Caen, je réfléchis sur ce résultat, et j'en tirai les conséquences; l'exemple des formes quadratiques me montrait qu'il y avait des groupes fuchsiens autres que ceux qui correspondent à la série hypergéométrique; je vis que je pourrais leur appliquer la théorie des séries thétafuchsiennes.... »

Ainsi Poincaré, au moment dont il parle, venait de découvrir le premier exemple de groupe discontinu et de fonctions automorphes définis par des moyens arithmétiques. On connaît assez la très vaste extension de ces résultats à la théorie des fonctions automorphes de plusieurs variables, extension qui est avant tout l'œuvre de Siegel. S'appuyant sur cet exemple (ainsi que sur celui qu'il avait tiré de l'étude de la série hypergéométrique), Poincaré ne tarda pas à édifier une théorie générale, d'allure surtout géométrique, de tous les groupes fuchsiens et des fonctions automorphes qui leur appartiennent; notons en passant que nous n'avons rien d'analogue jusqu'ici en ce qui concerne les fonctions de plusieurs variables; nous n'avons même aucun procédé général de construction de groupes discontinus donnant naissance à de telles fonctions en dehors de ceux que fournit l'Arithmétique.

Mais l'intérêt des fonctions automorphes liées à la théorie des formes quadratiques ternaires indéfinies n'est pas seulement historique et anecdotique. Ces fonctions ont une propriété qui, découverte par la suite par Poincaré, l'a vivement frappé : c'est de donner lieu à une généralisation de la théorie de la transformation des fonctions modulaires. Ce point mérite un exposé plus détaillé.

Soit F une forme quadratique indéfinie à coefficients réels à trois variables X, Y, Z. Dans le plan projectif, l'équation $F = 0$ représente une conique réelle C; C admet une représentation paramétrique où X, Y, Z s'écrivent comme polynomes du second degré à coefficients réels en un paramètre réel τ. Soit Γ le sous-groupe du groupe linéaire unimodulaire réel à trois variables X, Y, Z qui laisse F invariante. Toute substitution S de Γ transforme C en elle-même et induit sur le paramètre τ une substitution homographique réelle $\bar{S}$; la correspondance entre S et $\bar{S}$ est un isomorphisme entre Γ et le groupe homographique réel $\bar{\Gamma}$. Soit G le sous-groupe de Γ d'indice 2 formé des substitutions qui laissent invariant le sens de parcours sur C; soit $\bar{G}$ le sous-groupe correspondant de $\bar{\Gamma}$; $\bar{G}$ est l'ensemble des substitutions homographiques réelles sur τ qui transforment en lui-même le demi-plan supérieur du plan de la variable complexe τ, et peut être considéré suivant Poincaré comme groupe des déplacements non euclidiens dans ce demi-plan.

Supposons maintenant que F soit à coefficients entiers; soient G' et g les sous-groupes de G formés respectivement des substitutions de G à coefficients rationnels et à coefficients entiers; soient $\bar{G}'$ et $\bar{g}$ les sous-groupes correspondants de $\bar{G}$. De la représentation paramétrique, en général biunivoque, de G, connue sous le nom de « transformation de Cayley », il résulte que G' est partout dense dans G. Distinguons deux cas, (A) et (B), suivant que C admet ou non une représentation paramétrique à coefficients rationnels; pour qu'on soit dans le cas (A), il faut et il suffit que C ait un point rationnel, ou encore que la forme F « représente zéro », c'est-à-dire que $F = 0$ ait une solution en nombres entiers; alors, pour un choix convenable du paramètre τ, les substitutions de $\bar{G}'$ seront à coefficients rationnels.

Comme on l'a vu, Poincaré avait découvert très tôt que $\bar{g}$ est un « groupe fuchsien ». Plus précisément (cf. *Œuvres*, t. V, p. 267-274), dans le cas (A) $\bar{g}$ est commensurable au groupe modulaire si l'on convient avec Poincaré de dire que deux groupes sont commensurables lorsque leur intersection est d'indice fini dans chacun d'eux. On se trouve alors ramené en principe à la théorie des fonctions modulaires. Il est à noter qu'en ce cas $\bar{g}$ contient nécessairement des substitutions paraboliques, donc que pour un choix convenable de τ les fonctions invariantes par ce groupe sont des fonctions périodiques, admettant par conséquent des développements en série de Fourier. On sait quelle est l'importance fondamentale de ces développements dans la théorie des fonctions modulaires jusque dans ses aspects les plus arithmétiques, et par exemple dans l'œuvre de Hecke.

Dans le cas (B), au contraire, $\bar{g}$ ne peut contenir de substitution parabolique et a donc un domaine fondamental compact (*loc. cit.*, p. 272). Du point de vue de la pure théorie des fonctions, cela rend en principe son étude plus simple. En revanche, on ne peut plus développer en série de Fourier; c'est peut-être là ce qui explique l'ignorance profonde où nous sommes encore au sujet des fonctions automorphes appartenant à de tels groupes.

Dans un cas comme dans l'autre, soit S une substitution appartenant à G'; on peut l'écrire sous la forme a^{-1}T, où a est un entier et T une substitution à coefficients entiers. Si U est une substitution quelconque à coefficients entiers, il suffit, pour que $S^{-1}US$ soit aussi à coefficients entiers, que l'on ait $U \equiv 1 \pmod{D}$, 1 désignant la substitution unité et D le déterminant de T. Comme l'observe POINCARÉ, il résulte aussitôt de cette remarque que les groupes g et $S^{-1}gS$ sont commensurables pour tout S dans G'. L'application des principes généraux de la théorie des fonctions automorphes montre alors immédiatement que, si f est une fonction fuchsienne de groupe $\bar{g}$, *il y a une relation algébrique entre f et sa transformée par toute substitution* $\bar{S}$ *de* $\bar{G}'$. Le groupe $\bar{g}$ qui laisse f invariante est donc contenu dans un groupe $\bar{G}'$ beaucoup plus vaste, et même partout dense dans $\bar{G}$, transformant f en une fonction liée à f par une relation algébrique. Dans le cas (A), ce résultat est essentiellement celui qui donne naissance à la théorie de la transformation des fonctions modulaires et des « correspondances modulaires »; là-dessus repose par exemple toute la théorie de HECKE, avec les conséquences qu'on n'a pas fini d'en tirer. Est-ce faute de l'instrument fourni par la série de FOURIER que les problèmes analogues pour le cas (B) n'ont même pas été effleurés jusqu'ici, en dépit de l'insistance apportée par POINCARÉ à attirer l'attention sur eux? Il est certainement à souhaiter qu'on s'y attaque au plus tôt, peut-être à la lumière des connaissances récemment acquises sur les correspondances entre courbes algébriques.

Le deruier travail arithmétique de POINCARÉ (*Œuvres*, t. V, p. 483-548) a évidemment aussi son origine dans les premières réflexions de POINCARÉ sur la théorie des formes. Mais à ses débuts il ne s'était pas écarté des principes de la théorie traditionnelle, dominée par le groupe linéaire. Par la suite. ses travaux sur les fonctions fuchsiennes et l'influence de KLEIN l'amenèrent à étudier l'œuvre de RIEMANN, où domine la notion d'invariance birationnelle. Il ne pouvait donc manquer de s'apercevoir que certaines des propriétés essentielles d'une forme ternaire $F(X, Y, Z)$, par exemple celle de pouvoir représenter zéro, sont en réalité des propriétés intrinsèques de la courbe $F(X, Y, X) = 0$, invariantes non seulement par rapport aux transformations projectives mais par rapport aux correspondances birationnelles à coefficients rationnels. C'est sur ce sujet qu'il publie en 1901 un Mémoire qui est, dit-il, « plutôt un programme d'étude qu'une véritable théorie ».

Passons sur ses résultats sur les courbes de genre zéro, qui en réalité n'étaient pas nouveaux et que nous savons aujourd'hui déduire très facilement de la théorie des courbes algébriques à corps de constantes quelconque. L'importance et l'originalité du Mémoire tient à l'étude qui y est faite des courbes de genre 1, et particulièrement des cubiques, sur le corps des rationnels C'est ici que Poincaré introduit la notion de *rang* d'une telle courbe; ce rang est à peu près le plus petit nombre de points rationnels sur la courbe à partir desquels on puisse obtenir tous les autres par addition des arguments elliptiques attachés à ces points lorsqu'on uniformise la courbe par des fonctions elliptiques. D'une manière précise, le rang se définit comme rang du groupe des points rationnels sur la jacobienne de la courbe. Poincaré a-t-il conjecturé que le rang est toujours fini? C'est ce que son texte ne permet pas de décider avec certitude; en tout cas un théorème célèbre de Mordell nous assure qu'il en est bien ainsi. La démonstration de Mordell repose sur la descente infinie au moyen de la bisection des fonctions elliptiques. Une partie des calculs de Poincaré équivaut à une étude de la trisection, qui, poussée jusqu'au bout, aurait en principe pu conduire au même résultat, au prix de beaucoup de complications supplémentaires; mais Poincaré n'en tire rien de décisif, et ce n'est qu'à la lumière du travail de Mordell et des recherches ultérieures qu'on aperçoit la portée véritable de ces calculs. La notion de jacobienne d'une cubique de genre 1 sur le corps des rationnels se trouve aussi implicitement dans le travail de Poincaré; mais il est difficile de l'y apercevoir si on ne la possède déjà, et en effet il n'y a aucun lien entre ce travail et les recherches récentes qui ont définitivement précisé cette notion, non seulement pour les courbes de genre 1 mais pour les courbes de genre quelconque, sur un corps de constantes arbitraire.

Sur tous ces points, l'intérêt du Mémoire de Poincaré est d'ordre historique; on peut en dire autant de ses remarques sur les courbes de genre supérieur à 1, où en somme il étend à ces courbes la notion de rang qu'il a introduite auparavant pour le genre 1. Que ce rang soit toujours fini, non seulement sur le corps des rationnels mais sur tout corps de nombres algébriques de degré fini, c'est ce que j'ai démontré dans ma thèse en m'inspirant de la démonstration de Mordell pour le genre 1; ce résultat a reçu récemment une très vaste et importante extension dans la thèse de Néron. Mais, même en ce qui concerne les courbes de genre 1, nos connaissances demeurent très incomplètes au sujet de celles de ces courbes qui n'admettent aucun point rationnel et ne sont donc pas birationnellement équivalentes à leur jacobienne. Sans doute y a-t-il intérêt à considérer, pour ces courbes, les extensions non ramifiées, c'est-à-dire en langage classique, les courbes qui se déduisent de la courbe donnée par « transformation » des fonctions elliptiques correspondantes. Or Poincaré considère justement des cubiques déduites d'une cubique donnée par une transformation du troisième ordre. Il se peut donc qu'une étude plus attentive de son Mémoire puisse encore conduire à de nouveaux résultats. Sur ce point comme sur beaucoup d'autres, j'espère vous avoir montré que l'œuvre de Poincaré n'appartient pas seulement à l'histoire de notre science; elle appartient aussi à la plus vivante actualité.

[1955a] On algebraic groups of transformations

In my *Variétés abéliennes* (Hermann, Paris, 1948; quoted hereafter as VA), I gave the rudiments of a theory of algebraic group-varieties. As these have become wholly inadequate to the present state of growth of algebraic geometry, a fuller treatment of this topic will be given here.

To define a group in algebraic geometry, one simply takes over the usual definition and adds the condition that all the objects entering into it must have a meaning from the point of view of the algebraic geometer. This means that the elements of the group must be the points of algebraic varieties in finite number, that the mappings $(x, y) \rightarrow xy$ and $x \rightarrow x^{-1}$ which define the group-structure are mappings in the sense of algebraic geometry, i.e. that their graphs consist of algebraic varieties, and finally that these mappings are everywhere defined in the sense of algebraic geometry. The same can be done in an obvious manner for groups of transformations and for homogeneous spaces.

For simplicity, we consider only groups and spaces consisting of a single variety; this corresponds to the assumption of connectedness in the theory of topological groups. In § I, we shall deal with those properties of groups and transformation-spaces which are birationally invariant, giving what will eventually prove to be a birationally invariant characterization of such spaces; this is obtained by writing down the basic axioms for groups and transformation-spaces at generic points only. Our main purpose is, starting from such objects, to derive from them birationally equivalent objects which are groups and transformation-spaces in the full sense described above. The method which will be followed is very simple, and, I believe, the most natural one which could be imagined; it derives from the observation that the varieties from which one starts, even though they may not be true groups or transformation-spaces, nevertheless contain large pieces or "chunks" (more precisely, open subsets) of such spaces; to isolate these is the purpose of § II. In § III, they are pieced together, by the technique of "abstract varieties," so as to achieve the desired result; the way in which this is done at first

* Received December 27, 1954.

Reprinted from the *Am. J. of Math.* 77, 1955, pp. 355-391, by permission of the editors,

requires an enlargement of the groundfield. Then a modified procedure is given whereby our spaces can be exhibited as varieties over the original groundfield; according to an idea which was first applied to similar problems by Matsusaka, and again quite recently by Chow, this is done by building up suitable symmetric products by means of the Chow points of 0-cycles. Some auxiliary results, belonging to the foundations of algebraic geometry, which would have interrupted the treatment of the main topic, are dealt with in an Appendix. A further paper, to appear in this same volume, will contain various applications of the general theory.

§ I. Some birationally invariant results.

The very convenient language of the Zariski topology will be used freely in the following manner. By a *closed subset of a variety* V, or by a *closed set on* V, we shall understand any union of subvarieties of V, *other than* V; thus V itself is not a closed set on V; there is some impropriety in this (the proper words for our concept being "non-dense closed set"), but this seemed preferable to endless repetitions. An *open set on* V is defined as the complement of a closed set on V (this should properly be called a "non-empty open set"). If k is a field of definition for V, we say that a subset of V is *k-closed* if it is closed and its components are algebraic over k, and if moreover it is invariant by all automorphisms over k of the algebraic closure $\bar{k}$ of k. A *k-open set on* V is the complement of a k-closed set.

By a variety, we mean an abstract variety unless the contrary is stipulated. The final models for our groups and transformation-spaces will be constructed in §§ III-IV as abstract varieties; until then, little or nothing would be lost (and nothing would be gained) if we confined our attention to projective or to affine varieties.

1. Let V be a variety, defined over a field k. Let f be a mapping of $V \times V$ into V, defined over k. Consider the following condition on f:

(G1) *If x, y are independent generic points of V over k, and $z = f(x,y)$, then $k(x,y) = k(x,z) = k(y,z)$.*

This is equivalent to saying that $k(x) \subset k(z,y)$ and $k(y) \subset k(x,z)$. It implies that any two of the points x, y, z are independent generic points of V over k and determine the third one uniquely.

Let x, y, t be independent generic points of V over k; (G1) implies that

$(f(x,y),t)$ and $(x,f(y,t))$ are two pairs of independent generic points of V over k. Thus, if (G1) is assumed, the following condition is meaningful:

(G2) *If x, y, t are independent generic points of V over k, then:*

$$f(f(x,y),t)=f(x,f(y,t)).$$

This is of course the associativity condition (but postulated only at independent generic points) for f.

If (G1), (G2) are satisfied, we say that f is a *normal* (internal) *law of composition* on V, and that V, with this law, is a *pre-group*; f will then mostly be written as a multiplication, i. e. as xy instead of $f(x,y)$. If V, with the law f, is a pre-group over k, it is so, a fortiori, over every field K containing k. Let a variety V' be birationally equivalent to V over such a field K; let x,y be independent generic points of V over K, put $z=xy$, and call x',y',z' the generic points of V' over K which correspond to x, y, z respectively. Then $K(x')$, $K(y')$, $K(z')$ are respectively the same as $K(x)$, $K(y)$, $K(z)$, and thus, since $K(z')\subset K(x',y')$, we may write $z'=f'(x',y')$, where f' is a mapping of $V'\times V'$ into V', defined over K. One sees at once that f' satisfies (G1) and (G2); we say that it is the law of composition on V', derived from f by transfer; and we say that V', with the law f', is a pre-group *birationally equivalent* to the pre-group V with the law f. This shows that the concept of a pre-group is invariant under arbitrary birational correspondences; a pre-group can thus be studied on any model, e. g. on an affine or a projective model.

PROPOSITION 1. *Let V be a pre-group, defined over k. There is a uniquely determined mapping ϕ of V into V, which is defined over k and is such that, if we put $s^{-1}=\phi(s)$ for every s on V at which ϕ is defined, the following conditions are fulfilled whenever x, y are independent generic points on V over k:*

(i) $k(x^{-1})=k(x)$; (ii) $(x^{-1})^{-1}=x$; (iii) $y=(x^{-1})(xy)$;

(iv) $x=(xy)(y^{-1})$; (v) $(xy)^{-1}=(y^{-1})(x^{-1})$.

If we put $z=xy$, we have $k(y)\subset k(x,z)$, and therefore there is a mapping λ of $V\times V$ into V, defined over k, such that $y=\lambda(x,z)$; similarly there is a mapping μ of $V\times V$ into V, defined over k, such that $x=\mu(z,y)$. Take t generic on V over $k(x,y,z)$; put $y'=yt$, $z'=zt$; by associativity, the latter relation gives $z'=xy'$. Put $u=\mu(y,z)$; by the definition of μ, this is equivalent to $y=uz$. By (G1), this implies that $k(u,z)=k(y,z)$, and so u, z, t are independent generic points on V over k; therefore, by (G2), we have $(uz)t = u(zt)$, which can be written as $y' = uz'$; as this also shows that u, z' are generic and independent over k, the latter relation implies, by (G1), that $k(u) \subset k(y', z')$. Therefore $k(u)$ is contained in $k(y, z)$, i.e. in $k(x, y)$, and also in $k(y', z')$, i.e. in $k(x, y')$. But, by (G1), y and $y' = yt$ are generic and independent over $k(x)$, and so $k(x, y)$ and $k(x, y')$ are independent regular extensions of $k(x)$; their intersection is therefore $k(x)$, and so we have $k(u) \subset k(x)$, so that we may write $u = \phi(x)$, where ϕ is a mapping of V into V, defined over k. As x, u are no other than $\mu(z, y)$ and $\mu(y, z)$, the relation between them is symmetrical, and we have $x = \phi(u)$ and $k(x) \subset k(u)$, and so $k(x) = k(u)$. We have thus verified (i), (ii), (iii). Also, by (G1), any two of the points x, y, z in $z = xy$ determine the third one uniquely provided they are generic and independent over k; from this it follows that $u = \phi(x)$ is uniquely determined by the relation $y = uz$, and so the function ϕ is uniquely determined by (iii). From now on, write x^{-1} instead of $\phi(x)$.

Let now v be generic on V over $k(x, y)$; put $s = (xy)v = x(yv)$. As x, yv are generic and independent over k, $s = x(yv)$ is equivalent to $yv = x^{-1}s$, by (iii); and again by (iii), this is equivalent to $v = y^{-1}(x^{-1}s)$ since y and yv are generic and independent over k by (G1). By (i), the points x^{-1}, y^{-1} and v are generic and independent over k, and therefore the last relation, by (G2) can be written as $v = (y^{-1}x^{-1})s$. As $s = (xy)v$, and xy, v are generic and independent over k, this shows that $y^{-1}x^{-1} = (xy)^{-1}$, which is (v). This, with $z = xy$, can be written as $z^{-1} = y^{-1}x^{-1}$, which, by (iii), is equivalent to $x^{-1} = y(z^{-1})$; applying (v) to the latter relation, we get $x = (z^{-1})^{-1}(y^{-1})$, which, in view of (ii), gives (iv). This completes the proof.

With the same notations as above, we have $\lambda(x, z) = x^{-1}z$ and $\mu(z, y) = zy^{-1}$. One should observe, however, that the function λ may be defined at a point (s, t) of $V \times V$ without the expression $s^{-1}t$ being defined; in fact, λ may be defined at (s, t) without ϕ being defined at s. A similar remark applies to μ.

COROLLARY. *With the notations of* Prop. 1, *assume that the function* $f(x, y) = xy$ *is defined at* (x^{-1}, x). *Then the function* $x \to (x^{-1})x$ *is a constant* e, *rational over* k. *If, moreover,* f *is defined at* (e, x), *then* $ex = x$; *if it is defined at* (x, e), *then* $xe = x$.

With x, y and $z = xy$ as before, the assumption implies that $z^{-1}z$, i.e. (by Prop. 1(v)) $(y^{-1}x^{-1})z$ is defined. In the relation $(uv)z = u(vz)$, with u, v generic and independent over $k(z)$, specialize (u, v) to (y^{-1}, x^{-1}) over $k(z)$; by our assumption, the left-hand side is defined; also, u and vz get specialized to y^{-1} and $x^{-1}z$, the latter being defined and equal to y by Prop. 1 (iii). Since, by our assumption, f is defined at (y^{-1}, y), this gives $z^{-1}z = y^{-1}y$; in other words, the function $x^{-1}x$ has the same value at z and at y. As y, z are independent generic points of V over k, this implies that the function is a constant; as it is defined over k, its constant value must then be rational over k. Putting $e = x^{-1}x$ and replacing x by x^{-1}, we get, in view of Prop. 1(i)-(ii), $e = x(x^{-1})$. Taking t generic over $k(x, y)$, specialize t to x^{-1} in the relation $t(xy) = (tx)y$; the left-hand side becomes y by Prop. 1 (iii), and the right-hand side becomes ey provided this is defined. Specializing y to x^{-1} in the same relation, we get $te = t$ provided te is defined.

2. Let V and W be two varieties, defined over a field k. Let f, g be two mappings, both defined over k, of $V \times V$ into V and of $V \times W$ into W, respectively. Consider the following conditions:

(TG1) *For a generic x over k on V, the mapping $u \rightarrow g(x, u)$ of W into W is a birational correspondence between W and W.*

This is equivalent to saying that, if x, u are independent generic points of V and of W, respectively, over k, then $k(x, g(x, u)) = k(x, u)$.

(TG2) *If x, y, u are independent generic points of V, V and W, respectively, over k, then $g(f(x, y), u) = g(x, g(y, u))$.*

If (TG1) is fulfilled, (TG2) is meaningful, since in that case $g(y, u)$ is generic on W over $k(x)$, while $f(x, y)$ is generic on V over $k(u)$ by (G1).

When (G1, 2) and (TG1, 2) are satisfied, we shall say that g is a *normal* (external) *law of composition* on W with respect to the pre-group V, and that W, with this law, is a *pre-transformation space* with respect to V; g will then mostly be written as a multiplication, i. e. as $g(x, u) = xu$; then (TG1), (TG2) appear as $k(x, xu) = k(x, u)$ and $(xy)u = x(yu)$. Just as before, we note that the concept of a normal law is independent of the field of definition, which may be enlarged at will, and that it is birationally invariant; if V' is birationally equivalent to V, and W' to W, the laws f, g can be transferred in an obvious manner to V', W'; the pair V', W', with the laws f', g' obtained from f, g by transfer, is said to be *birationally equivalent* to the pair V, W with the laws f, g. In particular, W, just as V, may be replaced by an affine model.

Take x, y, u as in (TG2); put $z = xy$, $v = yu$. By (TG1), v is generic on W over $k(x)$; so is xv, again by (TG1); therefore $x^{-1}(xv)$ is defined. But (TG2) can be written as $zu = xv$, and so we have $x^{-1}(zu) = x^{-1}(xv)$.

As x^{-1}, z and u are independent generic points of V, V and W over k, we can apply (TG2) to the left-hand side, which is therefore equal to $(x^{-1}z)u$, i.e. to yu by Prop. 1 (iii), i.e. to v. This proves $x^{-1}(xv)=v$; as x, v are independent generic points of V, W over k, this must therefore remain true for any pair of such points.

The conditions stated above may be strengthened by assuming "generic transitivity," which means the following condition:

(H) *If x, u are independent generic points of V and of W, respectively, over k, then $g(x,u)$ is a generic point of W over $k(u)$.*

In that case, we say that W is a *pre-homogeneous space* with respect to the pre-group V. This condition is equivalent to saying that the graph of g on $V\times W\times W$ has the projection $W\times W$ on $W\times W$ (in the sense of my *Foundations*; the set-theoretic projection then contains a open subset of $W\times W$, by Prop. 10 of the Appendix).

3. The following result shows that a normal law of composition may be obtained from a mapping satisfying much weaker conditions than those stated above.

Proposition 2. *Let V, W be two varieties, defined over a field k. Let g be a mapping of $V\times W$ into W, defined over k, satisfying* (TG1) *and the following condition:*

(TG2′) *There are two independent generic points x, y of V over k and a generic point z of V over k such that $g(z,u)=g(x,g(y,u))$ for u generic on W over $k(x,y,z)$.*

Let $k(\bar{x})$ be the smallest field of definition containing k for the mapping $u\rightarrow g(x,u)$ of W into W, $\bar{x}$ being a generic point over k of a variety $\bar{V}$. Then one can write $\bar{x}=\phi(x)$ and $g(x,u)=\bar{g}(\bar{x},u)$, where ϕ is a mapping from V to $\bar{V}$ and $\bar{g}$ a mapping from $\bar{V}\times W$ to W, both defined over k; putting $\bar{y}=\phi(y)$, $\bar{z}=\phi(z)$, we have $k(\bar{z})\subset k(\bar{x},\bar{y})$ and may write $\bar{z}=\bar{f}(\bar{x},\bar{y})$, where $\bar{f}$ is a mapping from $\bar{V}\times\bar{V}$ to $\bar{V}$, defined over k. Finally, $\bar{f}$ and $\bar{g}$ satisfy the conditions (G1, 2), (TG1, 2) *and define $\bar{V}$ as a pre-group and W as a pre-transformation space with respect to $\bar{V}$.*

In the first place, the smallest field of definition containing k for $u\rightarrow g(x,u)$ is contained in $k(x)$ and is therefore, by Prop. 3 of the Appendix, a finitely generated regular extension of k; this may always be written as $k(\bar{x})$, e.g. by taking $\bar{x}$ as a suitable point in an affine space, which has then a locus $\bar{V}$ over k and may be written as $\phi(x)$. As $g(x,u)$ is then rational over $k(\bar{x},u)$, it may be written as $\bar{g}(\bar{x},u)$, or more briefly as $\bar{x}u$; (TG2′) can then be written as $g(z,u)=\bar{x}(\bar{y}u)$, which shows that the function $u\rightarrow g(z,u)$ is defined over $k(\bar{x},\bar{y})$, so that $k(\bar{z})\subset k(\bar{x},\bar{y})$; we may then write $\bar{z}=\bar{f}(\bar{x},\bar{y})$, or more briefly $\bar{z}=\bar{x}\bar{y}$. It is clear that $\bar{g}$, $\bar{f}$ satisfy (TG1, 2); we have to show that $\bar{f}$ satisfies (G1, 2). By (TG1), if $v=g(x,u)$, the mapping $u\rightarrow v$ is a birational correspondence between W and W, defined over $k(\bar{x})$; its inverse must then be defined over the same field, so that we have $k(u)\subset k(\bar{x},v)$ and may write $u=h(\bar{x},v)$. Notations being as before, put $w=g(y,u)$; as this, by (TG1), is generic over $k(x)$ on W, the relation in (TG2′), which can be written as $\bar{z}u=\bar{x}w$, is equivalent to $w=h(\bar{x},\bar{z}u)$. This shows that the mapping $u\rightarrow w$ is defined over $k(\bar{x},\bar{z})$; since its smallest field of definition is $k(\bar{y})$, we get $k(\bar{y})\subset k(\bar{x},\bar{z})$. Similarly, we have $w=\bar{y}u$ and therefore $u=h(\bar{y},w)$; then the relation in (TG2′) can be written as $\bar{x}w=\bar{z}h(\bar{y},w)$, from which we conclude in the same manner that $k(\bar{x})\subset k(\bar{z},\bar{y})$. This shows that f satisfies (G1).

Now, if $\bar{x}_1$, $\bar{x}_2$ are any two generic points of $\bar{V}$ over k, there is an isomorphism σ of $k(\bar{x}_1)$ onto $k(\bar{x}_2)$ over k which maps $\bar{x}_1$ onto $\bar{x}_2$. Take u generic on W over $k(\bar{x}_1,\bar{x}_2)$, and put $u_1=\bar{x}_1u$, $u_2=\bar{x}_2u$. Then σ maps the graph of $u\rightarrow u_1$ onto the graph of $u\rightarrow u_2$. If $u_1=u_2$, these two functions coincide, and therefore, by Prop. 4 of F-IV$_2$, σ must induce the identity on the smallest field of definition of the first function. As this field is $k(\bar{x}_1)$, we have thus shown that $u_1=u_2$ implies $\bar{x}_1=\bar{x}_2$. Now let $\bar{x}$, $\bar{y}$, $\bar{t}$, u be independent generic points over k on $\bar{V}$, $\bar{V}$, $\bar{V}$, W; put $\bar{x}_1=(\bar{x}\bar{y})\bar{t}$ and $\bar{x}_2=\bar{x}(\bar{y}\bar{t})$, these being defined because $\bar{f}$ satisfies (G1). We have to show that $\bar{x}_1=\bar{x}_2$; by (G1), they are both generic over k on $\bar{V}$, and u is generic over $k(\bar{x}_1,\bar{x}_2)$ on W, so that we need only show that $\bar{x}_1u=\bar{x}_2u$. By (TG1), $\bar{x}(\bar{y}(\bar{t}u))$ is defined; by (TG2), this is the same as $(\bar{x}\bar{y})(\bar{t}u)$, which, again by (TG2), is the same as $\bar{x}_1u$ since $\bar{x}\bar{y}$, $\bar{t}$, u are independent generic points of $\bar{V}$, $\bar{V}$, W over k by (G1). Similarly $\bar{x}(\bar{y}(\bar{t}u))$ is the same as $\bar{x}((\bar{y}\bar{t})u)$ by (TG2), and this is the same as $\bar{x}_2u$ by (TG2) and (G1). This concludes the proof.

The external normal law of composition $\bar{g}$ constructed in Prop. 2 satisfies, in addition to (TG1, 2), the following condition:

(TG3) *If x is generic over k on V, $k(x)$ is the smallest field of definition containing k for the mapping $u\rightarrow g(x,u)$ of W into W.*

Whenever (TG3) is satisfied in addition to (G1, 2) (TG1, 2), we will say that V operates *faithfully* on W by g.

If V, W and a mapping g of $V \times W$ into W are given, and g satisfies (TG1, 2′, 3), then Prop. 2 shows that $(x, y) \rightarrow z$ (where x, y, z are the points of V which appear in (TG2′)) is a normal internal law of composition on V and that g is a normal external law with respect to the pre-group defined by f on V. In particular, if V, W, f and g are given and f, g satisfy (TG1, 2, 3), then f satisfies (G1, 2).

§ II. Construction of chunks.

4. Let V, W be a pre-group and a pre-transformation space and f, g the internal and external normal laws belonging to them, these being all defined over a field k; we will mostly write f, g multiplicatively, as has already been done in § I. Instead of saying that f is defined at a point (s, t) of $V \times V$, we shall frequently say that st is defined; similarly, when we say for instance that $s^{-1}((st)a)$ is defined, for s, t on V and a on W, this will mean the following: (i) f is defined at (s, t), with the value st; (ii) g is defined at (st, a), with the value $(st)a$; (iii) $x \rightarrow x^{-1}$ is defined at s, with the value s^{-1}; (iv) g is defined at $(s^{-1}, (st)a)$, with the value $s^{-1}((st)a)$. We recall that two expressions, built up from functions which are defined over k, coincide for all values of the variables for which they are both defined provided they are defined and coincide when the variables are given independent generic values over k. This applies for instance to the formulas in (G2) and (TG2) which express the associativity of f and g.

We say that V is a *group-variety* or a *group* if f is everywhere defined on $V \times V$ and $x \rightarrow x^{-1}$ is everywhere defined on V; then the corollary of Prop. 1 shows that there is a neutral element e on V with the usual properties. If V is a group, W will be called a *transformation-space* with respect to V if g is everywhere defined on $V \times W$; if, moreover, V operates transitively on W in the usual sense, i. e. if to every pair a, b on W there is an $s \in V$ such that $b = sa$, then W is called a *homogeneous space* with respect to V.

In § III, it will be shown that, to every pre-group V, there is a birationally equivalent group V', and that, to every pre-transformation space W with respect to V, there is a birationally equivalent transformation-space W' with respect to V'. The proof of this will include a proof of the fact that W is biregularly equivalent to an open subset of W' if and only if it fulfills the following condition:

(C) *If a is any point of W, and x a generic point of V over $k(a)$, then xa and $x^{-1}(xa)$ are defined.*

A pre-transformation space W with respect to V which fulfills this condition will be called a *chunk of transformation-space*, or more briefly a *chunk*.

For similar reasons, if W is a pre-homogeneous space, i.e. if g satisfies (H), we say that W is a *homogeneous chunk* if it satisfies (C) and the following:

(HC) *If a and x are as in* (C), *xa is generic over $k(a)$ on W.*

Finally, V itself will be called a *group-chunk* if it is a homogeneous chunk with respect to left-translations and if x^{-1} is everywhere defined on it, or in other words if it satisfies the following:

(GC1) *If s is any point on V, and x a generic point of V over $k(s)$, then xs and $x^{-1}(xs)$ are defined and xs is generic over $k(s)$ on V.*

(GC2) *For every s on V, s^{-1} is defined.*

PROPOSITION 3. *Call Ω the set of those points a on W such that xa and $x^{-1}(xa)$ are defined for x generic over $k(a)$ on V. Then Ω is a k-open subset of W; Ω and all k-open subsets of Ω are chunks; if $a \in \Omega$, we have $x^{-1}(xa) = a$, $k(x,a) = k(x,xa)$, and a is a point of the locus of xa over $k(a)$ on W.*

Call F the set of points on $V \times W$ where g is not defined; by Prop. 8 of the Appendix, this is a k-closed subset of $V \times W$. Let Γ be the graph of the mapping $(x,u) \rightarrow x^{-1}u$ of $V \times W$ into W, i.e. the locus of $(x,u,x^{-1}u)$ over k for x, u generic and independent over k on V, W. Call F' the k-closed subset of $V \times W \times W$ consisting of all points (x,u,v) with $(x,v) \in F$; let F'' be the union of the projections of the components of $\Gamma \cap F'$ on the product of the first two factors of $V \times W \times W$ (this being understood as in F-IV$_3$ and F-VII$_3$; F'' is the closure, in the Zariski topology, of the set-theoretic projection of $\Gamma \cap F'$ on $V \times W$; cf. Appendix, Prop. 10). It will now be shown that Ω is the same as the set Ω_1 of the points a on W such that $V \times a$ is not contained in $F \cup F''$. In fact, for xa to be defined, it is necessary and sufficient that $V \times a$ should not be contained in F; let Ω_0 be the set of points a with this property; it contains both Ω and Ω_1. If $a \in \Omega_0 - \Omega$, $x^{-1}(xa)$ is not defined; as x^{-1} is generic over $k(a)$ at the same time as x, this is equivalent to saying that $x(x^{-1}a)$ is not defined; as $x^{-1}a$ is defined, the point $(x,a,x^{-1}a)$ is then in $\Gamma \cap F'$, and therefore (x,a) is in F'', so that $V \times a \subset F''$ and $a \notin \Omega_1$. Conversely, if $a \in \Omega_0 - \Omega_1$, then (x,a) is in the projection of one of the components of $\Gamma \cap F'$, and so, if (y,u,v) is a generic point of that component over $\bar{k}$, (x,a) is a specialization of (y,u) over $\bar{k}$. As (y,u,v) is on Γ and $x^{-1}a$ is defined, v has then the unique specialization $x^{-1}a$ over $(y,u) \rightarrow (x,a)$ with respect to $\bar{k}$; therefore $(x,a,x^{-1}a)$ is in F', and so $x(x^{-1}a)$ is not defined and a is not in Ω. This proves that $\Omega = \Omega_1$; the latter set being k-open by Prop. 7 of the Appendix, Ω is k-open.

As $x^{-1}(xu) = u$ for x, u generic and independent over k on V, W, we must have $x^{-1}(xa) = a$ whenever the left-hand side is defined, and so for $a \in \Omega$ and x generic over $k(a)$; this implies that $k(a) \subset k(x, xa)$, so that $k(x,a) = k(x,xa)$. Let y be generic over $k(x,a)$ on V; then (x^{-1}, xa) is a specialization of (y, xa) over $k(x,a)$; as the former point is not in F, and F is k-closed, (y,xa) is not in F, and so $y(xa)$ is defined. As yx is generic over $k(a)$ by (G1) and is therefore a generic specialization of x over $k(a)$, $(yx)a$ is defined and is a generic specialization of xa over $k(a)$. By associativity, we have $y(xa) = (yx)a$ since both sides are defined; as $x^{-1}(xa)$ is defined, it is a specialization of $y(xa)$, and therefore also of $(yx)a$ and of xa, over $k(a)$. This shows that a is a specialization of xa over $k(a)$, i.e. that it is a point of the locus of xa over $k(a)$ on W. If now Ω' is any k-open subset of Ω, then the set $C = W - \Omega'$ is k-closed, and so, if xa is in C, a must be in C; in other words, if a is in Ω', so is xa; it is then clear that Ω' is a chunk.

The locus of xa over $k(a)$ could be described as the closure of the orbit of a under V on W.

COROLLARY. *Notations being as in Prop. 3, call Ω_h the set of the points a of Ω such that W is the locus of xa over $k(a)$. Then Ω_h is k-open or empty according as W is pre-homogeneous or not. In the former case, Ω_h and all k-open subsets of Ω_h are homogeneous chunks; and, if a, b are any two points of Ω_h, there are two generic points x, y of V over $k(a,b)$ such that $xa = yb$.*

Except for the last assertion, this is an immediate consequence of Prop. 11 of the Appendix, applied to the k-open set Ω of Prop. 3. Let now a, b be in Ω_h; take x, y generic on V over $k(a,b)$, and put $u = xa$, $v = yb$. Then the loci of u and of v over $k(a,b)$ are W, and so there is an isomorphism of $k(a,b,u)$ onto $k(a,b,v)$ over $k(a,b)$ which maps u onto v; this can be extended to an isomorphism σ of $k(a,b,x)$ onto some extension of $k(a,b,v)$; then x^σ is generic on V over $k(a,b)$ and we have $u^\sigma = x^\sigma a$, i.e. $x^\sigma a = yb$, so that x^σ and y satisfy the conditions stated in the corollary.

Finally, in order to construct a group-chunk from a given pre-group V, one need only observe that the graph V_1 of the function $x \rightarrow x^{-1}$ is a subvariety of $V \times V$, birationally equivalent to V, and that, if we transfer that function to V_1, we get an everywhere biregular birational correspondence between V_1 and itself since it is the same as the function induced on V_1 by the mapping $(x, y) \rightarrow (y, x)$ of $V \times V$ onto itself. Therefore we may assume that we have started from a pre-group V on which x^{-1} was everywhere defined; had that not been the case, one would merely have had to replace V by V_1 to make it so. Call now Ω_h the set of the points $s \in V$ with the property stated in (GC1); by the corollary of Prop. 3, this is a k-open subset of V; as $x \rightarrow x^{-1}$ is an everywhere biregular mapping of V onto itself, it transforms Ω_h into a k-open set Ω_h^{-1}; then $\Omega_h \cap \Omega_h^{-1}$ is a group-chunk.

Thus we have constructed chunks for the three kinds of objects under consideration, viz., transformation-spaces, homogeneous spaces and groups. If W is a pre-transformation space, defined over k, the set W' of simple points on W is a k-open set on W; by applying Prop. 3 to W', we obtain a non-singular chunk. Similarly, one would get an everywhere normal chunk by taking for W' the set of points where W is normal, this being k-open by Corollary 3 of Prop. 8 of the Appendix. It will presently be seen that homogeneous chunks and in particular group-chunks are always non-singular, so that no special procedure is required to make them such.

By Corollary 2 of Prop. 8 of the Appendix, if one has constructed a chunk, one can at once derive from it a birationally equivalent chunk which is an affine variety; this also applies to homogeneous chunks. As to group-chunks, starting from a pre-group which we take to be an affine variety, and replacing it by the graph of the function x^{-1} on it, we get for our pre-group an affine model V on which x^{-1} is everywhere defined. Let V' be a k-open set on V which is a homogeneous chunk; let $x = (x_1, \cdots, x_m)$ be a generic point of V over k; take a polynomial P with coefficients in k which is 0 on $V - V'$ but not on V; as x^{-1} and $P(x)$ are everywhere defined functions on V, so is $P(x^{-1})$. Call V'' the locus of

$$(x_1, \cdots, x_m, 1/P(x), 1/P(x^{-1}))$$

over k in affine space; this is biregularly equivalent to the k-open subset determined on V by the inequalities $P(x) \neq 0$, $P(x^{-1}) \neq 0$. This is a group-chunk. We have thus proved the following:

PROPOSITION 4. *To every pre-homogeneous space* (resp. *pre-group*) *defined over k, there is a birationally equivalent homogeneous chunk* (resp. *group-chunk*) *which is an affine variety, defined over k. To every pre-transformation space W and every point a on W with the property stated in* (C), *there is a birationally equivalent chunk W′ which is an affine variety and is such that the birational correspondence between W and W′ is biregular at a; if a is simple on W, W′ may be taken non-singular; if W is normal at a, W′ may be taken everywhere normal.*

5. PROPOSITION 5. *Let V be a group-chunk and W a pre-transformation space with respect to V; let k be a field of definition for V, W. Then, if s is any point of V, and u a generic point of W over $k(s)$, su and $s^{-1}(su)$ are defined; the mapping $u \rightarrow su$ is a birational correspondence between W and itself; and $k(s,u) = k(s,su)$.*

Take x, y generic and independent on V over $k(s,u)$; put $y' = yx^{-1}$ and $u' = xu$; by (G1) and (TG1), y' and u' are generic and independent over k on V, W, so that $y'u'$ is defined; as we have shown $x^{-1}u'$ to be defined and equal to u, we get, by associativity, $y'u' = yu$. We now show that the expression obtained by substituting s for y in $y'u'$, i.e. in $(yx^{-1})(xu)$, is defined. In fact, since V is a group-chunk, the mapping $(z,t) \rightarrow t^{-1}z^{-1}$, where z, t are generic and independent over $k(s)$ on V, is defined at (s,t), and its value $t^{-1}s^{-1}$ at that point is generic over $k(s)$ on V; this implies that the mapping $(z,t) \rightarrow (t^{-1}z^{-1})^{-1}$ is also defined there; as this is only another expression for the mapping $(z,t) \rightarrow zt$, we conclude that the latter is defined at (s,t), i.e. that st is defined, and that st is generic over $k(s)$; substituting x^{-1} for t, this shows that $x' = sx^{-1}$ is defined and generic over $k(s)$ on V, and a fortiori that the mapping $y \rightarrow yx^{-1}$ of V into V is defined at s, with the value x'. The mapping $u \rightarrow u'$ is defined at u, with the value u' which is generic over $k(x,s)$ on W by (TG1). So x' and u' are generic and independent over k on V, W, and $x'u'$ is defined; more precisely, we have shown that the mapping $(y,u) \rightarrow y'u' = (yx^{-1})(xu)$ of $V \times W$ into W, which is defined over $k(x)$, is defined at (s,u). As this is only another expression for the mapping $(y,u) \rightarrow yu$, this implies that the latter is defined at (s,u), i.e. that su is defined, and that these mappings have the same value there, i.e. that $x'u' = su$. By (TG1), $x'u'$ is generic on W over $k(x,s)$; therefore su is generic on W over $k(s)$. But then our assumptions on s, u are also satisfied by s^{-1}, su, so that it follows from what we have already proved that $s^{-1}(su)$ is defined; its value must then be u, since $x^{-1}(xu) = u$, and so we have $k(u) \subset k(s,su)$, and therefore $k(s,u) = k(s,su)$; this means that $u \rightarrow su$ is a birational correspondence between W and W.

COROLLARY. *Assumptions being as in Prop. 5, assume also that V operates faithfully on W; let s, s' be any two points of V, and let u be generic on W over $k(s,s')$. Then $su = s'u$ implies $s = s'$.*

Take x generic over $k(s,s',u)$ on V. Since V is a group-chunk, xs is defined and generic over $k(u)$ on V; and su is defined and generic over $k(x)$ on W by Prop. 5; by associativity, this gives $(xs)u = x(su)$. Similarly we have $(xs')u = x(s'u)$. Therefore $su = s'u$ implies $(xs)u = (xs')u$. But then we can repeat the argument used in the proof of Prop. 2; there is an isomorphism σ of $k(xs)$ onto $k(xs')$, mapping xs onto xs'; as this transforms the graph of the function $u \to (xs)u$ into itself, and as $k(xs)$ is the smallest field of definition for this graph because of the assumption of faithfulness, σ must be the identity, and $xs = xs'$. As $s = x^{-1}(xs)$ and $s' = x^{-1}(xs')$, this gives $s = s'$.

PROPOSITION 6. *Let V be a group-chunk and W a chunk of transformation-space with respect to V. Let s be any point on V and (a, b) any point on the graph of the birational correspondence $u \to su$ between W and itself; then the latter is biregular at (a, b), sa and $s^{-1}b$ are defined, and we have $sa = b$, $s^{-1}b = a$.*

We first show that sa is defined. Take x, y, u generic and independent on V, V, W over $k(a, b, s)$; and consider the mapping $(x, u) \to y^{-1}((yx)u)$, defined over $k(y)$, of $V \times W$ into W. By (GC1), $x \to yx$ is defined at s, with a value ys which is generic on V over $k(s, a)$. By (C), the mapping $(x, u) \to xu$ is defined at (ys, a), and so the mapping $(x, u) \to (yx)u$ is defined at (s, a), with the value $(ys)a$. At the same time, $(ys)u$ is defined since u is generic on W over $k(y, s)$, and $y(su)$ is defined because su is defined and generic over $k(y)$ by Prop. 5; by associativity, this gives $(ys)u = y(su)$. As (a, b) is on the graph of $u \to su$, and (u, su) is a generic point of that graph over $k(y, s)$, (a, b) is a specialization of (u, su) over $k(y, s)$; but then the relation $(ys)u = y(su)$ implies $(ys)a = yb$. By Prop. 3, the mapping $v \to y^{-1}v$ is defined at yb, i.e. at $(ys)a$, with the value b. We have thus proved that $(x, u) \to y^{-1}((yx)u)$ is defined at (s, a), with the value b; as this is but an expression for $(x, u) \to xu$, this shows that sa is defined and equal to b. Interchanging a, s with b, s^{-1}, and making use of Prop. 5, we see from this that $s^{-1}b$ is defined and equal to a. This implies a fortiori that the mappings $u \to su$, $u \to s^{-1}u$ are respectively defined at a, b, with values b, a; this means that the birational correspondence $u \to su$ is biregular at (a, b).

COROLLARY. *Every homogeneous chunk is non-singular.*

Let W be such a chunk with respect to a pre-group V; replace V by a birationally equivalent group-chunk. For any a on W, take x generic on V over $k(a)$; then $u \to xu$ is a birational correspondence between W and itself, transforming a into the generic point xa of W over $k(a)$, and biregular at a. As xa is simple on W, a must therefore be simple on W.

§ III. Construction of spaces.

From now on, until the end of § III, V *and* W *will denote respectively a group-chunk and a chunk of transformation-space with respect to* V, *both being at the same time assumed to be affine varieties*; k *will denote a common field of definition for* V *and* W *and for the normal laws given on them.*

6. Let n, n' be the dimensions of V, W, and take $N > 4n$ and also $> 3n + n'$; take N independent generic points $t_1, \cdots, t_N$ over k on V; put $K = k(t_1, \cdots, t_N)$. Let u be a generic point of W over K; put $S_\alpha = W$ and $u_\alpha = t_\alpha u$ for $1 \leqq \alpha \leqq N$. Take the u_α as the corresponding generic points of the varieties S_α over K; this defines birational correspondences $T_{\beta\alpha}$ between any two of the S_α; as we may write, by associativity, $u_\beta = (t_\beta t_\alpha^{-1}) u_\alpha$, $T_{\beta\alpha}$ is the birational correspondence $u \rightarrow (t_\beta t_\alpha^{-1}) u$ between W and itself. Proposition 6 of § II shows that $T_{\beta\alpha}$ is biregular at any pair of points on its graph. Therefore the varieties S_α (with empty "frontiers") and the $T_{\beta\alpha}$ may be used to define an abstract variety $\boldsymbol{S}$. Call $\bar{u}$ the generic point of $\boldsymbol{S}$ over K with the representatives u_α and write $\bar{u} = \Phi(u)$, $u = \Psi(\bar{u})$; Φ is a birational correspondence between W and $\boldsymbol{S}$, and Ψ is its inverse; both are defined over K. Let a be any point of W; by Prop. 4 of the Appendix, there is an α such that t_α is generic over $k(a)$; as W is a chunk, $t_\alpha a$ is then defined; this means that Φ is defined at a, $\Phi(a)$ being the point of $\boldsymbol{S}$ with the representative $t_\alpha a$ on S_α. As $t_\alpha^{-1}(t_\alpha a)$ is then defined and has the value a, Ψ is defined at the point $\Phi(a)$ with the value a. This shows that Φ is a biregular mapping of W onto its set-theoretic image $\Phi(W)$ on $\boldsymbol{S}$; as the latter is the set of points of $\boldsymbol{S}$ where Ψ is defined, it is K-open on $\boldsymbol{S}$ by Prop. 8 of the Appendix. Once and for all, we will agree to denote by $\bar{a}$ the image $\Phi(a)$ of $a \in W$ by Φ in $\Phi(W)$.

All this can be applied to the case when W is taken to be the same as V, V acting upon itself by left-translations. Let $\boldsymbol{G}$ be the abstract variety thus obtained from V; call Φ_0 the birational correspondence between V and $\boldsymbol{G}$ which takes the place of the mapping Φ defined above; and call Ψ_0 its inverse. We transfer to $\boldsymbol{G}$ the normal law on V by means of Φ_0; in other words, for x, y generic and independent on V over K and $\bar{x} = \Phi_0(x)$, $\bar{y} = \Phi_0(y)$, we define $\bar{x}\bar{y} = \Phi_0(xy)$, which implies $\bar{x}^{-1} = \Phi_0(x^{-1})$, and prove that this makes $\boldsymbol{G}$ into a group. In fact, the representative of $\bar{x}^{-1}$ on G_β is $t_\beta x^{-1} = (t_\beta x_\alpha^{-1}) t_\alpha$; if $\bar{s}$ is a point of $\boldsymbol{G}$ with a representative s_α on G_α, we can choose β such that t_β is generic on V over $k(s_\alpha, t_\alpha)$. Then, since V is a group-chunk, $t_\beta s_\alpha^{-1}$ is defined and generic on V over $k(s_\alpha, t_\alpha)$, and so $x \rightarrow (t_\beta x^{-1}) t_\alpha$ is defined at s_α; this means that $\bar{s}^{-1}$ is defined and has a representative on G_β. Similarly, if we write $t = t_\gamma t_\alpha^{-1}$, the representative of $\bar{x}\bar{y}$ on G_γ is $t_\gamma xy = ((tx_\alpha)t_\beta^{-1})y_\beta$; let $\bar{r}$, $\bar{s}$ be two points of $\boldsymbol{G}$ with representatives r_α, s_β on G_α, G_β respectively; by Prop. 4 of the Appendix, we can choose γ so that t_γ is generic on V over $k(r_\alpha, s_\beta, t_\alpha, t_\beta)$; the same will then be true of t, and also of tr_α and of $(tr_\alpha)t_\beta^{-1}$ since V is a group-chunk; for a similar reason, this implies that $(x,y) \to ((tx)t_\beta^{-1})y$ is defined at (r_α, s_β), and this completes the proof that $\boldsymbol{G}$ is a group.

Now, going back to the space $\boldsymbol{S}$ constructed before, we transfer to $\boldsymbol{G}$, $\boldsymbol{S}$, by means of the birational correspondences Φ_0, Φ, the normal law given for V, W; in other words, for x, u generic and independent over K on V, W, and for $\bar{x} = \Phi_0(x)$, $\bar{u} = \Phi(u)$, we define $\bar{x}\bar{u} = \Phi(xu)$, and prove that this makes $\boldsymbol{S}$ into a transformation-space with respect to $\boldsymbol{G}$. In fact, the representative of $\bar{x}\bar{u}$ on S_γ is $((tx_\alpha)t_\beta^{-1})u_\beta$, where $t = t_\gamma t_\alpha^{-1}$ as before; the rest of the proof is then quite similar to the proof given above.

Naturally, if W is non-singular, $\boldsymbol{S}$ is non-singular; if W is everywhere normal, $\boldsymbol{S}$ is everywhere normal. Finally, if W is a homogeneous chunk, $\boldsymbol{S}$ is a homogeneous space. In fact, in that case, let $\bar{a}$, $\bar{b}$ be any two points of $\boldsymbol{S}$, with representatives a_α, b_β in S_α, S_β respectively. Take x generic over $K(\bar{a},\bar{b})$ on V; put $\bar{x}' = \bar{x}\bar{a}$, $\bar{x}'' = \bar{x}\bar{b}$. For u generic over $K(x)$ on W, we have $\Psi(\bar{x}\bar{u}) = (xt_\alpha^{-1})u_\alpha$; as W is a homogeneous chunk, $x' = (xt_\alpha^{-1})a_\alpha$ is defined and generic over $K(\bar{a},\bar{b})$ on W, and therefore we have $x' = \Psi(\bar{x}')$; similarly we have $x'' = \Psi(\bar{x}'')$ with $x'' = (xt_\beta^{-1})b_\beta$ generic over $K(\bar{a},\bar{b})$ on W. That being so, there is an isomorphism of $K(\bar{a},\bar{b},x')$ onto $K(\bar{a},\bar{b},x'')$ over $K(\bar{a},\bar{b})$ which maps x' onto x''; this can be extended to an isomorphism σ of $K(\bar{a},\bar{b},\bar{x})$ onto some extension of $K(\bar{a},\bar{b},x'')$. Then we have $\bar{x}^\sigma\bar{a} = \bar{x}'' = \bar{x}\bar{b}$, and so $\bar{b} = \bar{x}^{-1}\bar{x}^\sigma\bar{a}$.

7. From now on, it will be assumed that W and consequently $\boldsymbol{S}$ are everywhere normal. With this assumption, we shall construct an abstract variety $\boldsymbol{S}'$, defined over k, and a birational correspondence F between $\boldsymbol{S}'$ and W, also defined over k, so that the birational correspondence $\Phi \circ F$, defined over K, between $\boldsymbol{S}'$ and $\boldsymbol{S}$ is an everywhere biregular mapping of $\boldsymbol{S}'$ onto $\boldsymbol{S}$. This construction can then be applied to V itself, giving a variety $\boldsymbol{G}'$ and a birational correspondence F_0 between $\boldsymbol{G}'$ and V, both defined over k, such that $\Phi_0 \circ F_0$ is biregular between $\boldsymbol{G}'$ and $\boldsymbol{G}$. Transferring the normal laws for V, W to $\boldsymbol{G}'$, $\boldsymbol{S}'$ by means of F, F_0, we see that we have thus constructed a group $\boldsymbol{G}'$ and a transformation-space $\boldsymbol{S}'$, birationally equivalent to V, W over k; if W is pre-homogeneous and we have constructed $\boldsymbol{S}$ as a homogeneous space, $\boldsymbol{S}'$ will be a homogeneous space.

In constructing $\boldsymbol{S}'$, we may assume that V operates faithfully on W; in fact, if this were not so, one could replace V by another pre-group $\bar{V}$ satisfying this condition, according to Prop. 2 of § I, no. 3.

Notations will now be the same as in no. 6, with the additional assumptions that W and consequently $\boldsymbol{S}$ are everywhere normal, and that V acts faithfully on W, so that $\boldsymbol{G}$ acts faithfully on $\boldsymbol{S}$.

Let k' be any field containing k. Let $\sum_{i=1}^{r}(s_i)$ be a cycle of dimension 0 on V, rational over k', and assume that $s_i \neq s_j$ whenever $i \neq j$. Then, if we put $k'' = k'(s_1, \cdots, s_r)$, k'' is a Galois extension of k', i.e. separably algebraic and normal over k'. Call K'' the compositum of K and k''; let u be a generic point of W over K'', and put $w_i = s_i u$. If m is the dimension of the ambient affine space to W, we write $w_i = (w_{i1}, \cdots, w_{im})$. Put now

$$y(T, U) = \prod_{i=1}^{r} \left(T - \sum_{\mu=1}^{m} w_{i\mu} U_\mu\right) \tag{1}$$

where $T, U_1, \cdots, U_m$ are indeterminates; let y be the point, in an affine space of suitable dimension, whose coordinates are all the coefficients of the homogeneous polynomial $y(T, U)$ except that of T^r; this is the so-called "Chow point" of the cycle $\sum_i (w_i)$, and $y(T, U)$ is its "Chow form."

As V acts faithfully on W, and the s_i have been assumed to be distinct, the corollary of Prop. 5, § II, no. 5, shows that the w_i are all distinct. We can therefore apply to them the following general result:

LEMMA. *If in* (1) *we take the w_i to be any set of distinct points, and k_0 is the prime field, then the w_i are separably algebraic over $k_0(y)$.*

By F-I$_5$, Th. 1, we need only show that a derivation D of the field $k_0(w_1, \cdots, w_r)$ over $k_0(y)$ must be trivial. In fact, applying D to (1), we get:

$$0 = \sum_{i=1}^{r} \left(T - \sum_\mu w_{i\mu} U_\mu\right)^{-1} \sum_\mu D w_{i\mu} U_\mu ;$$

as the w_i are all distinct, this cannot be an identity in $T, U_1, \cdots, U_m$ unless all the $Dw_{i\mu}$ are 0.

PROPOSITION 7. *Notations being as defined above, we have $k'(y) = k'(u)$ provided the s_i are all distinct and satisfy the following condition:*

(S) *The set of points $\bar{s}_i = \Phi_0(s_i)$ on $\boldsymbol{G}$ is not mapped onto itself by any right-translation.*

The cycle $\sum(w_i)$ is the image of the cycle $\sum(s_i)$ by the mapping

$x \rightarrow xu$ of V into W; it is therefore rational over $k'(u)$. By the main theorem on symmetric functions (VA, no. 7, Th. 1), this implies that y is rational over $k'(u)$, i.e. that $k'(y) \subset k'(u)$. On the other hand, the lemma shows that the w_i are separably algebraic over $k''(y)$; as we have $u = s_i^{-1} w_i$ by Prop. 5 of § II, no. 5, u is therefore separably algebraic over $k''(y)$, hence also over $k'(y)$. Let σ be any automorphism over $k'(y)$ of the algebraic closure of $k'(y)$; as it induces an isomorphism of $k'(u)$ onto $k'(u^\sigma)$ over k', u^σ is generic on W over k', so that $s_i u^\sigma$ is defined by Prop. 5. This gives $(s_i u)^\sigma = s_i^\sigma u^\sigma$, i.e. $w_i^\sigma = s_i^\sigma u^\sigma$. But the decomposition of the homogeneous polynomial $y(T, U)$ into linear factors is uniquely determined; applying σ to (1), we see thus that the w_i^σ must be the same as the w_i except for a permutation, i.e. that there is a permutation $i \rightarrow \sigma(i)$ such that $w_i^\sigma = w_{\sigma(i)}$. This can be written as $s_i^\sigma u^\sigma = s_{\sigma(i)} u$; as the s_i^σ are the same as the s_i except for a permutation, we can write them as $s_i^\sigma = s_{\tau(i)}$, where $i \rightarrow \tau(i)$ is a permutation. Then we have $\Phi(s_{\tau(i)} u^\sigma) = \Phi(s_{\sigma(i)} u)$, which can be written as $\bar{s}_{\tau(i)} \Phi(u^\sigma) = \bar{s}_{\sigma(i)} \bar{u}$, i.e. $\Phi(u^\sigma) = \bar{s}_{\tau(i)}^{-1} \bar{s}_{\sigma(i)} \bar{u}$. As $\boldsymbol{G}$ acts faithfully on $\boldsymbol{S}$, the corollary of Prop. 5 shows that all the elements $\bar{s}_{\tau(i)}^{-1} \bar{s}_{\sigma(i)}$ of $\boldsymbol{G}$, for $1 \leqq i \leqq r$, must coincide; if $\bar{t}$ is their common value, we have $\bar{s}_{\sigma(i)} = \bar{s}_{\tau(i)} \bar{t}$, which shows that the right-translation $\bar{t}$ maps the set $\bar{s}_i$ onto itself. By (S), this implies that $\bar{t}$ is the neutral element of $\boldsymbol{G}$, so that $\Phi(u^\sigma) = \bar{u}$, and therefore $u^\sigma = u$. As u is separably algebraic over $k'(y)$, this shows that $k'(u) \subset k'(y)$.

8. Proposition 7 shows that we may write $y = f(u)$, where f is a birational correspondence, defined over k', between W and the locus Y of y over k' in affine space. If $k'[y]$ is the ring generated over k' by the coordinates of y, it is well-known that the integral closure of $k'[y]$ in $k'(y)$ is a finitely generated ring over k', i.e. that it can be written as $k'[y^*]$, where y^* is a point in a suitable affine space; call Y^* the locus of y^* over k' in that affine space. As we have $k'(y^*) = k'(y) = k'(u)$, we may write $y^* = f^*(u)$, f^* being a birational correspondence between W and Y^*, defined over k'. It is usual to say that Y^* is derived from Y by "normalization" over k'. By Prop. 14 of the Appendix, since k'' is separably algebraic over k', $k''[y^*]$ is integrally closed in $k''(y^*)$.

Proposition 8. *With the notations explained above, y^* and $\bar{u}$ are corresponding generic points over K'' on Y^* and $\boldsymbol{S}$ in a birational correspondence between Y^* and $\boldsymbol{S}$ which maps Y^* biregularly onto the K''-open set $\Omega = \bigcap_i \bar{s}_i^{-1} \Phi(W)$ on $\boldsymbol{S}$.*

In the first place, we prove that the coordinates $w_{i\mu}$ of the w_i are all in $k''[y^*]$; as they are in $k''(y)$ because of the relations $w_i = s_i u$ and $k'(u) = k'(y)$, it will be enough to show that they are integral over the ring $k''[y]$, or in other words (e.g. by F-App. II, Prop. 6) that they are everywhere finite on W. In fact, let π be any place of $k''(y)$ such that $y(\pi)$ is finite. Take r independent variables $\lambda_1, \cdots, \lambda_r$ over $k''(y)$, and extend π to a place π' of $k''(y, \lambda_1, \cdots, \lambda_r)$ at which every one of the r points $(\lambda_i, \lambda_i w_{i1}, \cdots, \lambda_i w_{im})$ is finite and $\neq (0, \cdots, 0)$. The relation (1), by which y was defined, can be written

$$\lambda_1 \cdots \lambda_r y(T, U) = \prod_{i=1}^{r} (\lambda_i T - \sum_{\mu} (\lambda_i w_{i\mu}) U_\mu).$$

Taking the values of both sides at π', we see that the right-hand side does not become identically 0 at that place; as $y(\pi)$ is finite, this implies that no λ_i can become 0 at π'; but then $w_{i\mu}(\pi)$ can be written as $(\lambda_i w_{i\mu})(\pi')/\lambda_i(\pi')$ and is finite. This proves the assertion about the $w_{i\mu}$.

We have thus shown that the mappings $y^* \to w_i$ of Y^* into W are everywhere defined on Y^*; as we have $\bar{u} = \bar{s}_i^{-1}\Phi(w_i)$, this implies that $y^* \to \bar{u}$ is everywhere defined and maps Y^* into the set Ω defined in Prop. 8. Conversely, the definition of y can be written

$$y(T, U) = \prod_{i=1} (T - \sum_{\mu} \Psi_\mu(\bar{s}_i \bar{u}) U_\mu)$$

if we call $\Psi_\mu(\bar{u})$ the coordinates of $\Psi(\bar{u})$. As Ψ is everywhere defined on $\Phi(W)$, this shows that the mapping $\bar{u} \to y$ is defined at every point of the set Ω. As $k'[y^*]$ is the integral closure of $k'[y]$ in $k'(y)$, it is therefore contained in the integral closure of the specialization-ring of every point of Ω on $\boldsymbol{S}$. But we have assumed that W and consequently $\boldsymbol{S}$ are normal, i.e. that the specialization-ring of every point of $\boldsymbol{S}$ (over any field of definition for $\boldsymbol{S}$) is integrally closed. This proves that $\bar{u} \to y^*$ is everywhere defined on the set Ω. In view of what we have proved above, Ω is therefore the set of points of $\boldsymbol{S}$ where this mapping is defined, and is K''-open by Prop. 8 of the Appendix; more precisely, it is K'-open if K' is the compositum of K and k'. This completes the proof.

9. Denote now by S any cycle $\sum_i (s_i)$ on V, *rational over the groundfield* k, consisting of distinct points s_i and satisfying condition (S). From such a set S, and taking $k' = k$, we can derive as above a point y, which we now write as y_S, and furthermore a point $y_S{}^*$ such that $k[y_S{}^*]$ is the integral closure of $k[y_S]$ in $k(y_S)$; as above, we call $Y_S{}^*$ the locus of $y_S{}^*$ over k; we write Ω_S for the open subset of $\mathbf{S}$ denoted by Ω in Prop. 8. If we allow S to run through any finite set of cycles with the properties stated above, then all the varieties $Y_S{}^*$ will be birationally equivalent to W and to each other, and we can take the points $y_S{}^*$ to be corresponding generic points of these varieties over k. It is then an immediate consequence of Prop. 8 that the affine varieties $Y_S{}^*$ (with empty "frontiers"), and the birational correspondences between them for which the $y_S{}^*$ are corresponding generic points of the $Y_S{}^*$ over k, determine an abstract variety $\mathbf{S}'$, and that this is biregularly equivalent over a suitable field (as a matter of fact, over K itself) with the union of the open sets Ω_S on $\mathbf{S}$. In order to prove that $\mathbf{S}'$ will be biregularly equivalent to $\mathbf{S}$ itself for a suitable choice of the cycles S, it is therefore enough, in view of the well-known "compactoid" property of open sets in the Zariski topology, to show that the family of all open sets Ω_S is a covering of $\mathbf{S}$. In other words, we have to prove the following:

PROPOSITION 9. *Given any point $\bar{a}$ on $\mathbf{S}$, there is a cycle $S = \sum_i (s_i)$ on V, rational over k, consisting of distinct points s_i and satisfying condition* (S), *and such that $\bar{s}_i\bar{a} \in \Phi(W)$ for all i.*

Assume that $\bar{a}$ has a representative a_α on S_α; take x generic over $K(\bar{a}) = K(a_\alpha)$ on V, and put $u = (xt_\alpha{}^{-1})a_\alpha$, this being defined because W is a chunk. If we put, as usual, $\bar{x} = \Phi_0(x)$ and $\bar{u} = \Phi(u)$, we have then $\bar{u} = \bar{x}\bar{a}$, so that $u = \Psi(\bar{x}\bar{a})$. As the mapping $x \to \bar{x}\bar{a}$ is everywhere defined on V, this shows that the mapping $x \to u$ of V into W is defined at the points s of V such that $\bar{s}\bar{a} \in \Phi(W)$, and at those points only. Let F be the closed subset of V where the mapping $x \to u$ is not defined; by Prop. 12 of the Appendix, there is a maximal $\bar{k}$-closed subset F_0 of V contained in F; then an algebraic point of V over k is in F if and only if it is in F_0. Call F_1 the union of the conjugates over k of all the components of F_0; this is a k-closed set on V, and its definition shows that the cycle S on V will satisfy the last one of the conditions stated in Prop. 9 if and only if it lies in $V - F_1$.

Now assume first that the field k is infinite. Applying Prop. 13 of the Appendix to the variety $V' = V - F_1$, and to the empty subset of $V' \times V'$, we obtain a separably algebraic point s_1 over k on V'; call $s_1, \cdots, s_d$ all the distinct conjugates of s_1 over k; if this set satisfies condition (S), which will be the case in particular if $d = 1$, then it solves our problem. Suppose that this is not so, and therefore that $d > 1$. For any $r > d$, let $s_{d+1}, \cdots, s_r$ be any set of $r - d$ points on $V - F_1$, distinct from one another and from $s_1, \cdots, s_d$; put $S' = \{\bar{s}_1, \cdots, \bar{s}_d\}$ and $S'' = \{\bar{s}_{d+1}, \cdots, \bar{s}_r\}$. If the set

$S' \cup S''$ is mapped into itself by a right-translation τ other than the identity, one of the following circumstances must occur: (i) τ maps each one of the sets S', S'' onto itself; then τ is of the form $s'^{-1}t'$, with s', t' in S', and there must be two elements s'', t'' of S'' such that $t'' = s''\tau$; (ii) τ maps S' into S''; as $d > 1$, we can choose two distinct elements s', t' in S', and then $s'' = s'\tau$, $t'' = t'\tau$ are in S'', so that we have $t'' = (t's'^{-1})s''$; (iii) τ maps some $s' \in S'$ onto some $s'' \in S''$ and some $t' \in S'$ onto some $t_1' \in S'$; then $s'' = s't'^{-1}t_1'$. Thus, in order to satisfy the requirements of Prop. 9, it is enough to take as $s_{d+1}, \cdots, s_r$ the conjugates over k of a point $s = s_{d+1}$ of $V - F_1$, separably algebraic over k, satisfying the following conditions: (a) no $\bar{s}_l$, for $d + 1 \leqq l \leqq r$, coincides with any of the points $\bar{s}_i$ or $\bar{s}_i\bar{s}_j^{-1}\bar{s}_h$ for $1 \leqq i, j, h \leqq d$; (b) no pair of distinct conjugates of s over k lies on the graph of any of the birational correspondences $x \rightarrow \Psi(\bar{x}\bar{s}_i^{-1}\bar{s}_j)$, $x \rightarrow \Psi(\bar{s}_i\bar{s}_j^{-1}\bar{x})$ for $1 \leqq i, j \leqq d$. As to (a), it will be satisfied provided we take s on $V - F_2$, where F_2 is the union of F_1, of the set $s_1, \cdots, s_d$, and of the set of all conjugates over k of those algebraic points on V whose image on $\boldsymbol{G}$ coincides with one of the points $\bar{s}_i\bar{s}_j^{-1}\bar{s}_h$. Then our result follows at once by applying Prop. 13 of the Appendix to the variety $V - F_2$ and to the union of the graphs of the birational correspondences in (b).

If k is finite, we have to proceed differently. Take any algebraic point s_1 over k on $V - F_1$; call $s_1, \cdots, s_d$ its distinct conjugates over k; if this set satisfies condition (S), it solves our problem. If not, we use a result of Lang-Weil (this Journal, vol. 76 (1954), p. 819) which says that, if l is sufficiently large, there must be a point s on $V - F_1$ which is rational over the (unique) extension of k of degree l. We take l prime and $> d$. If s is rational over k, the cycle (s) solves our problem; if not, it is of degree l over k; call $s_{d+1}, \cdots, s_{d+l}$ its distinct conjugates over k; they are distinct from $s_1, \cdots, s_d$, since the latter are of degree d over k. The set $s_{d+1}, \cdots, s_{d+l}$ may solve our problem. If it does not, the group $\mathfrak{g}$ of right-translations mapping the set $\{\bar{s}_{d+1}, \cdots, \bar{s}_{d+l}\}$ onto itself is of order $\nu > 1$; as that set must be the union of cosets with respect to $\mathfrak{g}$, ν must divide l, and so $\mathfrak{g}$ is cyclic of order l; call τ a generator of $\mathfrak{g}$. Let τ' be a right-translation mapping onto itself the set $\{\bar{s}_1, \cdots, \bar{s}_{d+l}\}$. If τ' is not the identity and maps some element of the set $\{\bar{s}_{d+1}, \cdots, \bar{s}_{d+l}\}$ into an element of the same set, it must be of the form τ^i, and therefore of order l; but this cannot be, since $d + l$ is not a multiple of l. Therefore τ' must map the set $\{\bar{s}_{d+1}, \cdots, \bar{s}_{d+l}\}$ into the set $\{\bar{s}_1, \cdots, \bar{s}_d\}$. As $d < l$, this is also impossible. Therefore the set $s_1, \cdots, s_{d+l}$ solves our problem.

This completes the proof of the results announced at the beginning of no. 7. Writing now G, S instead of $\boldsymbol{G'}$, $\boldsymbol{S'}$, we may restate them in a somewhat more complete form as follows:

THEOREM. (i) *To every pre-group V, defined over a field k, there is a birationally equivalent group G, also defined over k; this is uniquely determined up to an isomorphism.*

(ii) *To every pre-homogeneous space W with respect to V, defined over k, there is a birationally equivalent homogeneous space with respect to G, also defined over k; this is uniquely determined up to an isomorphism.*

(iii) *Let W be a pre-transformation space with respect to V, defined over k; let a be a point of W such that W is normal at a and that, if x is generic over $k(a)$ on V, xa and $x^{-1}(xa)$ are defined. Then there is a transformation-space S with respect to G, birationally equivalent to W over k in such a way that the birational correspondence between them is biregular at a; S may be taken everywhere normal, and it may be taken to be non-singular if a is simple on W. Moreover, S is uniquely determined up to a birational correspondence which is biregular at every point of the form $\bar{s}\bar{a}$, where $\bar{a}$ is the point corresponding to a on S and $\bar{s}$ is any point of G.*

Except for the statements about unicity, all this has been proved above. As to unicity, the statements in (i) and (ii) are special cases of the statement in (iii); and the latter is an immediate consequence of the fact that the operations of G are everywhere biregular mappings of S onto S.

Appendix.

If X is any cycle, we denote by $|X|$ the *support* of X, i.e. the closed set which is the set-theoretic union of the components of X.

PROPOSITION 1. *Let $k(x)$ be a regular extension of a field k, and $k(x,y)$ a regular extension of $k(x)$. Then $k(x,y)$ is a regular extension of k.*

This is an immediate consequence of F-I_7, Th. 5.

PROPOSITION 2. *Let $k(x)$ be a regular extension of a field k; let K be an overfield of k, linearly disjoint from $k(x)$ over k; let k' be the algebraic closure of k in K. Then $k'(x)$ is the algebraic closure of $k(x)$ in $K(x)$.*

Let y be an element of $K(x)$, algebraic over $k(x)$; we may take x to be a generic point over K of a variety V, defined over k, in an affine space; and then we may write $y = F(x)$, where F is a function on V, defined over K; call Γ the graph of F. As y is algebraic over $k(x)$, there is a polynomial $P \epsilon k[X, Y]$ such that $P(x, Y) \neq 0$ and $P(x, y) = 0$; then P induces on the product $V \times D$ of V and of the affine space D of dimension 1 a function which is not 0 on $V \times D$ and is 0 on Γ. As Γ has the same dimension as V, it must be a component of the divisor (P) of P, and is therefore algebraic over k. The smallest field of definition of Γ containing k must then be contained in k', so that F is defined over k'; this implies that y is in $k'(x)$.

COROLLARY. *If K is primary over k, $K(x)$ is primary over $k(x)$.*

In fact, the assumption means that k' is purely inseparable over k; this implies that $k'(x)$ is purely inseparable over $k(x)$.

PROPOSITION 3. *Let $k(x)$ be a finitely generated extension of a field k; then every field K such that $k \subset K \subset k(x)$ is finitely generated over k.*

Let $t = (t_1, \cdots, t_n)$ be a maximal set of algebraically independent elements of K over k; then K is algebraic over $k(t)$. Replacing k by $k(t)$, we see that it is enough to prove our proposition in the case when K is algebraic over k. This being assumed, call k' the smallest field of definition containing k for the locus of x over the algebraic closure $\bar{k}$ of k; then k' is a finite algebraic extension of k and is algebraically closed in $k'(x)$ since $k'(x)$ is regular over k'. But then k' is the algebraic closure of k in $k'(x)$ and therefore contains the algebraic closure of k in $k(x)$, so that K is contained in k'.

COROLLARY. *If $k(x)$ is regular over k, so is K.*

PROPOSITION 4. *Let t be a point, k a field, and let $t_1, \cdots, t_N$ be N independent generic specializations of t over k. Let x be a point of dimension $d < N$ over k and such that $k(x)$, $k(t)$ are linearly disjoint over k. Then there is an α such that t_α is a generic specialization of t over $k(x)$.*

Call n the dimension of $k(t)$ over k. By F-I_6, Th. 3, every t_α is a specialization of t over $k(x)$; if none is generic, every t_α must have over $k(x)$ a dimension $\leqq n-1$; but then $(x, t_1, \cdots, t_N)$ has over k a dimension $\leqq d + N(n-1) < Nn$, which is impossible, since $(t_1, \cdots, t_N)$ has the dimension Nn over k.

PROPOSITION 5. *Let V be a variety, defined over a field k; let K be an overfield of k and x a point of V. Let A and A' be the prime rational cycles,* *over k and over K respectively, with the generic point x. Then A is the same as A' if and only if K and $k(x)$ are linearly disjoint over k.*

We may replace V by any representative of V on which x has a representative, so that it is enough to prove our result for cycles in the affine n-space. For A to be the same as A', it is at any rate necessary that they should have the same dimension, so that K and $k(x)$ must be independent over k; assume from now on that this is so. Among the coordinates of x, let $(x_1, \cdots, x_r)$ be a maximal set of independent variables over k and therefore also over K; write y for the point $(x_1, \cdots, x_r)$ and z for $(x_{r+1}, \cdots, x_n)$. By F-VII$_6$, Th. 12, $A = A'$ if and only if $A \cdot (y \times S^{n-r})$ is the same as $A' \cdot (y \times S^{n-r})$; by F-VI$_3$, Th. 12, this is so if and only if z has the same complete set of conjugates over $K(y)$ as over $k(y)$, and therefore, by F-I$_4$, Prop. 12 and F-I$_2$, Prop. 6, if and only if $K(y)$ and $k(y, z) = k(x)$ are linearly disjoint over $k(y)$. The latter condition means that there is no relation $\sum_i u_i \Phi_i(y) = 0$ in which the u_i are linearly independent elements of $k(x)$ over $k(y)$ and the $\Phi_i(y)$ are in $K[y]$ and not all 0. Assume that there is such a relation; we may write $\Phi_i(y) = \sum_j P_{ij}(y)\xi_j$, where the ξ_j are linearly independent elements of K over k and the $P_{ij}(y)$ are in $k[y]$ and not all 0. Then we have $\sum_j v_j \xi_j = 0$ with $v_j = \sum_i u_i P_{ij}(y)$; as the v_j are in $k(x)$ and not all 0 because of the assumptions on the u_i and $P_{ij}(y)$, this shows that, when that is so, K and $k(x)$ are not linearly disjoint over k. Conversely, assume that there is a relation $\sum_j v_j \xi_j = 0$ in which the ξ_j are linearly independent elements of K over k and the v_j are in $k(x)$ and not all 0; as the ξ_j are then also linearly independent elements of $K(y)$ over $k(y)$, this implies that $K(y)$ and $k(x)$ are not linearly disjoint over $k(y)$.

COROLLARY. *Let V be a variety, defined over a field k. Let A be a prime rational cycle on V over an overfield K of k. Then, if K' is any field such that $k \subset K' \subset K$ over which A is rational, A is prime rational over K'; of all such fields K', there is one smallest one K_0; and an automorphism σ of K over k transforms A into itself if and only if it induces the identity on K_0.*

As in the proof of Prop. 5, it is enough to consider cycles in an affine space. Assume that A is prime rational over K and rational over $K' \subset K$, and write it as $A = \sum_i n_i A_i$, where the A_i are distinct prime rational cycles over K'. Let Z be a component of A_1; it is algebraic over K', and so every conjugate of Z over K is a fortiori such over K', so that every component of

A is a component of A_1; therefore we must have $A = n_1 A_1$. By F-I$_8$, Prop. 26, the coefficient of Z in A is at most equal to its coefficient in A_1; therefore we have $A = A_1$. That being so, it follows from Prop. 5 and from F-I$_6$, Th. 3 and F-I$_7$, Lemma 2, that there is a smallest field K_0 with the properties stated in our corollary; in fact, if x is a generic point of A over K, and if $\mathfrak{P}$ is the prime ideal in $K[X]$ consisting of all polynomials in $K[X]$ which are 0 at x, K_0 is the smallest subfield of K such that $\mathfrak{P}$ has a set of generators in $K_0[X]$. As $\mathfrak{P}$ is also the ideal in $K[X]$ whose set of zeros is the support $|A|$ of A, the last assertion follows from F-I$_7$, Lemma 2.

PROPOSITION 6. *Let V be a variety, defined over a field k, and A a cycle on V; assume either that A is a divisor on V or that the coefficients in A of all the components of A are $\not\equiv 0 \bmod p$, p being the characteristic. Then, of all the overfields of k over which A is rational, there is one smallest one k_0, k_0 is finitely generated over k; and an isomorphism σ of k_0 over k onto some extension of k leaves A invariant if and only if it leaves every element of k_0 invariant.*

Except for the last statement, this result is due to Chow. Let A be any cycle on V; for every representative V_α of V, call A_α the sum of the terms in the reduced expression for A which pertain to components with representatives in V_α; then A is rational over an overfield K of k if and only if every A_α is rational over K; and an isomorphism of K which leaves A invariant must leave all the A_α invariant. Therefore it is enough to deal with cycles on an affine variety V. For such a cycle A, put $A = \sum_n nA_n$, where A_n is the sum of the terms with the coefficient n in the reduced expression for A; then A is rational if and only if every cycle nA_n is rational; and an isomorphism which leaves A invariant must leave all the A_n invariant. Finally, if $n = p^\nu n'$ with n' prime to p, nA is rational if and only if $p^\nu A$ is rational. Therefore it will be enough to deal with the following two cases: (i) A is a cycle in affine space, consisting of a sum of distinct components; (ii) A is a divisor on an affine variety V and of the form $A = qA_0$, where q is a power of p and A_0 is a sum of distinct components.

(i) Let $\mathfrak{A}$ be the ideal of all polynomials (with coefficients in the universal domain) which are 0 on the support $|A|$ of A; this is the intersection of the prime ideals determined similarly by the components of A. The first assertion in our proposition will then be a consequence of F-I$_7$, Lemma 2, if we prove that A is rational over a field K if and only if $\mathfrak{A}$ has a set of generators in $K[X]$, i.e. if it is the extension to the universal domain of the ideal $\mathfrak{A} \cap K[X]$; the second assertion in our proposition also follows from the same lemma, provided one observes that, if k_0 is the smallest field such that $\mathfrak{A}$ has a set of generators in $k_0[X]$, an isomorphism which leaves A invariant must map k_0 onto k_0, i.e. it must induce an automorphism in k_0, so that the lemma in question is applicable.

If $\mathfrak{A}$ has a set of generators (P_ν) in $K[X]$, the support $|A|$ of A is the set of zeros of the P_ν and is therefore K-closed. On the other hand, $|A|$ must also be K-closed if A is rational over K. In order to prove the equivalence of those two properties, one may then begin by assuming that $|A|$ is K-closed. Consider first the case in which all the components of A are the conjugates of one of them, say Z, over K; let x be a generic point of Z over $\bar{K}$; then A is rational over K if and only if $K(x)$ is separable over K. Put $K' = K^{p^{-\infty}}$, this being the smallest "perfect" field containing K. Put:

$$\mathfrak{P} = \mathfrak{A} \cap K[X], \qquad \mathfrak{P}' = \mathfrak{A} \cap K'[X],$$

and call $\mathfrak{Q}'$ the extension of $\mathfrak{P}$ to $K'[X]$. By F-IV$_2$, Th. 4, and F-II$_1$, Prop. 3, $\mathfrak{P}$ and $\mathfrak{P}'$ consist of the polynomials, in $K[X]$ and in $K'[X]$ respectively, which are 0 at x; they are prime ideals; moreover, if $P' \in \mathfrak{P}'$, some power P'^n of P' is in $\mathfrak{P}'$ and hence in $\mathfrak{Q}'$; as $\mathfrak{Q}' \subset \mathfrak{P}'$, this implies that $\mathfrak{Q}'$ is primary and belongs to the prime ideal $\mathfrak{P}'$. By F-I$_6$, Th. 3, and F-I$_7$, Prop. 19, we see that $\mathfrak{P}' = \mathfrak{Q}'$ if and only if $K(x)$ is separable over K, and therefore, as we have shown, if and only if A is rational over K. But, if $\mathfrak{A}$ is the extension of $\mathfrak{P}$ to the universal domain, $\mathfrak{P}'$ must a fortiori be the extension of $\mathfrak{P}$ to $K'[X]$. Conversely, if $\mathfrak{Q}' = \mathfrak{P}'$, the extension of $\mathfrak{P}$ to the universal domain is the same as that of $\mathfrak{P}'$; but it is well-known and easily verified that the latter must be a "radical" ideal, i.e. one consisting of all the polynomials which are 0 on a closed set; then one sees at once that it must be the same as $\mathfrak{A}$. This completes the proof in the special case we were considering.

Now assume that $|A|$ is any K-closed set; then we can write A as the sum of cycles A_i such that the components of each A_i are mutually conjugate over K, and $\mathfrak{A}$ is the intersection of the ideals $\mathfrak{A}_i$ similarly determined by the A_i. Put:

$$\mathfrak{P}_i = \mathfrak{A}_i \cap K[X], \qquad \mathfrak{P}_i' = \mathfrak{A}_i \cap K'[X],$$

and call $\mathfrak{Q}_i'$ the extension of $\mathfrak{P}_i$ to $K'[X]$. If A is rational over K, all the A_i must be so, so that, as shown above, the $\mathfrak{A}_i$ must be the extensions of the $\mathfrak{P}_i$ to the universal domain. It is then easily seen that $\mathfrak{A}$ is the extension of the intersection of the $\mathfrak{P}_i$, i.e. of $\mathfrak{A} \cap K[X]$. Assume, on the other hand, that A is not rational over K; then we have $\mathfrak{Q}_i' \neq \mathfrak{P}_i'$ for at least one i; from the unicity of the decomposition of an ideal into an intersection of primary ideals, it follows then that the intersection of the $\mathfrak{Q}_i'$, which is the extension of $\mathfrak{A} \cap K[X]$ to $K'[X]$, cannot be the same as the intersection of the $\mathfrak{P}_i'$, which is $\mathfrak{A} \cap K'[X]$. A fortiori, $\mathfrak{A}$ cannot then be the extension of $\mathfrak{A} \cap K[X]$ to the universal domain. This completes the proof for case (i).

(ii) Let V be a variety, defined over k, in an affine space; let A_0 be a divisor on V and the sum of distinct components; let q be a power of the characteristic $p \neq 0$; put $A = qA_0$. If P is any polynomial which is not 0 on V, denote by $(P)_V$ the divisor of the function induced by P on V. Call $\mathfrak{A}$ the ideal of all the polynomials P, with coefficients in the universal domain, such that either $P = 0$ on V or $(P)_V \succ A$. If A is rational over an overfield K of k, $\mathfrak{A}$ is then the extension of $\mathfrak{A} \cap K[X]$ to the universal domain, as follows at once from F-VIII$_3$, Th. 10. Conversely, assume that $\mathfrak{A}$ is the extension of $\mathfrak{A} \cap K[X]$ to the universal domain; we will prove that A is then rational over K; our proposition will then follow from this as in case (i). As a polynomial P is 0 on $|A|$ if and only if some power P^n of P is in $\mathfrak{A}$, our assumption on A implies that A is K-closed, and therefore that A_0 is rational over $K' = K^{p^{-\infty}}$. Let Z be a component of A. As well-known, there is a polynomial P such that $(P)_V = A_0 + B$, where B has no component in common with A_0; write P as $P = \sum_i \xi_i P_i$, where the ξ_i are linearly independent over K' and the P_i are in $K'[X]$; by F-VIII$_3$, Th. 10, we have $(P_i)_V \succ A_0$ for all i; and Z must have the coefficient 1 in at least one of the P_i, since otherwise it would occur in B; if we call that polynomial P', P' is then in $K'[X]$, Z has the coefficient 1 in $(P')_V$, and we have $(P')_V \succ A_0$. But then P'^q is in $\mathfrak{A}$, and therefore, by hypothesis, may be written as $\sum_j \eta_j Q_j$, where the Q_j are in $\mathfrak{A} \cap K[X]$. The latter fact implies that Z has at least the coefficient q in all the $(Q_j)_V$; as it has the coefficient q in P'^q, it must have the coefficient q in one at least of the divisors $(Q_j)_V$; as these divisors are rational over K, this implies that, if A_1 is the sum of Z and its conjugates over K, qA_1 is rational over K. As this is so for every component Z of A, A is therefore rational over K.

PROPOSITION 7. *Let U, V be two varieties, defined over a field k; let F be a k-closed subset of $U \times V$. Then the set A of the points a on U such that $a \times V \subset F$ is k-closed.*

Let $W_1, \cdots, W_m$ be those components of F which have the "projection" V on V (in the sense of F-IV$_3$, F-VII$_3$); if v is a generic point of V over k, W_i has a generic point over $\bar{k}$ of the form (u_i, v); and $a \in A$ if and only if, for v' generic over $k(a)$ on V, (a, v') is a specialization of some (u_i, v) over $\bar{k}$. Let V_1 be any representative of the abstract variety V; let v_1 be the representative of v on V_1; the ambient affine space for V_1 being embedded in a projective space, let V_0 be the locus of v_1 over k in that projective space. Let F_0 be the union of the loci of the points (u_i, v_1) over $\bar{k}$ in $U \times V_0$; F_0 is k-closed on $U \times V_0$. Then A is the set of the points a on U such that $F_0 \cap (a \times V_0)$ has a component of dimension $\geqq \dim(V_0)$. As V_0 is complete, our conclusion is now contained in Lemma 7 of my paper in *Math. Ann.*, vol. 128 (1954), p. 104.

PROPOSITION 8. *Let ϕ be a mapping of a variety U into a variety V; let k be a field of definition for U, V and ϕ. Then the set of points of U where ϕ is defined is k-open.*

(i) Assume first that U is an affine variety and V is the affine space of dimension 1. Let x be a generic point of U over k; put $y = \phi(x)$. Let $\mathfrak{A}$ be the set of all polynomials P in $k[X]$ such that $P(x)y$ is in $k[x]$; this is an ideal in $k[X]$, containing the ideal $\mathfrak{P}$ of those polynomials which are 0 at x and therefore on V. Since y may be written as $Q(x)/P(x)$, with P, Q in $k[X]$ and $P(x) \neq 0$, we have $\mathfrak{A} \neq \mathfrak{P}$. As the points where ϕ is not defined are the zeros of $\mathfrak{A}$, the set of such points is k-closed.

(ii) Take V as in (i), and assume that U is an abstract variety, with the representatives U_α, on each of which a "frontier" F_α (i. e. a k-closed set) is given, according to the definitions in F-VII$_1$. Call F_α' the k-closed subset of U_α where ϕ is not defined; the set F of the points of U where ϕ is not defined is then the union of the images of the sets $F_\alpha' \cap (U_\alpha - F_\alpha)$ by the canonical birational mappings of the U_α into U. It is easily seen that F must be k-closed provided the following assertion is true: if x is a point of U with a representative x_α on some U_α which is a generic point over $\bar{k}$ of a component of F_α', then every specialization x' of x over k is in F. In fact, let β be such that x' has a representative x_β' on U_β; then x must also have a representative x_β on U_β, and, from the biregularity of the correspondence between U_α, U_β at (x_α, x_β), it follows that x_β must be in F_β'; as x_β' is a specialization of x_β over k, and as F_β' is k-closed, x_β' must then be in F_β', so that x' is in F. This proves our result for this case.

It follows trivially from this that our result remains true when U is an abstract variety and V is an affine space or more generally an affine variety.

(iii) Let U be an abstract variety and let V be a k-open subset of an affine variety V_1; let V_0 be the projective variety whose part "at finite distance" is V_1; then $V_0 - V$ is a k-closed subset F_0 of V_0. Call Γ the graph of ϕ on $U \times V_0$; the set F of the points of U where ϕ, considered as a mapping of U into V, is not defined, is then the union of the set F_1 of the points of U where ϕ is not defined as a mapping of U into V_1 and of the set-theoretic projection of $\Gamma \cap (U \times F_0)$ on U. As V_0 is complete, the latter set coincides with the "projection" in the sense of F-IV$_3$ and F-VII$_3$ and is k-closed (e.g. by F-VII$_4$, Prop. 10 and 11); and F_1 is k-closed, as shown in (ii). Therefore F is k-closed.

(iv) Let U, V be arbitrary abstract varieties; let x be a generic point of U over k; let the V_α be those representatives of V on which $\phi(x)$ has a representative $\phi_\alpha(x)$, and let F_α be the "frontiers" on the V_α. Then ϕ is defined at a point of U if there is an α such that ϕ_α, considered as a mapping of U into $V_\alpha - F_\alpha$, is defined there. Therefore the set where ϕ is not defined is the intersection of the sets where the ϕ_α are not defined; as the latter sets are k-closed by (iii), this completes the proof.

COROLLARY 1. *Let V be an abstract variety, defined over k, with the representatives V_α. Then, for each α, the set Ω_α of the points of V which have a representative on V_α is k-open; and the canonical correspondence between V and V_α is an everywhere biregular mapping of Ω_α onto $V_\alpha - F_\alpha$ if F_α is the frontier for V_α.*

Let x be a generic point of V over k, and let x_α be its representative on V_α; if we put $x_\alpha = \phi_\alpha(x)$, ϕ_α is the "canonical correspondence" between V and V_α. Then Ω_α is the set of points where ϕ_α, considered as a mapping of V into $V_\alpha - F_\alpha$, is defined; it is k-open by Prop. 8. The rest is obvious.

COROLLARY 2. *Let V be an abstract variety, defined over a field k. Then there is a finite covering of V by k-open subsets of V, each of which is biregularly equivalent to an affine variety.*

Corollary 1 says that V has a covering by the k-open sets Ω_α, each of which is biregularly equivalent to the k-open subset $V_\alpha - F_\alpha$ of the affine variety V_α. It is therefore enough to prove our assertion for a k-open subset $V - F$ of an affine variety V defined over k. Let $\mathfrak{A}$ be the set of all polynomials in $k[X]$ which are 0 on F; it is an ideal in $k[X]$, and, as F is k-closed, it is the set of zeros of $\mathfrak{A}$. Let $P_1, \cdots, P_m$ be a set of generators for $\mathfrak{A}$; as $F \neq V$, they are not all 0 on V, and we may assume that $P_1, \cdots, P_r$ are not 0 on V while $P_{r+1}, \cdots, P_m$ are 0 on V, with $1 \leqq r \leqq m$. For $1 \leqq \rho \leqq r$, call Ω_ρ the k-open subset of V consisting of the points where P_ρ is not 0; the Ω_ρ are a covering of $V - F$. Let $x = (x_1, \cdots, x_n)$ be a generic point of V over k; let V_ρ be the locus of the point

$$(x_1, \cdots, x_n, 1/P_\rho(x_1, \cdots, x_n))$$

in the affine space of dimension $n+1$. Then V_ρ is biregularly equivalent to Ω_ρ.

COROLLARY 3. *Let V be a variety, defined over a field k. The set of points of V where V is normal* (resp. *relatively normal with respect to k*) *is a k-open subset of V.*

Let V^* be the variety derived from V by normalization with reference to the smallest perfect field $k' = k^{p^{-\infty}}$ containing k (resp. with reference to k); let x be a generic point of V over k; let x^* be the corresponding point of V^*, which is generic over k' (resp. over k) on V^*. We may then write $x^* = \phi(x)$, where ϕ is a mapping of V into V^*, defined over k' (resp. over k). Then the points where V is normal (resp. relatively normal) are those where ϕ is defined. As any k'-open set is also k-open, this proves the corollary.

PROPOSITION 9. *Let V be a variety, defined over a field k; let F be a closed subset of V. For F to be k-closed, it is necessary that it should contain all the specializations over k of all its points; it is sufficient that it should contain all the generic specializations over k of all its points, or also that it should be invariant under all isomorphisms over k of a common field of definition $K \supset k$ for its components.*

The necessity of the first condition follows from F-IV$_2$, Th. 4; we first prove that this condition is sufficient. In fact, it implies that, if z is a generic point over K of a component Z of F, the locus Z' of z over $\bar{k}$ is contained in F; as Z is the locus of z over $\bar{K}$, Z' contains Z; as z cannot be in any other component of F than Z, we get $Z' = Z$; thus all components of F are algebraic over k, and then F-IV$_2$, Th. 4, shows that all the conjugates of Z over k must be contained in F. Now we show that the second condition implies the first one. Let x be any point of F and let x' be a specialization of x over k. Then if V is the locus of x over $\bar{k}$, F-IV$_2$, Th. 4, shows that x' must be on a conjugate V' of V over k. Let x'' be a generic point of V' over $\bar{K}$; then x'' is a generic specialization of x over k by F-IV$_2$, Th. 4, and is therefore in F by hypothesis, and x' is a specialization of x'' over $\bar{K}$ and a fortiori over K and so is in F since F is K-closed. Finally the last condition implies the second one; for let x' be a generic specialization over k of a point x in a component Z of F; then the isomorphism of $k(x)$ onto $k(x')$ over k which maps x onto x' can be extended to an isomorphism σ of $K(x)$

onto a field $K^\sigma(x')$, and then x' is on Z^σ by F-IV$_2$, Th. 3, Coroll. 2, and is therefore in F if F is invariant under σ.

PROPOSITION 10. *Let W be a subvariety of a product $U \times V$, with the "projection" U on U; let k be a field of definition for U, V, W. Then the set-theoretic projection of W on U contains an open subset of U; and the union of all such sets is k-open.*

The assumption means that, if (u,v) is a generic point of W over k, u is generic over k on U. Let V_1 be a representative of V on which v has a representative v_1; F_1 being the corresponding frontier, put $V_1' = V_1 - F_1$, so that v_1 is in V_1'; let W_1 be the locus of (u, v_1) over k on $U \times V_1'$. Let V_0 be the projective variety whose part "at finite distance" is V_1; put $F_0 = V_0 - V_1'$; this is a k-closed set on V_0. The set $W_1 \cap (u \times V_1')$ can be written as $u \times X$, where X is either V_1' (in the trivial case $W = U \times V$) or else a $k(u)$-closed subset of V_1'; as v_1 is in X, X is not empty, so that we can choose in it a point w which is algebraic over $k(u)$. Let W' be the locus of (u,w) over $\bar{k}$ on $U \times V_0$, which has the same dimension as U; call n that dimension. Then the set $C = W' \cap (U \times F_0)$ is a $\bar{k}$-closed subset of W', so that all its components are of dimension $\leqq n-1$. As V_0 is complete, the set-theoretic projection C' of C on U is then a $\bar{k}$-closed subset of U. Let a be any point in $U - C'$; as V_0 is complete, there is a point (a,b) on W' with the projection a on U; as a is not in C', b cannot be in F_0 and is therefore in V_1', so that (a,b) is in W_1. Therefore the $\bar{k}$-open set $U - C'$ on U is contained in the set-theoretic projection of W_1 and a fortiori in that of W. The last assertion in our proposition is then an immediate consequence of the sufficiency of the last condition in Prop. 9.

PROPOSITION 11. *Let U, V, W be three varieties and f a mapping of $U \times V$ into W, all defined over a field k. Assume that, for every $a \in U$, f is defined at (a,x) for x generic on V over $k(a)$. Let Ω be the set of those $a \in U$ such that, for x generic over $k(a)$ on V, $f(a,x)$ is generic over $k(a)$ on W. Then Ω is either empty or k-open on U.*

Let r be the dimension of W; for z generic over k on W, let $z_1, \cdots, z_r$ be r algebraically independent elements of $k(z)$ over k; put $z_i = \phi_i(z)$, where ϕ_i is a function on W, defined over k. It is clear that a point z' of W is generic over an overfield K of k if and only if the ϕ_i are all defined at z' and their values $\phi_i(z')$ are independent over K. Let u, x be independent generic points of U, V over k; we may assume that $f(u,x)$ is generic over k on W, since otherwise Ω is empty. Put $f_i = \phi_i \circ f$; Ω is then the set of those points a on U such that, for x generic over $k(a)$ on V, the $f_i(a,x)$ are all defined and are algebraically independent over $k(a)$.

Take u, x as above; assume that u is not in Ω; we prove that Ω must then be empty. In fact, the assumption on u means that there is a polynomial P with coefficients in $k(u)$ such that

$$P(f_1(u,x),\cdots,f_r(u,x))=0.$$

Write $P=\sum_\nu t_\nu M_\nu(Z)$, where the $M_\nu(Z)$ are monomials (with coefficient 1) in the indeterminates $Z_1,\cdots,Z_r$, and the t_ν are in $k(u)$ and not all 0. Let a be any point of U, and take x' generic over $K=k(a)$ on V. Take a variable quantity λ over $k(u,x)$; extend the specialization $u\rightarrow a$ over k to a $\bar{K}$-valued place π of the field $k(u,\lambda)$ such that the elements λt_ν of $k(u,\lambda)$ are all finite and not all 0 at π; call t_ν' the value of λt_ν at π. As $k(u,\lambda)$ and $k(x)$ are independent regular extensions of k, the place π of $k(u,\lambda)$ and the isomorphism of $k(x)$ onto $k(x')$ over k which maps x onto x' make up a specialization of the set of quantities $k(u,\lambda)\cup k(x)$, which can be extended to a place π' of $k(u,\lambda,x)$ at which u, x and the λt_ν have respectively the values a, x' and t_ν'. If the $f_i(a,x')$ are not all defined, a is not in Ω; if they are all defined, they are the values at π' of the elements $f_i(u,x)$ of $k(u,\lambda,x)$. In the latter case, the relation

$$\lambda P(f_1(u,x),\cdots,f_r(u,x))=0,$$

taken at π', gives an algebraic relation between the $f_i(a,x')$ whose coefficients t_ν' are in $\bar{K}$ and are not all 0; this implies that the $f_i(a,x')$ are not independent over $K=k(a)$, so that a is again not in Ω. This shows that, for $u\notin\Omega$, Ω must be empty. From now on, therefore, we may assume that u is in Ω.

We prove now that Ω must contain a k-open set. Since the assumptions and the conclusion of our proposition are not affected if V is replaced by any birationally equivalent variety to V over k (the mapping f being transferred to the latter in an obvious manner), we may take for V an affine variety; put $x=(x_1,\cdots,x_m)$. Then we can write the f_i as

$$f_i(u,x)=P_i(x)/P_0(x),$$

where $P_0,P_1,\cdots,P_r$ are polynomials in the indeterminates $X_1,\cdots,X_m$ with coefficients in $k(u)$, and $P_i(x)\neq 0$ for $0\leqq i\leqq r$. Call $M_\nu(X)$, with $0\leqq\nu\leqq N$, all the monomials in $X_1,\cdots,X_r$ which either are of degree 0 or 1 (i.e. equal to one of the monomials $1,X_1,\cdots,X_r$) or occur in one at least of the P_i; call $\bar{x}$ the point in the projective space P^N with the homogeneous coordinates $(M_\nu(x))$, and call $\bar{V}$ the locus of $\bar{x}$ over k. We may replace V by the birationally equivalent $\bar{V}$; then, writing V, x instead of $\bar{V}$, $\bar{x}$, and calling $(x_0, \cdots, x_N)$ the homogeneous coordinates for x, we see that the $f_i(u,x)$ are expressed as z_i/z_0, with

$$z_i = \sum_{\nu=0}^{N} t_{i\nu} x_\nu \qquad (0 \leqq i \leqq r),$$

where the $t_{i\nu}$ are elements of $k(u)$. If V is contained in any linear subvariety of P^N, then the smallest linear subvariety of P^N which contains V is defined over k; if this is of dimension N', we can express $N - N'$ of the coordinates x_ν linearly in terms of the others, with coefficients in k; thus we may assume that V is not contained in any linear subvariety of P^N.

We may write $t_{i\nu} = \phi_{i\nu}(u)$, where the $\phi_{i\nu}$ are functions on U, defined over k; as z_0 is not 0, we may assume that $t_{00} = 1$. By Prop. 8, the subset U' of U where all the $\phi_{i\nu}$ are defined and finite is k-open. Call n the dimension of V; as n is then the dimension of $k(u,x)$ over $k(u)$, and the $f_i(u,x)$ are independent over $k(u)$, we have $r \leqq n$. Put $z_j = \sum_\nu w_{j\nu} x_\nu$ for $r+1 \leqq j \leqq n$, where the $w_{j\nu}$, for $r+1 \leqq j \leqq n$, $0 \leqq \nu \leqq N$, are $(n-r)(N+1)$ independent variables over $k(u,x)$; call S the affine space of dimension $(n-r)(N+1)$. By F-II$_5$, Prop. 24, the $n-r$ quantities $z_{r+1}/z_0, \cdots, z_n/z_0$ are algebraically independent over the field

$$K = k(u, w, z_1/z_0, \cdots, z_r/z_0).$$

Now take any $a \in U'$; take $\bar{x}$, $\bar{w}$ generic and independent over $k(a)$ on V, S; put $\bar{t}_{i\nu} = \phi_{i\nu}(a)$, $\bar{z}_i = \sum_\nu \bar{t}_{i\nu}\bar{x}_\nu$ for $0 \leqq i \leqq r$, and $\bar{z}_j = \sum_\nu \bar{w}_{j\nu}\bar{x}_\nu$ for $r+1 \leqq j \leqq n$. As $\bar{t}_{00} = 1$, and V is not contained in any linear variety, $\bar{z}_0$ is not 0; therefore, if we put $f_j = z_j/z_0$ for $r+1 \leqq j \leqq n$, the functions $f_1, \cdots, f_n$ on $U' \times S$ are defined at $(a, \bar{w})$ and have the values $\bar{z}_1/\bar{z}_0, \cdots, \bar{z}_n/\bar{z}_0$ respectively. If one assumes that $\bar{z}_1/\bar{z}_0, \cdots, \bar{z}_n/\bar{z}_0$ are algebraically independent over $k(a, \bar{w})$ this implies a fortiori that $\bar{z}_1/\bar{z}_0, \cdots, \bar{z}_r/\bar{z}_0$ are so over $k(a)$, i.e. that $a \in \Omega$. Therefore, if we prove that there is a k-closed subset C of $U' \times S$ such that, with the notations just introduced, the quantities $\bar{z}_1/\bar{z}_0, \cdots, \bar{z}_n/\bar{z}_0$ are algebraically independent over $k(a, \bar{w})$ whenever $(a, \bar{w})$ is not in C, it will follow that Ω contains the set of those points a on U' such that $a \times S$ is not contained in C; and this set will be k-open by Prop. 7. In other words, as long as we merely wish to prove that Ω contains a k-open set, it is enough to prove it for $U' \times S$ and the functions $f_i = z_i/z_0$ for $1 \leqq i \leqq n$ instead of for U and for $f_1, \cdots, f_r$. This means that, writing U instead of $U' \times S$, it is enough to prove our assertion under the additional assumption $r=n$, the $\phi_{i\nu}$ being now everywhere defined on U, with $\phi_{00}=1$.

This being now assumed, put $z_{n+1}=\sum_\nu w_\nu x_\nu$, where the w_ν are $N+1$ independent variables over $k(u,x)$. As $k(u,w,x)$ is of dimension n over $k(u,w)$, there is a homogeneous polynomial P, with coefficients in $k(u,w)$ and not all 0, such that $P(z_0,\cdots,z_n,z_{n+1})=0$, and P is uniquely determined up to a factor in $k(u,w)$. As $z_1/z_0,\cdots,z_n/z_0$ are algebraically independent, there is at least one term in P where z_{n+1} occurs with a non-zero exponent; after multiplying P with a suitable element of $k(u,w)$, we may assume that the coefficient of this term is 1. Write all the other coefficients in P as $\psi_\rho(u,w)$, where the ψ_ρ are functions on $U\times S^{n+1}$, defined over k. We now prove our assertion about Ω by showing that Ω contains the set of all points a on U such that all the ψ_ρ are defined at $(a,\bar{w})$ for $\bar{w}$ generic on S^{n+1} over $k(a)$; this is a k-open subset of U by Prop. 8 and 7. In fact, let a be a point with that property; take $\bar{x}$ generic over $k(a,\bar{w})$ on V. Put $\bar{t}_{i\nu}=\phi_{i\nu}(a)$, these being all defined, according to our present assumptions; put $\bar{z}_i=\sum_\nu \bar{t}_{i\nu}\bar{x}_\nu$ for $0\leqq i\leqq n$, and $\bar{z}_{n+1}=\sum_\nu \bar{w}_\nu\bar{x}_\nu$. If we specialize the relation

$$P(z_0,\cdots,z_{n+1})=0$$

over the specialization $(\bar{a},\bar{w},\bar{x})$ of (u,w,x) with respect to k, we get, since the ψ_ρ are all defined at $(a,\bar{w})$, a homogeneous relation between $\bar{z}_0,\cdots,\bar{z}_{n+1}$ with coefficients in $k(a,\bar{w})$, containing $\bar{z}_{n+1}$ with a non-zero exponent in a term of coefficient 1. This shows that $\bar{z}_{n+1}/\bar{z}_0$ is then algebraic over the field $L(\bar{w})$, where we have put

$$L=k(a,\bar{z}_1/\bar{z}_0,\cdots,\bar{z}_n/\bar{z}_0).$$

Now take $n(N+1)$ independent variables $w_{i\nu}$ over $k(a)$, for $1\leqq i\leqq n$, $0\leqq\nu\leqq N$; put $y_i=\sum_\nu w_{i\nu}\bar{x}_\nu$ for $1\leqq i\leqq n$; what we have proved above shows that, for each i, $y_i/\bar{z}_0$ is algebraic over $L(w_{i0},\cdots,w_{iN})$, and therefore a fortiori over the field

$$L'=L(w_{10},\cdots,w_{nN})=k(a,w_{10},\cdots,w_{nN},\bar{z}_1/\bar{z}_0,\cdots,\bar{z}_n/\bar{z}_0).$$

On the other hand, one sees just as before, using F-II$_5$, Prop. 24, that the $y_i/\bar{z}_0$, for $1\leqq i\leqq n$, are algebraically independent over the field $k(a,w_{10},\cdots,w_{nN})$; as they are algebraic over L', this implies that L' has at least the dimension n over the latter field, so that the $\bar{z}_i/\bar{z}_0$, for $1\leqq i\leqq n$, must be algebraically independent over it. But then they must a fortiori be so over $k(a)$, which means that a is in Ω.

This completes the proof of the following statement: the assumptions being again those of Prop. 11, Ω must either be empty or contain a k-open subset of U. Now we prove Prop. 11 by induction on the dimension of U, the conclusion being trivially true if that dimension is 0. Assume that Ω is not empty; put $X = U - \Omega$; we have proved that X is contained in a k-closed subset C of U. Call U_i the components of C; they are algebraic over k, and of dimension $< \dim(U)$. By the induction assumption, $\Omega \cap U_i$ is either empty or a $\bar{k}$-open subset of U_i; in both cases its complement C_i on U_i is a $\bar{k}$-closed subset of U. As X is the union of the C_i, this shows that X is $\bar{k}$-closed. As it is obviously invariant by all automorphisms of $\bar{k}$ over k, it must then be k-closed.

Proposition 12. *Let U be a variety defined over a field k; let F be a closed subset of U. Then, among all the k-closed subsets of U contained in F, there is one maximal set F_0.*

Let K be the smallest common field of definition containing k for all the components of F; let σ run through all the isomorphisms of K over k into the universal domain. As such an isomorphism σ leaves all k-closed sets invariant, every k-closed subset of U which is contained in F is contained in all the sets F^σ and therefore in their intersection F_0; F_0 is closed, since it is the intersection of closed sets; and it is k-closed, by Prop. 9. This proves the proposition.

Proposition 13. *Let U be a variety defined over an infinite field k; let F be a closed subset of $U \times U$. Then there is a point a on U, separably algebraic over k and such that no pair (a', a'') of distinct conjugates of a over k is in F.*

Applying Prop. 12 to $U \times U$, F and the algebraic closure $\bar{k}$ of k, we see that there is a $\bar{k}$-closed subset F_0 of $U \times U$ such that a subvariety of $U \times U$ which is algebraic over k is contained in F if and only if it is contained in F_0; this applies in particular to algebraic points over k on $U \times U$. By replacing F by the union of all conjugates over k of all the components of F_0, we see that it is enough to prove our result in the case in which F is k-closed. We may assume that no component of F is contained in the diagonal of $U \times U$, since the omission of such components does not affect the content of our proposition. Furthermore, we may, in order to prove our proposition, replace U by any k-open subset of U; in view of this, we first replace U by the set of its simple points, and then use Corollary 2 of Prop. 8 to replace U by an affine variety. Thus we may assume that U is a non-singular affine variety, defined over k, and that F is a k-closed subset of $U \times U$, no component of which is contained in the diagonal of $U \times U$.

Let n and N be the dimensions of U and of the ambient affine space, respectively. The case $n = N$ is trivial, since in that case any rational point of U over k, e. g. 0, would solve our problem; therefore we assume $n < N$. Consider all sets of n linear equations:

$$(1) \qquad \sum_{\nu=1}^{N} t_{i\nu} X_\nu = t_{i0} \qquad (1 \leqq i \leqq n),$$

and identify the set (1) with the point $t = (t_{i0}, t_{i\nu})$ in the affine space T of dimension $n(N+1)$. In the space T, we consider the following sets:

(a) Call A the set of those points t for which the left-hand sides of (1) are not linearly independent; as A can be described as the set of zeros of certain determinants, it is k_0-closed, k_0 being the prime field (one could easily see that A is in fact a variety, defined over k_0). Put $T' = T - A$; for $t \in T'$, (1) defines a linear variety $L(t)$ of dimension $N - n$.

(b) Take t generic over k on T; by F-V_1, Th. 1, $U \cap L(t)$ is not empty, and, if u is a point in it, u is algebraic over $k(t)$ and is generic on U over the field $K = k(t_{11}, \cdots, t_{nN})$. As the t_{i0} are then in $K(u)$, we have $k(u,t) = K(u)$, so that $k(u,t)$ is a regular extension of k. Let W be the locus of (u,t) over k on $U \times T$; by F-V_1, Prop. 4, if $t' \in T'$, a point u' is in $U \cap L(t')$ if and only if (u',t') is in W. By Prop. 10, there is a k-closed subset B of T such that $T - B$ is contained in the set-theorètic projection of W on T; then, if $t' \in T - (A \cup B)$, $U \cap L(t')$ is not empty.

(c) Let $P_\rho(X) = 0$, for $1 \leqq \rho \leqq r$, be a set of equations for U with coefficients in k; put $P_{\rho\nu} = \partial P_\rho / \partial X_\nu$. Let D be the subset of $U \times T$ consisting of the points where the matrix

$$\begin{Vmatrix} t_{i\nu} \\ P_{\rho\nu}(u) \end{Vmatrix} \qquad (1 \leqq i \leqq n, 1 \leqq \rho \leqq r; 1 \leqq \nu \leqq N)$$

is of rank $< N$; since this can be expressed by the vanishing of determinants, D is a k-closed subset of $U \times T$ (as U is non-singular, it could be shown that D is actually a variety, defined over k). As W is not contained in D, $D \cap W$ is a k-closed subset of W (also, in fact, a variety), so that its components have a dimension $< n(N+1)$. Let D' be the "projection" of $D \cap W$ on T (i. e. the closure of the set-theoretic projection); this is a k-closed subset of T. Let u' be a point in $U \cap L(t')$, for $t' \in T'$; then, if $L(t')$ is not transversal to U at u', (u',t') must be in D and therefore in

$D \cap W$, and t' must be in D'. Therefore, if $t' \in T - (A \cup D')$, $L(t')$ is transversal to U at every point of $U \cap L(t')$.

(d) Let X be any component of F; let (u, v) be a generic point of X over $\bar{k}$. As X is not in the diagonal of $U \times U$, we have $u \neq v$ and may assume for instance that $u_1 \neq v_1$. Take the $t_{i\nu}$ independent over $k(u, v)$ for $1 \leqq i \leqq n$, $2 \leqq \nu \leqq N$; as $n < N$, t will then be in T' for all choices of the t_{i1}, t_{i0}. Determine the t_{i1}, t_{i0} by the condition that $L(t)$ should contain both u and v; this determines them uniquely. As X is at most of dimension $2n - 1$, (u, v, t) is then of dimension $< n(N+1)$ over k; therefore the locus Y of t over $\bar{k}$ is not T. For any $t' \in T'$, assume that $U \cap L(t')$ contains two distinct points u', v' such that (u', v') is in X; then there is ν such that $u_\nu' \neq v_\nu'$, which implies that $u_\nu \neq v_\nu$. It is easily seen that the $t_{i\mu}$, for $1 \leqq i \leqq n$ and all $\mu \neq \nu$ and $\neq 0$, must then be independent over $k(u, v)$, and furthermore that (u', v', t') must be a specialization of (u, v, t) over $\bar{k}$, so that t' is in Y. Therefore, if t' is in T' and is not in the union C of all the varieties Y corresponding in this manner to the components X of F, there cannot be a pair of distinct points (u', v') in $U \cap L(t')$ such that (u', v') is in F. To conjugate components X, X' of F over k, there correspond conjugate varieties Y, Y' over k in T; therefore C is a k-closed subset of T.

Now let $P(t)$ be any polynomial other than 0 in the coordinates of t, with coefficients in k, which is 0 on the union of the k-closed subsets A, B, D' and C of T. As k is infinite, there is on T a rational point t over k such that $P(t) \neq 0$. As t is not in A, it determines a linear variety $L(t)$; as t is not in B, $U \cap L(t)$ is not empty. Take for a any point in $U \cap L(t)$; as t is not in D', $L(t)$ is transversal to U at a, so that a is separably algebraic over k. As all the conjugates of a over k are in $U \cap L(t)$, and as t is not in C, no pair of distinct conjugates a', a'' of a over k can be such that (a', a'') is in F. This completes the proof.

If k is a finite field, the conclusion of Prop. 13 need not be true. In fact, take for U a variety without rational points over k (e.g. the plane non-singular curve $x^4 + y^4 + z^4 = 0$ over the field with 5 elements); q being the number of elements of k, and $(x_1, \cdots, x_n)$ being a representative of a generic point of U over k, call x' the point whose corresponding representative is $(x_1^q, \cdots, x_n^q)$. Then the conclusion of Prop. 13 is false if we take for F the locus of (x, x') over k on $U \times U$.

PROPOSITION 14. *Let V be an affine variety, defined over a field k; let x be a generic point of V over k; assume that the ring $k[x]$ is integrally closed in $k(x)$. Then, if k' is any separably algebraic extension of k, $k'[x]$ is integrally closed in $k'(x)$.*

Put $n = [k' : k]$; as k' is separably algebraic over k, there are n distinct isomorphisms σ of k' into the algebraic closure of k. Each σ can then be extended uniquely to an isomorphism, which we also denote by σ, of $k'(x)$ onto $k'^{\sigma}(x)$ over $k(x)$. Let z be an element of $k'(x)$, integral over $k'[x]$ and therefore also over $k[x]$; then all the z^{σ} are also integral over $k[x]$. If $\xi_1, \cdots, \xi_n$ are n linearly independent elements of k' over k, it is well-known that $\det(\xi_i^{\sigma})$ is not 0; therefore all the z^{σ}, and z among them, can be expressed as linear combinations of the n elements $w_i = \sum_{\sigma} \xi_i^{\sigma} z^{\sigma}$; but these are integral over $k[x]$ and are traces over $k(x)$ of elements of $k'(x)$, so that they are in $k(x)$; as $k[x]$ is integrally closed, the w_i are therefore in $k[x]$, so that z is in $k'[x]$.

THE UNIVERSITY OF CHICAGO.

[1955b] On algebraic groups and homogeneous spaces

In a recent paper in the same JOURNAL ([4] of the bibliography; quoted hereafter as AG), I gave some results on algebraic groups and transformation-spaces, which supplement those in my *Variétés abéliennes* ([3]; quoted as VA). Applications will now be made of that theory to somewhat more specific questions. In no. 1, a rather general procedure is described for obtaining, from a given transformation-space S with respect to a group G and from a suitable cycle on S, another transformation-space with respect to the same group. As shown in no. 2, this includes as a special case the construction of coset-spaces and of factor-groups; thanks to the main theorem in AG, these can now be defined without enlarging the groundfield, whereas such an enlargement was required in their construction as previously given by S. Nakano ([2]); except for this, we have substantially followed his method.

The rest of this paper is chiefly devoted to "principal homogeneous spaces," i. e. to those homogeneous spaces on which the group operates in a simply transitive manner. The pair consisting of such a space and of one point on it does not differ materially from a group; thus there is little incentive for studying those spaces as long as one is not paying any attention to the groundfield or if the groundfield is algebraically closed. But it can happen that a principal homogeneous space contains no rational point over the groundfield over which it is defined; an example of this is given by the plane curve $X^3 + pY^3 = p^2$ over the rational number-field, where p is a rational prime; this may be considered as a principal homogeneous space with respect to its jacobian variety, which is the plane curve $Y^2 = 4X^3 - 27$. More generally, Chow's work (cf. [1]) has shown that it is not always possible to map a curve "canonically" into its jacobian variety by a mapping defined over the groundfield, but that the curve can always be so mapped into a suitable principal homogeneous space with respect to its jacobian variety This, among other results, will be proved again here by a different method, which can be extended at once to a variety V of higher dimension and to its Albanese variety, provided the groundfield is one over which the latter is defined. It will also be shown that the classes of principal homogeneous

* Received December 27, 1954.

Reprinted from the *Am. J. of Math.* 77, 1955, pp. 493-512, by permission of the editors,

spaces with respect to a commutative group can be arranged into a torsion-group, i. e. a group whose elements are all of finite order; and it follows at once from the results of no. 5 that this group must be countable if the groundfield is finitely generated over the prime field. There seems to be no reason why it should be finite, even if the groundfield is the field of rational numbers; a more detailed investigation of its structure, e. g. for the case of an elliptic curve over the field of rational numbers, would be of considerable interest from the point of view of the theory of diophantine equations.

1. Let G be a group and S a transformation-space with respect to G, both defined over a field k. Let Z be either a divisor on S or a cycle on S whose components have coefficients which are prime to the characteristic of the universal domain. We denote by sZ, for any $s \epsilon G$, the transform of Z by the mapping $u \rightarrow su$ of S onto itself. Let K be an overfield of k over which Z is rational. Let x be generic over K on G; by Prop. 6 of the Appendix of AG, there is a finitely generated extension $k(t)$ of k which is the smallest overfield of k over which xZ is rational; as xZ is rational over $K(x)$, we have $k(t) \subset K(x)$. If x' is also a generic point of G over K, and σ is the isomorphism of $K(x)$ onto $K(x')$ over K which maps x onto x', σ will transform xZ into $x'Z$; if t' is the image of t under σ, $k(t')$ will then be the smallest overfield of k over which $x'Z$ is rational, and, by Prop. 6 of the Appendix of AG, the cycle $x'Z$ depends only upon t'; in other words, if σ_1 is an isomorphism of $K(x)$ onto a field $K(x_1')$, mapping x onto x_1' and t onto t_1', we have $x'Z = x_1'Z$ if and only if $t' = t_1'$. In particular, take $x' = yx$, with y generic over $K(x)$ on G; then $k(t')$ is the smallest overfield of k over which yxZ is rational; as yxZ can be written as $y(xZ)$, it is rational over $k(y, t)$, so that $k(t') \subset k(y, t)$; similarly, xZ can be written as $y^{-1}(yxZ)$ and is therefore rational over $k(y, t')$, so that $k(t) \subset k(y, t')$. This shows that $k(y, t) = k(y, t')$.

Put now $z = yx$, so that we have $k(t') \subset K(z)$; take y' generic over $K(x, y)$ on G, and call τ the isomorphism of $K(z)$ onto $K(y'z)$ over K which maps z onto $y'z = y'yx$; let t'' be the image of t' under τ. Then t'' is the image of t under the isomorphism $\tau \circ \sigma$ of $K(x)$ onto $K(y'yx)$ over K which maps x onto $y'yx$.

If Z is such that $k(t)$ is a regular extension of k, then we may call T the locus of t over k and, with the above notations, we may write $t' = g(y, t)$, where g is a mapping of $G \times T$ into T, defined over k. Then the results we have just proved mean that g satisfies (TG 1, 2) of AG, no. 2, i. e. that it is a normal law between G and T. Applying now the main theorem of AG, we get the following result:

PROPOSITION 1. *Let G be a group and S a transformation-space with respect to G, both defined over a field k. Let Z be either a divisor on S or a cycle on S whose components have coefficients which are prime to the characteristic. Let K be an overfield of k over which Z is rational; and assume that, if x is generic over K on G, the smallest extension k' of k over which xZ is rational is a regular extension of k. Then there is a transformation-space T with respect to G, defined over k, and an everywhere defined mapping F of G into T, defined over K, such that the point $t = F(x)$ is generic over k on T, that $k' = k(t)$, and that $F(ss') = sF(s')$ for all s, s' on G. For any s, s' in G, we have $F(s) = F(s')$ if and only if $sZ = s'Z$. If Z is algebraic over k, one can take for T a homogeneous space with respect to G.*

The existence of a transformation-space T with a generic point t over k such that $k' = k(t)$ has been proved above; moreover, with the same notations as above, we have $k(t) \subset K(x)$, $k(t') \subset K(yx)$, $t' = yt$; as $K(x)$, $K(yx)$ are independent extensions of K, this shows, if K is algebraic over k, that $k(t)$, $k(t')$ are then independent extensions of k, i.e. that T is pre-homogeneous, so that, by the main theorem of AG, we may replace it by a birationally equivalent homogeneous space. As $k(t) \subset K(x)$, we may write $t = F(x)$, with F defined over K; then we have $yt = F(yx)$, i.e. $F(yx) = yF(x)$, for y generic over $K(x)$ on G. This may be written as $F(x) = y^{-1}F(yx)$, which shows, if s is any point of G and y is taken generic over $K(s)$ on G, that F is defined at s. As F is everywhere defined, the relation $F(yx) = yF(x)$ implies $F(ss') = sF(s')$ for all s, s' on G. Now, for any s, s' on G, take x generic over $K(s, s')$ on G; then xs, xs' are both generic over K on G, and therefore, if σ is the isomorphism of $K(xs)$ onto $K(xs')$ over K which maps xs onto xs', σ will map $F(xs)$ onto $F(xs')$ and the cycle xsZ onto $xs'Z$; then, as we have seen above, we have $xsZ = xs'Z$ if and only if $F(xs) = F(xs')$; as the latter relation can be written $xF(s) = xF(s')$, so that these two relations are respectively equivalent to $sZ = s'Z$ and to $F(s) = F(s')$, this completes our proof

2. We first apply Prop. 1 to the construction of the homogeneous space defined by a group G and a subgroup of G.

PROPOSITION 2. *Let G be a group, defined over a field k; let Z be a rational cycle over k on G, consisting of components with coefficient* 1, *and such that its support $|Z|$ is a subgroup of G. Then there is a homogeneous space H with respect to G, defined over k, and a rational point a over k on H, with the following properties*: (i) *if we put, for a generic x over k on G,*

$F(x)=xa$, the mapping F of G onto H determines a one-to-one mapping of the cosets of $|Z|$ in G onto the points of H; (ii) *$k(x)$ is separable over $k(F(x))$;* (iii) *if ϕ is a mapping of G into a variety V, defined over an overfield K of k, and such that $\phi(xs)=\phi(x)$ whenever $s\in|Z|$ and x is generic over $K(s)$ on G, there is a mapping ψ of H into V, defined over K, such that $\phi=\psi\circ F$. If $|Z|$ is a normal subgroup of G, then one can define on H a group-law, defined over k, such that F is a homomorphism of G onto H.*

The "support" of a cycle was defined at the beginning of the Appendix of AG. The assumption on $|Z|$ implies that Z has one and only one component Z_0 containing e, that this is a subgroup of G, and that all the components of Z are cosets of Z_0 in G. We apply Prop. 1 to the cycle Z on $S=G$, G acting on itself by the left-translations, and to the field k; if x is generic over k on G, the smallest extension of k over which xZ is rational is contained in $k(x)$, and hence, by AG-App., Prop. 3, Coroll., it is regular over k. Therefore, by Prop. 1, there is a homogeneous space with respect to G, which we now call H, defined over k, and a mapping F of G into H, defined over k, with the properties stated in Prop. 1; in particular, F is everywhere defined, $t=F(x)$ is generic over k on H, and $k(t)$ is the smallest extension of k over which xZ is rational. If we put $a=F(e)$, a is rational over k, and we have, for all $s\in G$, $F(s)=sa$. If s, s' are any two points on G, we have $sa=s'a$ if and only if $sZ=s'Z$, i.e. if and only if $s^{-1}s'Z=Z$; by the assumption on Z, the latter relation is equivalent to $s^{-1}s'\in|Z|$. Thus the points of H are in a one-to-one correspondence with the cosets of $|Z|$ in G.

Call Γ the graph of F on $G\times H$. For any $b\in H$, $\Gamma\cap(G\times b)$ is the set of those points (s,b) which are such that $sa=b$; in particular, if x is generic over k on G and if we put $t=F(x)=xa$, $\Gamma\cap(G\times t)$ is the set of the points (s,t) such that $sa=xa$, i.e. $x^{-1}s\in|Z|$; this set can be written as $|xZ|\times t$. As $\Gamma\cdot(G\times t)$ is the prime rational cycle over $k(t)$ on $G\times H$ with the generic point (x,t) over $k(t)$, this shows that the prime rational cycle Z' over $k(t)$ on G with the generic point x has the same components as the cycle xZ; as the latter is rational over $k(t)$ and its components have the coefficient 1, this implies that $Z'=xZ$. As the components of the prime rational cycle with the generic point x over $k(t)$ have the coefficient 1, $k(x)$ must be separable (i.e. "separably generated") over $k(t)$.

As to (iii), let x be generic over K on G; put $t=F(x)$ and $w=\phi(x)$; let w' be any generic specialization of w over $K(t)$; this can be extended to a generic specialization x' of x over $K(t)$; we have then $w'=\phi(x')$

and $t=F(x')$, and the latter relation implies that x' is on $|xZ|$, i.e. that it is of the form xs with $s\in|Z|$. Let $\bar{x}$ be generic on G over $K(s)$; we have $\phi(\bar{x}s)=\phi(\bar{x})$; specializing $\bar{x}$ to x over $K(s)$, we get $\phi(xs)=\phi(x)$, since both sides are defined, i.e. $w'=w$. This shows that w is purely inseparable over $K(t)$; as it is at the same time rational over $K(x)$ which is separable over $K(t)$, it is therefore rational over $K(t)$, and we may write $w=\psi(t)$, where ψ is a mapping of H into V, defined over K. This proves (iii).

Finally, assume that $|Z|$ is a normal subgroup of G; let x, y be independent generic points of G over k; put $t=F(x)$, $u=F(y)$. We have $F(xy)=xF(y)=xu$; this is a function of x, defined over $k(u)$. If $s\in|Z|$, we have $xsy=xys'$ with $s'=y^{-1}sy\in|Z|$, and therefore $F(xsy)=F(xy)$; by (iii) applied to the mapping $x\rightarrow xu$ of G into H and to $K=k(u)$, this implies that $F(xy)$ is rational over $k(u,t)$. Therefore the mapping $u\rightarrow xu$ of H into H is defined over $k(t)$; on the other hand, if k' is any field of definition for that mapping, containing k, the image $xa=t$ of a by it is rational over k', so that $k(t)\subset k'$; thus $k(t)$ is the smallest field of definition for the mapping $u\rightarrow xu$. This shows that G is not operating faithfully on H; applying Prop. 2 of AG, no. 3, to G and H, we see that we can define on H a normal law of composition f such that $F(xy)=f(F(x),F(y))$. By the main theorem of AG, we can then replace H by a birationally equivalent group H', defined over k, with a mapping F' of G into H', also defined over k, such that $F'(xy)=F'(x)F'(y)$, $F(x)$ and $F'(x)$ being corresponding generic points of H and H' over k when x is generic over k on G. As usual, from the relation $F'(x)=F'(y)^{-1}F'(yx)$ which holds for x, y generic and independent over k, we deduce that F' is everywhere defined[1]; therefore, if G is made to operate on H' by the law $(x,w)\rightarrow F'(x)w$ for x, w generic and independent over k on G and H', H' is a homogeneous space with respect to G. But then the unicity assertion in the main theorem of AG can be applied to H and H' and shows that they are biregularly equivalent; in other words, H itself, with the law f, is a group. This completes the proof.

It is easily seen that the pair (H,a) is uniquely determined, up to an isomorphism, by the conditions (i), (ii), (iii) in Prop. 2; in other words, if H' and a' have similar properties, there is an everywhere biregular birational correspondence between H and H' which maps a onto a' and transforms the law of composition between G and H into the law between G and H'. The space H may be called the *coset-space* determined by G and Z, and may be denoted by G/Z; if $|Z|$ is a normal subgroup of G, the space H, with the group-law

---

[1] This is Theorem 1 of Nakano ([2]).

determined by Prop. 2, is called the *quotient-group* (or factor-group) of G by Z, and is denoted by G/Z.

3. Before making another application of Prop. 1, we will introduce a new condition which a law of composition may satisfy. Let V, W be two varieties, g a mapping of $V \times W$ into W, and k a field of definition for V, W and g; consider the following condition:

(TG 1′) *If x, u are independent generic points of V, W over k, and $v = g(x,u)$, then $k(x,u) = k(x,v) = k(u,v)$.*

The condition $k(x,u) = k(x,v)$ is equivalent to (TG 1) of AG, no. 2. The condition $k(x,u) = k(u,v)$ implies that the dimension of V, which is the dimension of x over $k(u)$, is the same as that of v over $k(u)$, and therefore at most that of W; if the dimensions of V and of W are the same, this implies that v is generic over $k(u)$ on W, which is condition (H) of AG, no. 2. Let k' be any field of definition containing k for the birational correspondence $u \rightarrow v = g(x,u)$ between W and itself; if u is taken generic over $k'(x)$ on W, we have $k'(u) = k'(v)$; since $k(x) \subset k'(u,v)$ by (TG 1′), we have $k(x) \subset k'(u)$. Taking u' generic on W over $k'(x,u)$, we get in the same manner $k(x) \subset k'(u')$. As $k'(u)$, $k'(u')$ are independent regular extensions of k', their intersection is k', so that $k(x) \subset k'$. This shows that (TG 1′) implies (TG 3). In view of the results of AG, end of no. 3, this shows that, if g satisfies (TG 1′) and (TG 2′), or if two mappings f, g of $V \times V$ into V and of $V \times W$ into W are given and satisfy (TG 1′. 2), then V is a pre-group and W a pre-transformation space, and V operates faithfully on W.

If a pre-group V and a pre-transformation space W satisfy (TG 1′), we say that W is a *pre-principal space* with respect to V; if at the same time V and W have the same dimension, so that, as we have shown, W is pre-homogeneous with respect to V, we also say that V is *simply pre-transitive on W*.

Let W be a pre-principal space with respect to a pre-group V; by the main theorem of AG, we can construct a group G and a transformation-space S, birationally equivalent to V, W and defined over the same field k; then S is also pre-principal with respect to G. Let T be the locus of (u, xu) over k on $S \times S$, x and u being independent generic points of G, S over k; put $t = (u, xu)$; then (TG 1′) implies that $k(x) \subset k(t)$, i.e. that we may write $x = \phi(t)$, where ϕ is a mapping of T into G, defined over k; conversely, if this is so for a transformation-space S with respect to G, S is pre-principal.

The space S will be called a *principal space with respect to* G if, for x, u generic and independent over k on G, S and for $t=(u,xu)$, we have $x=\phi(t)$ where ϕ is an *everywhere defined mapping,* defined over k, of the locus T of t over k into the group G. If at the same time S is homogeneous, it will be called a *principal homogeneous space* with respect to G.

PROPOSITION 3. *Let S be a pre-principal transformation-space with respect to a group G, both being defined over a field k. Then there is a k-open subset P of S which is a principal transformation-space with respect to G; if G and S have the same dimension, P is uniquely determined and is homogeneous.*

Let T and ϕ be defined as above; call F the k-closed subset of T where ϕ is not defined. We first show that, if (a,b) is in F, $(sa,s'b)$ is in F for all s, s' in G. In fact, take x, u generic and independent over $k(s,s')$ on G, S; put $v=xu$, $u_1=su$, $v_1=s'v$, $x_1=s'xs^{-1}$; then we have $v_1=x_1u_1$, and x_1, u_1 are generic and independent over $k(s,s')$ on G, S, so that (u,v) and $(u_1.v_1)$ are generic points of T over $k(s,s')$, and that $x=\phi(u,v)$, $x_1=\phi(u_1,v_1)$ by the definition of ϕ; this gives

$$\phi(u,v)=s'^{-1}\phi(su,s'v)s.$$

If (a,b) is in T, it is a specialization of (u,v) over $k(s,s')$, and therefore $(sa,s'b)$ is also in T; then the above relation shows that ϕ is defined at (a,b) if it is defined at $(sa,s'b)$, i.e. that $(a,b)\in F$ implies $(sa,s'b)\in F$.

As (e,u) is a specialization of (x,u) over k, e being the neutral element of G, T contains the diagonal Δ of $S\times S$. As the projection of Δ on either factor of $S\times S$ is everywhere biregular, the projection of the k-closed subset $F\cap\Delta$ of Δ onto S is a k-closed subset F' of S, consisting of the points $a\in S$ such that ϕ is not defined at (a,a). From what we have proved above, it follows that, if $a\in F'$, $sa\in F'$ for all $s\in G$. For the same reason, if a is in $S-F'$, then $\phi(a,sa)$ is defined for all $s\in G$; as (a,sa,s) is then a specialization of (u,xu,x) over k, and $x=\phi(u,xu)$, this shows that $\phi(a,sa)=s$ for all $a\in S-F'$ and all $s\in G$, and therefore $k(a,s)=k(a,sa)$; in particular, if x is generic over $k(a)$ on G, the locus of xa over $k(a)$ has a dimension equal to that of G.

If G is complete, every specialization (a,b) of (u,xu) over k can be extended to a specialization (a,b,s) of (u,xu,x) over k, so that $b=sa$; in other words, every point of T must be of the form (a,sa), with $a\in S$ and $s\in G$; then it follows from what we have proved above that such a point cannot be in F unless a and sa are in F'. Without attempting to decide whether this is still so in the general case, we shall merely show that, if u

is generic over k on S and (u, u') is in F, then u' must be in F'. In fact, suppose that this is not so; take x generic over $k(u, u')$ on G; call X, X' the loci of xu, xu' over $k(u, u')$ on S; by what we have proved above, they have the same dimension, which is that of G. By F-VI$_3$, Th. 11, we have $T \cap (u \times S) = u \times X$; at the same time, since we have shown that (u, xu') is in T, $u \times X'$ is contained in $T \cap (u \times S)$; as X and X' have the same dimension, this implies that $X = X'$. But, as we have shown, since (u, u') is in F, (u, xu') must be in F, and therefore, since F is k-closed, $u \times X'$ must be contained in F; as $X = X'$, this implies that F contains (u, xu), which is generic on T over k, and contradicts the definition of F. One may observe that, if S is pre-homogeneous, this again shows that (a, b) cannot be in F unless a, b are in F'; for, if $a \notin F'$ and x is generic on G over $k(a, b)$, xa has then over $k(a)$ a dimension equal to that of G, and therefore is generic on S over $k(a)$ since in the present case the dimensions of S and G are equal; then if (a, b) is in F, so is (xa, b), and so b must be in F'.

Now replace first S by $S - F'$; as F' is mapped onto itself by all operations of G, $S - F'$ is again a transformation-space with respect to G, defined over k, and satisfies our other assumptions. Writing again S instead of $S - F'$, we see that it is enough to prove our result under the additional assumption that $F' = \emptyset$. If G is complete or S is prehomogeneous, this already implies that S is principal. Otherwise we observe that, since T is also the locus of $(x^{-1}u, u)$ over k and since we have $\phi(x^{-1}u, u) = x$, T and F are mapped onto themselves by the mapping $(u, v) \rightarrow (v, u)$ of $S \times S$ onto itself. Call now F'' the "projection" of F on either factor of $S \times S$ (in the sense of F-IV$_3$ and F-VII$_3$, i. e. the closure of the set-theoretic projection); this will be the same, whether we project F onto the first or the second factor, and it is not S by what we have proved above, since F' is empty; it is therefore a k-closed subset of S. By what we have proved, F'' is mapped onto itself by all operations of G. Then $S - F''$ is the principal space whose existence was to be proved.

Finally, assume that the space S from which we first started was prehomogeneous; this means that $T = S \times S$. Let a, b be any two points in $S - F'$; then, if x is generic on G over $k(a, b)$, xa, xb are generic on S over $k(a, b)$, and so there is an isomorphism σ of $k(a, b, xa)$ onto $k(a, b, xb)$ over $k(a, b)$, mapping xa onto xb; then we have $x^\sigma a = xb$, i. e. $b = x^{-1}x^\sigma a$. This shows that $S - F'$ is homogeneous, and also that an open subset of S which is a transformation-space for G cannot contain a point of $S - F'$ without containing $S - F'$. Therefore $S - F'$ is the only open subset of S which is a principal space with respect to G.

If S is a principal homogeneous space, the mapping ϕ of $T = S \times S$ into G which has been defined above will be called the *canonical mapping* of $S \times S$ into G. For any a, b on S and s on G, the relations $b = sa$, $s = \phi(a, b)$ are equivalent; in particular, for any a on S and for x generic over $k(a)$ on G, the mapping $x \to xa = v$ of G into S has the inverse $v \to x = \phi(a, v)$; as both are everywhere defined, this is therefore an everywhere biregular mapping of G onto S, defined over $k(a)$. In particular, if there is at least one rational point a over k on S, S is biregularly equivalent to G over k.

4. Let G be a group, V and W two varieties, and F a mapping of $V \times W$ into G, all defined over a field k. We may consider $W \times G$ as a transformation-space with respect to G, the law of composition between them being $(x, (N, y)) \to (N, xy)$ for any N in W and any x, y in G. We now apply Prop. 1 of no. 1 to the case when we take for S this transformation-space $W \times G$ and for Z the graph of the mapping $N \to F(M, N)$ of W into G, where M, N are independent generic points of V, W over k. We must then consider the smallest field of definition k' containing k for the mapping $N \to xF(M, N)$ of W into G, where x is generic over $k(M, N)$ on G. As this mapping is defined over $k(x, M)$, k' is a regular extension of k, contained in $k(x, M)$. Then Prop. 1 shows that we may write $k' = k(u)$, where u is a generic point over k of a transformation-space U with respect to G; as $k(u) \subset k(x, M)$, we may write $u = f(x, M)$, where f is a mapping of $G \times V$ into U, defined over k; moreover, as the mapping $x \to f(x, M)$ of G into U is no other than the mapping F defined in Prop. 1, we see that f is defined at every point (s, M) of $G \times M$, and that $f(ss', M) = sf(s', M)$; taking $s' = e$, and writing $f(M)$ instead of $f(e, M)$, this gives $f(s, M) = sf(M)$, and in particular $u = xf(M)$. As the mapping $N \to xF(M, N)$ is defined over $k(u)$, $xF(M, N)$ is rational over $k(u, N)$; similarly, if y is generic over $k(x, M, N)$ on G, the mapping $N \to yxF(M, N)$ is defined over $k(yu)$, and so $yxF(M, N)$ is rational over $k(yu, N)$. As we can write

$$y = (yxF(M, N))(xF(M, N))^{-1},$$

this shows that y is rational over $k(u, yu, N)$. If N' is generic on W over $k(x, y, M, N)$, y must then also be rational over $k(u, yu, N')$; thus $k(y)$ is contained in $k(u, yu, N)$ and in $k(u, yu, N')$; as these are independent regular extensions of $k(u, yu)$, their intersection is $k(u, yu)$, and so we have $k(y) \subset k(u, yu)$. This means that U is a pre-principal space and may therefore, by Prop. 3, be replaced by a principal space, birationally equivalent to it.

The most interesting case is that in which there are two mappings F_1, F_2 of V, W into G, defined over some overfield K of k, such that $F(M,N)=F_1(M)F_2(N)$ for M, N generic and independent over K on V, W; by the corollary of Th. 7, VA-18, this is always so whenever G is an abelian variety. Take x generic over $K(M,N)$ on G, and put $z=xF_1(M)$; then the mapping $N\rightarrow xF(M,N)=zF_2(N)$ is defined over $K(z)$, so that $k(u)\subset K(z)$. As x, M are generic and independent over $K(N)$ on G, V, u is then generic over $K(N)$ on U, and the dimension of U is that of u over K; the relation $K(u)\subset K(z)$ shows that this is at most the dimension of G. Therefore U is pre-homogeneous and may be taken to be a principal homogeneous space with respect to G. Moreover, we may write $u=\Phi(z)$, where Φ is a mapping of G into U, defined over K. If we substitute yx for x, with y generic over $K(M,N,x)$ on G, z is replaced by yz, and u by yu; this gives $\Phi(yz)=y\Phi(z)$, which may be written as $\Phi(z)=y^{-1}\Phi(yz)$ and thus shows that Φ is everywhere defined. Putting now $a=\Phi(e)$, we see that a is rational over K and that $u=za$, i.e. $f(M)=F_1(M)a$. Put now $g(N)=F_2(N)^{-1}a$; g is a mapping of W into U, defined over K. As we have also $g(N)=F(M,N)^{-1}f(M)$, g is also defined over the field $k(M)$, and therefore also over $k(M')$ if M' is another generic point of V over K; if we take M, M' generic and independent over K on V, $k(M)$ and $k(M')$ are independent regular extensions of k, so that their intersection is k; hence g is defined over k. Thus we have proved the following result:

PROPOSITION 4. *Let G be a group, V and W two varieties and F a mapping of $V\times W$ into G, all defined over k. Assume that there are two mappings F_1, F_2 of V, W into G, defined over some overfield K of k, such that $F(M,N)=F_1(M)F_2(N)$ for M, N generic and independent over K on V, W. Then there is a principal homogeneous space U with respect to G, and two mappings f, g of V, W into U, all defined over k, such that $f(M)=F(M,N)g(N)$, i.e. $F(M,N)=\phi(g(N),f(M))$, where ϕ is the canonical mapping of $U\times U$ into G.*

COROLLARY. *Notations being as in Prop. 4, U, f and g are uniquely determined by G, V, W and F, up to an isomorphism.*

In fact, assume that U', f', g' have similar properties; then we have $xF(M,N)=\phi'(g'(N),xf'(M))$, where ϕ' is the canonical mapping for U'. This shows that the mapping $N\rightarrow xF(M,N)$ is defined over $k(u')$ with $u'=xf'(M)$; thus, if we put $u=xf(M)$ as before, we have $k(u)\subset k(u')$ and may write $u=\psi(u')$, where ψ is a mapping of U' into U, defined over k.

Replacing x by yx, with y generic on G over $k(M, N, x)$, we get $yu = \psi(yu')$; from this we conclude, in the usual manner, that ψ is everywhere defined. Take any point a' on U', and put $a = \psi(a')$; as we have $xa = \psi(xa')$, and as the mappings $x \to xa$, $x \to xa'$ are everywhere biregular mappings of G onto U and U', defined over $k(a')$, we see that ψ is an everywhere biregular mapping of U' onto U. Moreover, we have $\psi(u') = x\psi(f'(M))$, and therefore $f = \psi \circ f'$, from this one easily concludes that $g = \psi \circ g'$. This proves our assertion.

5. Let G be a group, defined over a field k. We will now prove that the classes of principal homogeneous spaces with respect to G, for birational equivalence over k, form a set. In fact, let x, y be independent generic points of G over k; let σ be the isomorphism of $\bar{k}(x)$ onto $\bar{k}(yx)$ over $\bar{k}$ which maps x onto yx. Let H be any principal homogeneous space with respect to G, defined over k; let a be an algebraic point over k on H, and put $u = xa$, so that u is generic over k on H. Then $k(u)$ is a regular extension of k contained in $\bar{k}(x)$ and such that $\bar{k}(u) = \bar{k}(x)$; moreover, we have

$$k(y, u) = k(y, u^\sigma) = k(u, u^\sigma)$$

since $u^\sigma = yu$. Conversely, let $k(u)$ be any such extension of k, and call U the locus of u over k; then we may write $u^\sigma = g(y, u)$, where g is a mapping of $G \times U$ into U, defined over k; and one verifies at once that this makes U into a pre-principal pre-homogeneous space with respect to G, and thus determines uniquely a class of birationally equivalent principal homogeneous spaces with respect to G. As every such class is determined by at least one such extension, this shows that these classes form a set.

If G is commutative, one can define canonically a commutative group-structure on the set of classes of principal homogeneous spaces with respect to G. In order to do this, we first observe that, if H is any transformation-space over a commutative group G, then the law $(x, u) \to x^{-1}u$, for $x \in G$, $u \in H$, defines on H a structure of transformation-space with respect to G; this will be called the *opposite* transformation-space to H and will be denoted by H^-; it is a principal homogeneous space if H is such.

PROPOSITION 5. *Let G be a commutative group, defined over a field k. Let H_i, for $1 \leqq i \leqq n$, be principal homogeneous spaces with respect to G, defined over k. Then there is a principal homogeneous space H with respect to G, defined over k, and an everywhere defined mapping f of $H_1 \times H_2 \times \cdots \times H_n$ into H, defined over k, such that*

$$f(s_1a_1, \cdots, s_na_n) = s_1 \cdots s_n f(a_1, \cdots, a_n)$$

for all $s_i \in G$ *and* $a_i \in H_i$. *Moreover,* H *and* f *are uniquely determined up to an isomorphism of* H.

Put $V = W = H_1 \times H_2 \times \cdots \times H_n$; call ϕ_i the canonical mapping of $H_i \times H_i$ into G, so that $b_i = sa_i$ is equivalent to $s = \phi_i(a_i, b_i)$ for a_i, b_i in H_i and s in G. Let $u = (u_1, \cdots, u_n)$ and $v = (v_1, \cdots, v_n)$ be two points of V; put

$$F(u, v) = \prod_{i=1}^{n} \phi_i(u_i, v_i),$$

where the right-hand side has a meaning since G is commutative. On each H_i, choose a point a_i, and put $a = (a_1, \cdots, a_n)$. We have

$$\phi_i(u_i, v_i) = \phi_i(a_i, v_i)\phi_i(a_i, u_i)^{-1}$$

for all i, as one verifies at once, and therefore, again because of the commutativity of G:

$$F(u, v) = F(a, v)F(a, u)^{-1}.$$

Thus the assumptions of Prop. 4 are satisfied, so that there is a principal homogeneous space U and two mappings f, g of V into U, all defined over k, such that

$$(1) \qquad f(u) = F(u, v)g(v), \qquad F(u, v) = \phi(g(v), f(u)),$$

where ϕ is the canonical mapping of $U \times U$ into G. Take any point b on V, and take v generic over $k(b)$ on V; as F is defined at (b, v), the relation (1) shows that f is defined at b. Thus f is everywhere defined. As $F(u, u) = e$, the relation (1) gives $g(u) = f(u)$, i.e. $f = g$. If $s_1, \cdots, s_n$ are any elements of G, and we put $s = s_1 \cdots s_n$ and $u' = (s_1u_1, \cdots, s_nu_n)$, we have $F(u', v) = s^{-1}F(u, v)$ and therefore, by (1), $f(u') = s^{-1}f(u)$. If we now put $H = U^-$, i.e. if we take for H the opposite space to U, H and f will have the properties stated in Prop. 5.

Let us now assume that $\bar{H}$ and $\bar{f}$ have similar properties; put $\bar{U} = \bar{H}^-$. Put $\bar{z} = F(u, v)^{-1}\bar{f}(u)$, the multiplication in the right-hand side being that of $\bar{U}$. If the s_i, s and u' have the same meaning as above, we have $\bar{f}(u') = s^{-1}\bar{f}(u)$, so that $\bar{z}$ does not change if one replaces u, v by u', v. Therefore $k(\bar{z})$ is contained both in $k(u, v)$ and in $k(u', v)$. If the s_i have been taken generic and independent over $k(u, v)$ on G, $k(u, v)$ and $k(u', v)$ will be independent regular extensions of $k(v)$; this gives $k(\bar{z}) \subset k(v)$, so that we may write $\bar{z} = \bar{g}(v)$, with $\bar{g}$ defined over k. Then we have $\bar{f}(u) = F(u, v)\bar{g}(v)$; by the corollary of Prop. 4, $\bar{U}$, $\bar{f}$ and $\bar{g}$ must then be the same as U, f and f, respectively, except for an isomorphism of U onto $\bar{U}$. This proves the assertion about unicity in Prop. 5.

In Prop. 5, take $n=2$; call $\mathfrak{H}_1$, $\mathfrak{H}_2$ the classes of H_1, H_2, and denote by $\mathfrak{H}_1+\mathfrak{H}_2$ the class of H. This defines on the set of classes of principal homogeneous spaces with respect to G a commutative group-structure. In fact, commutativity is obvious. Call $\mathfrak{H}_0$ the class of G, and therefore of all principal homogeneous spaces with respect to G which have a rational point over k. For any principal homogeneous space H with respect to G, the mapping $f(x,u)=xu$ of $G\times H$ into H satisfies the condition of Prop. 5; therefore we have $\mathfrak{H}_0+\mathfrak{H}=\mathfrak{H}$ for all classes $\mathfrak{H}$. If ϕ is the canonical mapping of $H\times H$ into G, then ϕ, considered as a mapping of $H\times H^-$ into G, satisfies the condition of Prop. 5; therefore, if $\mathfrak{H}^-$ is the class of H^-, we have $\mathfrak{H}+\mathfrak{H}^-=\mathfrak{H}_0$. Finally, let H_1, H_2, H_3 be three principal homogeneous spaces with respect to G; apply Prop. 5 successively to the following spaces: (a) to H_1, H_2, obtaining a space H_{12} and a mapping f_{12}; (b) to H_{12}, H_3, obtaining H', f'; (c) to H_2, H_3, obtaining H_{23}, f_{23}; (d) to H_1, H_{23}, obtaining H'', f''; (e) to H_1, H_2, H_3, obtaining H, f. Then the two mappings

$$f'(f_{12}(u_1,u_2),u_3), \qquad f''(u_1,f_{23}(u_2,u_3))$$

of $H_1\times H_2\times H_3$ into H', H'' satisfy the same condition as the mapping f. By the unicity assertion of Prop. 5, this shows that H', H'' are isomorphic to H. This means that the addition $\mathfrak{H}_1+\mathfrak{H}_2$ is associative.

One proves quite similarly, by induction on n, that if $\mathfrak{H}$ and $\mathfrak{H}_i$ are the classes of the spaces H, H_i in Prop. 5, then $\mathfrak{H}=\sum_i \mathfrak{H}_i$. In fact, let H', f' be the space and the mapping obtained by applying Prop. 5 to $H_1,\cdots,H_{n-1}$, so that $\mathfrak{H}'=\mathfrak{H}_1+\cdots+\mathfrak{H}_{n-1}$ by the induction assumption; and let H'', f'' be the space and the mapping obtained by applying Prop. 5 to H', H_n, so that $\mathfrak{H}''=\mathfrak{H}'+\mathfrak{H}_n$ by definition. Then the mapping

$$(u_1,\cdots,u_n)\to f''(f'(u_1,\cdots,u_{n-1}),u_n)$$

of $H_1\times\cdots\times H_n$ into H'' has the properties stated for f in Prop. 5, so that, by the unicity assertion in Prop. 5, H'' is isomorphic to H.

From this one deduces that every element $\mathfrak{H}$ of the group we have just described is of finite order. In fact, take on a space H of class $\mathfrak{H}$ any positive cycle $\sum_{i=1}^{n} a_i$ of dimension 0, rational over k. Call H_n any space of class $n\mathfrak{H}$; then there is a mapping $f(u_1,\cdots,u_n)$ of the product of n factors equal to H into H_n with the properties stated in Prop. 5. From the unicity assertion in Prop. 5, it follows that any permutation of the u_i will change f

into sf, with $s \in G$; as f is everywhere defined, we see that $s = e$ by taking $u_1 = \cdots = u_n$; therefore f is a symmetric function, so that $f(a_1, \cdots, a_n)$ is rational by the main theorem on symmetric functions (VA-7, Th. 1). So H_n has a rational point over k, and is therefore isomorphic to G.

Now, $\mathfrak{H}$ being as before, put $H_0 = G$ and take, for each integer $n \neq 0$, a space H_n of class $n\mathfrak{H}$ so that all the H_n are disjoint. On the set $\mathfrak{G} = \bigcup_n H_n$ (which is of course not an algebraic variety), we will define a commutative group-law f (in the sense of group-theory, not of algebraic geometry) such that $H_0 = G$ will be a subgroup of $\mathfrak{G}$ and that f induces on $H_m \times H_n$, for all m, n, a mapping $f_{m,n}$ of $H_m \times H_n$ into H_{m+n} satisfying the conditions in Prop. 5. As there is such a mapping $f_{m,n}$ for each m, n, and as it is uniquely determined up to an automorphism of H_{m+n} (i. e. up to left-multiplication by a rational point of G), we merely have to choose the $f_{m,n}$ so that the mapping f of $\mathfrak{G} \times \mathfrak{G}$ into $\mathfrak{G}$ which coincides with $f_{m,n}$ on $H_m \times H_n$ for all m, n satisfies the axioms for groups; we do this as follows. For any n, we take $f_{0,n}(x, u) = xu$ for $x \in G$, $u \in H_n$. We choose $f_{-1,1}$ and, for all $n > 0$, $f_{n,1}$ and $f_{-n,-1}$ so as to satisfy the conditions in Prop. 5. Now, for elements $u_1, \cdots, u_{n+1}$ of H_1 in any number, we define $u_1 \cdots u_{n+1}$ inductively as being equal to u_1 for $n = 0$ and to $f_{n,1}(u_1 \cdots u_n, u_{n+1})$ for $n \geqq 1$; similarly, for elements $v_1, \cdots, v_{n+1}$ of H_{-1}, we define $v_1 \cdots v_{n+1}$ as equal to v_1 for $n = 0$ and to $f_{-n,-1}(v_1 \cdots v_n, v_{n+1})$ for $n \geqq 1$. It is then easily seen that, whenever m, n are both > 0, there is one and only one way of choosing $f_{m,n}$ so that it satisfies the condition

$$f_{m,n}(u_1 \cdots u_m, u_{m+1} \cdots u_{m+n}) = u_1 \cdots u_{m+n}$$

when the u_i are in H_1; we determine $f_{-m,-n}$ similarly, using H_{-1} instead of H_1. Finally, for $m \geqq n > 0$, we choose $f_{m,-n}$ and $f_{-m,n}$ so as to satisfy the conditions

$$f_{m,-n}(u_1 \cdots u_m, v_1 \cdots v_n) = \prod_{i=1}^{n} f_{-1,1}(v_i, u_i) \cdot u_{n+1} \cdots u_m$$

$$f_{-m,n}(v_1 \cdots v_m, u_1 \cdots u_n) = \prod_{i=1}^{n} f_{-1,1}(v_i, u_i) \cdot v_{n+1} \cdots v_m$$

respectively, the u_i being any elements of H_1 and the v_i any elements of H_{-1}. It is then a trivial matter to verify that these choices of the $f_{m,n}$ satisfy all the requirements for a commutative group-law on $\mathfrak{G}$.

The points on the H_n which are rational over k form a subgroup $\mathfrak{g}$ of $\mathfrak{G}$. As we have shown that there are such points for some $n \neq 0$, there is a smallest $n > 0$ for which there is such a point $a \in H_n$; this n is the order of $\mathfrak{H}$ in the group of classes of principal homogeneous spaces with respect to G. Then $\mathfrak{g}$ is the direct product of the group $\mathfrak{g}_0 = \mathfrak{g} \cap G$ of rational points over k on G and of the infinite cyclic group γ generated by a. The quotient-group $\mathfrak{G}/\gamma$ may be described as an algebraic group consisting of n components respectively isomorphic to $H_0 = G, H_1, \cdots, H_{n-1}$.

6. PROPOSITION 6. *Let A be an abelian variety and H a principal homogeneous space with respect to A, both being defined over a field k. Let $V_1, \cdots, V_n$ be varieties, and F a mapping of $V_1 \times \cdots \times V_n$ into H, all these being defined over k. Then there is for each i a principal homogeneous space H_i with respect to A and a mapping F_i of V_i into H_i, H_i and F_i being defined over k, and there is a mapping f of $H_1 \times \cdots \times H_n$ into H with the properties stated in Prop. 5, such that, for $(M_1, \cdots, M_n)$ generic over k on $V_1 \times \cdots \times V_n$, we have*

$$F(M_1, \cdots, M_n) = f(F_1(M_1), \cdots, F_n(M_n)).$$

Moreover, all these are uniquely determined up to isomorphisms.

For $n = 1$, there is nothing to prove. If the assertion is proved for a product of two factors, then this can be applied to the product $V_1 \times (V_2 \times \cdots \times V_n)$ of V_1 and $V_2 \times \cdots \times V_n$, so that the general case follows by induction on n. Thus it is enough to treat the case of two factors V, W and of a mapping F of $V \times W$ into H. Call ϕ the canonical mapping of $H \times H$ into A; let (M, N) and (M', N') be two independent generic points of $V \times W$ over k; and put

$$x = \phi(F(M, N'), F(M', N')), \qquad y = \phi(F(M, N), F(M, N')).$$

so that we have

$$xy = \phi(F(M, N), F(M', N')).$$

As the mapping $((M, M'), N') \to x$ of $(V \times V) \times W$ into A has the constant value e on the variety $(M, M) \times W$, Th. 7 of VA-18 shows that x is rational over $k(M, M')$; for a similar reason, y must be rational over $k(N, N')$; in other words, there are mappings Φ, Ψ of $V \times V$, $W \times W$ into A, both defined over k, such that $x = \Phi(M, M')$ and $y = \Psi(N, N')$. By the corollary of Th. 7 of VA-18, Φ and Ψ satisfy the assumptions of Prop. 4, so that there are two principal homogeneous spaces U_1, U_2 with respect to A, mappings F_1, G_1 of V into U_1 and mappings F_2, G_2 of W into U_2, all defined over k, such that $F_1(M) = xG_1(M')$, $F_2(N) = yG_2(N')$; moreover, as $\Phi(M, M)$, $\Psi(N, N)$ are defined and equal to e, we have $G_1 = F_1$, $G_2 = F_2$. Now call H_1, H_2 the spaces respectively opposite to U_1, U_2, and apply Prop. 5 to H_1, H_2: let $\bar{H}$ be the principal homogeneous space and $\bar{f}$ the mapping of $H_1 \times H_2$ into $\bar{H}$ with the properties stated in that proposition. Put $\bar{F}(M,N)=\bar{f}(F_1(M),F_2(N))$. As H_1, H_2 are opposite to U_1, U_2, we have

$$F_1(M')=xF_1(M), \qquad F_2(N')=yF_2(N),$$

multiplication in the right-hand sides being understood in the sense of H_1, H_2. By the definition of $\bar{f}$, we have then:

$$\bar{F}(M',N')=(xy)\bar{F}(M,N),$$

while, as we have seen above, the same relation holds if F is substituted for $\bar{F}$. But then, as the corollary of Th. 7, VA-18, shows that the mapping

$$((M',N'),(M,N))\rightarrow xy$$

of $(V\times W)\times(V\times W)$ into A satifies the condition of Prop. 4, the corollary of Prop. 4 shows that $\bar{H}$, $\bar{F}$ must be the same as H, F except for an isomorphism of H onto $\bar{H}$. Then, replacing $\bar{f}$ by a mapping f of $H_1\times H_2$ into H by means of that isomorphism, we have the spaces H_1, H_2 and the mappings F_1, F_2, f whose existence was asserted in our proposition.

As to unicity, assume that there are spaces H_1^*, H_2^* and mappings F_1^*, F_2^*, f^* with the same properties. Then, x being defined as above, or equivalently by $F(M',N')=xF(M,N')$, we have

$$f^*(F_1^*(M'),F_2^*(N'))=xf^*(F_1^*(M),F_2^*(N'))=f^*(xF_1^*(M),F_2^*(N'))$$

and therefore $F_1^*(M')=xF_1^*(M)$ since the mapping $u\rightarrow f^*(u,v)$ of H_1^* into H is, as easily seen, an everywhere biregular mapping of H_1^* onto H. But then the corollary of Prop. 4, applied to the mapping $(M',M)\rightarrow x$ of $V\times V$ into A, shows that H_1^*, F_1^* are the same as H_1, F_1 except for an isomorphism. The same argument applied to y instead of x shows that H_2, F_2 are uniquely determined up to an isomorphism. Then Prop. 5 shows that f is uniquely determined. This completes the proof.

7. The foregoing results will now be applied to the theory of Jacobian varieties. As in VA-35, we consider a complete non-singular curve Γ of genus $g>0$, defined over a field k. If $\mathfrak{a}$ is any divisor on Γ, Prop. 6 of the Appendix of AG shows that there is a smallest field containing k over which $\mathfrak{a}$ is rational; this field will be denoted by $k(\mathfrak{a})$. In particular, if $M_1,\cdots,M_g$ are independent generic points of Γ over k and if we put $\mathfrak{m}=\sum_i M_i$, then, by VA-4, Lemma 1, $k(\mathfrak{m})$ is the field $k(M_1,\cdots,M_g)_s$ of symmetric functions of $M_1,\cdots,M_g$ defined over k, i.e. the subfield of $k(M_1,\cdots,M_g)$ consisting of those elements which are invariant under all permutations of

$M_1, \cdots, M_g$; such a divisor $\mathfrak{m}$ will be called generic over k. As $k(\mathfrak{m})$ is a regular extension of k, we may write it as $k(u)$, where u is a generic point of a variety W over k, and we may write $u = F(M_1, \cdots, M_g)$, with F defined over k; as F is symmetric in the M_i, this may also be written as $u = F(\mathfrak{m})$.

Now let the N_i, P_i, for $1 \leqq i \leqq g$, be $2g$ independent generic points of Γ over $k(\mathfrak{m})$; and put:

$$x = (N_1, \cdots, N_g, P_1, \cdots, P_g),$$

this being a generic point over k of the product $V = \Gamma \times \cdots \times \Gamma$ of $2g$ factors equal to Γ. By VA-35, Lemma 11, there is a positive divisor $\mathfrak{m}'$ on Γ linearly equivalent to $\mathfrak{m} + \sum_{i=1}^{g} N_i - \sum_{i=1}^{g} P_i$, and it is uniquely determined and such that $k(x, \mathfrak{m}) = k(x, \mathfrak{m}')$; this implies that it is generic over $k(x)$. Then, if we write $u' = F(\mathfrak{m}')$, we have $k(x, u) = k(x, u')$; we may thus write $u' = g(x, u)$, where g is a mapping of $V \times W$ into W which satisfies (TG 1).

We now show that this mapping satisfies the condition (TG 2′) of AG, no. 3, Prop. 2, so that this proposition may be applied to it. In fact, let y be a generic point of V over $k(x, u)$; we may write

$$y = (Q_1, \cdots, Q_g, R_1, \cdots, R_g).$$

Then the point $u'' = g(y, u')$ will be determined by $u'' = F(\mathfrak{m}'')$, where $\mathfrak{m}''$ is the positive divisor linearly equivalent to $\mathfrak{m}' + \sum_i Q_i - \sum_i R_i$. Applying again VA-35, Lemma 11, we see that there is a positive divisor $\sum_i S_i$ linearly equivalent to $\sum_i N_i - \sum_i P_i + \sum_i Q_i$, and that it is generic over $k(y, u)$ and rational over $k(x, y)$. But then $\mathfrak{m}''$ is linearly equivalent to $\mathfrak{m} + \sum_i S_i - \sum_i R_i$, which shows that, if we put

$$z = (S_1, \cdots, S_g, R_1, \cdots, R_g)$$

z is generic on V over $k(u)$ and that we have $u'' = g(z, u)$. This shows that g satisfies (TG 2′). Applying Prop. 2 of AG, no. 3 and the main theorem of AG, we see that there is a group J, a normal law $\bar{g}$ between J and W, and a mapping ϕ of V into J such that $g(x, u) = \bar{g}(\phi(x), u)$ for x, u generic and independent over k on V, W.

Put now $K = k(P_1, \cdots, P_g)$, $\mathfrak{n} = \sum_i N_i$, and

$$w = (S_1, \cdots, S_g, Q_1, \cdots, Q_g).$$

Since the P_i, Q_i, N_i are generic and independent over k, Lemma 11 of VA-35 shows that w is generic over K on V. At the same time, the linear equivalence by which the S_i were defined shows at once that $g(x,u) = g(w,u)$ for u generic over $k(x,w)$, and therefore $\bar{g}(\phi(x),u) = \bar{g}(\phi(w),u)$. Since J, by definition, operates faithfully on W, this implies $\phi(x) = \phi(w)$; as w is generic over K on V, this shows that $\phi(x)$ is generic over K on J. It will now be shown that $K(\phi(x)) = K(\mathfrak{n})$. In fact, if u and $u' = g(x,u)$ are as before, u' is rational over $K(\mathfrak{m},\mathfrak{n}) = K(u,\mathfrak{n})$ since the divisor $\mathfrak{m}'$ is so by Lemma 11 of VA-35; therefore the mapping $u \rightarrow u'$ is defined over $K(\mathfrak{n})$, so that $K(\phi(x)) \subset K(\mathfrak{n})$. Put now $K' = K(\phi(x))$, so that u' is rational over $K'(u)$; then $\mathfrak{m}$ and $\mathfrak{m}'$ are both rational over $K'(u)$. But Lemma 11 of VA-35 shows that $\mathfrak{n}$ is rational over $K(\mathfrak{m},\mathfrak{m}')$ and therefore over $K'(u)$. If u_1 is a generic point of W over $K'(u)$, $\mathfrak{n}$ will also be rational over $K'(u_1)$; as $K'(u)$, $K'(u_1)$ are independent regular extensions of K', this implies that $\mathfrak{n}$ is rational over K'.

But now a comparison with the construction of the jacobian variety given in VA-36 shows that the latter coincides with our J over a suitably extended groundfield; more precisely, substituting K for k, $\sum_i P_i$ for $\mathfrak{a}$, $\mathfrak{n}$ for $\mathfrak{m}$ and $\phi(x)$ for z in the treatment given in VA-36, we get the same law of composition for the field $K(\phi(x))$ as has been defined above. Alternatively, one may also reason as follows. Let J_1 be the jacobian variety as defined in VA; let ϕ_1 be the "canonical mapping" of Γ into J_1, also according to the definition of VA-37 (which will soon be replaced by a more appropriate one); let K_1 be an overfield of the field K defined above, over which J_1 and ϕ_1 are defined; take $\mathfrak{n}$ generic over K_1; put $t = \phi(x)$, x being as above, and $z = S[\phi_1(\mathfrak{n})]$. As we have then $K_1(x) = K_1(z) = K_1(\mathfrak{n})$, the mapping $x \rightarrow z$ defines a birational correspondence between J and J_1, defined over K_1. If we write it as $z = f(x)$, f is everywhere defined by VA-15, Th. 6; and this, by the results at the beginning of VA-19, must then be of the form $f(x) = f_0(x) + a$, where $a = f(e)$ and where f_0 is a homomorphism, so that (using the additive notation on J_1 and the multiplicative notation on J) we have $f_0(xx') = f_0(x) + f_0(x')$. But then f_0 is again a birational correspondence, and, if g is the inverse mapping to f_0, we have $g(z + z') = g(z)g(z')$ for z, z' generic and independent over K_1 on J_1. This can be written as $g(z) = g(z + z')g(z')^{-1}$; if then z_1 is any point of J_1, and we take z' generic on J_1 over $K_1(z_1)$, this shows that g is defined at z_1. As f_0, g are everywhere defined, they determine an isomorphism between J and J_1.

One could also, without making use of the results of VA, verify directly (for instance by making use of the criterion for the completeness of a group given by VA-33, Th. 16) that the group J we have constructed here is complete and is therefore an abelian variety. Then the results we have proved above, combined with the corollary of Th. 7, VA-18, show at once that J has the properties stated in VA-36, Th. 18; since the whole theory of the jacobian variety depends upon nothing else, and these properties (as proved in VA-37) are characteristic of the jacobian variety, this would suffice for a complete treatment.

From this discussion, we conclude that J is an abelian variety. Now apply Prop. 6 to the mapping ϕ of V into J; this defines $2g$ mappings of Γ into principal homogeneous spaces with respect to J, all defined over k. As ϕ is symmetric in the N_i and also in the P_i, the unicity assertion in Prop. 6 shows at once that the first g mappings must coincide, and that the last g mappings must coincide; call F, F' these mappings, and H, H' the spaces into which they map Γ. Now, notations being the same as above in no. 6, put

$$x' = (P_1, \cdots, P_g, N_1, \cdots, N_g).$$

Then we have, always with the same notations as before, $u = g(x', u')$, and therefore $\phi(x') = \phi(x)^{-1}$. This, combined with the unicity assertion in Prop. 6, shows at once that H' is the opposite space to H while F' must be the same as F.

We now embed J and H, in the manner explained at the end of no. 5, into a commutative group $\mathfrak{G}$ consisting of principal homogeneous spaces H_n with respect to J, all defined over k, with $H_0 = J$, $H_1 = H$, in such a way that $\mathfrak{G}/J$ is an infinite cyclic group, that the H_n are the cosets of J in $\mathfrak{G}$ and that the group-law in $\mathfrak{G}$ induces on $H_m \times H_n$, for all m, n, a mapping of $H_m \times H_n$ into H_{m+n} defined over k and satisfying the conditions in Prop. 5. At the same time, we change from the multiplicative to the additive notation, not only in J but also in $\mathfrak{G}$. With this notation, we have, if x, $\phi(x)$ and F have the same meaning as before,

$$\phi(x) = \sum_i F(N_i) - \sum_i F(P_i).$$

Let us now extend the mapping F into a homomorphism of the group of divisors on Γ into $\mathfrak{G}$, by putting $F(\mathfrak{a}) = \sum_i n_i F(A_i)$ for any divisor $\mathfrak{a} = \sum_i n_i A_i$, so that $F(\mathfrak{a}) \in H_n$ if n is the degree of $\mathfrak{a}$; in particular, $F(\mathfrak{a})$ is in J if and only if $\mathfrak{a}$ is of degree 0. If a is any point of H and M is a generic point of Γ over $k(a)$, the mapping $M \rightarrow F(M) - a$ of Γ into J, which is defined over $k(a)$, is a "canonical mapping" in the sense of VA-37; naturally it is only defined up to an additive constant; and, by the unicity assertion in Prop. 6, no such mapping can be defined over k unless H is isomorphic to G, i. e. unless H has a rational point over k. From Th. 19 of VA-38, one deduces immediately that a divisor $\mathfrak{a}$ on Γ is linearly equivalent to 0 if and only if $F(\mathfrak{a}) = 0$.

In other words, *the homomorphism* $\mathfrak{a} \rightarrow F(\mathfrak{a})$ *determines an isomorphism of the group of all divisor-classes* (of any degree) *on* Γ *onto the group* $\mathfrak{G}$. From the foregoing results, one concludes easily that these properties are characteristic for $\mathfrak{G}$ and F, up to isomorphisms on J and its cosets H_n in $\mathfrak{G}$. One may call $\mathfrak{G}$ the *Jacobian group of* Γ, and F the *canonical mapping* of Γ, and of the group of divisors on Γ, into the Jacobian group. In substance, the construction of the varieties H_n has already been given by Chow (in [1]) by a method belonging to projective geometry.

THE UNIVERSITY OF CHICAGO.

BIBLIOGRAPHY.

[1] W. L. Chow, "The Jacobian variety of an algebraic curve," *American Journal of Mathematics*, vol. 76 (1954), pp. 453-476.

[2] S. Nakano, "Note on group varieties," *Memoirs of the College of Science, University of Kyoto*, Series A, vol. 27 (1952), Math. no. 1, pp. 55-66.

[3] A. Weil, *Variétés abéliennes et courbes algébriques*, Paris, Hermann et Cie, 1948.

[4] ———, "On algebraic groups of transformations," *American Journal of Mathematics*, vol. 77 (1955), pp. 355-391.

[1955c] On a certain type of characters of the idèle-class group of an algebraic number-field

Notations will be the same as in my previous work on class-field theory (*Sur la théorie du corps de classes*, J. Math. Soc. Japan, 3 (1951), pp. 1–35; cf. also *Sur les "formules explicites" de la théorie des nombres premiers*, Comm. Lund (M. Riesz jubilee volume), 1952, pp. 252–265). If K is any field, K^* denotes the multiplicative group of non-zero elements of K. We consider an algebraic number-field k; k_v means its completion with respect to a valuation v; in particular, $k_{\mathfrak{p}}$, $k_\rho(1 \leqq \rho \leqq r_1)$, $k_\iota(r_1+1 \leqq \iota \leqq r_1+r_2)$ denote the completions of k with respect to the prime ideal $\mathfrak{p}$, to the real archimedian valuation v_ρ and to the imaginary archimedian valuation v_ι, respectively; k_ρ may be identified (canonically) with the real number-field $\mathbf{R}$, and k_ι may be identified (non-canonically) with the complex number-field $\mathbf{C}$; put $\eta_\lambda = [k_\lambda : \mathbf{R}]$. The idèle group I_k is the subgroup of $\prod k_v^*$ consisting of the $a=(a_v)$ such that almost all a_v (i.e., all except a finite number) are units. We denote by P_k the group of principal idèles, and by $C_k = I_k/P_k$ the group of idèle-classes. Each idèle $a=(a_v)$ determines in an obvious manner an ideal $\mathfrak{a}=(a)$ of k; we put:

$$\| a \| = \mathrm{N}(\mathfrak{a})^{-1} \prod_\lambda | a_\lambda |^{\eta_\lambda}.$$

Then $a \to \| a \|$ is a representation of I_k into $\mathbf{R}^*$ (in fact, into $\mathbf{R}_+^*$), taking the value 1 on P_k.

Group characters will be understood in the extended sense, i.e. as continuous representations into $\mathbf{C}^*$ (not necessarily of absolute value 1). The groups I_k, C_k will be topologized in the usual manner. A character χ of C_k may also be regarded as a character of I_k, taking the value 1 on P_k; because of the known structure of C_k, such a character can always be written as $\chi_1(a) \| a \|^\sigma$, where $\sigma \in \mathbf{R}$ and χ_1 is a character of absolute value 1.

The Hecke L-series attached to a character χ of C_k can be constructed as follows. Let $\mathfrak{f}$ be the conductor of χ; if $a=(a_v)$ is an idèle such that $a_\lambda = 1$ for $1 \leqq \lambda \leqq r_1+r_2$ and $a_{\mathfrak{p}}=1$ for every prime divisor $\mathfrak{p}$ of $\mathfrak{f}$, $\chi(a)$ depends only upon the ideal $\mathfrak{a}=(a)$; under those

Reprinted from *Proc. Intern. Symp. on Algebraic Number Theory*, Tokyo-Nikko, 1955, pp. 1–7.

circumstances, we put $\tilde{\chi}(\mathfrak{a})=\chi(a)$. Then the L-series attached to χ is $\sum\tilde{\chi}(\mathfrak{a})N\mathfrak{a}^{-s}$, the sum being extended to all integral ideals $\mathfrak{a}$ prime to $\mathfrak{f}$. We shall denote by $G(\mathfrak{f})$ the group of the fractional non-zero ideals in k whose expression in terms of prime ideals does not involve any prime divisor of $\mathfrak{f}$. We have thus attached, to every character χ of C_k with the conductor $\mathfrak{f}$, a character χ of $G(\mathfrak{f})$. Clearly $\tilde{\chi}$ is completely determined by its values at the prime ideals which do not divide $\mathfrak{f}$.

At the same time, χ induces on the subgroup $\prod_\lambda k_\lambda^*$ of I_k a character of that group; if we make use of the fact that χ must be the product of a character of absolute value 1 and of a character $\|a\|^\sigma$, we see that χ, on that group, can be written as:

$$\chi((a_\lambda))=\prod_\lambda(a_\lambda/|a_\lambda|)^{-f_\lambda}|a_\lambda|^{\eta_\lambda(\sigma+i\varphi_\lambda)} \qquad (1)$$

where the f_λ are integers and σ and the φ_λ are real numbers. Now denote by $k^*(\mathfrak{f})$ the subgroup of k^* consisting of all elements α/α', where α, α' are integers in k such that $\alpha\equiv\alpha'\equiv 1$ mod. $\mathfrak{f}$. Then $\chi((\alpha))$ is a character of $k^*(\mathfrak{f})$, which coincides on $k^*(\mathfrak{f})$ with the character X of k^* given by the formula

$$X(\alpha)=\prod_\lambda(\alpha_\lambda/|\alpha_\lambda|)^{f_\lambda}|\alpha_\lambda|^{-\eta_\lambda(\sigma+i\varphi_\lambda)} \qquad (2)$$

in which α_λ denotes the image of α in k_λ (the latter being identified with $\boldsymbol{R}$ or with $\boldsymbol{C}$, as the case may be).

Conversely, assume that for some integral ideal $\mathfrak{m}$ of k we have a character ψ of the group $G(\mathfrak{m})$, and that there are integers f_λ and real numbers σ, φ_λ such that $\psi((\alpha))=X(\alpha)$ for $\alpha\in k^*(\mathfrak{m})$, X being defined by (2). Let a be an idèle; there is a $\xi\in k^*$ such that, if we put $b=\xi a$, then, for every prime divisor $\mathfrak{p}$ of $\mathfrak{m}$, $b_\mathfrak{p}$ is a unit in $k_\mathfrak{p}$ and is $\equiv 1$ modulo the highest power of $\mathfrak{p}$ dividing $\mathfrak{m}$; and ξ is uniquely determined in k^* modulo the subgroup $k^*(\mathfrak{m})$ of k^*. Now put:

$$\chi(a)=\psi((b))\prod_\lambda(b_\lambda/|b_\lambda|)^{-f_\lambda}|b_\lambda|^{\eta_\lambda(\sigma+i\varphi_\lambda)}.$$

Our assumption on ψ implies that the right-hand side does not depend upon the choice of ξ when a is given; and one sees at once that χ is a character of I_k, taking the value 1 on P_k and satisfying (1), that its conductor $\mathfrak{f}$ divides $\mathfrak{m}$, and that the character $\tilde{\chi}$ of $G(\mathfrak{f})$ associated with χ coincides with ψ on $G(\mathfrak{m})$.

It is clear that $\alpha\rightarrow(\alpha)$ defines a homomorphism of $k^*(\mathfrak{m})$ into $G(\mathfrak{m})$ whose kernel is the group $E(\mathfrak{m})$ of all units ε in k such that $\varepsilon\equiv 1$ mod. $\mathfrak{m}$; $E(\mathfrak{m})$ is of finite index in the group E of all units in k. Notations being as above, we see that X takes the value 1 on

$E(\mathfrak{f})$, so that, if m is the index of $E(\mathfrak{f})$ in E, χ^m takes the value 1 on E. Conversely, let the f_λ, σ, φ_λ be given; let χ be defined by (2); and assume that there is an integer $m>0$ such that χ^m is 1 on E. Then χ is 1 on a subgroup E' of E of finite index. By a theorem of Chevalley, this implies that there is an ideal $\mathfrak{m}$ such that $E'\supset E(\mathfrak{m})$; then χ is 1 on $E(\mathfrak{m})$ and therefore determines a character of the image of $k^*(\mathfrak{m})$ in $G(\mathfrak{m})$, which can then be extended to a character ψ of $G(\mathfrak{m})$, hence, for a suitable divisor $\mathfrak{f}$ of $\mathfrak{m}$, to a character $\tilde{\chi}$ of $G(\mathfrak{f})$ associated with a character χ of C_k with the conductor $\mathfrak{f}$.

A character χ of C_k is of finite order (in the group of all characters of C_k) if and only if it is 1 on the connected component of 1 in I_k, i.e. if and only if $f_\iota=0$ for all ι, $\varphi_\lambda=0$ for all λ, and $\sigma=0$; by class-field theory, such characters are those associated with the cyclic extensions of k; for such a χ, all values of $\tilde{\chi}$ are roots of unity. Our purpose is now to show that all the values of $\tilde{\chi}$ may be algebraic for certain characters χ which are not of finite order. In fact, assume that all the φ_λ are 0 and that σ is rational; then $\tilde{\chi}((\alpha))$ has algebraic values on $k^*(\mathfrak{f})$, i.e. $\tilde{\chi}$ has algebraic values on the image of $k^*(\mathfrak{f})$ in $G(\mathfrak{f})$; as that image is of finite index in $G(\mathfrak{f})$, all the values of $\tilde{\chi}$ must be algebraic. The f_λ and σ being given, a necessary and sufficient condition for the existence of such a character χ is, as we have seen, that there should be an integer m such that $\prod(\varepsilon_\lambda/|\varepsilon_\lambda|)^{mf_\lambda}=1$ for all $\varepsilon\in E$; replacing m by $2m$, this can also by written as

$$\prod_\iota(\varepsilon_\iota/\bar{\varepsilon}_\iota)^{mf_\iota}=1. \tag{3}$$

We shall say that χ is *of type* (A) if all the φ_λ are 0 and σ is rational; for such a character, the integers f_ι will be such that (3) holds, for a suitable m, for all $\varepsilon\in E$. Conversely, if the f_ι are given integers, and if there is an m such that (3) holds for all $\varepsilon\in E$, then there will be a character χ of type (A) belonging to the f_ι; and all such characters will be of the form $\chi(a)\chi_0(a)\|a\|^\rho$, where χ_0 is a character of finite order and ρ is rational.

In particular, if k is a totally imaginary quadratic extension of a totally real number-field k_0, then, by Dirichlet's theorem, the group E_0 of the units in k_0 is of finite index in E; if m is that index, ε^m must then be totally real for every $\varepsilon\in E$, so that (3) holds on E, for that value of m and for arbitrary values of the f_ι.

More generally (as Artin pointed out to me during the symposium), Minkowski's theorem on units in absolutely normal number-fields makes it possible to reduce the problem of finding all characters of type (A) of a field k to an exercise in Galois theory, and it will be enough here to state the result. Let k_0 be the maximal totally real subfield of k; then k contains at most one totally imaginary quadratic extension of k_0; for two such extensions could be written as $k_0(\sqrt{-\alpha})$, $k_0(\sqrt{-\beta})$, with α, β totally positive in k_0; then k contains the totally real field $k_0(\sqrt{\alpha\beta})$, which must be the same as k_0, so that the two extensions must be the same. Now let us call *trivial* those characters of type (A) which are of the form $\chi_0(a)\|a\|^\rho$, with χ_0 of finite order and ρ rational. In order for a field k to have non-trivial characters of type (A), it is necessary and sufficient that it should contain a totally imaginary quadratic extension k_1 of its maximal totally real subfield k_0; and then all such characters are of the form

$$\chi(a)=\chi_1(\mathrm{N}_{k/k_1}(a))\chi_0(a) \tag{4}$$

where χ_0 is of finite order, χ_1 is a character of type (A) of k_1, and N_{k/k_1} denotes the relative norm from I_k to I_{k_1}, which extends the relative norm of elements of k over k_1 in the obvious manner. Thus, in a certain sense, all non-trivial characters of type (A) come from totally imaginary quadratic extensions of totally real fields.

We shall say that a character χ is *of type* (A_0) if the character X of k^* associated with it according to (2) is of the form

$$\mathsf{X}(\alpha)=\pm\prod\alpha_\lambda^{r_\lambda}\bar{\alpha}_\lambda^{s_\lambda}$$

where the r_λ, s_λ are integers, and the sign may depend on α; such a character is called trivial if it is of the form $\chi_0(a)\|a\|^m$, with χ_0 of finite order and m an integer. Non-trivial characters of type (A_0) are those non-trivial characters of type (A) for which 2σ is an integer and $f_\iota\equiv 2\sigma$ mod. 2 for all ι. It is easily seen that the character χ of C_k defined by (4) is of type (A_0) if and only if the character χ_1 of C_{k_1} which appears in (4) is of type (A_0).

If χ is of type (A_0), the values taken by $\tilde{\chi}$ on the image of $k^*(\mathfrak{f})$ in $G(\mathfrak{f})$, which are the values taken by X on $k^*(\mathfrak{f})$, are all contained in the compositum of k and of its conjugates over $\mathbf{Q}$ (the rational number-field). As that image is of finite index in $G(\mathfrak{f})$, the values of $\tilde{\chi}$ on $G(\mathfrak{f})$ must all lie in a finite extension of this field. Thus:

If a character χ of the idèle-class group C_k of the field k is of type (A), the coefficients of the Hecke L-series associated with χ are algebraic numbers; if χ is of type (A_0), these coefficients all lie in a finite algebraic extension K of $\mathbf{Q}$.

It is tempting to conjecture that the converse statements are also true; but I have not examined this question. In the second statement, it would be of interest to determine the smallest field K containing all the coefficients of the L-series, i.e. containing all the values taken by $\tilde{\chi}$ on $G(\mathfrak{f})$. If N is the index in $G(\mathfrak{f})$ of the image of $k^*(\mathfrak{f})$ in $G(\mathfrak{f})$, then it is clear at any rate that all the values taken by χ^N on $G(\mathfrak{f})$ lie in the field K_0 generated by the values taken by X on k^*. The determination of K_0 amounts to an exercise in Galois theory; one should observe that K_0 need not contain k.

We now come back to the construction given above for χ when the values of χ are given on $G(\mathfrak{m})$, $\mathfrak{m}$ being a multiple of $\mathfrak{f}$. It obviously depends upon the following fact (which is equivalent to the theorem on the independence of valuations on k): If $I(\mathfrak{m})$ is the group of the idèles $a=(a_v)$ such that $a_\lambda=1$ for all λ, and $a_\mathfrak{p}=1$ for every prime divisor $\mathfrak{p}$ of $\mathfrak{m}$, then the group $P_k I(\mathfrak{m})$ is everywhere dense in I_k. It amounts to the same to say that the image of $I(\mathfrak{m})$ in C_k is everywhere dense in C_k. This implies that a character of C_k is completely determined by its values on $I(\mathfrak{m})$. We shall denote by $I'(\mathfrak{m})$ the compact subgroup of $I(\mathfrak{m})$ consisting of the idèles $a \in I(\mathfrak{m})$ such that $(a)=1$; then $I(\mathfrak{m})/I'(\mathfrak{m})$ is discrete and may be identified with $G(\mathfrak{m})$.

Let φ be any representation of C_k into a complete topological group Γ; as usual, we make no distinction between φ and the corresponding representation of I_k into Γ. Assume that there is an $\mathfrak{m}$ such that $\varphi=1$ on $I'(\mathfrak{m})$. Then φ determines a representation $\tilde{\varphi}$ of $G(\mathfrak{m})$ into Γ, and φ is uniquely determined by $\tilde{\varphi}$ since the image of $I(\mathfrak{m})$ in C_k is everywhere dense. We may now ask, conversely, whether, if a representation $\tilde{\varphi}$ of $G(\mathfrak{m})$ into Γ is given, it determines a representation φ of C_k into Γ. This will be so if and only if the representation into Γ of the image of $I(\mathfrak{m})$ in C_k which is determined by $\tilde{\varphi}$ is continuous for the topology induced on that image by the topology of C_k; for then it will be uniformly continuous, and can be extended by continuity. This is easily seen to amount to the following condition. To every neighborhood V of the neutral element in Γ, there must be an integer N and an $\varepsilon>0$ such that we have $\tilde{\varphi}((\alpha)) \in V$ for every $\alpha \in k^*(\mathfrak{m}^N)$ which satisfies the conditions $|\alpha_\lambda-1|\leq\varepsilon$ for all λ.

Now let χ be a character of C_k of type (A_0); then $\tilde{\chi}$ takes its values in a subfield K of $\mathbf{C}$, of finite degree over $\mathbf{Q}$. If $\mathfrak{m}$ is any multiple of the conductor of χ, we have, for $\alpha \in k^*(\mathfrak{m})$ and $\alpha_\rho>0$ for all ρ:

$$\tilde{\chi}((\alpha))=X(\alpha)=\prod_\lambda \alpha_\lambda^{r_\lambda}\bar{\alpha}_\lambda^{s_\lambda}.$$

Let w be any valuation of K, and let K_w be the completion of K with respect to w; the above criterion shows that $\tilde{\chi}$ determines a representation χ_w of C_k into K_w^*, satisfying $\chi_w(a)=\tilde{\chi}((a))$ for $a \in I(\mathfrak{m})$, provided *either* w is a valuation at infinity *or* w is attached to an ideal $\mathfrak{P}$ and we take $\mathfrak{m}=p\mathfrak{f}$, where p is the rational prime which is a multiple of $\mathfrak{P}$. As K is embedded in $\mathbf{C}$, we may of course take for w the valuation w_0 induced by the ordinary absolute value on $\mathbf{C}$; then $\chi_{w_0}=\chi$. Other valuations of K at infinity determine characters of C_k in the usual sense, i.e. representations of C_k into $\mathbf{C}$: the corresponding L-series are the conjugates over $\mathbf{Q}$ of the series attached to the given χ.

On the other hand, for each prime ideal $\mathfrak{P}$ in K, we get a representation $\chi_{\mathfrak{P}}$ of C_k into $K_{\mathfrak{P}}^*$, invariantly associated with χ. As the connected component of 1 in the group $K_{\mathfrak{P}}^*$ is $\{1\}$, $\chi_{\mathfrak{P}}$ takes the value 1 on the connected component of 1 in C_k. As C_k is the direct product of its maximal compact subgroup and of a group isomorphic to $\mathbf{R}$, and as $\chi_{\mathfrak{P}}$ takes the value 1 on the latter group, $\chi_{\mathfrak{P}}$ must map C_k onto a compact subgroup of $K_{\mathfrak{P}}^*$ and therefore onto a subgroup of the group $U_{\mathfrak{P}}$ of units in $K_{\mathfrak{P}}$. Now let ω be any character of the compact group $U_{\mathfrak{P}}$; as $U_{\mathfrak{P}}$ is the projective limit of finite groups, ω must be of finite order; therefore $\omega\circ\chi_{\mathfrak{P}}$ is a character of finite order of C_k, which, by class-field theory, determines a cyclic extension k' of k. If, for a given χ and $\mathfrak{P}$, we make all possible choices of ω, these cyclic extensions will generate a certain abelian extension $k(\chi, \mathfrak{P})$ of k; the compositum of these for all $\mathfrak{P}$ will be an abelian extension $k(\chi)$ of k which is thus invariantly attached to χ.

If χ is of finite order n, its values on I_k (not merely those on some $I(\mathfrak{m})$) are n-th roots of unity; then, for every w, χ_w is the transform of χ by an isomorphism into K_w^* of the multiplicative group of the n-th roots of unity; in that case, $k(\chi)$ is the cyclic extension attached to χ by class-field theory. In all other cases $k(\chi)$ will be an infinite extension of k. If χ is the trivial character $\chi(a)=\|a\|$, $k(\chi)$ is the maximal cyclotomic extension of k; more generally, if χ is any trivial character of type (A_0), $k(\chi)$ will be contained in the maximal cyclotomic extension of a cyclic extension of k of finite degree.

As to the non-trivial characters of type (A_0), some of them arise in connection with the theory of abelian varieties with complex multiplication; in fact, all the characters of type (A_0) can be expressed in terms of those which arise in that manner and of the trivial ones. Taniyama has proved that the L-series attached to the characters of type (A_0) belonging to abelian varieties with complex multiplication are precisely those which occur in the zeta-functions of such varieties; and his recent work (done since the symposium) has shown that the fields generated by the points of finite order on these varieties are closely related to the fields $k(\chi)$ defined above. For more general results, including these as rather special cases, the reader must be referred to his forthcoming publications; all that can be said here is that they tend to emphasize the importance of the characters which we have discussed and of their remarkable properties.

UNIVERSITY OF CHICAGO

[1955d] On the theory of complex multiplication

I shall concentrate chiefly on those aspects of my work which have not been duplicated by the parallel and independent investigations of Shimura and of Taniyama. A preliminary account of their results, which are more complete than my own in several important respects, appears in this same volume; it is understood that they will later give a full exposition of the whole theory.

We need the concept of *polarized variety*; the word "polarization" is chosen so as to suggest an analogy with the concept of "oriented manifold" in topology. Let V be a complete non-singular variety; X being a divisor on V, denote by $C(X)$ the class of all the divisors X' such that there are two integers m, m', both >0, for which $m'X'$ is algebraically equivalent to mX. We say that the class $C(X)$ determines a *polarization of* V if it contains at least one ample complete linear system, or in other words if there exists a projective embedding of V for which the hyperplane sections belong to $C(X)$. Thus a polarized variety may be regarded as a variety with a distinguished class of projective embeddings. The class $C(X)$ is uniquely determined by any divisor in it; every divisor in $C(X)$ will be called a polar divisor of V for the polarization determined by that class. It is clearly the same to say that a variety is polarizable or that it is projectively embeddable.

Let V be a variety, defined over a field k. Let X be a divisor on V, defining a polarization of V. If the smallest field containing k, over which X is rational, is not algebraic over k, then X belongs to an algebraic family, defined over an algebraic extension of k, and may be replaced by a member of that family, algebraically equivalent to X and algebraic over k. Thus we may assume that X itself is algebraic over k. Call Y the sum of all conjugates of X over k; if p is the characteristic, then, for a suitable m, $p^m Y$ will be rational over k; and one sees immediately that it determines a polarization of V, although not necessarily the same as the original one. We say that a *polarized* variety V is defined over k if V is defined over k and if there is on V a polar divisor which is rational over k; this

Reprinted from *Proc. Intern. Symp. on Algebraic Number Theory*, Tokyo-Nikko, 1955, pp. 9–22.

amounts to saying that V has a projective embedding which is defined over k.

As an important example, we mention the case of the jacobian variety J of a curve Γ; the canonical divisor Θ on J (canonical, that is to say, up to a translation) determines a polarization of J which will be called its *canonical polarization*. A classical result, due to Torelli, and for which it would be worth while to give a modernized proof covering the abstract case, asserts that two curves are isomorphic if and only if their canonically polarized jacobians are isomorphic.

Let A be an abelian variety; we denote by A^* its dual, and by Cl the canonical homomorphism of $\mathcal{G}_a(A)$ onto A^*, with the kernel $\mathcal{G}_l(A)$. Every divisor X on A determines a homomorphism φ_X of A into A^*, defined by $\varphi_X u = \mathrm{Cl}\,(X_u - X)$. If $p=0$, the degree $\nu(\varphi_X)$ of φ_X is always the square of an integer. If $X \succ 0$, $\nu(\varphi_X)$ is >0, i.e. φ_X is surjective, if and only if there is an $m>0$ such that mX determines an ample complete linear system on A, i.e. if and only if X determines a polarization of A. Conversely, let A be polarized; then every polar divisor X on A determines a homomorphism φ_X of A onto A^*; in the extension $\mathcal{H}(A, A^*) \otimes \mathbf{Q}$ by $\mathbf{Q}$ of the group of homomorphisms of A into A^*, φ_X is uniquely determined by the polarization of A up to a positive rational factor. If ψ is a homomorphism of A^* onto A such that $\psi\varphi_X$ is of the form $m\delta_A$, then $\psi^{-1}(X)$ determines a polarization of A^* which is canonically associated with that of A. In the case $p=0$, there will be a polar divisor X on A such that every polar divisor is algebraically equivalent to a multiple mX of X; such a divisor will be called *basic*; if, for such a divisor X, we put $\nu(\varphi_X)=r^2$, r is called the *rank* of the polarized variety A.

As usual, if A, B are abelian varieties, $\mathcal{H}(A, B)$ will denote the additive group of homomorphisms of A into B, $\mathcal{H}_0(A, B)$ its extension by $\mathbf{Q}$ (i.e. the vector-space $\mathcal{H}(A, B) \otimes \mathbf{Q}$ over $\mathbf{Q}$), $\mathcal{A}(A)$ the ring of endomorphisms of A, $\mathcal{A}_0(A)$ its extension by $\mathbf{Q}$. If $\lambda \in \mathcal{H}_0(A, B)$ and $\nu(\lambda) \neq 0$ (which implies that A, B have the same dimension, since the "degree" $\nu(\lambda)$ of λ is not defined otherwise), then λ^{-1} is defined and is in $\mathcal{H}_0(B, A)$. If λ is a homomorphism of A into B, its transpose ${}^t\lambda$ is the homomorphism of B^* into A^* defined by ${}^t\lambda(\mathrm{Cl}\, Z) = \mathrm{Cl}\,(\lambda^{-1}(Z))$ for every $Z \in \mathcal{G}_a(B)$; this extends to an isomorphism of $\mathcal{H}_0(A, B)$ onto $\mathcal{H}_0(B^*, A^*)$.

If A is a polarized abelian variety, and X is a polar divisor of A, put, for every $\alpha \in \mathcal{A}_0(A)$, $\alpha' = \varphi_X^{-1} \cdot {}^t\alpha \cdot \varphi_X$; then $\alpha \to \alpha'$ is an involutory antiautomorphism of the algebra $\mathcal{A}_0(A)$, canonically attached to the polarization of A. The trace σ being defined on $\mathcal{A}_0(A)$ as usual, we have $\sigma(\alpha\alpha')>0$ for every $\alpha\neq 0$ in $\mathcal{A}_0(A)$. If A is the (canonically polarized) jacobian of a curve, then $\alpha\to\alpha'$ is no other than the so-called "Rosati antiautomorphism".

Let λ be a homomorphism of an abelian variety A onto an abelian variety B of the same dimension; if Y is a divisor on B, and if we put $X=\lambda^{-1}(Y)$, we have $\varphi_X={}^t\lambda\cdot\varphi_Y\cdot\lambda$; in particular, if Y determines a polarization on B, so does X on A. If A is polarized and X is a polar divisor of A, and if α is an automorphism of the non-polarized A, then it will be an automorphism of the polarized A if and only if there are integers m, m', both >0, such that $m\varphi_X=m'{}^t\alpha\cdot\varphi_X\cdot\alpha$; taking degrees on both sides, we get $m=m'$. But this may be written as $\alpha'\alpha=\delta_A$ and implies $\sigma(\alpha'\alpha)=\sigma(\delta_A)$. As $\sigma(\alpha'\alpha)$ is a positive non-degenerate quadratic form on $\mathcal{A}_0(A)$, and the additive group of $\mathcal{A}(A)$ is finitely generated, this shows that the group of automorphisms of a polarized abelian variety is finite (a result originally due to Matsusaka, whose proof, based on a different idea, is to appear shortly).

From now on, A will be a polarized abelian variety of dimension n; we usually write $\mathcal{A}$, $\mathcal{A}_0$ instead of $\mathcal{A}(A)$, $\mathcal{A}_0(A)$; on $\mathcal{A}_0$, we have the trace σ and the antiautomorphism $\alpha\to\alpha'$. For every prime l, not equal to the characteristic, $\mathcal{A}$ has a faithful representation R_l of trace σ by endomorphisms of a free module of rank $2n$ over the l-adic integers; this can be extended to a representation R_l of $\mathcal{A}_0$ by endomorphisms of a vector-space of dimension $2n$ over l-adic numbers. If the characteristic is 0, $\mathcal{A}$ has a faithful representation R of trace σ by endomorphisms of a free abelian group of rank $2n$ (viz., the fundamental group of the complex torus defined by A under any embedding of its field of definition into $\mathbf{C}$); this can be extended to a representation R of $\mathcal{A}_0$ in a vector-space of dimension $2n$ over $\mathbf{Q}$; and the representations R_l can be derived from R by extending the group (resp. the vector-space) on which R operates by the ring of l-adic integers (resp. by the l-adic number-field). Moreover, $\mathcal{A}$ may also be considered as operating on the Lie algebra of A, i.e. on the tangent vector-space to A at 0; if $p=0$, this can be extended to a representation R_0 of $\mathcal{A}_0$ by endomorphisms of a vector-space of dimension n over any common field of definition for A and its endomorphisms. By embedding such a field into $\mathbf{C}$, one finds that R decomposes over $\mathbf{C}$ into R_0 and the imaginary conjugate representation $\bar{R}_0$; if we call σ_0 the trace of R_0, we have $\sigma=\sigma_0+\bar{\sigma}_0$.

Let $\varepsilon_1,\cdots,\varepsilon_h$ be orthogonal idempotents in $\mathcal{A}_0$, i.e. elements such that $\varepsilon_i^2=\varepsilon_i$ for all i and $\varepsilon_i\varepsilon_j=0$ for $i\neq j$; put $\varepsilon_0=\delta_A-\sum\varepsilon_i$; we can write $\varepsilon_i=\alpha_i/m$, where m is an integer and $\alpha_0,\cdots,\alpha_h$ are in $\mathcal{A}$. Call

A_i the image of A by α_i; then it is easy to see that A is isogenous to $A_0\times\cdots\times A_h$, and that $\sigma(\varepsilon_i)=2\dim(A_i)$.

Let C be a semi-simple commutative subalgebra of $\mathcal{A}_0$; in terms of suitable orthogonal idempotents $\varepsilon_1,\cdots,\varepsilon_h$, it can be written as $C=\sum K_i\varepsilon_i$, where the K_i are fields. As $\mathcal{A}_0$ has faithful representations with the rational-valued trace σ, C has representations of the same type; this implies that, if $\xi=\sum\xi_i\varepsilon_i$ is in C, with $\xi_i\in K_i$ for $1\leqq i\leqq h$, we have $\sigma(\xi)=\sum\nu_i\,\mathrm{Tr}(\xi_i)$, where Tr is the ordinary trace (taken in K_i over $\mathbf{Q}$ for each i) and the ν_i are integers >0. If the A_i are defined as above, we have $2\dim(A_i)=\sigma(\varepsilon_i)=\nu_i[K_i:\mathbf{Q}]$, hence $\sum\nu_i[K_i:\mathbf{Q}]\leqq 2n$. Assume now that $\sum[K_i:\mathbf{Q}]\geqq 2n$; then the latter inequality must be an equality, and we must have $\nu_i=1$ for all i. That being so, a representation of $\mathcal{A}_0$ of trace σ is equivalent (over an algebraically closed field) to one in which all elements of C appear as diagonal matrices and in which the diagonal elements corresponding to some element of C are all distinct; then the commutor C' of C in $\mathcal{A}_0$ is also represented by diagonal matrices, which implies that it is commutative and semi-simple; what we have said about C can now also be applied to C', and it easily follows from this that $C'=C$.

In particular (as Shimura also proved), if $\mathcal{A}_0$ contains a field K of degree $\geqq 2n$, K must be of degree $2n$, must contain δ_A and the center of $\mathcal{A}_0$, and is a maximal commutative subalgebra of $\mathcal{A}_0$. When that is so, A must be isogenous to a product $B\times\cdots\times B$, where B is simple; in fact, if this were not so, $\mathcal{A}_0$ would be the direct sum of algebras $\mathcal{A}_0(A_i)$, the A_i being proper subvarieties of A, at least one of which would have to contain a field isomorphic to K, while we have just shown that $\mathcal{A}_0(A_i)$ cannot contain a field of degree $>2\dim(A_i)$. Assume now that A is isogenous to a product $B\times\cdots\times B$ of r factors B of dimension m, so that $n=rm$; then $\mathcal{A}_0$ is the ring of matrices of order r over the division-algebra $\mathcal{B}_0=\mathcal{A}_0(B)$. Call k the center of $\mathcal{B}_0$, which we identify with the center of $\mathcal{A}_0$, so that $K\supset k$; call ν the degree of k, ρ^2 the dimension of $\mathcal{B}_0$ as a vector-space over k. As K is of degree $2n/\nu$ over k and is maximally commutative in $\mathcal{A}_0$, it is known that $\mathcal{A}_0$, as a vector-space over k, must be of dimension $(2n/\nu)^2$; this gives $r\rho=2n/\nu$, hence $2m=\rho\nu$; therefore a maximal subfield of $\mathcal{B}_0$, containing k, is of degree $2m$. If now we assume that $p=0$, $\mathcal{B}_0$ must have a faithful representation by rational matrices of order $2m$; as it is known that the order of such a representation must be a multiple of $\nu\rho^2$, this gives $\rho=1$, $\mathcal{B}_0=k$. Moreover, any polarization of B determines an automorphism $\xi\to\xi'$ of k, of order 1 or 2, such that $\mathrm{Tr}(\xi\xi')\geqq 0$; if k_0 consists of the elements of k invariant under that automorphism, this implies that k_0 must be a totally real field, and that k is either k_0 or a totally imaginary quadratic extension of k_0. As before, call R_0 the representation of $\mathcal{A}_0$ determined by the Lie algebra of A; call S_0 the representation of $\mathcal{B}_0$ which is similarly defined; then the representation of k of trace $\mathrm{Tr}_{k/Q}$ decomposes into S_0 and $\bar{S}_0$; this implies that $k \neq k_0$ and that S_0 is the direct sum of m one-dimensional representations of $\mathcal{B}_0$, i.e. of m isomorphisms φ_λ of k into the universal domain, inducing on k_0 all its distinct isomorphisms into the algebraic closure $\bar{\mathbf{Q}}$ of $\mathbf{Q}$. Moreover, R_0 induces on k the representation $(n/m)S_0$; this implies that R_0 induces on K the sum of the one-dimensional representations $\varphi_{\lambda i}(1 \leqq \lambda \leqq m,\ 1 \leqq i \leqq n/m)$, where, for each λ, the $\varphi_{\lambda i}$ are all the isomorphisms of K into $\bar{\mathbf{Q}}$ which induce φ_λ on k.

Still assuming $p=0$, consider now any field K of degree $2n$ containing a totally imaginary quadratic extension k of a totally real field k_0, the latter being of degree m. Let the ψ_λ be all the isomorphisms of k_0 into $\bar{\mathbf{Q}}$; for each λ, let φ_λ be an isomorphism of k into $\bar{\mathbf{Q}}$, inducing ψ_λ on k_0, and let the $\varphi_{\lambda i}$, for $1 \leqq i \leqq n/m$, be all the isomorphisms of K into $\bar{\mathbf{Q}}$ which induce φ_λ on k. We ask for the abelian varieties A of dimension n such that $\mathcal{A}_0(A)$ contains a field isomorphic to K and that R_0 induces on K a representation which is the sum of the $\varphi_{\lambda i}$. Taking $\mathbf{C}$ as universal domain, it is easily seen that A is uniquely defined by these conditions up to an isogeny over $\mathbf{C}$ and that it can be constructed as follows. Consider the mapping $\xi \rightarrow (\varphi_{\lambda i}(\xi))$ of K into $\mathbf{C}^n$; let M be the image under that mapping of a "module" $\mathfrak{m}$ in K, i.e. of a free abelian subgroup of rank $2n$ of the additive group of K; then the complex torus $\mathbf{C}^n/M$ defines an abelian variety A with the required properties. If $(\xi_1, \cdots, \xi_{n/m})$ is a basis for K considered as a vector-space over k, we may in particular take $\mathfrak{m} = \sum \xi_i \mathfrak{n}$, where $\mathfrak{n}$ is a module in k; then one finds that A is the product of n/m varieties B of dimension m. This shows that A cannot be simple unless $n=m$.

By a *CM-extension* of a totally real field K_0 of degre n over $\mathbf{Q}$, we shall understand a system $(K; \{\varphi_\lambda\})$ consisting of a totally imaginary quadratic extension K of K_0 and of n isomorphisms φ_λ of K into $\bar{\mathbf{Q}}$, inducing on K_0 all the isomorphisms of K_0 into $\bar{\mathbf{Q}}$. If we consider $\bar{\mathbf{Q}}$ as embedded in $\mathbf{C}$, K can then be written as $K_0(\zeta)$, where ζ is such that $-\zeta^2$ is a totally positive element of K_0 and that all the $\varphi_\lambda(\zeta)$ have a positive imaginary part; ζ is uniquely determined by that condition up to a totally positive factor in K_0; conversely, the CM-extension $(K; \{\varphi_\lambda\})$ is uniquely determined by K_0 and ζ and will also be written as $K_0((\zeta))$. The CM-extension $K_0((\zeta))$ will be called *primitive* if it cannot be written as $K_0((\zeta_1))$ with ζ_1^2 lying in a proper subfield of K_0; $K_0((\zeta))$ is primitive if and only if there is no conjugate ζ' of ζ over Q, other than ζ, such that ζ'/ζ is a totally positive algebraic number. The proof given above shows that every CM-extension of a totally real field of degree n determines a "category" of mutually isogenous abelian varieties of dimension n, and that the latter are simple if and only if the former is primitive.

In consequence, it seems reasonable to deal first with the simple abelian varieties belonging to primitive CM-extensions, even though some important results have already been obtained by Taniyama for more general cases. From now on, let $(k; \{\varphi_\lambda\})$ be a primitive CM-extension, given once for all, of a totally real field k_0 of degree n; we consider the abelian varieties A of dimension n which belong to it in the sense described above. This means that there is an isomorphism φ of k onto $\mathcal{A}_0(A)$ such than $R_0 \circ \varphi$ decomposes into the sum of the φ_λ. As $(k; \{\varphi_\lambda\})$ is primitive, it is easily seen that φ is uniquely determined by this condition, so that it may be used to identify k with $\mathcal{A}_0(A)$; this identification will be made from now on. Then the ring $\mathcal{A}(A)$ is identified with a subring $\mathfrak{r}$ of the ring $\mathfrak{o}$ of all integers in k. If K is a field of definition for A and for all the endomorphisms of A, k will have a representation of trace $\sum \varphi_\lambda$ by matrices of order n over the field K. One finds that, for k to have such a representation, it is necessary and sufficient that K should contain the field k_t generated over Q by the values taken by that trace on k. Conversely, if K is a field of definition for A, containing k_t, it must be a field of definition for all the endomorphisms of A. One should observe that k_t need not contain k.

We now consider *polarized* abelian varieties belonging to a given CM-extension. The rank of such a variety, for $p=0$, has been defined above as the integer $r=\nu(\varphi_X)^{1/2}$ if X is a basic polar divisor. By using the representation of our varieties as complex toruses when $\boldsymbol{C}$ is taken as universal domain, one finds that, *for a given CM-extension* $(k; \{\varphi_\lambda\})$, *a given ring of endomorphisms* $\mathfrak{r}$, *and a given value of the rank* r, *there is at most a finite number of distinct types of polarized abelian varieties* with respect to isomorphism over the universal domain.

If A is such a variety, its group of automorphisms is the multiplicative group of the roots of unity in $\mathfrak{r}$. Call ω a generator of that group, and N its order. Let K be a field of definition for the polarized variety A and for its automorphism ω; let X be a positive polar divisor on A, of which we may assume that it is rational over K and that it determines an ample complete linear system; after replacing X, if necessary, by the sum of its transforms by the N automorphisms of A, we may also assume that it is invariant by ω. Now identify A with its image under the projective embedding of A defined by the complete linear system determined by X; then ω is induced on A by an automorphism Ω of the ambient projective space which leaves invariant the hyperplane H_0 such that $H_0 \cdot A = X$. If we take the homogeneous coordinates $(X_0, \cdots, X_m)$ in that space so that H_0 is defined by $X_0 = 0$, Ω will appear as a linear substitution:

$$(X_0, X_1, \cdots, X_m) \rightarrow (X_0, \sum_{i=0}^{m} c_{1i} X_i, \cdots, \sum_{i=0}^{m} c_{mi} X_i).$$

For any $r \geqq m$, let the $P_{r\nu}$ be a base for the space of homogeneous polynomials of degree rN in the X_i which are invariant under that substitution; let U_r be the locus of the point $\Phi(x)$ with the homogeneous coordinates $P_{r\nu}(x)$, in a projective space of suitable dimension, when x is a generic point of the ambient space of A. By adjoining the N-th roots of unity, if necessary, to the groundfield, and writing the substitution Ω in diagonal form, one shows that all the varieties U_r are isomorphic to one another. Call U any one of them; call V the image of A in U by Φ, and call F the mapping of A onto V induced by Φ; we say that V, together with the mapping F, is the quotient of A by the group generated by ω.

Now, for each one of the finitely many types of varieties belonging to given data $(k; \{\varphi_\lambda\})$, $\mathfrak{r}$, r, we can construct a representative A by means of a complex torus. A variety A obtained by this method need of course not be defined over an algebraic number-field. However, I have given (in a paper just published in the *Amer. J. of Math*[1].) a criterion for a variety, defined over a field K_1, to be isomorphic to a variety defined over a subfield K_0 of K_1; by using this criterion, it is easily seen that, for each type of varieties belonging to the given data, there is a representative which is defined over an algebraic number-field. As this is only a special case of some important unpublished results of T. Matsusaka on the field of moduli of a polarized abelian variety, I need not give more details here; however, it will be worthwhile to consider more closely the case in which A is defined over an algebraic number-field, even though Matsusaka's results could also be applied to that case. Let therefore A be a

1) A. Weil, The field of definition of a variety, Amer. J. of Math., 78 (1956), pp. 509-524.

polarized abelian variety belonging to the given data and defined over an algebraic number-field which we may assume to be a finite Galois extension K of k_t. Let K_0 be the field of the elements of K which are invariant under all those automorphisms of K over k_t which transform A into a variety isomorphic to A; the degree of K_0 over k_t is at most equal to the number of possible types of varieties belonging to the given data. Let σ be an automorphism of K over K_0; there is an isomorphism α_σ of A onto A^σ, uniquely determined up to an automorphism of A and algebraic over K; therefore every conjugate of α_σ over K is of the form $\alpha_\sigma\omega^\nu$. Call V the quotient of A by its group of automorphisms, and F the canonical mapping of A onto V; then there is an isomorphism β_σ of V onto V^σ, uniquely determined by the condition $\beta_\sigma \circ F = F^\sigma \circ \alpha_\sigma$; it must be the same as its conjugates over K, and is therefore defined over K; and we have $\beta_{\tau\sigma} = \beta_\tau^\sigma \circ \beta_\sigma$ for any two automorphisms τ, σ of K over K_0. Applying the results of the paper quoted above, we conclude from this that there is a variety V_0 defined over K_0 and an isomorphism φ of V_0 onto V, defined over K, such that $\beta_\sigma = \varphi^\sigma \circ \varphi^{-1}$. Let now A_1 be any variety, isomorphic to A, defined over an algebraic number-field K_1 containing k_t. If K_1 does not contain K_0, there must be an automorphism τ of the field of all algebraic numbers over K_1 which does not leave invariant all elements of K_0; then, if α_1 is an isomorphism of A onto A_1, its transform by τ is an isomorphism of A^τ onto A_1, so that A and A^τ must be isomorphic; but this contradicts the definition of K_0. Therefore we have $K_1 \supset K_0$. If now V_1 is the quotient of A_1 by its group of automorphisms, F_1 the canonical mapping of A_1 onto V_1, β_1 the isomorphism of V onto V_1 such that $\beta_1 \circ F = F_1 \circ \alpha_1$, and σ any automorphism of KK_1 over K_1, we have $\beta_1^\sigma = \beta_1 \circ \beta_\sigma^{-1}$, hence $(\beta_1\varphi)^\sigma = \beta_1\varphi$, which shows that $\beta_1\varphi$ is an isomorphism of V_0 onto V_1, defined over K_1.

Call z a generic point of A over K, and w the corresponding point on V_0, i.e. $w = \varphi^{-1}(F(z))$. To each primitive N-th root of unity ε, we can associate the set of those functions θ on A, defined over $\bar{Q}$, which satisfy $\theta(\omega z) = \varepsilon\theta(z)$; for each such function, there is a function f on V_0 such that $f(w) = \theta(z)^N$; call $\mathcal{F}_\varepsilon$ the set consisting of those functions f on V_0. If $f \in \mathcal{F}_\varepsilon$, and ε^ν is another primitive N-th root of unity, ν being an integer prime to N, then $\mathcal{F}_{\varepsilon^\nu}$ consists of the functions $f^\nu h^N$, where h runs through the set of all functions on V_0, defined over $\bar{Q}$; also, if an automorphism of $\bar{Q}$ over K_0 maps ε onto ε^ν, it will transform the functions in $\mathcal{F}_\varepsilon$ into the functions in $\mathcal{F}_{\varepsilon^\nu}$. We say that V_0, together with the sets of functions $\mathcal{F}_\varepsilon$, is the *Kummer variety* attached to the given type of abelian varieties (for a more general definition, valid for arbitrary polarized abelian varieties, we refer the reader to a forthcoming publication by Matsusaka); and we say that this Kummer variety is defined over K_0. It is clear that a type of abelian varieties is completely determined by its Kummer variety.

We can now formulate the basic problems of complex multiplication for *simple* abelian varieties:

I. *Characterize the fields* K_0 *for the types of abelian varieties belonging to given data* $(k; \{\varphi_\lambda\})$, $\mathfrak{r}$ *and* r.

II. For each such type, *characterize the fields generated over* K_0 *by the images on* V_0 *of the points of finite order on a variety* A *of that type.*

III. *Determine the zeta-function of any abelian variety of the given type, over a field of definition of that variety containing* k_t *and therefore* K_0.

For $n=1$, the complete solution of problems (I) and (II) is given by the classical theory of complex multiplication, and problem (III) was solved recently by Deuring. For arbitrary n, Taniyama has now solved a problem which includes the general case of (III) as a special case; the independent and overlapping investigations of Shimura, Taniyama and myself give the solution of (I) and (II) in the case $\mathfrak{r}=\mathfrak{o}$; and one may hope that the general case will not offer insurmountable difficulties any more. The basic tool here is Shimura's theory of reduction modulo a prime ideal, by means of which our problems can be reduced to problems on abelian varieties over finite fields. I shall sketch briefly the main ideas involved here.

As above, let A be a variety of one of the given types, defined over a field K containing k_t. Shimura's theory shows that, for almost all prime ideals $\mathfrak{P}$ in K (i.e., for all except a finite number), one can reduce A and its endomorphisms modulo $\mathfrak{P}$, obtaining an abelian variety $A(\mathfrak{P})$ of dimension n defined over the finite field with $N(\mathfrak{P})$ elements and an isomorphism of $\mathfrak{r}=\mathcal{A}(A)$ into $\mathcal{A}(A(\mathfrak{P}))$. Then the Frobenius endomorphism of $A(\mathfrak{P})$ (induced by the automorphism of the universal domain which raises every element to its $N(\mathfrak{P})$-th power) commutes with every element of the image of $\mathfrak{r}$ in $\mathcal{A}(A(\mathfrak{P}))$, since such an element is an endomorphism of $A(\mathfrak{P})$ which is defined over the field with $N(\mathfrak{P})$ elements. By the results proved above, this implies that the Frobenius endomorphism can be identified with an element π of the field $k=\mathcal{A}_0(A)$, and more precisely with an integer in k (not necessarily in $\mathfrak{r}$). The mapping $\mathfrak{P}\to\pi$ determines the zeta-function of A over K; and Taniyama has shown that a more detailed study of the properties of this mapping leads directly to an expression of the zeta-function *in terms of Hecke L-functions attached to characters of type* (A_0) *of the field* K (cf. p. 4 of this volume); as could be expected, these are characters which come from the quadratic extension k of the totally real k_0 (in the sense of formula (4), p. 4). In fact, the connection between characters "of type (A_0)" and abelian varieties with complex multiplication appears to be so close that it can hardly be accidental; and any future arithmetical interpretation of the characters of type (A_0), corresponding to the interpretation given by class-field theory for the characters of finite order of the idèle-class group, ought to take complex multiplication into account.

As to problems (I) and (II), I will consider only the case $\mathfrak{r}=\mathfrak{o}$. The method sketched below could perhaps be applied without substantial changes to a ring $\mathfrak{r}$ such that $\mathfrak{r}=\bar{\mathfrak{r}}$ and that the classes of ideals in $\mathfrak{r}$ which belong properly to $\mathfrak{r}$ (i.e. which consist of ideals $\mathfrak{m}$ such that, in Dedekind's notation, $\mathfrak{m}:\mathfrak{m}=\mathfrak{r}$) form a group. If $n=1$, all the subrings of $\mathfrak{o}$ have these properties; for $n>1$, it does not seem to be known whether any proper subring of $\mathfrak{o}$ has them; in order to treat the general case of problems (I) and (II), one will presumably have to rely more heavily upon the l-adic representations R_l than is done here.

We first have to look more closely into the relation between k and k_t. Taking $\mathbf{C}$ as universal domain, and taking k to be embedded in it, call k' the compositum of k and all its conjugates over $\mathbf{Q}$; call G the Galois group of k' over $\mathbf{Q}$; call H, H_t the subgroups of G corresponding respectively to the subfields k, k_t of k'; call σ the automorphism $\xi\rightarrow\bar{\xi}$ of k'. Call S the set of those automorphisms of k' over $\mathbf{Q}$ which induce on k one of the isomorphisms φ_λ. Thus S is the union of cosets with respect to H, i.e. we have $HS=H$: we have $G=S\cup S\sigma$; more generally, if σ' is any transform of σ by an inner automorphism of G, we have $G-S=S\sigma'=\sigma'S$. The assumption that $(k;\{\varphi_\lambda\})$ is primitive amounts to saying that H consists of all the elements γ of G such that $\gamma S=S$. On the other hand, H_t consists of the elements γ' of G such that $S\gamma'=S$. The subgroup of G corresponding to k_0 is $H\cup H\sigma$; and one finds that $H_t\cup\sigma H_t$ is a group, corresponding to a totally real subfield of k' of which k_t is a totally imaginary quadratic extension. Write S as the union of distinct cosets $\mu^{-1}H_t$ with respect to H_t; for each μ, let ψ_μ be the isomorphism of k_t into k' induced by μ on k_t. Then $(k_t;\{\psi_\mu\})$ is a primitive CM-extension, and the relation between $(k;\{\varphi_\lambda\})$ and $(k_t;\{\psi_\mu\})$ is symmetric. This suggests that one should look for a relation between the categories of abelian varieties belonging to these CM-extensions; as to what this may be, I have no conjecture to offer.

Before coming back to our problems, we must also observe that, for any abelian varieties A and B, $\mathcal{H}(A, B)$ is a right $\mathcal{A}(A)$-module and a left $\mathcal{A}(B)$-module. If φ is an isomorphism of a commutative subring C of $\mathcal{A}(A)$ onto a subring of $\mathcal{A}(B)$, and if one considers only those $\lambda \in \mathcal{H}(A, B)$ for which $\lambda\gamma=\varphi(\gamma)\lambda$ for all $\gamma \in C$, the distinction between right and left is not necessary. In particular, consider two abelian varieties A, A' of dimension n, belonging as above to the primitive CM-extension $(k; \{\varphi_\lambda\})$. Then they are isogenous; and, by considering the operation of $\mathcal{H}(A, A')$ on the Lie algebra of A, one sees that $\alpha\xi=\xi\alpha$ for all $\alpha \in \mathcal{H}_0(A, A')$ and all $\xi \in k$. Thus $\mathcal{H}_0(A, A')$ is a vector-space over k; as such, it is clearly of dimension 1; and $\mathcal{H}(A, A')$ is a module over the ring generated in k by $\mathcal{A}(A)$ and $\mathcal{A}(A')$. If now we assume that $\mathcal{A}(A)=\mathcal{A}(A')=\mathfrak{o}$, then $\mathcal{H}(A, A')$ is an $\mathfrak{o}$-module, isomorphic to an $\mathfrak{o}$-ideal whose class is uniquely determined; if α is a non-zero element of $\mathcal{H}_0(A, A')$, and if $\mathfrak{a}$ is the set of the $\xi \in k$ such that $\xi\alpha \in \mathcal{H}(A, A')$, $\mathfrak{a}$ is an ideal in that class. If we take $\alpha \in \mathcal{H}(A, A')$, we have $1 \in \mathfrak{a}$, so that $\mathfrak{a}^{-1}$ is an ideal in $\mathfrak{o}$.

In particular, the dual A^* of A is isogenous to A; and, if A is polarized and Y is a basic divisor on A, φ_Y is in $\mathcal{H}(A, A^*)$. If we assume A to have $\mathfrak{o}$ as its ring of endomorphisms, the same will be true of A^*, and the set of the $\xi \in k$ such that $\xi\varphi_Y \in \mathcal{H}(A, A^*)$ will be an $\mathfrak{o}$-ideal in k. One finds, in fact, that it can be written as $\mathfrak{f}_0^{-1}\mathfrak{o}$, where $\mathfrak{f}_0$ is an ideal in the ring of integers of k_0, and that the rank r of A is $r=N(\mathfrak{f}_0)$. When that is so, we say that A belongs to $\mathfrak{f}_0$; it is clear that all the conjugates of A over k_t will belong to $\mathfrak{f}_0$. Thus, in discussing our problems (I) and (II) for $\mathfrak{r}=\mathfrak{o}$, we may confine our attention to those types which belong to $(k; \{\varphi_\lambda\})$, $\mathfrak{r}=\mathfrak{o}$ and a fixed $\mathfrak{f}_0$.

Let A, A' be two such varieties; let Y, Y' be basic divisors on A, A'; if $\alpha \in \mathcal{H}(A, A')$, and if we put $Z=\alpha^{-1}(Y')$, $\varphi_Y^{-1}\varphi_Z$ will be in k; one finds that in fact it must be a totally positive integer; call it $f(\alpha)$. Take an $\alpha\neq 0$ in $\mathcal{H}_0(A, A')$, so that we can write $\mathcal{H}(A, A')=\mathfrak{a}\alpha$, where $\mathfrak{a}$ is an $\mathfrak{o}$-ideal in k; then one finds that there is a totally positive $\rho \in k_0$ such that $\rho\mathfrak{a}\bar{\mathfrak{a}}=\mathfrak{o}$ and that $f(\xi\alpha)=\rho\xi\bar{\xi}$ for all $\xi \in \mathfrak{a}$. One may call this a positive hermitian form on $\mathfrak{a}$. The form $\rho\xi\bar{\xi}$, defined on $\mathfrak{a}$, and the form $\rho_1\xi\bar{\xi}$, defined on an ideal $\mathfrak{a}_1$, will be called equivalent if there is a $\lambda \in k$ such that $\mathfrak{a}_1=\lambda^{-1}\mathfrak{a}$ and $\rho_1=\rho\lambda\bar{\lambda}$; the class determined for this equivalence relation by the form $\rho\xi\bar{\xi}$ on $\mathfrak{a}$ will be denoted by $(\mathfrak{a}; \rho)$. That being so, the class of the form $f(\xi\alpha)$ on the ideal $\mathfrak{a}$ determined by $\mathcal{H}(A, A')=\mathfrak{a}\alpha$ is independent of the choice of α and will be denoted by $\{A': A\}$; A and A' are isomorphic if and only if this class is $(\mathfrak{o}\,; 1)$. On the classes of forms, we define a group law by putting

$$(\mathfrak{a}\,;\ \rho)\cdot(\mathfrak{a}';\ \rho')=(\mathfrak{a}\mathfrak{a}';\ \rho\rho').$$

Then, if A, A', A'' all belong to the same type, we have:

$$\{A'': A\}=\{A'': A'\}\cdot\{A': A\};$$

and, if τ is any automorphism of $\bar{\mathbf{Q}}$ over k_t, we have $\{A'^{\tau}: A^{\tau}\}=\{A': A\}$. It immediately follows from this that every field K_0 occurring in problem (I) for $\mathfrak{r}=\mathfrak{o}$ is abelian over k_t, with a Galois group which is isomorphic to a subgroup of the group of classes of forms $(\mathfrak{a};\ \rho)$.

Take a field of definition K for A, A' and their endomorphisms and homomorphisms; again by Shimura's theory, we can reduce all of these modulo almost all prime ideals in K. For such a prime $\mathfrak{P}$, $\mathcal{H}(A, A')$ is mapped isomorphically onto its image in $\mathcal{H}(\mathfrak{P})=\mathcal{H}(A(\mathfrak{P}), A'(\mathfrak{P}))$ and may be identified with that image; similarly we can identify $\mathcal{H}_0(A, A')$ with its image in the extension of $\mathcal{H}(\mathfrak{P})$ by $\mathbf{Q}$. One sees at once that an element of the latter set is in $\mathcal{H}_0(A, A')$ if and only if it commutes with all elements of k. Now put $\mathcal{H}'=\mathcal{H}(\mathfrak{P})\frown\mathcal{H}_0(A, A')$; this is clearly an $\mathfrak{o}$-module containing $\mathcal{H}(A, A')$; we show that $\mathcal{H}'=\mathcal{H}(A, A')$. In fact, assume that this is not so; as both are $\mathfrak{o}$-modules, there will be a ξ in k and not in $\mathfrak{o}$ such that $\xi\mathcal{H}(A, A')\subset\mathcal{H}'$. But (e.g. by using a representation of A, A' as complex toruses over $\mathbf{C}$) one can see that there are elements α_i of $\mathcal{H}(A, A')$ and elements α_i' of $\mathcal{H}(A', A)$ such that $\delta_A=\sum\alpha_i'\alpha_i$ (this is a special case of the fact that, if A, A', A'' are three varieties of the given type, $\mathcal{H}(A, A'')$ is no other than the tensor-product, taken over $\mathfrak{o}$, of the $\mathfrak{o}$-modules $\mathcal{H}(A, A')$ and $\mathcal{H}(A', A'')$). This gives $\xi=\sum\alpha_i'\cdot(\xi\alpha_i)$, so that ξ must be an endomorphism of $A(\mathfrak{P})$, which is absurd.

Now let $\mathfrak{p}_t$ be a prime ideal in k_t; we assume that it is not ramified in K_0 and also that it has in a suitable field K a non-exceptional prime divisor $\mathfrak{P}$, i.e. one modulo which one can reduce A, all its conjugates over k_t, and the endomorphisms and homomorphisms of these varieties. Put $q=N(\mathfrak{p}_t)$. Take for A' the transform of A by an automorphism τ of $\bar{\mathbf{Q}}$ over k_t which induces on K_0 the Frobenius substitution for $\mathfrak{p}_t$. By what we have seen above, the Frobenius homomorphism of $A(\mathfrak{P})$ onto $A'(\mathfrak{P})$, induced by the automorphism $x\rightarrow x^q$ of the universal domain, will be the image of an element ϖ of $\mathcal{H}(A, A')$; and we have $f(\varpi)=q$. Then, if we put $\mathcal{H}(A, A')=\mathfrak{q}^{-1}\varpi$, $\mathfrak{q}$ is an ideal in $\mathfrak{o}$, such that $\mathfrak{q}\bar{\mathfrak{q}}=q\mathfrak{o}$, and we have $\{A': A\}=(\mathfrak{q}^{-1}; q)$.

By class-field theory, an abelian extension is completely determined by the knowledge of the Frobenius substitution for almost all prime ideals; therefore (I) will be solved if we determine the correspondence $\mathfrak{p}_\iota \to \mathfrak{q}$. Let m be a multiple of the order of the Frobenius substitution for $\mathfrak{p}_\iota$ in K_0; then τ^m transforms A into a variety A_1 isomorphic to A. Call α_1 an isomorphism of A onto A_1; this is uniquely determined up to an automorphism, i.e. up to a root of unity. Then the automorphism $x \to x^{q^m}$ of the universal domain induces a homomorphism of $A(\mathfrak{P})$ onto $A_1(\mathfrak{P})$, which, as above, may be identified with an element of $\mathcal{H}(A, A_1)$; this can be written as $\pi\alpha_1$ with $\pi \in \mathfrak{o}$; π is uniquely determined up to a root of unity. Proceeding as above, we find that $\pi\bar{\pi} = q^m$ and that $\pi\mathfrak{o} = \mathfrak{q}^m$. One should observe that, if $N(\mathfrak{P}) = q^h$ and m is a multiple of h, then $A_1(\mathfrak{P}) = A(\mathfrak{P})$, so that in that case α_1 can be determined uniquely by prescribing that it should reduce to the identity mapping on $A(\mathfrak{P})$; then π also is completely determined. Now, in order to find $\mathfrak{q}$, it is enough to determine the prime ideal decomposition of π in a suitable field for some suitable choice of m, e.g. for $m = h$. *But this has been done by Taniyama* (cf. § 3 of his contribution to this volume). The conclusion is that, for almost all $\mathfrak{p}_\iota$, we have

$$\mathfrak{q} = \prod_\mu \psi_\mu(\mathfrak{p}_\iota)$$

provided of course ideals in subfields of k' (the smallest Galois extension of $\mathbf{Q}$ containing k) are identified in the customary way with the ideals they generate in k'.

This formula contains the solution of problem (I) for $\mathfrak{r} = \mathfrak{o}$. One should observe that, while the prime ideal decomposition of π, together with the relation $\pi\bar{\pi} = q^m$, determines π up to a root of unity, this is not enough for the calculation of the zeta-function, where a more precise result (also contained in Taniyama's work) is required.

For $\mathfrak{r} = \mathfrak{o}$, problem (II) can be treated by an entirely similar method. We consider the pairs (A, a), where A is an abelian variety of one of the types discussed above, and a is a point of finite order on A. If $\mathfrak{n}$ is the ideal in $\mathfrak{o}$, consisting of those ξ for which $\xi a = 0$, we say that a belongs to $\mathfrak{n}$. The type of the pair (A, a) will be considered as given by the type of A, i.e. by the data $(k; \{\varphi_\lambda\})$, $\mathfrak{r} = \mathfrak{o}$ and $\mathfrak{f}_0$, and by the ideal $\mathfrak{n}$ in $\mathfrak{o}$. Consider two such pairs (A, a) and (A', a'). If we write, as above, $\mathcal{H}(A, A') = \mathfrak{a}\alpha$ and $f(\xi\alpha) = \rho\xi\bar{\xi}$, there will be an element ξ_0 of $\mathfrak{a}$ such that $\xi_0\alpha$ maps a onto a'; it is determined uniquely modulo $\mathfrak{a}\mathfrak{n}$ and is such that $\xi_0\mathfrak{o} + \mathfrak{a}\mathfrak{n} = \mathfrak{a}$. That being so, we define an equivalence relation between triplets $\mathfrak{a}$, ρ, ξ_0, where $\mathfrak{a}$, ρ

are as before and ξ_0 is such that $\xi_0\mathfrak{o}+\mathfrak{a}\mathfrak{n}=\mathfrak{a}$, by defining two triplets $\mathfrak{a}$, ρ, ξ_0 and $\mathfrak{a}'$, ρ', ξ_0' to be equivalent if there is a $\lambda \in k$ such that $\mathfrak{a}'=\lambda^{-1}\mathfrak{a}$, $\rho'=\rho\lambda\bar{\lambda}$ and $\xi_0'\equiv\lambda^{-1}\xi_0$ mod. $\mathfrak{a}'\mathfrak{n}$; and we denote by $(\mathfrak{a}; \rho; \xi_0)$ the class of such a triplet. Then the class of the triplet $\mathfrak{a}$, ρ, ξ_0 attached as above to the two pairs (A, a) and (A', a') is independent of the choice of α; it will be denoted by $\{(A', a'\} : (A, a)\}$; the two pairs are isomorphic if and only if the class is $(\mathfrak{o}; 1; 1)$. A group law between equivalence classes is defined by putting

$$(\mathfrak{a}; \rho; \xi_0)\cdot(\mathfrak{a}'; \rho'; \xi_0')=(\mathfrak{a}\mathfrak{a}'; \rho\rho'; \xi_0\xi_0').$$

Proceeding as above, one finds that the Frobenius substitution for $\mathfrak{p}_\iota$, in the field generated over K_0 by the image of the point a on V_0, is $(\mathfrak{q}^{-1}; q; 1)$. This solves problem (II).

UNIVERSITY OF CHICAGO

[1955e] Science Française?

L'an dernier, un homme politique assez connu déjà, et qui l'est encore plus à présent, s'étonnait que, depuis fort longtemps, aucun savant français n'eût reçu de prix Nobel. L'occasion était solennelle ; il exposait son programme de gouvernement. S'il faisait cette constatation, ce n'était pas seulement, sans doute, pour s'attrister d'une situation si humiliante pour notre amour-propre national. C'est qu'il entendait que la prise du pouvoir lui donnerait la faculté d'y porter remède.

Où sont-ils, ces remèdes ? Sont-ils fort cachés ? Et ce qui est pour nos hommes politiques un sujet d'étonnement en est-il un pour les initiés ? Ici, je demande la permission de raconter mon histoire, ou plutôt de copier quelques passages d'un article que j'écrivis, fort jeune encore, à mon retour d'un voyage en Amérique, il y a près de vingt ans. Ce voyage faisait suite à beaucoup d'autres, en Allemagne, en Angleterre, en Italie, en Russie même (est-il prudent de l'avouer ?), et jusqu'en Asie. Mon article fut soumis à quelques revues, qui le jugèrent impubliable ; il y a des vérités qui ne sont pas bonnes à dire ; on ne se priva pas de me le faire savoir ; je ne profitai guère de la leçon...

« J'en ai assez, écrivais-je. J'aime voyager à l'étranger ; mes amis savent que mon amour-propre national n'est pas chatouilleux à l'excès, et j'ai pris dès longtemps l'habitude d'entendre, sans trop m'émouvoir, qu'on discute, parfois sans bienveillance, de mon pays, de ses hôtels, de ses femmes, de ses politiciens. Qu'y

Reprinted from *La Nouvelle N.R.F.*, Paris, Imp. Crété, 3e année, n° 25, pp. 97–109.

ferais-je, si tout cela est vrai ? que m'importe, si tout cela est faux ? Mais j'en ai assez, quand je rencontre un chimiste, qu'il me demande invariablement : « Pourquoi la chimie française est-elle tombée si bas ? » ; si c'est un biologiste : « Pourquoi la biologie française va-t-elle si mal ? » ; si c'est un physicien : « Pourquoi la physique française... » ; mais je n'achève pas, c'est toujours la même question dont on me rebat les oreilles, et j'en suis encore à chercher la réponse. Bien sûr, quand je demande des précisions, il arrive qu'on reconnaisse qu'il existe encore chez nous, dans tel ou tel domaine, des savants fort distingués. Quant à moi, mathématicien tout à fait ignorant de toute science sinon de la mienne, je ne puis discuter ; souvent je me hasarde, en réponse à l'éternelle question, à suggérer : « Mais un tel... ? » et je cite un nom, illustre chez nous ; mais j'ai fini par y renoncer, car pour une fois qu'on m'avoue : « En effet, il y a tout de même un tel », trop souvent, l'illustre collègue est assommé aussitôt d'un mot dédaigneux, d'un sourire, ou simplement d'un haussement d'épaules...

« Entendons-nous. Les mœurs de la gent universitaire, depuis quelque douze ans que je la fréquente, me sont un peu connues ; qu'on ne vienne pas me parler ici de jalousie, d'ignorance ou de préjugé : on n'expliquera pas ainsi que tous ces collègues étrangers, et surtout les jeunes, me posent toujours, à peu près dans les mêmes termes, la même question. Ils reconnaissent sans se gêner, de quelque pays qu'ils soient, l'importance des centres scientifiques anglais, américains, russes, allemands ; ils savent apprécier aussi, parfois avec beaucoup de chaleur, les mérites de tel savant français. Ce ne peut être la jalousie qui les fait tous parler ; il y a autre chose ; il y a, faut-il le dire, un fait : ils doivent avoir raison. Cela est fâcheux ; expliquons-le comme nous pouvons ; mais mieux vaut le reconnaître ; mieux vaut même, comme je le fais ici à dessein, s'exagérer peut-être l'étendue du mal que de sottement fermer les yeux. Assez parlé (avec des majuscules) de Science Française ; assez invoqués les mânes de Pasteur, de Poincaré, de Lavoisier : qu'ils se reposent en paix, car ils l'ont bien mérité, ce repos qu'on ne veut pas accorder à leurs ombres ; la Science Française, après tout, c'est nous, c'est les vivants, et leurs noms ne sont pas une mine dont on nous ait octroyé la concession à perpétuité ; si nous ne savons pas nous examiner avec sévérité, sans complaisance facile, d'autres le font pour nous. Quelques-uns diront : « Qu'importe ? » ; je ne parle pas pour ceux-là. Quant à moi, je l'ai dit, une question cent fois répétée est venue à bout de mes nerfs ; j'en ai assez, il faut que je parle, ça n'y changera rien peut-être, mais ça me soulagera. »

Ainsi s'exprimait, naïvement sans doute, mon indignation juvénile. « Où sont les maîtres, disais-je, dont nous avons besoin ? Où sont ces hommes, peu nommés des journaux, insoucieux des diversions de la publicité et de la politique, qui, parvenus au premier rang, savent s'y maintenir ? ces hommes autour desquels se forment les écoles et se groupent, avides d'idées plutôt que de places, les jeunes gens ? Il y en a, sans doute ; mais je soupçonne, malgré des bonimenteurs pas toujours désintéressés, que ce ne sont pas ceux qu'on nous dit, et qu'il n'y en a pas tant qu'on nous le fait croire. »

Ici, il vaut mieux interrompre la citation ; j'aperçois le mot de « pontifes ». « Oui, je sais bien, disais-je, il y a les membres de l'Institut, les professeurs à la Sorbonne... les dictateurs au placement des jeunes et à la distribution des rations de soupe. » Il n'y a qu'un esprit aigri, ne manquera-t-on pas de dire, qui ait pu proférer de si horribles blasphèmes contre tout ce qu'il y a au monde de plus respectable. A qui ferai-je comprendre que je ne me croyais victime d'aucune injustice, que j'étais fort satisfait de mon sort et de ma position dans l'Université française, que des maîtres parisiens pour qui j'avais une profonde admiration voulaient bien me témoigner de la bienveillance ? Aussi n'était-ce pas de ma spécialité que j'entendais parler ; je savais bien que, là, c'était par mes travaux que je pouvais agir, bien mieux que par de vaines paroles. Sur toutes les autres, j'étais fort ignorant, et je le suis encore ; mais je n'avais pas fermé mes oreilles à ce qui s'en était dit autour de moi à l'étranger ; j'en ai entendu bien plus depuis lors, et de la bouche des savants les plus capables d'en juger avec impartialité et compétence. Je soupçonnais alors, je sais maintenant, qu'il y a des chercheurs et des laboratoires français dont on ne parle dans le monde qu'avec estime, parfois avec respect. Je sais qu'on les compte sur les doigts, et que leur éminence ne rend que plus sensible la platitude de la contrée environnante. Pourquoi n'y en a-t-il pas plus ? Dès 1937, j'avais cru en apercevoir les raisons :

« Supposons que, dans tel ou tel domaine, disons la théorie des nombres (il ne me coûte rien d'en parler, elle n'est pas enseignée dans les universités françaises), les maîtres véritables soient venus à faire défaut ; que les chaires les plus en vue et les positions dominantes se trouvent occupées par des hommes, non pas ignorants ou sans compétence, mais sans éclat, ou, chose peut-être plus grave encore, par de ces savants (ils sont nombreux, et, pour des raisons qu'il faudrait bien examiner, ils le sont tout particulièrement dans les universités françaises) à qui quelques travaux brillants ont valu au début de leur carrière une réputation qu'ils n'ont pu ou ne se sont pas souciés de soutenir. Que va-t-il se passer, si de tels hommes (chargés d'honneurs, sans doute, et de titres) sont installés au pouvoir ? Car, reconnaissons-le, c'est un pouvoir véritable qu'ils détiennent ; pouvoir de distribuer les places; pouvoir, plus important encore lorsqu'il s'agit de science expérimentale (et c'est pourquoi chaque jour en me levant je remercie Dieu de m'avoir fait mathématicien), d'allouer les crédits de laboratoire et les moyens de recherche ; pouvoir, de par les positions qu'ils occupent, d'attirer à soi les jeunes, et de conserver pour soi les collaborateurs qui à d'autres sont refusés. De ces jeunes, que va-t-il arriver ? quel est l'avenir d'une science dont l'enseignement est une fois tombé entre les mains de pontifes de cette espèce ? Maints exemples, que j'ai pu étudier (et non pas seulement en France, qu'on le croie bien ; je ne crois pas tout parfait ailleurs, et j'ai observé en d'autres pays des phénomènes tout semblables), permettent de donner de ce qui doit se passer une description assez précise : le tableau clinique de la maladie (comme disent, je crois, les médecins) est bien connu. De tels hommes ne tardent pas à tomber en dehors des grands courants de la science : non pas de la Science Française, mais de la science (sans majuscule) qui est universelle ; ils travaillent, souvent honnêtement, de très bonne foi et non sans talent, ou, d'autres fois, ils font semblant de travailler, mais en tout cas ils sont étrangers aux grands problèmes, aux idées vivantes de la science de leur époque ; et à leur suite, c'est toute leur école qui se trouve égarée dans des eaux stagnantes (parfois bourbeuses, mais, cela, c'est une autre histoire) : des jeunes gens bien doués passent les années les plus importantes de leur carrière scientifique, les premières, à travailler à des problèmes sans portée et dans des voies sans issue. Il faudrait les envoyer à l'étranger, ces jeunes gens, les initier à toutes les méthodes, à toutes les idées ; car, quand bien même il s'agirait du maître le plus éminent, qu'est-ce que l'élève d'un seul maître ? Mais quoi ? L'on a trop peur de perdre des collaborateurs et des disciples, et, à leur place, de voir revenir des juges, des juges sévères. Qu'il est préférable de les garder auprès de soi, de s'en faire aider, de les maintenir, autant qu'il se peut, dans des voies tracées! Qu'ils aient du talent, c'est bien ; qu'ils soient sages de plus, et (sans nuire à la hiérarchie ni à l'ordre d'ancienneté) toutes les voies leur sont ouvertes ; et, s'ils sont sages, le talent même après tout n'est pas indispensable, une bonne petite chaire les récompensera. »

J'ai copié mot pour mot, et mon manuscrit de 1937 est là pour le prouver. J'avais bien écrit « théorie des nombres » ; je n'avais pour cela d'autre raison que celle que j'en donnais, c'est-à-dire qu'il n'existait alors aucune chaire de ce titre. J'étais assez naïf pour espérer ainsi ne blesser personne, dans cet article où je blessais tout le monde. Je ne prévoyais pas qu'un jour serait créée à la Sorbonne une chaire de théorie des nombres, ni que ce serait au profit d'un administrateur chevronné, ancien recteur et directeur de ministère ; encore moins pouvais-je prévoir que la nomination de son successeur serait l'occasion d'un épisode qu'il vaut la peine de raconter ici, car il complète, fort heureusement du point de vue du clinicien, fort fâcheusement de tout autre point de vue, le « tableau clinique » que j'esquissais en 1937. Pour plus de clarté, j'y joindrai le récit d'une nomination universitaire récente en Allemagne ; la comparaison sera instructive.

Parmi les nombreux savants européens émigrés aux États-Unis, on comptait, vers la fin de la guerre, deux des plus grands mathématiciens contemporains, l'un allemand, l'autre français. Nous les appellerons A et B. Tous deux se sont particulièrement distingués en théorie des nombres.

A était resté en Allemagne jusqu'au début de 1940. Il n'était pas juif. Ses sentiments d'hostilité au régime étaient bien connus de ses collègues et n'étaient pas ignorés des autorités universitaires ; mais il n'avait jamais eu aucune activité politique et n'avait pas été inquiété. Peut-être aurait-il quitté son pays plus tôt s'il n'avait pas pensé, par sa présence, renforcer ce qui restait alors en Allemagne de pensée libre ; il est vrai aussi qu'un voyage en Amérique l'avait convaincu que le climat intellectuel de ce pays lui convenait mal. S'il se décida à émigrer en 1940, ce qui n'alla pas sans difficultés ni risques, ce fut sans doute qu'alors il désespéra de l'avenir de l'Europe. Pendant la guerre, il fut traité par les Américains en réfugié, c'est-à-dire assez mal. Du moins y trouva-t-il de quoi vivre et poursuivre ses travaux, tandis que la plupart et les meilleurs des savants allemands qui avaient cherché un asile en France à la suite des premières persécutions hitlériennes avaient dû en repartir faute de possibilités de travail. Vers la fin de la guerre, l'une des chaires si enviées de l'Institute for Advanced Study, de Princeton, lui fut offerte ; il l'accepta, et se fit citoyen américain.

Mais l'Allemagne se relevait de ses ruines matérielles et intellectuelles plus vite qu'on n'avait pu s'y attendre ; le travail scientifique y redevenait possible. Malgré la longueur de son séjour en Amérique, A n'avait pu s'accoutumer à bien des aspects de la vie américaine qui lui avaient déplu dès l'abord ; quelques-uns de ses amis restés en Allemagne s'en aperçurent. Il n'en fallut pas plus. Bientôt, la plus célèbre des universités d'Allemagne occidentale lui offrit une chaire. Il ne pouvait être question là d'une situation matérielle comparable à celle qu'il avait à Princeton ; mais on sait que les universités allemandes peuvent, dans une certaine mesure, proportionner le traitement à la valeur et à la réputation scientifiques ; on lui en offrit un fort supérieur à celui de la plupart de ses collègues allemands ; pour l'attirer, on lui offrit le remboursement de tous ses frais de déménagement. Suivant la loi allemande, la nomination d'un étranger à une chaire universitaire lui confère de plein droit la naturalisation ; on offrit au professeur A, à son choix, de reprendre la nationalité allemande ou de conserver la nationalité américaine. Et tout cela fut fait sans qu'il eût rien demandé, sans qu'il eût eu à rien demander. Il accepta ; et sa présence et son enseignement n'ont pas peu contribué à rendre à l'Université dont il s'agit une partie du lustre qu'elle avait eu autrefois.

Quant au Français, la déclaration de guerre l'avait surpris à Princeton ; mobilisable, il prit l'avis de l'ambassade de France, qui lui recommanda de rester où il était ; un professeur français à l'étranger, pensait-on alors assez raisonnablement, était plus utile à la France qu'un soldat de plus sous l'uniforme. Il passa donc la guerre aux États-Unis. Celle-ci finie, les postes les plus brillants lui furent bientôt offerts ; Princeton, Harvard, Columbia se le disputèrent. C'est dans cette dernière université qu'il se fixa, dans l'une des meilleures chaires qu'elle eût à offrir ; quelque temps auparavant, il s'était fait naturaliser américain. Mais lui aussi se lassa des États-Unis, et désira rentrer en France. C'est ici que son histoire cesse de ressembler à la précédente.

Tout d'abord, en France, on n'offre pas une chaire à un savant, si distingué soit-il ; il faut qu'il fasse acte de candidature ; il faut le plus souvent qu'il fasse ses visites de candidature, formalité destinée principalement à permettre à ceux dont il postule les suffrages de juger de la souplesse de son échine. Les amis du professeur B, mis au courant de ses intentions, attendirent longtemps une occasion favorable. Plusieurs chaires devinrent vacantes, mais chaque fois les jeux étaient faits. Enfin le titulaire de la chaire de théorie des nombres prit sa retraite ; les amis de B pensèrent qu'il ne convenait pas de différer plus longtemps. Pour cette chaire, B était si éminemment qualifié qu'il ne semblait pas que quiconque, en France ou ailleurs, pût la lui disputer sans ridicule.

Mais il fallait d'abord que cette candidature fût recevable. La loi française n'admet plus, depuis longtemps déjà, que nos universités puissent s'enrichir par des nominations de savants étrangers, comme c'est l'usage dans presque tous les autres pays ; il en est ainsi, quand bien même l'étranger ne serait tel que par naturalisation. Mais, par hasard, B n'avait pas perdu sa nationalité française en acquérant la nationalité américaine. Force fut à la Sorbonne d'enregistrer sa candidature.

Alors se déclencha une campagne d'une violence extraordinaire. On vit un membre de l'Institut monter en personne sur la brèche pour défendre la citadelle menacée. On feignit de mettre en doute la valeur mathématique du candidat. Parmi les éloges que la critique avait décernés à ses ouvrages, on rechercha les réserves et les objections de détail ; par un montage habile de citations tronquées, on composa un texte qui pût impressionner défavorablement les incompétents ; or, comme c'est l'ensemble d'une Faculté qui vote sur chaque nomination, toutes spécialités réunies (depuis les mathématiques jusqu'à la botanique), c'est nécessairement, en chaque cas, une majorité d'incompétents qui décide. On reprocha à B de n'être pas rentré endosser un uniforme en 1939 ; on mobilisa contre lui les « anciens combattants » et « anciens résistants » professionnels ; il n'en manque pas dans l'Université, dont toute la carrière ne se fonde que là-dessus ; et je ne parle pas de ces patriotes tardifs, toujours cherchant à faire oublier qu'ils se sont déshonorés, et obligeant par là même, quoi qu'on en ait, à s'en souvenir toujours. On gonfla les mérites du suppléant du précédent titulaire de la chaire. On fit si bien que ce suppléant l'emporta. La seule consolation de B fut que son éloignement l'avait préservé de participer à cette mêlée sordide. Ses amis s'étaient chargés pour lui des visites de candidature ; c'étaient des savants fort distingués, eux aussi ; le résultat a prouvé qu'ils auraient pu mieux employer leur temps.

Mais l'histoire ne finit pas là. A tort ou à raison, le bruit se répandit que la direction de l'enseignement supérieur désirait récupérer pour la France un mathématicien si éminent et ne se refuserait pas à une création de chaire en sa faveur pour peu que la Sorbonne la demandât. N'était-ce pas l'occasion pour ces Messieurs de réparer leur erreur sans chagriner personne ? Si le ministère n'avait pas les intentions qu'on lui prêtait, du moins l'honneur de la Sorbonne serait sauf, ou presque. Mais non : c'était bien le talent trop distingué du candidat qui l'excluait. Nouveau vote, nouvel échec.

Et le professeur B est toujours à l'Université Columbia, qui s'en félicite et eût été bien en peine de le remplacer.

Ainsi joue la loi de la cooptation des médiocres, que je m'imaginais découvrir en 1937 ; loi d'autant plus fatale qu'il faut à un homme des qualités de premier ordre pour qu'il désire attirer auprès de lui ses égaux, au risque qu'ils lui soient supérieurs. Un homme médiocre, au contraire, cherchera toujours à s'entourer non pas seulement de médiocres, mais de plus médiocres que lui ; il le faut bien, pour faire briller ses minces mérites. Ce n'est pas d'hier que la plupart de nos institutions scientifiques sont prises dans les rouages de ce mécanisme inexorable.

La situation est-elle sans remède ? Peut-on imaginer des réformes qui en amèneraient le redressement ? Ce n'est pas douteux. Il reste assez d'éléments sains dans le monde scientifique français, il y a assez de talent parmi les jeunes pour permettre les plus sérieux espoirs si on se décidait à faire le nécessaire. J'en ai assez dit pour faire comprendre qu'une telle réforme ne peut partir que d'en haut. Il y faudrait un acte d'autorité ; et elle se heurterait à la plus violente résistance de la part de la majorité des universitaires français, de l'Institut, du Collège de France, de corps constitués et de personnalités dont il est d'usage de ne parler en public que sur un ton de profond respect. Peut-être, après tout, n'y faudrait-il qu'encore un peu plus de courage que pour s'attaquer aux intérêts des viticulteurs ou au privilège des bouilleurs de cru. La politique, dit-on, est l'art du possible ; où, en pareille matière, est le possible ? Je ne suis pas politicien ; ce n'est pas mon métier de le savoir. Rien de ce que je vais dire n'est impossible en soi, puisque tout cela se pratique sous nos yeux dans les pays qui sont à la tête du mouvement scientifique moderne. Sommes-nous encore capables de nous instruire à leur exemple ? Je n'en sais rien ; si nous ne le sommes pas, tant pis pour nous.

Quelles sont donc ces réformes qui pourraient nous tirer de la profonde ornière où nous sommes ? Il n'y a pas là grand mystère ; tous ceux qui y ont quelque peu réfléchi sans préjugé et de bonne foi savent bien à quoi s'en tenir là-dessus. Il suffira ici d'indiquer brièvement quelques points essentiels.

D'abord, il faut s'attaquer à une organisation vicieuse, qui fait de l'Université de France un monstre hydrocéphale, dont la Sorbonne est la tête difforme et les universités de province sont les membres exsangues. Lors de la réforme de Liard, il est notoire que celui-ci céda à des pressions électorales en acceptant beaucoup plus d'universités qu'il ne le jugeait souhaitable. Il disait, paraît-il, que cela n'avait pas d'importance, parce que la plupart mourraient d'elles-mêmes. Il n'avait pas prévu que les autorités locales, municipalités, chambres de commerce, fières du prestige qui en rejaillissait sur elles, leur accorderaient tout juste le soutien nécessaire pour les faire subsister et en tirer quelques menus services, sans bien entendu leur donner les ressources qui en auraient fait de vrais centres intellectuels. Là où par hasard se forme en province un noyau scientifique intéressant, il végète faute d'étudiants ; les bons étudiants se dirigent sur Paris où ils se trouvent noyés dans la foule et ne peuvent que rarement tirer profit de l'enseignement de maîtres débordés de tous côtés.

Même dans les quelques domaines où la France tient encore son rang, il ne saurait être question de trouver assez de maîtres et de chercheurs pour monter plus de quatre ou cinq grands centres. Donc, la première réforme doit consister à rabaisser la plupart de nos universités au rang de centres propédeutiques intermédiaires entre le secondaire et le supérieur; à créer, en province, environ quatre grands centres scientifiques bien dotés en hommes et en moyens, dans des localités bien choisies qui ne seraient pas nécessairement des grandes villes ; à décharger Paris de son trop-plein sur ces centres par des mesures appropriées, dont le détail ne serait pas difficile à formuler.

En second lieu, il faut changer radicalement le mode de nomination des professeurs. Le mieux serait de s'inspirer du système anglais et de mettre toutes les nominations importantes entre les mains de comités restreints offrant un minimum de garanties d'impartialité et de compétence, comités qui devraient obligatoirement (comme il se fait en Angleterre, avec d'autant plus de soin qu'il s'agit d'une chaire plus importante) consulter largement l'opinion scientifique internationale et en tenir le plus grand compte. Dans ces comités devraient entrer pour une large part des savants désignés par le ministre et choisis eux-mêmes en tenant compte de l'opinion internationale. Notons en passant qu'en Angleterre une visite de candidature serait suffisante pour disqualifier aussitôt un candidat.

En troisième lieu, mais en troisième lieu seulement, il faudrait donner, non aux universités actuelles, mais aux quatre ou cinq grands centres qu'il s'agit de constituer, non seulement des ressources, mais aussi une autonomie financière qui les mît sur le même plan que les grandes universités anglaises, allemandes, américaines, et que notre Haut Commissariat de l'Énergie Atomique. Je ne veux pas me donner le ridicule ici de répéter, après tant d'autres qui le crient bien fort depuis vingt ans, que la science coûte cher. C'est vrai, encore qu'on ait pu assez souvent autrefois, et qu'on puisse peut-être encore (mais exceptionnellement) aujourd'hui faire avec des moyens modestes d'importantes découvertes. Je ne veux pas rappeler les statistiques humiliantes qu'on a publiées à maintes reprises sur le budget de la recherche scientifique en France comparé à celui qu'on y consacre ailleurs. « Je vous ferai de bonne chère, disait Maître Jacques, si vous me donnez bien de l'argent. » Il avait raison ; et, quand même il aurait été un fripon, cela n'aurait pas suffi à lui donner tort sur ce point. Il faudra donc de l'argent, bien de l'argent, pour les laboratoires, les bibliothèques, le personnel subalterne. Il faudra bien aussi se décider à payer décemment le personnel scientifique proprement dit. Il faudra permettre à nos grands centres scientifiques de recruter celui-ci par contrats individuels, comme le fait le Haut Commissariat de l'Énergie Atomique et comme le font les grandes Universités étrangères. Il faudra qu'on puisse, le cas échéant, nommer à nos grandes chaires et à la direction de nos grands laboratoires des étrangers qualifiés. Les Anglais, dont les traditions scientifiques valent bien les nôtres, le font parfois et s'en trouvent bien ; la France l'a fait autrefois ; pourquoi faut-il que notre amour-propre national en soit arrivé à l'emporter sur notre intérêt bien compris ? Il faudra que les contrats que nos grands centres seront en mesure d'offrir leur permettent d'entrer en concurrence, avec quelque chance de succès, avec les institutions similaires à l'étranger.

Bien entendu, lorsqu'on se sera résolu à traiter convenablement nos savants, on sera en droit d'attendre d'eux qu'ils se consacrent honnêtement à leur enseignement et à leurs recherches. Mais il ne sera pas besoin pour cela de règlements draconiens. Ce n'est pas de gaieté de cœur que tant d'universitaires, chez nous, cherchent un supplément à de maigres ressources dans des pratiques variées où se consume leur temps et leur énergie : cumul d'enseignements de bas étage, trust des examens et concours, et trop souvent mise à la disposition de l'industrie privée de laboratoires officiellement consacrés à la science pure. En Angleterre, en Amérique, en Allemagne, l'industrie privée a ses propres laboratoires de recherche, souvent si largement conçus qu'il s'y fait de nombreux travaux scientifiques de grande valeur. En France, les industriels, quand ils ne travaillent pas sur licences étrangères, trouvent trop souvent plus économique de faire travailler à leur compte un laboratoire universitaire en échange d'un supplément de traitement dérisoire accordé au professeur qui le dirige. Bien entendu, la liaison entre science pure et science appliquée est chose hautement souhaitable ou plutôt indispensable, mais qui ne s'obtient pas en étouffant celle-là au profit de celle-ci par des arrangements qui constituent de véritables escroqueries aux dépens de l'État.

Assurément, bien d'autres questions se posent : recrutement des jeunes, rôle des « grandes écoles », liaison entre l'enseignement et la recherche. Je ne crois pas utile d'en discuter ici. Je ne pense pas qu'aucune d'elles puisse offrir de difficulté sérieuse dans un climat redevenu favorable.

Le redeviendra-t-il ? Se trouvera-t-il un chirurgien pour mettre sur la table d'opération un malade qui prétend qu'il ne s'est jamais mieux porté ? S'il ne s'en rencontre pas, faut-il désespérer ? ou attendre le salut de l'intervention miraculeuse du génie ? « Bien sûr, disait mon article de 1937, le génie perce quand même ; le génie se fait toujours sa place, à travers tous les obstacles ; bien sûr... (je n'en suis pas si sûr que ça). Oui, mais pour le génie même, que d'années perdues ; quels retards, quelles sordides difficultés ; et tous les autres, ceux qui auraient pu faire œuvre utile, maintenir, en attendant la venue du génie, une tradition honorable et parfois glorieuse, tous ces autres, quoi d'eux ? Souvent, ils s'aperçoivent des années perdues ; un peu trop tard, ils se remettent à l'école ; ils tentent de se refaire une place dans la colonne en marche, quand leur esprit a perdu sa souplesse et sa plasticité ; ils se hissent avec difficulté à un échelon où d'autres avant eux parvinrent, puis, l'effort fourni, ils y restent, ils sont dépassés. Ils y restent, et l'histoire recommence. Car voilà où l'on se sent désespérer, le tragique cercle vicieux : l'histoire recommence... Une fois provincialisé, une fois tombé dans l'ornière, on y reste. Sauf miracle, bien sûr ; car l'esprit, c'est le miracle ; mais n'y comptons pas trop, ou plutôt, le miracle arrive à qui aura su le mériter. »

Je n'étais guère optimiste en 1937. Je ne le suis pas plus à présent.

ANDRÉ WEIL,

Professeur à l'Université de Chicago.

6159-1-1955. — Imp. CRÉTÉ,
Corbeil-Essonnes (S.-et-O.).

[1956] The field of definition of a variety

Let V be a variety, defined over an overfield K of a groundfield k. Consider the following problems:

(P) Among the varieties, birationally equivalent to V over K, find one which is defined over k.

(P′) Among the varieties, birationally and biregularly equivalent to V over K, find one which is defined over k.

Problems of these types arise, for instance, in Chow's recent work on abelian varieties over function-fields ([**1**]), in my work on algebraic groups ([**4**]), and also in the unpublished work of Shimura and of Taniyama on complex multiplication. Criteria for those problems to have a solution are implicitly contained in Chow's paper ([**1**]) and in Lang's subsequent note on a related subject ([**2**]); the purpose of the present paper is to develop them more explicitly.

Without restricting the generality of the problem, we may assume that K is finitely generated over k; we shall make the restrictive assumption that it is separable over k. Then it is a regular extension of the algebraic closure k' of k in K; and k' is a separably algebraic extension of k of finite degree. Thus it will be enough for our purpose to discuss (P) and (P′), firstly when K is separably algebraic over k, and secondly when it is regular over k.

As usual, we do not distinguish between mappings and their graphs. In particular, we do not distinguish between a birational correspondence T between two varieties V and W (this being defined as a subvariety of $V \times W$ which satisfies certain conditions) and the mapping of V into W determined by T. The inverse mapping, T^{-1}, is then a mapping of W into V or also a birational correspondence between W and V. To prevent misunderstandings, I take this opportunity for pointing out that (by abuse of language) I call T *everywhere biregular* only when T is biregular at every point of V and T^{-1} is so at every point of W; when that is so, T might more suitably be

* Received January 16, 1956.

Reprinted from the *Am. J. of Math.* 78, 1956, pp. 509-524, by permission of the editors,

called an *isomorphism* between V and W, and a *k-isomorphism* if k is a field of definition for V, W and T.

Section I. Separably Algebraic Extensions of the Groundfield.

1. Let k be a separably algebraic extension of a groundfield k_0, of finite degree n. Call $\mathfrak{I}$ the set of all distinct isomorphisms of k (over k_0, i.e., leaving all elements of k_0 invariant) into the algebraic closure $\bar{k}_0$ of k_0; $\mathfrak{I}$ consists of n distinct isomorphisms, including the identity automorphism ϵ of k. If $\sigma \in \mathfrak{I}$, and if ω is any isomorphism over k_0 of an overfield of k^σ, we denote by $\sigma\omega$ the isomorphism of k defined by putting $\xi^{\sigma\omega} = (\xi^\sigma)^\omega$ for every $\xi \in k$.

Let V be a variety, defined over k; assume that there is a variety V_0, defined over k_0, and a birational correspondence f, defined over k, between V_0 and V. Then, for $\sigma \in \mathfrak{I}$, $\tau \in \mathfrak{I}$, the mapping $f_{\tau,\sigma} = f^\tau \circ (f^\sigma)^{-1}$ is a birational correspondence between V^σ and V^τ. We now modify our problem (P) as follows:

(A) *Let k be a separably algebraic extension of k_0 of finite degree; let $\mathfrak{I}$ be the set of all distinct isomorphisms of k into $\bar{k}_0$. Let V be a variety, defined over k; for each pair (σ, τ) of elements of $\mathfrak{I}$, let $f_{\tau,\sigma}$ be a birational correspondence between V^σ and V^τ. Find a variety V_0, defined over k_0, and a birational correspondence f, defined over k, between V_0 and V, such that $f_{\tau,\sigma} = f^\tau \circ (f^\sigma)^{-1}$ for all $\sigma \in \mathfrak{I}$, $\tau \in \mathfrak{I}$.*

THEOREM 1. *Problem* (A) *has a solution if and only if the $f_{\tau,\sigma}$ are defined over a separably algebraic extension of k_0 and satisfy the following conditions:*

(i) $f_{\tau,\rho} = f_{\tau,\sigma} \circ f_{\sigma,\rho}$ *for all ρ, σ, τ in $\mathfrak{I}$;*

(ii) $f_{\tau\omega,\sigma\omega} = (f_{\tau,\sigma})^\omega$ *for all σ, τ in $\mathfrak{I}$ and all automorphisms ω of $\bar{k}_0$ over k_0.*

Moreover, when that is so, the solution is unique, up to a birational transformation on V_0, defined over k_0.

The conditions are obviously necessary. If the problem has two solutions (V_0, f) and (V_0', f'), put $F = f'^{-1} \circ f$; this is a birational correspondence between V_0 and V_0', defined over k. Writing that (V_0, f) and (V_0', f') are solutions of (A), we find $F^\sigma = F^\tau$ for all σ, τ; thus, F is invariant under all automorphisms of $\bar{k}_0$ over k_0; therefore it is defined over k_0; this proves the unicity assertion in Theorem 1.

Now assume that (i), (ii) are fulfilled; then, if σ, τ are in $\mathfrak{S}$ and ω is an automorphism of $\bar{k}_0$ over the compositum of k^σ and k^τ, (ii) shows that $f_{\tau,\sigma}$ is invariant under ω; if $f_{\tau,\sigma}$ is defined over a separably algebraic extension of k_0, this implies that it is defined over the compositum of k^σ and k^τ. Let x be a generic point of V over k; for each $\sigma \varepsilon \mathfrak{S}$, put $x_\sigma = f_{\sigma,\epsilon}(x)$, ϵ being the identity automorphism of k. If we put $\rho = \sigma$ in (i), we see that $f_{\sigma,\sigma}$ is the identity mapping of V^σ; therefore we have $x_\epsilon = x$.

Let K be the compositum of the fields k^σ, for all $\sigma \varepsilon \mathfrak{S}$; this is a Galois extension of k_0; call Γ its Galois group. Take any $\omega \varepsilon \Gamma$; as x and $x_{\epsilon\omega}$ are generic points of V and V^ω, respectively, over K, there is one and only one isomorphism ω^* of $K(x)$ onto $K(x_{\epsilon\omega})$ which induces ω on K and maps x onto $x_{\epsilon\omega}$. As $f_{\epsilon\omega,\epsilon}$ is a birational correspondence, defined over K, we have $K(x) = K(x_{\epsilon\omega})$, so that ω^* is an automorphism of $K(x)$. Applying (ii) to any extension of ω to an automorphism of $\bar{k}_0$, we get:

$$(x_\sigma)^{\omega^*} = f_{\sigma\omega,\epsilon\omega}(x_{\epsilon\omega})\,;$$

putting $\rho = \epsilon$ and $\sigma = \epsilon\omega$ in (i), we find that the right-hand side of this relation is $x_{\sigma\omega}$; therefore ω^* maps x_σ onto $x_{\sigma\omega}$ for all ω. From this it immediately follows that the mapping $\omega \rightarrow \omega^*$ is a homomorphism of Γ into the group of all automorphisms of $K(x)$, and more precisely an isomorphism of Γ onto a group Γ^* of automorphisms of $K(x)$. Call $k_0(y)$ the field consisting of those elements of $K(x)$ which are invariant under Γ^*; it is finitely generated over k_0 ([**4**], App., Prop. 3). As $K(x)$ is regular, hence separable, over K, and K is separable over k_0, $K(x)$ is separable over k_0 (Bourbaki, *Alg.*, Chap. V, § 7, no. 4, Prop. 7); hence $k_0(y)$ is separable over k_0. Any element of the algebraic closure of k_0 in $k_0(y)$ must be in the algebraic closure of K in $K(x)$, which is K since $K(x)$ is regular over K; as such an element is invariant under Γ^*, it must then be invariant under Γ, and so it must be in k_0. Thus we have proved that $k_0(y)$ is regular over k_0. Call V_0 the locus of y over k_0.

If an element ω of Γ induces the identity on k, ω^* leaves x invariant; as Γ^* is the Galois group of $K(x)$ over $k_0(y)$, this implies that $k(x) \subset k(y)$, so that we may write $x = f(y)$, where f is a mapping of V_0 into V, defined over k. We have $K(x) \subset K(y)$, hence $K(x) = K(y)$ since $K(y)$ is contained in $K(x)$ by definition. This shows that f is a birational correspondence between V_0 and V. Transforming the relation $x = f(y)$ by any ω^* in Γ^*, and calling σ the isomorphism of k induced on k by ω^*, we get $x_\sigma = f^\sigma(y)$, hence $f_{\sigma,\epsilon} = f^\sigma \circ f^{-1}$; by (i), this shows that (V_0, f) is a solution of our problem.

2. In the introduction, we formulated, in addition to the problem (P), a more precise problem (P′). We may modify the problem (A) similarly, by requiring f to be everywhere biregular; call (A′) this modified problem. For (A′) to have a solution, it is obviously necessary that the $f_{\tau,\sigma}$ should be everywhere biregular and satisfy the conditions in Theorem 1.

Assume that this is so; let (V_0, f) be a solution of (A). Then, if (V_0', f') is a solution of (A′), the unicity of the solution of (A) shows that we must have $f' = f \circ F^{-1}$, where F is a birational correspondence between V_0 and V_0', defined over k_0. Thus problem (A′) may be reformulated as follows:

(B) *Let k and k_0 be as in problem* (A); *let V and V_0 be varieties, respectively defined over k and over k_0; let f be a birational correspondence, defined over k, between V_0 and V. Find a variety V_0' and a birational correspondence F between V_0 and V_0', both defined over k_0, such that the birational correspondence $f \circ F^{-1}$ between V_0' and V is everywhere biregular.*

It is obvious that, if (B) has a solution, this is unique up to a k_0-isomorphism; therefore the same is true for (A′). If (B) has a solution, then ($\mathfrak{I}$ being defined as before) the birational correspondence $f^\tau \circ (f^\sigma)^{-1}$ between V^σ and V^τ must be everywhere biregular for all σ, τ in $\mathfrak{I}$. We will prove that this condition is also sufficient, at any rate if V is a k-open subset of a projective variety, defined over k. This will be an immediate consequence of the following result.

PROPOSITION 1. *Let $k, k_0, \mathfrak{I}$ be as in* (A). *Let V_0 be a variety, defined over k_0; let V be a projective (resp. affine) variety, defined over k; let f be a birational correspondence, defined over k, between V_0 and V. Then there is a projective (resp. affine) variety W and a birational correspondence F between V_0 and W, both defined over k_0, such that $F \circ f^{-1}$ is biregular at every point of V where the mappings $f^\sigma \circ f^{-1}$ are defined for all $\sigma \varepsilon \mathfrak{I}$.*

Let S be the ambient space of V, projective or affine; f may be regarded as a mapping of V_0 into S. Call $\sigma_1 = \epsilon, \sigma_2, \cdots, \sigma_n$ the elements of $\mathfrak{I}$, and put $F_1 = (f^{\sigma_1}, \cdots, f^{\sigma_n})$; this is a mapping of V_0 into the product $S \times \cdots \times S$ of n factors equal to S, and is defined over the compositum K of the fields k^σ. It is clear that $F_1 \circ f^{-1}$ is defined wherever all the $f^\sigma \circ f^{-1}$ are defined. Let x be a generic point of V_0 over k_0; let W_1 be the locus of $F_1(x)$ over K; put $u = F_1(x) = (x_1, \cdots, x_n)$. As $\sigma_1 = \epsilon$, we have $x_1 = f(x)$, so that the image of u by the mapping $f \circ F_1^{-1}$ is x_1; this shows that $f \circ F_1^{-1}$ is the mapping induced on W_1 by the projection of the product $S \times \cdots \times S$ onto its first factor, and is therefore everywhere defined. Thus the birational correspondence $F_1 \circ f^{-1}$ between V and W_1 is biregular wherever all the $f^\sigma \circ f^{-1}$ are defined.

Let $z_1, \cdots, z_n$ be n points of S; if S is the projective m-space, put $z_i = (z_{i0}, \cdots, z_{im})$; and let z' be the point, in a projective space of suitable dimension, whose homogeneous coordinates are all the monomials $z_{1\mu_1} z_{2\mu_2} \cdots z_{n\mu_n}$, with $0 \leqq \mu_i \leqq m$ for every i. If S is the affine m-space, put $z_i = (z_{i1}, \cdots, z_{im})$, put $z_{i0} = 1$ for $1 \leqq i \leqq n$, and let z' be the point, in an affine space of suitable dimension, whose coordinates are the same monomials as before. In either case, put $z' = \Phi(z_1, \cdots, z_n)$; it is well-known that Φ is an everywhere biregular mapping of $S \times \cdots \times S$ onto its image in projective (resp. affine) space. Put now $F_2 = \Phi \circ F_1$; then F_2 is a birational correspondence between V_0 and $W_2 = \Phi(W_1)$, and $F_2 \circ f^{-1}$ is biregular wherever all the $f^\sigma \circ f^{-1}$ are defined.

If S is projective, let $(1, f_1(x), \cdots, f_m(x))$ be a set of homogeneous coordinates for $f(x)$; the f_μ are functions on V_0, defined over k. Put $f_0 = 1$. Then we have $F_2 = (g_0, \cdots, g_r)$, where the g_ρ are all the monomials

$$f_{\mu_1}{}^{\sigma_1} f_{\mu_2}{}^{\sigma_2} \cdots f_{\mu_n}{}^{\sigma_n}.$$

If ω is an automorphism of K over k, $g_\rho{}^\omega$ is again one of the g_ρ, which we may write as $g_{\omega(\rho)}$; the mapping $\rho \to \omega(\rho)$ determines a representation of Γ (the Galois group of K over k) as a group of permutations on the g_ρ. For a given ρ, let γ_ρ be the subgroup of Γ determined by $\omega(\rho) = \rho$; then, for $\omega \varepsilon \Gamma$, $\omega(\rho)$ takes a number of distinct values equal to the index d_ρ of γ_ρ in Γ. If K_ρ is the subfield of K consisting of the elements of K invariant under γ_ρ, g_ρ is defined over K_ρ; therefore, if $(\alpha_1, \cdots, \alpha_{d_\rho})$ is a basis of K_ρ over k_0, we may write $g_\rho = \sum_\nu \alpha_\nu h_{\rho\nu}$, where the $h_{\rho\nu}$, for $1 \leqq \nu \leqq d_\rho$, are functions on V_0, defined over k_0. Then we have, for all $\omega \varepsilon \Gamma$:

$$g_{\omega(\rho)} = \sum_\nu \alpha_\nu{}^\omega h_{\rho\nu}.$$

If, in this relation, we take for ω a set of representatives of the d_ρ cosets of γ_ρ in Γ, we get a linear substitution expressing the d_ρ distinct functions $g_{\omega(\rho)}$ in terms of the d_ρ functions $h_{\rho\nu}$; and, since K_ρ is separable over k_0, that substitution is invertible. From this it follows immediately that, if we call $F(x)$ the point whose homogeneous coordinates are all the functions $h_{\rho\nu}$ (where ρ runs through a set of representatives for the classes of equivalence determined by the permutation group Γ on the set $\{0, 1, \cdots, r\}$, and where, for each ρ, we take $1 \leqq \nu \leqq d_\rho$), F is of the form $\Psi \circ F_2$, where Ψ is an automorphism of the ambient projective space of W_2. If S is affine, we put

$f=(f_1,\cdots,f_m)$, $f_0=1$, and we define F by the same formulas as in the projective case, but regard it as a mapping of V_0 into an affine space; then we have again $F=\Psi\circ F_2$, Ψ being now an automorphism of the ambient affine space of W_2. In either case, the mapping F is defined over k_0; if W is the locus of $F(x)$ over k_0, W and F have the properties required by our proposition.

3. Before applying this to the problems (A′) and (B), we need a general lemma:

LEMMA 1. *Let f be a birational correspondence between two varieties U and V; let k be a field of definition for U, V, f. Then the sets of points where f and f^{-1} are respectively biregular are k-open, and f determines a k-isomorphism between them.*

Call U' the set of points of U where f is defined, U'' the set of points of U where it is biregular; call V' the set of points of V where f^{-1} is defined, V'' the set where it is biregular. By [**4**], App., Prop. 8, U' and V' are k-open. Call f' the restriction of f to $U'\times V'$ (i.e. the birational correspondence between U' and V' whose graph is the set-theoretic intersection of the graph of f with $U'\times V'$). If f is biregular at a point a of U, it is defined at a, so that $a\in U'$; and, if we put $b=f(a)$, f^{-1} is defined at b, so that $b\in V'$; therefore (a,b) is on the graph of f', and f' is defined at a. Conversely, let a be a point of U' where f' is defined; put $b=f'(a)$; then b is in V', so that f^{-1} is defined at b; as U' and V' are open, f is then defined at a, and we have $b=f(a)$; thus f is biregular at a. This shows that U'' is the set of points of U' where f' is defined; similarly V'' is the set of points of V' where f'^{-1} is defined; this implies that they are k-open. If f'' is the restriction of f to $U''\times V''$, it is everywhere biregular by definition (i.e., f'' is biregular at every point of U'', and f''^{-1} is so at every point of V'').

In order to formulate our results on problems (A′) and (B), we will say that a variety U, defined over a field k, is *projectively* (resp. *affinely*) *embeddable over k* if it is k-isomorphic to a k-open subset of a projective (resp. affine) variety, defined over k.

THEOREM 2. *Problem* (B) *has a solution* (V_0', F') *provided V is projectively embeddable over k and the birational correspondence $f^\sigma\circ f^{-1}$ between V and V^σ is everywhere biregular for every isomorphism σ of k over k_0 into $\bar{k}_0$. When that is so, V_0' is projectively embeddable over k_0; it is affinely embeddable over k_0 if V is so over k.*

We may assume V to be a k-open subset of a projective (resp. affine) variety, defined over k. Take W and F as in Proposition 1; then $F \circ f^{-1}$ is biregular at every point of V; therefore, by Lemma 1, it is a k-isomorphism between V and the k-open subset V_0' of W where $f \circ F^{-1}$ is biregular. As the $f^\sigma \circ f^{-1}$ are everywhere biregular V_0' is also the subset of W where $f^\sigma \circ F^{-1}$ is biregular, for every σ; therefore it is invariant under all automorphisms of $\bar{k}_0$ over k_0, so that it is k_0-open, by [4], App., Prop. 9. Then, if F' is the restriction of F to $V_0 \times V_0'$, (V_0', F') is a solution of (B).

THEOREM 3. *Problem* (A′) *has a solution, i.e., problem* (A) *has a solution* (V_0, f) *for which* f *is everywhere biregular, provided* V *is projectively embeddable over* k *and the* $f_{\tau,\sigma}$ *are everywhere biregular and satisfy the conditions in Theorem* 1. *When that is so,* V_0 *is projectively embeddable over* k_0; *it is affinely embeddable over* k_0 *if* V *is so over* k. *The solution is unique up to a* k_0-*isomorphism.*

Section II. Regular Extensions of the Groundfield.

4. Let now k denote the groundfield. Let T be a variety, defined over k; let t be a generic point of T over k. When we denote by V_t a variety, defined over $k(t)$, we will agree, whenever t' is also a generic point of T over k, to denote by $V_{t'}$ the transform of V_t by the isomorphism of $k(t)$ onto $k(t')$ over k which maps t onto t'. Similarly, if a mapping, defined over $k(t)$, is denoted by f_t, $f_{t'}$ will denote its transform by the same isomorphism; if t, t', t'' are three independent generic points of T over k, and $f_{t',t}$ is a mapping, defined over $k(t,t')$, we denote by $f_{t'',t'}$ the transform of $f_{t',t}$ by the isomorphism of $k(t,t')$ onto $k(t',t'')$ over k which maps (t,t') onto (t',t''); etc.

Let V_t be a variety, defined over $k(t)$; assume that there is a variety V, defined over k, and a birational correspondence f_t, defined over $k(t)$, between V and V_t; then $f_{t'} \circ f_t^{-1}$ is a birational correspondence between V_t and $V_{t'}$. We therefore modify problem (P) of the introduction as follows:

(C) *Let* T *be a variety, defined over a field* k; *let* t, t' *be independent generic points of* T *over* k. *Let* V_t *be a variety, defined over* $k(t)$; *let* $f_{t',t}$ *be a birational correspondence, defined over* $k(t,t')$, *between* V_t *and* $V_{t'}$. *Find a variety* V, *defined over* k, *and a birational correspondence* f_t, *defined over* $k(t)$, *between* V *and* V_t, *such that* $f_{t',t} = f_{t'} \circ f_t^{-1}$.

THEOREM 4. *Problem* (C) *has a solution if and only if* $f_{t',t}$ *satisfies the condition:*

(i) $$f_{t'',t} = f_{t'',t'} \circ f_{t',t}$$

where t'' is a generic point of T over $k(t, t')$. When that is so, the solution is unique, up to a birational transformation on V, defined over k.

The condition is obviously necessary. The proof for the unicity of the solution, when one exists, is quite similar to the proof of the corresponding statement in Theorem 1. Now, assuming (i) to be fulfilled, we shall construct a solution of (C). We may replace T by any birational transform of T over k, and so we may assume that T is an affine variety. Similarly we may assume that V_t is an affine variety; and, taking x to be a generic point of V_t over $k(t)$, we may replace x by (x, t) and V_t by the locus of (x, t) over $k(t)$; after that is done, V_t is still an affine variety, and we have $k(t) \subset k(x)$; from now on, assume that this is so, and assume that x has been taken generic on V_t over $k(t, t', t'')$. By **[4]**, App., Prop. 1, $k(x)$ is a regular extension of k; call X the locus of x over k. Put $x' = f_{t',t}(x)$; this is a generic point of $V_{t'}$ over $k(t, t', t'')$; by the definition of $V_{t'}$, this implies that there is an isomorphism of $k(t, x)$ onto $k(t', x')$ over k, mapping t onto t' and x onto x'; therefore we have $k(t') \subset k(x')$, hence $k(x, t') \subset k(x, x')$. As the definition of x' shows $k(x, x')$ to be contained in $k(t', t, x)$, i.e. in $k(x, t')$, it follows that we have $k(x, x') = k(x, t')$; therefore x' has a locus W_x over $k(x)$. Let $k(v)$ be the smallest field of definition containing k for W_x; as $k(v) \subset k(x)$, $k(v)$ is a regular extension of k. Call V the locus of v over k; we may write $v = G(x)$, where G is a mapping of X into V, defined over k.

If we put $x'' = f_{t'',t}(x)$, W_x is also the locus of x'' over $k(x)$; as the fields $k(x, x')$ and $k(x, x'')$ are respectively the same as $k(x, t')$ and $k(x, t'')$ and are therefore algebraically independent over $k(x)$, W_x is also the locus of x'' over $k(x, x')$. But (i) may be written $x'' = f_{t'',t'}(x')$; therefore $W_{x'}$ is the same as W_x. This implies that the isomorphism of $k(x)$ onto $k(x')$ over k which maps x onto x' leaves invariant all the elements of the smallest field of definition of W_x, hence also all the elements of $k(v)$, so that we have $G(x) = G(x')$.

On the other hand, let K be an overfield of k, algebraically independent from $k(x, x')$ over k; if ϕ is any function on X, defined over K, it will induce on W_x a function which is defined over $K(v)$; if $\phi(x) = \phi(x')$, that function is a constant, so that its constant value must be in $K(v)$. This shows that $K(v)$ is the subfield of $K(x)$ consisting of the elements of $K(x)$ which are invariant under the isomorphism of $K(x)$ onto $K(x')$ over K mapping x onto x'.

Now the relation $x'' = f_{t'',t}(x)$ shows that x'' is rational over $k(t'', t, x)$, i.e. over $k(t'', x)$, so that we may write $x'' = \phi_{t''}(x)$, where $\phi_{t''}$ is a mapping of X into $V_{t''}$, defined over $k(t'')$. The relation $x'' = f_{t'',t'}(x')$ may then be written as $x'' = \phi_{t''}(x')$. Applying to the field $K = k(t'')$ and to the function $\phi_{t''}$ what we have proved above, we conclude from this that $k(x'') \subset k(t'', v)$. As we have $G(x) = G(x')$, hence also $G(x) = G(x'')$, the isomorphism of $k(x)$ onto $k(x'')$ over k which maps x onto x'' leaves $v = G(x)$ invariant; applying the inverse of that isomorphism to the relation $k(x'') \subset k(t'', v)$, we get $k(x) \subset k(t, v)$, hence $k(x) = k(t, v)$ since $k(t)$ and $k(v)$ are both contained in $k(x)$. Also, since $k(x)$ and $k(t')$ are algebraically independent over k, the same is true of $k(v)$ and $k(t')$; as the isomorphism of $k(x')$ onto $k(x)$ over k which maps x' onto x maps t' onto t and v onto itself, this implies that $k(v)$ and $k(t)$ are algebraically independent over k. As the relation $k(x) = k(t, v)$ can also be written $k(t, x) = k(t, v)$, we conclude that V_t and V are birationally equivalent over $k(t)$, so that we may write $x = f_t(v)$, where f_t is a birational correspondence between V and V_t, defined over $k(t)$. Then we have $x' = f_{t'}(v)$. Therefore (V, f_t) is a solution of our problem. We also see that X is birationally equivalent to $T \times V$ over k.

5. Just as in Section I, we consider the problem (C′) which consists in finding a solution (V, f_t) of (C) such that f_t is everywhere biregular. For such a solution to exist, it is necessary that $f_{t',t}$ should be everywhere biregular; it will be shown that this is sufficient.

As in Section I, if we make use of Theorem 4, we see that (C′) may be reformulated as follows:

(D) *Let k, T and t be as in* (C); *let V and V_t be varieties, respectively defined over k and over $k(t)$; let f_t be a birational correspondence, defined over $k(t)$, between V and V_t. Find a variety V' and a birational correspondence F between V and V', both defined over k, such that the birational correspondence $f_t \circ F^{-1}$ between V' and V_t is everywhere biregular.*

In order to solve (D), we need some preliminary results.

LEMMA 2. *Let F and H be mappings of a variety X into two varieties W, T, all these being defined over a field k; x being a generic point of X over k, assume that $t = H(x)$ is generic over k on T and that x has a locus V_t over $k(t)$. Let F_t be the mapping of V_t into W induced by F on V_t. Then F is defined at every point of V_t where F_t and H are both defined.*

It is clearly enough to treat the case in which X is an affine variety and W is the affine line. Then F_t is the function on V_t, defined over $k(t)$, such that $F_t(x) = F(x)$. If F_t is defined at a point a of V_t, we can write it as $F_t(x) = P(x)/Q(x)$, where P, Q are polynomials with coefficients in $k(t)$, such that $Q(a) \neq 0$. More explicitly, we have

$$P(X) = \sum_i \lambda_i(t) M_i(X), \qquad Q(X) = \sum_j \mu_j(t) N_j(X),$$

where the λ_i, μ_j are functions on T, defined over k, and the M_i, N_j are monomials in the indeterminates (X); and we have

$$(1) \qquad \sum_j \mu_j(t) N_j(a) \neq 0.$$

Then we have $F(x) = \Phi(x)/\Psi(x)$, with

$$(2) \qquad \Phi(x) = \sum_i \lambda_i(H(x)) M_i(x), \qquad \Psi(x) = \sum_j \mu_j(H(x)) N_j(x).$$

As a is on V_t, (t, a) is a specialization of (t, x) over k; if H is defined at a, we must have $H(a) = t$. As t is generic on T over k, the functions λ_i, μ_j are defined at t; therefore the functions $\lambda_i \circ H$, $\mu_j \circ H$ are defined at a on X, with the values $\lambda_i(t)$, $\mu_j(t)$. That being so, the relations (1), (2) show that F is defined at a on V.

PROPOSITION 2. *Let k, T, t, t' be as in* (C); *let V be a variety, defined over k; let V_t be a variety, defined and projectively* (*resp. affinely*) *embeddable over $k(t)$; let f_t be a birational correspondence, defined over $k(t)$, between V and V_t. Then:*

(i) *if a is a point of V_t where $f_{t'} \circ f_t^{-1}$ is biregular, there is an affine variety W and a birational correspondence F between V and W, both defined over k, such that $F \circ f_t^{-1}$ is biregular at a;*

(ii) *if $f_{t'} \circ f_t^{-1}$ is everywhere biregular, there is a variety W, defined and projectively* (*resp. affinely*) *embeddable over k, and a birational correspondence F between V and W, defined over k, such that $F \circ f_t^{-1}$ is everywhere biregular.*

We may assume that V_t is a $k(t)$-open subset of a variety, defined over $k(t)$, in a projective (resp. affine) space S. We may also assume that T is a projective (resp. affine) variety; let S' be its ambient space. If S, S' are affine, $S \times S'$ is an affine space; if they are projective, call Φ the well-known biregular embedding of $S \times S'$ into a projective space S'' of suitable dimension. Let v be generic on V over $k(t, t')$, and put $x = f_t(v)$. We may replace V_t by a suitable $k(t)$-open subset of the locus of (x, t) over $k(t)$ in the affine case, of $\Phi(x, t)$ over $k(t)$ in the projective case; after that is done, we have $k(t) \subset k(x)$, and therefore $k(x) = k(t, x) = k(t, v)$, so that x has a locus X over k, birationally equivalent to $T \times V$, and that we may write $t = H(x)$, where H is a mapping of X into T, defined over k; moreover, the mapping H is everywhere defined on X.

Now, since X is birationally equivalent to $T \times V$ over k, and V is birationally equivalent to V_t over $k(t)$, X is birationally equivalent to $T \times V_t$ over $k(t)$. More explicitly, if we put $x' = f_{t'}(v)$, x' is generic over $k(t)$ on X, and we have $k(x') = k(t', v)$, hence $k(t, x') = k(t, t', x)$, so that we may write $x' = g_t(t', x)$, where g_t is a birational correspondence, defined over $k(t)$, between $T \times V_t$ and X. We have $t' = H(x')$, and we may write $x = \phi_t(x')$, where ϕ_t is a mapping of X into V_t, defined over $k(t)$; then (H, ϕ_t) is the mapping of X into $T \times V_t$, inverse to g_t. The mapping g_t induces on the subvariety $t' \times V_t$ of $T \times V_t$ the mapping $(t', x) \rightarrow x' = f_{t'}(f_t^{-1}(x))$; and ϕ_t induces on $V_{t'}$ the mapping $x' \rightarrow x$, i. e. the mapping $f_t \circ f_{t'}^{-1}$. Applying Lemma 2, we see that g_t is defined at (t', a) whenever a is a point of V_t where $f_{t'} \circ f_t^{-1}$ is defined, and that ϕ_t is defined at every point of $V_{t'}$ where $f_t \circ f_{t'}^{-1}$ is defined. Therefore g_t is biregular at (t', a) whenever a is a point of V_t where $f_{t'} \circ f_t^{-1}$ is biregular.

Now let A_0 be the $k(t)$-closed subset of $T \times V_t$ where g_t is not biregular; and assume first that a is a point of V_t with the property stated in (i). Then (t', a) is not in A_0, so that $T \times a$ is not contained in A_0; let A_1 be the (non-dense) $k(t, a)$-closed subset of T consisting of those points t_1 such that $(t_1, a) \varepsilon A_0$. By [**4**], App., Prop. 12, there is a $\bar{k}$-closed subset A_2 of T containing all $\bar{k}$-closed subsets of T contained in A_1; in particular, every point of A_1 which is algebraic over k must be in A_2. Let A_3 be the union of the components of A_2 and of their conjugates over k; put $T' = T - A_3$; this is a k-open subset of T such that, if t_1 is any algebraic point over k in T', g_t is biregular at (t_1, a).

On the other hand, assume, as in (ii), that $f_{t'} \circ f_t^{-1}$ is everywhere biregular. Then g_t is biregular at every point of $t' \times V_t$, so that A_0 has no point in common with $t' \times V_t$. This implies that the projection of A_0 on T is non-dense in T, so that, if we call A_1' the closure of that projection, it is a (non-dense) $k(t)$-closed subset of T. Let A_2' be the maximal $\bar{k}$-closed subset of T contained in A_1'; let A_3' be the union of the components of A_2' and of their conjugates over k; put $T'' = T - A_3'$. Then T'' is k-open on T; and, if t_1 is any algebraic point over k in T'', g_t is biregular at every point of $t_1 \times V_t$.

Now let t_1 be a separably algebraic point over k in T' (resp. T''); if k is finite, we may take for t_1 any algebraic point over k in T' (resp. T''), since in that case every algebraic extension of k is separable; if k is infinite, we apply [**4**], App., Prop. 13. Let $t_1, \cdots, t_n$ be the distinct conjugates of t_1 over k. As they are in T' (resp. T''), g_t is biregular at (t_i, a) (resp. at every point of $t_i \times V_t$), and a fortiori at (t_i, x), for $1 \leqq i \leqq n$; therefore it induces on $t_i \times V_t$ a birational correspondence g_i between V_t and the locus V_i of the point $g_i(x) = g_t(t_i, x)$ over $k(t, t_i)$ in the projective (resp. affine) ambient space of X; and g_i is biregular at a (resp. at every point of V_t). But, as we have already observed, the relation $k(x) = k(t, v)$ shows that X is birationally equivalent to $T \times V$; we may write $x = f(t, v)$, where f is a birational correspondence between $T \times V$ and X, defined over k; then we have $x' = f(t', v)$; and f is the product of g_t and of the birational correspondence $(t', v) \to (t', x)$ between $T \times V$ and $T \times V_t$. As the latter correspondence is biregular at (t_i, v), and g_t is biregular at (t_i, x), for $1 \leqq i \leqq n$, we see that f is biregular at (t_i, v), and that we have

$$g_i(x) = g_t(t_i, x) = f(t_i, v).$$

As the point $f(t_i, v)$ has the same locus over $k(t_i)$ as over $k(t, t_i)$, this shows that V_i is defined over $k(t_i)$. As every automorphism of $\bar{k}$ over k can be extended to an automorphism of $\bar{k}(v)$ over $k(v)$, this also shows that V_i is the transform of V_1 by the isomorphism of $k(t_1)$ onto $k(t_i)$ over k which maps t_1 onto t_i. Also, if f_i is the mapping of V into V_i, defined over $k(t_i)$, which is such that $f_i(v) = f(t_i, v)$, we have $f_i = g_i \circ f_t$; and f_i is the transform of f_1 by the isomorphism of $k(t_1)$ onto $k(t_i)$ over k which maps t_1 onto t_i.

Now apply Proposition 1 to the variety V, defined over the groundfield k, to the variety V_1, defined over $k(t_1)$, and to the birational correspondence f_1; this gives a projective (resp. affine) variety W and a birational correspondence F between V and W, both defined over k, such that $F \circ f_1^{-1}$ is biregular wherever all the $f_i \circ f_1^{-1}$ are defined, i. e. wherever all the $g_i \circ g_1^{-1}$ are defined. Now, in case (i), all the g_i are biregular at a, so that all the $g_i \circ g_1^{-1}$ are biregular at the point $g_1(a)$; therefore $F \circ f_t^{-1}$, which is the same as $(F \circ f_1^{-1}) \circ g_1$, is biregular at a; as this involves merely a local property of W at the image of a by that mapping, we may replace W, in the projective case, by one of its affine representatives. Thus we have solved our problem in case (i). In case (ii), g_i is biregular at every point of V_t; as we have just shown, this implies that $F \circ f_t^{-1}$ is biregular at every point of V_t, so that it determines an isomorphism of V_t onto a $k(t)$-open subset W' of W. The assumption in (ii) implies that W' is invariant under the isomorphism of $k(t)$ onto $k(t')$ over k which maps t onto t'. From this and from [**4**], App., Prop. 9, it follows easily that W' is k-open; thus (W', F) is a solution of our problem.

COROLLARY. *Let k, T, t and t' be as in* (C)*; let V be a variety, defined over k; let V_t be a variety, defined over $k(t)$; let f_t be a birational correspondence between V and V_t, defined over $k(t)$ and such that $f_{t'} \circ f_t^{-1}$ is everywhere biregular. Then, if a is any point of V_t, there is an affine variety W and a birational correspondence F between V and W, both defined over k, such that $F \circ f_t^{-1}$ is biregular at a.*

We may assume that t' has been taken generic on T over $k(t,a)$; take t'' generic on T over $k(t,t',a)$. Call a', a'' the images of a by $f_{t'} \circ f_t^{-1}$ and by $f_{t''} \circ f_t^{-1}$, respectively. The isomorphism of $k(t,a,t')$ onto $k(t,a,t'')$ over $k(t,a)$ which maps t' onto t'' maps a' onto a''; therefore, if $V_{t'\alpha}$ is a representative of the (abstract) variety $V_{t'}$ on which a' has a representative a_α', the point a'' of $V_{t''}$ has a representative a_α'' on $V_{t''\alpha}$. Let $f_{t'\alpha}$ be the birational correspondence between V and $V_{t'\alpha}$ which is determined by $f_{t'}$. As $f_{t''} \circ f_{t'}^{-1}$ is everywhere biregular and maps a' onto a'', $f_{t''\alpha} \circ f_{t'\alpha}^{-1}$ is biregular at a_α'. Applying Proposition 2(i) to V, $V_{t'\alpha}$ and $f_{t'\alpha}$, we get a solution (W,F) of our problem.

6. Now we can deal with problems (D) and (C').

THEOREM 5. *Problem* (D) *has a solution if and only if $f_{t'} \circ f_t^{-1}$ is everywhere biregular for t' generic over $k(t)$ on T.*

The condition being obviously necessary, assume that it is fulfilled. By the corollary of Proposition 2, there is, to every point a of V_t, an affine variety W_a and a birational correspondence F_a between V and W_a, both defined over k, such that $F_a \circ f_t^{-1}$ is biregular at a; call Ω_a the $k(t)$-open subset of V_t where $F_a \circ f_t^{-1}$ is biregular, and call W_a' its image on W_a by $F_a \circ f_t^{-1}$, which is a $k(t)$-open subset of W_a. Then W_a' is the subset of W_a where $f_t \circ F_a^{-1}$ is biregular; as in the proof of Proposition 2, this implies that W_a' is invariant under the isomorphism of $k(t)$ onto $k(t')$ over k which maps t onto t', and we again conclude from this that W_a' is k-open. As we have $a \in \Omega_a$ for every $a \in V_t$, the open sets Ω_a form a covering of V_t; by the well-known "compactoid" property of open sets in the Zariski topology, there must be finitely many points a_α on V such that the sets Ω_{a_α} cover V_t. Then the k-open subsets W_{a_α}' of the affine varieties W_{a_α}, together with the birational correspondences $F_{a_\beta} \circ F_{a_\alpha}^{-1}$ between them, define an abstract variety, which, together with the obvious birational correspondence between it and V, solves our problem.

THEOREM 6. *Problem* (C') *has a solution, i.e., problem* (C) *has a solution* (V, f_t) *for which* f_t *is everywhere biregular, if and only if* $f_{t',t}$ *is everywhere biregular and satisfies condition* (i) *in Theorem* 4. *The solution is unique up to a* k*-isomorphism.*

This is an immediate consequence of Theorems 4 and 5.

7. As to the projective or affine embeddability of the solution of problems (D) and (C′), we have the following result.

THEOREM 7. *Let* V *be a variety, defined over a field* k, *and projectively (resp. affinely) embeddable over an overfield* K *of* k. *Then* V *is projectively (resp. affinely) embeddable over* k *provided* (i) K *is separable over* k *or* (ii) V *is everywhere normal with reference to* k.

The assumption means that there is a birational correspondence f, defined over K and biregular at every point of V, between V and a subvariety of a projective (resp. affine) space; if we regard f as a mapping of V into that space, it has a smallest field of definition k' containing k; we may replace K by k'; after that is done, K is finitely generated over k. If K is separable over k, it is a regular extension $k_1(t)$ of the algebraic closure k_1 of k in K, and k_1 is a separably algebraic extension of k of finite degree. Proposition 2(ii) shows that V is then projectively (resp. affinely) embeddable over k_1; by Theorem 2, this implies that the same is true over k; this completes the proof in case (i). If K is not separable over k, let k^* be the union of the fields $k^{p^{-n}}$, for $n = 1, 2, \cdots$; then the compositum K^* of K and k^* is separable over k^*, so that, by what we have just proved, V is projectively (resp. affinely) embeddable over k^*. In order to deal with case (ii), it is therefore enough to prove our theorem in the case in which V is everywhere normal with reference to k, and K is purely inseparable over k; I owe the proof for this to T. Matsusaka; it is as follows.

We may again assume that K is finitely generated over k; as it is purely inseparable, it is contained in some field $k' = k^{1/q}$, where q is a power of the characteristic. Then there is a mapping f' of V into a projective (resp. affine) space, defined over k', such that f' determines a birational correspondence, biregular at every point of V, between V and the closure W' of its image by f'; then W' is a projective (resp. affine) variety, defined over k', and f' determines a k'-isomorphism between V and a k'-open subset of W'. Call π the automorphism $\xi \rightarrow \xi^q$ of the universal domain; put $W = W'^{\pi}$; W is then a projective (resp. affine) variety, defined over k. Let x be a generic point of V over k; then W' is the locus of the point $y' = f'(x)$ over k', and W is the locus of the point $y = y'^{\pi}$ over k. As y' is rational over $k'(x)$, y is so over $k(x^{\pi})$; we may write $y = g(x)$, where g is a mapping of V into W, defined over k; as we have $k'(y') = k'(x)$, we have $k(y) = k(x^{\pi})$, which implies that $k(x)$ is purely inseparable over $k(y)$. In the projective case, let U be the projective variety derived from W by normalization in the field $k(x)$ [1]; U is birationally equivalent to V over k; let z be the point of U which corresponds to x on V. In the affine case, we take for z a point in a suitable affine space such that $k[z]$ is the integral closure of the ring $k[y]$ in the field $k(x)$, and for U the locus of z over k. In either case we may write $z = f(x)$, where f is a birational correspondence between V and U, defined over k. By definition, U is everywhere normal with reference to k, and the mapping $h = g \circ f^{-1}$ of U into W is everywhere defined and such that the (set-theoretic) inverse image of every point of W for that mapping consists of finitely many points of U. Let a be any point of V; let (a, b) be a specialization of (x, z) over $x \rightarrow a$ with reference to k; then, as h is defined at b, $(a, b, h(b))$ is a specialization of (x, z, y) over k. As f' is defined at a, g is also defined there, so that we must have $h(b) = g(a)$; therefore b is one of the finitely many points of U whose image by h is $g(a)$. As V is normal at a by assumption, with reference to k, this implies that f is defined at a, and that we have $b = f(a)$. We have $g(a) = f'(a)^{\pi}$, hence $f'(a) = g(a)^{\pi^{-1}}$; as $g(a) = h(b)$, this shows that $f'(a)$ is the unique specialization of y' over $z \rightarrow b$ with reference to k'; as f' is biregular at a, f'^{-1} is defined at $f'(a)$, and therefore x has no other specialization than a over $z \rightarrow b$ with reference to k', hence also with reference to k by F-II_1, Prop. 3. As U is normal at b, with reference to k, this implies that f^{-1} is defined at $b = f(a)$. We have thus shown that f is biregular at every point of V, so that it is a k-isomorphism between V and a k-open subset of U.

As a special case (already contained in Proposition 2), we see that, in problem (D), V' is projectively (resp. affinely) embeddable over k if V_t is so over $k(t)$; similarly, in problem (C'), V is projectively (resp. affinely) embeddable over k if V_t is so over $k(t)$.

8. In [**4**], the construction carried out in Nos. 7-9 can be advantageously replaced by the application of our Theorem 6 to the situation described in No. 6 of that paper. The application is entirely straightforward, so that no further details need be given; this shows that the recourse to the Lang-Weil

[1] U is the "derived normal model of W in the field $k(x)$" according to Zariski's definition ([**5**], pp. 69-70); cf. also [**3**].

Theorem, i.e., in substance, to the so-called "Riemann hypothesis" in the case of a finite groundfield (loc. cit., p. 374) was unnecessary; so is the assumption of normality in the final result (loc. cit., p. 375); normality had to be assumed there merely because of the use made of the Chow point in the construction on p. 370, whereas in the present paper a different device was adopted (in the proof of Proposition 1). Of course, in the main theorem of [**4**] (p. 375), parts (i) and (ii) remain unchanged. For the sake of completeness, we give here the improved result by which part (iii) of that theorem may now be replaced:

PROPOSITION 3. *Let G be a group and W a chunk of transformation-space with respect to G, both defined over k. Then there is a transformation-space S with respect to G, and a birational correspondence f between W and S, both defined over k, with the following properties:* (a) *f is biregular at every point of W;* (b) *for every $s \varepsilon G$ and $a \varepsilon W$ such that sa is defined, we have $f(sa) = sf(a)$;* (c) *every point of S can be written in the form $sf(a)$, with $s \varepsilon G$ and $a \varepsilon W$. Moreover, S is uniquely determined by these properties up to a k-isomorphism compatible with the operations of G.*

UNIVERSITY OF CHICAGO.

REFERENCES.

[1] W. L. Chow, "Abelian varieties over function-fields," *Transactions of the American Mathematical Society*, vol. 78 (1955), pp. 253-275.

[2] S. Lang, "Abelian varieties over finite fields," *Proceedings of the National Academy of Sciences*, vol. 41 (1955), pp. 174-176.

[3] T. Matsusaka, "A note on my paper 'Some theorems on abelian varieties'," *Nat. Sc. Rep. Ochanomizu Univ.*, vol. 5 (1954), pp. 21-23.

[4] A. Weil, "On algebraic groups of transformations," *American Journal of Mathematics.*, vol. 77 (1955), pp. 355-391.

[5] O. Zariski, "Theory and applications of holomorphic functions on algebraic varieties over arbitrary groundfields," *Memoirs of the American Mathematical Society*, no. 5 (1951), pp. 1-90.

[1957a] Zum Beweis des Torellischen Satzes

Vorgelegt von Herrn M. Deuring in der Sitzung vom 8. Februar 1957

Die von Siegel geschaffene Theorie der höheren Modulfunktionen kann als Theorie der Moduln für abelsche Funktionenkörper angesehen werden; ihre Anwendung auf das klassische Problem der Moduln algebraischer Kurven beruht auf einem Satz von R. Torelli, der ungefähr besagt, daß eine algebraische Kurve durch die Normalperioden der abelschen Integrale 1. Gattung auf der Kurve völlig bestimmt ist.

Der Beweis, der von Torelli selbst für diesen Satz gegeben wurde (*Rend. Acc. Lincei* [V] 22 [1914], p. 98), ist im wesentlichen algebraisch-geometrischer Natur. Eine moderne, völlig einwandfreie und lückenlose Darstellung dieses Beweises liegt nicht vor; dasselbe gilt auch für den durchaus klassisch formulierten und an mehreren Stellen ziemlich skizzenhaften Beweis von A. Andreotti (*Mém. Acad. Belg.* 27 [1952], fasc. 7). In der vorliegenden Arbeit soll der Torellische Satz in einer solchen Fassung formuliert und bewiesen werden, daß er auch im „abstrakten Fall" (beliebiger Charakteristik) seine Gültigkeit behält. Die ganz einfache Beweisidee, die mit dem Andreottischen Ansatz eng verwandt ist, ist leider durch technische Schwierigkeiten etwas entstellt, welche es nötig machen, die Fälle niedrigeren Geschlechtes besonders zu behandeln.

1. Zur abstrakten Formulierung des Torellischen Satzes braucht man den Begriff einer „polarisierten" abelschen Mannigfaltigkeit (vgl. meinen Vortrag „On complex multiplication", *Tokyo Symposium on Numbertheory*, 1955, sowie eine demnächst erscheinende Arbeit von T. Matsusaka im *American Journal of Mathematics*). Zunächst sei A eine abelsche Mannigfaltigkeit im klassischen Fall, d. h. über dem komplexen Zahlkörper; der zugehörige Funktionenkörper sei der Körper aller periodischen meromorphen Funktionen in einem n-dimensionalen Vektorraum R über dem komplexen Zahlkörper mit einem vorgegebenen Periodengitter G vom Rang $2n$. Damit G tatsächlich Periodengitter eines solchen Körpers der Dimension n sei, ist bekanntlich notwendig und hinreichend, daß es eine auf $G \times G$ ganzzahlige alternierende

Reprinted from *Göttingen Nachrichten* 1, 1974, by permission of *Akademie der Wissenschaften Göttingen*.

Bilinearform B gebe, die Imaginärteil einer im Raum R positiv definiten Hermiteschen Bilinearform ist. Nun sagt man, daß jede solche Bilinearform B eine *Polarisierung* der abelschen Mannigfaltigkeit $A = R/G$ bestimmt, wobei zwei Formen B, B' dann und nur dann dieselbe Polarisierung von A bestimmen, wenn sie sich nur um einen konstanten Faktor unterscheiden. Man sagt, daß A *polarisiert* ist, wenn man auf A eine bestimmte Polarisierung gewählt hat. Wenn sämtliche Elementarteiler der Form B einander gleich sind, sagt man, daß die durch B polarisierte Mannigfaltigkeit A zu der *Hauptschar* der polarisierten abelschen Mannigfaltigkeiten der Dimension n gehört. Wenn eine abelsche Mannigfaltigkeit keine komplexen Multiplikationen (d. h. keine nicht-trivialen Endomorphismen) besitzt, dann ist sie nur auf eine Weise polarisierbar. Man kann sich leicht überzeugen, daß es sich in der klassischen Theorie der abelschen Funktionen (z. B. in den Arbeiten von Hermite und Humbert) meistens um polarisierte abelsche Mannigfaltigkeiten handelt; nur dann, wenn von solchen Mannigfaltigkeiten die Rede ist, darf man von ihren Moduln sprechen. Z. B. ist die Siegelsche Theorie der höheren Modulfunktionen nichts anderes als eine Theorie der Moduln für die Hauptschar der polarisierten abelschen Mannigfaltigkeiten einer gegebenen Dimension, indem ein System solcher Moduln durch einen Punkt im Fundamentalbereich der Modulgruppe bestimmt ist.

Im abstrakten Fall sei X ein nicht-ausgearteter positiver Divisor auf einer abelschen Mannigfaltigkeit A; darunter versteht man einen positiven Divisor X, der höchstens durch endlich viele Translationen in einen dazu linear äquivalenten Divisor verwandelt wird. Dann sagt man, daß X eine *Polarisierung* von A bestimmt, wobei zwei solche Divisoren X, X' dann und nur dann dieselbe Polarisierung von A bestimmen, wenn es zwei positive ganze Zahlen m, m' gibt, für welche mX und $m'X'$ algebraisch äquivalent sind; jeder positive Divisor X' mit dieser Eigenschaft heiße ein *Polardivisor* für die durch X polarisierte abelsche Mannigfaltigkeit A. Aus dem Hauptsatz der Theorie der Thetafunktionen folgt sofort, daß im klassischen Fall dieser Polarisierungsbegriff mit dem oben definierten zusammenfällt.

Insbesondere sei J die Jacobische Mannigfaltigkeit einer algebraischen Kurve C; die Bezeichnungen seien dieselben wie in meinem Buch *Variétés abéliennes et courbes algébriques*, Paris 1948 (zitiert als VA). Es sei φ die (bis auf eine Translation eindeutig bestimmte) kanonische Abbildung von C in J. Wenn $\mathfrak{a} = \sum_i a_i M_i$ ein Divisor auf C ist, werde ich zur Abkürzung $\varphi(\mathfrak{a}) = \sum a_i \varphi(M_i)$ schreiben (statt $S[\varphi(\mathfrak{a})]$ wie in VA). Wie in VA wird durch W_r diejenige Untermannigfaltigkeit von J bezeichnet, die aus allen Punkten der Form $\varphi(\mathfrak{a})$ besteht, wenn $\mathfrak{a}$ die Gesamtheit der positiven Divisoren vom Grad r auf C durchläuft. Statt W_{g-1} wird meistens Θ geschrieben; wenn $\mathfrak{k}$ ein Divisor der kanonischen Klasse auf C ist, besteht $\Theta = W_{g-1}$ auch aus den Punkten $\varphi(\mathfrak{k}) - \varphi(\mathfrak{m})$, wenn $\mathfrak{m}$ die Gesamtheit der positiven Divisoren vom Grad $g - 1$

durchläuft; Θ wird also durch die Abbildung $u \to \varphi(\mathfrak{k}) - u$ auf sich selbst abgebildet. Statt W_{g-2} werden wir W schreiben; es sei W^* das Bild von W bei der Abbildung $u \to \varphi(\mathfrak{k}) - u$ von J auf sich selbst. Wenn X ein Zyklus (und insbesondere eine Mannigfaltigkeit) auf J und a ein Punkt auf J ist, so wird (wie in VA) durch X_a der aus X durch die Translation a entstehende Zyklus bezeichnet. Wir wollen unter der *kanonischen Polarisierung* von J diejenige verstehen, welche von Θ oder (was auf dasselbe hinausläuft) von einem beliebigen unter den Divisoren Θ_a bestimmt wird. Diese Polarisierung ist offenbar invariant bei jeder Abbildung $u \to \pm u + a$ von J auf sich selbst (dasselbe gilt übrigens für jede Polarisierung einer abelschen Mannigfaltigkeit, wie z.B. sofort aus VA-73, prop. 31 folgt). Im klassischen Fall gehört jede kanonisch polarisierte Jacobische Mannigfaltigkeit zu der Hauptschar der abelschen Mannigfaltigkeiten derselben Dimension.

2. Der eigentliche Inhalt des Torellischen Satzes besagt nun, daß eine polarisierte abelsche Mannigfaltigkeit im wesentlichen höchstens auf eine Weise die kanonisch polarisierte Jacobische Mannigfaltigkeit einer Kurve sein kann. Genauer läßt er sich wie folgt formulieren:

Hauptsatz. *Es seien C, C' zwei Kurven vom gleichen Geschlecht $g > 1$; es sei φ* (bzw. φ') *die kanonische Abbildung von C* (bzw. C') *in ihre Jacobische Mannigfaltigkeit J* (bzw. J'). *Es gebe einen Isomorphismus α der kanonisch polarisierten Mannigfaltigkeit J auf die kanonisch polarisierte Mannigfaltigkeit J'. Dann gibt es einen Isomorphismus f von C auf C' mit der Eigenschaft, daß $\alpha \circ \varphi = \pm \varphi' \circ f + a$ ist mit konstantem a; dabei sind f, a und das Vorzeichen $\pm$ durch α eindeutig bestimmt, wenn C und C' nicht hyperelliptisch sind; bei hyperelliptischen C und C' sind f und a durch α und das Vorzeichen $\pm$ eindeutig bestimmt, wobei das letztere beliebig gewählt werden kann.*

Der Beweis ergibt sich dadurch, daß man eine explizite Konstruktion für C und φ angibt, wenn J als gegeben gedacht wird. Zunächst wird gezeigt, daß die Schar $\{\Theta_a\}$ der aus Θ durch Translation entstehenden Mannigfaltigkeiten durch die Polarisierung von J eindeutig bestimmt ist; das folgt im klassischen Fall aus bekannten Sätzen aus der Theorie der Thetafunktionen und im abstrakten Fall aus folgendem Satz:

Satz 1. *Ein positiver Divisor Z auf J läßt sich dann und nur dann durch eine Translation in Θ überführen, wenn $Z \equiv \Theta$ ist* (wobei $X \equiv O$ wie in VA-57 durch das Bestehen der linearen Äquivalenz $X_t \sim X$ für alle t definiert ist).

Es ist nämlich $\Theta_a \equiv \Theta$ für alle a. Es sei $Z \equiv \Theta$ mit positivem Z; dann gibt es nach VA-62, th. 32, cor. 2 ein a, für welches $Z \sim \Theta_a$; indem wir Z durch Z_{-a} ersetzen, brauchen wir also nur zu zeigen, daß, wenn $Z \sim \Theta$ und Z positiv ist, Z mit Θ zusammenfallen muß. Es sei x ein generischer Punkt auf J (in bezug auf einen gemeinsamen Definitionskörper für alle in Betracht kommenden Mannigfaltigkeiten); dann ist nach VA-41, th. 20 $\varphi^{-1}(\Theta_x) = \sum P_i$, wo die

P_i $(1 \leq i \leq g)$ Punkte auf C sind mit der Eigenschaft $\sum_i \varphi(P_i) = \varphi(\mathfrak{k}) + x$; die P_i müssen also unabhängige generische Punkte auf C sein, woraus folgt, daß $l(\sum P_i) = 1$. Aus $Z \sim \Theta$ folgt, daß $\varphi^{-1}(Z_x)$ ein mit $\sum P_i$ linear äquivalenter positiver Divisor auf C sein muß; wegen $l(\sum P_i) = 1$ fällt er also mit $\sum P_i$ zusammen; demnach liegt jeder Punkt $\varphi(P_i)$ auf einer Komponente von Z_x, und der Punkt

$$\varphi(P_1) - x = \varphi(\mathfrak{k}) - \sum_{i=2}^{g} \varphi(P_i)$$

auf einer Komponente von Z. Da dieser Punkt, wie letztere Gleichung zeigt, auf Θ generisch ist, so muß Θ Komponente von Z sein; also ist $Z - \Theta$ positiv und ~ 0, woraus folgt, daß $Z - \Theta = 0$ ist, w.z.b.w.

Nun wird jedem Divisor X auf J durch die in VA-45 und VA-48 definierte Abbildung $X \to \delta'_X$ ein Endomorphismus δ'_X von J zugeordnet; dabei ist δ'_Θ der identische Automorphismus δ_J von J; nach VA-57, th. 30 ist dann und nur dann $\delta'_X = \delta'_Y$, wenn $X \equiv Y$. Wenn X Polardivisor auf der kanonisch polarisierten Mannigfaltigkeit J ist, so gibt es nach der Definition zwei positive ganze Zahlen m, m', für welche mX mit $m'\Theta$ algebraisch äquivalent ist; um so mehr besteht dann die Relation $mX \equiv m'\Theta$, also $m\delta'_X = m'\delta_J$; dann muß aber (z.B. nach VA-65, th. 33, cor. 1) $n = m'/m$ ganzzahlig sein, woraus folgt, daß $\delta'_X = n\delta_J$ und $X \equiv n\Theta$ mit ganzzahligem n gilt. Sagen wir, daß ein Polardivisor X auf J *minimal* ist, wenn es zu jedem Polardivisor Y auf J eine ganze Zahl r gibt, für welche $Y \equiv rX$. Jetzt folgt sofort aus Satz 1, daß *ein Polardivisor dann und nur dann minimal ist, wenn er der Schar $\{\Theta_a\}$ der aus Θ durch Translation entstehenden Divisoren angehört.* Damit ist diese Schar in invarianter Weise auf der polarisierten Mannigfaltigkeit J gekennzeichnet.

3. Wir sind jetzt schon imstande, den Fall $g = 2$ zu erledigen. In diesem Fall ist nämlich $\Theta = W_1 = \varphi(C)$. Im Hauptsatz können sich dann die Kurven $\alpha(\varphi(C))$, $\varphi'(C')$ auf J' höchstens durch eine Translation unterscheiden. Da φ, φ' die Kurven C, C' isomorph auf $\varphi(C)$, $\varphi'(C')$ abbilden, so muß es also f und a geben, für welche $\alpha \circ \varphi = \varphi' \circ f + a$; daß f und a dabei eindeutig bestimmt sind, ergibt sich daraus, daß (z.B. nach VA-62, th. 32, cor. 2) Θ durch keine Translation in sich selbst übergeführt wird.

Bekanntlich ist jede Kurve vom Geschlecht 2 hyperelliptisch; auf einer solchen Kurve C hat nämlich die kanonische Vollschar (bestehend aus allen positiven Divisoren, die mit einem beliebigen kanonischen Divisor $\mathfrak{k}$ linear äquivalent sind) den Grad 2 und die Dimension 1. Es gibt also einen Automorphismus h von C derart, daß für jeden Punkt M auf C der Divisor $M + h(M)$ der kanonischen Vollschar angehört; dann ist $\varphi(h(M)) = \varphi(\mathfrak{k}) - \varphi(M)$. Wenn nun φ, φ', α, f, a dieselbe Bedeutung haben wie oben und $f_1 = f \circ h$, $a_1 = \alpha(\varphi(\mathfrak{k})) - a$ gesetzt wird, so ist $\alpha \circ \varphi = -\varphi' \circ f_1 + a_1$; dabei sind f_1, a_1 durch diese Gleichung eindeutig bestimmt, da sonst $f = f_1 \circ h$

und a durch die Gleichung $\alpha \circ \varphi = \varphi' \circ f + a$ nicht eindeutig bestimmt wären. Damit ist der Hauptsatz im Fall $g = 2$ vollständig bewiesen.

Die in der Literatur häufig vorkommende Behauptung, daß im klassischen Fall eine der Hauptschar angehörige abelsche Mannigfaltigkeit der Dimension 2 „im allgemeinen" Jacobische Mannigfaltigkeit einer Kurve ist, läßt sich jetzt leicht auch im abstrakten Fall in folgender präziseren Fassung formulieren und beweisen:

Satz 2. *Es sei A eine polarisierte abelsche Mannigfaltigkeit der Dimension 2. Es gebe auf A einen Polardivisor X, derart, daß* $\deg (X \cdot X_u) = 2$ *sei für generisches u. Dann ist entweder X eine Kurve vom Geschlecht 2, A die kanonisch polarisierte Jacobische Mannigfaltigkeit von X und die kanonische Abbildung von X in A die identische; oder A ist das Produkt $\Gamma \times \Gamma'$ zweier elliptischer Kurven Γ, Γ', und X ist von der Form $\Gamma \times a' + a \times \Gamma$, wo a, a' Punkte auf Γ bzw. Γ' sind.*

Zur bequemeren Formulierung des Beweises wollen wir (in Erweiterung einer Definition in VA-22) folgendes verabreden: Wenn A eine beliebige abelsche Mannigfaltigkeit und X eine Untermannigfaltigkeit von A ist, so werden wir unter der *durch X erzeugten* abelschen Untermannigfaltigkeit von A die kleinste abelsche Untermannigfaltigkeit B von A verstehen, die sämtliche Punkte $x - x'$ mit x und x' in X enthält. Aus VA-21 folgt, daß B die durch diese Punkte erzeugte Untergruppe von A ist; wenn x ein beliebiger Punkt von X ist, so ist auch B die im Sinne von VA-22 durch X_{-x} erzeugte abelsche Untermannigfaltigkeit von A. Z.B. wird die Jacobische Mannigfaltigkeit J einer Kurve C durch die Kurve $\varphi(C)$ erzeugt, wenn φ die kanonische Abbildung von C in J ist; also wird auch J durch jede der Mannigfaltigkeiten W_r erzeugt. Wegen VA-20, th. 9 folgt daraus, daß W_r für $r < g$ mit keiner abelschen Mannigfaltigkeit birational äquivalent sein kann.

Nach dieser Bemerkung werden wir Satz 2 zunächst in dem Fall beweisen, wo der Polardivisor X eine Kurve ist, d. h. wo X aus einer einzigen Komponente mit dem Koeffizienten 1 besteht. Es sei i die Injektion, d. h. die identische Abbildung, von X in A. Das Geschlecht g von X kann weder 0 noch 1 sein; im ersteren Fall müßte nämlich i nach VA-19, th. 8 konstant sein; im letzteren Fall wäre i nach VA-20, th. 9 bis auf eine Translation ein Homomorphismus, also wäre X bis auf eine Translation eine abelsche Untermannigfaltigkeit von A, und es wäre $\deg (X \cdot X_u) = 0$. Es sei J die Jacobische Mannigfaltigkeit von X; es sei φ die kanonische Abbildung von X in J; k sei ein Definitionskörper für A, X, J, φ. Setzen wir $w = \varphi(M) + \varphi(N)$ und $x = i(M) + i(N)$, wo M, N zwei unabhängige generische Punkte von X über k sind. Der Ort („locus") von w über k ist dann nach unseren üblichen Bezeichnungen W_2; nach VA-39, prop. 15 ist $k(w)$ der Körper $k(M, N)_s$ der symmetrischen Funktionen von M, N über k; also ist $k(x)$ in $k(w)$ enthalten, so daß wir $x = F(w)$ schreiben können, wo F eine Abbildung von W_2 in A ist. Es sei X' der aus X

durch die Abbildung $u \to -u$ hervorgehende Divisor; wegen VA-61, th. 31, cor. 2 folgt aus der Voraussetzung über X, daß $\deg(X \cdot X'_u) = 2$; nach VA-13, th. 4, cor. 2 muß also x generisch über k auf A und $k(M, N)$ algebraisch vom Grad 2 über $k(x)$ sein; wegen $k(x) < k(M, N)_s$ ist demnach $k(x) = k(M, N)_s = k(w)$. Damit ist gezeigt, daß F eine birationale Abbildung von W_2 auf A ist. Wie oben bemerkt, kann W_2 für $g > 2$ mit keiner abelschen Mannigfaltigkeit birational äquivalent sein; es ist also $g = 2$ und $W_2 = J$; nach VA-20, th. 9 ist dann F bis auf eine Translation ein Isomorphismus von J auf A; andererseits folgt aus VA-18, th. 7, cor., daß φ und $F \circ i$ sich höchstens durch eine Translation unterscheiden können. Damit ist Satz 2 in dem Fall, wo X eine Kurve ist, vollständig bewiesen.

Falls X keine Kurve ist, können wir $X = \sum X^{(\varrho)}$ schreiben, wobei $X^{(1)}, \ldots, X^{(r)}$ Kurven sind. Dann ist für generisches u:

$$2 = \deg(X \cdot X_u) = \sum_{\varrho, \sigma} \deg(X^{(\varrho)} \cdot X_u^{(\sigma)}).$$

Da jedes Glied auf der rechten Seite ≥ 0 ist, so folgt unmittelbar aus dieser Gleichung (unter Benutzung von VA-22, prop. 6) erstens, daß jede Kurve $X^{(\varrho)}$ bis auf Translation eine abelsche Untermannigfaltigkeit von A sein muß, und zweitens, daß es nur zwei solche Kurven gibt; dann ist $\deg(X^{(1)} \cdot X_u^{(2)}) = 1$. Wegen VA-13, th. 4, cor. 2 ist damit der Beweis beendet.

Im klassischen Fall genügt eine polarisierte abelsche Mannigfaltigkeit dann und nur dann der Voraussetzung von Satz 2, wenn sie der Hauptschar angehört; also ist eine solche Mannigfaltigkeit entweder eine Jacobische Mannigfaltigkeit oder ein Produkt zweier elliptischer Kurven. Es ist mir nicht gelungen, die entsprechende Frage für $g = 3$ zu entscheiden.

4. Zur Behandlung des allgemeinen Falles brauchen wir einige Hilfssätze. Bekanntlich pflegt man zu sagen, daß ein positiver Divisor $\mathfrak{m}$ auf der Kurve C in der durch einen Divisor $\mathfrak{a}$ bestimmten linearen Vollschar $\mathfrak{S}$ (bestehend aus allen mit $\mathfrak{a}$ linear äquivalenten positiven Divisoren auf C) *enthalten* ist, wenn es einen positiven Divisor $\mathfrak{m}'$ gibt, für welchen $\mathfrak{m} + \mathfrak{m}'$ der Schar $\mathfrak{S}$ angehört. Unter Benutzung dieser Sprechweise gilt folgender Hilfssatz:

Hilfssatz 1. *Es sei $\mathfrak{a}$ ein Divisor vom Grad* 0 *auf der Kurve C; es sei $a = \varphi(\mathfrak{a}) \neq 0$; es sei $\mathfrak{S}$ die durch $\mathfrak{k} + \mathfrak{a}$ bestimmte lineare Vollschar. Dann besteht die Punktmenge $\Theta \cap \Theta_a$ aus den Punkten $\varphi(\mathfrak{m})$, wenn $\mathfrak{m}$ die in der Vollschar $\mathfrak{S}$ enthaltenen positiven Divisoren vom Grad $g - 1$ durchläuft. Die Vollschar $\mathfrak{S}$ hat dann und nur dann einen Fixpunkt P, wenn a von der Form $a = \varphi(P - Q)$ ist, wo Q ein Punkt von C ist; in diesem Fall ist $\Theta \cap \Theta_a = W_{\varphi(P)} \cup W^*_{-\varphi(Q)}$.*

Die erste Behauptung folgt unmittelbar aus der Tatsache, daß Θ, Θ_a aus den Punkten $\varphi(\mathfrak{m})$ bzw. $\varphi(\mathfrak{k} + \mathfrak{a} - \mathfrak{m}')$ bestehen, wobei $\mathfrak{m}$, $\mathfrak{m}'$ die positiven Divisoren vom Grad $g - 1$ durchlaufen. Damit P Fixpunkt der Schar $\mathfrak{S}$ sei, ist notwendig und hinreichend, daß $l(\mathfrak{k} + \mathfrak{a} - P) = l(\mathfrak{k} + \mathfrak{a})$ sei; nach dem Riemann-Rochschen Satz läßt sich diese Gleichung in der Form $l(P - \mathfrak{a})$

$= l(-\mathfrak{a}) + 1$ schreiben. Dann ist $l(P - \mathfrak{a}) \geq 1$, also $P - \mathfrak{a}$ mit einem positiven Divisor äquivalent; da $P - \mathfrak{a}$ vom Grad 1 ist, gibt es dann einen Punkt Q derart, daß $P - \mathfrak{a} \sim Q$, also $a = \varphi(P - Q)$ ist. Umgekehrt, wenn letztere Gleichung besteht und $a \neq 0$ ist, ist $l(P - \mathfrak{a}) = l(Q) = 1$, $l(-\mathfrak{a}) = 0$; wie oben gezeigt wurde, ist dann P Fixpunkt von $\mathfrak{S}$. In diesem Fall besteht $\mathfrak{S}$ aus den Divisoren $P + \mathfrak{r}$, wo $\mathfrak{r}$ die durch $\mathfrak{k} - Q$ bestimmte Vollschar durchläuft. Es sei der positive Divisor $\mathfrak{m}$ vom Grad $g - 1$ in dieser Schar $\mathfrak{S}$ enthalten; dann gibt es einen positiven Divisor $\mathfrak{m}'$ vom Grad $g - 1$ derart, daß $\mathfrak{m} + \mathfrak{m}'$ der Schar $\mathfrak{S}$ angehört; also ist P entweder Komponente von $\mathfrak{m}$ oder Komponente von $\mathfrak{m}'$. Im ersten Fall kann man $\mathfrak{m} = P + \mathfrak{n}$ schreiben, wo $\mathfrak{n}$ ein positiver Divisor vom Grad $g - 2$ ist, der in der durch $\mathfrak{k} - Q$ bestimmten Vollschar enthalten ist. Aus dem Riemann-Rochschen Satz folgt aber sofort, daß alle positiven Divisoren vom Grad $g - 2$ in dieser Vollschar enthalten sind; jeder Divisor $P + \mathfrak{n}$ mit positivem $\mathfrak{n}$ vom Grad $g - 2$ ist also in der Schar $\mathfrak{S}$ enthalten. Zweitens sei $\mathfrak{m}$ wie oben in $\mathfrak{S}$ enthalten und P Komponente von $\mathfrak{m}'$. Dann können wir $\mathfrak{m}' = P + \mathfrak{n}'$ schreiben mit einem positiven $\mathfrak{n}'$ vom Grad $g - 2$; wenn umgekehrt $\mathfrak{n}'$ ein beliebiger positiver Divisor vom Grad $g - 2$ ist, so ist wie oben $P + \mathfrak{n}'$ in $\mathfrak{S}$ enthalten, so daß es einen positiven Divisor $\mathfrak{m}$ vom Grad $g - 1$ gibt derart, daß $\mathfrak{m} + P + \mathfrak{n}'$ der Schar $\mathfrak{S}$ angehört; dann ist $\mathfrak{m}$ in $\mathfrak{S}$ enthalten, und es ist

$$\mathfrak{m} \sim \mathfrak{k} + \mathfrak{a} - P - \mathfrak{n}' \sim \mathfrak{k} - \mathfrak{n}' - Q.$$

Damit ist bewiesen, daß $\Theta \cap \Theta_a$ aus den Punkten $\varphi(P + \mathfrak{n})$, $\varphi(\mathfrak{k} - \mathfrak{n}' - Q)$ besteht, wenn $\mathfrak{n}$, $\mathfrak{n}'$ die Menge aller positiven Divisoren vom Grad $g - 2$ durchlaufen. Damit ist der Hilfssatz vollständig bewiesen.

5. Für $g \geq 5$ gilt weiter der folgende Hilfssatz:

Hilfssatz 2. *Die Bezeichnungen seien dieselben wie im Hilfssatz 1; die Schar $\mathfrak{S}$ sei fixpunktfrei, und das Geschlecht g von C sei ≥ 5. Weiter habe $\Theta \cap \Theta_a$ mehr als eine Komponente. Dann gibt es eine Komponente dieser Menge, die durch unendlich viele Translationen in sich selbst übergeführt wird.*

Es sei k ein algebraisch abgeschlossener Definitionskörper für C, J, φ und die Komponenten von $\mathfrak{a}$; $M_1, \ldots, M_{g-2}$ seien $g - 2$ unabhängige generische Punkte von C über k; wir setzen $\mathfrak{m} = \sum_\nu M_\nu$. Wegen $a \neq 0$ ist $l(\mathfrak{k} + \mathfrak{a}) = g - 1$, also $l(\mathfrak{k} + \mathfrak{a} - \mathfrak{m}) = 1$; es ist also $\mathfrak{k} + \mathfrak{a} - \mathfrak{m} \sim \mathfrak{n}$ mit einem durch diese Relation eindeutig bestimmten positiven Divisor $\mathfrak{n}$ vom Grad g; $\mathfrak{n}$ ist dann rational über dem Körper $k(\mathfrak{m}) = k(M_1, \ldots, M_{g-2})_s$, z.B. nach VA-41, th. 20.

Jede Komponente von $\Theta \cap \Theta_a$ hat die Dimension $g - 2$ und ist algebraisch über k, also rational über k, weil k algebraisch abgeschlossen ist; folglich hat ein in Bezug auf k generischer Punkt einer solchen Komponente die Dimension $g - 2$ über k. Nach Hilfssatz 1 läßt sich ein solcher Punkt in der Form $\varphi(\mathfrak{r})$ schreiben, wo $\mathfrak{r}$ ein in $\mathfrak{S}$ enthaltener positiver Divisor vom Grad $g - 1$ ist. Es sei $\mathfrak{r} = R_1 + \cdots + R_{g-1}$; damit $\varphi(\mathfrak{r})$ über k die Dimension $g - 2$ habe, müssen wenigstens $g - 2$ der Punkte R_i, z.B. $R_1, \ldots, R_{g-2}$, über k unabhängig sein; es gibt also einen Isomorphismus von $k(R_1, \ldots, R_{g-2})$ auf $k(M_1, \ldots, M_{g-2})$ über k, der R_i in M_i für $i = 1, \ldots, g-2$ überführt. Dieser Isomorphismus kann zu einem Isomorphismus von $k(R_1, \ldots, R_{g-1})$ in das Universalgebiet erweitert werden; dadurch wird R_{g-1} in einen Punkt N von C übergeführt, also $\mathfrak{r}$ in den Divisor $\mathfrak{m} + N$; dann ist $\varphi(\mathfrak{m} + N)$ generisch über k auf derselben Komponente von $\Theta \cap \Theta_a$ wie $\varphi(\mathfrak{r})$. Damit ist gezeigt, daß es zu jeder Komponente von $\Theta \cap \Theta_a$ einen generischen Punkt der Form $\varphi(\mathfrak{m} + N)$ gibt. Dabei muß der Divisor $\mathfrak{m} + N$ in $\mathfrak{S}$ enthalten sein; da aber die Relation $\mathfrak{m} + \mathfrak{n} \sim \mathfrak{k} + \mathfrak{a}$ den positiven Divisor $\mathfrak{n}$ eindeutig bestimmt, muß N eine der g Komponenten des Divisors $\mathfrak{n}$ sein.

Da $\mathfrak{n}$ über $k(\mathfrak{m})$ rational ist, ist $\mathfrak{n}$ entweder ein rationaler Primdivisor über $k(\mathfrak{m})$ oder Summe von mehreren solchen Primdivisoren. Im ersten Fall sind sämtliche Komponenten von $\mathfrak{n}$ zueinander über $k(\mathfrak{m})$ konjugiert; dasselbe gilt also für die Punkte $\varphi(\mathfrak{m} + N)$, so daß je zwei dieser Punkte generische Spezialisierungen voneinander über $k(\mathfrak{m})$ und um so mehr über k sind; folglich haben sie denselben Ort über k, so daß $\Theta \cap \Theta_a$ nicht mehr als eine Komponente haben kann entgegen der Voraussetzung. Demnach ist $\mathfrak{n}$ von der Form

$$\mathfrak{n} = \mathfrak{n}_1 + \cdots + \mathfrak{n}_h,$$

wo die $\mathfrak{n}_i$ rationale Primdivisoren über $k(\mathfrak{m})$ sind, mit $h \geq 2$.

Es sei ν_i der Grad von $\mathfrak{n}_i$; dann ist $\sum_i \nu_i = g$, also $\nu_i \leq g - 1$ für alle i wegen $h \geq 2$. Für jedes i ist $\varphi(\mathfrak{n}_i)$ rational über $k(\mathfrak{m})$, also auch über $k(M_1, \ldots, M_{g-2})$, und läßt sich also (nach VA-18, th. 7, cor.) in der Form $\psi(M_1) + \psi'(M_2) + \cdots$ schreiben, wo $\psi, \psi', \ldots$ $g-2$ Abbildungen von C in J sind, die (weil ihre Summe eine symmetrische Funktion von $M_1, \ldots, M_{g-2}$ ist) sich voneinander höchstens durch Addition einer Konstanten unterscheiden. Demnach können wir $\varphi(\mathfrak{n}_i)$ in der Form

$$\varphi(\mathfrak{n}_i) = \sum_{\nu=1}^{g-2} \psi_i(M_\nu) + c_i = \psi_i(\mathfrak{m}) + c_i$$

schreiben, wo für jedes i ψ_i eine Abbildung von C in J und c_i eine Konstante bedeutet; dabei ist jedes ψ_i bis auf eine Konstante eindeutig bestimmt. Für jedes i ist aber ψ_i bis auf eine Konstante von der Form $\alpha_i \circ \varphi$, wo α_i ein Endomorphismus von J ist; wir dürfen also annehmen, daß $\psi_i = \alpha_i \circ \varphi$; da k algebraisch abgeschlossen ist, sind dann die α_i und c_i über k definiert.

Da $l(\mathfrak{n}) = 1$ ist, so ist um so mehr $l(\mathfrak{n}_i) = 1$ für jedes i; folglich ist für jedes i $\mathfrak{n}_i$ algebraisch (und sogar, wie man sich leicht überzeugt, rational) über $k(\varphi(\mathfrak{n}_i))$. Wäre insbesondere $\varphi(\mathfrak{n}_i)$ algebraisch, also rational, über k, so wäre dasselbe für jede Komponente von $\mathfrak{n}_i$ der Fall; dann wäre aber ein solcher Punkt Fixpunkt der Schar $\mathfrak{S}$ entgegen der Voraussetzung, weil $\mathfrak{m} + \mathfrak{n}$ die Dimension $g-2$ über k hat und folglich ein generischer Divisor der Vollschar $\mathfrak{S}$ ist. Demnach ist $\alpha_i \neq 0$ für jedes i. Wenn A_i die abelsche Untermannigfaltigkeit von J ist, auf welche J durch α_i abgebildet wird, und d_i die Dimension von A_i bedeutet, so ist also $d_i > 0$ für jedes i.

Setzen wir $\beta = \delta_J + \sum_i \alpha_i$. Dann ist:

$$\varphi(\mathfrak{m} + \mathfrak{n}) = \varphi(\mathfrak{m}) + \sum_i \varphi(\mathfrak{n}_i) = \beta(\varphi(\mathfrak{m})) + \sum_i c_i = \varphi(\mathfrak{k} + \mathfrak{a}),$$

woraus folgt, daß $\beta(\varphi(\mathfrak{m}))$ über k rational ist. Da J durch den Ort W von $\varphi(\mathfrak{m})$ über k erzeugt wird, so muß also β konstant sein. Weil β ein Endomorphismus von J ist, ist demnach $\beta = 0$, d.h. $-x = \sum_i \alpha_i x$ für jedes x auf J. Wenn x generisch auf J über k gewählt ist, hat $\alpha_i x$ die Dimension d_i über k, also $\sum_i \alpha_i x$ höchstens die Dimension $\sum_i d_i$. Damit ist bewiesen, daß $\sum_i d_i \geq g$.

Andererseits wird J durch $\varphi(C)$, also A_i durch $\psi_i(C)$ erzeugt; durch Induktion nach r für $1 \leq r \leq g - 2$ sieht man dann leicht, daß die Dimension von $\psi_i(M_1 + \cdots M_r)$ über k gleich r ist, solange dieser Punkt auf A_i nicht über k generisch ist; insbesondere ist die Dimension von $\psi_i(\mathfrak{m})$ über k gleich $\nu'_i = \inf(g - 2, d_i)$; sie ist dann und nur dann gleich d_i, wenn $\psi_i(\mathfrak{m})$ auf A_i generisch ist. Nun ist aber ν'_i ebenfalls die Dimension von $\varphi(\mathfrak{n}_i)$ über k; da dieser Punkt auf W_{ν_i} liegt, so ist $\nu'_i \leq \nu_i$; es ist dann und nur dann $\nu'_i = \nu_i$, wenn $\varphi(\mathfrak{n}_i)$ auf W_{ν_i} generisch ist; da J durch W_{ν_i} und A_i durch den Ort von $\psi_i(\mathfrak{m})$ über k erzeugt wird, und da sich $\psi_i(\mathfrak{m})$ und $\varphi(\mathfrak{n}_i)$ nur um die Konstante c_i unterscheiden, so folgt aus $\nu'_i = \nu_i$, daß $J = A_i$, also $d_i = g$ und $\nu'_i = g - 2$ ist.

Nehmen wir an, es sei $\nu'_i < g - 2$ für jedes i; dann kann nicht $\nu'_i = \nu_i$ sein; also ist $\nu'_i < \nu_i$; zugleich muß auch $\nu'_i = d_i$ sein, also $d_i < \nu_i$ für jedes i, was der Ungleichung $\sum_i d_i \geq g = \sum_i \nu_i$ widerspricht. Folglich dürfen wir z.B. annehmen, daß $\nu'_1 = g - 2$ ist; dann ist $\nu_1 \geq g - 2$, also $\nu_2 \leq 2$. Wenn $\nu_2 = 1$ wäre, so wäre, wegen $0 < \nu'_i \leq \nu_i$ für jedes i, $\nu'_2 = 1$, also $\nu'_2 = \nu_2 = g - 2$ und $g = 3$ entgegen der Voraussetzung; also ist $\nu_2 = 2$. Wenn $\nu'_2 = 2$ wäre, so wäre $\nu'_2 = g - 2$ und $g = 4$, entgegen der Voraussetzung; also ist $\nu'_2 = 1$ und (wegen $g \geq 5$) $\nu'_2 = d_2$.

So ist gezeigt, daß $h = 2$, $\nu_1 = g - 2$, $\nu_2 = 2$, $\nu'_2 = d_2 = 1$ ist; der Ort von $\psi_2(\mathfrak{m})$ ist A_2 und hat die Dimension 1; und der Ort B von $\varphi(\mathfrak{n}_2)$ entsteht aus A_2 durch die Translation c_2. Setzen wir $\mathfrak{n}_2 = N + N'$; weder N noch N' ist algebraisch über k; da aber $\nu'_2 = 1$ ist, so ist N' algebraisch über $k(N)$. Unter den M_ν muß es dann $g - 3$ Punkte geben, z.B. $M_1, \ldots, M_{g-3}$, die über $k(N, N')$ unabhängig sind. Der Divisor $M_1 + \cdots + M_{g-3} + \mathfrak{n}_2$ vom Grad $g - 1$ hat dann über k die Dimension $g - 2$ und ist in der Schar $\mathfrak{S}$ enthalten; also ist, wenn wir $t = \varphi(\mathfrak{n}_2)$, $w = \varphi(M_1 + \cdots + M_{g-3})$ setzen, $t + w$ generischer Punkt einer Komponente Z von $\Theta \cap \Theta_a$. Dabei sind t, w unabhängige generische Punkte von B bzw. W_{g-3} über k; Z wird also durch jede Translation, die durch einen Punkt von A_2 bestimmt ist, in sich selbst übergeführt. Damit ist der Hilfssatz bewiesen.

Um festzustellen, ob Hilfssatz 2 auch für $g = 3$ und $g = 4$ gültig bleibt, wären ziemlich langwierige Fallunterscheidungen nötig; ich habe sie nicht bis zu Ende durchgeführt.

Ein positiver Divisor $\mathfrak{c}$ vom Grad 2 auf einer Kurve C vom Geschlecht $g \geq 2$ heiße hyperelliptisch, wenn $l(\mathfrak{c}) = 2$ ist; in diesem Fall heiße ebenfalls die durch $\mathfrak{c}$ bestimmte lineare Vollschar der Dimension 1 hyperelliptisch. Wie bekannt ist, gibt es auf einer Kurve C vom Geschlecht $g \geq 2$ höchstens eine hyperelliptische Vollschar, und C heißt hyperelliptisch, wenn es auf C eine solche Vollschar gibt.

Hilfssatz 3. *Keine der Mannigfaltigkeiten* $W_1 = \varphi(C), \ldots, W_{g-2} = W$, $W_{g-1} = \Theta$, W^* *wird in sich selbst durch eine Translation (außer der identischen) übergeführt. Es wird dann und nur dann* W *durch eine Translation in* W^* *übergeführt, wenn* C *hyperelliptisch ist; in diesem Fall ist* $W^* = W_{\varphi(\mathfrak{c})}$, *wenn* $\mathfrak{c}$ *ein hyperelliptischer Divisor auf* C *ist.*

Daß die erste Behauptung für Θ gilt, ist z.B. in VA-62, th. 32, cor. 2 enthalten. Für $r < g - 1$ ist Θ der Ort von $v + w$ über k, wenn v, w unabhängige generische Punkte von W_r bzw. W_{g-r-1} über k sind; wenn also W_r durch eine Translation in sich selbst übergeführt würde, wäre das auch der Fall für Θ. Da W^* nach seiner Definition (in Nr. 1 oben) aus $W = W_{g-2}$ durch die Abbildung $u \to \varphi(\mathfrak{k}) - u$ entsteht, so gilt die erste Behauptung auch für W^*. Nehmen wir an, die Translation c führe W in W^* über; es sei $\mathfrak{c}$ ein Divisor vom Grad 2 mit $\varphi(\mathfrak{c}) = c$. Zu jedem positiven Divisor $\mathfrak{m}$ vom Grade $g-2$ muß es dann einen positiven Divisor $\mathfrak{m}'$ desselben Grades geben, derart, daß $\mathfrak{k} - \mathfrak{m} \sim \mathfrak{m}' + \mathfrak{c}$; mit anderen Worten, es muß $l(\mathfrak{k} - \mathfrak{c} - \mathfrak{m}) \geq 1$ sein. Das Bestehen dieser Ungleichung für generisches $\mathfrak{m}$ über $k(\mathfrak{c})$ ist aber mit der Ungleichung $l(\mathfrak{k} - \mathfrak{c}) \geq g - 1$ gleichwertig, und umgekehrt folgt aus der letzten Ungleichung, daß $l(\mathfrak{k} - \mathfrak{c} - \mathfrak{m}) \geq 1$ für jedes positive $\mathfrak{m}$ vom Grad $g - 2$. Wegen des Riemann-Rochschen Satzes bedeutet aber $l(\mathfrak{k} - \mathfrak{c}) \geq g - 1$ nichts anderes als $l(\mathfrak{c}) \geq 2$.

Hilfssatz 4. *Es sei* V *der Ort des Punktes* $\varphi(M - N)$ *über* k, *wenn* M, N *zwei unabhängige generische Punkte von* C *über* k *sind. Dann hat* V *die Dimension* 2. *Es sei* $\mathfrak{A}$ *die Menge der Punkte* $a \neq 0$ *auf* J *mit der Eigenschaft, daß* $\Theta \cap \Theta_a$ *zwei Komponenten hat, wovon keine durch eine nicht-identische Translation in sich selbst übergeht. Dann ist* $\mathfrak{A} = V - \{O\}$, *wenn* $g \geq 5$ *und* C *nicht hyperelliptisch ist; dagegen gibt es, wenn* $g \geq 5$ *und* C *hyperelliptisch ist, eine Kurve* V_1 *auf* V *derart, daß* $\mathfrak{A} = V - V_1$.

Es seien P, Q, P', Q' irgend vier Punkte auf C; aus $\varphi(P - Q) = \varphi(P' - Q')$ folgt, daß $P - Q \sim P' - Q'$, also $P + Q' \sim P' + Q$, und weiter, wenn C nicht hyperelliptisch ist, daß entweder $P = P'$, $Q = Q'$ oder $P = Q$, $P' = Q'$. Die Abbildung $(P, Q) \to \varphi(P - Q)$ von $C \times C$ auf V ist also außerhalb der Diagonale von $C \times C$ eineindeutig, falls C nicht hyperelliptisch ist; in diesem Fall hat also V die Dimension 2. Wenn C hyperelliptisch ist, so gibt es einen Automorphismus h von C derart, daß für jeden Punkt P von C der Divisor $P + h(P)$ hyperelliptisch ist; dann ist, wenn $\mathfrak{c}$ irgendein hyperelliptischer Divisor ist, $\varphi(h(P)) = \varphi(\mathfrak{c}) - \varphi(P)$ für jeden Punkt P; indem dann $N' = h(N)$ gesetzt wird, sind M, N' unabhängige Punkte auf C über k, und $\varphi(M - N)$

nichts anderes als $\varphi(M + N') - \varphi(\mathfrak{c})$, also V die aus W_2 durch die Translation $-\varphi(\mathfrak{c})$ entstehende Fläche. Nun sei a ein Punkt in der Menge $\mathfrak{A}$; nach den Hilfssätzen 1 und 2 muß jedenfalls a auf V liegen; es ist also $a = \varphi(P - Q) \neq 0$, und $\Theta \cap \Theta_a$ ist Vereinigungsmenge von $W_{\varphi(P)}$ und $W^*_{-\varphi(Q)}$. Da die letzteren Mannigfaltigkeiten nach Hilfssatz 3 keine Translation in sich selbst zulassen, so gehört umgekehrt dann und nur dann ein solcher Punkt der Menge $\mathfrak{A}$ an, wenn $W_{\varphi(P)}$ mit $W^*_{-\varphi(Q)}$ nicht zusammenfällt, also (nach Hilfssatz 3) wenn $P + Q$ nicht hyperelliptisch ist. Folglich ist wie behauptet $\mathfrak{A} = V - \{0\}$, falls C nicht hyperelliptisch ist; im hyperelliptischen Fall besteht dagegen $\mathfrak{A}$ aus allen Punkten von $V - \{0\}$, die sich nicht in der Form $\varphi(P - Q)$ mit hyperelliptischem $P + Q$ schreiben lassen. Wenn nun $P + Q$ hyperelliptisch ist, so ist $Q = h(P)$, wo h dieselbe Bedeutung hat wie oben; es sei V_1 der Ort des Punktes

$$\varphi(M - h(M)) = 2\varphi(M) - \varphi(\mathfrak{c})$$

über k bei generischem M über k auf C. Es gibt bekanntlich Punkte P auf C derart, daß $P = h(P)$; also liegt 0 auf der Kurve V_1. Es ist dann $\mathfrak{A} = V - V_1$, w.z.b.w.

6. Im Falle $g \geq 5$ ist nun der Hauptsatz eine unmittelbare Folge der oben bewiesenen Hilfssätze.

Oben ist schon die Schar $\{\Theta_a\}$ in invarianter Weise auf der polarisierten Mannigfaltigkeit J gekennzeichnet worden. Es sei $T = \Theta_t$ eine beliebig gewählte Mannigfaltigkeit aus dieser Schar. Die Menge der Punkte $a \neq 0$ auf J mit der Eigenschaft, daß $T \cap T_a$ zwei Komponenten hat, wovon keine durch eine nicht-identische Translation in sich selbst übergeht, ist dann nichts anderes als die im Hilfssatz 4 definierte Menge $\mathfrak{A}$; damit ist auch die Fläche V als abgeschlossene Hülle von $\mathfrak{A}$ (in der Zariskischen Topologie auf J) in invarianter Weise definiert. Die Menge aller Komponenten der Durchschnitte $T \cap T_a$, wenn a die Punktmenge $V - \{0\}$ durchläuft, besteht dann aus allen Mannigfaltigkeiten $W_{t+\varphi(P)}$, $W^*_{t-\varphi(Q)}$, wenn P, Q die Kurve C durchlaufen. Es sei nun X eine beliebig gewählte Mannigfaltigkeit aus dieser Menge; es sei Y die Menge aller Translationen, die X in eine Mannigfaltigkeit derselben Menge überführen. Aus dem Hilfssatz 3 folgt sofort, daß Y eine Kurve ist, die aus der Kurve $\varphi(C)$ durch eine Abbildung der Form $u \to \pm(u - \varphi(P))$ entsteht, wo P ein Punkt von C ist.

Wir haben also eine explizite Konstruktion angegeben, wodurch auf der polarisierten Mannigfaltigkeit J die Schar der aus $\varphi(C)$ durch eine Abbildung $u \to \pm u + a$ entstehenden Kurven in invarianter Weise gekennzeichnet ist. Damit ist der Hauptsatz für $g \geq 5$ vollständig bewiesen.

7. Um die Fälle $g = 3$ und $g = 4$ zu behandeln, werden wir zuerst die tangentialen linearen Mannigfaltigkeiten zu den Mannigfaltigkeiten W_r bestimmen.

Hilfssatz 5. *Es sei F eine Abbildung einer Mannigfaltigkeit U der Dimension n in eine Mannigfaltigkeit V; es sei k ein Definitionskörper für U, V, F; es sei u*

ein generischer Punkt von U über k; der Punkt $v = F(u)$ sei einfach auf V. Unter diesen Umständen ist $k(u)$ dann und nur dann separabel algebraisch über $k(v)$, wenn die zu F im Punkte u tangentiale lineare Abbildung vom Rang n ist.

Bekanntlich ist $k(u)$ dann und nur dann separabel algebraisch über $k(v)$, wenn es keine nichtverschwindende Derivation von $k(u)$ über $k(v)$ gibt. Die Derivationen von $k(u)$ über k stehen aber in eineindeutiger Beziehung zu denjenigen Tangentialvektoren zu U im Punkt u, die über $k(u)$ rational sind; wenn $\mathfrak{v}$ ein solcher Vektor ist, wird nämlich durch die Gleichung $D[f(u)] = df(u; \mathfrak{v})$, wo f eine beliebige über k definierte numerische Funktion auf U ist und df das Differential von f bedeutet, eine Derivation D von $k(u)$ definiert; und jede Derivation von $k(u)$ über k läßt sich so definieren. Die in dieser Weise dem Vektor $\mathfrak{v}$ zugeordnete Derivation D verschwindet dann und nur dann auf $k(v)$, wenn $\mathfrak{v}$ durch die tangentiale lineare Abbildung zu F in u auf 0 abgebildet wird. Die Behauptung des Hilfssatzes folgt unmittelbar daraus.

Nun sei A eine abelsche Mannigfaltigkeit der Dimension n; es sei T der tangentiale Vektorraum zu A in O; im Sinne der Theorie der algebraischen Gruppen ist T nichts anderes als die Liesche Algebra von A, oder genauer der dieser Algebra untergeordnete Vektorraum. Wenn a ein beliebiger Punkt auf A ist, so wird durch die Translation $u \to u + a$ der Vektorraum T auf den zu A in a tangentialen Vektorraum T_a isomorph abgebildet; wir werden meistens T_a mit T durch diesen Isomorphismus identifizieren. Bekanntlich wird dadurch der duale Vektorraum zu T mit dem Vektorraum der translationsinvarianten Differentiale (oder, was dasselbe ist, der Differentiale 1. Gattung) auf A identifiziert. Es sei ω ein solches Differential; es sei F eine Abbildung einer Mannigfaltigkeit U in A. Dem Differential ω wird durch die zu F transponierte Abbildung F^* ein Differential $F^*\omega$ auf U zugeordnet, das durch die Gleichung

$$F^*\omega(u; \mathfrak{v}) = \omega(F(u); F'\mathfrak{v})$$

definiert werden kann, wo u ein generischer Punkt auf U, $\mathfrak{v}$ ein Tangentialvektor zu U in u, und F' die zu F in u tangentiale lineare Abbildung bedeuten. Dann ist bekanntlich $F^*\omega$ ein Differential 1. Gattung auf U; da wir hier diese Tatsache nur im Falle der kanonischen Abbildung einer Kurve in ihre Jacobische Mannigfaltigkeit benutzen wollen, so brauchen wir auf ihre Begründung nicht näher einzugehen; in diesem Fall ist sie unmittelbar klar.

Betrachten wir wieder eine Kurve C vom Geschlecht g, ihre Jacobische Mannigfaltigkeit J und ihre kanonische Abbildung φ in J; es sei k ein Definitionskörper für C, J, φ. Es sei M irgendein Punkt auf C; da φ in M biregulär ist, so wird durch die zu φ in M tangentiale lineare Abbildung die Tangente zu C in M auf eine Gerade im tangentialen Vektorraum zu J in $\varphi(M)$ abgebildet. Dieser Vektorraum ist oben mit dem tangentialen Vektorraum zu J in O identifiziert worden; damit ist der Tangente zu C in M eine Gerade durch O in T zugeordnet, die wir im folgenden mit $t(M)$ bezeichnen wollen. Es ist leicht einzusehen (z.B. durch die Wahl geeigneter affiner Repräsentanten für die in Betracht kommenden abstrakten Mannigfaltigkeiten), daß, wenn M' eine Spezialisierung von M über k ist, $t(M')$ die eindeutig bestimmte Spezialisierung von $t(M)$ über $M \rightarrow M'$ in bezug auf k ist; also ist t eine über k definierte Abbildung (im Sinne der algebraischen Geometrie) von C in die Mannigfaltigkeit der Geraden durch O in T. Es sei P der $(g - 1)$-dimensionale projektive Raum der unendlichfernen Punkte zu T; die Punkte von P stehen in eineindeutiger Beziehung zu den Geraden durch O in T; wir wollen mit $\tau(M)$ den der Gerade $t(M)$ zugeordneten Punkt von P bezeichnen; τ ist also eine Abbildung von C in P.

Satz 3. *Der Vektorraum der Differentiale 1. Gattung auf J wird durch die zu φ transponierte Abbildung φ^* auf den Raum der Differentiale 1. Gattung auf C isomorph abgebildet.*

Da beide Räume dieselbe Dimension g haben, so brauchen wir nur zu zeigen, daß $\varphi^* \omega \neq 0$ ist, wenn das Differential 1. Gattung ω auf J nicht 0 ist. Es seien $M_1, \ldots, M_g$ g unabhängige generische Punkte von C über k; es sei $u = \varphi(M_1 + \cdots + M_g)$. Da $k(M_1, \ldots, M_g)$ über $k(u)$ separabel algebraisch ist, können wir Hilfssatz 5 auf die Abbildung $(M_1, \ldots, M_g) \rightarrow u$ von $C \times \cdots \times C$ auf J anwenden. Daraus ergibt sich sofort, daß die Geraden $t(M_1), \ldots, t(M_g)$ nicht alle in einer echten linearen Untermannigfaltigkeit von T liegen können. Wenn nun $\varphi^* \omega = 0$ wäre, so müßte (nach der Definition von $\varphi^* \omega$) $t(M)$ für jeden Punkt M auf C in der durch $\omega = 0$ bestimmten Hyperebene in T liegen (wobei wir den Raum der Differentiale 1. Gattung auf J mit dem zu T dualen Raum identifiziert haben).

Durch eine ähnliche Betrachtung kann man folgenden allgemeineren Satz beweisen, den wir hier nur nebenbei erwähnen. Es sei F eine Abbildung einer Kurve C in eine abelsche Mannigfaltigkeit A der Dimension n; es sei k ein Definitionskörper für C, A, F; es seien $M_1, \ldots, M_n$ n unabhängige generische Punkte von C über k und $u = F(M_1 + \cdots + M_n)$. Unter diesen Umständen ist $k(M_1, \ldots, M_n)$ dann und nur dann separabel algebraisch über $k(u)$, wenn durch F^* kein nichtverschwindendes Differential 1. Gattung auf A auf 0 abgebildet wird.

Jeder Hyperebene durch O in T entspricht im projektiven Raum P ebenfalls eine Hyperebene; die Hyperebene in P, die in dieser Weise der durch $\omega = 0$ definierten Hyperebene in T entspricht, werde durch H_ω bezeichnet; dabei bedeutet ω wie oben ein nichtverschwindendes Differential 1. Gattung auf J (bei Identifizierung solcher Differentiale mit den Linearformen in T). Aus den Definitionen folgt sofort, daß H_ω dann und nur dann den Punkt $\tau(M)$ enthält, wenn $\varphi^* \omega$ im Punkt M verschwindet. Es sei nun $(\omega_1, \ldots, \omega_g)$ eine Basis für den Raum der Differentiale 1. Gattung auf J, also für den zu T dualen Raum; die ω_i können dann als ein System (gewöhnlicher) Koordinaten in T und als ein System homogener Koordinaten in P betrachtet werden.

Es ist nach dem obigen klar, daß die Verhältnisse der Differentiale $\varphi^* \omega_i$ im Punkt M von C, also die Werte $\varphi^* \omega_i(M; \mathfrak{v})$ für einen beliebigen nichtverschwindenden Tangentialvektor $\mathfrak{v}$ zu C in M, ein System homogener Koordinaten für den Punkt $\tau(M)$ sind. Die Abbildung τ von C in P ist also diejenige, die zur kanonischen linearen Vollschar gehört. Bekanntlich folgt unmittelbar aus dem Riemann-Rochschen Satz, daß τ ein Isomorphismus von C auf $\tau(C)$ ist, wenn C nicht hyperelliptisch ist. Im hyperelliptischen Fall ist, wenn M generisch auf C über k gewählt wird, $k(M)$ separabel vom Grad 2 über $k(\tau(M))$; der nicht-identische Automorphismus von $k(M)$ über $k(\tau(M))$ ist dann derjenige, der oben in Nr. 5 (beim Beweise von Hilfssatz 4) mit h bezeichnet wurde, so daß $M + h(M)$ ein hyperelliptischer Divisor ist.

8. Satz 4. *Es sei* $\mathfrak{a} = A_1 + \cdots + A_r$ *ein positiver Divisor vom Grad* $r < g$ *auf* C. *Dann und nur dann ist* $a = \varphi(\mathfrak{a})$ *ein einfacher Punkt von* W_r, *wenn* $l(\mathfrak{a}) = 1$ *ist; in diesem Fall ist die lineare Untermannigfaltigkeit von* P, *die in* P *der tangentialen linearen Mannigfaltigkeit zu* W_r *in* a *entspricht, der Durchschnitt der Hyperebenen* H_ω, *wenn* ω *die Gesamtheit der Differentiale 1. Gattung auf* J *durchläuft, für welche* $(\varphi^* \omega) \succ \mathfrak{a}$.

Zunächst sei a einfach auf W_r; es sei T_r die tangentiale lineare Mannigfaltigkeit zu W_r in a und L die $(r-1)$-dimensionale lineare Untermannigfaltigkeit von P, die T_r entspricht. Wenn M ein generischer Punkt von C über $k(A_1, \ldots, A_r)$ ist, so enthält W_r den Ort von $\varphi(M + A_2 + \cdots + A_r)$ über diesem Körper; die Tangente zu dieser Kurve im Punkte a ist aber nach dem oben Bewiesenen die Gerade $t(A_1)$; also enthält T_r diese Gerade, und L enthält den Punkt $\tau(A_1)$. Nehmen wir an, es sei $l(\mathfrak{a}) \geq 2$; dann gibt es zu jedem Punkt B_1 auf C einen Divisor $\mathfrak{b}$ in der durch $\mathfrak{a}$ bestimmten linearen Vollschar derart, daß $\mathfrak{b} \succ B_1$; $\mathfrak{b}$ läßt sich also in der Form $B_1 + \cdots + B_r$ schreiben, und es ist $\varphi(\mathfrak{b}) = \varphi(\mathfrak{a}) = a$. Aus dem oben Bewiesenen folgt nun, daß $\tau(B_1)$ in L liegen muß. Da B_1 beliebig ist, ist also die ganze Kurve $\tau(C)$ in L enthalten, was unmöglich ist. Demnach ist $l(\mathfrak{a}) = 1$, wenn a einfach ist auf W_r; das Umgekehrte wurde in VA-40, prop. 18 bewiesen.

Nun sei $l(\mathfrak{a}) = 1$, also a einfach auf W_r; wir haben oben bewiesen, daß L die Punkte $\tau(A_1), \ldots, \tau(A_r)$ enthält. Andererseits ist $l(\mathfrak{k} - \mathfrak{a}) = g - r$ wegen des Riemann-Rochschen Satzes; m. a. W. bilden die Differentiale ω, die der Bedingung $(\varphi^* \omega) \succ \mathfrak{a}$ genügen, einen Vektorraum der Dimension $g - r$; der Durchschnitt L' der Hyperebenen H_ω, wenn ω diesen Vektorraum durchläuft, hat also dieselbe Dimension $r - 1$ wie L und enthält die Punkte $\tau(A_1), \ldots, \tau(A_r)$. Falls diese Punkte in keiner linearen Mannigfaltigkeit niedrigerer Dimension liegen, folgt schon daraus, daß L' mit L zusammenfällt. Das ist aber jedenfalls dann der Fall, wenn $A_1, \ldots, A_r$ über k unabhängig sind, da wir beim Beweis von Satz 3 sogar gezeigt haben, daß die Geraden $t(A_1), \ldots, t(A_g)$ in keiner echten linearen Untermannigfaltigkeit von T liegen können, falls $A_1, \ldots, A_g$ über k unabhängig sind.

Der allgemeine Fall folgt daraus durch Spezialisierung. Wenn u ein generischer Punkt von W_r über k ist, so ist nämlich die tangentiale lineare Mannigfaltigkeit zu W_r in a die eindeutig bestimmte Spezialisierung derjenigen in u über $u \to a$ in bezug auf k. Man braucht also nur zu beweisen, daß, wenn die Behauptung von Satz 4 für die tangentiale lineare Mannigfaltigkeit zu W_r in $a = \varphi(\mathfrak{a})$ richtig ist, sie auch für jede Spezialisierung $\mathfrak{a}'$ von $\mathfrak{a}$ richtig bleibt. Es seien nun $\mathfrak{b}_1, \ldots, \mathfrak{b}_{g-r}$ $g - r$ über $k(\mathfrak{a}, \mathfrak{a}')$ unabhängige generische positive Divisoren vom Grad $g - r - 1$; es sei K der durch die Komponenten dieser Divisoren über k erzeugte Körper; $\mathfrak{a}'$ ist noch Spezialisierung von $\mathfrak{a}$ über K. Die Bedingungen $(\varphi^* \omega_\varrho) \succ \mathfrak{a} + \mathfrak{b}_\varrho$, $(\varphi^* \omega'_\varrho) \succ \mathfrak{a}' + \mathfrak{b}_\varrho$, bestimmen dann nichtverschwindende Differentiale ω_ϱ, ω'_ϱ eindeutig bis auf konstante Faktoren; es ist dann unmittelbar einzusehen, daß bei der Spezialisierung $\mathfrak{a} \to \mathfrak{a}'$ über K die Hyperebene H_{ω_ϱ} sich für jedes ϱ auf $H_{\omega'_\varrho}$ spezialisiert. Wegen der Wahl der $\mathfrak{b}_\varrho$ sind sowohl die ω_ϱ wie die ω'_ϱ linear unabhängig; der Durchschnitt der Hyperebenen H_{ω_ϱ} wird also auf den Durchschnitt der $H_{\omega'_\varrho}$ spezialisiert. Damit ist alles bewiesen.

9. Nach diesen Vorbereitungen kehren wir zum Beweis des Torellischen Satzes in den Fällen $g = 3$, $g = 4$ zurück.

Erstens sei $g = 3$. Nach Satz 4 ist dann $\Theta = W_2$ im nicht-hyperelliptischen Fall singularitätenfrei. Im hyperelliptischen Fall hat dagegen Θ genau einen singulären Punkt $c = \varphi(\mathfrak{c})$, wo $\mathfrak{c}$ irgendeinen hyperelliptischen Divisor auf C bedeutet. Im letzteren Fall ist dann Θ_{-c} eindeutig dadurch bestimmt, daß es die einzige Mannigfaltigkeit in der Schar $\{\Theta_a\}$ ist, die in O einen singulären Punkt hat. Da diese Mannigfaltigkeit aus allen Punkten

$$\varphi(M + N) - c = \varphi(M) - \varphi(h(N))$$

besteht, so ist sie nichts anderes als die im Hilfssatz 4 mit V bezeichnete Fläche. Der Beweis des Hauptsatzes im hyperelliptischen Fall $g = 3$ läßt sich dann genauso wie in Nr. 6 durch Betrachtung der Komponenten der Durchschnitte $T \cap T_a$ für a in $V - \{O\}$ zu Ende führen, wobei T irgendeine Mannigfaltigkeit aus der Schar $\{\Theta_a\}$ (z.B. V selbst) bedeutet.

Im nicht-hyperelliptischen Fall sei wieder $T = \Theta_t$ eine beliebig gewählte Mannigfaltigkeit aus der Schar $\{\Theta_a\}$. Es sei k_0 ein algebraisch abgeschlossener gemeinsamer Definitionskörper für J und T; es sei k ein k_0 enthaltender Definitionskörper für C, φ und t. Da Θ durch die Abbildung $u \to \varphi(\mathfrak{k}) - u$ auf sich selbst abgebildet wird, so wird T durch die Abbildung

$$u \to F(u) = \varphi(\mathfrak{k}) + 2t - u$$

auf sich selbst abgebildet. Da Θ, also auch T keine nicht-identische Translation in sich selbst zulassen, so ist F die einzige unter den Abbildungen $u \to c - u$ mit konstantem c, die T auf sich selbst abbildet; dadurch ist F nach Wahl von T in invarianter Weise gekennzeichnet. Es ist klar, daß die Tangentialebenen zu T in den Punkten u und $F(u)$ zueinander parallel sind, d. h. daß sie bei der vorgenommenen Identifizierung der tangentialen Vektorräume zu J in u und in $F(u)$ zusammenfallen.

Im vorliegenden Fall ist τ ein Isomorphismus von C auf eine singularitätenfreie Kurve 4. Grades in der projektiven Ebene. Es sei u ein generischer Punkt von T über k; man kann u in der Form

$$u = \varphi(M_1 + M_2) + t$$

schreiben, wo M_1, M_2 zwei unabhängige generische Punkte von C über k sind. Die Gerade durch $\tau(M_1)$ und $\tau(M_2)$ ist dann generisch über k, woraus folgt, daß sie zwei weitere Schnittpunkte $\tau(N_1)$, $\tau(N_2)$ mit $\tau(C)$ hat, und daß je zwei ihrer Schnittpunkte mit $\tau(C)$ über k unabhängig sind; also sind je zwei der Punkte M_1, M_2, N_1, N_2 unabhängige generische Punkte von C über k; und der Divisor $M_1 + M_2 + N_1 + N_2$ gehört zu der kanonischen Vollschar.

Es folgt nun unmittelbar aus Satz 4, daß es auf T außer u genau 5 Punkte gibt, in denen die Tangentialebene zu T zur Tangentialebene zu T in u parallel ist; das sind nämlich die Punkte

$$u' = \varphi(N_1 + N_2) + t, \quad v_{ij} = \varphi(M_i + N_j) + t \quad (i, j = 1, 2).$$

Dabei ist u' nichts anderes als $F(u)$. Wenn wir also für v einen von u und $F(u)$ verschiedenen Punkt von T wählen, in dem die Tangentialebene zu T zur Tangentialebene zu T in u parallel ist, so kann das nur einer der vier Punkte v_{ij} sein; und es ist dann $u - v$ von der Form $\varphi(M - N)$, wo M, N zwei unabhängige generische Punkte von C über k sind. Es ist aber klar, daß ein solcher Punkt v über $k_0(u)$ algebraisch sein muß, weil es sonst unendlich viele solche Punkte gäbe; $u - v$ hat also höchstens die Dimension 2 über k_0. Da aus Hilfssatz 5 folgt, daß der Ort von $u - v$ über k die dort mit V bezeichnete Fläche ist, so muß $u - v$ denselben Ort V über k_0 haben wie über k.

Wir haben also die Fläche V als Ort des Punktes $u - v$ über k_0 konstruiert; dabei wurde u als generischer Punkt von T über k gewählt, und v wurde in der oben angegebenen Weise definiert. Es sei nun u_0 ein beliebiger generischer Punkt von T über k_0; der Isomorphismus von $k_0(u)$ auf $k_0(u_0)$ über k_0, der u auf u_0 abbildet, läßt sich zu einem Isomorphismus der abgeschlossenen Hülle von $k_0(u)$ auf diejenige von $k_0(u_0)$ erweitern. Dadurch ist ersichtlich, daß es wieder genau vier Punkte außer u_0 und $F(u_0)$ gibt, in denen die Tangentialebene zu T zur Tangentialebene zu T in u_0 parallel ist, und daß, wenn v_0 einer dieser vier Punkte ist, der Ort von $u_0 - v_0$ über k_0 die Fläche V ist. Da nun wieder V in völlig invarianter Weise konstruiert ist, verläuft der Beweis genauso wie früher weiter.

10. Endlich sei $g = 4$. Wenn C hyperelliptisch ist, so besteht die kanonische lineare Vollschar auf C aus den Divisoren der Form $\mathfrak{c} + \mathfrak{c}' + \mathfrak{c}''$, wo $\mathfrak{c}$, $\mathfrak{c}'$, $\mathfrak{c}''$ hyperelliptische Divisoren sind; folglich gibt es zu einem positiven Divisor $\mathfrak{a} = A + A' + A''$ vom Grad 3 nur einen zweiten solchen Divisor $\mathfrak{a}'$ derart, daß

$\mathfrak{a} + \mathfrak{a}'$ kanonisch ist, falls keiner der Divisoren $A + A'$, $A + A''$, $A' + A''$ hyperelliptisch ist. Unter Benutzung des Riemann-Rochschen Satzes folgt dann aus Satz 4, daß die singulären Punkte von Θ genau die Punkte $\varphi(\mathfrak{c} + M)$ sind, wo $\mathfrak{c}$ einen hyperelliptischen Divisor und M einen Punkt auf C bedeuten. Die singulären Punkte irgendeiner Mannigfaltigkeit aus der Schar $\{\Theta_a\}$ bilden also eine Kurve, die sich von $\varphi(C)$ nur durch eine Translation unterscheidet. Damit wird offenbar der hyperelliptische Fall $g = 4$ erledigt sein, sobald wir zeigen, wie man diesen Fall vom nicht-hyperelliptischen Fall in invarianter Weise unterscheiden kann. Das wird daraus folgen, daß im letzteren Fall Θ nur einen oder zwei singuläre Punkte hat.

Von nun an setzen wir voraus, daß C nicht hyperelliptisch sei. Da τ ein Isomorphismus von C auf $\tau(C)$ ist, wollen wir die Bezeichnungen dadurch vereinfachen, daß wir C mit $\tau(C)$ durch τ identifizieren. Es ist dann C eine singularitätenfreie Kurve vom Grad 6 im 3-dimensionalen projektiven Raum P. Aus dem Riemann-Rochschen Satz ist sofort ersichtlich, daß es wenigstens eine Fläche F_2 vom Grad 2 in P gibt, die C enthält, sowie eine Fläche F_3 vom Grad 3, die C aber nicht F_2 enthält. Da C vom Grad 6 ist, so muß dann F_2 die einzige Fläche vom Grad 2 sein, die C enthält; und es ist $C = F_2 \cdot F_3$. Wenn eine Gerade D mit C drei Punkte gemeinsam hat, so muß sie in F_2 liegen. Die in F_2 enthaltenen Geraden bilden aber eine oder zwei Scharen der Dimension 1, je nachdem F_2 ein Kegel ist oder nicht. Folglich können zwei Schnittpunkte einer solchen Gerade mit C nicht über k unabhängig sein; dabei ist wie früher mit k ein Definitionskörper für C, J, φ gemeint. Also hat die Verbindungsgerade zweier unabhängiger generischer Punkte von C über k keinen dritten Punkt mit C gemeinsam [1]).

Die Bestimmung der singulären Punkte von Θ wird durch folgenden Hilfssatz geleistet:

Hilfssatz 6. *Ein positiver Divisor $\mathfrak{a}$ vom Grad 3 auf C genügt dann und nur dann der Bedingung $l(\mathfrak{a}) \geq 2$, wenn er sich in der Form $\mathfrak{a} = C \cdot D$ schreiben läßt, wo D eine auf F_2 liegende Gerade ist, und der Schnitt $C \cdot D$ auf F_2 berechnet wird.*

Es sei zuerst bemerkt, daß, wenn F_2 ein Kegel ist, C den Scheitel von F_2 nicht enthalten kann; wegen $C = F_2 \cdot F_3$ müßte nämlich sonst dieser Scheitel auf C singulär sein. Nun ist nach dem Riemann-Rochschen Satz die Bedingung $l(\mathfrak{a}) \geq 2$ mit der folgenden gleichwertig: es muß eine Gerade D im Raum P geben, derart daß für jede D enthaltende Ebene H die Relation $H \cdot C \succ \mathfrak{a}$ besteht. Dann muß offenbar jede Komponente von $\mathfrak{a}$ sowohl auf C wie auf D liegen. Wenn D genau zwei Punkte A, B mit F_2 gemeinsam hätte, so wäre D

[1] Im Falle der Charakteristik 0 kann bekanntlich nur dann die Verbindungsgerade zweier unabhängiger Punkte auf einer Kurve C einen dritten Punkt mit C gemeinsam haben, wenn C in einer Ebene liegt. Im Falle der Charakteristik $p \neq 0$ gilt dieser Satz nicht mehr; ein Gegenbeispiel wird durch den Ort des Punktes mit den homogenen Koordinaten $(1, t^p, t^{p^2}, t^{p^3})$ geliefert.

zu F_2 in A und in B transversal; eine generische Ebene durch D hätte dann in A und in B höchstens die Schnittmultiplizität 1 mit C; also hätte $\mathfrak{a}$ höchstens die zwei Komponenten A, B, jede höchstens mit dem Koeffizienten 1, was der Voraussetzung widerspricht. Es habe D genau einen Punkt A mit F_2 gemeinsam; dann muß A auf C liegen, weil sonst $\mathfrak{a} = 0$ wäre; nach der oben gemachten Bemerkung muß also A ein einfacher Punkt von F_2 sein. Wenn D nicht die Tangente zu C in A wäre, so hätte wiederum eine generische Ebene durch D die Schnittmultiplizität 1 mit C in A, was wie oben zu einem Widerspruch führt. Wenn schließlich D die Tangente zu C in A ist, aber nicht in F_2 liegt, so nehmen wir für H die Tangentialebene zu F_2 in A; dann ist $H \cdot F_2 = D' + D''$, wo D', D'' zwei Geraden sind; falls F_2 ein Kegel ist, ist $D' = D''$. Nun ist die Schnittmultiplizität von H mit C in A dieselbe wie die Schnittmultiplizität von C mit dem Zyklus $D' + D''$ in A auf der Fläche F_2; sie ist also gleich 2, weil C die Tangente D hat und folglich sowohl zu D' wie zu D'' in A transversal ist. Demnach kann A höchstens den Koeffizienten 2 in $\mathfrak{a}$ haben, was wiederum der Voraussetzung widerspricht.

Damit ist bewiesen, daß die Gerade D auf F_2 liegen muß. Wenn die Ebene H durch D geht, so ist $H \cdot F_2 = D + D'$, wo D' eine Gerade ist; und $H \cdot C$, im Raum P berechnet, ist nichts anderes als der Zyklus $(D + D') \cdot C$, berechnet auf F_2. Wenn H generisch gewählt ist, so geht D' durch keine Komponente von $\mathfrak{a}$; es muß also $D \cdot C \succ \mathfrak{a}$ sein; und, wenn es so ist, ist $H \cdot C \succ \mathfrak{a}$ für jede Ebene H durch D. Wegen $C = F_2 \cdot F_3$ ist aber $D \cdot C$, auf F_2 genommen, nichts anderes als $D \cdot F_3$, berechnet im Raum P; $D \cdot C$ hat also den Grad 3, so daß aus $D \cdot C \succ \mathfrak{a}$ die Gleichung $D \cdot C = \mathfrak{a}$ folgt.

Bei Berücksichtigung von Satz 4 zeigt Hilfssatz 6, daß die singulären Punkte von Θ die Punkte $\varphi(D \cdot C)$ sind, wenn D die Gesamtheit aller auf F_2 liegenden Geraden durchläuft, und $D \cdot C$ auf F_2 berechnet wird. Nun folgt aus dem oben bewiesenen, daß, wenn zwei verschiedene Geraden D, D' auf F_2 in einer Ebene H liegen, der Zyklus $(D + D') \cdot C$, auf F_2 berechnet, derselbe ist wie der Zyklus $H \cdot C$, berechnet in P; da die Zyklen der Form $H \cdot C$ kanonische Divisoren auf C sind, so sieht man, daß unter diesen Umständen die Relation $D \cdot C + D' \cdot C \sim \mathfrak{k}$ besteht. Daraus folgt sofort, daß, wenn F_2 ein Kegel ist, sämtliche Divisoren $D \cdot C$ miteinander äquivalent sind; in diesem Fall hat also Θ genau einen singulären Punkt. Wenn F_2 kein Kegel ist, so gibt es auf F_2 zwei Scharen von Geraden; wenn D und D' nicht derselben Schar angehören, so liegen sie in einer Ebene. Daraus folgt, daß die Divisoren $D \cdot C$, wo D eine dieser Scharen durchläuft, miteinander äquivalent sind. Also hat dann Θ entweder einen oder zwei singuläre Punkte; eine genauere Betrachtung würde zeigen, daß es in diesem Fall tatsächlich zwei verschiedene singuläre Punkte auf Θ gibt.

Nun sei H eine generische Ebene in P in bezug auf k; es sei $k(H)$ ihr kleinster (k enthaltender) Definitionskörper; $k(H)$ hat dann die Dimension 3 über k. Da H generisch ist, so hat sie bekanntlich genau sechs verschiedene Schnittpunkte mit C. Es seien M, M' zwei dieser Schnittpunkte; ihre Verbindungsgerade ist definiert über $k(M, M')$. Da H durch diese Gerade geht, so hat $k(H)$ höchstens die Dimension 1 über $k(M, M')$; folglich hat $k(M, M')$ wenigstens die Dimension 2 über k; M, M' müssen also über k auf C unabhängig sein. Je zwei der 6 Schnittpunkte von H mit C sind also über k unabhängig, woraus folgt, daß keine drei dieser Punkte auf einer Geraden liegen können. Wenn M, M', M'' drei dieser Punkte sind, so bestimmen sie also eine Ebene, die keine andere als H sein kann, demnach muß $k(H)$ in $k(M, M', M'')$ enthalten sein, was nur dann möglich ist, wenn M, M', M'' über k auf C unabhängig sind. Damit ist gezeigt, daß je drei der Schnittpunkte von H mit C über k auf C unabhängig sind. Setzen wir $H \cdot C = \sum_i M_i$, und $u_{ijh} = \varphi(M_i + M_j + M_h)$ für jedes Tripel (i, j, h). Nach Satz 4 sind die Tangentialhyperebenen zu Θ in den 20 Punkten u_{ijh} alle zueinander parallel. Wenn umgekehrt die Tangentialhyperebene zu Θ in einem Punkt $v = \varphi(N + N' + N'')$ zu den Tangentialhyperebenen zu Θ in den Punkten u_{ijh} parallel ist, so muß nach Satz 4 $H \cdot C \succ N + N' + N''$ sein, woraus folgt, daß v einer der Punkte u_{ijh} ist.

Die Punkte $u_{ijh} - u_{i'j'h'}$ sind nun die Punkte

$$0, \ \varphi(M_1 - M_2), \ \varphi(M_1 + M_2 - M_3 - M_4), \ \varphi(M_1 + M_2 + M_3 - M_4 - M_5 - M_6),$$

sowie diejenigen, die daraus durch eine beliebige Permutation der M_i entstehen. Die Punkte $\varphi(M_i - M_j)$ haben die Dimension 2 über k; wir werden beweisen, daß sie dadurch unter den Punkten $u_{ijh} - u_{i'j'h'}$ charakterisiert sind.

Zunächst sind die Punkte u_{ijh} diejenigen, wo die Tangentialhyperebene zu Θ zur Tangentialhyperebene zu k in u_{123} parallel ist; da diese Bedingung nur endlich viele Punkte bestimmt, so sind sie alle algebraisch über $k(u_{123})$. Da u_{123} generisch auf Θ ist, so haben alle Punkte $u_{ijh} - u_{i'j'h'}$ höchstens die Dimension 3 über k.

Weiter ist, weil $\sum_i M_i$ ein kanonischer Divisor ist:

$$\varphi(M_1 + M_2 + M_3 - M_4 - M_5 - M_6) = 2\varphi(M_1 + M_2 + M_3) - \varphi(\mathfrak{k}) = 2u_{123} - (\mathfrak{k});$$

also ist u_{123} algebraisch über $k(u_{123} - u_{456})$; demnach hat der letztere Körper die Dimension 3 über k; dasselbe gilt dann für alle daraus durch Permutation der M_i entstehenden Punkte.

Der Beweis dafür, daß der Punkt $\varphi(M_1 + M_2 - M_3 - M_4)$ ebenfalls die Dimension 3 hat, ist etwas umständlicher. Er beruht auf folgendem Hilfssatz:

Hilfssatz 7. *Es gibt eine Spezialisierung (M'_i) von (M_i) über k, für welche M'_1, M'_3 über k unabhängig sind und $M'_2 = M'_4$ ist.*

Es seien M'_1, M'_2 zwei unabhängige generische Punkte von C über k. Da M_1, M_2, M_4 über k unabhängig sind, so kann man sie jedenfalls auf M'_1, M'_2, M'_2 spezialisieren und diese Spezialisierung zu einer Spezialisierung (H', M'_i) von (H, M'_i) erweitern, wo also $M'_4 = M'_2$ ist. Dann ist $H' \cdot C = \sum_i M'_i$, also insbesondere $H' \cdot C \succ M'_1 + M'_3$, woraus folgt, daß H' durch die Verbindungsgerade D von M'_1 und M'_3 geht, falls diese Punkte verschieden sind, und durch die Tangente D zu C in M'_1, falls $M'_1 = M'_3$ ist; die dadurch definierte Gerade D ist in beiden Fällen rational über dem Körper $K = k(M'_1, M'_3)$. Nehmen wir an, daß die Punkte M'_1, M'_3 über k nicht unabhängig seien; dann hat K die Dimension 1 über k. Die Punkte M'_i, und insbesondere M'_1 und M'_2, sind alle algebraisch über dem kleinsten Definitionskörper $k(H')$ für H'; da M'_1, M'_2 über k unabhängig sind, hat demnach $k(H')$ mindestens die Dimension 2 über k; H' ist also nicht algebraisch über K und ist generisch über K in der Schar der durch D gehenden Ebenen. Es seien $F = 0$, $F' = 0$ lineare Gleichungen für D mit Koeffizienten in K; die Gleichung für H' läßt sich in der Form $F + tF' = 0$ schreiben, wo t die Dimension 1 über K hat. Der Punkt M'_2 kann nicht auf D liegen, weil sonst D die Verbindungsgerade der unabhängigen Punkte M'_1, M'_2 wäre und keinen dritten Punkt M'_3 mit C gemeinsam hätte (bzw. nicht die Tangente zu C in M'_1 sein könnte); H' ist dann die durch D und M'_2 bestimmte Ebene, so daß $K(t)$ in $K(M'_2)$ enthalten und M'_2 generischer Punkt von C über K ist. Wegen der Gleichung

$$H' \cdot C - M'_1 - M'_3 = 2M'_2 + M'_5 + M'_6$$

folgt daraus sofort, daß M'_2 über $K(t)$ inseparabel algebraisch sein muß, und zwar höchstens vom Grad 4. Wenn $K(M'_2)$ über $K(t)$ rein inseparabel (vom Grad 2, 3 oder 4) wäre, so hätten der Körper $K(M'_2)$ und die Kurve C das Geschlecht 0. Es muß also $K(M'_2)$ rein inseparabel vom Grad 2 sein über einer separablen Erweiterung K' von $K(t)$ vom Grad 2; dann ist aber K' hyperelliptisch, und $K(M'_2)$ ist mit K' über K isomorph; also ist C hyperelliptisch, was unserer Voraussetzung widerspricht.

Nach dem Hilfssatz hat also $\varphi(M_1 + M_2 - M_3 - M_4)$ die Spezialisierung $\varphi(M'_1 - M'_3)$ über k, mit unabhängigen M'_1, M'_3 über k; letzterer Punkt hat die Dimension 2 über k; wenn der erstere keine größere Dimension über k hätte, so wäre die Spezialisierung eine generische; der erstere Punkt ließe sich dann selbst in der Form $\varphi(N - N')$ schreiben mit unabhängigen N, N'; und es wäre $M_1 + M_2 + N' \sim M_3 + M_4 + N$. Dabei kann nicht $l(M_1 + M_2 + N') > 1$ sein; dann müßte nämlich nach Hilfssatz 6 die Verbindungsgerade von M_1 und M_2 auf F_2 liegen, was bei der Verbindungsgerade zweier unabhängiger Punkte auf C nicht der Fall sein kann. Es muß also $M_1 + M_2 + N' = M_3 + M_4 + N$ sein, was offenbar unmöglich ist.

Daraus ergibt sich folgende invariante Konstruktion für die Fläche V. Man wähle eine beliebige Mannigfaltigkeit $T = \Theta_t$ aus der Schar $\{\Theta_a\}$; es sei k_0 ein algebraisch abgeschlossener Definitionskörper für J und T; es sei u_0 ein generischer Punkt von T über k_0. Unter den 20 Punkten von T, in denen die Tangentialhyperebene zu T zur Tangentialhyperebene zu T in u_0 parallel ist, gibt es 9 Punkte mit der Eigenschaft, daß, wenn u_1 einer derselben ist, der Punkt $v = u_1 - u_0$ die Dimension 2 über k_0 hat. Dann ist V der Ort von v über k_0. Das ist n mlich in dem oben Bewiesenen enthalten, falls k_0 zu gleicher Zeit ein Definitionskörper für C, φ und t ist. Wenn das nicht der Fall ist, wählen wir einen k_0 enthaltenden Definitionskörper für C, φ und t. Es ändert sich nichts, wenn wir u_0 durch einen anderen generischen Punkt von T über k_0 ersetzen; wir dürfen also annehmen, daß u_0 sogar über k generisch ist; mit denselben Bezeichnungen wie oben können wir dann $u_0 = u_{123} + t$ setzen. Die Punkte, wo die Tangentialhyperbene zu T mit derjenigen in u_0 parallel ist, sind dann die Punkte $u_{ijh} + t$; wenn u_0' irgendeiner dieser Punkte ist, so ist er algebraisch über $k_0(u_0)$; der Punkt (u_0, u_0') hat also dieselbe Dimension über k wie über k_0, nämlich 3; folglich hat er einen Ort über k, und zwar denselben wie über k_0; und die Dimension von $u_0 - u_0'$, sowohl über k wie über k_0, ist nichts anderes als die Dimension des Bildes dieses Ortes bei der Abbildung $(x, y) \to x - y$ von $J \times J$ auf J. Oben ist bewiesen worden, daß es 9 Punkte u_0' gibt, für welche dieses Bild die Dimension 2 hat und daß es dann die Fläche V ist. Damit ist unsere Konstruktion völlig gerechtfertigt. Den Beweis des Hauptsatzes im vorliegenden Fall können wir nun genau wie oben fortsetzen. Es braucht kaum gesagt zu werden, daß ein einheitlicherer Beweis sehr zu wünschen wäre.

[1957b] Hermann Weyl (1885–1955)

(avec C. Chevalley)

« Quand Hermann Weyl et Hella annoncèrent leurs fiançailles, l'étonnement fut général que ce jeune homme timide et peu loquace, étranger aux cliques qui faisaient la loi dans le monde mathématique de Göttingen, eût remporté le prix convoité par tant d'autres. Ce n'est que peu à peu que l'on comprit à quel point Hella avait eu raison dans son choix... [1] »

Peut-être les vérités mathématiques, comme les femmes, font-elles leur choix entre ceux qu'elles attirent. Est-ce le mieux doué qu'elles choisissent, ou le plus séduisant ? celui qui les désire le plus ardemment, ou celui qui les a le mieux méritées ? Elles semblent se tromper parfois; souvent il faut du temps pour s'apercevoir qu'elles ont eu raison. Timide, peu loquace, étranger aux cliques, tel apparaissait donc Hermann Weyl à ses débuts; tel il devait rester au fond de lui-même, en dépit des succès d'une brillante carrière. Comme beaucoup de timides une fois rompues les barrières de leur timidité, il était capable d'enthousiasme et d'éloquence: « Ce soir-là, dit-il en racontant sa première rencontre avec celle qu'il devait épouser [2], je décrivis l'incendie d'une grange auquel je venais d'assister; elle me dit plus tard qu'à m'écouter elle s'était éprise de moi aussitôt. » Ses propres confidences nous le montrent profondément influençable aussi, jusque dans sa pensée la plus intime: « Mon tranquille positivisme

[1] Extrait des paroles prononcées par Courant aux obsèques de Hella Weyl le 9 septembre 1948.

[2] Cette citation, comme plusieurs autres par la suite, est tirée d'une notice inédite consacrée par Hermann Weyl à la mémoire de Hella Weyl. Nos autres citations proviennent des publications de Weyl.

Reprinted from *Enseign. Math.* III, 1957, pp. 157-187, by permission of the editor.

fut ébranlé quand je m'épris d'une jeune musicienne d'esprit très religieux, membre d'un groupe qui s'était formé autour d'un hégélien connu... Peu après, j'épousai une élève de Husserl; ainsi, ce fut Husserl qui, me dégageant du positivisme, m'ouvrit l'esprit à une conception plus libre du monde. » Il avait alors vingt-sept ans.

C'est ainsi qu'on voit se dessiner, vers l'époque de son mariage, quelques-uns des principaux traits d'une des personnalités mathématiques les plus marquantes et attachantes de la première moitié de ce siècle, mais aussi de l'une des plus difficiles à serrer de près. « A country lad of eighteen », un gars de campagne de dix-huit ans, ainsi se décrit-il lui-même à son arrivée à Göttingen. « J'avais choisi cette université, dit-il, principalement parce que le directeur de mon lycée était un cousin de Hilbert et m'avait donné pour celui-ci une lettre de recommandation. Mais il ne me fallut pas longtemps pour prendre la résolution de lire et étudier tout ce que cet homme avait écrit. Dès la fin de ma première année, j'emportai son *Zahlbericht* sous mon bras et passai les vacances à le lire d'un bout à l'autre, sans aucune notion préalable de théorie des nombres ni de théorie de Galois. Ce furent les mois les plus heureux de ma vie... [3] »

Un peu plus tard, ce sont les joies de la découverte: « Un nouvel événement fut décisif pour moi: je fis une découverte mathématique importante. Elle concernait la loi de répartition des fréquences propres d'un système continu, membrane, corps élastique ou éther électromagnétique. Le résultat, conjecturé depuis longtemps par les physiciens, semblait encore bien loin alors d'une démonstration mathématique. Tandis que j'étais fiévreusement occupé à mettre mon idée au point, ma lampe à pétrole avait commencé à fumer. Quand je terminai, une épaisse pluie de flocons noirs s'était abattue sur mon papier, sur mes mains, sur mon visage. » A ce moment, il est déjà privatdozent à Göttingen. Bientôt c'est le mariage, la chaire à Zurich, la

---

[3] « De toute mes expériences spirituelles, écrit-il ailleurs, celles qui m'ont comblé de la plus grande joie furent, en 1905, quand j'étais étudiant, l'étude du *Zahlbericht* et, en 1922, la lecture de maître Eckhart qui me retint fasciné pendant un splendide hiver en Engadine. »

guerre. Au bout d'un an de garnison à Sarrebruck (comme simple soldat, précise-t-il), le gouvernement suisse obtient qu'il soit rendu à son enseignement à l'Ecole polytechnique fédérale. « Je ne puis guère me souvenir d'un instant de joie plus intense que le beau jour de printemps, en mai 1916, où Hella et moi franchîmes la frontière suisse, puis, arrivés chez nous, descendîmes de nouveau jusqu'au lac à travers la belle ville paisible. »

Il reprend ses travaux. Un cours professé à Zurich sur la relativité paraît en volume, en 1918; c'est le célèbre *Raum, Zeit, Materie*, qui connaît cinq éditions en cinq ans et, profitant de la vogue extraordinaire du sujet jusque parmi les profanes, répand le nom de Weyl bien au-delà du monde des mathématiciens où sa réputation n'était plus à faire. Les offres de chaires viennent d'un peu partout; celle de Göttingen en 1922, où il s'agissait de la succession de Klein, fut l'occasion pour lui d'un débat de conscience particulièrement difficile. Ayant retardé sa décision tant qu'il pouvait, ayant encore au dernier moment parcouru avec sa femme les rues de Zurich en pesant sa réponse, il partit enfin au bureau de poste pour télégraphier son acceptation. Arrivé devant le guichet, ce fut un refus qu'il télégraphia; il n'avait pu se résoudre à échanger sa tranquillité zurichoise contre les incertitudes de l'Allemagne d'après guerre. « L'étonnement de Hella, dit-il, fut sans bornes; les événements ne tardèrent pas à me donner raison. »

Mais en 1929, quand Göttingen lui offre la succession de Hilbert, il se laisse tenter. « Les trois années qui suivirent, dit-il, furent les plus pénibles que Hella et moi ayons connues. » C'est le nazisme, d'abord imperceptible nuage à l'horizon, qui grandit à vue d'œil, s'abat en trombe sur l'Allemagne en désarroi, y recouvre tout de boue sanglante. Par bonheur pour Hermann Weyl, l'Institute for Advanced Study de Princeton, nouvellement créé, offre de le sauver du désastre. Il hésite. Il accepte, il refuse. Il accepte de nouveau l'année suivante; c'est de Zurich qu'il envoie sa démission à Göttingen en 1933 et qu'il part pour l'Amérique.

Il n'eut donc pas à subir ce stage souvent long, parfois humiliant et pénible, que les circonstances ont imposé à beaucoup de savants réfugiés aux Etats-Unis. La chaire de l'Institute lui assura d'emblée le confort matériel et la situation de premier plan dans le monde scientifique américain auxquels tout, certes, lui donnait droit. Ce furent, dit-il, des années heureuses que celles qu'il passa à Princeton. Sans doute ne s'accoutuma-t-il jamais à porter aisément ce qu'il appelle « le joug d'une langue étrangère ». Mais, grâce au respect et à l'affection qui l'entourèrent dès l'abord, il se sentait enfin chez lui; et on sent percer à nouveau le gars de campagne des premiers jours de Göttingen lorsqu'il dépeint le plaisir qu'il éprouva, en 1938, à posséder son lopin de terre et à y bâtir sa maison. Si la mort de sa femme, en 1948, le déchira cruellement, un second mariage, quelque temps après, lui fit retrouver son équilibre. Ayant pris sa retraite à l'Institute, il partagea désormais son temps entre Princeton et Zurich. Une attaque cardiaque l'emporta à l'improviste, peu après les fêtes de son soixante-dixième anniversaire.

A son arrivée en Amérique, il avait déjà donné en mathématique le meilleur de lui-même, et il le savait. Pour tout autre que lui, la tentation eût été grande de se reposer sur ses lauriers, de s'abandonner à un rôle de « pontife ». Combien n'en est-il pas dont toute l'activité, passé un certain âge, consiste à aller de commission en commission, pour y discuter gravement des mérites de travaux de « jeunes » qu'ils n'ont pas lus, qu'ils ne connaissent que par ouï-dire ! Hermann Weyl se faisait une bien autre et bien plus haute idée de son métier de professeur. Il vit que Princeton seul, à notre époque, peut être ce qu'ont été autrefois Paris, puis Göttingen: un centre d'échanges, un « clearing-house » des idées mathématiques qui circulent de par le monde. Rappelant l'intense vie mathématique qui s'était développée autrefois à Göttingen sous l'influence dominante de Hilbert, il a écrit: « Les idées font boule de neige en un pareil point de condensation de la recherche »; et il ajoute: « Nous avons assisté à quelque chose de semblable ici à Princeton pendant les premières années d'existence de l'Institute for Advanced Study. » S'il en a été ainsi, c'est en grande partie à lui qu'en revient le mérite. Il se donna pour tâche principale de se maintenir au courant de l'actualité, de renseigner et éclairer les chercheurs, de leur servir d'interprète, de comprendre mieux qu'eux ce qu'ils faisaient ou essayaient de faire; il s'y consacra en toute modestie, conscient de faire œuvre utile, conscient d'y être irremplaçable. Dans sa production, qui, pendant toute cette période, reste abondante et d'une extraordinaire variété, on retrouve la trace de ses lectures, des séminaires et discussions auxquels il prenait part, des problèmes sur lesquels de tous côtés on sollicitait ses avis. Parmi ces travaux, il n'en est guère qui n'élucide un point difficile ou ne comble une lacune fâcheuse. Cette activité s'est poursuivie jusque dans ses dernières années. Par une suprême coquetterie peut-être, sa dernière publication aura été une édition rajeunie, complètement refondue, de son premier livre, livre toujours utile, encore actuel, auquel par cette révision il a donné une vitalité nouvelle. Qui de nous ne serait satisfait de voir sa carrière scientifique se terminer de même ?

* * *

Un Protée, qui se transforme sans cesse pour se dérober aux prises de l'adversaire, et ne redevient lui-même qu'après le triomphe final: telle est l'impression que nous laisse souvent Hermann Weyl. N'est-il pas allé, poussé par le milieu sans doute, par l'occasion, mais aussi par « l'inquiétude de son génie », jusqu'à se muer en logicien, en physicien, en philosophe ? L'axiome *Ne sutor ultra crepidam* nous interdit de le suivre si loin en ses métamorphoses. Mais, dans son œuvre mathématique même, il n'est que trop fréquent qu'il vous glisse entre les mains lorsqu'on croit le mieux le saisir; et il faut avouer que la tâche de ses lecteurs n'en est pas facilitée. Il est vrai qu'il appartient à une période de transition dans l'histoire des mathématiques et qu'il s'en est trouvé profondément marqué. Souvent il a pu prendre un plaisir grisant à se laisser entraîner ou ballotter par les courants opposés qui ont agité cette époque, sûr d'ailleurs au fond de lui-même (comme lorsqu'il s'abandonna un moment à l'intuitionnisme brouwérien) que son bon sens foncier le garantirait du naufrage. Son œuvre a grandement contribué à ce changement de vision qui a fait passer de la mathématique classique, fondée sur le nombre réel, à la mathématique moderne, fondée sur la notion de structure. L'emploi systématique et tout abstrait du revêtement universel, la notion de variété analytique complexe, l'emploi courant et la popularisation, jusque parmi les physiciens, de l'algèbre vectorielle et du concept d'espace de représentation d'un groupe, tout cela vient avant tout de lui. Mais, s'il était trop élève de Hilbert pour ne pas inclure parmi ses outils la méthode axiomatique, s'il était trop mathématicien aussi pour en dédaigner les succès (son chaleureux éloge de l'œuvre d'Emmy Noether serait là, si besoin était, pour en faire foi), ce n'était pas à elle qu'allaient ses sympathies. Il y voyait « le filet dans lequel nous nous efforçons d'attraper la simple, la grande, la divine Idée »; mais, dans ce filet, il semble avoir toujours craint que l'on n'attrapât que des cadavres. A la dissection impitoyable sous le jour cru des projecteurs, il préférait, en bon romantique, le jeu troublant des analogies, auquel se prête si bien le langage de la métaphysique allemande qu'il affectionnait. Plutôt que de saisir l'idée brutalement au risque de la meurtrir, il aimait bien mieux la guetter dans la pénombre, l'accompagner dans ses évolutions, la décrire sous ses multiples aspects, dans sa vivante complexité. Etait-ce de sa faute si ses lecteurs, moins agiles que lui, éprouvaient parfois quelque peine à le suivre ?

* * *

« Le véritable principe de Dirichlet, a dit Minkowski dans un passage que Weyl citait volontiers, ce fut d'attaquer les problèmes au moyen d'un minimum de calcul aveugle, d'un maximum de réflexion lucide. » Et Weyl a écrit de son maître Hilbert : « Un trait caractéristique de son œuvre, c'est sa méthode d'attaque directe; s'affranchissant de tout algorithme, il revient toujours au problème tel qu'il se présente dans sa pureté originelle. » En deux ou trois occasions, il a atteint pleinement lui-même à cet idéal de perfection classique, par exemple dans son travail de 1916 sur l'égale répartition modulo 1, et encore dans ses mémoires jumeaux sur les fonctions presque périodiques et sur les représentations des groupes compacts. Comme il est naturel, ce sont là, parmi ses travaux, ceux qu'on relit avec le plus de plaisir, ceux dont il est le plus facile aussi de rendre compte. Aussi est-ce par eux que nous commencerons, renonçant à un ordre logique impossible à suivre lorsqu'il s'agit d'analyser une œuvre aussi riche. L'origine du premier, nous dit-il, se trouve dans un travail sur le phénomène de Gibbs, où s'était présentée incidemment une question d'approximation diophantienne; il s'était agi de faire voir que tout nombre irrationnel α peut être approché par une suite de fractions p_n/q_n satisfaisant aux conditions $q_n = o(n)$, $|\alpha - p_n/q_n| = o(1/n)$. Un peu plus tard l'attention de Weyl fut attirée par F. Bernstein sur le problème du mouvement moyen en mécanique céleste, problème qui remontait à Lagrange, et dont Bohl s'occupait alors; il s'agit là de déterminer le comportement asymptotique, pour $t \to \infty$, de l'argument d'une somme finie d'exponentielles $\Sigma a_\nu e(\lambda_\nu t)$, les λ_ν étant réels [4]. Ce fut l'occasion pour lui d'observer d'abord que son lemme diophantien entraînait aisément l'égale répartition modulo 1 de la suite $(n\alpha)$ pour α irrationnel, résultat qui fut obtenu en même temps par Bohl et par Sierpinski. Mais Weyl, à l'école de Hilbert et surtout par ses propres recherches sur les valeurs et fonctions propres, avait acquis un sens trop juste de l'analyse harmonique pour s'en tenir là.

Convenons de désigner par $M(x_n)$, pour toute suite (x_n), la limite pour $n \to \infty$, si elle existe, de la moyenne des nombres $x_1, \ldots, x_n$. Dire que la suite (α_n) est également répartie modulo 1 équivaut à dire qu'on a $M[f(\alpha_n)] = \int_0^1 f(x)\,dx$ pour certaines fonctions périodiques particulières, à savoir pour les fonctions de période 1 qui coïncident dans l'intervalle $[0, 1]$ avec une fonction caractéristique d'intervalle. Weyl s'aperçut que, si cette propriété est vérifiée pour les fonctions en question, elle l'est nécessairement aussi pour toute fonction périodique de période 1, intégrable au sens de Riemann, et en particulier pour les caractères $e(nx)$ du groupe additif des réels modulo 1; réciproquement, si elle l'est pour ces dernières fonctions, elle l'est aussi, en vertu des théorèmes classiques sur la série de Fourier, pour toute fonction périodique intégrable au sens de Riemann, de sorte que la suite (α_n) est également répartie modulo 1; la démonstration de ces assertions est immédiate. Le résultat sur l'égale répartition modulo 1 de la suite $(n\alpha)$ pour α irrationnel

---

[4] Ici, comme dans tout ce qui suit, on pose $e(t) = e^{2\pi i t}$.

découle de là aussitôt, sans aucun lemme diophantien; en remplaçant le groupe des réels modulo 1 par un tore de dimension quelconque, on obtient de même, et sans calcul, la forme quantitative des célèbres théorèmes d'approximation de Kronecker. Tout cela, si neuf à l'époque du travail de Weyl, nous paraît à présent bien simple, presque trivial. Mais aujourd'hui encore le lecteur reste étonné de voir comme Weyl, sans reprendre haleine, passe de là à l'égale répartition d'une suite (P (n)), où P est un polynôme quelconque. Cela revient naturellement, d'après ce qui précède, à l'évaluation des sommes d'exponentielles $\Sigma e(\mathrm{P}(n))$, problème qui avait été déjà l'objet des recherches de Hardy et Littlewood. Plus précisément, il s'agit de démontrer la relation

$$\sum_{n=0}^{\mathrm{N}} e(\mathrm{P}(n)) = o(\mathrm{N})$$

lorsque P est un polynôme où le coefficient du terme de plus haut degré est irrationnel. Pour donner une idée de la méthode de Weyl, qui (avec les perfectionnements qu'y ont apportés Vinogradov et son école) est restée fondamentale en théorie analytique des nombres, considérons le cas où P est du second degré. Posons donc:

$$s_{\mathrm{N}} = \sum_{n=0}^{\mathrm{N}} e(\alpha n^2 + \beta n),$$

α étant irrationnel. On écrira alors, comme dans l'évaluation classique des sommes de Gauss:

$$|s_{\mathrm{N}}|^2 = s_{\mathrm{N}}\bar{s}_{\mathrm{N}} = \sum_{m,n=0}^{\mathrm{N}} e(\alpha(m^2 - n^2) + \beta(m - n))$$
$$= \sum_{r=-\mathrm{N}}^{+\mathrm{N}} e(\alpha r^2 + \beta r) \sum_{n\in \mathrm{I}_r} e(2\alpha rn),$$

où on a substitué $n + r$ à m, et où I_r désigne l'intersection des deux intervalles $[0, \mathrm{N}]$ et $[-r, \mathrm{N} - r]$. Si on désigne par σ_r la dernière somme (celle qui est étendue à l'intervalle I_r), on a donc $|s_r|^2 \leqslant \Sigma |\sigma_r|$. Comme σ_r est une somme de $\mathrm{N} + 1$ termes au plus, on a $|\sigma_r| \leqslant N + 1$ quel que soit r; comme d'autre part σ_r est somme d'une progression géométrique de raison $e(2\alpha r)$, on a aussi:

$$|\sigma_r| \leqslant |\sin(2\pi\alpha r)|^{-1} \cdot$$

Soit $0 < \varepsilon < 1/2$; en vertu de l'égale répartition des nombres $2\alpha r$ modulo 1, le nombre des entiers r de l'intervalle $[-N, +N]$ qui sont tels que $2\alpha r$ soit congru modulo 1 à un nombre de l'intervalle $[-\varepsilon, +\varepsilon]$ est de la forme $4\varepsilon N + o(N)$, et est donc $\leqslant 5\varepsilon N$ dès que N est assez grand. Pour chacun de ces entiers, on a $|\sigma_r| \leqslant N + 1$; pour tous les autres, on a $|\sigma_r| \leqslant 1/\sin(\pi\varepsilon)$. On a donc, pour N assez grand:

$$|s_N|^2 \leqslant 5\varepsilon N(N+1) + \frac{2N+1}{\sin(\pi\varepsilon)}$$

Pour N assez grand, le second membre sera $\leqslant 6\varepsilon N^2$; comme il en est ainsi quel que soit ε, on a bien $s_N = o(N)$. Si le degré du polynôme P est $d + 1$ avec $d > 1$, la démonstration se fait de même (et non par récurrence sur d) au moyen d'un lemme sur l'égale répartition modulo 1 d'une fonction multilinéaire de d variables. Le résultat s'étend aux fonctions de p variables par récurrence sur p.

Avec cet admirable mémoire, Weyl était déjà très près des fonctions presque périodiques. Il s'y agissait, en effet, en premier lieu, des sous-groupes cycliques et des sous-groupes à un paramètre d'un tore de dimension finie, tandis que la théorie des fonctions presque périodiques traite, dirions-nous, des sous-groupes à un paramètre d'un tore de dimension infinie. On peut même dire que cette théorie, qui suscita tant d'intérêt pendant une dizaine d'années à la suite des publications de H. Bohr en 1924, eut pour principale utilité de ménager la transition entre le point de vue classique et le point de vue moderne au sujet des groupes compacts et localement compacts. Au temps même où Weyl s'occupait à Göttingen d'égale répartition modulo 1, vers 1913, les premières idées sur les fonctions presque périodiques y étaient « dans l'air ». Le problème du mouvement moyen portait sur les sommes d'exponentielles, finies il est vrai, et Weyl en avait traité des cas particuliers, sans d'ailleurs approfondir la question, qu'il ne devait résoudre complètement, toujours par la même méthode, que lorsqu'il s'y trouva ramené vingt-cinq ans plus tard. Mais H. Bohr, alors élève de Landau, s'occupait de séries d'exponentielles en vue de l'étude de $\zeta(s)$ dans le plan complexe, problème auquel Weyl va bientôt s'intéresser en passant, déterminant même par sa méthode le comportement asymptotique de $\zeta(1+it)$. D'autre part, les élèves de Hilbert étaient accoutumés à considérer les termes de la série de Fourier comme fonctions propres, et les coefficients de cette série comme valeurs propres, d'opérateurs convenablement définis. Il semble donc que les voies fussent toutes préparées dans l'esprit de Weyl, lorsque apparurent les premiers travaux de H. Bohr sur les fonctions presque périodiques, pour reprendre la question du point de vue des équations intégrales.

Mais il est rare qu'un mathématicien, qu'il s'agisse du plus grand ou du plus humble, parcoure le plus court chemin d'un point à un autre de sa trajectoire. Avant de revenir aux fonctions presque périodiques à l'occasion d'une conférence de H. Bohr à Zurich, Weyl avait mené à bien ses mémorables recherches sur les groupes de Lie et leurs représentations, et avait conçu l'idée, d'une audace extraordinaire pour l'époque, de « construire » les représentations des groupes de Lie compacts par la complète décomposition d'une représentation de degré infini. Blasés que nous sommes par l'expérience des trente dernières années, cette idée ne nous étonne plus; mais son succès semble avoir fait l'effet d'un vrai miracle à son auteur; « c'est là, répète-t-il à maintes reprises, l'une des plus surprenantes applications de la méthode des équations intégrales ». Déjà I. Schur avait étendu au groupe orthogonal, au moyen de l'élément de volume invariant dans l'espace de groupe, les relations d'orthogonalité entre coefficients des représentations que Frobenius avait découvertes pour les groupes finis; mais il y avait loin de là à un théorème d'existence. Weyl n'hésite pas à introduire, sur un groupe de Lie compact, l'algèbre de groupe, toujours conçue chez lui comme algèbre des fonctions continues par rapport au produit de convolution

$$h = f \star g, \quad h(s) = \int f(st^{-1})\, g(t)\, dt,$$

et dont il fait un espace préhilbertien au moyen de la norme $(\int |f|^2 ds)^{1/2}$; les intégrales, naturellement, sont prises au moyen de l'élément de volume invariant que fournit la théorie de Lie, et que Hurwitz avait sans doute été le premier à utiliser systématiquement. Dans cet espace, l'opérateur $f \to \varphi \star \tilde{\varphi} \star f$, où $\tilde{\varphi}$ désigne la fonction $\tilde{\varphi}(s) = \varphi(s^{-1})$, est hermitien et complètement continu; d'après la théorie de E. Schmidt, ses valeurs propres forment donc un spectre discret, et à chacune correspond un espace de fonctions propres de dimension finie, dont on constate immédiatement qu'il est invariant par le groupe; c'est donc un espace de représentation de celui-ci. Les théorèmes de Schmidt fournissent alors le développement de φ suivant les coefficients des représentations ainsi obtenues, développement qui converge au sens de la norme. C'est là une généralisation directe de la méthode de Frobenius basée sur la réduction de la représentation régulière d'un groupe fini; la seule différence, comme l'observe Weyl, c'est l'absence d'un élément unité dans l'algèbre d'un groupe compact; Weyl y supplée par un artifice tiré de la théorie des séries de Fourier, à savoir l'approximation de la masse unité placée à l'origine par une distribution de masses à densité continue, concentrée dans un voisinage de l'origine; la convolution avec celle-ci constitue un « opérateur régularisant », d'emploi courant aujourd'hui, mais dont c'était sans doute la première apparition dans le cadre de la théorie des groupes de Lie; Weyl s'en sert pour démontrer que toute fonction continue peut être approchée, non seulement au sens de la norme, mais même uniformément, par des combinaisons linéaires de coefficients de représentations.

Bien que le mémoire de Weyl se limitât nécessairement aux groupes de Lie, il avait atteint en réalité, du premier coup, à des résultats définitifs sur les représentations des groupes compacts; après la découverte de la mesure de Haar, il n'y eut pas un mot à changer à son exposé, et, chose rare en mathématique, il ne vint même à personne l'idée de le récrire. Si, comme nous le faisons aujourd'hui, on considère une fonction presque périodique comme déterminant une représentation du groupe additif des réels dans un groupe compact, et qu'on suppose acquise pour celui-ci la notion de mesure de Haar, on déduit immédiatement des résultats de Weyl exposés ci-dessus le développement de la fonction en série d'exponentielles. Les outils manquaient à Weyl, en 1926, pour adopter ce point de vue; il y supplée en remplaçant l'intégrale par une moyenne sur la droite, définie comme limite pour $T \to +\infty$ de la valeur moyenne sur l'intervalle $[t, t+T]$ lorsque cette limite est atteinte uniformément par rapport au paramètre t. En 1926, il n'allait pas de soi que la théorie des équations intégrales s'appliquât à cette moyenne; Weyl est obligé de consacrer une bonne partie de son travail à justifier cette application. Il convient d'observer d'autre part que, sur un groupe compact, la manière la plus simple de construire la mesure de Haar consiste justement à attacher à chaque fonction continue une valeur moyenne, par un procédé directement inspiré de la théorie des fonctions presque périodiques. Que Weyl, en revanche, ait cru voir dans la théorie de Bohr « le premier exemple d'une théorie des représentations d'un groupe vraiment non compact » (par opposition apparemment avec les groupes de Lie semi-simples dont les représentations, dans son esprit, se ramenaient, par la « restriction unitaire », à celles de groupes compacts), cela montre qu'il se faisait encore quelque illusion sur le degré de difficulté des problèmes qui restaient à résoudre. Ce n'en est pas moins lui qui a ouvert la voie à tous les progrès ultérieurs dans cette direction.

* * *

Sur le reste de son œuvre d'analyste, nous serons beaucoup plus brefs, d'autant plus qu'il a lui-même excellemment rendu compte d'une bonne partie de cette œuvre dans sa *Gibbs Lecture* de 1948. Débutant, il participa activement au courant de recherches qui se proposait d'approfondir et d'appliquer à des problèmes variés d'analyse la théorie spectrale des opérateurs symétriques. Citons particulièrement, dans cet ordre d'idées, sa *Habilitationsschrift* de 1910, où il étudie un opérateur différentiel autoadjoint L sur la demi-droite $[0, +\infty]$:

$$L(u) = \frac{d}{dt}\left(p(t)\frac{du}{dt}\right) - q(t)\,u\,,$$

où p, q sont à valeurs réelles et $p(t) > 0$. Sur tout intervalle fini $[0, l]$, cet opérateur, soumis aux conditions aux limites du type habituel, $(du/dt)_0 = hu(0)$, $(du/dt)_l = h'u(l)$, relève de la théorie de Sturm-Liouville ou, en termes modernes, de la théorie des opérateurs complètement continus; le spectre est réel et discret et se compose des λ pour lesquels l'équation $Lu = \lambda u$ a une solution satisfaisant aux conditions aux limites imposées. Le passage à la limite $l \to +\infty$ fait apparaître, non seulement un spectre continu qui peut couvrir tout l'axe réel, mais encore des phénomènes imprévus dont la découverte est due à Weyl. Les plus intéressants concernent le comportement des solutions pour $l \to +\infty$ lorsqu'on donne à λ une valeur imaginaire fixe; chose remarquable, ils sont indépendants du choix de la valeur donnée à λ. C'est ainsi que Weyl est amené en particulier à la distinction fondamentale entre le cas du « point limite » et le cas du « cercle limite »: l'une des propriétés caractéristiques du premier, c'est que l'équation $Lu = \lambda u$ y possède, quel que soit λ imaginaire, une solution et une seule de carré sommable sur $[0, +\infty]$, tandis que toutes ses solutions le sont, pour λ imaginaire, dans le cas du cercle limite. Weyl étudie aussi le passage à la limite $l \to +\infty$ pour les développements de Sturm-Liouville sur $[0, l]$; il en tire des formules intégrales où apparaissent en général des intégrales de Stieltjes, comme on pouvait s'y attendre. Le problème des moments de Stieltjes n'est d'ailleurs pas autre chose que le problème aux différences finies, analogue à l'équation $Lu = \lambda u$ sur la demi-droite, et Hellinger fit voir par la suite que la méthode de Weyl s'y transporte presque telle quelle. Mais Weyl put aussi la transposer plus tard à un problème différentiel où le paramètre spectral intervient non linéairement, ainsi qu'au problème aux différences finies correspondant (auquel il a donné le nom de problème de Pick-Nevanlinna); il apporta même à cette occasion quelques améliorations notables à son premier exposé. Si celui-ci a donné lieu depuis lors à des généralisations assez variées, il ne semble pas que la signification véritable des résultats de Weyl sur les problèmes à paramètre non linéaire ait jamais été tirée au clair.

Une autre série de travaux traite de la répartition des valeurs propres, dans divers problèmes de type elliptique. Ils reposent principalement sur un principe qui plus tard fut popularisé par Courant sous la forme suivante: si A est un opérateur symétrique complètement continu dans un espace de Hilbert H, sa n-ième valeur propre est la plus petite des valeurs (« minimum maximorum ») que peut prendre la norme de A, c'est-à-dire le nombre max $(Ax, x)/(x, x)$, sur un sous-espace de H de codimension $n - 1$. Une fois acquise la théorie des opérateurs complètement continus, la vérification de ce principe est d'ailleurs immédiate. Mais Weyl l'adapte en virtuose à toutes sortes de situations de physique mathématique. Quant au comportement asymptotique des fonctions propres, il avait, nous dit-il en 1948, certaines conjectures: « mais, n'ayant fait pendant plus de trente-cinq ans aucune tentative sérieuse pour les démontrer, je préfère, ajoute-t-il, les garder pour moi »; il aura donc laissé ce problème plus difficile en héritage à ses successeurs.

* * *

C'est en élève de Hilbert encore, et en analyste, que Weyl dut aborder le sujet d'un des premiers cours qu'il professa à Göttingen comme jeune privatdozent, la théorie des fonctions selon Riemann. Le cours terminé et rédigé, il se retrouva géomètre, et auteur d'un livre qui devait exercer une profonde influence sur la pensée mathématique de son siècle. Peut-être s'était-il proposé seulement de remettre au goût du jour, en faisant usage des idées de Hilbert sur le principe de Dirichlet, les exposés traditionnels dont l'ouvrage classique de C. Neumann fournissait le modèle. Mais il dut lui apparaître bientôt que, pour substituer aux constants appels à l'intuition de ses prédécesseurs des raisonnements corrects et, comme on disait alors, « rigoureux » (et dans l'entourage de Hilbert on n'admettait pas qu'on trichât là-dessus), c'étaient avant tout les fondements topologiques qu'il fallait renouveler. Weyl n'y semblait guère préparé par ses travaux antérieurs. Il pouvait, dans cette tâche, s'appuyer sur l'œuvre de Poincaré, mais il en parle à peine. Il mentionne, comme l'ayant profondément influencé, les recherches de Brouwer, alors dans leur première nouveauté; en réalité, il n'en fait aucun usage. De fréquents contacts avec Koebe, qui dès lors s'était consacré tout entier à l'uniformisation des fonctions d'une variable complexe, durent lui être d'une grande utilité, particulièrement dans la mise au point de ses propres idées. La première édition du livre est dédiée à Félix Klein, qui bien entendu, comme Weyl le dit dans sa préface, ne pouvait manquer de s'intéresser à un travail si voisin des préoccupations de sa jeunesse ni de donner à l'auteur des conseils inspirés de son tempérament intuitif et de sa profonde connaissance de l'œuvre de Riemann. Bien qu'il n'eût jamais connu celui-ci, c'était Klein qui, à Göttingen, incarnait la tradition riemannienne. Enfin, dans l'un de ses mémoires sur les fondements de la géométrie, Hilbert avait formulé un système d'axiomes fondé sur la notion de voisinage, en soulignant qu'on trouverait là le meilleur point de départ pour « un traitement axiomatique rigoureux de l'analysis situs ». De tous ces éléments si divers que lui fournissaient la tradition et le milieu, Weyl tira un livre profondément original et qui devait faire époque.

Le livre est divisé en deux chapitres, dont le premier contient la partie qualitative de la théorie. Les notions de « surface » (variété topologique de dimension 2 à base dénombrable) et de « surface de Riemann » (variété analytique complexe à base dénombrable, de dimension complexe 1) y sont définies au moyen de systèmes d'axiomes, inspirés naturellement de celui de Hilbert, mais qui cette fois (sauf une légère omission dans la première édition) étaient destinés à subsister sans retouches, et devaient servir de modèle à Hausdorff pour son axiomatisation de la topologie générale. Dans la première et la deuxième édition, la condition de base dénombrable apparaît sous forme de condition de triangulabilité; et la triangulation joue un grand rôle dans la suite du volume; elle devait être éliminée entièrement de la troisième édition. Les questions touchant au groupe fondamental, au revêtement universel, à l'orientation, sont élucidées avec soin dans un esprit tout moderne, ainsi que les rapports entre propriétés homologiques et périodes des intégrales simples sur la surface. Dans la première et la deuxième édition, l'auteur va jusqu'à la construction, pour les surfaces orientables compactes, d'un système de « rétrosections », c'est-à-dire essentiellement d'une base privilégiée pour le premier groupe d'homologie;

comme il le dit lui-même, il aurait pu, au prix d'un léger effort supplémentaire, aller jusqu'à la représentation de la surface au moyen d'un « polygone canonique » à $4g$ côtés (g désignant le genre), et à la détermination explicite du groupe fondamental, et on peut regretter qu'il ne l'ait pas fait. Mais la construction même des rétrosections, nécessairement basée sur la triangulation, disparaît dans la troisième édition, au profit d'un traitement plus purement homologique où n'interviennent que des recouvrements. En tout cas, pour tout l'essentiel, ce chapitre constitue une mise au point à peu près définitive des questions qu'il traite.

Les théorèmes d'existence font l'objet du deuxième chapitre. Weyl y donne du principe de Dirichlet une démonstration simplifiée, basée naturellement sur l'idée de Hilbert qui consiste, comme on sait, à opérer dans l'espace préhilbertien des fonctions différentiables avec la norme de Dirichlet; même dans la troisième édition, il n'a pas cru devoir suivre la variante qu'il avait pourtant contribué à créer lui-même, et qui consiste à opérer par projection orthogonale dans le complété de l'espace en question, puis à montrer après coup que la solution obtenue est différentiable. Une fois acquis le principe de Dirichlet, l'auteur en tire les principales propriétés des intégrales abéliennes et des fonctions multiplicatives, le théorème de Riemann-Roch, puis le théorème de l'uniformisation, c'est-à-dire la représentation conforme du revêtement universel de la surface de Riemann sur une sphère, un plan ou un disque. Si on laisse de côté les cas de genre 0 ou 1, le résultat peut s'exprimer en disant que toute surface de Riemann compacte, de genre > 1, peut se définir comme quotient du plan non-euclidien par un groupe discret de déplacements sans point fixe. « Ainsi, dit Weyl dans la préface de la première édition, ainsi nous pénétrons dans le temple où la divinité est rendue à elle-même, délivrée de ses incarnations terrestres: le *cristal non euclidien*, où l'archétype de la surface de Riemann se laisse voir dans sa pureté première... » C'est en songeant sans doute à ce passage que Weyl dit plus tard de sa préface que « plus encore que le livre lui-même, elle trahissait la jeunesse de son auteur ». Nous dirions aujourd'hui qu'on a construit pour la surface de Riemann un modèle qui est canonique à un déplacement près dans le plan non euclidien; autrement dit, on a associé canoniquement une structure à une autre. Mais qui saurait mauvais gré à Weyl, après avoir achevé un livre de cette valeur, d'avoir exprimé d'une manière peut-être un peu trop romantique son enthousiasme juvénile ?

* * *

C'est en 1916, pendant la guerre, que Weyl fit paraître en Suisse son premier mémoire de géométrie, sur le célèbre problème de la rigidité des surfaces convexes. Ici encore, Göttingen lui avait fourni son point de départ. Sous la direction de Hilbert, Weyl avait collaboré à la publication des œuvres complètes de Minkowski, où la théorie des corps convexes tient tant de place. D'autre part, Hilbert avait montré comment on peut faire dépendre les inégalités de Brunn-Minkowski de la théorie des opérateurs différentiels elliptiques. L'espace R^3 étant considéré comme espace euclidien, et $\langle x, y\rangle$ désignant le produit scalaire dans R^3, soit V un corps convexe dans cet espace, défini au moyen de la fonction d'appui H; cela veut dire que H satisfait aux conditions

$$H(x + x') \leqslant H(x) + H(x'), \quad H(\lambda x) = \lambda H(x) \quad \text{pour} \quad \lambda \geqslant 0,$$

et que V est l'ensemble des points y satisfaisant à $\langle x, y\rangle \leqslant H(x)$ quel que soit x. Si on suppose H différentiable en dehors de 0, le volume de V est alors donné par une formule

$$\mathrm{vol}(V) = \int H.Q(H)\, d\omega,$$

où l'intégrale est étendue à la sphère unité S_0 définie par $\langle x, x\rangle = 1$, où $d\omega$ désigne l'élément d'aire sur S_0, et où $Q(H)$ est une forme quadratique par rapport aux dérivées partielles secondes de H. Soient F, F′ deux fonctions, différentiables en dehors de 0, satisfaisant toutes deux à la condition d'homogénéité $F(\lambda x) = \lambda F(x)$ pour $\lambda \geqslant 0$; soit $B(F, F')$ la forme bilinéaire symétrique par rapport aux dérivées partielles secondes de F et à celles de F′ qui se déduit de la forme quadratique $Q(H)$ par linéarisation, c'est-à-dire qui est telle que $Q(H) = B(H, H)$;

posons aussi $L_F(F') = B(F, F')$. On vérifie facilement, au moyen de la formule de Stokes, que l'intégrale

$$I(F, F', F'') = \int_{S_0} F''.B(F, F')\, d\omega,$$

où F'' désigne une troisième fonction satisfaisant aux mêmes conditions que F et F', dépend symétriquement de F, F' et F'' Cela revient à dire que L_F, considéré comme opérateur différentiel sur les fonctions sur S_0 prolongées à R^3 par homogénéité, est un opérateur autoadjoint. Si V', V'' sont deux corps convexes définis par des fonctions d'appui H', H'', les formules ci-dessus montrent que les « volumes mixtes » associés par Minkowski à V, V', V'' ne sont autres que les nombres I (H, H, H') et I (H, H', H''); de plus, un calcul simple montre que L_H est elliptique. Dans ces conditions, comme le fait voir Hilbert dans ses *Grundzüge*, l'application à L_H de la théorie des opérateurs autoadjoints elliptiques conduit, pour le cas différentiable, à l'inégalité de Brunn-Minkowski. Mais il se trouve que L_H n'est autre qu'un opérateur qui se présente dans la théorie de la déformation infinitésimale de la surface Σ frontière de V; jointe aux résultats de Hilbert, cette observation, due à Blaschke, entraînait l'impossibilité d'une telle déformation pour Σ. Enfin, Hilbert, à propos des fondements de la géométrie, avait démontré l'impossibilité d'appliquer isométriquement une sphère sur une surface convexe non sphérique. D'ailleurs, des résultats analogues sur les polyèdres convexes avaient été obtenus jadis par Cauchy: non seulement un polyèdre convexe n'admet aucune déformation infinitésimale, mais encore, si P et P' sont deux polyèdres convexes admettant même schéma combinatoire et ayant leurs côtés correspondants égaux, ils ne peuvent différer l'un de l'autre que par un déplacement ou une symétrie. Tout cela mettait à l'ordre du jour l'extension aux surfaces convexes du second théorème de Cauchy.

Mais Weyl ne s'arrête pas là. Il considère en même temps un problème d'existence que, faute d'une conception claire de la notion de variété riemannienne abstraite, personne n'avait encore même formulé. Il s'agit de savoir si « toute surface convexe fermée, donnée *in abstracto*, est réalisable » ou, comme nous dirions maintenant, si toute variété riemannienne compacte, simplement connexe, de dimension 2, à courbure partout positive, admet un plongement isométrique dans l'espace euclidien R^3; la question d'unicité, pour ce problème d'existence, est alors celle même dont Weyl était parti. Interrompu dans son travail par sa mobilisation en 1915, il se contenta d'esquisser son idée de démonstration, et ne la mena jamais à terme. Il part du fait que toute « surface convexe *in abstracto* » peut être représentée conformément sur la sphère S_0, donc définie par un ds^2 donné sur S_0 sous la forme $ds^2 = e^{2\Phi} d\sigma^2$, où $d\sigma$ est la longueur d'arc « naturelle » et Φ une fonction différentiable sur S_0; soit $\Sigma(\Phi)$ la « surface abstraite » ainsi définie. La condition que $\Sigma(\Phi)$ soit à courbure partout positive s'exprime par une inégalité différentielle $K(\Phi) > 0$; on constate aussitôt que l'ensemble des Φ qui y satisfont est convexe; il s'ensuit que l'ensemble des surfaces convexes abstraites est connexe. L'idée de Weyl est alors d'appliquer au problème une méthode de continuité. Tout revient, I désignant l'intervalle [0, 1], à déterminer une application φ de $S_0 \times I$ dans R^3 de telle sorte que l'application $x \to \varphi_\tau(x) = \varphi(x, \tau)$ de S_0 dans R^3 applique isométriquement $\Sigma(\tau\Phi)$ sur une surface convexe $S_\tau = \varphi_\tau(S_0)$, et cela pour tout $\tau \in I$. Pour cela, Weyl considère $\partial\varphi/\partial\tau$ comme une déformation infinitésimale de S_τ, dont la détermination se ramène à la solution d'une équation $\Lambda u = f$, où f est une fonction sur S_0, dépendant de S_τ, et Λ est essentiellement l'opérateur elliptique L_H relatif à S_τ. L'application de la méthode de Hilbert à cette équation donne donc, en principe, une équation différentielle fonctionnelle pour φ_τ; il s'agit d'en trouver une solution sur l'intervalle I qui se réduise pour $\tau = 0$ à l'application identique de S_0 dans R^3; et on peut espérer y parvenir au moyen de l'une quelconque des méthodes classiques de résolution des équations différentielles. Une démonstration complète a été obtenue récemment par Nirenberg en suivant cette voie; les brèves indications données ici suffiront tout au moins à faire apparaître l'extrême hardiesse de l'idée de Hermann Weyl.

* * *

Rentré à Zurich en 1916, Weyl eut, semble-t-il, quelque velléité de revenir aux surfaces convexes; un mémoire où il reprend les résultats de Cauchy sur les polyèdres présageait peut-être un mode d'attaque basé sur des méthodes moins infinitésimales et plus directes. Mais c'est bientôt la relativité qui attire et accapare son attention.

Là encore, il était dans la tradition. Minkowski avait participé activement au courant de recherches qui s'était développé autour de la relativité restreinte. Hilbert suivait de près les travaux d'Einstein et cherchait, sans grand succès d'ailleurs, à éclaircir les problèmes de la physique par la méthode axiomatique. « Il faut en physique un autre type d'imagination que celle du mathématicien », constate plus tard Hermann Weyl, non sans quelque mélancolie, dans sa notice sur Hilbert. Sans doute, en écrivant ces mots, songeait-il aussi à sa propre expérience et à cette « théorie de Weyl » à laquelle, disait-il vers la même époque, il ne croyait plus depuis longtemps. Mais à partir de 1917, et pendant plusieurs années, son enthousiasme est débordant. En 1918, il publie son cours de l'année précédente sur la relativité sous le titre *Raum*, *Zeit*, *Materie*. « A l'occasion de ce grand sujet, écrit-il dans la préface de la première édition, j'ai voulu donner un exemple de cette interpénétration, qui me tient tant à cœur, de la pensée philosophique, de la pensée mathématique, de la pensée physique... »; mais, ajoute-t-il avec une modestie non exempte de naïveté, « le mathématicien en moi a pris le pas sur le philosophe »; et ce ne sont pas les mathématiciens qui s'en plaindront. Son ouvrage, dans ses cinq éditions successives, fit beaucoup pour répandre parmi les mathématiciens et les physiciens les connaissances géométriques et les notions essentielles de l'algèbre et de l'analyse tensorielles. A partir de la troisième édition, on y trouve aussi un exposé de la « théorie de Weyl », premier essai d'une « théorie unitaire » englobant dans un même schéma géométrique les phénomènes électromagnétiques et la gravitation. Elle était fondée, dirions-nous à présent, sur une connexion liée au groupe des similitudes (défini au moyen d'une forme quadratique de signature (1,3)), au lieu qu'Einstein s'était borné à des connexions liées au groupe de Lorentz (groupe orthogonal pour une forme de signature

(1,3)), et plus précisément à la connexion sans torsion déduite canoniquement (par transport parallèle) d'un ds^2 de signature (1,3). Cette théorie eut du moins le mérite d'élargir le cadre de la géométrie riemannienne traditionnelle et de préparer les voies aux « géométries généralisées » de Cartan, c'est-à-dire à la théorie générale des connexions liées à un groupe de Lie arbitraire.

Quant aux préoccupations philosophiques de Weyl pendant cette période d'intense fermentation, elles ne tardèrent pas (heureusement, serions-nous tentés de dire) à se couler dans un moule plus étroitement mathématique, l'amenant à chercher une base axiomatique aussi simple que possible aux structures géométriques sous-jacentes à la théorie d'Einstein et à la sienne; c'est là ce qu'il appelle le « Raumproblem », le problème de l'espace; il y consacre plusieurs articles, un cours professé à Barcelone et à Madrid, et un opuscule qui reproduit ces leçons. Il s'agit là en réalité de caractériser le groupe orthogonal (attaché à une forme quadratique, soit complexe, soit réelle et de signature quelconque) en tant que groupe linéaire, par quelques conditions simples au moyen desquelles on puisse rendre plausible que la géométrie de l'« univers » est définie localement par un tel groupe. Bien entendu, c'est la théorie des groupes de Lie et de leurs représentations qui domine la question; Weyl en donne une esquisse dans un appendice de son livre. De son côté, Cartan ne tarda pas à donner, du principal résultat mathématique de Weyl sur ce sujet, une démonstration basée sur ses propres méthodes.

Il n'était pas dans le tempérament de Hermann Weyl, une fois parvenu ainsi au seuil de l'œuvre de Cartan, de se contenter d'y jeter un coup d'œil rapide. D'autre part, à la suite peut-être d'une remarque de Study qui l'avait blessé au vif, il avait commencé à s'intéresser aux invariants des groupes classiques. Study, dans une préface de 1923, lui avait reproché, ainsi qu'aux autres relativistes, d'avoir, par leur négligence à l'égard de ce sujet, contribué à « la mise en jachère d'un riche domaine culturel »; il entendait surtout par là la théorie des invariants du groupe projectif, dans laquelle il était d'usage de faire rentrer tant bien que mal les autres groupes à l'occasion de l'étude des covariants simultanés de plusieurs formes. Par une réaction bien caractéristique, Weyl répondit à Study, avec une promptitude extraordinaire, par un mémoire où il reprend à la base la théorie classique au moyen d'identités algébriques dues à Capelli et indique aussi comment elle s'étend aux groupes orthogonaux et symplectiques; ce qui ne l'empêche pas de protester que, « si même il avait connu aussi bien que Study lui-même la théorie des invariants, il n'aurait eu nulle occasion d'en faire usage dans son livre sur la relativité: chaque chose en son lieu ! ».

La synthèse entre ces deux courants de pensée — groupes de Lie et invariants — s'opère dans son grand mémoire de 1926, mémoire divisé en quatre parties, dont il dit lui-même vers la fin de sa vie qu'il représente « en quelque sorte le sommet de sa production mathématique ». L'étude qu'avait faite Young, vers 1900, de la décomposition des tenseurs en tenseurs irréductibles définis par des conditions de symétrie avait abouti en substance à la détermination de toutes les représentations « simples », c'est-à-dire irréductibles, du groupe linéaire spécial; mais, enfermées qu'étaient ces recherches dans le cadre de la théorie traditionnelle, il leur était impossible, par définition, d'obtenir ce résultat sous la forme que nous venons de lui donner. De son côté, Cartan, parti de la théorie générale des groupes de Lie, avait déterminé toutes les représentations en question, sans d'ailleurs, semble-t-il, faire le lien entre ses résultats et ceux d'Young. Désignons par G le groupe linéaire spécial, et par $\mathfrak{g}$ son algèbre de Lie, qui se compose de toutes les matrices de trace 0; soit $\mathfrak{h}$ l'ensemble des matrices diagonales contenues dans $\mathfrak{g}$. Une représentation simple de G détermine une représentation simple ρ de $\mathfrak{g}$, donc une représentation de $\mathfrak{h}$. Cartan montre que l'espace V de la représentation ρ est engendré par des vecteurs qui sont vecteurs propres de toutes les opérations $\rho(\mathrm{H})$, pour $\mathrm{H} \in \mathfrak{h}$. Soit e l'un de ces vecteurs propres; on a $\rho(\mathrm{H}) \, . \, e = \lambda(\mathrm{H})\, e$, où λ est une forme linéaire sur $\mathfrak{h}$, qu'on appelle le *poids* de e; si H est la matrice diagonale de coefficients $a_1, \dots, a_n$, il est facile de voir que $\lambda(\mathrm{H})$ est de la forme $m_1 a_1 + \dots + m_n a_n$, où les m_i sont des entiers déterminés à l'addition près d'un même entier. Si on ordonne lexicographiquement l'ensemble des systèmes $(m_1, \dots, m_n)$ de n entiers, on obtient donc une relation d'ordre dans l'ensemble des poids des représentations de G. On appelle *poids fondamental* d'une représentation simple le plus grand des poids de cette représentation pour la relation d'ordre qu'on vient de définir. Cartan avait montré que ce poids détermine complètement la représentation (à une équivalence près), qu'il correspond à un système d'entiers (m_i) tel que $m_1 \leqslant \dots \leqslant m_n$, et que réciproquement tout système d'entiers satisfaisant à ces inégalités appartient au poids fondamental d'une représentation simple de G. Soient de plus ρ, ρ' deux représentations simples de G, opérant respectivement sur des espaces vectoriels V, V'; soient λ, λ' leurs poids fondamentaux; soient e, e' des vecteurs de V, V', de poids respectifs λ, λ'. Le produit tensoriel $\rho \otimes \rho'$ de ρ et ρ' (dit parfois encore « produit kroneckérien », et noté le plus souvent $\rho \times \rho'$ par Weyl) est une représentation opérant sur un espace $V \otimes V'$ de dimension égale au produit de celles de V et V', qui est formé de combinaisons linéaires d'éléments se transformant par G comme les produits formels xx', avec $x \in V$, $x' \in V'$; et, pour cette représentation, le vecteur $e \otimes e'$ est de poids $\lambda + \lambda'$. Soit W le sous-espace de $V \otimes V'$ engendré par $e \otimes e'$ et ses transformés par G; il découle facilement des résultats de Cartan que W ne peut pas se décomposer en somme directe de sous-espaces invariants par les opérations de G; et Cartan avait cru pouvoir déduire de là que W fournit la représentation simple de poids dominant $\lambda + \lambda'$. Weyl observa que cette conclusion est illégitime tant qu'on ne sait pas à priori que les représentations de G sont toutes semi-simples (c'est-à-dire complètement réductibles). A vrai dire, ce dernier résultat n'était pas indispensable pour se convaincre du fait que la décomposition d'Young de l'espace des tenseurs fournit toutes les représentations simples de G; Young avait en effet établi l'irréductibilité des représentations qu'il avait construites, et il suffisait d'établir par un calcul facile que leurs poids dominants sont tous ceux prévus par la théorie de Cartan. Mais on n'eût obtenu ainsi que la classification des représentations simples. Au contraire, en démontrant la complète réductibilité de toutes les représentations de G, Weyl en obtint du même coup (compte tenu des résultats de Young et Cartan) la classification définitive, qui s'exprime par le fait que toute « grandeur linéaire », comme il dit, se décompose en tenseurs irréductibles.

On sait aujourd'hui démontrer le théorème de complète réductibilité par des méthodes algébriques; c'est là le point de départ de la théorie cohomologique des algèbres de Lie. Mais c'est de considérations tout autres que Weyl tire sa démonstration. Il observe, comme l'avait déjà fait Hurwitz dans son mémoire sur la construction d'invariants par la méthode d'intégration, que la théorie des représentations du groupe linéaire spécial *complexe* G est équivalente à celle des représentations du groupe G_u formé des matrices *unitaires* appartenant à G; en dernière analyse, cela tient à ce que toute identité algébrique entre coefficients d'une matrice unitaire reste vraie pour une matrice quelconque. Or G_u possède une propriété importante qui n'appartient pas à G: il est *compact*, ce qui permet, comme l'avait fait voir Hurwitz, de construire des invariants pour G_u *et par suite pour* G par intégration dans l'espace du groupe G_u au moyen de l'élément de volume invariant fourni par la théorie de Lie. La méthode classique qui permet d'établir la complète réductibilité des représentations des groupes finis par construction d'une forme hermitienne, définie positive, invariante par les opérations du groupe, s'étend alors d'elle-même au groupe G_u.

Ce n'est pas seulement le théorème de complète réductibilité pour G que Weyl tire de la restriction au groupe unitaire G_u; il s'en sert aussi pour calculer explicitement les caractères et les degrés des représentations simples de G. On voit tout de suite, en effet, que si χ est le caractère d'une représentation de G_u, et si s est une matrice diagonale unitaire de déterminant 1 et de coefficients diagonaux $e(x_1), \ldots, e(x_n)$, la valeur de $\chi(s)$ s'exprime comme somme de Fourier finie en $x_1, \ldots, x_n$ et ne change pas par une permutation quelconque des x_i. Weyl montre que ces propriétés, jointes aux relations d'orthogonalité fournies, elles aussi, par la méthode d'intégration, suffisent déjà à déterminer complètement les caractères et à en obtenir des expressions explicites.

La suite du mémoire de Weyl est consacrée à l'extension des méthodes ci-dessus aux groupes orthogonaux et symplectiques, puis aux groupes semi-simples les plus généraux. Soit cette fois $\mathfrak{g}$ une algèbre de Lie semi-simple complexe; pour en étudier les représentations, Weyl va appliquer la méthode de restriction unitaire au groupe adjoint G de $\mathfrak{g}$, mis sous forme matricielle relativement à une base convenable de $\mathfrak{g}$. Pour qu'il y ait dans G « assez » d'opérations unitaires, il est nécessaire que $\mathfrak{g}$ admette ce qu'on appelle aujourd'hui une forme compacte, ou pour mieux dire une base telle que les combinaisons linéaires réelles des éléments de cette base forment l'algèbre de Lie d'un groupe compact. En examinant chaque groupe simple séparément, Cartan avait vérifié dans chaque cas l'existence d'une forme compacte; Weyl en donne une démonstration a priori basée sur les propriétés des constantes de structure de $\mathfrak{g}$. Cela fait, il introduit le groupe G_u des opérations unitaires de G, et son algèbre de Lie $\mathfrak{g}_u$. Le groupe G_u est compact, et la théorie des représentations de $\mathfrak{g}_u$ est équivalente à celle des représentations de $\mathfrak{g}$. Mais ici se présente une difficulté nouvelle; du fait que G_u peut n'être pas simplement connexe, la théorie des représentations de $\mathfrak{g}_u$ n'est plus entièrement équivalente à celle des représentations de G_u. Si on cherche à rétablir l'équivalence en remplaçant G_u par son revêtement universel G_u^*, qui, lui, est simplement connexe, il devient nécessaire de s'assurer que celui-ci est compact, et aussi d'en faire un groupe, localement isomorphe à G_u. Ce dernier point, qui devait peu après être élucidé par Schreier, est complètement laissé de côté dans le mémoire de Weyl. Mais c'est dans le premier que résidait la véritable difficulté. La question revient naturellement à faire voir que G_u a un groupe fondamental fini. Pour cela, Weyl introduit un sous-groupe A_u de G_u, qui joue le même rôle que le groupe des matrices diagonales dans la théorie du groupe unitaire spécial. Tout élément s de G_u est conjugué à un élément de A_u; excluant certains éléments s, dits singuliers, qui forment un ensemble ayant trois dimensions de moins que G_u, s n'est conjugué qu'à un nombre fini d'éléments de A_u; de plus, les éléments de A_u qui ne sont pas singuliers forment dans A_u un domaine simplement connexe Δ. Supposons que s décrive dans G_u une courbe fermée Γ qui ne rencontre pas l'ensemble des éléments singuliers. Si $s(t)$ est le point de paramètre t sur Γ, on peut déterminer par continuité une courbe $a(t)$ dans A_u telle que, pour tout t, $a(t)$ soit conjugué à $s(t)$.

Quand le point $s(t)$ revient à sa position initiale $s(1) = s(0)$, le point $a(t)$ vient en un point $a(1)$ qui est un élément de A_u conjugué de $a(0)$, ce qui ne laisse pour ce point qu'un nombre fini de possibilités. Si on a $a(1) = a(0)$, la courbe décrite par $a(t)$ est fermée, et par suite réductible à un point dans Δ; Weyl montre que Γ est alors elle-même réductible à un point. Il en résulte facilement que le groupe fondamental de l'ensemble des éléments non singuliers de G_u est fini. De cela, et du fait que les éléments singuliers se répartissent sur des sous-variétés ayant au moins trois dimensions de moins que G_u, Weyl conclut (à vrai dire sans démonstration) que G_u lui-même a un groupe fondamental fini.

Ce point établi, la voie est ouverte à la généralisation complète au cas semi-simple des résultats obtenus pour le groupe linéaire spécial. Weyl démontre la complète réductibilité des représentations de $\mathfrak{g}$, et détermine explicitement le caractère et le degré d'une représentation simple de poids dominant donné. Ici encore, cette détermination résulte des relations d'orthogonalité entre caractères et des propriétés formelles de la restriction χ d'un caractère au groupe A_u^* qui recouvre A_u dans le revêtement simplement connexe G_u^* de G_u. Ce groupe est un tore; χ est une combinaison linéaire finie de caractères de ce tore, invariante par les opérations d'un certain groupe fini S d'automorphismes du tore qui généralise le groupe des permutations de $x_1, \ldots, x_n$ dont il a été question plus haut à propos du groupe unitaire spécial. Le groupe S, dont les développements ultérieurs de la théorie ont montré qu'il y joue un rôle fondamental, s'appelle maintenant le groupe de Weyl.

Enfin la théorie s'achève par la démonstration de l'existence des représentations simples de poids fondamental donné. Pour les algèbres simples, cette existence avait été établie par Cartan par des constructions directes dans chaque cas particulier. Weyl, lui, applique au groupe compact G_u^* la méthode de décomposition de la « représentation régulière », obtenue au moyen de la théorie des équations intégrales suivant l'idée que nous avons exposée plus haut. Pour conclure à partir de là, il lui faut encore un lemme de nature plus technique, énoncé seulement dans le mémoire de 1926, et dont Weyl n'a publié la démonstration que dans son cours de 1934-35 (paru à Princeton sous forme de notes miméographiées, *The structure and representations of continuous groups*).

* * *

Beaucoup plus tard, Weyl revint sur la détermination des représentations des groupes semi simples dans son ouvrage *The classical groups, their invariants and representations.* L'esprit de ce livre est assez différent de celui du mémoire de 1926. L'objet de l'auteur est maintenant d'une part de démontrer par des méthodes purement algébriques les résultats déjà obtenus au sujet des représentations des groupes classiques (groupe linéaire général, groupe linéaire spécial, groupe orthogonal et groupe symplectique), et d'autre part de faire la synthèse entre ces résultats et la théorie formelle des invariants qui s'était développée sous l'influence de Cayley et Sylvester au cours du XIXe siècle. Espérait-il cette fois se laver définitivement du reproche de Study en ramenant à la vie cette théorie qui était sur le point de sombrer dans l'oubli ? Il nous dit lui-même que la démonstration par Hilbert du théorème général de finitude avait « presque tué le sujet »; on peut se demander si Weyl ne lui aura pas, en réalité, porté le coup de grâce.

La situation dans laquelle on se trouve en théorie des invariants est la suivante. On a une ou plusieurs représentations linéaires ρ, ρ', ..., d'un groupe G, opérant sur des espaces vectoriels V, V', ... On considère des fonctions F $(x, x', ...)$ dépendant d'un argument x dans V, d'un argument x' dans V', etc. et s'exprimant comme polynômes par rapport aux coordonnées de ces arguments, homogènes par rapport aux coordonnées de chacun d'eux. Une telle fonction s'appelle un invariant si, pour tout s dans G, on a

$$F(s.x, s.x', \dots) = F(x, x', \dots).$$

Si J_1, ..., J_h sont des invariants, tout polynôme en J_1, ..., J_h en est un aussi pourvu qu'il satisfasse aux conditions d'homogénéité imposées. Le premier problème de la théorie est de trouver des invariants J_1, ..., J_h tels que tout autre invariant puisse s'écrire comme polynôme en les J_i; cela fait, on se propose également de déterminer les relations algébriques $F(J_1, \ldots, J_h) = 0$, dites « syzygies », qui lient entre eux les invariants qu'on a construits.

Plaçons-nous plus particulièrement dans le cas où G a été identifié, au moyen d'une certaine représentation ρ_1, avec un sous-groupe du groupe linéaire à n variables, opérant sur l'espace vectoriel $V_1 = k^n$, où k est un corps de base qu'on suppose de caractéristique 0. Considérons d'abord le cas où les représentations ρ, ρ', ..., coïncident toutes avec ρ_1; on dit alors qu'on cherche les invariants d'un certain nombre de « vecteurs » (on entend par là des vecteurs de V_1). Reprenant sans grand changement son travail de 1924 par lequel il avait répondu à Study, Weyl montre alors, pour un groupe G unimodulaire, que la détermination des invariants de vecteurs en nombre quelconque peut se ramener, au moyen des identités de Capelli, au problème analogue pour $n - 1$ vecteurs. Si G n'est pas unimodulaire, ce résultat reste vrai pour les « invariants relatifs » (polynômes se multipliant par une puissance du déterminant de s quand on transforme tous les vecteurs par s). Weyl déduit de là la solution des deux problèmes ci-dessus pour le groupe unimodulaire et pour le groupe orthogonal; et il étend cette solution au cas des invariants dépendant, non seulement d'un certain nombre de vecteurs « cogrédients » (se transformant suivant ρ_1), mais aussi d'un certain nombre de vecteurs « contragrédients » (se transformant comme les formes linéaires sur V_1). Ensuite il passe aux invariants dépendant de « quantités » x, x', ... appartenant à des espaces de représentation quelconques du groupe étudié; le cas où x, x', ... sont des formes homogènes par rapport aux coordonnées d'un vecteur « contragrédient » est celui dont traitait plus particulièrement la théorie classique. Pour pouvoir aborder la question dans ce cadre général, il faut avant tout connaître les représentations simples du groupe; aussi une partie importante du livre est-elle consacrée à la détermination algébrique des représentations « tensorielles » des groupes classiques. Cela fait, Weyl montre que les invariants dépendant de plusieurs « quantités » d'espèce quelconque s'expriment comme polynômes en un nombre fini d'entre eux; il étend ce résultat, dans une certaine mesure, au groupe affine. Enfin, il emploie la méthode d'intégration pour démontrer le résultat correspondant pour les représentations quelconques d'un groupe compact, le corps de base étant cette fois le corps des réels.

* * *

Pour fêter son soixante-dixième anniversaire, les amis et élèves de Hermann Weyl publièrent un volume de *Selecta* extraits de son œuvre. Il n'y a peut-être pas lieu de se féliciter de cette mode des morceaux choisis destinés à célébrer la mise à la retraite de mathématiciens éminents. C'est trop pour les uns; ce n'est pas assez pour les autres. Du moins le volume en question contient-il une bibliographie complète de l'œuvre de Hermann Weyl, établie par ordre chronologique[5], et dont nous avons naturellement fait grand usage pour rédiger la présente notice. Pour remédier en quelque mesure aux inévitables lacunes de celle-ci, nous donnons ci-dessous une liste des mémoires de Weyl, classés par sujet; rien ne peut mieux, croyons-nous, en faire ressortir l'étonnante variété. Les numéros, bien entendu, renvoient à la liste des *Selecta*.

I. *Analyse.*

a) Equations intégrales singulières: 1, 3.

b) Problèmes de valeurs propres et développements fonctionnels associés à des équations différentielles ou aux différences finies: 6, 7, 8, 12, 103.

c) Répartition des valeurs propres d'opérateurs complètement continus en physique mathématique: 13, 16, 17, 18, 19, 22.

d) Espace de Hilbert: 4, 5.

e) Phénomène de Gibbs et analogues: 10, 11, 14.

f) Equations différentielles liées à des problèmes physiques: 36-37 (développements asymptotiques, apparentés au phénomène de Gibbs, au voisinage d'une discontinuité dans un

[5] Il convient de signaler qu'on n'a pas fait figurer dans cette bibliographie les notes de cours, publiées sous forme miméographiée par l'Institute for Advanced Study de Princeton, et qui reproduisent plusieurs des cours qu'il y professa.

problème d'électromagnétisme), 123-124-125 (étude directe d'une équation différentielle liée à un problème de couche limite).

g) Problèmes elliptiques: 121 (principe de Dirichlet traité par la « méthode de projection » dans un espace de Hilbert), 130, 153-154-155 (problème de type elliptique dans un domaine non borné).

h) Egale répartition modulo 1 et applications: 20, 21, 23, 42, 44, 113, 114.

k) Développements suivant les coefficients des représentations sur un groupe compact: 73, 98.

l) Fonctions presque périodiques: 71, 72, 145.

m) Courbes méromorphes: 112, 129.

n) Calcul des variations: 104.

II. *Géométrie.*

a) Surfaces et polyèdres convexes: 25, 27, 106.

b) Analysis situs: 24, 26, 57-58-59, 159.

c) Connexions, géométrie différentielle liée à la relativité: 30, 31, 34, 43, 50, 82.

d) Volume des tubes: 116 (contient déjà, essentiellement, la formule de Gauss-Bonnet pour les variétés plongées dans un espace euclidien).

III. *Invariants et groupes de Lie.*

a) « Raumproblem »: 45, 49, 53, 54.

b) Invariants: 60 (1re partie), 63, 97, 117, 122.

c) Groupes de Lie et leurs représentations: 61, 62, 68, 69, 70, 74, 79, 80, 81.

IV. *Relativité.*

29, 33, 35, 39, 40, 46, 47, 48, 51, 52, 55, 56, 64, 65, 66, 89, 93, 134, 135.

V. *Théorie des quanta.*

75, 83, 84, 85, 86, 87, 90, 91, 100, 101, 140, 141.

VI. *Théorie des algèbres.*

a) Matrices de Riemann: 99, 107, 108.
b) Questions diverses: 96, 105 (spineurs, en commun avec R. Brauer), 109, 110, 143.

VII. *Théorie géométrique des nombres* (d'après Minkowski et Siegel).

120, 126, 127, 136.

VIII. *Logique.*

9, 32, 41, 60 (2e partie), 67, 77, 78.

IX. *Philosophie.*

111, 118, 119, 138, 142, 156, 163.

X. *Articles historiques et biographiques.*

15, 88, 94, 95, 102, 131, 132, 137, 147, 149, 150, 152, 157, 160, 161, 162; et la conférence « Erkenntnis und Besinnung », *Studia Philos.*, 15 (Basel, 1955) (traduction française dans *Rev. de Théol. et Philos.*, Lausanne, 1955).

XI. *Varia.*

2, 28, 38, 76, 92, 115, 128, 133, 139, 144, 146, 148, 151, 158.

[$1957c_1$] Réduction des formes quadratiques, d'après Minkowski et Siegel

La théorie s'insère dans le schéma suivant, dont on rencontrera d'autres exemples par la suite. Soit G un groupe de Lie semi-simple; soit Γ un sous-groupe discret de G; classiquement, on se propose de trouver, pour Γ dans G, un "domaine fondamental", c'est-à-dire un système de représentants dans G pour G/Γ possédant des propriétés sympathiques. Si K est un sous-groupe compact de G, G opérera sur l'espace homogène $H = G/K$ (notation: on fera opérer G à droite sur H; H est donc l'ensemble des classes à gauche, Kx, suivant K dans G); il est immédiat que, si Γ est discret dans G, Γ, en tant que sous-groupe de G, opère sur H d'une manière "proprement discontinue" (ce qui veut dire: quelle que soit la partie compacte X de H, les $\gamma \in \Gamma$ tels que $X \cap X\gamma \neq \emptyset$ sont en nombre fini). En fait, on prend toujours pour K un sous-groupe compact maximal de G; il résulte de la théorie des groupes semi-simples que K est défini par là d'une manière unique, à un automorphisme intérieur près de G; autrement dit, H est défini d'une manière unique à un isomorphisme près. Sans restreindre essentiellement la généralité des problèmes qu'on se propose de traiter, on peut supposer que G n'admet pas de sous-groupe compact invariant; $H = G/K$ est alors, au sens de Cartan, l'"espace riemannien symétrique" associé à G.

Du point de vue théorique, il est commode de prendre G semi-simple *au sens strict* (non seulement au sens infinitésimal, mais au sens global), c'est-à-dire de centre réduit à l'élément neutre (et non pas seulement de centre discret). Du point de vue des calculs explicites, il est souvent commode de calculer avec des matrices, ce qui conduit à écrire des groupes, infinitésimalement simples ou semi-simples, ayant un centre discret (par exemple le groupe linéaire spécial sur $\mathbf{R}$, $SL(\mathbf{R}, n)$, dont le centre, si n est pair, est $\pm 1_n$, où 1_n est la matrice unité). D'où maints abus de langage, dont on s'excuse d'avance.

Dans la théorie de la réduction des formes quadratiques au sens classique, on part du groupe $G_0 = PL_+(\mathbf{R}, n)$ (partie connexe du groupe projectif réel à n variables "homogènes" = quotient du groupe linéaire $L_+(\mathbf{R}, n)$ à n variables, de déterminant >0, par son centre = quotient du groupe linéaire spécial $SL(\mathbf{R}, n)$, à n variables, de déterminant 1, par son centre), et du groupe discret Γ_0, image dans G_0 du groupe multiplicatif Γ des matrices de déterminant ± 1 à coefficients dans $\mathbf{Z}$. Un sous-groupe compact maximal de G_0 est l'image K_0 dans G_0 du groupe orthogonal spécial $SO(\mathbf{R}, n)$ (matrices orthogonales de déterminant 1).

Soit P l'espace des formes quadratiques positives non dégénérées à n variables:

$$F(x) = {}^t x \cdot A \cdot x = \sum_{i,j=1}^{n} a_{ij} x_i x_j, \qquad {}^t A = A.$$

(un vecteur x, en notation matricielle, sera toujours conçu comme matrice à n lignes et 1 colonne). On écrira $A \gg 0$ pour exprimer que la matrice symétrique A est celle d'une forme positive non dégénérée. Le groupe $L(\mathbf{R}, n)$ opère sur P par la loi $(A, X) \to {}^tX \cdot A \cdot X$, où $A \in P$ et X est un élément de $L(\mathbf{R}, n)$ écrit comme matrice. Toute forme de P s'écrivant comme somme de n carrés (de formes linéaires en les x_i), le groupe opère transitivement dans P; l'élément 1_n de P (c'est-à-dire la forme "standard" $\sum x_i^2$) étant invariant par le groupe orthogonal $O(\mathbf{R}, n)$, P s'identifie à l'espace homogène $L(\mathbf{R}, n)/O(\mathbf{R}, n)$.

Dans l'espace vectoriel (de dimension $n(n+1)/2$) de toutes les formes quadratiques dans $\mathbf{R}^n$ (ou, ces formes étant exprimées au moyen de la base canonique de $\mathbf{R}^n$, dans l'espace des matrices symétriques à n lignes et n colonnes), P est défini par les inégalités $P(x) > 0$ $(x \neq 0)$ et forme donc un cône convexe; on vérifie immédiatement que ce cône est ouvert; sa frontière est l'ensemble des formes positives dégénérées. Par passage au quotient par la relation d'équivalence dont les classes d'équivalence sont les rayons ("demi-droites") issus de 0, P détermine une partie convexe P_0 d'un espace projectif de dimension $n(n+1)/2 - 1$. Par passage au quotient, le groupe projectif $G_0 = PL(\mathbf{R}, n)$ opère dans P_0; il résulte de ce qui précède qu'il y opère transitivement, et que P_0 s'identifie à G_0/K_0, espace "riemannien symétrique" associé à G_0. La théorie de Minkowski conduit à la détermination, dans P_0, d'un domaine fondamental pour le groupe discret Γ_0, qui est un polyèdre convexe (plus exactement, la réunion de l'intérieur d'un polyèdre convexe et d'une partie convenable de sa frontière).

Soit d'abord $n = 2$ ("formes binaires"); on écrit

$$F(x) = ax^2 + 2bxy + cy^2;$$

P est le cône déterminé par $a > 0$, $ac - b^2 > 0$ (intérieur de l'une des nappes d'un cône du second degré dans $\mathbf{R}^3$); P_0 est, dans le plan projectif, l'intérieur de la conique $ac - b^2 = 0$. Comme $X \to {}^tX \cdot A \cdot X$ est une représentation du groupe linéaire dans l'espace des formes symétriques A, il s'ensuit, par passage au quotient, que les opérations de G_0 dans P_0 sont des homographies ou automorphismes du plan projectif ambiant, conservant la conique frontière de P_0; P_0 étant pris comme "modèle cayleyien" de la géométrie plane hyperbolique, G induit donc, sur P_0, un sous-groupe du groupe des automorphismes de cette géométrie; on vérifie sans peine que c'est même exactement la partie connexe de ce dernier groupe (c'est-à-dire le "groupe des déplacements non-euclidiens"). La correspondance entre le "modèle cayleyien" et le demi-plan de Poincaré s'obtient comme suit: à toute forme $F \in P$ on fait correspondre, d'une part le point f qu'elle détermine dans P_0, d'autre part celle des racines de l'équation $az^2 + 2bz + c = 0$ dont la partie imaginaire est >0; la correspondance $f \rightleftarrows z$ est une correspondance biunivoque entre P_0 et le demi-plan supérieur de la variable z; les opérations de G_0 dans ce demi-plan sont évidemment celles du groupe homographique réel de déterminant >0 (groupe des déplacements non-euclidiens dans le modèle de Poincaré).

Pour déterminer un point de P, on peut, au lieu de se donner une forme quadratique dans $\mathbf{R}^n$, se donner une forme quadratique F, positive non dégénérée, dans un espace vectoriel E de dimension n sur $\mathbf{R}$, et une base $(e_1, \ldots, e_n)$ de cet espace. Si $\langle x, y\rangle$ est le produit scalaire dans E, associé à F de la manière habituelle, les données en question déterminent la forme quadratique dans $\mathbf{R}^n$ donnée par

$$F\left(\sum_1^n x_i e_i\right) = \sum_{i,j} \langle e_i, e_j \rangle x_i x_j.$$

Posons $A = \|a_{ij}\|$, $a_{ij} = \langle e_i, e_j \rangle$; soit $X = \|x_{ij}\|$ un élément du groupe linéaire $L(\mathbf{R}, n)$; par définition, la transformée de A par X est $A' = {}^tX \cdot A \cdot X$, ce qui s'écrit aussi

$$A' = \|a'_{ij}\| \text{ avec } a'_{ij} = \langle e'_i, e'_j \rangle, e'_i = \sum_{k=1}^n x_{ki} e_k.$$

Dire que X est à coefficients entiers de déterminant ± 1 équivaut à dire que les "lattices" (sous-groupes discrets de rang n de l'espace E) engendrés par $(e_1, \ldots, e_n)$ et par $(e'_1, \ldots, e'_n)$ coïncident. L'ensemble formé par A et tous ses transformés par le groupe Γ est donc l'ensemble des matrices $A' = \langle e'_i, e'_j \rangle$ lorsqu'on fait parcourir à $(e'_1, \ldots, e'_n)$ l'ensemble de tous les systèmes de n générateurs du lattice engendré par $e_1, \ldots, e_n$. Supposons qu'on ait choisi, dans P_0, un système de représentants M_0 pour la relation d'équivalence déterminée par les opérations du groupe Γ_0 sur P_0; convenons momentanément de dire que la matrice A d'une forme quadratique dans $\mathbf{R}^n$ est "réduite" si le point qu'elle détermine dans P_0 appartient à M_0, et aussi qu'une base $(e_1, \ldots, e_n)$ de l'espace E est "réduite" pour une forme quadratique F dans E si la matrice A des $\langle e_i, e_j \rangle$ est réduite. Il résulte de ce qui précède qu'étant donnés une forme F et un lattice Λ dans E, il y a au moins un système de générateurs de Λ qui est une base réduite pour E, et que deux tels systèmes déterminent nécessairement la même matrice A, donc ne diffèrent l'un de l'autre que par une transformation du groupe orthogonal de F. Choisir un système de représentants M_0 revient donc "à peu près" à énoncer une loi qui, à tout couple formé d'une forme quadratique F et d'un lattice Λ, permette d'associer, avec le moins d'ambiguïté possible, un système de générateurs de Λ. On va, d'après Minkowski, formuler une telle loi.

Soit d'abord $n = 2$; on prendra pour e_1 un vecteur $\neq 0$ du lattice Λ dont la "longueur" $F(e_1)^{1/2}$ soit la plus petite possible, puis pour e_2 un vecteur dont la longueur soit la plus petite possible parmi ceux qui ne sont pas de la forme te_1 ($t \in \mathbf{R}$). Il est clair qu'il n'y a qu'un nombre fini de vecteurs e_1 satisfaisant à la 1e condition, et qu'il y en a au moins deux; des considérations géométriques élémentaires (et évidentes) font voir qu'il y en a exactement deux, sauf dans les cas suivants: (a) lattice de Gauss (points à coordonnées entières dans le plan muni de la forme $x^2 + y^2$); (b) lattice hexagonal (engendré par les vecteurs $(1, 0)$ et $(\frac{1}{2}, \sqrt{3}/2)$ dans le plan muni de $x^2 + y^2$). Il s'ensuit que, dans tous les cas, les divers choix possibles de e_1 se déduisent les uns des autres par une rotation laissant Λ invariant (rotation d'angle π dans le cas général, d'angle $m\pi/2$, resp. $m\pi/3$, avec m entier, dans les cas (a), resp. (b)). Quant au second vecteur e_2, on constate non moins aisément qu'il est déterminé d'une manière unique au signe près (une fois qu'on a choisi e_1) sauf dans le cas d'un lattice engendré par deux vecteurs $(1, 0)$ et $(\frac{1}{2}, y)$, avec $|y| \geq \sqrt{3}/2$, dans le plan muni de $x^2 + y^2$. On lèvera l'indétermination de signe, autant que possible, en convenant de prendre e_2 tel que $\langle e_1, e_2 \rangle \geq 0$; il se trouve que, lorsque cette règle laisse subsister une ambiguïté, le lattice Λ admet la droite $0e_1$ pour axe de symétrie, et les choix possibles de e_2 sont symétriques l'un de l'autre par rapport à cet axe.

Une base (e_1, e_2) du plan muni d'une forme quadratique F sera dite *réduite* si elle possède les propriétés énoncées ci-dessus, par rapport au lattice qu'elle engendre et à la forme F. Une forme quadratique $F = ax^2 + 2bxy + cy^2$ dans $\mathbf{R}^2$ sera dite *réduite* si la base canonique de $\mathbf{R}^2$, formée des vecteurs (1, 0) et (0, 1), est réduite par rapport à cette forme. Si on écrit les inégalités

$$F((1,0)) \leq F((0,1)) \leq F((\pm 1, 1))$$

on obtient immédiatement les conditions $a \leq c$, $|2b| \leq a$, qui sont donc nécessaires pour que F soit réduite (avec bien entendu $a > 0$ puisque F doit être positive non dégénérée). La condition subsidiaire imposée à e_2 s'écrit ici $b \geq 0$. Donc:

$$0 < a \leq c, 0 \leq 2b \leq a.$$

Réciproquement, ces inégalités entraînent, d'abord que F est positive non dégénérée (c'est clair), puis que F est réduite (c'est facile à vérifier). Elles déterminent, dans P_0, c'est-à-dire dans l'intérieur de la conique $ac - b^2 = 0$, un triangle M_0, ayant un sommet sur la conique. Puisque, étant donnés un lattice et une forme, la règle ci-dessus permet toujours de construire au moins une base réduite, il s'ensuit que M_0 contient un système complet de représentants pour le groupe Γ_0 opérant dans P_0. Du fait que, pour F et Λ donnés, les divers choix possibles de la base réduite se déduisent tous les uns des autres par une rotation ou une symétrie conservant Λ, on conclut que M_0 constitue même un tel système de représentants. Il s'ensuit que P_0 est réunion de M_0 et de tous ses transformés par Γ_0 ("pavage" du plan non euclidien par les transformés du domaine fondamental). Naturellement, ces transformés ne sont pas deux à deux sans point commun: cela tient justement aux cas d'ambiguïté possible dans le choix d'une base réduite, ou, ce qui revient au même, au fait que Γ_0 n'opère pas sur P_0 "sans point fixe". L'analyse détaillée du pavage en question est classique, n'offre pas de difficulté, et est sans intérêt pour ce qui suit. On notera que si, au lieu de partir du groupe Γ des matrices entières de déterminant ± 1, on était parti du sous-groupe Γ^+ de Γ formé des matrices de déterminant 1, on aurait été conduit naturellement à un domaine fondamental deux fois plus grand, correspondant à la notion d'"équivalence propre" des formes quadratiques (au lieu de l'équivalence "propre ou impropre" qui a servi ci-dessus); pour l'équivalence propre, une forme sera dite réduite si elle satisfait à $0 < a \leq c$, $|2b| \leq a$; ce sont les conditions classiques de Gauss, correspondant, dans le demi-plan de Poincaré, au domaine fondamental classique pour le groupe modulaire (déterminé par $|z| \geq 1$, $|R(z)| \leq \frac{1}{2}$).

Passons au cas général. Dans un espace vectoriel E de dimension n sur $\mathbf{R}$, une base $(e_1, \ldots, e_n)$, engendrant un lattice Λ, sera dite *réduite* par rapport à une forme quadratique F (positive non dégénérée) si elle satisfait aux deux conditions suivantes:

(i) Pour chaque i, soit E_i l'ensemble des vecteurs $e \in \Lambda$ tels que $(e_1, \ldots, e_{i-1}, e)$

fasse partie d'un système de n générateurs pour Λ; e_i est alors un vecteur de longueur minimum parmi ceux de E_i.

(ii) On a $\langle e_i, e_{i+1}\rangle \geq 0$ pour $1 \leq i \leq n-1$.

Comme ci-dessus, la condition (ii) sert à se débarrasser, dans la mesure du possible, de l'ambiguïté de signe inhérente au choix de e_i quand F et Λ sont donnés. Si on s'était laissé guider par le cas $n = 2$, on aurait, dans (i), pris pour E_i l'ensemble des vecteurs de Λ qui ne sont pas dans l'espace vectoriel engendré par $e_1, \ldots, e_{i-1}$; avec cette condition plus forte, il n'aurait pas été vrai que tout lattice possède une base réduite par rapport à une forme F donnée, d'où nécessité de modifier assez fortement l'énoncé des résultats ultérieurs (il est à noter que, dans les généralisations de la théorie, par exemple aux corps de nombres algébriques, on ne peut éviter ces énoncés d'aspect plus compliqué). On notera que, pour que $e \in E_i$, il faut et il suffit que l'image de e dans le quotient Λ/Λ_{i-1} de Λ par le lattice engendré par $e_1, \ldots, e_{i-1}$ soit un élément "primitif" de ce quotient (c'est-à-dire non divisible par un entier >1). Il revient au même de dire que E_i est l'ensemble des vecteurs $\sum_j x_j e_j$ où $x_1, \ldots, x_n$ sont des entiers tels que le plus grand commun diviseur $(x_i, \ldots, x_n)$ de $x_i, x_{i+1}, \ldots, x_n$ est égal à 1. Par suite, pour qu'une forme quadratique positive non dégénérée $F(x) = \sum_{ij} a_{ij} x_i x_j$ soit réduite (ce qui veut dire que la base canonique de $\mathbf{R}^n$ est réduite par rapport à la forme), il faut et il suffit qu'elle satisfasse aux conditions:

(i) $F(x_1, \ldots, x_n) \geq a_{ii}$ pour tout système d'entiers $(x_1, \ldots, x_n)$ tels que $(x_i, \ldots, x_n) = 1$;

(ii) $a_{i,i+1} \geq 0$ pour $1 \leq i \leq n-1$.

Il est clair d'ailleurs que la condition (i), jointe à $a_{11} > 0$ (resp. $a_{11} \geq 0$) suffit à entraîner que F est positive non dégénérée (resp. positive).

Si on remarque qu'avec les notations ci-dessus on a $e_j \in E_i$ et $e_j \pm e_i \in E_j$ chaque fois que $i < j$, on en conclut que (i) entraîne les inégalités:

$$a_{ii} \leq a_{jj} \qquad (i < j) \tag{I}$$

et

$$|2a_{ij}| \leq a_{ii} \qquad (i < j). \tag{II}$$

De plus, un théorème fondamental, dû à Minkowski, affirme qu'à tout n correspond un $C_n > 0$ tel que (i) entraîne aussi l'inégalité:

$$a_{11}a_{22} \cdots a_{nn} \leq C_n \det(A), \qquad A = \|a_{ij}\|. \tag{III}$$

Soit M la partie de P définie par les conditions (i) et (ii); soit M_0 son image dans P_0. L'ensemble M étant défini par une infinité d'inégalités linéaires et homogènes par rapport aux a_{ij}, il est évident que c'est un ensemble convexe "positivement homogène". Comme il est évident que tout lattice Λ possède au moins une base réduite par rapport à une forme donnée, M_0 contient un système de représentants de P_0 par rapport au groupe Γ_0. On peut donner à ce sujet des énoncés beaucoup plus précis (voir plus loin), mais ils ont peu d'importance du point de vue des applications. Les résultats vraiment importants sont liés à l'introduction de deux familles d'ouverts dans P (resp. P_0) qu'on va définir maintenant.

Pour chaque $t > 1$, soit $S(t)$ la partie de P définie par les inégalités:

$$\left.\begin{aligned} & a_{ii} < t a_{i+1,i+1} && (1 \leq i \leq n-1) \\ & |2a_{ij}| < t a_{ii} && (1 \leq i < j \leq n) \\ & a_{11}a_{22}\dots a_{nn} < C_n t^n \det(a_{ij}) && \end{aligned}\right\} \tag{A}$$

Le théorème de Minkowski montre que $M \subset S(t)$ pour $t > 1$ (c'est principalement sous cette forme qu'on a à l'utiliser). Il est clair que les $S(t)$ forment une famille, croissante avec t, de parties ouvertes de P, dont P est la réunion. On notera $S_0(t)$ l'image de $S(t)$ dans P_0.

D'autre part, la réduction de la forme quadratique F à une somme de carrés par la méthode des algébristes babyloniens (méthode connue également, dans la littérature, sous les noms de "méthode de Jacobi" et "méthode d'orthogonalisation de Schmidt", à moins qu'il ne convienne plutôt de l'attribuer à quelque savant russe ...) permet, d'une manière et d'une seule, d'écrire:

$$\begin{aligned} F(x) &= \sum_{i,j=1}^{n} a_{ij}x_i x_j \\ &= \sum_{i=1}^{n} d_i\left(x_i + \sum_{j=i+1}^{n} t_{ij}x_j\right)^2 \end{aligned}$$

ou encore, en termes matriciels, $A = {}^tT \cdot D \cdot T$, où D est la matrice diagonale ayant $d_1, \dots, d_n$ pour coefficients diagonaux (et 0 partout ailleurs), et T la matrice triangulaire (au sens strict, c'est-à-dire ayant 1 partout dans la diagonale principale) dont les coefficients sont les t_{ij} pour $i < j$, et les δ_{ij} (1 si $i = j$, 0 sinon) pour $j \leq i$. Par récurrence, on démontre aisément que les d_i, t_{ij} sont des fonctions rationnelles des a_{ij}, à dénominateurs $\neq 0$ dans P.

Cela posé, soit $S'(u)$, pour tout $u > 1$, l'ensemble des points de P de la forme $A = {}^tT \cdot D \cdot T$, où D est une matrice diagonale, à coefficients diagonaux $d_1, \dots, d_n$, et T une matrice triangulaire au sens strict, à coefficients t_{ij} pour $i < j$, satisfaisant aux inégalités:

$$0 < d_i < u\, d_{i+1} \quad (1 \leq i \leq n-1); \qquad |t_{ij}| < u \quad (1 \leq i < j \leq n). \tag{B}$$

D'après ce qu'on vient de dire, il est clair que les $S'(u)$ forment, eux aussi, une famille croissante d'ouverts de P, dont la réunion est P. Des calculs triviaux permettent de vérifier que tout $S(t)$ est contenu dans un $S'(u)$, et réciproquement. Il s'ensuit évidemment que M est contenu dans $S'(u)$ pour u assez grand. On notera $S'_0(u)$ l'image de $S'(u)$ dans P_0.

On doit à Siegel le très important résultat suivant (pour l'énoncer commodément, on conviendra, pour toute partie S de P, et toute matrice inversible X, de noter S^X le transformé de S par X, i.e. l'ensemble des ${}^tX \cdot A \cdot X$ pour $A \in S$):

Quels que soient $t > 1$ et m entier $\neq 0$, l'ensemble des matrices X à coefficients entiers, de déterminant m, telles que $S(t) \cap S(t)^X \neq \emptyset$, est fini.

Il s'ensuit naturellement qu'on peut en dire autant pour $S'(u)$. Comme $M \in S(t)$, on en conclut en particulier, en prenant $m = \pm 1$, que, pour tout $t > 1$, $S(t)$ est contenu dans la réunion de M et d'un nombre fini de transformés de M par des éléments du groupe Γ.

Enfin, on peut vérifier, par exemple par calcul explicite, que, dans P_0 considéré comme espace riemannien symétrique G_0/K_0, chacun des ensembles (non compacts) $S_0(t)$ est de volume fini, pour le volume "naturel" défini dans l'espace P_0 (volume qui est naturellement invariant par G_0, et que cette condition détermine d'une manière unique à un facteur près). Compte tenu de ce qui précède, cela équivaut naturellement à dire que M_0 est de volume fini, ou encore que l'espace homogène G_0/Γ_0 est de volume total fini. La détermination du volume de ce dernier espace (l'élément de volume invariant dans G_0 étant choisi explicitement une fois pour toutes) est due à Minkowski.

Pour mémoire, on ajoute ce qui suit, dont l'intérêt est d'ordre historique et esthétique mais dont en réalité on ne semble guère avoir à faire usage. En premier lieu, l'ensemble convexe M, défini par les inégalités (i) et (ii) jointes à l'inégalité $a_{11} > 0$, est en réalité une *pyramide convexe*; autrement dit, il suffit pour le définir d'un *nombre fini* d'inégalités prises parmi celles qu'on vient de mentionner. On en a vu (sans démonstration, mais la démonstration dans ce cas est facile) un exemple, pour $n = 2$; pour $n = 3$ et $n = 4$, on connaît un système explicite d'inégalités définissant M; rien de tel n'est connu pour n quelconque. De plus, M est l'adhérence, dans P, de son intérieur. Enfin, non seulement P est réunion de M et de tous ses transformés M^X par les éléments X du groupe Γ (ou, plus précisément, par les transformés de M par un système de représentants, dans Γ, des classes suivant le centre $\{\pm 1_n\}$ de Γ: car ce centre opère trivialement sur P), mais encore ces transformés forment une triangulation ou un "pavage" de P, au sens suivant: leurs intérieurs sont disjoints; l'intersection de deux quelconques d'entre eux est une pyramide convexe de dimension plus petite; tout compact n'a de points communs qu'avec un nombre fini de ces transformés.

[1957c$_2$] Groupes des formes quadratiques indéfinies et des formes bilinéaires alternées

1. Quelques concepts généraux.

Comme précédemment, soient G un groupe semi-simple non compact, K un sous-groupe maximal de G, Γ un sous-groupe discret de G. L'espace homogène G/K est l'espace riemannien symétrique associé à G.

On est amené à considérer les propriétés suivantes de Γ:

(I) $v(G/\Gamma) < +\infty$ (v désigne bien entendu le volume invariant, ou mesure de Haar, sur G; il est invariant à droite et à gauche, parce que G est semi-simple, et se transporte à G/Γ d'une manière évidente).

(II) Il existe dans G un ouvert U de mesure finie (i.e. $v(U) < +\infty$) tel que $U\Gamma = G$ (autrement dit, l'image de U dans G/Γ est G/Γ), et que $U^{-1}U \cap \Gamma$ soit fini (autrement dit, il n'y a qu'un nombre fini d'éléments $\gamma \in \Gamma$ tels que $U\gamma$ rencontre U).

(III) G/Γ est compact.

Il est clair que (III) $\Rightarrow$ (II) $\Rightarrow$ (I). Mais, entre (II) et (III), il y a lieu d'insérer une propriété de plus; pour l'énoncer, on introduit la notion suivante. Deux groupes Γ, Γ' sont dits *commensurables* si $\Gamma \cap \Gamma'$ est d'indice fini dans Γ et dans Γ'. On démontre sans peine que c'est là, pour les sous-groupes d'un groupe G donné, une relation d'équivalence. Il s'ensuit que les $x \in G$ tels que $x\Gamma x^{-1}$ soit commensurable à Γ forment un groupe $\tilde{\Gamma}$ (dit "groupe des transformations" de G/Γ), et que, si Γ et Γ' sont commensurables, les "groupes de transformations" $\tilde{\Gamma}$, $\tilde{\Gamma}'$ qui leur sont associés coïncident, ce qui implique en particulier que $\Gamma' \subset \tilde{\Gamma}$. Cela posé, on s'intéresse aussi à la propriété:

(M) Il existe dans G un ouvert U de mesure finie, tel que $KU = U$ (U est "saturé" par rapport à K, ou encore est l'image réciproque, par l'application canonique de G sur G/K, d'un ouvert de G/K), que $U\Gamma = G$, et que $U^{-1}U \cap x\Gamma$ soit fini quel que soit $x \in \tilde{\Gamma}$.

(On observera que, dans le groupe $\tilde{\Gamma}$, toute classe à gauche suivant Γ est contenue dans une réunion finie de classes à droite, et réciproquement, de sorte que, dans la dernière condition de (M), on peut écrire Γx au lieu de $x\Gamma$ sans rien changer).

Il est clair que (III) $\Rightarrow$ (M) $\Rightarrow$ (II). Si (II) est satisfaite, Siegel dit que Γ est "de première espèce." Si (M) est satisfaite, on propose de dire que Γ est "minkowskien" dans G. Les théorèmes énoncés dans le premier exposé disent essentiellement que, dans le groupe $G_0 = PL_+(\mathbf{R}, n)$, le groupe $\Gamma_0 = PL(\mathbf{Z}, n)$ ("groupe modulaire") est minkowskien; dans ce cas, on vérifie facilement que le groupe des transformations $\tilde{\Gamma}_0$ associé à Γ_0 est $PL_+(\mathbf{Q}, n)$; on prend pour ensemble U l'un des ouverts $S_0(t)$, $S'_0(u)$ introduits précédemment; le fait que (M) est vérifié (et non seulement (II)) est précisément le théorème de Siegel. Ce même exemple montre que (M) n'entraîne pas (III); en revanche, on ignore, (pour parler plus prudemment, le conférencier ignore) si (I), (II), (M) sont vraiment distinctes. En dehors des groupes fuchsiens, pour lesquels on possède des modes de définition géométriques (par un "polygone fondamental") et, comme dirait l'autre, fonction-théorétiques (revêtement universel de surfaces de Riemann avec ramifications données), il semble bien que *tous* les groupes connus satisfaisant à (I) soient des groupes à définition arithmétique, et qu'en vertu des travaux de Siegel on puisse affirmer que tous ces groupes sont minkowskiens.

[N.B. On peut donner de *tous* ces groupes "arithmétiques" une définition unique, comme suit: Soit A une algèbre semi-simple sur $\mathbf{Q}$, munie d'un anti-automorphisme involutif J; soit $\mathfrak{M}$ un "module" dans A (sous-groupe additif de type fini de A, tel que $\mathfrak{M}\mathbf{Q} = A$). Soit $A_{\mathbf{R}}$ l'extension de A à $\mathbf{R}$, munie de l'anti-automorphisme qui étend J; soit G le groupe des automorphismes de $A_{\mathbf{R}}$ (munie de J, c'est-à-dire groupe des automorphismes de l'algèbre $A_{\mathbf{R}}$ qui commutent avec J); G est semi-simple, et c'est même le groupe semi-simple "classique" le plus général ("classique" signifiant que G n'a aucun facteur qui soit un des groupes simples exceptionnels). On prend pour Γ le plus grand sous-groupe de G qui envoie $\mathfrak{M}$ dans $\mathfrak{M}$.]

Il est facile de démontrer que, si (II) est satisfaite, Γ est *engendré* par les éléments de $U \cap U\gamma$, donc *de type fini*. On peut se demander si le *groupe des relations* entre ces générateurs de Γ est lui-même de type fini; on démontre assez simplement qu'il en est ainsi, du moins, si $KU = U$ [travailler dans G/K, et se servir du fait connu que G/K est simplement connexe; exercice recommandé aux lecteurs].

Enfin, il est immédiat que, si Γ est minkowskien, il en est de même de tout groupe commensurable à Γ; on revanche, "on" ignore s'il peut arriver que, de deux groupes commensurables, l'un soit "de première espèce" et l'autre ne le soit pas. C'est même là une des raisons pour lesquelles il est recommandé de toujours travailler avec (M), plutôt qu'avec (II), malgré la complication apparente de la dernière partie de la condition (M).

2. Formes indéfinies.

Soit, pour commencer, F une forme quadratique *indéfinie non-dégénérée* dans un vectoriel E de dimension n sur $\mathbf{R}$. Soit G le groupe orthogonal de F (groupe des automorphismes de E qui laissent F invariante). Soit E' le dual de E; toute forme bilinéaire sur E détermine canoniquement, comme on sait, une application linéaire de E dans E'; en particulier, la forme bilinéaire $F(x, y)$ associée à F, c'est-à-dire telle que $F(x) = F(x, x)$, déterminera une application linéaire f de E sur E', qui est symétrique (i.e. ${}^tf = f$) et de rang n.

Soit K un sous-groupe compact de G; il laisse invariante, comme chacun sait, au moins une forme positive non dégénérée Φ; soit φ l'application de E sur E' associée à Φ. On peut, par le choix d'une base convenable dans E (cf. *Bourbaki, Alg.*, Chap. IX), mettre F, Φ sous la forme $F = \sum_i d_i x_i^2$, $\Phi = \sum_i x_i^2$; la matrice de $\varphi^{-1}f$, pour cette base, sera la matrice diagonale de coefficients $d_1, \ldots, d_n$. Tout automorphisme de E qui laisse F et Φ invariantes commute évidemment à $\varphi^{-1}f$, ou autrement dit laisse invariants les sous-espaces E_ν de E formés respectivement des vecteurs propres de $\varphi^{-1}f$ par rapport aux valeurs propres de $\varphi^{-1}f$, valeurs propres qui ne sont autres que les d_i (ou plutôt les éléments distincts parmi ceux-ci). Soit E_+ (resp. E_-) la somme directe de ceux des E_ν qui sont associés à des valeurs propres >0 (resp. <0). Alors K est contenu dans le produit des groupes orthogonaux K_+, K_-, des formes induites respectivement dans E_+ et dans E_- par F; K_+, K_- sont compacts, puisque F est positive (resp. négative) non dégénérée sur E_+ (resp. E_-). Par suite, pour que K soit sous-groupe compact maximal de G, il faut et il suffit qu'on ait $K = K_+ \times K_-$, ou autrement dit que K soit le groupe des automorphismes de E qui laissent invariantes F et une forme positive non dégénérée Φ telle que $\varphi^{-1}f$ n'ait pas d'autres valeurs propres que ± 1, ou, ce qui revient au même, telle que $(\varphi^{-1}f)^2 = 1$. Il est clair alors que les points de G/K (le riemannien symétrique associé à G) sont en correspondance biunivoque avec les Φ possédant cette propriété; il revient au même de dire qu'ils sont en correspondance biunivoque avec les couples (E_+, E_-) de sous-espaces complémentaires de E tels que F induise sur E_+ une forme positive non dégénérée, et sur E_- une forme négative non dégénérée et que de plus E_+ et E_- soient orthogonaux l'un à l'autre, par rapport à F; ceux-ci se déterminent réciproquement. D'ailleurs, si (p, q) est la signature de F, E_+ et E_- ont nécessairement les dimensions p, q. Enfin, en vertu de la loi d'inertie, si E_+ est un sous-espace de E de dimension p sur lequel F induise une forme positive non dégénérée, F induit nécessairement sur l'orthogonal E_- de E_+ une forme négative non dégénérée, et réciproquement. Cela permet de représenter, canoniquement, G/K comme partie ouverte d'une grassmannienne (à savoir, soit la grassmannienne des sous-espaces de E de dimension p, soit celle des sous-espaces de E de dimension q); ces ouverts peuvent facilement être définis par des inégalités explicites.

Comme précédemment, soit P le cône convexe de toutes les formes positives non dégénérées dans E. A toute forme indéfinie non dégénérée F est associé, d'après ce qui précède, l'ensemble $V(F)$ des $\Phi \in P$ telles que $(\varphi^{-1}f)^2 = 1$. Il est clair que les $\Phi \in V(F)$ ont la propriété $\Phi(x) \geq |F(x)|$ quel que soit $x \in E$. Ces dernières inégalités définissent une partie convexe de P (fermée dans P), dont $V(F)$ est la frontière (comme il résulte immédiatement de la possibilité de réduire simultanément F et une forme quelconque de P à la forme diagonale). On a, pour tout $x \in E$, $|F(x)| = \inf_{\Phi \in V(f)} \Phi(x)$, d'où s'ensuit aisément que F est déterminée, d'une manière unique au signe près, par $V(F)$. Tout cela subsiste d'ailleurs si F est "définie", mais devient sans intérêt, $V(F)$ étant alors réduit à $\{F\}$ ou bien à $\{-F\}$. On a l'habitude de dire, par abus de langage, que les $\Phi \in V(F)$ sont les "majorantes" de F (ce sont en réalité les éléments frontières de l'ensemble des majorantes).

Le groupe $\mathscr{L}(E, E)$ opère transitivement dans P, comme on a vu, au moyen de $\Phi \to \Phi \circ X$ (pour l'application φ de E sur E', canoniquement associée à Φ, cela s'écrit $\varphi \to {}^tX \cdot \varphi \cdot X$; ainsi en particulier si on écrit en matrices, après choix d'une base). Bien entendu, $V(F \circ X)$ est l'ensemble transformé de $V(F)$ par $\Phi \to \Phi \circ X$; en particulier, $V(F)$ est invariant par tout élément X du groupe orthogonal G de F; la manière dont G opère sur $V(F)$ est celle même qu'on obtient en transportant à $V(F)$, au moyen de la correspondance biunivoque entre G/K et $V(F)$ définie ci-dessus, les opérations de G sur l'espace homogène G/K. Donc, pour étudier les propriétés locales de la bijection $G/K \to V(F)$, il suffit de les étudier au voisinage du point $\Phi = \Sigma x_i^2$, pour F donnée par $F = x_1^2 + \cdots + x_p^2 - x_{p+1}^2 - \cdots - x_n^2$.

Cela ne fait pas de difficulté; on en conclut que $V(F)$ est une variété analytique réelle, plongée dans P, et que $G/K \to V(F)$ est un isomorphisme au sens analytique réel (en particulier, c'est une application différentiable de rang égal à la dimension pq de G/K).

Hermite introduisit les idées exposées ci-dessus (qu'on s'est contenté d'assaisonner de sauce bourbachique) en vue de la théorie arithmétique ("réduction") des formes quadratiques indéfinies. La pyramide convexe M ("domaine fondamental de Minkowski") étant définie dans P comme il a été dit dans l'exposé précédent, on dira que la forme indéfinie F est *réduite* si $V(F)$ rencontre M; pour que cela ait un sens, il faut naturellement qu'on soit dans $\mathbf{R}^n$, puisque la définition de M est relative à une base déterminée. On dira qu'une forme est *à coefficients entiers* s'il en est ainsi de la matrice de la forme bilinéaire associée. Il est aisé de voir *qu'il n'y a qu'un nombre fini de formes réduites à coefficients entiers de déterminant donné* ($\neq 0$). Il revient au même de faire voir que l'ensemble des matrices B symétriques, à coefficients entiers, de déterminant donné $b \neq 0$, telles que $V(B) \cap S'(u) \neq \emptyset$, est fini, pour chaque valeur donnée de u. Cela vient de la propriété des $S'(u)$ contenue dans le lemme trivial suivant:

LEMME.—Il y a une matrice π unimodulaire à coefficients entiers, telle que, quel que soit $u > 1$, il y ait un $u' > 1$ pour lequel ${}^t\pi \cdot S'(u)^{-1} \cdot \pi$ (ensemble des matrices ${}^t\pi \cdot A^{-1} \cdot \pi$, pour $A \in S'(u)$), soit contenu dans $S'(u')$.

[On prendra pour π la matrice de la permutation

$$(1, 2, \ldots, n) \to (n, n-1, \ldots, 1),$$

ou autrement dit la matrice $(\delta_{i, n+1-j})$; le lemme résulte alors de ce que, dans le groupe triangulaire, $T \to T^{-1}$ transforme tout compact en un compact (propriété qui ne caractérise nullement le groupe triangulaire).]

Cela posé, $V(B) \cap S'(u)$ est l'ensemble des $A \in S'(u)$ tels que $(A^{-1}B)^2 = 1$, i.e.:

$$A = BA^{-1}B = {}^t(\pi^{-1}B) \cdot ({}^t\pi \cdot A^{-1} \cdot \pi) \cdot (\pi^{-1}B).$$

Donc la matrice entière $\pi^{-1}B$, de déterminant b, transforme un point de $S'(u')$ en un point de $S'(u)$; si u et par suite u' sont fixés, il n'y a, d'après le théorème de Siegel, qu'un nombre fini de matrices susceptibles de faire une pareille chose. C.Q.F.D. [N.B. On n'a pas supposé B indéfinie, donc le cas des formes positives est inclus; ce cas est d'ailleurs facile à liquider directement.]

Ce qui précède sert principalement à démontrer que, dans le groupe orthogonal G d'une forme quadratique indéfinie F, non dégénérée, à coefficients entiers, le "groupe des unités [arithmétiques]" de F, intersection de G avec le groupe des matrices de déterminant ± 1 sur $\mathbf{Z}$, est minkowskien. Pour cela, soit B la matrice de F; d'après ce qui précède, les matrices B_i équivalentes à B (i.e., transformées de B par des matrices sur $\mathbf{Z}$ de déterminant ± 1)), telles que $V(B_i)$ rencontre $S(t)$, sont en nombre fini (pour un choix, fixé une fois pour toutes, de $t > 1$). Pour chacune, soit M_i une matrice sur $\mathbf{Z}$, de déterminant ± 1, transformant B dans B_i, i.e. telle que $B_i = {}^tM_i \cdot B \cdot M_i$. Alors $A \to {}^tM_i^{-1} \cdot A \cdot M_i^{-1}$ est une bijection de $V(B_i)$ sur $V(B)$; soit U_i l'ouvert de $V(B)$, image par cette bijection de $S(t) \cap V(B_i)$; soit U la réunion des U_i. On montre que U (plus exactement, l'image réciproque dans G de l'ouvert de G/K, image de U par la bijection définie précédemment entre G/K et $V(B)$) a les propriétés énoncées dans (M). Quant à la première, tout revient évidemment à démontrer que, quelle que soit la forme indéfinie F, l'ouvert $S(t) \cap V(F)$ est de mesure finie au sens de l'unique mesure invariante (par rapport au groupe G) définie dans $V(F)$; cela se fait par des majorations explicites. Pour montrer que U contient un système complet de représentants par rapport au sous-groupe (c'est la deuxième propriété à vérifier), soit $A \in V(B)$, on peut transformer A en un point ${}^tM \cdot A \cdot M$ de $S(t)$ au moyen d'un M de déterminant ± 1 sur $\mathbf{Z}$; celui-ci est alors dans $V(B')$ avec $B' = {}^tM \cdot B \cdot M$, ce qui implique, par définition des B_i, que B' est l'un des B_i, donc que $M_i M^{-1}$ est une "unité" de B, et aussi que le transformé ${}^t(M \cdot M_i^{-1}) \cdot A \cdot (M \cdot M_i^{-1})$ par $M \cdot M_i^{-1}$ est dans U_i, donc dans U; autrement dit, A est dans le transformé de U par $M_i \cdot M^{-1}$. Quant au dernier point à vérifier, il résulte du théorème de Siegel.

Comme dans la réduction des formes positives, on peut se proposer de calculer (et non pas seulement de majorer) le volume de G/Γ, l'unité de volume étant explicitement choisie. Là, on ne s'en tire pas à si bon marché. Le lecteur est prié de se reporter à Siegel.

En revanche, on peut, dans ce qui précède, remplacer $S(t)$ par la pyramide de Minkowski; on obtient alors un "pavage" de G/K par un "domaine fondamental" et ses transformés par le groupe des unités de B, ce pavage offrant aux amateurs de jouissances esthétiques à peu près les mêmes agréments que celui de Minkowski dans le cône P des formes positives. A noter toutefois qu'à cause des B_i en nombre fini, le domaine fondamental se compose, non pas d'un, mais de plusieurs morceaux, dont chacun est une espèce de polyèdre convexe; en attribuant à chacun de ces morceaux une couleur différente, on obtient, pour l'ensemble du pavage, des résultats fort pittoresques (cf. H. Weyl). Autant qu' "on" peut savoir, cela ne sert strictement à rien.

Enfin, ce qui précède permet de décider dans quel cas G/Γ est compact; il faut et il suffit pour cela, visiblement, que $S(t) \cap V(B')$, ou, ce qui revient au même, $S'(u) \cap V(B')$ soit d'adhérence compacte dans le cône P pour tout B' équivalent à B. Or c'est l'ensemble des $A \in S'(u)$ tels que $B'^{-1}AB'^{-1}A = 1_n$; pour qu'il soit compact, il faut et il suffit que l'adhérence du cône de sommet 0 qu'il engendre n'ait aucun point commun, autre que 0, avec la frontière du cône P (i.e., ne contienne aucune forme dégénérée $\neq 0$). Mais ce cône est l'ensemble des $A \in S'(u)$ tels que $B'^{-1}AB'^{-1}A = \lambda \cdot 1_n$, avec $\lambda \geq 0$; si A appartient à l'adhérence de ce cône et est dégénérée, on aura $B'^{-1}AB'^{-1}A = 0$. Ecrivant que A est dans l'adhérence de $S'(u)$ et est $\neq 0$, on trouve que A est de la forme

$$\begin{pmatrix} 0 & 0 \\ 0 & C \end{pmatrix},$$

avec C non dégénérée; de $B'^{-1}AB'^{-1}A = 0$, on conclut alors que B'^{-1} est de la forme

$$\begin{pmatrix} * & * \\ * & 0 \end{pmatrix},$$

donc a au moins un coefficient diagonal 0. Par suite, B'^{-1}, donc aussi $B' = {}^tB' \cdot B'^{-1} \cdot B'$, donc aussi B, "représentent" 0 (ce qui veut dire que, si F est la forme de matrice B, $F(x) = 0$ a une solution rationnelle $\neq 0$). La réciproque s'ensuit de même. Autrement dit, pour que G/Γ soit compact, il faut et il suffit que B ne représente pas 0 (ce qui peut arriver pour $n = 3$ et pour $n = 4$; en revanche, un théorème classique de Meyer affirme que toute forme indéfinie à $n \geq 5$ variables, à coefficients entiers, "représente" 0).

3. Formes alternées; groupe de Siegel.

C'est le couplet suivant de la chanson; il se chante sur le même air.

Soit F bilinéaire alternée non dégénérée sur E; cela exige, bien entendu, que E soit de dimension paire $2n$. Soit f l'application de E sur E' définie par F. Soit G le groupe des automorphismes de F; soit K un sous-groupe compact de G; il laisse invariante une Φ positive non dégénérée, à laquelle appartient une application φ de E sur E'. L'adjoint, par rapport à Φ, de l'automorphisme $\iota = \varphi^{-1}f$ de E, est $-\iota$; il s'ensuit que ι est "semi-simple" (du point de vue matriciel, cela veut dire que ι peut être réduit à la forme diagonale, sinon sur $\mathbf{R}$, en tout cas sur $\mathbf{C}$), à valeurs propres toutes purement imaginaires. Si ι a au moins deux valeurs propres distinctes et non imaginaires conjuguées l'une de l'autre, E se décompose en somme directe de sous-espaces dont chacun est invariant par tout automorphisme de E qui commute avec ι; on en conclut, à peu près comme au §2, qu'alors K ne peut être maximal. Pour que K soit maximal, il faut et il suffit que ι n'ait que deux valeurs propres distinctes, imaginaires conjuguées l'une de l'autre; en multipliant Φ par un facteur scalaire >0, on peut supposer que ces valeurs propres sont $\pm i$, ce qui revient à dire que $\iota^2 = -1$. En ce cas, ι détermine une structure complexe sur E (on définira dans E la multiplication scalaire par les complexes au moyen de $(\alpha + i\beta)x = \alpha x + \beta\iota x$); on écrira E_ι pour E muni de cette structure; pour celle-ci, il est immédiat que la forme bilinéaire à valeurs complexes $H = \Phi + iF$ est *hermitienne* positive non dégénérée (N.B. Ici, et dans ce qui suit, on note indifféremment par Φ, par abus de langage, *soit* la forme quadratique introduite ci-dessus, *soit* la forme bilinéaire associée.) Comme les éléments de K commutent avec ι, ce sont des automorphismes de E muni de sa structure complexe; il est clair alors que K est le groupe unitaire déterminé par la forme hermitienne H. Il contient donc toujours un centre non discret, formé des multiples $e^{it} \cdot 1$ de l'automorphisme identique (cela, au sens de la structure complexe). Dans le cas des formes quadratiques indéfinies de signature (p, q), le centre du sous-groupe compact maximal est non discret si $p = 2$ ou $q = 2$, et dans ce cas seulement. On démontre que l'existence d'un tel centre est nécessaire et suffisante pour qu'il y ait sur G/K une structure complexe invariante par G; on va le vérifier dans le cas présent.

[N.B. La suffisance de la condition se justifie en général comme suit: K opère dans G/K, avec un point fixe qui est le point de G/K qui correspond à K lui-même; il opère donc sur l'espace des vecteurs tangents à G/K en ce point; dans cet espace, chacun des deux éléments d'ordre 4 du centre de K définit un automorphisme de carré -1, et permet donc de définir une structure complexe, invariante par K. On peut en faire autant en chaque point; on a ainsi une structure presque complexe;

reste à montrer qu'elle est intégrable. On peut le voir par exemple (d'après Ehresmann) en remarquant qu'en général, pour une structure presque complexe, le "défaut d'intégrabilité" s'exprime par un "tenseur mixte," celui qui donne les coefficients des $\bar{\omega}_\beta \bar{\omega}_\gamma$ dans l'expression des différentielles $d\omega_\alpha$ des formes ω_α de type (1, 0); en exprimant que ce tenseur est invariant par le centre de K, on trouve qu'il s'annule.]

En définitive, on voit que G/K a été mis en correspondance biunivoque avec l'ensemble des structures complexes sur E pour lesquelles F est la partie imaginaire d'une forme hermitienne positive non dégénérée $H = \Phi + iF$, et aussi avec l'ensemble $V(F)$ des parties réelles Φ de telles formes; comme au §2, $V(F)$ est une sous-variété du cône P des formes positives non dégénérées sur E, et $G/K \to V(F)$ est une bijection analytique réelle de G/K sur $V(F)$.

Si on est dans $\mathbf{R}^{2n}$, et qu'on suppose F donnée par une matrice à coefficients entiers, on démontre, exactement comme au §2, que le groupe des "unités arithmétiques" de F est minkowskien dans le groupe des automorphismes de F. Dans un exposé ultérieur, on définira, d'une manière plus ou moins explicite, un ouvert U de G/K satisfaisant à la condition (M); ce sera fait, du moins, pour le "groupe de Siegel" (ou "groupe modulaire d'ordre n") proprement dit, qui est celui des unités si F est donnée dans $\mathbf{R}^{2n}$ par une matrice alternée de *déterminant* 1. Si "on" a du vice, "on" définira même, dans ce dernier cas, un "domaine fondamental" qui, avec ses transformés, fournit un beau pavage de l'espace G/K.

[N.B. Il est connu que, par un choix convenable de $2n$ générateurs pour le sous-groupe $\mathbf{Z}^{2n}$ des vecteurs à coordonnées entières dans $\mathbf{R}^{2n}$, toute forme alternée à coefficients entiers peut s'écrire $\sum_i d_i(x_i y_{n+i} - x_{n+i} y_i)$, où les d_i sont des entiers, les "diviseurs élémentaires", dont chacun est multiple du précédent. Il n'y a donc pas besoin de la théorie de la réduction, dans ce cas, pour montrer qu'il n'y a, pour un déterminant donné, qu'un nombre fini de formes non équivalentes deux à deux. De plus, toutes ces formes sont équivalentes sur $\mathbf{Q}$. Or il est facile de voir que les groupes d'unités arithmétiques de deux formes équivalentes sur $\mathbf{Q}$ sont toujours commensurables; cela est vrai aussi, bien entendu, pour les formes quadratiques; mais ici on peut en conclure que les groupes de toutes les formes alternées à coefficients entiers sont commensurables au groupe de Siegel.]

On va s'occuper maintenant de structure complexe. Pour cela, on introduit le "complexifié" de E, qu'on notera E_c (pour raison typographique, au lieu de la notation canonique $E_{\mathbf{C}}$; c'est, comme on sait, $E \otimes \mathbf{C}$ muni de sa structure vectorielle sur $\mathbf{C}$; on considère E comme plongé dedans de la manière évidente). Tout automorphisme ι de E, de carré -1, se prolonge à E_c en un automorphisme analogue, qui détermine une décomposition de E_c en somme directe des sous-espaces V_i, V_{-i} formés des vecteurs propres relatifs aux valeurs propres i resp. $-i$ de ι; V_i, V_{-i} sont sous-espaces de E_c sur $\mathbf{C}$, donc sont espaces vectoriels sur $\mathbf{C}$, de dimension n; on a d'ailleurs $V_{-i} = \overline{V_i}$, où, suivant l'usage, la barre dénote l'imaginaire conjugué (défini dans E_c de la manière évidente). Si iE désigne l'ensemble des vecteurs "imaginaires purs" de E_c (image de E par $x \to ix$), $E_c = E \oplus iE$ est une somme directe; si $\mathfrak{R}$ ("partie réelle") est le projecteur de E_c sur E qu'elle détermine, il est immédiat que $\mathfrak{R}$ induit sur V_i un isomorphisme de la structure complexe de V_i sur la structure complexe de E qui est déterminée par ι, c'est-à-dire sur celle de E_ι. Donc ι est complètement déterminé par la donnée de V_i. Réciproquement, soit V_i un sous-espace de E_c de dimension n sur $\mathbf{C}$; pour que $\mathfrak{R}$ induise sur V_i une bijection de V_i sur E, il faut et il suffit qu'on ait l'une des relations équivalentes $V_i \cap iE = \{0\}$, $V_i \cap E = \{0\}$, $V_i \cap \overline{V}_i = \{0\}$; lorsqu'il en est ainsi, V_i permet donc de définir sur E, par transport de structure au moyen de $\mathfrak{R}$, une structure complexe, donc un automorphisme ι de E de carré -1; si alors on étend ι à E_c, V_i sera l'espace des vecteurs propres de ι relatifs à la valeur propre i.

Soit $\mathfrak{G}$ la grassmannienne complexe des sous-espaces de E_c de dimension n sur $\mathbf{C}$; dans $\mathfrak{G}$, soit $\mathfrak{J}$ l'ensemble des sous-espaces dont l'intersection avec E se réduit à $\{0\}$; c'est un ouvert dans $\mathfrak{G}$; d'après ce qui précède, il s'identifie avec l'ensemble des structures complexes sur E.

Si on s'est donné comme précédemment, sur $E \times E$, une forme bilinéaire alternée non dégénérée F, celle-ci peut s'étendre à une forme F_c sur $E_c \times E_c$; de même pour l'extension Φ_c d'une forme symétrique Φ. Si on a, sur $E \times E$, $\Phi(x, y) = F(-\iota x, y)$ (ce qui équivaut à la relation $\iota = \varphi^{-1} f$ écrite au début de ce numéro), la relation analogue sera vraie pour les extensions de F, Φ, ι, à E_c; en particulier, sur V_i, F_c et Φ_c induisent une forme alternée F' et une forme symétrique Φ' telles que l'on ait $\Phi' = -iF'$, ce qui exige évidemment $F' = 0$. Autrement dit, V_i est alors un *espace isotrope maximal* de F_c ("isotrope" signifie justement que F_c induit 0 sur V_i; on trouve alors, par exemple par le choix d'une base convenable, que V_i, étant de dimension n, est isotrope *maximal* parce que F_c est non dégénérée). Ces espaces forment une sous-variété (analytique complexe) $\mathfrak{B}$ de la grassmannienne $\mathfrak{G}$; on vérifie sans difficulté que le groupe des automorphismes de E_c qui laissent F_c invariante (le "complexifié" du groupe G) opère transitivement sur $\mathfrak{B}$. Réciproquement, soit $V_i \in \mathfrak{J} \cap \mathfrak{B}$; puisqu'on a $E_c = V_i \oplus V_{-i}$, on peut, quel que soit $z \in E_c$, écrire $z = u + v$, $u \in V_i$, $v \in V_{-i}$, et on a alors $\iota z = iu - iv$; si de même on a $z' = u' + v'$, avec $u' \in V_i$, $v' \in V_{-i}$, on aura $F_c(u, u') = 0$ et $F_c(v, v') = 0$ parce que V_i et par suite $V_{-i} = \overline{V}_i$ sont isotropes pour F_c; cela permet de calculer $F_c(-\iota z, z')$ et de voir que cette forme bilinéaire est symétrique. Il faut exprimer de plus que Φ est positive non dégénérée sur E, ce qui équivaut à $F(-\iota x, x) > 0$ quel que soit $x \neq 0$ dans E. Or, l'isomorphisme de E_ι sur V_i, inverse de l'isomorphisme de V_i sur E_ι induit sur V_i par $\mathfrak{R}$, s'écrit $x \to z = x - i \cdot \iota x$ (vérification immédiate); en tenant compte de ce que V_i, $V_{-i} = \overline{V}_i$ sont isotropes pour F_c, l'inégalité précédente s'écrit encore $iF_c(z, \bar{z}) < 0$ quel que soit $z \neq 0$ dans V_i. Il est clair que les V_i satisfaisant à cette condition forment un ouvert Ω dans $\mathfrak{B}$; ce qui précède implique que cet ouvert n'est pas vide (puisque tout point du riemannien symétrique G/K détermine justement un point de Ω). Il est clair aussi que $V_i \in \Omega$ implique $V_i \in \mathfrak{J}$; sinon, en effet, il y aurait un $z \neq 0$ dans $V_i \cap E$, et on aurait $z = \bar{z}$, $iF(z, z) < 0$, ce qui est idiot. De ce qui précède résulte donc que G/K s'identifie à Ω, qui est une variété (analytique complexe) plongée dans $\mathfrak{G}$. D'où la structure complexe de G/K. Le groupe G des automorphismes de F (i.e. des automorphismes de E qui laissent F invariante) opère sur $\mathfrak{B}$ et sur Ω d'une manière évidente, y laisse invariante la structure analytique complexe, et sa manière d'opérer sur Ω est celle qui résulte, par transport de structure, de son opération sur G/K. Satisfaction générale.

Profitant de l'absence de Dieudonné, on va traduire ça en matrices, pour faire le joint avec Siegel et pour se mettre en état de calculer quand on ne peut pas faire autrement (ça arrive encore quelquefois). On prend une base $(e_1, \ldots, e_{2n})$ de E sur $\mathbf{R}$ pour laquelle la matrice de F soit

$$\begin{pmatrix} 0 & 1_n \\ -1_n & 0 \end{pmatrix};$$

soient E', E'' les sous-espaces engendrés sur $\mathbf{R}$, respectivement, par $(e_1, \ldots, e_n)$ et $(e_{n+1}, \ldots, e_{2n})$, ce sont des sous-espaces de E isotropes maximaux pour F. Si $V_i \in \Omega$, et que ι, Φ, etc., aient le même sens que ci-dessus, Φ sera positive non dégénérée sur E, donc sur E', et on pourra choisir dans E' n vecteurs orthonormaux pour Φ; ils le seront alors aussi, dans E_ι, pour la forme hermitienne $H = \Phi + iF$ (puisque E' est isotrope pour F); ils formeront donc une base de E_ι sur $\mathbf{C}$, ce qui entraîne que E' et $\iota E'$ sont supplémentaires dans E. Alors V_i est transversal au complexifié E'_c de E'; en effet, E'_c est l'ensemble des $x' + iy'$, avec $x' \in E'$, $y' \in E'$; si un tel point est dans V_i, on a $y' = -\iota x' \in E' \cap \iota E'$, donc $x' = y' = 0$. De même V_i est transversal à E''_c.

Choisissons dans V_i n vecteurs formant une base de V_i (sur $\mathbf{C}$); écrivons-les comme "colonnes" (matrices à $2n$ lignes et 1 colonne) au moyen de $(e_1, \ldots, e_{2n})$ pris comme base de E_c sur $\mathbf{C}$; cela donne une matrice à $2n$ lignes et n colonnes (sur $\mathbf{C}$), qu'on peut écrire $\begin{pmatrix} U \\ V \end{pmatrix}$, où U, V sont deux matrices à n lignes et n colonnes; si on change les vecteurs de base choisis dans V_i, cela revient à multiplier U, V *à droite* par une même matrice carrée inversible. Puisque V_i est transversal à E''_c la matrice U est de rang n, c'est-à-dire inversible.

Ecrivons que V_i est isotrope pour F; cela s'exprime par la formule

$$({}^tU \quad {}^tV) \cdot \begin{pmatrix} 0 & 1_n \\ -1_n & 0 \end{pmatrix} \cdot \begin{pmatrix} U \\ V \end{pmatrix} = 0,$$

ou autrement dit ${}^tU \cdot V = {}^tV \cdot U$. De même, écrivons que $iF_c(z, \bar{z}) < 0$ pour tout $z \neq 0$ dans V_i; cela signifie $(1/i)({}^t\overline{U} \cdot V - {}^t\overline{V} \cdot U) \gg 0$ (le premier membre est visiblement une matrice hermitienne).

Posons $Z = VU^{-1}$, matrice qui est indépendante de la base choisie dans V_i. La première des relations ci-dessus s'écrit ${}^tZ = Z$; Z est symétrique. La seconde s'écrit (en multipliant à droite par U^{-1}, à gauche par ${}^t\overline{U}^{-1}$, ce qui ne modifie pas le fait que le premier membre est hermitien positif non dégénéré) $(1/i)(Z - {}^t\overline{Z}) \gg 0$; autrement dit, si on écrit $Z = X + iY$ avec X, Y symétriques réels, Y doit être positive non dégénérée.

On a ainsi obtenu une bijection de Ω, donc en définitive de G/K, sur l'espace de Siegel $\mathfrak{S}$, formé des matrices symétriques $Z = X + iY$ sur $\mathbf{C}$ telles que $Y \gg 0$; $\mathfrak{S}$ peut être considéré comme un ouvert de $\mathbf{C}^N$, avec $N = n(n+1)/2$, muni de la structure complexe induite par celle de $\mathbf{C}^N$.

L'opération de G sur $\mathfrak{S}$ s'écrit immédiatement. En effet, avec les notations ci-dessus, un élément de G s'écrira sous forme d'une matrice carrée

$$\begin{pmatrix} A & B \\ C & D \end{pmatrix},$$

où A, B, C, D sont des matrices à n lignes et n colonnes sur $\mathbf{R}$; cette matrice doit satisfaire à la condition

$$\begin{pmatrix} {}^tA & {}^tC \\ {}^tB & {}^tD \end{pmatrix} \cdot \begin{pmatrix} 0 & 1_n \\ -1_n & 0 \end{pmatrix} \cdot \begin{pmatrix} A & B \\ C & D \end{pmatrix} = \begin{pmatrix} 0 & 1_n \\ -1_n & 0 \end{pmatrix}$$

qui exprime qu'elle laisse F invariante. Cette matrice opère sur V_i, définie par les matrices U, V, au moyen de la formule

$$\begin{pmatrix} U \\ V \end{pmatrix} \to \begin{pmatrix} A & B \\ C & D \end{pmatrix} \cdot \begin{pmatrix} U \\ V \end{pmatrix}$$

ou autrement dit:

$$(U, V) \to (AU + BV, CU + DV);$$

elle opère donc sur Z par la formule

$$Z \to (C + DZ) \cdot (A + BZ)^{-1}.$$

Enfin, on peut donner de l'opération sur $\mathfrak{S}$ du groupe modulaire (sous-groupe de G formé des matrices à coefficients entiers) une interprétation intéressante, et même importante. En effet, F étant donnée dans E, les points de $\mathfrak{S}$ sont, d'après ce qu'on a vu, en correspondance biunivoque avec les structures complexes E_ι qu'on peut mettre sur E, pour lesquelles F est partie imaginaire d'une forme hermitienne $H \gg 0$. Supposons donné en même temps dans E un lattice Λ tel que F soit à valeurs entières sur $\Lambda \times \Lambda$; E/Λ est alors un tore de dimension (réelle) $2n$, sur lequel F détermine une classe de cohomologie entière de dimension (réelle) 2. Toute structure complexe sur E détermine sur E/Λ une structure de tore complexe (de dimension complexe n); pour que celui-ci soit une variété abélienne, il faut et il suffit qu'il existe dans E une forme hermitienne $\gg 0$ dont la partie imaginaire soit à valeurs entières sur $\Lambda \times \Lambda$; et, lorsqu'il en est ainsi, il y a sur E/Λ un "diviseur positif" appartenant à la classe de cohomologie déterminée par cette partie imaginaire; muni de cette classe, E/Λ s'appelle alors une *variété abélienne polarisée.* On voit donc qu'à tout point de $\mathfrak{S}$ correspond sur E/Λ une structure de variété abélienne polarisée par F; pour qu'à deux points corresponde la même structure, il faut et il suffit qu'ils se déduisent l'un de l'autre par un automorphisme de E qui laisse invariants la forme F et le lattice Λ, donc un élément du groupe discret Γ des automorphismes de F qui sont à coefficients entiers lorsqu'on prend pour base un système de générateurs de Λ. Autrement dit, les points de $\mathfrak{S}/\Gamma$ (quotient de $\mathfrak{S}$ par la relation d'équivalence définie dans $\mathfrak{S}$ par le groupe discret Γ) sont en correspondance biunivoque avec les structures de variété abélienne polarisée par F qu'on peut définir sur E/Λ. Lorsque F est de déterminant 1 sur Λ (c'est-à-dire a tous ses diviseurs élémentaires sur Λ égaux à 1), le groupe Γ qu'on obtient est le groupe modulaire de Siegel proprement dit; les variétés abéliennes correspondantes sont dites "variétés abéliennes polarisées de la famille principale" (toute jacobienne est une telle variété).

Groupes des formes quadratiques indéfinies et des formes bilinéaires alternées

Bibliographie

Minkowski, Hermann. Geometrie der Zahlen. Leipzig und Berlin, B. G. Teubner, 1910; New York, Chelsea, 1953.

Minkowski, Hermann. Diskontinuitätsbereich für arithmetische Äquivalenz, J. für reine und angew. Math., t. 129, 1905, p. 220–274; Gesammelte Abhandlungen, Band 2, Berlin, B. G. Teubner, 1911, p. 53–100.

Siegel, Carl Ludwig. Einführung in die Theorie der Modulfunktionen *n*-ten Grades, Math. Annalen, t. 116, 1939, p. 617–657.

Siegel, Carl Ludwig. Einheiten quadratischer Formen, Abh. math. Sem. Hamburg Univ., t. 13, 1940, p. 209–239.

Siegel, Carl Ludwig. Discontinuous groups, Annals of Math., t. 44, 1943, p. 674–689.

Siegel, Carl Ludwig. Symplectic geometry, Amer. J. Math., t. 65, 1943, p. 1–86.

Weyl, Hermann. Theory of reduction for arithmetical equivalence, I., Trans. Amer. math. Soc., t. 48, 1940, p. 126–164; II., Trans. Amer. math. Soc., t. 51, 1942, p. 203–231.

Weyl, Hermann. Fundamental domains for lattice groups in division algebras, Comment. Math Helvet., t. 17, 1944/45, p. 283–306.

[1958a] Introduction à l'étude des variétés kählériennes (Préface)

La théorie des variétés kählériennes a pris un grand essor depuis un quart de siècle. Ces variétés furent définies pour la première fois, semble-t-il, dans une note de Kähler de 1933 (*Hamb.Abh.* 9, p. 173). Mais leur importance n'apparut qu'à la suite des premiers travaux de Hodge et surtout de l'exposé d'ensemble qu'il en donna au chapitre V de son livre *The theory and applications of harmonic integrals* (Cambridge 1941), où, indépendamment de Kähler, il entreprend l'étude systématique de la métrique « kählérienne » qu'on peut définir sur toute variété algébrique sans point multiple plongée dans un espace projectif, et en tire des conséquences très importantes pour la géométrie algébrique. C'est principalement dans la direction ainsi inaugurée par lui que les recherches se sont poursuivies depuis lors.

On ne trouvera pas ici une monographie de ce sujet, mais, comme l'indique le titre, une simple introduction, basée sur des cours professés à Chicago et à Göttingen dans les dernières années. Ce volume aura atteint son but s'il facilite au lecteur l'étude des travaux récents sur la question, et particulièrement de ceux de Kodaira et ses élèves. Je n'ai pu néanmoins résister à la tentation d'insérer un chapitre traitant de la théorie des fonctions thêta et des variétés abéliennes sur le corps des complexes. Cette théorie peut être considérée comme celle d'un type particulier de structures kählériennes (les structures invariantes sur un tore), et c'est même ce point de vue qui conduit à la démonstration la plus naturelle d'un des principaux théorèmes d'existence de la théorie (le théorème dit « d'Appell-Humbert »).

Il n'a pas été donné de bibliographie ; on en trouve de fort complètes dans plusieurs ouvrages récents. Je me suis efforcé de réduire au minimum la somme de connaissances exigée du lecteur : quelques résultats élémentaires

Reprinted from *Introduction à l'étude des variétés kählériennes*, Hermann, Paris, by permission of Hermann, éditeurs des sciences et des arts.

d'analyse et de théorie des fonctions ; quelques notions d'algèbre et de topologie générale (pour lesquelles il sera en général renvoyé aux *Eléments* de N. Bourbaki) ; les définitions essentielles de la théorie des variétés différentiables (qu'on trouvera dans le volume de G. de Rham, *Variétés différentiables*, Paris, Hermann 1955, paru dans cette même collection) ; la définition des opérateurs $*, \delta, \Delta$ de la théorie des formes harmoniques (exposée dans le même volume) ; et, en quelques points, quelques notions sur la cohomologie entière. Encore ai-je, dans la mesure du possible, rappelé les définitions et résultats dont il aura à être fait usage. L'indication « de Rham, §... » renverra toujours au volume qu'on vient de citer ; les renvois à Bourbaki seront faits sous la forme canonique. Des théorèmes d'existence de la théorie des formes harmoniques, qui jouent bien entendu un rôle essentiel dans le présent volume, le lecteur n'a à connaître que l'existence des opérateurs H et G de de Rham avec les propriétés formelles énoncées au n° 1 du Chapitre IV. Pour le cas particulier des tores, une démonstration directe de ces résultats, indépendante de celle qui est donnée dans le volume de de Rham pour le cas général, est exposée au n° 2 du Chapitre IV, ce qui permettrait, si on le désirait, d'aborder la théorie des fonctions thêta sans s'appuyer sur la théorie générale des formes harmoniques.

Paris, le 31 mai 1957.

[1958b] On the moduli of Riemann surfaces[1]

To Emil Artin on his sixtieth birthday

The purpose of the following pages is partly to clarify my own ideas on an interest ing topic, at a stage when they are still unripe for publication, but chiefly to be present by proxy at Artin's birthday celebration. In speaking of these ideas as "my own", my intention is not to claim originality for them. They are little more than a combination of those of Teichmüller with the ideas on the variation of complex structures, recently introduced by Kodaira, Spencer and others into the theory of moduli.

The first concept to be elucidated is that of reinforcement of structure. Let S^0 be an oriented compact surface of genus $g > 1$, given once for all. Let S be a Riemann surface of genus g, i.e. a surface of genus g, provided with a complex-analytic structure (or, what amounts to the same, an oriented surface of genus g with a conformal structure, or again an oriented surface of genus g with a class of conformally equivalent ds^2). By a "class of mappings" of S^0 into S, we shall understand a class of continuous mappings, equivalent under homotopy; a class will be called "admissible" if it contains at least one orientation-preserving homeomorphism of S^0 onto S. A Riemann surface S, provided with the additional structure defined on it by assigning one admissible class of mappings of S^0 into S, will be called a Teichmüller surface. Perhaps the most remarkable of Teichmüller's results is the following: when provided with a rather obvious "natural" topology, the set Θ of all classes of mutually isomorphic Teichmüller surfaces is homeomorphic to an open cell of real dimension $6g - 6$. This global result will neither be used nor discussed in the following pages, the chief purpose of which is to consider the local properties of Θ and to define on it a "natural" complex-analytic structure, of complex dimension $3g - 3$, and a "natural" Hermitian metric.

The above "reinforcement of structure" can be modified in various ways. Instead of admissible classes of mutually homotopic mappings, one might wish to introduce classes of mutually isotopic orientation-preserving homeomorphisms of S^0 onto S; unless I am mistaken, known results in surface-theory imply that this would not actually differ from what we have done. On the other hand, one can also consider a weaker type of reinforcement, in which two mappings of S^0 into S are considered equivalent if they induce the same homomorphism of the one-dimensional homology group of S^0, $H_1(S^0)$, into $H_1(S)$; as a temporary terminological prop, let us call a "Torelli surface" the surface S with the additional structure determined by an admissible class of mappings for this wider concept of equivalence.

[1] Part of this was done, I am somewhat ashamed to say, while on contract with the Air Force. The opinions of the Air Force do not necessarily coincide with mine.

Call π^0 the fundamental group of S^0, with an origin a^0 chosen once for all; it is the group generated by $2g$ generators A_i^0 with the well-known relation, which we shall write as $R(A_1^0, \ldots, A_{2g}^0) = 1$. Let f, f' be two mappings of S^0 into S; they induce homomorphisms h, h' of π^0 into $\pi(S, f(a^0))$ and $\pi(S, f'(a^0))$, respectively. By considering the universal coverings of S^0 and S, one sees easily that f and f' are homotopic if and only if h' can be derived from h by moving the origin of the fundamental group of S along a suitable path from $f(a^0)$ to $f'(a^0)$. If, by an obvious "abuse of language", we agree to speak of "the" fundamental group $\pi(S)$ of S (which is then defined intrinsically only up to an inner automorphism), we may say that f and f' are homotopic if and only if they induce homomorphisms of π^0 into $\pi(S)$ which are equivalent under inner automorphisms of $\pi(S)$. In particular, an admissible class of mappings of S^0 into S will define a class of isomorphisms of π^0 onto $\pi(S)$, equivalent under inner automorphisms of $\pi(S)$; such a class will be called admissible; and the images of the A_i^0 under an isomorphism in such a class will be called an admissible set of generators of $\pi(S)$. Thus a Teichmüller surface is defined by selecting on S an admissible set of generators of $\pi(S)$, provided two such choices are considered equivalent whenever they can be derived from each other by an inner automorphism. We shall denote by $\underline{\underline{S}}$ any Teichmüller surface with the underlying Riemann surface S.

Similarly, a Torelli surface $\underline{S}$ will be defined by selecting on S an admissible set of generators for the homology group $H_1(S)$; here we have no equivalence relation between such sets. By the definition of an admissible set, the intersection-matrix for an admissible set of generators is

$$\begin{pmatrix} 0 & 1_g \\ -1_g & 0 \end{pmatrix}.$$

This implies in the well-known manner that we can define on the Torelli surface $\underline{S}$ a normalized set of differentials of the first kind, for which the period-matrix (for the given set of generators) has the form $\| 1_g Z(\underline{S}) \|$, where $Z(\underline{S})$ is a $g \times g$ matrix. More precisely, if $\mathfrak{S}$ is the Siegel space of symmetric $g \times g$ matrices with positive-definite imaginary part, $Z(\underline{S})$ is a point of $\mathfrak{S}$; if $\underline{S}'$ is another Torelli surface with the same underlying Riemann surface S, $Z(\underline{S}')$ will be a transform of $Z(\underline{S})$ by an element of Siegel's modular group.

Thus we have a mapping $\underline{S} \to Z(\underline{S})$ of the set Σ of all classes of mutually isomorphic Torelli surfaces into the Siegel space $\mathfrak{S}$. The set Σ has an involutory automorphism $\underline{S} \to h(\underline{S})$, viz. the one which leaves the underlying Riemann surface S of $\underline{S}$ unchanged and induces on $H_1(S)$ the automorphism $x \to -x$ (it is easily seen, e.g. by considering a hyperelliptic surface of genus g, that this automorphism changes one admissible set of generators of $H_1(S)$ into another). It is clear that $Z(h(\underline{S})) = Z(\underline{S})$, i.e. that $\underline{S}$ and $h(\underline{S})$ have the same image in the Siegel space. Moreover, Torelli's classical theorem asserts that two Torelli surfaces $\underline{S}$, $\underline{S}'$ have the same image $Z(\underline{S}) = Z(\underline{S}')$ in the Siegel space if and only if $\underline{S}' = \underline{S}$ or $\underline{S}' = h(\underline{S})$, and that $\underline{S} = h(\underline{S})$ if and only if S is hyperelliptic.

Call Σ_1 the image of Σ by $\underline{S} \to Z(\underline{S})$; we see that the inverse image of a point of Σ_1 by that mapping consists of one or two points according as the corresponding

Riemann surface is hyperelliptic or not. Combining this mapping with the obvious "natural" mapping of Θ onto Σ, we get a mapping of Θ onto Σ_1, which we write as $\underline{S} \to Z(\underline{S})$. Finally, if $\mathfrak{M}$ is the set of all classes of mutually isomorphic Riemann surfaces of genus g, we have a natural mapping of Σ_1 onto $\mathfrak{M}$. It will be seen that, when Θ is provided with its natural complex structure, $\underline{S} \to Z(\underline{S})$ is a holomorphic mapping of Θ into the Siegel space. Actually Σ_1 is an analytic subvariety of $\mathfrak{S}$, whose points are all simple except those corresponding to hyperelliptic Riemann surfaces (this, with an important additional statement concerning sets of local coordinates in the neighborhood of a simple point of Σ_1, is Rauch's theorem). As to $\mathfrak{M}$, there is virtually no doubt that it can be provided with a structure of algebraic variety (non-complete, of course, and with multiple points), the "variety of moduli", so that the natural mapping of Θ onto $\mathfrak{M}$ is holomorphic.

Let $\underline{S}$ be a Teichmüller surface; this consists of a Riemann surface S with a preferred choice of generators $A_1, \ldots, A_{2g}$ for $\pi(S)$, these being defined only up to an inner automorphism. We can represent conformally the universal covering of S onto the upper half-plane $\Pi = \{z \mid \mathscr{I}(z) > 0\}$; it is well-defined up to a hyperbolic displacement. This determines a representation of $\pi(S)$ as a discrete group Γ of hyperbolic motions, generated by $2g$ elements $z \to \sigma_i z = (\alpha_i z + \beta_i)/(\gamma_i z + \delta_i)$, with $\alpha_i \delta_i - \beta_i \gamma_i = 1$ and $R(\sigma_1, \ldots, \sigma_{2g}) = 1$. An inner automorphism of $\pi(S)$, or a hyperbolic displacement in Π, will merely transform Γ by such a displacement; conversely, if two Teichmüller surfaces determine two sets (σ_i), (σ_i') which differ merely by an inner automorphism of the hyperbolic group, they are isomorphic. As remarked by Siegel (*Math. Ann.* 133), one can select that automorphism in a unique manner so as to get $\beta_{2g} = \gamma_{2g} = 0$, $\alpha_{2g} > 1$, $\beta_g = \pm\gamma_g$; as the matrices for the σ_i are determined only up to a factor ± 1, one can further normalize them by taking $\beta_i > 0$ for $1 \le i \le 2g - 1$. In that normalization, all the σ_i are uniquely determined by the $6g - 6$ numbers $(\alpha_i, \beta_i, \delta_i)$ for $1 \le i \le g - 1$ and $g < i \le 2g - 1$; more precisely, the relations $\alpha_i \delta_i - \beta_i \gamma_i = 1$, $R(\sigma_1, \ldots, \sigma_{2g}) = 1$ together with those which express the normalization, determine the γ_i and the coefficients of σ_g, σ_{2g} by means of a set of algebraic equations with non-vanishing functional determinant in the neighborhood of any point of the coordinate space $\mathbb{R}^{6g-6}$ corresponding to a group such as Γ. Let Θ_1 be the subset of $\mathbb{R}^{6g-6}$ consisting of the points which can be obtained in this manner; the above remarks show how to define a bijection of Θ onto Θ_1. It will be seen that this bijection is a real-analytic isomorphism when Θ is provided with its natural complex-analytic structure; this implies that Θ_1 is an open subset of $\mathbb{R}^{6g-6}$. Moreover, we shall give explicit formulas to determine the complex structure on Θ_1 which can be derived from that of Θ by that bijection.

In order to justify the statements that have been made so far, we shall make use of the Kodaira-Spencer technique of variation of complex structures. This can be introduced in an elementary manner in the case of complex dimension 1, which alone concerns us here; this, in fact, had already been done by Teichmüller; but he had so mixed it up with his ideas concerning quasi-conformal mappings that much of its intrinsic simplicity got lost. Perhaps the worst feature of his treatment, in the eyes of the differential geometer, is that his extremal mappings are destructive of the differentiable structure; this corresponds to the fact that his metric on Θ is almost certainly not to be defined by a ds^2, even though it is presumably a Finsler metric.

Let $\underline{\underline{S}}_0$ be a Teichmüller surface. In order to avoid the use of coordinate neighborhoods on the underlying Riemann surface S_0, we represent S_0 as Π/Γ, where Π is the upper half-plane and Γ is a discrete subgroup of the hyperbolic group; $\underline{\underline{S}}_0$ will then be defined by a preferred set of generators (σ_i) for Γ, which we may assume to be in normalized form. We consider a small "variation of structure", depending differentiably upon some real or complex parameters u; this can be defined as the conformal structure on Π/Γ determined by a complex-valued differential form $\zeta = dz + \mu\, d\bar{z}$, where μ is a complex-valued function of z and of the parameters u, such that any element σ of the group Γ merely multiplies ζ by a scalar factor; this amounts to saying that $\mu\, d\bar{z}/dz$ is formally invariant under Γ, a property which we also express by saying that μ is of type $(-1, 1)$ for the usual complex structure of Π/Γ. When μ is so given, the complex structure of the varied surface S_u underlying the varied Teichmüller surface $\underline{\underline{S}}_u$ is the one for which ζ is a differential form of type $(1, 0)$ at every point; for this to have a meaning, we must have $|\mu| < 1$ for all $z \in \Pi$. We assume that $\mu = 0$ for $u = 0$, i.e. that, for $u = 0$, $\underline{\underline{S}}_u$ is no other than $\underline{\underline{S}}_0$. The universal covering of S_u is Π with the conformal structure determined by ζ; for each u, this can be conformally mapped upon Π with its natural conformal structure; call F_u the differentiable homeomorphism of Π onto itself which realizes this conformal mapping, i.e. which is such that (for fixed u) dF_u differs from ζ only by a scalar factor, i.e. is of the form $dF_u = f\zeta$, where f is a complex-valued function, everywhere $\neq 0$ in Π. The conformal mapping F_u can be normalized in various ways, e.g. by prescribing that a given point of Π and a given direction through that point remain fixed under F_u. A respectable firm of ellipticians, whom I consulted concerning the properties of F_u, has assured me that it depends differentiably on the parameters u, and that it is real-analytic in the u's if this is assumed of μ.

Now assume that u is a single real parameter; then $(\partial/\partial u)_{u=0}$ is an "infinitesimal variation" in the sense of Kodaira-Spencer; this operator will also be denoted by a dot. It is determined by

$$v = \dot{\mu} = \left(\frac{\partial \mu}{\partial u}\right)_{u=0},$$

which is again a complex-valued function of type $(-1, 1)$. The infinitesimal variation is trivial if and only if the varied structure can be obtained from the initial structure (that of S_0) by an infinitesimal deformation of the surface. The latter will be defined by a vector-field, i.e. by a complex-valued fuction ξ of type $(-1, 0)$; and one finds at once that such a vector-field ξ determines the infinitesimal variation of structure given by $v = \partial\xi/\partial\bar{z}$. Therefore we introduce the Kodaira-Spencer space for S_0, which we define as the quotient of the space of all functions v of type $(-1, 1)$ by the space of functions $v = \partial\xi/\partial\bar{z}$ with ξ of type $(-1, 0)$, both being considered as vector-spaces over $\mathbb{C}$. We shall denote by $D = D(v)$ the element of that space determined by a given infinitesimal variation $v = \dot{\mu}$.

Let ω be a quadratic differential on S_0; this can be written as $\omega = q \cdot dz^2$, where q is holomorphic of type (2, 0). Notations being as above, consider the integral $\iint qv\, d\bar{z}\, dz$, taken over S_0; this has a meaning, since the integrand is invariant under Γ. Stokes's theorem shows at once that this is 0 if $v = \partial\xi/\partial\bar{z}$ with ξ of type $(-1, 0)$; therefore it depends only upon ω and $D = D(v)$, and may be written as (ω, D).

For any v, one can solve the equation $v = \partial\varphi/\partial\bar{z}$; the solution will be uniquely determined modulo a holomorphic function of z in Π. If we again assume that v is of type $(-1, 1)$, any solution φ of that equation will be such that, for every $\sigma \in \Gamma$, the function

$$\psi_\sigma = \varphi - \frac{dz}{d(\sigma z)}\,\varphi^\sigma \tag{1}$$

(where φ^σ stands for the function defined by $\varphi^\sigma(z) = \varphi(\sigma z)$) is holomorphic in Π. These functions satisfy the relations

$$\psi_{\sigma\tau} = \psi_\sigma^\tau \frac{dz}{d(\tau z)} + \psi_\tau \tag{2}$$

for all σ, τ in Γ. Conversely, given a "cocycle" (ψ_σ), i.e. a system of holomorphic functions ψ_σ in Π, satisfying (2) for all σ, τ in Γ, let Γ operate on $\Pi \times \mathbb{C}$ by the formula

$$\sigma(z, t) = \left(\sigma z, \frac{d(\sigma z)}{dz}(t - \psi_\sigma(z))\right);$$

then the quotient $(\Pi \times \mathbb{C})/\Gamma$ is a complex-analytic fibre-bundle with base S_0, the fibre being the plane $\mathbb{C}$ (with the group $t \to at + b$). By a well-known theorem on fibre-bundles (which, in the present case, can also easily be verified directly), this has a differentiable cross-section $t = \varphi(z)$; this means that (1) has a solution φ, which is a complex-valued, real-differentiable function. Another general theorem on fibre-bundles (Serre, GAGA), which could also, in this case, be verified directly without difficulty, tells us that $(\Pi \times \mathbb{C})/\Gamma$ is an algebraic bundle over S_0; therefore it has a meromorphic cross-section, so that (1) has a meromorphic solution φ'. We conclude that the Kodaira-Spencer space can be defined in any one of the following manners:

(a) as above, as the quotient of the space of functions v of type $(-1, 1)$ by the space of functions $v = \partial\xi/\partial\bar{z}$ with ξ of type $(-1, 0)$;

(b) as the space of functions φ such that $v = \partial\varphi/\partial\bar{z}$ is of type $(-1, 1)$, divided by the sum of the space of all holomorphic functions and of the space of functions of type $(-1, 0)$;

(c) as the space of holomorphic cocycles (ψ_σ), i.e. of systems of holomorphic functions satisfying (2), divided by the space of trivial cocycles, i.e. of those for which (1) has a holomorphic solution φ;

(d) as the space of meromorphic functions φ' such that all the functions $\varphi' - (dz/d\sigma z)\varphi'^\sigma$ are holomorphic, divided by the sum of the space of holomorphic functions and of the space of meromorphic functions satisfying $\varphi' = (dz/d\sigma z)\varphi'^\sigma$ for all σ.

In (d), since we are taking the meromorphic functions modulo the holomorphic functions, it is only the principal parts (at the poles) that must be considered; the condition on φ' implies that these are determined once they are given in a fundamental domain.

Now, notations being as above, we can write

$$(\omega, D) = \iint q\nu \, d\bar{z}\, dz = \oint q\varphi \, dz, \tag{3}$$

where $\iint$ means the integral over S_0, or, what amounts to the same, over a fundamental domain for Γ in Π, and $\oint$ means the integral over the positively oriented contour of such a fundamental domain. The latter may be taken as a polygon with $4g$ sides, corresponding (in that order) to $\sigma_1, \sigma_{g+1}, \sigma_1^{-1}, \sigma_{g+1}^{-1}, \sigma_2, \ldots, \sigma_{2g}^{-1}$. It is clear that $\oint q\lambda\, dz$ is 0 whenever λ is a continuous function, defined only along the contour of integration, such that, formally, λ/dz takes the same values along corresponding sides of the contour; for then the same is true of $q\lambda\, dz$, so that the integrals along corresponding sides cancel each other. In particular, we can take $\lambda = \varphi - \varphi'$, where φ' is defined as above; this shows that (ω, D) can be written as $\oint q\varphi'\, dz$, i.e. that it is the sum of the residues of the meromorphic differential $(\varphi'/dz)\omega$ over S_0. It is a well-known consequence of Riemann-Roch that this sum, for a given φ', will be 0 for all quadratic differentials ω if and only if there is on S_0 a "meromorphic differential of degree -1" φ''/dz having the same principal parts as φ'/dz at every point, and also that, given any quadratic differential ω, one may choose the principal parts of φ'/dz in the fundamental domain, and hence everywhere in Π, so that $\oint (\varphi'/dz)\omega \neq 0$. This proves that the space of quadratic differentials on S_0 is the dual of the Kodaira-Spencer space for S_0, the duality between them being given by the bilinear form (ω, D). One would have been led to the same conclusion by combining the general results of the Kodaira-Spencer theory with Serre's duality theorem, and specializing these to the case of complex dimension 1.

Now observe that the conformal mapping F_u must transform Γ into another group Γ_u of hyperbolic motions, consisting of the elements $\sigma_u = F_u^{-1} \circ \sigma \circ F_u$; the transforms $\sigma_i(u)$ of the σ_i are then a set of preferred generators for $\underline{\underline{S}}_u$. This shows that the $\sigma_i(u)$ depend differentiably upon u. The $\sigma_i(u)$ may not be normalized; in order to put them into normalized form, it may be necessary to modify F_u; it is easily seen that this will not affect the differentiability of F_u and therefore of the σ_u. Differentiation of the relation $\sigma_u = F_u^{-1} \circ \sigma \circ F_u$ gives, for $u = 0$:

$$\dot{\sigma} = \dot{F}\,\frac{d(\sigma z)}{dz} - \dot{F}^{\sigma}.$$

But, since dF_u, for fixed u, differs from $dz + \mu\, d\bar{z}$ only by a scalar factor, we have $\mu = (\partial F_u/\partial \bar{z})/(\partial F_u/\partial z)$; differentiating this with respect to u for $u = 0$ gives $\nu = \dot{\mu} = \partial \dot{F}/\partial \bar{z}$. Thus $\dot{F}$ is a solution of $\nu = \partial\varphi/\partial\bar{z}$; therefore, by (1), we can take $\psi_\sigma = (dz/d\sigma z)\dot{\sigma}$. This gives:

$$\psi_\sigma = (\gamma z + \delta)(\dot{\alpha} z + \dot{\beta}) - (\alpha z + \beta)(\dot{\gamma} z + \dot{\delta}).$$

Now apply (3), and calculate $\oint$ in the usual manner by combining together the integrals along corresponding sides of the fundamental polygon. We get:

$$(\omega, D) = \sum_{i=1}^{g} \left(\int_{\sigma_i} q\psi_{\sigma_{g+i}}\, dz + \int_{\sigma_{g+i}^{-1}} q\psi_{\sigma_i}\, dz \right).$$

This is a bilinear expression in the $\dot{\alpha}_i, \dot{\beta}_i, \dot{\gamma}_i, \dot{\delta}_i$ on the one hand, and, on the other hand, in the periods of the vector-valued differential

$$\Omega = \begin{Vmatrix} qz^2\, dz \\ qz\, dz \\ q\, dz \end{Vmatrix}$$

which has the property that $\Omega^\sigma = M_\sigma \Omega$ for every $\sigma \in \Gamma$, M_σ being the constant matrix

$$M_\sigma = \begin{Vmatrix} \alpha^2 & 2\alpha\beta & \beta^2 \\ \alpha\gamma & \alpha\delta + \beta\gamma & \beta\delta \\ \gamma^2 & 2\gamma\delta & \delta^2 \end{Vmatrix}.$$

In particular, if the $\dot{\alpha}_i, \dot{\beta}_i, \dot{\gamma}_i, \dot{\delta}_i$ are all 0, (ω, D) is 0 for all ω, and therefore $D = 0$.

All this applies equally well if the small variation depends upon real parameters in any number. In particular, take $v_1, \ldots, v_{3g-3}$ such that the $D(v_i)$ are a basis of the Kodaira-Spencer space, and then take $\mu = \sum_i w_i v_i$, with complex $w_1, \ldots, w_{3g-3}$. The preceding calculations show that the $\alpha_i, \beta_i, \gamma_i, \delta_i$ will be differentiable functions of the real and imaginary parts of the w_i, with a non-vanishing jacobian. This proves our assertion that the image Θ_1 of Θ in $\mathbb{R}^{6g-6}$ is an open set, and that the real vector-space underlying the Kodaira-Spencer space may be identified with the tangent vector-space to $\mathbb{R}^{6g-6}$ at the point corresponding to $\underline{S}_0$. Loosely speaking, the "realization" Θ_1 of Θ has the right differentiable structure. Our remarks even show (always on the basis of the ellipticians' assurances) that it has the right real-analytic structure. It is clear, too, that, if we select a basis $\omega_1, \ldots, \omega_{3g-3}$ for the quadratic differentials on S_0, the (ω_i, D) define $3g - 3$ complex covectors which determine an almost complex structure on Θ, or on Θ_1. It remains to be seen that this is a complex structure.

This can be done in two ways. The simpler method has just been suggested to me by L. Bers, who observed that the $3g - 3$ complex parameters w_i introduced above can in fact be used as complex local coordinates. As we have already shown that their real and imaginary parts can be used as real local coordinates, it only remains for us to show that, for every small value of $w = (w_1, \ldots, w_{3g-3})$, the complex vectors D_i in the Kodaira-Spencer space for S_w, defined by the differential operators $\partial/\partial w_i$, are all 0. More generally, we shall show that this is the case whenever μ is a real-differentiable function of z and of complex parameters w_i in any number and is holomorphic in all the w_i. It is obviously enough to consider the case of one complex parameter w.

Assume therefore that $\mu = \mu(z, w)$ depends real-differentiably upon z and w and that it is holomorphic in w. For a given value w^* of w, consider the vector D in the Kodaira-Spencer space for S_{w^*}, defined by $(\partial/\partial \bar{w})_{w=w^*}$. Notations being the same as before, the conformal mapping of the universal covering of S_{w^*} onto Π is given by $z^* = F_{w^*}(z)$, where F_{w^*} is a differentiable homeomorphism of Π onto itself, such that $dz^* = dF_{w^*}$ is of the form $f(z) \cdot (dz + \mu(z, w^*)d\bar{z})$, with a scalar factor $f(z)$. In terms of the variable z^*, the conformal structure of S_w for any w may be defined by a differential form

$$\zeta^* = dz^* + \mu^*(z^*, w)d\bar{z}^*$$

which has to differ from $dz + \mu(z, w)d\bar{z}$ only by a scalar factor. Then, for each quadratic differential $\omega^* = q^*(dz^*)^2$ on S_{w^*}, (ω^*, D) is given by:

$$(\omega^*, D) = \iint q^* \left(\frac{\partial \mu^*}{\partial \bar{w}}\right)_{w=w^*} d\bar{z}^* \, dz^*.$$

But a trivial calculation shows that μ^* is again holomorphic in w; therefore $\partial\mu^*/\partial\bar{w}$ is identically 0, and D is 0.

The second method depends upon the consideration of the integrals of the first kind. We again call in the elliptical engineer, who tells us the following: since the conformal structure of S_u can obviously be derived from a ds^2 which depends differentiably upon the parameters u (viz. $ds^2 = y^{-2}|dz + \mu \, d\bar{z}|^2$ with $y = \mathscr{I}(z)$, which is invariant under Γ), the space of real-valued harmonic differentials on S_u has a basis consisting of differentials which depend differentiably upon the parameters. Take again the case of a single real parameter u, and denote $(\partial/\partial u)_{u=0}$ by a dot, as before. The differentials of the first kind on S_u are those linear combinations of the harmonic differentials with constant complex coefficients which differ from $dz + \mu \, d\bar{z}$ only by a scalar factor; clearly the space of such differentials is generated by those which depend differentiably upon u. Let $\eta_u = h_u(dz + \mu \, d\bar{z})$ be one of these; it must satisfy $d\eta_u = 0$ and is invariant under Γ; for $u = 0$, it reduces to a differential of the first kind $\eta_0 = h_0 \, dz$ for S_0. As before, put $v = \dot{\mu}$ and call φ a solution of $v = \partial\varphi/\partial\bar{z}$; differentiating η_u with respect to u for $u = 0$, we get

$$\dot{\eta} = \dot{h} \cdot dz + h_0 v \, d\bar{z} = r \cdot dz + d(h_0 \varphi),$$

where we have put $r = \dot{h} - \partial(h_0\varphi)/\partial z$. This, too, must be invariant under Γ and must satisfy $d\dot{\eta} = 0$.

Call $p_i(u)$ the periods of η_u along the cycles σ_i for $1 \le i \le 2g$; put $p_i = p_i(0)$; $\dot{p}_i$ is then the period of $\dot{\eta}$ along σ_i, Let η'_0 be any differential of the first kind for S_0, with the periods p'_i. We may write $\eta'_0 = df$, where f is a holomorphic function in Π. Then $\eta_0\eta'_0$ is a quadratic differential for S_0; and, if we put $D = D(v)$ as before, we have:

$$(\eta_0\eta'_0, D) = \iint h_0 v \, d\bar{z} \, df = \iint \dot{\eta} \, df = -\oint f\dot{\eta}.$$

Combining integrals along corresponding sides of the fundamental polygon, we get:

$$(\eta_0\eta'_0, D) = \sum_{i=1}^{g} (p'_{g+i}\dot{p}_i - p'_i\dot{p}_{g+i}).$$

In particular, call η^j_u, for $1 \le j \le g$, the normalized differentials of the first kind for S_u; by definition, they are such that $\|p^j_i(u)\|$, for $1 \le j \le g$, $1 \le i \le g$, is the unit-matrix; and then, by definition, we have:

$$Z(\underline{S}_u) = \|p^j_{g+i}(u)\| \qquad (1 \leq j \leq g; 1 \leq i \leq g).$$

This gives $\|\dot{p}^j_i\| = 0$, $\|\dot{p}^j_{g+i}\| = \dot{Z}$. Substituting η^j_0, η^k_0 for η_0, η'_0 in the above formula, we get:

$$\dot{Z} = -\|(\eta^j_0 \eta^k_0, D)\|.$$

This proves that $\underline{S} \to Z(\underline{S})$ is a holomorphic mapping of Θ into $\mathfrak{S}$. More precisely, it shows, not only that the coefficients p^j_{g+k} of $Z(\underline{S})$ are holomorphic on Θ, but also that any $3g - 3$ of them will be local coordinates in the neighborhood of a given point of $\underline{S}_0$ if and only if the corresponding quadratic differentials $\eta^j_0 \eta^k_0$ are linearly independent. This is Rauch's theorem. It implies that $Z(\underline{S}_0)$ is a simple point of the image Σ_1 of Θ by Z if and only if the products $\eta^j_0 \eta^k_0$ generate the space of quadratic differentials, i.e. if and only if S_0 is not hyperelliptic. One can prove quite similarly that the subset of Σ_1 consisting of the points which correspond to hyperelliptic Riemann surfaces is a non-singular analytic subvariety of $\mathfrak{S}$ of complex dimension $2g - 1$. It is clear now that the almost complex structure defined on Θ is a complex structure in the neighborhood of all the points which do not correspond to a hyperelliptic Riemann surface; by using well-known general theorems on analytic varieties, one can then extend this result even to the points which correspond to hyperelliptic surfaces.

Finally, in order to define a "natural" Hermitian metric on Θ, it is only necessary to define a Hermitian structure on the Kodaira-Spencer space for each S_0, or, what amounts to the same, on the dual of that space, i.e. on the space of quadratic differentials for S_0. This is done by putting, for any two quadratic differentials $\omega = q\,dz^2$, $\omega' = q'\,dz^2$ for S_0:

$$(\omega, \omega') = \iint_{S_0} q\bar{q}' y^2 \, dz \, d\bar{z}$$

with $y = \mathscr{I}(z)$. In fact, the integrand can be formally written as $\omega\bar{\omega}'/dS$, where $dS = y^{-2}\,dz\,d\bar{z}$ is the hyperbolic area-element in Π; it is therefore invariant under Γ, and the integral has an intrinsic meaning.

This raises the most interesting problems of the whole theory: is this a Kähler metric? has it an everywhere negative curvature? is the space Θ, provided with its complex structure and with this metric, a homogeneous space? It would seem premature even to hazard any guess about the answers to these questions.

[1958c] Final report on contract AF 18(603)-57

Within the framework of the project originally submitted to AFOSR, I eventually decided to concentrate on two lines of investigation:

(I) The classical problem of the moduli of algebraic curves over complex numbers;

(II) A study of the Kähler varieties topologically identical with the non-singular quartics in projective 3-space (henceforward called K3 surfaces).

In both directions, my results are still very fragmentary and incomplete; and I have had to postpone the arithmetical considerations which provided the original motivation for the whole project, in order to deal first with the function-theoretic aspects of the above questions.

In both problems, the ideas of Kodaira and Spencer on the variation of complex structures have proved fundamental. I have much benefited from repeated consultation with them during my stays in Princeton, in January and February and again in June. It also turned out that Professor L. Bers had been engaged in a parallel investigation of problem (I); consultation with him on this topic has been very fruitful. On the other hand, various aspects of problem (II) have recently engaged the attention of Professor L. Nirenberg, Professor A. Andreotti, and Dr. Atiyah; I have learned a great deal from communications, written and oral, from all of them.

In order to give, in what follows, a coherent account of these topics, it will be necessary to include much of the work of my colleagues, and it would be unpractical to try to unravel in detail what may belong to me and what belongs to each one of them. It should be understood that they deserve a large share of the credit for the work described in this report.

I. Moduli of algebraic curves

We consider curves of a given genus $g \geq 1$. One basic concept is that of a Teichmüller structure. If S, S' are two oriented surfaces of genus g, we say that a class of mappings of S into S' in the sense of homotopy (or, briefly, a class $C(S, S')$) is admissible if it contains at least one orientation-preserving homeomorphism of S onto S'. Let S_0 be an oriented surface of genus g, given once for all. By a Teichmüller surface, we understand a Riemann surface of genus g (i.e. a surface of genus g, provided with a complex-analytic structure and oriented accordingly), together with an admissible class $C(S_0, S)$. Isomorphism being defined for these in the obvious manner, we introduce, with Teichmüller, a space T (the "Teichmüller space"), whose points correspond in one-to-one manner to all the classes of mutually isomorphic Teichmüller surfaces of genus g. Teichmüller's chief contribution was to define on T a certain topology, the "natural" one in a sense described below, and then to prove that T, with this topology, is homeomorphic to an open cell of real dimension $6g - 6$. So far, I have mainly been concerned with the local properties of the Teichmüller space and of its "natural" complex-analytic structure.

The definition of the latter depends upon ideas introduced by Teichmüller himself, but which do not appear to have been fully understood until Kodaira and Spencer attacked similar problems for higher dimensions. In order to describe them, it is convenient to substitute for the above definition of a Teichmüller surface the following one. Let $A_1, \ldots, A_{2g}$ be a set of generators, fixed once for all, of the fundamental group G_0 of S_0 (with a given origin), satisfying the relation

$$R(A_1, \ldots, A_{2g}) = A_1 A_2 A_1^{-1} A_2^{-1} \cdots A_{2g}^{-1} = 1.$$

A set $\sigma_1, \ldots, \sigma_{2g}$ of linear-fractional substitutions on z will be called admissible if it has the following properties: (a) it generates a discrete group G of hyperbolic substitutions acting on P; (b) $S = P/G$ is a compact surface of genus g; (c) there is an admissible class $C(S_0, S)$, mapping G_0 onto G considered as the fundamental group of S, which maps A_i onto σ_i for $1 \leq i \leq 2g$. Each Teichmüller surface S has a universal covering which can be mapped conformally onto P, and can therefore be represented as P/G; the class $C(S_0, S)$ which belongs to it defines an isomorphism of G_0 onto G; therefore, to each Teichmüller surface, there corresponds at least one admissible set $(\sigma_1, \ldots, \sigma_{2g})$. Conversely, it is easy to see that two such sets will define isomorphic Teichmüller surfaces if and only if they can be transformed into one another by a linear-fractional substitution. Using this fact, it is possible to normalize admissible sets in such a way that there is a one-to-one correspondence between classes of Teichmüller surfaces (i.e. points of the space T) and normalized admissible sets (σ_i); this gives a one-to-one mapping of T onto a subset of the coordinate space R^{6g-6}. It turns out that the latter subset is open, and that the mapping and its inverse are both indefinitely differentiable (and even, presumably, real-analytic) if T is provided with its "natural" differentiable structure; the proof of the latter fact is due to L. Bers.

Now introduce a "variation of structure" as follows. Let μ be any indefinitely differentiable complex-valued function in P such that $|\mu| < 1$; let P_μ denote the upper half-plane with the modified complex structure for which $dz + \mu\, d\bar{z}$ is a differential form of type (1, 0); if the latter structure is invariant under G, i.e. if $\mu\, d\bar{z}/dz$ is formally invariant under G in an obvious sense, the complex structure of P_μ can be projected onto a complex structure P_μ/G, making the latter into a Riemann surface S_μ, or rather a Teichmüller surface if we keep the σ_i as the distinguished generators of G. Let F_μ, in that case, be the conformal mapping of P onto P_μ; the Teichmüller surface S_μ is then the one defined by the admissible set $\sigma_i(\mu) = F_\mu^{-1} \sigma_i F_\mu$; S_μ is isomorphic to S if and only if F_μ (which is defined only up to a fractional-linear substitution) can be chosen so that it commutes with all the σ_i; in that case, the "variation of structure" defined by μ will be called trivial.

From this, we get an "infinitesimal variation" if we take μ to depend (differentiably) upon a real parameter t, so that $\mu = 0$ for $t = 0$; then $\nu = (d\mu/dt)_{t=0}$ is called an infinitesimal variation of structure; it is clear that any function ν in P, such that $\nu\, d\bar{z}/dz$ is formally invariant under G, defines such a variation. The variation ν will be called trivial if the finite variation μ is tangent, for $t = 0$, to a trivial one, i.e. if there is a trivial variation μ', depending upon t, such that $d\mu/dt = d\mu'/dt$ for $t = 0$. It is easily seen that a necessary and sufficient condition for this is that there should exist a function ξ in P such that $\nu = \partial\xi/\partial\bar{z}$ and that ξ/dz is formally invariant.

The infinitesimal variations ν can be considered as the elements of a vector-space V (of infinite dimension) over the complex numbers; the trivial variations make up a subspace V' of V. Standard procedures in cohomology theory and the theory of fibre-bundles (which, in a case like this one, depend merely upon elementary facts such as Stokes's theorem and the theorem of Riemann-Roch) show that V/V' is of finite dimension $3g - 3$ and can be "canonically" identified with the dual space to the space of quadratic differentials of the first kind on S. As to the latter assertion, let $\omega = q\, dz^2$ be such a quadratic differential; in other words, we take for q a holomorphic function in P, such that $q\, dz^2$ is formally invariant under G. Then, for ν in V, $\nu q\, dz\, d\bar{z}$ is formally invariant under G, so that we may integrate it over P/G; Stokes's theorem shows that the integral is 0 for ν in V', i.e. it depends only upon the class D of ν modulo V'; denoting it by (ω, D), one finds that this bilinear form defines a duality between V/V' and the space of quadratic differentials, as asserted above.

At this point, one must make use of the fact (proved by Bers) that, if μ depends differentiably upon some real parameters, the same will be true of the mapping function F_μ and hence also of the coefficients in the substitutions $\sigma_i(\mu)$. It is now easy to calculate the effect of an infinitesimal variation on the coefficients of the σ_i, i.e. to calculate $d\sigma_i(\mu)/dt$ for $t = 0$, in terms of $\nu = (d\mu/dt)_{t=0}$. One can also calculate the effect of a given infinitesimal variation on the periods of the normalized integrals of the first kind on S. The conclusions one can derive from this are as follows. It is possible to provide T with a complex-analytic structure, of complex dimension $3g - 3$, such that, whenever μ depends holomorphically upon some complex parameters w_i, the point of T which corresponds to S_μ depends holomorphically upon the w_i; this observation is due to Bers, who also found, more precisely, that, if we take $\mu = \sum w_i y^2 \bar{q}_i$, with $y = \mathrm{Im}(z)$ and $(q_1, \ldots, q_{3g-3})$ such that $q_i\, dz^2$ are a basis of the space of quadratic differentials of the first kind on S, then the w_i can be taken as local complex coordinates in T in a neighborhood of the point corresponding to S. Furthermore, the quadratic differentials of the first kind on S can be identified with the covectors on T at that point; and Petersson's hermitian metric, in the space of those differentials (which is no other than the space of automorphic forms of degree -4 for the group G) defines an intrinsic Hermitian metric on T, which turns out to be a Kähler metric. The facts concerning the mapping of T into R^{6g-6} by means of the coefficients of the σ_i have already been stated. Finally, the periods of the normalized integrals of the first kind on S define a mapping of T into the Siegel space of symmetric $g \times g$ matrices with positive-definite imaginary part; the image of T under that mapping is a complex-analytic variety W, whose singular points are those corresponding to hyperelliptic Riemann surfaces; and one obtains a new proof for Rauch's theorem, stating which of the periods of the normalized integrals of the first kind can be used as local coordinates in the neighborhood of any given simple point of W.

Final report on contract AF 18(603)-57

II. The K3 surfaces

We may start here from the observation (made independently, I believe, by Atiyah and myself) that, when a non-singular surface S in projective 3-space acquires a node, i.e. a conical double point, and the latter is desingularized by a standard dilatation, this process gives a surface S' which is homeomorphic to S. It was easy to surmise that the same is true when a surface acquires any number of distinct nodes; this, in fact, or rather a much more precise theorem, was proved by Atiyah. It shows, in particular, that the non-singular quartic in 3-space, the double plane with a non-singular sextic branch curve, and the desingularized Kummer surface, are all homeomorphic.

Such surfaces will be called K3; they had already occurred in the work of the Italian geometers, and, more recently, in that of Kodaira. The Italians, in fact, had discovered an infinite sequence of families F_n $(n = 1, 2, \ldots)$ of regular surfaces with $p_g = 1$; F_1 consists of double planes with a sextic branch curve; F_2, of quartics in 3-space; F_n consists of surfaces of degree $2n$ in projective $(n+1)$-space, whose hyperplane sections are canonical curves of genus $n+1$. There are very plausible arguments to indicate that all such surfaces are of type K3, although no complete proof for this seems to have been given yet.

For K3 surfaces, the intersection matrix of two-dimensional cycles has the signature (19, 3), the determinant -1, and is even (i.e. the self-intersection of every cycle is even); hence there is exactly one double differential of the first kind; if we call it η, then we must have $d\eta = 0, \eta^2 = 0$ and $\eta\bar{\eta} \geq 0$; if we assume (as seems very likely) that all K3 varieties (algebraic or not) constitute only one connected family, then the canonical class must be 0, so that $\eta \neq 0$ and $\eta\bar{\eta} > 0$ everywhere; this implies that the complex structure is entirely determined by η.

Conversely, let there be given, on a differentiable manifold of that nature, a complex-valued differential form η of degree 2, satisfying $d\eta = 0$, $\eta^2 = 0$, and $\eta\bar{\eta} > 0$ everywhere; this determines a complex structure. It seems very plausible (but not at all easy to prove) that two such forms with the same periods must determine complex structures which can be transformed into one another by a differentiable homeomorphism, homotopic to the identity; that all such structures are Kählerian; and that the periods of η do not have to satisfy any other condition than those which are implicit in the relations $\eta^2 = 0$, $\eta\bar{\eta} > 0$.

These conjectures (which have also been made independently by Andreotti) may also be expressed as follows. Let S be a class of such structures, two structures being put into the same class if and only if they can be transformed into each other by a differentiable homeomorphism, homotopic to the identity. Let $(a_1, \ldots, a_{22})$ be a minimal set of generators for the two-dimensional homology group with integral coefficients; if η is as described above, let the p_i be its periods corresponding to the cycles a_i; let P be the point with the homogeneous coordinates $(p_1, \ldots, p_{22})$ in the complex projective space of dimension 21. Let $F(x, y)$ be the symmetric bilinear forms in $x = (x_1, \ldots, x_{22})$, $y = (y_1, \ldots, y_{22})$ whose matrix is the intersection-matrix of the cycles a_i. Then the conditions $\eta^2 = 0$, $\eta\bar{\eta} > 0$ imply that P is in the open subset H of the quadric $F(x, x) = 0$ which is determined by the inequality $F(x, \bar{x}) > 0$; H is a homogeneous space of complex dimension 20 for the orthogonal group determined by the real form $F(x, x)$. Now, if we assign to each class S of structures of the given type the point $P \in H$, we have a mapping of the set of all such classes into H; and Nirenberg, by an argument combining the Kodaira–Spencer technique with techniques derived from the theory of elliptic equations, has proved that the image of that set in H must be open. The conjectures stated above would mean that the mapping is a one-to-one mapping of that set onto H.

Furthermore, by a fundamental theorem of Kodaira, a given K3 structure will define an algebraic variety if and only if it has a Kähler metric whose fundamental form has integral periods, i.e. belongs to an integral cycle a; we must have $F(a, a) < 0$. For such a structure, the point P defined above must belong to the linear variety L_a defined by $F(a, x) = 0$, and therefore to the set $H_a = H \cap L_a$. It is easy to see that for each integral a such that $F(a, a) < 0$, H_a can be identified with the Riemannian symmetric space belonging to the orthogonal group of the quadratic form F_a of signature (19, 2) induced by F on L_a. Again, one is led to conjecture that this establishes a one-to-one correspondence between such structures and H_a.

Now it may happen that two classes S, S' may be distinct and still define isomorphic structures; this will be so when structures belonging to these classes can be transformed into one another by a differentiable homeomorphism, not homotopic to the identity. The latter will induce an automorphism of the homology group, and therefore a unit U of the quadratic form $F(x, x)$, i.e. a matrix with integral coefficients belonging to the orthogonal group of F; let G be the group of all the units of F which can be obtained in this manner. Assuming the truth of the conjectures stated above, we see that two points P, P' of H will determine isomorphic structures if and only if they are equivalent under the group G. A similar statement will hold for H_a; here G has to be replaced by the subgroup G_a of G consisting of the elements which leave a invariant.

This shows that it is important to determine G, and in particular to determine whether G coincides with the group $\bar{G}$ of all the units of F. My results on this, too, are still incomplete. However, by applying the theory of theta functions to the Kummer surface considered as a model for K3 surfaces, it has been possible to reduce part of the problem to a purely arithmetical question which has been recently solved by M. Kneser. The result is that G is, at any rate, of finite index in $\bar{G}$.

Now, since H is not the Riemannian symmetric space for the orthogonal group of F, it follows that G does not act upon H in a properly discontinuous manner; hence there can be no theory of the moduli, in the ordinary sense, for the postulated connected family of K3 surfaces. This is as expected, and is analogous to the well-known fact that there is no theory of moduli for complex toruses, but only for "polarized" abelian varieties. The situation is quite similar here. For, if one restricts oneself to the family of algebraic K3 surfaces polarized by assigning a Kähler form belonging to a given integral cycle a, then it follows from what we have said that G_a acts in a properly discontinuous manner on H_a, and is of finite index in the group of all units of the quadratic form F_a, so that H_a/G_a is of finite measure. It is therefore to be expected that the automorphic functions in H_a, for the group G_a, make up an algebraic function-field, the field of the moduli for the K3 surfaces of the given family. One interesting feature here is the occurrence, in a problem of moduli, of the automorphic functions belonging to the group of units of a quadratic form of signature $(n, 2)$ (with $n = 19$ in the present case). This is believed to be the first time that such a group has appeared in such context. Of course, before this can be more thoroughly investigated, it will be necessary to obtain full proofs for the conjectures stated above. After that is done, analogies with the theory of abelian varieties and of their fields of moduli (given by Siegel's modular functions) will undoubtedly suggest a number of further problems, of a function-theoretic and also of a number-theoretic nature; most fascinating, perhaps, are the possibilities suggested by the theory of complex multiplication. But this is still too remote to be discussed here.

[1958d] Discontinuous subgroups of classical groups

(Notes by A. Wallace)

Introduction

The object of this course is to prepare the way for a study of certain types of discrete subgroups of the real classical groups and the corresponding quotient spaces. The classical groups will be constructed in a rather special way which actually yields all these groups with only a small number of exceptions. The method consists in taking a semi-simple algebra A over the rationals with an involution σ, extending A to an algebra $A_{\mathbf{R}}$ over the real numbers, and considering the connected component G of the group of automorphisms of $A_{\mathbf{R}}$ which commute with σ. G is, in a natural way, an algebraic matric group, and a subgroup $G_{\mathbf{Z}}$ of matrices in G whose elements are rational integers is a discrete subgroup. Discrete subgroups obtained in this way are to form the main object of study. An illustration of the kind of theorem to be studied is given in §10, where conditions for the compacity of $G/G_{\mathbf{Z}}$ are worked out.

The method of study of $G/G_{\mathbf{Z}}$ involves introducing a second involution on $A_{\mathbf{R}}$ which is positive (definitions in §2), and studying the set $P(A_{\mathbf{R}})$ of positive symmetric elements of $A_{\mathbf{R}}$ with respect to this involution. It turns out that $G/G_{\mathbf{Z}}$ can be related to a subset of these positive symmetric elements, and that a special type of set W in $P(A_{\mathbf{R}})$ (an M-domain) covers the image of $G/G_{\mathbf{Z}}$, in a certain sense, only a finite number of times. Attention can then be transferred to the set W, which is arithmetically defined. The study of the set W depends on a study of $P(A_{\mathbf{R}})$ which generalizes classical results of Minkowski on the theory of positive definite quadratic forms and their equivalence under transformation by integral matrices. §§2–6 of these notes are concerned with this theory. The next two sections give a list of the classical groups which can be obtained as indicated above. In §9 some results are obtained on algebras with involutions, and in §10 these are applied, along with the earlier results, to the construction and study of M-domains.

It may appear that the results obtained in this way will depend on the particular way in which the group G is written as a matric group, since the definition of $G_{\mathbf{Z}}$ certainly depends on this. However, the properties which are to be of interest eventually are only those which are invariant under commensurability; this can be defined as follows:

Two discontinuous subgroups Γ and Γ' of a group G are said to be commensurable if $\Gamma \cap \Gamma'$ is of finite index in each of them.

Now if the group G is an algebraic matric group over $\mathbf{Q}$, and is represented as a matric group in two different ways, then the two subgroups Γ' and Γ'' of integral matrices in these two representations are commensurable. To prove this let G', G''

be the two representations of G as matric groups and write $x' = \mathbf{1}_n + (x'_{ij})$ for an element of G', $x'' = \mathbf{1}_m + (x''_{\lambda\mu})$ for an element of G''. The isomorphism between G' and G'' is expressed by equations $x_{ij} = P_{ij}(x''_{\lambda\mu})$, $x''_{\lambda\mu} = Q_{\lambda\mu}(x'_{ij})$ where the P_{ij} and $Q_{\lambda\mu}$ are rational functions and in fact can be taken to be polynomials over $\mathbf{Q}$ with zero constant terms. If N is a common denominator for all the coefficients in the P_{ij} and $Q_{\lambda\mu}$, then, for $x''_{\lambda\mu} \equiv 0 \pmod N$, the corresponding x'_{ij} will be integral. Thus Γ' contains Γ''_N, the subgroup of Γ'' consisting of matrices $\equiv \mathbf{1}_m \pmod N$. Similarly $\Gamma'' \supset \Gamma'_N$. Now Γ''_N is of finite index in Γ'', and so the larger group $\Gamma' \cap \Gamma''$ is of finite index in Γ''; and similarly in Γ'. Thus Γ', Γ'' are commensurable.

The result shows that, as far as properties invariant under commensurability are concerned, no generality is lost by the special method used here of constructing $G_{\mathbf{Z}}$. In particular it is easy to see that the compacity of $G/G_{\mathbf{Z}}$ discussed in §10 is such a property.

[1959a] Adèles et groupes algébriques

On désignera toujours par k, soit un corps de nombres algébriques, soit un corps de fonctions algébriques de dimension 1 sur un corps de constantes fini. On désignera par k_v le complété de k par rapport à une valuation v; si une valuation est discrète, on la désignera le plus souvent par un symbole tel que $\mathfrak{p}$, et on désignera par $r_\mathfrak{p}$ l'anneau des entiers $\mathfrak{p}$-adiques dans $k_\mathfrak{p}$. On désignera par S tout ensemble fini de valuations de k, contenant l'ensemble S_0 des valuations non discrètes (pour lesquelles le complété est $\mathbf{R}$ ou $\mathbf{C}$); bien entendu S_0 est vide si k est un corps de fonctions.

Si V est une variété algébrique, définie sur un corps k, on identifiera, suivant l'usage, V avec l'ensemble des points de V sur le domaine universel, et on notera V_k l'ensemble des points de V rationnels sur k. Cette convention s'appliquera notamment si V est une variété de groupe, une variété d'algèbre, une variété de corps, etc.; on dira par exemple que V est une variété d'algèbre de dimension n, définie sur k, si, en tant que variété, c'est un espace affine de dimension n, sur lequel on s'est donné, outre la structure additive usuelle, une structure multiplicative, c'est-à-dire une application bilinéaire (toujours supposée associative) de $V \times V$ dans V, définie sur k; V_k est alors une algèbre sur k au sens usuel; si V_k est un corps (donc, au sens usuel, une extension de k de degré n), on dit que V est une variété de corps de dimension n sur k. Cette manière de parler est conforme à l'usage ancien de Kronecker, Hilbert, etc. (qui ne se gênaient pas pour parler de l'élément générique d'un corps).

1. Soit V une variété définie sur k; V_{k_v} peut être munie, d'une manière évidente, d'une topologie qui la rend localement compacte, et compacte si V est complète (on commence par le cas où V est une variété affine, V_{k_v} étant alors considérée comme partie fermée d'un espace vectoriel de dimension finie sur k_v; on passe de là d'une manière évidente au cas d'une variété abstraite quelconque).

Soit $\mathfrak{p}$ une valuation discrète de k. Si V est une variété affine, on notera $V_{r_\mathfrak{p}}$ l'ensemble des points de $V_{k_\mathfrak{p}}$ dont les coordonnées sont dans $r_\mathfrak{p}$; il est immédiat que c'est une partie compacte de $V_{k_\mathfrak{p}}$. Plus généralement, soit V une variété abstraite, définie sur k; on sait que V admet toujours un recouvrement *fini* par des ouverts isomorphes à des variétés affines $V^{(i)}$, définies aussi sur k; autrement dit, on peut écrire $V = \bigcup_i f_i(V^{(i)})$, où les f_i sont des isomorphismes (définis sur k) des variétés affines $V^{(i)}$ sur des ouverts de V (au sens de la topologie de Zariski, bien entendu). Pour toute valuation discrète $\mathfrak{p}$ de k, posons:

$$V_{r_\mathfrak{p}} = \bigcup_i f_i(V^{(i)}_{r_\mathfrak{p}});$$

c'est là une partie compacte de $V_{k_\mathfrak{p}}$. Posons maintenant, pour tout ensemble fini S

de valuations de k contenant l'ensemble S_0 des valuations non discrètes:

$$V_S = \prod_{v \in S} V_{k_v} \times \prod_{\mathfrak{p} \notin S} V_{r_\mathfrak{p}},$$

où le second produit est étendu à toutes les valuations de k (nécessairement discrètes) qui n'appartiennent pas à S; c'est là une partie localement compacte de $\prod_v V_{k_v}$, et on a $V_S \subset V_{S'}$ pour $S \subset S'$. *On désignera par* $V_{\mathbf{A}_k}$ *la limite inductive des* V_S, c'est-à-dire la réunion des V_S munie de la topologie pour laquelle un système fondamental d'ouverts est formé par la réunion de l'ensemble des ouverts dans tous les V_S. *Cette notion est justifiée par le fait que* $V_{\mathbf{A}_k}$ *est définie d'une manière intrinsèque*, c'est-à-dire ne dépend pas de la manière dont on a écrit V comme réunion finie d'images isomorphes de variétés affines; la vérification de cette assertion est élémentaire. On appelera $V_{\mathbf{A}_k}$ *l'espace adélique* associé à V. Au lieu de $\mathbf{A}_k$, on écrira souvent $\mathbf{A}$ quand aucune confusion n'est possible. L'espace adélique associé à la droite affine n'est autre que l'ensemble des adèles (dits aussi "répartitions" ou "valuation-vectors") du corps k, avec sa topologie usuelle: cet ensemble (muni de sa structure topologique, et de sa structure d'anneau) sera noté $\mathbf{A}_k$, ou simplement $\mathbf{A}$.

La notion d'espace adélique possède des propriétés fonctorielles raisonnables. Si f est une application partout définie d'une variété V dans une variété W, définie sur k, on en déduit d'une manière évidente une application continue de $V_\mathbf{A}$ dans $W_\mathbf{A}$, Si par exemple on s'est donné sur V une loi de groupe algébrique, on en déduit une loi de groupe sur $V_\mathbf{A}$, et $V_\mathbf{A}$ s'appellera le groupe adélique associé à V. Par exemple, si V est le groupe *multiplicatif* G_m *à une variable* sur k, le groupe adélique correspondant est le *groupe des idèles* de k au sens usuel. Si l'application f de V dans W est surjective, il n'en est pas de même, en général, de l'application de $V_\mathbf{A}$ dans $W_\mathbf{A}$ qui lui est associée. Cependant, si V est un fibré de base W, localement trivial sur k, au sens de la géométrie algébrique, et si f est la projection de V sur sa base W, alors l'application correspondante de $V_\mathbf{A}$ dans $W_\mathbf{A}$ est surjective. En particulier, si G est un groupe et g un sous-groupe de G, tous deux définis sur k, et qu'on pose $H = G/g$, l'application de $G_\mathbf{A}$ dans $H_\mathbf{A}$, associée à l'application canonique de G sur H, n'est pas surjective en général; mais, *si G est* (sur le corps de base k) *fibré localement trivial sur $H = G/g$, alors on peut identifier canoniquement $H_\mathbf{A}$ avec $G_\mathbf{A}/g_\mathbf{A}$*.

2. Soit K une extension séparable de k, de degré fini d; soit V une variété affine ou projective de dimension n, définie sur K; on va indiquer comment on peut associer à ces données une variété W de dimension nd, définie sur k, et qui, sur le domaine universel, est isomorphe au produit de V et de ses conjuguées sur k. Pour fixer les idées, considérons le cas affine. Alors V est définie par des équations:

$$P_\mu(X_1, \ldots, X_N) = 0 \qquad (1 \leq \mu \leq m),$$

à coefficients dans K. Soit $(a_1, \ldots, a_d)$ une base de K sur k; posons:

$$X_i = \sum_{j=1}^{d} a_j Y_{ji} \qquad (1 \leq i \leq N)$$

les Y_{ji} étant de nouvelles indéterminées; alors les P_μ deviennent des polynômes à coefficients dans K par rapport aux Y_{ji}, et peuvent donc s'écrire:

$$P_\mu(X_1, \ldots, X_N) = \sum_{h=1}^{d} a_h Q_{h\mu}(Y_{11}, \ldots, Y_{dN}),$$

où les $Q_{h\mu}$ sont des polynômes à coefficients dans k. Dans ces conditions, W est la variété définie par les équations

$$Q_{h\mu}(Y_{11}, \ldots, Y_{dN}) = 0 \qquad (1 \leq h \leq d, 1 \leq \mu \leq m)$$

dans l'espace affine de dimension dN. En effet, une vérification facile montre qu'après un changement de coordonnées *linéaire*, à coefficients dans le corps composé de K et de tous ses conjugués sur k, ces équations sont précisément celles qui définissent le produit de V et de ses conjuguées sur k. C'est d'ailleurs seulement cette dernière vérification qui exige que K soit séparable sur k; s'il ne l'était pas, les définitions ci-dessus auraient encore un sens, mais définiraient une opération ayant des propriétés assez différentes de celles qui nous intéressent ici.

On dira, dans les circonstances ci-dessus, que W est déduite de V par *restriction* du corps de base de K à k, et on écrira $W = \mathfrak{R}_{K \to k}(V)$. Il est immédiat qu'il y a correspondance biunivoque (canonique!) entre V_K et W_k. On vérifie aussi, sans difficulté, qu'il y a correspondance biunivoque (non moins canonique) entre $V_{\mathbf{A}_K}$ et $W_{\mathbf{A}_k}$. Cela permet, par exemple, dans tous les problèmes relatifs aux espaces adéliques sur les corps de nombres, de se ramener, si l'on veut, au cas où le corps de base est $\mathbf{Q}$.

3. Soit G une variété de groupe de dimension n, définie sur k. Il existe sur G une forme différentielle ω de degré n, invariante à gauche, définie sur k, et ω est unique à un facteur près (facteur qui doit être dans k); si $x_1, \ldots, x_n$ sont des fonctions sur G, définies sur k, qui soient des coordonnées locales dans un voisinage de l'élément neutre e (et, pour fixer les idées, nulles en e), on pourra écrire

$$\omega = y\, dx_1 \ldots dx_n,$$

où y est une fonction sur G, définie sur k, et finie en e. On va montrer comment, si v est une valuation quelconque de k, on peut associer à ω une mesure de Haar bien déterminée sur G_{k_v}, mesure qu'on notera $|\omega|_v$. Pour cela on distinguera trois cas:

(a) $k_v = \mathbf{R}$; alors les x_i peuvent servir de coordonnées locales sur G_{k_v} au voisinage de e; au voisinage de e, y est fonction analytique réelle de $x_1, \ldots, x_n$; dans ces conditions, $y\, dx_1 \ldots dx_n$ peut s'interpréter comme une forme différentielle au sens usuel sur G_{k_v} au voisinage de e; comme il est clair qu'elle est invariante à gauche, elle définit par translation une mesure de Haar sur G_{k_v}, qu'on note $|\omega|_v$.

(b) $k_v = \mathbf{C}$: les x_i sont alors des coordonnées locales complexes sur G_{k_v} au voisinage de e, et y est fonction analytique complexe des x_i au voisinage de e; on prendra $|\omega|_v = i^n y\bar{y}\, dx_1\, \overline{dx_1} \ldots dx_n\, \overline{dx_n}$.

(c) Soit $\mathfrak{p}$ une valuation discrète; $G_{k_\mathfrak{p}}$ est une variété analytique sur le corps valué complet $k_\mathfrak{p}$; comme précédemment, $x_1, \ldots, x_n$ peuvent être considérées comme coordonnées locales au voisinage de e sur $G_{k_\mathfrak{p}}$, c'est-à-dire qu'elles déterminent un homéomorphisme d'un voisinage de e dans $G_{k_\mathfrak{p}}$ sur un voisinage de 0 dans l'espace $k_{\mathfrak{p}}^n$. Convenons, sur le groupe additif $k_{\mathfrak{p}}$, de noter $|dx|_{\mathfrak{p}}$ la mesure de Haar, normée par la condition que $r_{\mathfrak{p}}$ (anneau des entiers $\mathfrak{p}$-adiques) soit de mesure 1; la mesure de Haar dans $k_{\mathfrak{p}}^n$, produit des mesures $|dx|_{\mathfrak{p}}$ sur les n facteurs, sera notée $|dx_1 \cdots dx_n|_{\mathfrak{p}}$. On posera alors, au voisinage de e:

$$|\omega|_{\mathfrak{p}} = |y|_{\mathfrak{p}} |dx_1 \ldots dx_n|_{\mathfrak{p}},$$

où $|y|_{\mathfrak{p}}$ est la valeur absolue $\mathfrak{p}$-adique de la valeur de y au point considéré (y est, comme précédemment, fonction analytique de $x_1, \ldots, x_n$ au voisinage de e, ce qui veut dire qu'on peut l'écrire comme série convergente de puissances de $x_1, \ldots, x_n$). Naturellement, la valeur absolue $\mathfrak{p}$-adique est normée de la manière usuelle, c'est-à-dire de façon que l'automorphisme $x \to ax$ du groupe additif de $k_{\mathfrak{p}}$ multiplie la mesure de Haar par le facteur $|a|_{\mathfrak{p}}$.

Les définitions ci-dessus se justifient du fait qu'elles sont indépendantes du choix des coordonnées locales $x_1, \ldots, x_n$ au voisinage de e; c'est évident dans les cas (a) et (b), en vertu de la formule de changement de variables dans les intégrales multiples en analyse classique, et cela résulte immédiatement, dans le cas (c), de la formule correspondante en analyse $\mathfrak{p}$-adique (qui se démontre encore plus facilement qu'en analyse classique).

De ce qui précède, on peut, dans certain cas, déduire la définition d'une mesure de Haar sur le groups adélique $G_{\mathbf{A}}$ attaché à G. En se reportant au paragraphe 1, il est évident que cela est possible chaque fois que, sur le produit

$$G_S = \prod_{v \in S} G_{k_v} \times \prod_{\mathfrak{p} \notin S} G_{r_{\mathfrak{p}}},$$

il existe une mesure produit des mesures $|\omega|_v$; car il est évident que les mesures ainsi définies sur G_S et sur $G_{S'}$, pour $S \subset S'$, coïncident sur G_S. Or, pour que la mesure en question soit définie, il faut et il suffit que le produit infini

$$\prod_{\mathfrak{p}} \int_{G_{r_{\mathfrak{p}}}} |\omega|_{\mathfrak{p}},$$

étendu à toutes les valuations discrètes de k, soit absolument convergent. Lorsqu'il en est ainsi, on notera $\prod_v |\omega|_v$ la mesure ainsi obtenue. *On observera que celle-ci ne dépend pas du choix de* ω; en effet, si on remplace ω par $c\omega$, avec $c \in k^{\times}$, elle se multiplie par $\prod_v |c|_v$, qui est 1 ("formule du produit" d'Artin; rappelons que celle-ci se démontre comme suit: $x \to cx$ est un automorphisme du groupe additif $\mathbf{A}_k$, qui multiplie la mesure de Haar par $\prod_v |c|_v$, et qui d'autre part induit un automorphisme sur k considéré comme sous-groupe de $\mathbf{A}_k$, donc, par passage au quotient, détermine un automorphisme du groupe *compact* $\mathbf{A}_k/k$ et par suite laisse invariante toute mesure de Haar sur ce dernier; k étant discret dans $\mathbf{A}_k$, $\mathbf{A}_k$ et $\mathbf{A}_k/k$ sont localement isomorphes, donc les mesures de Haar y prennent le même facteur).

On dira que G a la *propriété de convergence* si $\prod_v |\omega|_v$ y est défini; le cas où le produit infini écrit ci-dessus, sans être absolument convergent, est convergent lorsque les $\mathfrak{p}$ sont ordonnés "naturellement" (c'est-à-dire par ordre de grandeur croissante des normes) est intéressant aussi; lorsqu'il en est ainsi, on dira que G a la *propriété de convergence relative*. Les exemples assez variés qu'on a traités jusqu'ici rendent assez plausibles les conjectures suivantes: pour que G ait la propriété de convergence relative, il faut et il suffit que G n'admette pas d'homomorphisme sur G_m, défini sur k; pour que G ait la propriété de convergence, il faut et il suffit que G n'admette pas d'homomorphisme sur G_m, défini sur le domaine universel. En particulier, tous les groupes unipotents, et tous les groupes semi-simples qu'on a pu traiter de ce point de vue, ont la propriété de convergence. Le groupe G_m n'a pas la propriété de convergence relative.

Le groupe adélique attaché au groupe additif G_a à une variable n'est autre que le groupe additif de $\mathbf{A}_k$; ce groupe a évidemment la propriété de convergence. Nous poserons:

$$\mu_k = \int_{\mathbf{A}_k/k} \prod_v |dx|_v$$

(on convient, une fois pour toutes, d'identifier d'une manière évidente une mesure de Haar sur un groupe localement compact Γ avec celle qu'elle détermine par passage au quotient sur l'espace homogène Γ/γ, lorsque γ est un sous-groupe discret quelconque de Γ). On voit facilement que $\mu_k = |\Delta|^{1/2}$, où Δ est le discriminant de k, lorsque k est un corps de nombres algébriques, et que $\mu_k = q^{g-1}$ si k est un corps de fonctions de genre g sur un corps de constantes à q éléments.

Soit alors G un groupe de dimension n sur k, ayant la propriété de convergence; nous poserons:

$$\Omega_G = \mu_k^{-n} \prod_v |\omega|_v,$$

et nous dirons que c'est la *mesure de Tamagawa* sur $G_{\mathbf{A}}$. Il résulte de ce qui précède que cette mesure est déterminée d'une manière unique (elle ne dépend pas du choix de ω).

Soit K une extension séparable de k, de degré fini. Soit G un groupe défini sur K; soit G' le groupe $\Re_{K\to k}(G)$, déduit de G par restriction du corps de base de K à k; on a déjà observé que $G_{\mathbf{A}_K}$ s'identifie canoniquement à $G'_{\mathbf{A}_k}$; on vérifie facilement que G et G' ont simultanément la propriété de convergence, et que les mesures de Tamagawa Ω_G (sur $G_{\mathbf{A}_K}$) et $\Omega_{G'}$ (sur $G'_{\mathbf{A}_k}$) coïncident lorsqu'on identifie ces groupes. C'est, entre autres, pour qu'il en soit ainsi qu'on a introduit le facteur μ_k^{-n} dans la définition de Ω_G.

4. Toujours avec les mêmes notations, G_k s'identifie d'une manière évidente avec un sous-groupe discret de $G_{\mathbf{A}}$; on dit que c'est le groupe des adèles *principaux* de G. On s'est aperçu, dans ces derniers temps, qu'une bonne partie des résultats les plus importants de l'arithmétique classique pouvait s'exprimer en énonçant des propriétés de $G_{\mathbf{A}}/G_k$ pour des groupes algébriques G convenables; cette observation, faite d'abord par Chevalley, comme chacun sait, pour le cas particulier du groupe des idèles (groupe G_m), est d'une importance capitale; le mérite semble en revenir principalement à Ono et Tamagawa. Le cas où G est commutatif est celui de la théorie classique des corps de nombres algébriques; celui où G est le groupe orthogonal est celui de la théorie des formes quadratiques; il semble donc qu'on touche au moment où ces deux théories, confondues à leurs débuts (la théorie des formes quadratiques binaires ne différant pas de celle des corps quadratiques), vont enfin se fondre de nouveau en une seule, à savoir la théorie arithmétique des groupes algébriques.

Il n'est pas difficile de démontrer (cf. Ono [1]) que $G_{\mathbf{A}}/G_k$ est compact lorsque G est unipotent. Il en est de même, d'autre part, pour certains groupes semi-simples; en voici deux cas typiques:

a. G est le groupe des éléments de norme 1 sur le centre dans une variété de corps non commutatif,

b. G est le groupe orthogonal d'une forme quadratique ne représentant pas 0.

Même lorsque $G_{\mathbf{A}}/G_k$ n'est pas compact, il peut arriver que cet espace soit de mesure finie (pour une mesure de Haar quelconque sur $G_{\mathbf{A}}$); il semble plausible qu'il en soit ainsi pour les mêmes groupes dont on a conjecturé plus haut qu'ils ont la propriété de convergence relative. En tout cas, au moyen de la réduction des formes quadratiques, on a pu démontrer cette propriété pour un grand nombre de groupes semi-simples, et Ramanathan a annoncé qu'il possédait une démonstration s'appliquant à tous les groupes semi-simples "classiques".

Plaçons-nous dans le cas où G a la propriété de convergence; nous poserons:

$$\tau(G) = \int_{G_{\mathbf{A}}/G_k} \Omega_G,$$

et nous appellerons $\tau(G)$, lorsqu'il est fini, le *nombre de Tamagawa* de G. Le mérite essentiel de Tamagawa consiste à avoir défini $\tau(G)$, d'abord dans le cas particulier où G est le groupe orthogonal d'une forme quadratique (sur le corps des rationnels, puis sur un corps de nombres algébriques), et à avoir reconnu les faits suivants:

a. Pour ce groupe (plus précisément, pour la composante connexe de l'élément neutre dans ce groupe), on a $\tau(G) = 2$;

b. La formule $\tau(G) = 2$ est entièrement équivalente à l'ensemble des résultats des trois célèbres mémoires de Siegel sur les formes quadratiques (C. L. Siegel, Über die analytische Theorie der quadratischen Formen [2], soit 194 pages, qui ne contiennent même pas une démonstration complète pour le cas général des formes de signature quelconque sur un corps quelconque).

En fait, une fois qu'on a eu l'idée d'exprimer les choses dans ce langage, l'équivalence de la formule $\tau(G) = 2$ avec les résultats de Siegel n'est pas trop difficile à vérifier. Naturellement, Tamagawa ne s'est pas arrêté là. Il a d'abord cherché à rédiger, dans ce même langage, la démonstration même du théorème de Siegel (l'idée de traduire celle-ci dans le langage des idèles était déjà venue à M. Kneser il y a quelques années, mais celui-ci n'avait rien publié sur ce sujet). Un avantage essentiel de la nouvelle méthode consiste en ce que le théorème à démontrer est, du fait même de son énoncé, birationnellement invariant, alors que chez Siegel (et, avant lui, chez Minkowski) il apparaissait comme lié à un "genre" de formes quadratiques. En particulier, en vertu des isomorphismes bien connus entre groupes classiques, les cas $n = 3$ et $n = 4$ se ramènent ainsi à des questions analogues sur les algèbres de quaternions, qu'on sait traiter directement; or c'était justement les cas qui donnaient le plus de difficulté chez Siegel. Ces cas étant acquis, tout le reste de la démonstration peut maintenant se présenter fort simplement, et presque sans calculs.

D'autre part, on a commencé à examiner d'autres groupes semi-simples: groupe spin (Tamagawa), groupes linéaire spécial et projectif sur une algèbre simple, etc. Dans tous les cas qu'on a su traiter, on a trouvé que $\tau(G)$ *est un entier, et qu'il est égal à* 1 *lorsque G est un groupe semi-simple "simplement connexe"* (au sens algébrique, c'est-à-dire que tout groupe isogène à G est une image homomorphe de G). Il en est bien ainsi, par exemple, si G est le groupe des éléments de norme 1 sur le centre dans une variété d'algèbre simple sur un corps de nombres ou bien sur un corps de fonctions.

Bibliographie

1. Ono, Takashi. Sur une propriété arithmétique des groupes algébriques commutatifs, Bull. Soc. math. France, t. 85, 1957, p. 307–323.
2. Siegel, Carl Ludwig. Über die analytische Theorie der quadratischen Formen, I: Annals of Math., t. 36, 1935, p. 527–606; II: t. 37, 1936, p. 230–263; III: t. 38, 1937, p. 212–291.
3. Tamagawa, Tsuneo, Mémoire à paraître aux Annals of Mathematics.

[1959b] Y. Taniyama

(lettre d'André Weil)

Il est impossible, pour un mathématicien français de mon âge, d'écrire sur Taniyama sans songer aussitôt à Herbrand. Celui-ci aussi restera dans la mémoire de ceux qui l'ont connu comme l'une des plus fortes personnalités parmi les mathématiciens de sa génération. Herbrand est mort à 23 ans dans un accident de montagne; au dire de ses compagnons, la prudence n'était pas en montagne sa qualité dominante; il semble que la vie n'importe plus beaucoup à ceux qui ont franchi certaines frontières de l'intelligence. Pour quiconque a connu Herbrand, il est difficile de croire que, s'il avait vécu, notre mathématique, et particulièrement notre théorie des nombres, aurait tout à fait l'aspect qu'elle présente aujourd'hui; il était de ceux dont on attend, non seulement qu'ils résolvent tel ou tel problème avant les autres, mais qu'ils enrichissent la science d'idées que d'autres n'auraient point. Taniyama aussi était de ceux-là. Sa personnalité fut pour moi l'une de celles qui dominèrent le colloque de Tokyo-Nikko en 1955, et dont je conservai la plus forte impression à la suite du séjour au Japon que je fis à cette époque; s'il était clair qu'il s'y mêlait des éléments dissonants, en conflit les uns avec les autres et avec le monde extérieur, il n'y avait pas de raison de voir là autre chose que le bouillonnement d'un tempérament jeune qui n'a pas encore réalisé son harmonie interne; et j'attendais beaucoup, pour moi au moins autant que pour lui, du séjour qu'il avait été invité à faire à Princeton. Je n'ai pas besoin de dire ici mon émotion et mon chagrin quand j'ai appris que je ne devais plus le revoir. Du moins, plus heureux qu'Herbrand (dont le nom, en dehors de son œuvre logique, reste attaché seulement à deux ou trois résultats très fins, très en avance sur leur époque, et qui n'ont trouvé leur explication que récemment), Taniyama nous a laissé un travail de premier ordre, complètement achevé dans le cadre qu'il s'était fixé, mais qui ouvre de vastes perspectives sur les plus importants problèmes de l'arithmétique moderne; c'est bien entendu de son mémoire de 1957 sur les fonctions L, paru dans le *Journal of the Mathematical Society of Japan*, que j'entends parler; trop modestement, il dit qu'il y suit "mes méthodes," alors qu'en réalité, prenant pour point de départ quelques observations que j'avais eu l'occasion de faire, et les joignant à ses propres résultats, il y développe des méthodes entièrement neuves et d'une grande portée. Sans entrer ici dans des commentaires détaillés, j'observerai seulement que, pour bien apercevoir les idées directrices du mémoire, il convient de commencer par le dernier chapitre. Là il est montré, au moyen de la réduction modulo p, que, si A est une variété abélienne définie sur un corps de nombres algébriques k, les représentations l-adiques du groupe de Galois de $\bar{k}$ sur k (où $\bar{k}$ est la clôture algébrique de k), déterminées par les groupes de points d'ordre l^N sur A, ne sont pas indépendantes les unes des autres, mais sont liées entre elles et avec la fonction zêta de A par des relations très précises; et l'idée peut-être la plus originale de Taniyama a été de voir que ces relations, telles qu'il les formule, méritent d'être étudiées en elles-mêmes, indépendamment de la variété A d'où on les a tirées. C'est cette étude qu'il a menée à bien, par une analyse des plus fines et ingénieuses, dans le cas "abélien" où les représentations l-adiques en question engendrent des algèbres commutatives (cas qui se présente justement dans la multiplication complexe); ses résultats comprennent comme cas particulier ses théorèmes antérieurs sur les fonctions zêta des variétés abéliennes à multiplication complexe; en même temps, il éclaire par là d'un jour tout nouveau la théorie des caractères "de type (A_0)" dont j'avais seulement signalé l'existence au cours du colloque de Tokyo-Nikko. Mais c'est bien entendu le cas non abélien dont l'étude l'attirait, sans qu'il ait pu, semble-t-il, rien entreprendre à ce sujet; il est inutile d'ajouter que ce problème ne semble abordable par aucune des méthodes dont nous disposons actuellement.

Pendant longtemps encore, sans doute, ce travail fournira des sujets de méditation aux arithméticiens. J'ignore, au moment où j'écris, s'il s'est retrouvé parmi les papiers de Taniyama des traces de recherches plus récentes. Mais, quand même il n'en serait pas ainsi, son mémoire de 1957 suffirait à lui assurer dans l'histoire de notre science une place durable. A ceux qui l'ont connu personnellement, il laisse, avec un inoubliable souvenir, l'amer regret de n'avoir rien su ou rien pu faire pour le retenir parmi eux.

[1960a] De la métaphysique aux mathématiques

(à propos d'un colloque récent)

Les mathématiciens du XVIIIe siècle avaient coutume de parler de la « métaphysique du calcul infinitésimal », de la « métaphysique de la théorie des équations ». Ils entendaient par là un ensemble d'analogies vagues, difficilement saisissables et difficilement formulables, qui néanmoins leur semblaient jouer un rôle important à un moment donné dans la recherche et la découverte mathématiques. Calomniaient-ils la « vraie » métaphysique en empruntant son nom pour désigner ce qui, dans leur science, était le moins clair? Je ne chercherai pas à élucider ce point. En tout cas, le mot devra être entendu ici en leur sens; à la « vraie » métaphysique, je me garderai bien de toucher.

Rien n'est plus fécond, tous les mathématiciens le savent, que ces obscures analogies, ces troubles reflets d'une théorie à une autre, ces furtives caresses, ces brouilleries inexplicables; rien aussi ne donne plus de plaisir au chercheur. Un jour vient où l'illusion se dissipe; le pressentiment se change en certitude; les théories jumelles révèlent leur source commune avant de disparaître; comme l'enseigne la *Gītā* on atteint à la connaissance et à l'indifférence en même temps. La métaphysique est devenue mathématique, prête à former la matière d'un traité dont la beauté froide ne saurait plus nous émouvoir.

Ainsi nous savons, nous, ce que cherchait à deviner Lagrange, quand il parlait de métaphysique à propos de ses travaux d'algèbre; c'est la théorie de Galois, qu'il touche presque du doigt, à travers un écran qu'il n'arrive pas à percer. Là où Lagrange voyait des analogies, nous voyons des théorèmes. Mais ceux-ci ne peuvent s'énoncer qu'au moyen de notions et de « structures » qui pour Lagrange n'étaient pas encore des objets mathématiques : groupes, corps, isomorphismes, automorphismes, tout cela avait besoin d'être conçu et défini. Tant que Lagrange ne fait que pressentir ces notions, tant qu'il s'efforce en vain d'atteindre à leur unité substantielle à travers la multiplicité de leurs incarnations changeantes,

52

il reste pris dans la métaphysique. Du moins y trouve-t-il le fil conducteur qui lui permet de passer d'un problème à l'autre, d'amener les matériaux à pied d'œuvre, de tout mettre en ordre en vue de la théorie générale future. Grâce à la notion décisive de groupe, tout cela devient mathématique chez Galois.

De même encore, nous voyons les analogies entre le calcul des différences finies et le calcul différentiel servir de guide à Leibniz, à Taylor, à Euler, au cours de la période héroïque durant laquelle Berkeley pouvait dire, avec autant d'humour que d'à-propos, que les « croyants » du calcul infinitésimal étaient peu qualifiés pour critiquer l'obscurité des mystères de la religion chrétienne, celui-là étant pour le moins aussi plein de mystères que celle-ci. Un peu plus tard, d'Alembert, ennemi de toute métaphysique en mathématique comme ailleurs, soutint dans ses articles de l'*Encyclopédie* que la vraie métaphysique du calcul infinitésimal n'était pas autre chose que la notion de limite. S'il ne tira pas lui-même de cette idée tout le parti dont elle était susceptible, les développements du siècle suivant devaient lui donner raison; et rien ne saurait être plus clair aujourd'hui, ni, il faut bien le dire, plus ennuyeux, qu'un exposé correct des éléments du calcul différentiel et intégral.

Heureusement pour les chercheurs, à mesure que les brouillards se dissipent sur un point, c'est pour se reformer sur un autre. Une grande partie du colloque de Tokyo s'est déroulée sous le signe des analogies entre la théorie des nombres et la théorie des fonctions algébriques. Là, nous sommes encore en pleine métaphysique. C'est de ces analogies, parce que j'en ai quelque expérience personnelle, que je voudrais parler ici, avec l'espoir, vain peut-être, de donner aux lecteurs « honnêtes gens » de cette revue quelque idée des méthodes de travail en mathématique.

Dès l'enseignement élémentaire, on fait voir aux élèves que la division des polynômes (à une variable) ressemble beaucoup à la division des entiers et conduit à des lois toutes semblables. Pour les uns comme pour les autres, il y a un plus grand commun diviseur, dont la détermination se fait par division successive. A la décomposition des nombres entiers en facteurs premiers correspond la décomposition des polynômes en facteurs irréductibles; aux nombres rationnels correspondent les fonctions rationnelles, qui, elles aussi, peuvent toujours se mettre sous forme de fractions irréductibles; celles-ci s'ajoutent par réduction au plus petit commun dénominateur, etc. Il est donc tout naturel de penser qu'il y a analogie entre les *nombres algébriques* (racines d'équations dont les coefficients sont des nombres entiers) et les *fonctions algébriques d'une variable* (racines d'équations dont les coefficients sont des polynômes à une variable).

Le fondateur de la théorie des fonctions algébriques d'une variable aurait sans doute été Galois s'il avait vécu; c'est ce que permettent de penser les indications qu'on trouve sur ce sujet dans sa célèbre lettre-testament, écrite à la veille de sa mort, d'où on peut conclure qu'il touchait déjà à quelques-unes des principales découvertes de Riemann. Peut-être aurait-il donné à cette théorie une allure algébrique, conforme à l'esprit des travaux contemporains d'Abel et de ses propres recherches d'algèbre pure. Au contraire, Riemann, l'un des moins algébristes sans doute parmi les grands mathématiciens du XIXe siècle, mit la théorie sous le signe du « transcendant » (mot qui, pour le mathématicien, s'oppose à « algébrique », et désigne tout ce qui appartient en propre au continu). Les méthodes très puissantes mises en œuvre par Riemann amenèrent presque du premier coup la théorie à un degré d'achèvement qui n'a guère été dépassé. Mais elles ne tiennent aucun compte des analogies avec les nombres algébriques, et ne peuvent être transposées telles quelles en vue de l'étude de ceux-ci, étude qui relève traditionnellement de l'arithmétique ou théorie des nombres, et qui, du vivant déjà de Riemann, était en voie de développement rapide.

C'est Dedekind, ami intime de Riemann, mais algébriste consommé, qui devait le premier tirer parti des analogies en question et en faire un instrument de recherche. Il appliqua avec succès, aux problèmes traités par Riemann par voie transcendante, les méthodes qu'il avait lui-même créées et mises au point en vue de l'étude arithmétique des nombres algébriques; et il fit voir qu'on peut retrouver ainsi la partie proprement algébrique de l'œuvre de Riemann.

A première vue, les analogies ainsi mises en évidence restaient superficielles, et ne paraissaient pas pouvoir porter sur les problèmes les plus profonds de l'une ni de l'autre théorie. Hilbert alla plus loin dans cette voie, à ce qu'il semble; mais, s'il est probable que ses élèves subirent l'influence de ses idées sur ce sujet, il n'en est resté quelque trace que dans un compte rendu obscur qui n'a même pas été reproduit dans ses *Œuvres complètes*. Les lois non écrites de la mathématique moderne interdisent en effet de publier des vues métaphysiques de cette espèce. Sans doute est-ce mieux ainsi; autrement on serait accablé d'articles encore plus stupides, sinon plus inutiles, que tous ceux qui encombrent à présent nos périodiques. Mais il est dommage que les idées de Hilbert n'aient été développées par lui nulle part. Il y avait loin encore, cependant, de l'arithmétique, où règne le discontinu, à la théorie des fonctions au sens classique. Or, en disant que les fonctions algébriques sont racines d'équations dont les coefficients sont des polynômes, j'ai volontairement omis un point important : ces polynômes eux-mêmes ont des coefficients; mais ceux-ci, quels sont-ils? Lorsqu'on traite de la division des polynômes dans l'enseignement élémentaire, il va sans dire que les coefficients sont des « nombres » : nombres « réels » (rationnels ou non, mais donnés en tout cas, si l'on veut, par un développement décimal), ou, à un niveau un peu plus élevé, nombres « réels ou imaginaires », ou, comme on dit, « nombres complexes ». C'est exclusivement de nombres complexes qu'il s'agit dans la théorie riemannienne.

Mais, du point de vue de l'algébriste pur, tout ce qu'on demande aux « nombres » en question, c'est qu'ils se laissent combiner entre eux au moyen des quatre opérations (ce que l'algébriste exprime en disant qu'ils forment un « corps »). Si on n'en suppose pas plus sur leur compte, on obtient une théorie des fonctions algébriques, fort riche déjà (comme en témoigne le volume récent et déjà classique qu'a publié Chevalley sur ce sujet), mais qui ne l'est pas assez pour que les analogies avec les nombres algébriques puissent être poursuivies jusqu'au bout.

Heureusement il s'est trouvé un domaine intermédiaire entre l'arithmétique et la théorie riemannienne, et qui possède, avec chacune de ces deux dernières théories, des ressemblances beaucoup plus étroites qu'elles n'en ont entre elles; il s'agit des fonctions algébriques « sur un corps fini ». Comme on le savait depuis Gauss, s'il ne s'agit que de pouvoir faire les quatre opérations, il suffit d'un nombre fini d'éléments. Il suffit par exemple d'en avoir deux, qu'on nommera 0 et 1, et pour lesquels on posera par convention la table d'addition et la table de multiplication que voici :

$$0 + 0 = 0, \quad 0 + 1 = 1 + 0 = 1, \quad 1 + 1 = 0;$$
$$0 \times 0 = 0, \quad 0 \times 1 = 1 \times 0 = 0, \quad 1 \times 1 = 1.$$

Quelque paradoxale que puisse paraître au profane la règle $1 + 1 = 0$, quelque tentant qu'il soit de dire que c'est là un pur jeu de l'esprit qui ne répond à aucune « réalité », un tel système est monnaie courante pour le mathématicien; et Galois en étendit beaucoup l'usage en construisant les « imaginaires de Galois ».

Prenant donc les coefficients de nos polynômes dans un « corps de Galois », on construit des fonctions algébriques dont la théorie remonte à Dedekind mais s'est particulièrement développée depuis la thèse d'Artin. Pour dire en quoi elle consiste, il faudrait entrer dans des détails beaucoup trop techniques qui n'auraient pas leur place ici. Mais on peut, je crois, en donner une idée imagée en disant que le mathématicien qui étudie ces problèmes a l'impression de déchiffrer une inscription trilingue. Dans la première colonne se trouve la théorie riemannienne des fonctions algébriques au sens classique. La troisième colonne, c'est la théorie arithmétique des nombres algébriques. La colonne du milieu est celle dont la découverte est la plus récente; elle contient la théorie des fonctions algébriques sur un corps de Galois.

Ces textes sont l'unique source de nos connaissances sur les langues dans lesquels ils sont écrits; de chaque colonne, nous n'avons bien entendu que des fragments; la plus complète et celle que nous lisons le mieux, encore à présent, c'est la première. Nous savons qu'il y a de grandes différences de sens d'une colonne à l'autre, mais rien ne nous en avertit à l'avance. A l'usage, on se fait des bouts de dictionnaire, qui permettent de passer assez souvent d'une colonne à la colonne voisine.
C'est ainsi qu'on avait déchiffré depuis longtemps, dans la dernière colonne, le début d'un paragraphe intitulé « fonction zêta ». Vers la fin de ce paragraphe, on croit lire une phrase très mystérieuse; elle dit que tous les zéros de la fonction se trouvent sur une certaine droite. Jamais on n'a pu savoir s'il en est bien ainsi, ou s'il y a eu erreur de lecture. C'est le célèbre problème de l' « hypothèse de Riemann », qui dans quelques mois sera tout juste centenaire.

La principale découverte d'Artin, dans sa thèse, c'est qu'il y a, dans la seconde colonne, un paragraphe intitulé aussi « fonction zêta », et qui est à peu de chose près une traduction de celui qu'on connaissait déjà; notre dictionnaire s'en est trouvé beaucoup enrichi. Artin aperçut aussi, dans cette colonne, la phrase sur l'hypothèse de Riemann; elle lui parut tout aussi mystérieuse que l'autre. Ce nouveau problème, à première vue, ne semblait pas plus facile que le précédent. En réalité, nous savons maintenant que la première colonne contenait déjà tous les éléments de sa solution. Il n'était que de traduire, d'abord en théorie « abstraite » des fonctions algébriques, puis dans le langage « galoisien » de la seconde colonne, des résultats obtenus depuis longtemps par Hurwitz en « riemannien », et que les géomètres italiens avaient ensuite traduits dans leur propre langage. Mais les meilleurs spécialistes des théories arithmétique et « galoisienne » ne savaient plus lire le riemannien, ni à plus forte raison l'italien; et il fallut vingt ans de recherches avant que la traduction fût mise au point et que la démonstration de l'hypothèse de Riemann dans la seconde colonne fût complètement déchiffrée.

Si notre dictionnaire était suffisamment complet, nous passerions aussitôt de là à la troisième colonne, et l'hypothèse de Riemann, la vraie, se trouverait démontrée, elle aussi. Mais nos connaissances n'atteignent pas jusque là; bien des déchiffrements patients seront encore nécessaires avant que la traduction puisse être faite. Au cours du colloque auquel il a été fait allusion plus haut, il a été beaucoup discuté de « métaphysique » à propos de ces problèmes; un jour celle-ci fera place à une théorie mathématique dans le cadre de laquelle ils trouveront leur solution. Peut-être, comme c'était le cas pour Lagrange, ne nous manque-t-il, pour franchir ce pas décisif, qu'une notion, un concept, une « structure ». D'ingénieux philologues ont bien trouvé le secret des archives de Nestor et de celles de Minos. Combien de temps faudra-t-il encore pour que notre pierre de Rosette, à nous autres arithméticiens, rencontre son Champollion?

[1960b] Algebras with involutions and the classical groups

It has been known for a long time that there is a close connection between semisimple algebras with involutions and the classical semisimple Lie groups and Lie algebras. But the precise degree of generality of this relationship does not seem to have been ascertained anywhere, at least explicitly, in the printed literature on this subject. In the first part of the present paper, it will be shown how this can be done, at any rate over a groundfield of characteristic 0, by borrowing some elementary techniques from modern algebraic geometry. Then, taking for our groundfield the field **R** of real numbers, we shall give, for the Riemannian symmetric spaces attached to the classical groups, an interpretation which rests upon the use of algebras with involution. This was already implicit in Siegel's fundamental work on discontinuous groups, and it is hoped that our results will help to achieve a better understanding of that work and to clarify also some of its arithmetical aspects.

Part I

Semisimple groups over a field of characteristic 0.

1. In Part I, all spaces, varieties, groups are to be understood in the sense of algebraic geometry; by this we mean that they are all allowed to have points in the universal domain, and not only in their field of definition. If V is a variety (for instance a group),

† Work supported (in part) by the O.U.R.P.A.F. The author is greatly indebted to his colleague Mr. M. for a counterexample and other helpful remarks, to Mr. P. (the famous winner of many cocycle races) for the main idea of Part I, to others for conversations totally unrelated to the problems considered here, and to the Indian Mathematical Society for kindly allowing this paper to rest for over two years in their editorial offices before letting it take its flight into the world.

Reprinted by permission of the editors of *J. Ind. Math. Soc.*

defined over a field k, we shall denote by V_k the set of points of V with coordinates in k (in group-theory, this differs from the usage of Chevalley, according to which a group G, defined over an infinite field k, is always identified with the set which we call G_k). We assume the universal domain to be of characteristic 0; without restricting the generality, one could take it to be the field of complex numbers.

Within the universal domain, we select a groundfield k and a normal algebraic extension K of k, of finite degree d; we call $\mathfrak{g}$ the Galois group of K over k, and we write ξ^σ for the image of an element ξ of K under an automorphism $\sigma \in \mathfrak{g}$; we have $(\xi^\sigma)^\tau = \xi^{\sigma\tau}$ for all σ, τ in $\mathfrak{g}$.

If V is a vector-space of dimension n (over the universal domain), defined over k, V_k and V_K are vector-spaces of dimension n over k and over K, respectively. We have $V_k \subset V_K$, and we may identify V_K with the tensor-product $V_k \otimes K$ taken over k; $\mathfrak{g}$ operates in an obvious manner on V_K, and V_k consists of the elements of V_K which are invariant under $\mathfrak{g}$. If V' is the dual space of V (over the universal domain), and if T is any tensor-product $(V \otimes V \otimes \ldots) \otimes (V' \otimes \ldots)$, over the universal domain, of factors identical either with V or with V', then T_k is the tensor-product similarly built up from V_k and its dual V'_k over k; and a similar statement holds for T_K.

By a *cocycle*, we shall understand a mapping $\sigma \to F_\sigma$ of $\mathfrak{g}$ into the group of automorphisms of the vector-space V, such that: (a) for each $\sigma \in \mathfrak{g}$, F_σ is defined over K; (b) for all σ, τ in $\mathfrak{g}$, we have $F_{\sigma\tau} = (F_\sigma)^\tau \circ F_\tau$. Let (F_σ) be such a cocycle; for every $x \in V_K$, put:

$$x^{[\sigma} = F_\sigma^{-1}(x^\sigma).$$

One sees at once that $x^{[\sigma\tau]} = (x^{[\sigma]})^{[\tau]}$, which means that the group $\mathfrak{g}$ can also be made to operate on V_K by $(x, \sigma) \to x^{[\sigma]}$. These operations are k-linear, but not K-linear; we have $(\xi x)^{[\sigma]} = \xi^\sigma . x^{[\sigma]}$ for $x \in V_K$ and $\xi \in K$. From this, it follows that the set W of those elements of V_K which are invariant under all operations $x \to x^{[\sigma]}$, i.e. which satisfy $x^\sigma = F_\sigma(x)$ for all σ, is a vector-space over k. If $a_1, \ldots, a_m$ are linearly independent over k in W, it is easy to see, by induction on m, that they are linearly independent over K in

V_K; for otherwise, because of the induction assumption, there would be a relation $\Sigma_i \xi_i a_i = 0$, with the ξ_i in K and not all in k, and $\xi_m = 1$; applying to this the operation $x \to x^{[\sigma]}$, we get $\Sigma_i \xi_i^\sigma a_i = 0$, hence $\Sigma_i(\xi_i^\sigma - \xi_i) a_i = 0$, and therefore, because of the induction assumption, $\xi_i^\sigma = \xi_i$ for all i and σ, which contradicts the assumption on the a_i. Now take for $a_1, \ldots, a_m$ a basis for W over k; take a basis $(\alpha_1, \ldots, \alpha_d)$ of K over k; for every $x \in V_K$, the elements $\Sigma_\sigma \alpha_i^\sigma x^{[\sigma]}$ are in W for $i = 1, \ldots, d$, so that we can write :

$$\sum_{\sigma \in \mathfrak{g}} \alpha_i^\sigma x^{[\sigma]} = \sum_{\mu=1}^{m} u_{i\mu} a_\mu \quad (1 \leqslant i \leqslant d)$$

with $u_{i\mu} \in k$. It is well-known that the determinant $|\alpha_i^\sigma|$ is not 0, and therefore these equations can be solved for the $x^{[\sigma]}$, yielding expressions for them as linear combinations of the a_μ with coefficients in K; in particular, x itself is such a linear combination. We have thus shown that $a_1, \ldots, a_m$ is a basis for V_K over K, so that in particular we must have $m = n$. Take now a basis $b_1, \ldots, b_n$ of V_k over k; let Φ be the automorphism of V which maps b_i onto a_i for $1 \leqslant i \leqslant n$; it is defined over K. Combining the relations $a_i = \Phi(b_i)$, $a_i^\sigma = F_\sigma(a_i)$, $b_i^\sigma = b_i$, we get $F_\sigma(\Phi(b_i)) = \Phi^\sigma(b_i)$ for all i, hence $F_\sigma \circ \Phi = \Phi^\sigma$ or $F_\sigma = \Phi^\sigma \circ \Phi^{-1}$ (which can be expressed by saying that "all cocycles are trivial").

Now let $t, t', \ldots$ be elements of "tensor-spaces" $T, T', \ldots$, i.e. of tensor-products built up from factors identical with V or V'. More precisely, *assume that* $t \in T_k$, $t' \in T'_k, \ldots$, *and that all the tensors* $t, t', \ldots$ *are invariant under every one of the automorphisms* F_σ; by this we mean of course that t is invariant under the canonical extension of F_σ to T, etc. Similarly, write Φ for the canonical extension of Φ to $T, T', \ldots$ and put $t_1 = \Phi^{-1}(t)$, etc. We have:

$$t_1^\sigma = (\Phi^\sigma)^{-1}(t) = \Phi^{-1}(F_\sigma^{-1}(t)) = t_1$$

for all σ, hence $t_1 \in T_k$, and similarly $t'_1 \in T'_k$, etc.

The main application which we have in view concerns the case of algebras and of algebras with involution. By an *algebra* A, we understand a vector-space V with the additional structure determined on it by a bilinear mapping of $V \times V$ into V, or, what amounts to the same, by an element t of the tensor-space $T = V' \otimes V' \otimes V$; if, in addition to this, we prescribe an endomorphism ι of V, or, what amounts to the same, an element t' of $T' = V' \otimes V$, such that ι is an involutory antiautomorphism (or, as we shall say more briefly, an *involution*) of the algebra A, then we speak of V, with the structure determined on it by t and t', as the *algebra with involution* (A, ι). All algebras will be assumed to be associative and to have a unit-element, usually denoted by 1. We say that the algebra A, with the underlying vector-space V and the multiplicative structure determined by the element t of $V' \otimes V' \otimes V$, is defined over k if V and t are defined over k; then A_k is an algebra over k in the usual sense, and A_K is the algebra derived from A_k by extending the groundfield from k to K. The same holds for algebras with involution. As our universal domain is assumed to be of characteristic 0, it is known that A_k is semisimple if and only if A (as an algebra over the universal domain) is so. The center Z of a semisimple algebra A, defined over k, is a commutative semisimple algebra, also defined over k; Z_k is then the center of A_k. We say that A is *absolutely simple* if it is simple as an algebra over the universal domain; then it is isomorphic to a matrix algebra M_n over the universal domain. On the other hand, we say that a semisimple algebra A, defined over k, is *simple over* k if it is not a direct sum of subalgebras of A, all defined over k; this will be so if and only if A_k is simple as an algebra over k, or also if and only if the center Z of A is simple over k, or again if and only if Z_k is a field. It is clear that the groups of automorphisms of algebras and of algebras with involution are algebraic groups.

As a special case of the results proved above, we have now the following theorem:

THEOREM 1. *Let A be an algebra* (resp. *an algebra with involution*) *defined over a field k; let K be a Galois extension of k with the Galois group $\mathfrak{g}$. Let (F_σ) be a cocycle of $\mathfrak{g}$, consisting of automorphisms of A. Then there is an algebra* (resp. *an algebra with involution*) *A_1, defined* *over k, and an isomorphism Φ of A_1 onto A, defined over K, such that $F_\sigma = \Phi^\sigma \circ \Phi^{-1}$ for all $\sigma \in \mathfrak{g}$.*

In fact, let V be the underlying vector-space of A; and let t be the tensor (resp. let t, t' be the pair of tensors) on V which defines the structure of A. Define t_1 and Φ (resp. t_1, t_1' and Φ) as above by means of the cocycle (F_σ); and define A_1 as the algebra (resp. the algebra with involution) defined on V by t_1 (resp. by t_1, t_1'). These will satisfy all the conditions in our theorem.

2. It is our purpose to show, by means of Theorem 1, that, with few exceptions, the classical semisimple groups over any field of characteristic 0 can be represented as groups of automorphisms of semisimple algebras with involution ; in fact, it will turn out that there is almost a one-to-one correspondence between these two classes of objects. We begin by discussing the classical simple groups over the universal domain.

Consider first the projective linear group $PL(n)$ in n variables, i.e. the factor-group of $GL(n)$ by its center (to be consistent with our notation, we omit any mention of the underlying field when the latter is the universal domain). Let A be the direct sum of two algebras, both isomorphic to the matrix algebra M_n of order n (i.e. consisting of all $n \times n$ matrices); on A, consider the involution defined by

$$(X, Y) \to ({}^tY, {}^tX),$$

where X, Y are two matrices of order n, and ${}^tX$, ${}^tY$ are their transposes. Using the classical theorem of Skolem-Noether, one sees immediately that the automorphisms of the algebra with involution A (i.e., the automorphisms of the algebra A which commute with the given involution) make up an algebraic group G, consisting of two connected components G_0, G_1; G_0 consists of all the automorphisms of A which leave each component M_n of A invariant, and more precisely of the automorphisms:

$$(X, Y) \to (X, Y)^{\phi(M)} = (M^{-1}XM,\ {}^tM.Y.{}^tM^{-1})$$

where M is an arbitrary invertible matrix ; the mapping $M \to \phi(M)$ is then a homomorphism of $GL(n)$ onto G_0 whose kernel is the center of $GL(n)$, so that G_0 may be identified with $PL(n)$. As to G_1, it consists of those automorphisms of A which exchange its two components, and may also be defined as the coset of G_0 in G which contains the automorphism $(X, Y) \rightarrow (Y, X)$.

The inner automorphisms of G induce automorphisms on G_0 which are either inner automorphisms of G_0 or products of such automorphisms with the automorphism induced on G_0 by $(X, Y) \rightarrow (Y, X)$; the latter may be written as $\phi(M) \rightarrow \phi({}^tM^{-1})$, and it is easy to see that, for $n \geqslant 3$, this is not an inner automorphism It is well known that these are all the automorphisms of $G_0 = PL(n)$. As our calculation also shows that no automorphism of A, other than the identity, induces the identical isomorphism on G_0 for $n \geqslant 3$, it follows that, for $n \geqslant 3$, every automorphism of G_0 can be derived, in one and only one way, from an automorphism of A. This implies that, for $n \geqslant 3$, if A' is an algebra with involution, isomorphic to A, and G'_0 is the connected component of the identity in the group of automorphisms of A', every isomorphism of G_0 onto G'_0 can be derived, in one and only one way, from an isomorphism of A onto A'.

In order to obtain in a similar manner the orthogonal and symplectic groups, or rather their quotients by their centers, take $A = M_n$; since $X \rightarrow {}^tX$ is an involution on A, the most general antiautomorphism of A is of the form $X \rightarrow F^{-1}.{}^tX.F$, which is involutory if and only if ${}^tF = \lambda F$, with λ in the center; this implies $\lambda^2 = 1$, so that our involution is given by $X \rightarrow F^{-1}.{}^tX.F$ with F invertible and ${}^tF = \pm F$. An automorphism $X \rightarrow M^{-1}XM$ of the algebra A commutes with that involution if and only if $F = {}^tM.F.M$; let G be the group consisting of such automorphisms. If ${}^tF = -F$, n must be even, and the matrices M satisfying $F = {}^tM.F.M$ are of determinant 1 (as follows from the consideration of the pfaffian) and make up a connected algebraic group, the symplectic group Sp(n) ; G is the quotient PSp(n) of that group by its center. It is known that in that case G has only inner automorphisms; and we see, just as above, that every automorphism of G

can be derived in one and only one way from an automorphism of the given algebra with involution.

Take now the case ${}^tF = F$; as our underlying field is the universal domain, it would be no restriction to take for F the unit-matrix 1_n. The matrices M for which $F = {}^tM.F.M$ make up the orthogonal group $O(n)$, with two connected components $O^+(n)$, $O^-(n)$ consisting of the matrices M in the group with the determinant $+1$ and -1, respectively; and the connected component G_0 of the identity in G is the quotient $PO^+(n)$ of $O^+(n)$ by its center. If n is odd and $\geqslant 3$, the center of $O(n)$, consisting of $\pm 1_n$, has one element in each one of these components; therefore G is connected and may be identified with $O^+(n)$. It is known that, also in this case, G has only inner automorphisms, and our further conclusions are the same as before. Finally, take the case in which n is even and $\geqslant 4$. Then the center of $O(n)$, consisting again of $\pm 1_n$, is contained in $O^+(n)$; therefore G has two connected components. Here it is known that the group of inner automorphisms of G_0 is of index 2 in the group of all automorphisms of G_0, except for $n = 8$, in which case it is of index 6. On the other hand, it is easily seen that the inner automorphisms of G induced by elements of G_1 determine on G_0 automorphisms which are not inner ones of G_0. Therefore, if we leave aside the exceptional case $n = 8$, we can again conclude that every automorphism of G_0 can be derived in one and only one way from an automorphism of the algebra with involution A.

Now observe that every semisimple algebra A over the universal domain is a direct sum of matrix algebras, and that every involution of A must either leave a component of A invariant or interchange it with another one. Thus, over the universal domain, every semisimple algebra with involution is, in an obvious sense, the direct sum of algebras with involution of one of the types discussed above. On the other hand, if G_0 is the connected component of the identity in the group of automorphisms of the algebra with involution A, it is clear that the automorphisms in G_0 must transform each component of A into itself. From this it follows immediately that G_0 must be a direct product of groups of the various types considered above, and that conversely every such product can be obtained in this manner. Some groups, however, are obtained in this manner more than once, because of the well-known isomorphisms between groups of the various families; these are as follows:

(a) M_2 admits an involution $M \rightarrow J^{-1}.{}^tM.J$, with $J = \begin{pmatrix} 0 & 1 \\ -1 & 0 \end{pmatrix}$ which is invariant under all automorphisms and antiautomorphisms of M_2; this follows for instance from the fact that, for any invertible matrix M in M_2, we have

$$J^{-1}.{}^tM.J = \det(M).\ M^{-1}.$$

Therefore $SL(2)$ is identical with Sp(2), hence $PL(2)$ with PSp(2).

(b) $PO^+(3)$ is isomorphic with PSp(2).

(c) $PO^+(4)$ is isomorphic with the product of $PO^+(3)$ with itself.

(d) $PO^+(5)$ is isomorphic with PSp(4).

(e) $PO^+(6)$ is isomorphic with $PL(4)$.

In view of these circumstances, let us restrict our list of groups and algebras to the following:

(I) *Groups*: all semisimple groups, with center reduced to the neutral element, which, when decomposed into a direct product of simple groups, contain no factor isomorphic either to one of the exceptional groups or to $PO^+(8)$.

(II) *Algebras with involution*: all semisimple algebras with involution which, when decomposed into a direct sum, consist of summands isomorphic to one of the following: (a) $M_n \oplus M_n$ for $n \geqslant 3$, with an involution exchanging the two summands; (b) M_{2n} for $n \geqslant 1$, with the involution $X \rightarrow J^{-1}.{}^tX.J$ determined by an invertible alternating matrix J; (c) M_n with the involution $X \rightarrow {}^tX$, for $n = 7$ or $n \geqslant 9$.

Then it follows from what we have proved that each one of the groups in our list is isomorphic to the connected component of the identity in the group of automorphisms of one of our algebras with involution, and that, if A and A' are two such algebras and G and G' are the corresponding groups, any isomorphism between G and G' is induced by a uniquely determined isomorphism between A and A'. The latter statement holds in particular for $A = A'$, $G = G'$.

3. Let G be a connected algebraic group, defined over the groundfield k. Let us assume that G is semisimple, has a center reduced to the neutral element, and that, when G is decomposed into a product of simple factors over the universal domain, none of these factors is isomorphic to one of the five exceptional groups or to $PO^+(8)$.

From the results in § 2 it follows that there is an algebra with involution A_0, defined over the prime field, such that the connected component of the identity G_0 in the group of automorphisms of A_0 is isomorphic to G over the universal domain. Let f be an isomorphism of G onto G_0; take for K a normal algebraic extension of k, of finite degree, over which f is defined. Notations being now the same as in § 1, $f^\sigma \circ f^{-1}$ is an automorphism of G_0, defined over K. By the results of § 2, there is a uniquely determined automorphism F_σ of A_0 which induces the automorphism $f^\sigma \circ f^{-1}$ on G_0; it is therefore invariant under all automorphisms of the universal domain over K; the characteristic being 0, this implies that it is defined over K. It is obvious that (F_σ) is a cocycle. Therefore, by Theorem 1, there is an algebra with involution A defined over k, and an isomorphism Φ, defined over K, of A onto A_0, such that $F_\sigma = \Phi^\sigma \circ \Phi^{-1}$ for all σ. Let G' be the connected component of the identity in the group of automorphisms of A; Φ determines an isomorphism, which we again call Φ, of G' onto G_0; then $\varphi = \Phi^{-1} \circ f$ is an isomorphism, defined over K, of G onto G'. Moreover, we have $\Phi^\sigma \circ \Phi^{-1} = f^\sigma \circ f^{-1}$ for all σ. This can also be written as $\varphi = \varphi^\sigma$. Therefore φ is defined over k, and we may use it to identify G with G'. We have thus proved that *any group G of the given type can be represented as the connected component of the* *identity in the group of automorphisms of a semisimple algebra with involution defined over* k.

4. We shall now determine when the connected component G_0 of the identity in the group of automorphisms of a semisimple algebra with involution (A, ι) is *not* a semisimple group. Over the universal domain, this is immediately apparent from the the results of § 3. In fact, $PL(n)$ is simple except for $n = 1$, in which case it is reduced to 1; $\mathrm{PSp}(n)$ is defined only if n is even, and is always simple; and $PO^+(n)$ is semisimple except for $n = 1$ and $n = 2$. Therefore G_0 is semisimple, and has a center reduced to the identity, provided no component of (A, ι) is isomorphic to M_2 with the involution $X \to {}^tX$. We shall say that a semisimple algebra with involution is *non-degenerate* if it has no such component and if at the same time it has no commutative component. Then we have the following theorem :

THEOREM 2. *Let (A, ι) be a non-degenerate semisimple algebra with involution; let G_0 be the connected component of the identity in its group of automorphisms, and let U_0 be the connected component of 1 in the multiplicative group of the elements u of A such that $u^\iota u = 1$. Then G_0 is a semisimple group, isomorphic to the quotient of U_0 by its center; and the center of G_0 is reduced to the identity.*

We have already shown that G_0 is semisimple and has a center reduced to the identity. As the group of automorphisms of the center Z of A is finite, every element of G_0 must induce the identity on Z and is therefore (by the classical theorem of Skolem-Noether) an inner automorphism $x \to v^{-1}xv$, with an invertible v in A. Call $j(v)$ this automorphism ; if we write that it commutes with ι, we find that $z = v^\iota v$ must be in Z; it must then be in the multiplicative group H consisting of those invertible elements of Z which are even for ι. Call V the group of those elements v of A for which $v^\iota v$ is in H, and U the group of those elements u of A for which $u^\iota u = 1$. Consider the homomorphism $(h, u) \to hu$ of $H \times U$ into V; one sees at once that it maps $H \times U$ onto the group of those elements v of A for which $v^\iota v$ is in H^2; but, over the universal domain, we have $H^2 = H$ (since H is commutative and the characteristic is not 2), and therefore that homomorphism maps $H \times U$ onto V. From this, it follows that U and V have the same image $j(U) = j(V)$ under j. As we have seen that G_0 is contained in $j(V)$, our conclusion follows.

Incidentally, we observe that the classical Cayley transformation may be used to study the group U_0 of Theorem 2. Let us say that an element x of an algebra with involution (A, ι) is *even (for ι)* if $x^\iota = x$, and *odd (for ι)* if $x^\iota = -x$; as the characteristic is not 2, A is the direct sum of the spaces A^+, A^- of even and odd elements for ι. Now let u be a generic element of U_0 over a field of definition k for (A, ι); write

$$w = (1 - u).(1 + u)^{-1};$$

then w is an odd element of A for ι. Conversely, if w is a generic element of A^- over k, the formula

$$u = (1 - w).(1 + w)^{-1}$$

defines a generic element of U_0 over k. Thus these formulas define a birational correspondence between U_0 and A^-

5. Every algebra with involution over a field k can be written as (A_k, ι), where (A, ι) is, in the sense explained above, an algebra with involution, defined over k; we have already observed that, if the latter is semisimple, the former is semisimple, and conversely. We shall say that the former is non-degenerate if the latter is so. The relation between the structures of these two algebras will now be briefly discussed, particularly in order to find when (A_k, ι) is non-degenerate.

To decompose the semisimple algebra A_k over k into simple components is the same as decomposing A over k, i.e. writing it as a direct sum of sub-algebras, defined over k, in such a way that none of the summands can be split any further in the same manner. Each summand is then transformed into itself or interchanged with another one by the involution ι. Thus it is enough to consider the case in which (A_k, ι) is simple, which means that A_k is either simple or the direct sum of two simple algebras B_k, C_k interchanged by ι. In the latter case, let K be the center of B_k; call d the degree of K over k; if we consider B_k as a vector-space over K, its dimension must be of the form n^2. Then A splits into the direct sum of two algebras B, C, which may be regarded as the tensor-products of B_k and C_k with the universal domain over k, and which are interchanged by ι. Over the universal domain, B is the direct sum of d algebras isomorphic to M_n. Degeneracy can only occur for $n = 1$, i.e. when A_k is commutative.

Next, assume that A_k is simple; let K be its center, and K^+ the set of all even elements of K for ι; K^+ is a field; let d be its degree over k. If K is not the same as K^+, it is an extension of K^+ of degree 2; call n^2 the dimension of A_k as a vector-space over K. Then A is, over the universal domain, the direct sum of $2d$ algebras isomorphic to M_n; by considering the center of A, one sees at once that none of these $2d$ components is invariant under ι. Therefore degeneracy occurs only for $n = 1$, i.e. again when A_k is commutative.

Finally, assume that A_k is simple and that ι induces the identity on the center K of A_k, so that, with the above notation, we have $K = K^+$. Let d be the degree of K over k, and n^2 the dimension of A_k as a vector-space over K; then A is the direct sum of d algebras isomorphie to M_n, each of which is invariant under ι; it is non-degenerate whenever $n \geqslant 3$. If $n = 1$, A_k is commutative and degenerate. If $n = 2$, A_k is a quaternion algebra over K (which may be isomorphic to $M_2(K)$); let δ be the dimension of A_k^- as a vector-space over K. Then one sees at once that, in each one of the d simple components of A over the universal domain, the odd elements for ι make up a vector-space of dimension δ; comparing this with the results of § 2, we find that we have $\delta = 3$ or $\delta = 1$ according as ι, in each one of these components, is of the type $X^\iota = J^{-1}.{}^tX.J$ with ${}^tJ = -J$ or of the type $X^\iota = {}^tX$. Thus degeneracy occurs if and only if $\delta = 1$. One verifies easily that this is so if and only if A_k, as an algebra over K, can be generated by an *even* element u and an *odd* element v such that $uv = -vu$, $u^2 \in K$, $v^2 \in K$.

Thus a necessary and sufficient condition for the non-degeneracy of a simple algebra with involution (A_k, ι) over k is that it should not belong to the type just described and that A_k should not be commutative. A necessary and sufficient condition for the non-degeneracy of a semisimple algebra with involution (A_k, ι) over k is then that none of its simple components should be of either one of these types.

II. Algebras with involution over the real field

6. From now on, we shall not need a universal domain, as we shall be operating with algebras over a fixed groundfield, mostly the field **R** of real numbers. If A is an algebra over any ground field k we denote by 'tr' the trace of the regular representation of A. In other words, if L_u is the endomorphism $x \rightarrow ux$ of the underlying vector-space to A, $\mathrm{tr}(u)$ is the trace of L_u. Then $\mathrm{tr}(xy)$ is a symmetric bilinear form on $A \times A$; according to a well-known criterion, it is non-degenerate if and only if A is absolutely semisimple (i.e. if it is semisimple and remains so under any extension of the groundfield). The trace $\mathrm{tr}(x)$ is invariant under all automorphisms of A; if A is semisimple, the right-hand and left-hand regular representations are equivalent, and then the trace is also invariant under all antiautomorphisms of A, or, as we shall say more briefly, all *antimorphisms* of A.

If u is any element of A, its "minimal polynomial" P is the polynomial of smallest degree, with coefficients in the groundfield k, such that $P(u) = 0$; P is also the minimal polynomial for the endomorphism L_u of the underlying vector-space to A. The "spectrum" S_u of u is the set of all the distinct roots of P in the algebraic closure of k. Let us say that u is semisimple if L is so (or, what amounts to the same, if u generates an absolutely semisimple subalgebra of A); this will be the case if and only if all roots of P are simple. Assume that u is semisimple, and that its spectrum S, is contained in k; let f be any k-valued function, defined on k or on a subset of k containing S_u. Then there is a polynomial Q, with coefficients in k, coinciding with f on S_u; moreover, Q is uniquely determined modulo P; therefore the element $Q(u)$ of A does not depend upon the choice of Q; *this will be denoted by* $f(u)$; $f \rightarrow f(u)$

is clearly an isomorphism of the ring of k-valued functions on S_u onto the subalgebra of A generated by u. If f is a k-valued function, defined on S_u, the spectrum of $f(u)$ is $f(S_u)$; and, if g is a k-valued function, defined on $f(S_u)$, we have $g(f(u)) = h(u)$, with $h = g \circ f$.

The transform u^λ of an element u of A by an automorphism or antimorphism λ of A has the same spectrum S_u and the same minimal polynomial as u, and is semisimple if u is so. Therefore, if S_u is contained in k and f is a k-valued function on S_u, we have $f(u^\lambda) = f(u)^\lambda$.

Let u be an invertible element of an algebra A. We shall denote by $j(u)$ the inner automorphism determined by u, i.e. defined by the formula

$$x \rightarrow x^{j(u)} = u^{-1} xu.$$

If u, v are both invertible, we have $j(uv) = j(u)\, j(v)$. If λ is any automorphism or antimorphism of A, $\lambda^{-1} j(u) \lambda$ is the inner automorphism $j(u')$ with $u' = u^\lambda$ if λ is an automorphism and $u' = (u^\lambda)^{-1}$ if it is an antimorphism. We shall write $e(\lambda) = 1$ whenever λ is an automorphism, $e(\lambda) = -1$ whenever it is an antimorphism, and define a symbol $u^{[\lambda]}$ by the formula

$$u^{[\lambda]} = (u^\lambda)^{e(\lambda)},$$

so that we have, in all cases

$$\lambda^{-1}\, j(u)\, \lambda = j(u^{[\lambda]}).$$

Let A be a semisimple algebra, and let λ be an antimorphism of A. Then $\mathrm{tr}(x^\lambda y)$ is a non-degenerate bilinear form on $A \times A$. We have $(x^\lambda y)^\lambda = y^\lambda x^{\lambda^2}$, and hence

$$\mathrm{tr}(x^\lambda y) = \mathrm{tr}(y^\lambda x^{\lambda^2}),$$

which shows that the bilinear form $\mathrm{tr}(x^\lambda y)$ is symmetric if and only if $\lambda^2 = 1$, i.e. if and only if λ is an involution. More generally, let λ be an antimorphism of A; take $a \in A$, $b \in A$, and consider the bilinear form $\mathrm{tr}(ax^\lambda by)$. Obviously, it is non-degenerate if and only if a, b are invertible, i.e. if they are not zero-divisors. Assume now that λ is an involution, and that a and b are invertible ; the formula

$$\mathrm{tr}(ax^\lambda by) = \mathrm{tr}(x^\lambda bya) = \mathrm{tr}(y^\lambda b^\lambda xa^\lambda)$$

shows that the form $\mathrm{tr}(ax^\lambda by)$ is symmetric if and only if, for all y, we have $bya = b^\lambda ya^\lambda$, i.e. $y = b^{-1} b^\lambda ya^\lambda a^{-1}$; this is so if and only if we have $b^\lambda = bz^{-1}$, $a^\lambda = az$, where z is an invertible element in the center Z of A; as $a^\lambda = az$ implies $a = z^\lambda a^\lambda$, z must satisfy $zz^\lambda = 1$.

Let ι be an involution of the semisimple algebra A. As $\mathrm{tr}(x^\iota y)$ is a non-degenerate symmetric bilinear form on $A \times A$, we can use it to attach an "adjoint" L' to every endomorphism L of the underlying vector-space; this is defined, as usual, by the formula:

$$\mathrm{tr}((Lx)^\iota y) = \mathrm{tr}(x^\iota(L'y)).$$

In particular, the formula

$$\mathrm{tr}((ux)^\iota y) = \mathrm{tr}(x^\iota(u^\iota y))$$

shows then that the adjoint of L_u is L_{u^ι}, and in particular that L_u is self-adjoint if and only if $u = u^\iota$.

Lemma 1. *Let (A, ι) be a semisimple algebra with involution over a field k of characteristic 0. Let A^+, A^- be the subspaces of even and of odd elements of A for ι. Then A^+ and A^- are the orthogonal complements of each other for each one of the symmetric bilinear forms* $\mathrm{tr}(xy)$ *and* $\mathrm{tr}(x^\iota y)$.

The formula $\mathrm{tr}(xy) = \mathrm{tr}(y^\iota x^\iota) = \mathrm{tr}(x^\iota y^\iota)$ shows at once that, if one of the two elements x, y is in A^+ and the other in A^-, $2\mathrm{tr}(xy)$ and therefore $\mathrm{tr}(xy)$ must be 0. Conversely, assume for instance that x is orthogonal, with respect to $\mathrm{tr}(xy)$, to all vectors y such that $y^\iota = \epsilon y$, where ϵ is $+1$ or -1. Then it is orthogonal to $y + \epsilon y^\iota$ for all $y \in A$, so that we have

$$0 = \mathrm{tr}(x(y + \epsilon y^\iota)) = \mathrm{tr}((x + \epsilon x^\iota)y)$$

for all $y \in A$, and therefore $x + \epsilon x^\iota = 0$ since $\mathrm{tr}(xy)$ is non-degenerate. The proof for $\mathrm{tr}(x^\iota y)$ is quite similar.

Of course Lemma 1 remains valid for every groundfield of characteristic other than 2, provided $\mathrm{tr}(xy)$ is non-degenerate, i.e. provided A is assumed to be absolutely semisimple.

7. From now on, we shall deal exclusively with semisimple algebras over **R**; such an algebra is isomorphic to the direct sum of matrix algebras over **R**, over **C** (the field of complex numbers) and over **K** (the division-algebra of quaternions).

If A is any algebra over **R**, we say that an involution α on A is *positive* if $\mathrm{tr}(x^\alpha x) > 0$ for all x other than 0 in A; the existence of such an involution implies that $\mathrm{tr}(x^\alpha y)$ is non-degenerate and therefore that A is semisimple.

PROPOSITION 1. *Let A be a semisimple algebra over* **R**; *then there exists at least one positive involution on A; and all positive involutions on A coincide on the center Z of A.*

Write A as a direct sum of simple components A_i. A positive involution α on A must transform each A_i into itself; for, if it transformed A_i, say, into A_j with $j \neq i$, $x^\alpha x$ would be 0 for all x in A_i. From this one concludes at once that it is enough to prove our proposition in the case of a simple algebra A, which we can write as a matrix algebra $M_n(D)$ over a division algebra D which can be **R**, **C** or **K**. If D is **R** or **K**, the center Z is **R**, and every automorphism or antimorphism of A induces the identity on Z. If $D = \mathbf{C}$, we have $Z = D$, and every automorphism or antimoprhism of A must induce on Z either the identity or the automorphism $z \to \bar{z}$, where $\bar{z}$ is the imaginary conjugate of z; as we have $\mathrm{tr}(z) = n^2 (z + \bar{z})$ for every $z \in Z$, any positive involution α on A must induce $z \to \bar{z}$ on Z, for, if it induced the identity, one would have $\mathrm{tr}(z^\alpha z) = n^2(z^2 + \bar{z}^2)$, and this is < 0 for $z = i$. This proves the second assertion in our proposition. As to the first one, observe that $x\bar{x} > 0$ for all $x \neq 0$ in D if we write $\bar{x}$ for x if $D = \mathbf{R}$, for the imaginary conjugate of x if $D = \mathbf{C}$, and for the quaternion conjugate of x if $D = \mathbf{K}$; also, in all three cases, $x \to \bar{x}$ is an involution on D, and $X \to {}^t\bar{X}$ is an involution on $M_n(D)$ if ${}^t\bar{X}$, as usual, denotes the transpose of X. For $X = (x_{ij})$ in $M_n(D)$, put $\tau(X) = \Sigma_i x_{ii}$; if, as always, we denote by tr the trace of the regular representation of $M_n(D)$ as an algebra over **R**, it is easily seen that we have

$$\mathrm{tr}(X) = \gamma\,[\tau(X) + \overline{\tau(X)}]$$

with γ equal to $n/2$ if $D = \mathbf{R}$, to n if $D = \mathbf{C}$, and to $2n$ if $D = \mathbf{K}$. Therefore, if $X = (x_{ij})$, we have

$$\mathrm{tr}({}^t\overline{X}.X) = 2\gamma \sum_{i,j} x_{ij}\bar{x}_{ij},$$

which shows that $X \to {}^t\overline{X}$ is a positive involution on $M_n(D)$. This completes the proof.

COROLLARY. *If α, β are two positive involutions on an algebra A over* $\mathbf{R}$, *$\alpha^{-1}\beta$ is an inner automorphism of A.*

The assumption implies that A is semisimple and that $\alpha^{-1}\beta$ is an automorphism of A; by prop. 1, it induces the identity on the center; by the Skolem-Noether theorem, it must therefore be an inner automorphism.

If A is any semisimple algebra over $\mathbf{R}$, the automorphism of the center Z of A induced on it by all positive involutions of A will be denoted by $z \to \bar{z}$; if Z_i is any simple component of Z, $z \to \bar{z}$ induces the identity on it if it is isomorphic to $\mathbf{R}$, and the imaginary conjugate if it is isomorphic to $\mathbf{C}$.

Let α be a positive involution on the algebra A over $\mathbf{R}$. We have seen above that, if $u = u^\alpha$, L_u is self-adjoint for $\mathrm{tr}(x^\alpha y)$, i.e. for the quadratic form $\mathrm{tr}(x^\alpha x)$; as the latter is positive, it follows from well-known theorems that u is then semisimple and has a real spectrum. Now assume that an element a of A is such that the bilinear form $\mathrm{tr}(x^\alpha a y)$ is symmetric, non-degenerate and positive; as it is symmetric and non-degenerate, a must be invertible and even for α; that being assumed, the formula

$$\mathrm{tr}(x^\alpha a y) = \mathrm{tr}(\,(L_a x)^\alpha y)$$

shows that the positivity of the bilinear form $\mathrm{tr}(x^\alpha a y)$, i.e. that of the quadratic form $\mathrm{tr}(x^\alpha a x)$, is the same thing as the positivity of the self-adjoint operator L_a for the form $\mathrm{tr}(x^\alpha x)$; and this is positive if and only if all the characteristic roots of L_a(i.e., all the elements of its spectrum S_a) are > 0. When that is so, we say that a is *positive for* α; and we denote by $P(\alpha)$ the set of all such elements. From the results of no. 6, it follows that, if f is any real-valued function, defined on the set of real numbers > 0, $f(a)$ is defined for all $a \in P(\alpha)$, and satisfies $f(a)^{\alpha} = f(a)$; this will be so, in particular, for $f(t) = t^{\rho}$, for any $\rho \in \mathbf{R}$, and for $f(t) = \log t$. If $f(t) > 0$ for all $t > 0$, then $f(a)$ is in $P(\alpha)$ for all $a \in P(\alpha)$, since the spectrum of $f(a)$ is the image under f of the spectrum of a. Thus, for every $\rho \in \mathbf{R}$, we have a mapping $a \rightarrow a^{\rho}$ of $P(\alpha)$ into itself. For all ρ, ρ' in $\mathbf{R}$, we have $a^{\rho+\rho'} = a^{\rho} a^{\rho'}$ and $(a^{\rho})^{\rho'} = a^{\rho\rho'}$. In particular, we note that, for $a \in P(\alpha)$, the only $b \in P(a)$ such that $b^2 = a$ is $b = a^{1/2}$.

Proposition 2. *Let α be a positive involution on an algebra A over $\mathbf{R}$. Then the set $P(\alpha)$ of positive elements for α is a convex open subset of the vector-space of even elements for α; and the group A^* of invertible elements of A operates on $P(\alpha)$ by $(x,a) \rightarrow x^{\alpha}ax$.*

It is clear that $P(\alpha)$ is convex. Take $a \in P(\alpha)$; if ρ is the smallest element of the spectrum S_a of a, i.e. the smallest charactreistic value of L_a(with respect to the quadratic form $\mathrm{tr}(x^{\alpha}x)$), we have $\rho > 0$ and

$$\mathrm{tr}(x^{\alpha}ax) \geqslant \rho\, \mathrm{tr}(x^{\alpha}x)$$

for all $x \in A$. Now, in the space of even elements of α in A, i.e. of elements u of A such that $u^{\alpha} = u$, take a neighborhood U of 0 such that, for every $u \in U$, all characteristic values of L_u are $> -\rho$ and $< \rho$; then, for every $u \in U$, $a + u$ is in $P(\alpha)$; this shows that $P(\alpha)$ is open in the space of even elements. The last assertion in our proposition is obvious.

Proposition 3. *Let α be a positive involution on an algebra A over $\mathbf{R}$; let λ be any automorphism or antimorphism of A. Then $\lambda^{-1}\alpha\lambda$ is a positive involution on A; and λ maps $P(\alpha)$ onto $P(\lambda^{-1}\alpha\lambda)$.*

The first assertion is obvious. Furthermore, we have $a \in P(\alpha)$ if and only if $\mathrm{tr}(x^{\alpha} ay)$ is symmetric and positive. As the trace is invariant under λ, this is the same as to say, if λ is an automorphism, that $\mathrm{tr}(x^{\alpha\lambda} a^{\lambda} y^{\lambda})$ is symmetric and positive; this property will be unaltered if we replace x, y by $x^{\lambda^{-1}}$, $y^{\lambda^{-1}}$, and is therefore equivalent to the symmetry and positivity of $\mathrm{tr}(x^{\lambda^{-1}\alpha\lambda}\, a^{\lambda}\, y)$, which proves our proposition in this case. Similarly, if λ is an antimorphism, $a \in P(\alpha)$ is equivalent to the symmetry and positivity of $\mathrm{tr}(y^{\lambda}\, a^{\lambda}\, x^{\alpha\lambda})$; replacing x, y by $y^{\lambda^{-1}\alpha}$, $x^{\lambda^{-1}\alpha}$, we get our conclusion as before.

8. We can now determine as follows the set of all positive involutions on a semisimple algebra A over **R**.

PROPOSITION 4. *Let α be a positive involution on an algebra A over* **R**. *Then, for every $a \in P(\alpha)$, the formula*

$$\beta = \alpha j(a) = j(a^{-1/2})\, \alpha j(a^{1/2})$$

determines a positive involution β on A. Conversely, if β is any positive involution on A, it can be expressed by that formula with an $a \in P(\alpha)$.

For every $a \in P(\alpha)$, the element $b = a^{1/2}$ is also in $P(\alpha)$, and the formulas of no. 6 give $j(a) = j(b^2)$ and

$$\alpha^{-1}\, j(b^{-1})\, \alpha = j(b)\,;$$

this gives at once

$$\alpha j(a) = j(b^{-1})\, \alpha j(b)\,;$$

as this is the transform of α by the automorphism $j(b)$, it is a positive involution.

The proof of the converse will be derived from the following lemma:

LEMMA 2. *On every semisimple algebra A over* **R**, *there is a positive involution α such that, if a and b are any two elements of A, the following properties are equivalent:*

(i) *the bilinear form* $\mathrm{tr}(ax^{\alpha}\, by)$ *in x, y is non-degenerate, symmetric, and positive*;

(ii) *there is an element z of the center Z of A such that $z^{\alpha} z = 1$, $za \in P(\alpha)$, $z^{-1} b \in P(\alpha)$.*

One can see at once that (ii) implies (i) whenever α is a positive involution on A. In fact, as $\mathrm{tr}(ax^{\alpha}\, by)$ does not change if we replace a, b by za, $z^{-1} b$ with $z \in Z$, we may replace the assumption (ii) by the assumption that a, b are in $P(\alpha)$. We have already seen in no. 6 that $\mathrm{tr}(ax^\alpha by)$ must then be non-degenerate and symmetric; putting now $u = a^{1/2}$, $v = b^{1/2}$, we have

$$\mathrm{tr}(ax^\alpha bx) = \mathrm{tr}(u^2 x^\alpha v^2 x) = \mathrm{tr}((vxu)^\alpha vxu) \geqslant 0$$

since $u^\alpha = u$, $v^\alpha = v$, which proves the positivity. Now, in order to construct an involution for which the converse is true, it is clearly enough to consider the case in which A is simple, i.e. of the form $M_n(D)$ with $D = \mathbf{R}$, $\mathbf{C}$ or $\mathbf{K}$; we shall show that the involution $X \to {}^t\bar{X}$ has then the required property. In fact, assume that A, B are two matrices in $M_n(D)$, such that $\mathrm{tr}(A\,{}^t\bar{X}BY)$ is non-degenerate, symmetric and positive; as we have seen in no. 6, the first two assumptions imply that A, B are invertible and that ${}^t\bar{B} = z^{-1}B$, $A = zA$, where z is an invertible element of the center, i.e. where z is a non-zero scalar, and a real one if D is $\mathbf{R}$ or $\mathbf{K}$. Moreover, z must satisfy $z\bar{z} = 1$, which implies $z = \pm 1$ if $D = \mathbf{R}$ or $\mathbf{K}$. If $D = \mathbf{C}$, take $\zeta \in \mathbf{C}$ such that $\zeta^2 = z$, and put $A_1 = \zeta A$, $B_1 = \zeta^{-1}B$; then A_1, B_1 also satisfy (i), and we have ${}^t\bar{A}_1 = A_1, {}^t\bar{B}_1 = B_1$; therefore, after so modifying A, B in the case $D = \mathbf{C}$ if necessary, we may assume that ${}^t\bar{A} = \epsilon A$, ${}^t\bar{B} = \epsilon B$, with $\epsilon = \pm 1$ for $D = \mathbf{R}$ or $\mathbf{K}$ and $\epsilon = 1$ for $D = \mathbf{C}$. Now the positivity assumption in (i) means that $\mathrm{tr}(A\,{}^t\bar{X}BX) > 0$ for all $X \neq 0$; putting $t = \tau(A\,{}^t\bar{X}BX)$, where τ, as above, denotes the usual trace of a matrix, this can be written as $t + \bar{t} > 0$. But, putting $W = A\,{}^t\bar{X}BX$, we have

$$t = \tau({}^t\bar{W}) = \tau({}^t\bar{X}.\,\epsilon\, B.X.\,\epsilon\, A) = t,$$

so that our positivity assumption amounts to $\tau(A\,{}^t\bar{X}BX) > 0$ fo $X \neq 0$. Taking two column-vector $u = (u_i)$, $v = (v_i)$, put:

$$f(u) = {}^t\bar{u}Au, \quad g(v) = {}^t\bar{v}Bv;$$

these are matrices of order 1, i.e. scalars (in D). The positivity assumption, applied to the matrix $X = v.\,{}^t\bar{u} = (v_i\,\bar{u}_j)$, gives

$$\tau(A\,{}^t\bar{X}BX) = \tau(f(u)\;g(v)) = f(u)\;g(v) > 0$$

for all $u \neq 0$, $v \neq 0$. If $D = \mathbf{R}$ and $\epsilon = -1$, we have $f(u) = 0$, $g(v) = 0$ for all u, v; therefore this case cannot occur. If $\epsilon = 1$, $f(u)$ and $g(v)$ are real; they must have the same sign for all $u \neq 0$, $v \neq 0$, so that, after replacing A, B by $-A$, $-B$ if necessary, we can write our assumption as $f(u) > 0$ for all $u \neq 0$, $g(v) > 0$ for all $v \neq 0$; as one sees immediately, this implies that A, B are positive for the involution $X \to {}^t\overline{X}$. Finally, if $D = \mathbf{K}$ and $\epsilon = -1$, put $q = f(u)$, $r = g(v)$; then we have $\bar{q} = -q \neq 0$, $\bar{r} = -r \neq 0$; applying the positivity assumption to u, θv with $\theta \subset \mathbf{K}$, we see that we must have $q\,\bar{\theta} r\,\theta > 0$ for all $\theta \neq 0$; as one can always find θ such that $\bar{\theta}\ r\ \theta = -\bar{q}$, this is impossible.

We can now complete the proof of Prop. 4 for the case of an involution α having the property stated in Lemma 2. Let β be any positive involution on A. By the corollary of Prop. 1, $\alpha^{-1}\beta$ is an inner automorphism $j(a)$ of A, so that we may write $\beta = \alpha j(a)$ with an invertible a. As we have seen in no. 6, the antimorphism $\beta = \alpha j(a)$ is an involution if and only if $\mathrm{tr}(x^\beta y)$ is symmetric; therefore it is a positive involution if and only if the bilinear form

$$\mathrm{tr}(x^\beta y) = \mathrm{tr}(a^{-1} x^\alpha a y)$$

is non-degenerate, symmetric and positive, i.e. if (a^{-1}, a) satisfies condition (i) of the lemma. But then, by our assumption on α, there is $z \in Z$ such that $z^{-1}a$ is in $P(\alpha)$. Replacing a by $z^{-1}a$ does not change $j(a)$; we have therefore proved that β is of the form $\alpha j(a)$ with $a \in P(\alpha)$, hence also of the form $j(b)^{-1}\alpha j(b)$ with $b = a^{1/2}$. This proves Prop. 4 for the particular α which we have been considering. It also proves that all positive involutions on A are transforms of this involution α by inner automorphisms. Since the property of α expressed by Prop. 4 is obviously invariant under automorphisms, our proof is thus complete.

One may observe that the property of α expressed in Lemma 2 is also invariant under automorphisms; therefore (i) and (ii) are equivalent whenever α is a positive involution.

9. By Prop. 4, if α is a positive involution on A, the mapping $a \to \alpha j(a)$ maps $P(\alpha)$ onto the set of all positive involutions on A; this shows in particular that the latter set is connected if it is provided with its natural topology as a closed subset of the space of all endomorphisms of the underlying vector-space to A.

One can also define as follows a one-to-one mapping, and more precisely a homeomorphism, of a closed subset of $P(\alpha)$ onto the set of positive involutions on A. We observe first that, if α, β are two positive involutions, and if we write β as the transform of α by an inner automorphism $j(b)$ of A, then, by Prop. 3, $P(\beta)$ is the image of $P(\alpha)$ under $j(b)$. In particular, if Z is the center of A, and if we write $P(Z) = Z \cap P(\alpha)$, $P(Z)$ is independent of the choice of α. If A is the direct sum of the simple algebras A_i, and if, for each i, e_i is the unit-element of A_i, it is easily seen that $P(Z)$ consists of the elements $\Sigma_i t_i e_i$ where all the t_i are real and > 0.

Lemma 3. *Let α be a positive involution on the algebra A over $\mathbf{R}$; let a, a' be two elements of $P(\alpha)$. Then we have $j(a) = j(a')$ if and only if $a^{-1}a'$ is in $P(Z)$.*

Put $b = a^{1/2}$ and $z = a^{-1} a'$. If z is in Z, we have $az = b^{\alpha}zb$; by Prop. 2, if this is in $P(\alpha)$, z must be in $P(\alpha)$, hence in $P(Z)$. The converse is obvious.

Now, calling again A_i the simple components of A, and e_i the unit-element of A_i for each i, write N_i for the norm of the regular representation of A_i over $\mathbf{R}$; if d_i is the dimension of A_i over $\mathbf{R}$, we have, for $t \in \mathbf{R}$, $N_i(te_i) = t^{d_i}$. For every $x_i \in A_i$, write $\nu_i(x_i) = (\,|N_i(x_i)|^{1/d_i}) e_i$; and, for every $x = \Sigma_i x_i$ in A, with $x_i \in A_i$ for all i, write $\nu(x) = \Sigma_i \nu_i(x_i)$. Then ν is a mapping of A into $P(Z)$, inducing the identity on $P(Z)$ and such that $\nu(xy) = \nu(x)\,\nu(y)$ for all x, y in A. Therefore, for every invertible x in A, there is one and only one element z of $P(Z)$ such that $\nu(zx) = 1$, viz. $z = \nu(x)^{-1}$. Furthermore, if a is a semisimple element of A with a positive spectrum (e.g. if a is in $P(\alpha)$ for some positive involution α), we have $\nu(a^{\rho}) = \nu(a)^{\rho}$ for all $\rho \in \mathbf{R}$; for this is true if ρ is an integer, hence if it is rational, and therefore by continuity in the general case. If λ is any automorphism or antimorphism of A, we have $\nu(x^{\lambda}) = \nu(x)^{\lambda}$ for all $x \in A$.

We shall denote by $P_1(\alpha)$ the set of all elements a of $P(\alpha)$ such that $\nu(a) = 1$. Combining Prop. 4 with Lemma 3 and some trivial topological considerations, we get the following:

Proposition 5. *Let α, β be two positive involutions on the algebra A over $\mathbf{R}$. Then there is one and only one element a of $P_1(\alpha)$ such that $\beta = \alpha j(a)$; and an element a' of $P(\alpha)$ is such that $\beta = \alpha j(a')$ if and only if it is of the form az with $z \in P(Z)$. Moreover, the mapping $a \to \alpha j(a)$ induces on $P_1(\alpha)$ a homeomorphism of $P_1(\alpha)$ onto the set of all positive involutions on A.*

10. We shall denote by $\mathcal{G}$ the group of all automorphisms and antimorphisms of the semisimple algebra A over $\mathbf{R}$. For $\lambda \in \mathcal{G}$, the notation $e(\lambda)$, $u^{[\lambda]}$ will be used in the sense explained in no. 6.

Lemma 4. *Let α be a positive involution on A; let λ be an element of $\mathcal{G}$ commuting with α. Then, for $a \in P(\alpha)$, the involution $\alpha j(a)$ commutes with λ if and only if $a^{[\lambda]} = za$ with $z \in P(Z)$; for $a \in P_1(\alpha)$, $\alpha j(a)$ commutes with λ if and only if $a^{[\lambda]} = a$.*

Clearly, $\alpha j(a)$ commutes with λ if and only if $j(a)$ does so, i.e., by the formulas of no. 6, if and only if $j(a^{[\lambda]})$ is the same as $j(a)$; this amounts to saying that $a^{[\lambda]}$ must be of the form za with $z \in Z$. But, as λ commutes with α, it transforms $P(\alpha)$ into itself (by Prop. 3), so that $a^{[\lambda]}$ is in $P(\alpha)$ whenever a is in $P(\alpha)$. Applying Lemma 3, we get the first assertion in our lemma. If $\nu(a) = 1$, we have $\nu(a^{[\lambda]}) = 1$, hence $\nu(z) = 1$ for $a^{[\lambda]} = za$; for $z \in P(Z)$, this implies $z = 1$.

Lemma 5. *If two positive involutions α, β commute with each other, they coincide.*

In Lemma 4, take $\lambda = \alpha$, and write β as $\alpha j(a)$ with $a \in P_1(\alpha)$; we get $a^{-1} = a$, i.e. $a^2 = 1$, hence $a = 1$.

It is clear that every element λ of $\mathcal{G}$ transforms a positive involution α into a positive involution $\lambda\alpha\lambda^{-1}$, to which we can apply the results proved above; in particular, we can write it as $\alpha j(a(\lambda))$ with $a(\lambda) \in P_1(\alpha)$. We shall need the following property of the mapping $\lambda \to a(\lambda)$:

Lemma 6. *Let α be a positive involution on A. For every $\lambda \in \mathcal{G}$, let $a(\lambda)$ be the element of $P_1(\alpha)$ such that*

$$\lambda\alpha\lambda^{-1} = \alpha j(a(\lambda)).$$

Then, for all λ, μ *in* $\mathscr{G}$, *we have*

$$a(\lambda\mu) = a(\lambda).\ a(\mu)^{[\lambda^{-1}]}.$$

Call a' the right-hand side of the formula to be proved. By the definition of $a(\lambda)$, $a(\mu)$, we have

$$\lambda(\mu\alpha\mu^{-1}).\lambda^{-1} = \lambda\alpha\lambda^{-1}.\ \lambda j(a(\mu))\ \lambda^{-1}$$

$$= \alpha\, j(a(\lambda))\, j(a(\mu)^{[\lambda^{-1}]}) = \alpha\, j(a')$$

so that we must have $a(\lambda\mu) = za'$, with z in the center Z. In particular, if we replace μ by λ^{-1}, we see that we must have

$$a(\lambda^{-1}) = z_\lambda\, a(\lambda)^{-[\lambda]}$$

with $z_\lambda \in Z$. Put $a = a(\lambda)$, $b = a^{1/2}$; $\alpha j(a)$ is the same as $j(b)^{-1}\ \alpha j(b)$, and therefore the definition of $a = a(\lambda)$ can be expressed by saying that $j(b)\,\lambda$ commutes with α; therefore it transforms $P(\alpha)$ into itself. In particular, $a^{j(b)\lambda}$ must be in $P(\alpha)$; this is no other than a^λ. From this it follows at once that $a^{-[\lambda]}$ is in $P_1(\alpha)$; in the above formula, z_λ must therefore be equal to 1, and we have :

$$a(\lambda^{-1}) = a(\lambda)^{-[\lambda]},$$

which is nothing else than the special case $\mu = \lambda^{-1}$ of the formula to be proved. Now we go back to the general case. We have shown that $a(\lambda\mu) = za'$, with $z \in Z$. Let us write that za' is in $P(\alpha)$; this amounts to saying that the bilinear form

$$F(x, y) = \operatorname{tr}(x^\alpha\, za(\lambda)\, a(\mu)^{[\lambda^{-1}]}\, y) = \operatorname{tr}(a(\lambda)x^{\lambda\alpha\lambda^{-1}}\, za(\mu)^{[\lambda^{-1}]}\, y)$$

is symmetric, non-degenerate and positive. As the trace is invariant by λ, $F(x, y)$ can be written, if λ is an automorphism, as

$$F(x, y) = \operatorname{tr}(a(\lambda)^\lambda\, x^{\lambda\alpha}\, z^\lambda\, a(\mu)\, y^\lambda).$$

But in that case $a(\lambda)^\lambda$ is the same as $a(\lambda^{-1})^{-1}$ and is therefore in $P(\alpha)$; writing it as c^2 with $c \in P(\alpha)$, we get

$$F(x, y) = \operatorname{tr}((x^\lambda\, c)^\alpha\, z^\lambda\, a(\mu)\, (y^\lambda\, c))\,;$$

to say that this is symmetric, non-degenerate and positive is to say that $z^\lambda\, a(\mu)$ is in $P(\alpha)$; as $a(\mu)$ is in $P(\alpha)$, z^λ must therefore be in $P(Z)$. Similarly, if λ is an antimorphism, we use the fact that $a(\lambda)^\lambda$

is the same as $a(\lambda^{-1})$ in order to write it as c^2, with $c \in P(\alpha)$, and then write F as

$$F(x, y) = \mathrm{tr}\ ((y^{\lambda\alpha}\, c)^{\alpha}\, a(\mu)^{-1}\, z^{\lambda}\, (x^{\lambda\alpha}\, c)),$$

again with the same conclusion as before, viz. $z^{\lambda} \in P(Z)$, i.e. $z \in P(Z)$. Since obviously $\nu(z)$ is 1, this implies $z = 1$, which completes our proof.

11. THEOREM 3. *Let A be a semisimple algebra over* **R**; *let K be a compact subgroup of the group of all automorphisms and antimorphisms of A. Then there is at least one positive involution on A which is invariant under K, i.e. which commutes with every element of K.*

Assume first that K is a group of automorphisms of A; and choose on A a positive involution α. As in Lemma 6, we call $a(\lambda)$, for $\lambda \in K$, the element of $P_1(\alpha)$ such that

$$\lambda\alpha\lambda^{-1} = \alpha\, j(a(\lambda)).$$

By Prop. 5, this is uniquely defined, and $\lambda \to a(\lambda)$ induces a continuous mapping of K into $P(\alpha)$; by Lemma 6, this satisfies the relation

$$a(\lambda\mu) = a\ (\lambda).\ a\ (\mu)^{\lambda^{-1}}$$

for all λ, μ in K. Now put

$$a = \int_K a(\mu)\, d\mu,$$

where $d\mu$ denotes the Haar measure on K. As $P(\alpha)$ is open and convex in the vector-space of symmetric elements for α, a is in $P(\alpha)$. If, in the integral which defines a, we replace μ by $\lambda\mu$ with a fixed $\lambda \in K$, and apply the above formula for $a\ (\lambda\mu)$, we get

$$a = a\ (\lambda).\ a^{\lambda^{-1}}.$$

On the other hand, we have

$$\lambda\alpha j(a)\ \lambda^{-1} = \alpha j(a(\lambda)\,)\ \lambda j(a)\ \lambda^{-1} = \alpha j(a(\lambda) a^{\lambda^{-1}})\ ;$$

these two formulas, taken together, show that the positive involution $\alpha j(a)$ commutes with λ. As λ is arbitrary in K, this proves our conclusion in the present case.

Now assume that K contains at least one antimorphism ρ; then, if K_0 is the group of all automorphisms of A contained in K, we have $K = K_0 \cup \rho K_0$, $\rho^2 \in K_0$ and $K_0 \rho = \rho K_0$. By what we have proved above, we can choose a positive involution α which commutes with every element of K_0. If we write, as before, $\lambda\alpha\lambda^{-1}$ in the form $\alpha j(a(\lambda))$, with $a(\lambda) \in P_1(\alpha)$, for every $\lambda \in K$, we have $a(\lambda) = 1$ for $\lambda \in K_0$. Put $a = a(\rho)$; by Lemma 6, we have $a(\rho\lambda) = a$ for all $\lambda \in K_0$, i.e. $a(\mu) = a$ for all $\mu \in \rho K_0$. As we have $\rho K_0 = K_0 \rho$, this gives, for $\lambda \in K_0$:

$$a = a(\lambda \rho) = a(\lambda).\ a(\rho)^{\lambda^{-1}} = a^{\lambda^{-1}},$$

and therefore $a = a^\lambda$. Similarly, again by Lemma 6, we have

$$1 = a(\rho^2) = a.(a^\rho)^{-1},$$

and therefore $a = a^\rho$. Now put $b = a^{1/2}$ and $\beta = \alpha j(b)$. By Lemma 4, β commutes with all elements of K_0. Moreover, we have

$$\rho \beta \rho^{-1} = \alpha j(a).\ \rho j(b) \rho^{-1} = \alpha j(a) j(b^{[\rho^{-1}]}).$$

As $a = a^\rho$, we have $b = b^\rho$; the right-hand side of the last formula is therefore equal to $\alpha j(b)$, i.e. to β. This shows that β commutes with all elements of K.

Corollary. *Let (A, ι) be a semisimple algebra with involution over* **R**. *Let K be a compact subgroup of the group of automorphisms of (A, ι). Then there is a positive involution on A which commutes with ι and with all elements of K.*

Our assumptions imply that $K \cup \iota K$ is a compact subgroup of the group of all automorphisms and antimorphisms of A; our assertion is therefore an immediate consequence of Theorem 3.

12. From now on, we shall deal with a semisimple algebra with involution (A, ι) over **R**; and we shall denote by G its group of automorphisms. By Theorem 2 of Part I, the connected component of the identity in G is semisimple if (A, ι) is non-degenerate; and it has been explained in Part I in what sense one may say that " almost all " semisimple real groups can be obtained in this manner.

The corollary of Theorem 3, applied to the case in which K is reduced to the identity, shows that there is at least one positive involution on A which commutes with ι. From the results proved above, we can also deduce at once the following :

PROPOSITION 6. *Let (A, ι) be a semisimple algebra with involution over $\mathbf{R}$. Let α, β be two positive involutions on A, both commuting with ι. Then there is one and only one element a of $P_1(\alpha)$ such that $\beta = \alpha j(a)$, and it is such that $a^\iota = a^{-1}$; conversely, for every such element a, $\alpha j(a)$ is a positive involution commuting with ι. Furthermore, we have $\beta = j(a^{-1/2})\alpha j(a^{1/2})$; and the mapping $\rho \to j(a^\rho)$, for $\rho \in \mathbf{R}$, is an isomorphism of the additive group $\mathbf{R}$ onto a one-parameter group of automorphisms of (A, ι).*

This is in fact an immediate consequence of Prop. 5 and Lemma 5.

The set of all positive involutions of A commuting with ι, provided with its "natural" topology (as explained in no. 9) will be denoted by R; the group G operates on it by the law

$$(\lambda, \alpha) \to \lambda^{-1}\alpha\lambda \quad (\lambda \in G, \alpha \in R),$$

and Prop. 6 shows that it operates on it transitively. We shall denote by $K(\alpha)$ the subgroup of G consisting of the elements of G which commute with α; R is therefore isomorphic to $G/K(\alpha)$. It will be shown that $K(\alpha)$ is a maximal compact subgroup of G, so that R is essentially the Riemannian symmetric space attached to G.

We first show that R is homeomorphic to an open cell. This will be done by defining a "trace operator", corresponding to the "norm operator" ν defined in no. 9. Write once more A as the direct sum of the simple algebras A_i ; call Z_i the center of A_i and n_i^2 the dimension of A_i as a vector-space over Z_i ; denote by S_i the trace in A_i over Z_i, i.e. the trace of the regular representation of A_i considered as an algebra over Z_i. Let x be any element of A ; write it as $x = \Sigma_i x_i$, with $x_i \in A_i$ for all i; we put :

$$\sigma(x) = \sigma\left(\sum_i x_i\right) = \sum_i n_i^{-2} S_i(x_i) ;$$

σ is then a linear mapping of A into Z, which induces the identity on Z ; and, if λ is any automorphism or antimorphism of A, we have $\sigma(x^\lambda) = \sigma(x)^\lambda$ for all x in A. Furthermore, we write

$$\sigma_0(x) = \tfrac{1}{2}[\sigma(x) + \overline{\sigma(x)}]$$

where $z \to \bar{z}$ is as defined in no. 7. If u is any element of A, and if e^u is defined as $\Sigma\, u^n/n\,!$, $\sigma_0(u)$ is nothing than log $\nu(e^u)$; we need only a special case of this, which we formulate as a lemma :

LEMMA 7. *Let u be a semisimple element of A with real spectrum ; then we have $\sigma_0\,(u) = \log\,\nu(e^u)$.*

It is clearly enough to consider the case in which A is simple ; its center Z can be identified with $\mathbf{R}$ or $\mathbf{C}$. Let d be the dimension of A over $\mathbf{R}$; $d.\sigma_0$ is then the trace of the regular representation of A over $\mathbf{R}$, while, for any $x \in A$, d. log $\nu(x)$ is the same as log $|N\,(x)|$, where N is the norm of the regular representation of A over $\mathbf{R}$. If u is a semisimple element of A with real spectrum, we can, by choosing a suitable basis for A, write L_u as a diagonal matrix ; let $r_1, \dots, r_d$ be its diagonal coefficients. Then, if $v = e^u$, L_v is the diagonal matrix with the diagonal elements e^{r_i}. In the regular representation of A over $\mathbf{R}$, the trace of u is Σr_i and the norm of v is Πe^{r_i}. This proves the lemma.

In particular, let α be a positive involution on A ; every even element u for α is semisimple with real spectrum, and, if we put, for such an element, $v = e^u$, v is in $P(\alpha)$; conversely, u is given in terms of v by $u = \log v$. Then Lemma 7 shows that, for such a pair u, v, the relations $\sigma_0(u) = 0$, $\nu(v) = 1$ are equivalent. On the other hand, if u, v is such a pair, and if ι is any involution on A, the relations $u^\iota = -u$, $v^\iota = v^{-1}$ are equivalent. Combining this with Prop. 6, we get the following "decomposition theorem" :

THEOREM 4. *Let G be the group of automorphisms of a semisimple algebra with involution (A, ι) over* $\mathbf{R}$. *Let α be a positive involution on A, commuting with ι ; let $K(\alpha)$ be the subgroup of G consisting of the elements of G which commute with α ; let W be the vector-space of the elements w of A such that $w^\alpha = w$, $\sigma_0(w) = 0$, $w^\iota = -w$. Then* *the mapping* $(w, \lambda) \to j(e^w)\lambda$, *for* $w \in W$, $\lambda \in K(\alpha)$, *is a homeomorphism of* $W \times K(\alpha)$ *onto* G.

For $w \in W$, put $c = e^w$; from what we have seen above, it follows that the mapping $w \to c = e^w$ is a homeomorphism of W onto the set of all elements c of $P_1(\alpha)$ such that $c^\iota = c^{-1}$. Then, by Lemma 4, $j(e^w)$ is in G, so that $j(e^w)\lambda$ is in G for every λ in $K(\alpha)$. Let now μ be any element of G ; then $\mu\alpha\mu^{-1}$ is a positive involution commuting with ι, and can therefore be written as $\alpha j(a)$ with $a \in P_1(\alpha)$, $a^\iota = a^{-1}$. Putting $c = a^{-1/2}$, we get

$$\mu\,\alpha\,\mu^{-1} = \alpha j(a) = j(c)\alpha j(c)^{-1},$$

which shows that $\lambda = j(c)^{-1}\mu$ commutes with α ; as μ and $j(c)$ both commute with ι, λ is thus in $K(\alpha)$. Putting $w = \log c$, we get $\mu = j(e^w)\lambda$. This decomposition of μ is unique ; for, if we have $\mu = j(c')\,\lambda'$ with $c' \in P_1(\alpha)$, $c'^\iota = c'^{-1}$, $\lambda' \in K(\alpha)$, then, writing that λ' commutes with α, we get

$$\mu\,\alpha\,\mu^{-1} = j(c')\,\alpha j(c')^{-1} = \alpha j(c'^{-2})$$

which, compared with the formula written above, gives $c'^{-2} = a$ and therefore $c' = a^{-1/2}$, by Prop. 5. We have thus proved that the mapping in our proposition is bijective. Trivial topological considerations will then show that it is bicontinuous.

Corollary. *Let* (A, ι) *be a semisimple algebra with involution over* $\mathbf{R}$. *Let* R *be the set of all the positive involutions on* A *which commute with* ι. *Then* R, *provided with its natural topology, is homeomorphic to an open cell.*

As we have observed above, Prop. 6 implies that R can be identified with $G/K(\alpha)$, if α is any positive involution commuting with ι on A. Let f be the canonical mapping of G onto $G/K(\alpha)$. Theorem 4 shows that the mapping $w \to f(j(e^w))$ is a homeomorphism of W onto $G/K(\alpha)$.

If the involution ι induces the identity on the center Z of A, it is easy to see that the relation $a^\iota = a^{-1}$, for an element a of $P(\alpha)$, implies $\nu(a) = 1$; and similarly the relation $w^\iota = -w$, for an even element w for α, implies $\sigma_0(w) = 0$. In that case, it is frequently advantageous, instead of the transcendental mapping $w = \log c$, to use the Cayley transformation

$$t = (1 - c).(1 + c)^{-1},\ c = (1 - t).(1 + t)^{-1},$$

where t satisfies $t = t^\alpha = -t^\iota$ and the inequalities

$$|\operatorname{tr}(x^\alpha\, tx)| < \operatorname{tr}(x^\alpha x)$$

for all $x \neq 0$ in A; the set T of these elements t of A is a convex open subset of the space determined by $t = t^\alpha = -t^\iota$, and one sees, just as in the proof of Theorem 4 and its corollary, that the formulas written above determine a homeomorphism between T and R.

13. When dealing with algebraic groups over **R**, one must be careful to distinguish between connected components in the algebraic and in the topological sense; for the example of $GL(n, \mathbf{R})$ shows that the group of points with real coordinates in an algebraic group, defined over **R**, which is irreducible and therefore connected in the algebraic sense, need not be connected in the topological sense. For a similar example where the group is the group of automorphisms G of a semisimple algebra with involution over **R**, one may take the algebra $M_{2n+1}(\mathbf{R})$ with the involution $X^\iota = S^{-1}.{}^tX.S$, S being the matrix

$$S = \begin{pmatrix} 1_{2n} & 0 \\ 0 & -1 \end{pmatrix};$$

the algebraic connected component of the identity in G is $PO^+(S)$, and it is easy to see that $PO^+(S, \mathbf{R})$ is not topologically connected. On the other hand, it is well-known that the set of real points on any algebraic variety, defined over **R**, consists at most of a finite number of connected components in the topological sense; this must then be the case, in particular, for all the groups which we have considered so far.

As above, let G be the group of automorphisms of a semisimple algebra with involution (A, ι) over **R**; for every positive involution α commuting with ι on A, denote again by $K(\alpha)$ the group of the elements of G which commute with α. We shall denote by G' and by

$K'(\alpha)$, respectively, the connected components of the identity in G and in $K(\alpha)$ *in the topological sense.*

LEMMA 8. *Notations being as above, $G'/K'(\alpha)$ is isomorphic to $G/K(\alpha)$, and we have $K'(\alpha) = G' \cap K(\alpha)$.*

Put $K'' = G' \cap K(\alpha)$; call f the canonical mapping of G onto $G/K(\alpha)$. Theorem 4 shows that $f(G')$ is $G/K(\alpha)$; therefore it is simply connected. But trivial topological considerations show that $f(G')$ is the same as G'/K''. On the other hand, $K'(\alpha)$ is obviously the topological connected component of the identity in K''. Therefore $G'/K'(\alpha)$ is a covering space of G'/K'' ; as the latter is simply connected, this implies that $K'(\alpha) = K''$.

THEOREM 5. *Let (A, ι) be a semisimple algebra with involution over $\mathbf{R}$; let G be its group of automorphisms, and G' the topological connected component of the identity in G ; let R be the space of all positive involutions commuting with ι on A ; and let G act on R by $(\lambda, \alpha) \rightarrow \lambda^{-1} \alpha\lambda$ for $\lambda \in G, \alpha \in R$. For each $\alpha \in R$, let $K(\alpha)$ be the group of those elements of G which commute with α, and let $K'(\alpha)$ be the connected component of the identity in $K(\alpha)$. Then, for each $\alpha \in R$, $K(\alpha)$ (resp. $K'(\alpha)$) is a maximal compact subgroup of G (resp. of G') ; conversely, all maximal compact subgroups of G (resp. of G') are of that form, and are transforms of one another by inner automorphisms of G (resp. of G'). Moreover, R is isomorphic both to $G/K(\alpha)$ and to $G'/K'(\alpha)$ for each $\alpha \in R$.*

We have already seen that R is isomorphic to $G/K(\alpha)$; therefore, by Lemma 8, it is also isomorphic to $G'/K'(\alpha)$. It is clear that $K(\alpha)$ and $K'(\alpha)$ are closed subgroups of the group of all automorphisms of the vector-space underlying A ; as the elements of $K(\alpha)$ and $K'(\alpha)$ commute with α, they leave invariant the positive quadratic form $\mathrm{tr}(x^\alpha x)$; therefore these groups are compact. Assume that $K'(\alpha)$ is not a maximal compact subgroup of G' ; then it is properly contained in a compact subgroup K of G'. By the corollary of Theorem 3, K must be contained in $K(\beta)$ for some $\beta \in R$, and therefore also in $K'(\beta)$, so that $K'(\alpha)$ is properly contained in $K'(\beta)$. By Prop. 6, β is the transform of α by some inner automorphism

$j(b)$ of A, belonging to G'; this implies at once that $K'(\beta)$ is the image of $K'(\alpha)$ under the inner automorphism of G' determined by $j(b)$, and therefore that these two groups have the same dimension; as they are topologically connected Lie groups, this shows that $K'(\alpha)$ cannot be properly contained in $K'(\beta)$. Similarly, assume that $K(\alpha)$ is not a maximal compact subgroup of G; then, just as before, we see that $K(\alpha)$ must be properly contained in some $K(\beta)$, which implies that $K'(\alpha)$ is contained in $K'(\beta)$; therefore, as shown above, $K'(\alpha)$ must be the same as $K'(\beta)$. As before, we see that $K(\beta)$ is the image of $K(\alpha)$ under an inner automorphism of G; therefore these groups have the same number of connected components, this number being finite as we have seen before. Since the connected component of the identity in $K(\alpha)$ and in $K(\beta)$ is the same, viz. $K'(\alpha)$, this shows that $K(\alpha)$ cannot be properly contained in $K(\beta)$. On the other hand, the corollary of Theorem 3 shows that every compact subgroup of G is contained in some group $K(\alpha)$; therefore, if it is maximal, it must be of the form $K(\alpha)$; and a similar proof holds for G'.

14. In order to prove our last result, we have to consider the Lie algebras of the groups discussed above. With the notations of Theorem 5, the Lie algebras of G and of $K(\alpha)$ will be denoted by $\mathfrak{g}$ and by $\mathfrak{k}(\alpha)$, respectively.

If Z is the center of the semisimple algebra A, the group of automorphisms of Z is finite; this implies that any automorphism of A, sufficiently close to the identity, induces the identity on Z and is therefore an inner automorphism. From this, one easily deduces the well-known fact that the Lie algebra of the group of automorphisms of A consists of the inner derivations

$$x \to D_u x = ux - xu$$

for all $u \in A$. If u and v are in A, we have $D_u = D_v$ if and only if $u - v$ is in Z; from this, it follows that every inner derivation can be written in one and only one way as D_u with $\sigma(u) = 0$, σ being as defined in no. 12; one may therefore identify the Lie algebra of the group of automorphisms of A with the subspace of A determined by $\sigma(u) = 0$.

If λ is any automorphism or antimorphism of A, and if $e(\lambda)$ has the same meaning as in no. 6, one sees at once that $\lambda^{-1} D_u \lambda$ is the inner derivation $D_{u'}$ with $u' = e(\lambda)\, u^\lambda$. In particular, D_u commutes with λ if and only if $z = u - e(\lambda)\, u^\lambda$ is in Z; when that is so, we have

$$z = \sigma(z) = \sigma(u) - e(\lambda)\, \sigma(u)^\lambda,$$

which shows that z must then be 0 if $\sigma(u) = 0$, or also if λ is an inner automorphism of A; in both these cases, therefore, D_u commutes with u if and only if $u = e(\lambda)\, u^\lambda$.

Lemma 9. *Assume that (A, ι) is non-degenerate, and let α, β be two elements of R. Then $\mathfrak{k}(\alpha) = \mathfrak{k}(\beta)$ implies $\alpha = \beta$.*

From the results proved above, it follows that the Lie algebra $\mathfrak{g}$ of G consists of the inner derivations D_u for $\sigma(u) = 0$, $u^\iota = -u$; let U be the vector-space determined by the latter conditions. Let $V(\alpha)$, $W(\alpha)$ be the subspaces of U consisting of the elements of U which are odd for α and even for α, respectively, and let $V(\beta)$, $W(\beta)$ be defined similarly. Then $\mathfrak{k}(\alpha)$, $\mathfrak{k}(\beta)$ consist of the inner derivations D_v for $v \in V(\alpha)$ and for $v \in V(\beta)$, respectively. By our assumption, D_v commutes with β for every $v \in V(\alpha)$; as $\sigma(v) = 0$ for $v \in V(\alpha)$, this implies that $v^\beta = -v$ and therefore $v \in V(\beta)$. Therefore our assumption can be expressed as $V(\alpha) = V(\beta)$. Now take $w \in W(\alpha)$; as w is even for α, Lemma 1 of no. 6 shows that, with respect to the bilinear form $\mathrm{tr}(xy)$, w is orthogonal to all the odd elements for α, and in particular to all the elements of $V(\alpha)$, i.e. of $V(\beta)$. On the other hand, as w is odd for ι, it is orthogonal to all even elements for ι. Now let B be the space of odd elements for β; for any $b \in B$, write :

$$b_0 = \tfrac{1}{2}(b + b^\iota),\ b_1 = \tfrac{1}{2}(b - b^\iota),\ b_2 = \sigma(b_1),\ b_3 = b_1 - b_2.$$

Then we have $b = b_0 + b_2 + b_3$; b_0 is even for ι. As β commutes with ι, b_1 is odd for β; therefore b_3 is in $V(\beta)$. Moreover, b_2 is odd for β and is in the center, so that it is odd for α (by Prop. 1 of no 7).

Thus b_0, b_2 and b_3 are all orthogonal to w. This proves that w is orthogonal to every $b \in B$; by Lemma 1 of no. 6, w must therefore be even for β. Thus $W(\alpha)$ is contained in $W(\beta)$; exchanging α with β, we see that $W(\alpha) = W(\beta)$. As the odd and the even elements for α and for β in U are the same, it follows that α and β coincide on U, or in other words that $\alpha^{-1}\beta$ induces the identity on the Lie algebra $\mathfrak{g}$ of G. Now, by Prop. 6, $\alpha^{-1}\beta$ is an inner automorphism of G' ; since it induces the identity on the Lie algebra of G, it must therefore be in the center of the *algebraic* connected component of the identity G_0 in G. But we have assumed that (A, ι) is non-degenerate; and it follows from Theorem 2 of Part I that, when that is so, G_0 is semisimple with a center reduced to the identity. This completes our proof.

THEOREM 6. *Notations and assumptions being as in Theorem* 5, *assume also that* (A, ι) *is non-degenerate. Then, for* $\alpha \in R$, $K'(\alpha)$ *is its own normalizer in* G' ; $K(\alpha)$ *is the normalizer of* $K'(\alpha)$ *and is its own normalizer in* G; *and the mappings* $\alpha \to K'(\alpha)$, $\alpha \to K(\alpha)$ *are bijections of* R *onto the sets of maximal compact subgroups of* G' *and of* G, *respectively.*

The latter statement follows at once from Lemma 9. Now, for $\alpha \in R$ and $\lambda \in G$, put $\beta = \lambda^{-1}\alpha\lambda$; λ transforms $K'(\alpha)$ into $K'(\beta)$; therefore, if λ transforms $K'(\alpha)$ into itself, Lemma 9 shows that we must have $\alpha = \beta$, i.e. that λ must be in $K(\alpha)$. This proves the theorem.

15. If (A, ι), when decomposed into simple components, has no summand on which ι induces a positive involution, the group G' has no compact factor, so that the space $R = G'/K'(\alpha)$ is the Riemannian symmetric space attached to the group G'. In fact, it follows from the results of Part I that one can obtain in this manner all the Riemannian symmetric spaces attached to the semisimple groups which have no compact factor and no factor isomorphic to an exceptional Lie group. Unfortunately, the latter are (for the time being, at least) still beyond the scope of the method discussed in this paper.

Finally, we observe that, if a positive involution α is chosen in the space R, and all other points of R are written as $\beta = \alpha j(a)$ with $a \in P_1(\alpha)$, $a^\iota = a^{-1}$, the invariant metric in R is expressed by

$$ds^2 = \mathrm{tr}(a^{-1}\,da.\,a^{-1}\,da),$$

and the geodesic joining α to $\beta = \alpha j(a)$ consists of the points $\alpha j(a^\rho)$ for $\rho \in \mathbf{R}$.

The Institute for Advanced Study
Princeton, New Jersey

[1960c] On discrete subgroups of Lie groups

1. Let G be a topological group and Γ an arbitrary group; one may think of Γ as being provided with the discrete topology. Consider the space $G^{(\Gamma)}$ of all mappings of Γ into G; this is the same as the product $\prod_{\gamma\in\Gamma} G_\gamma$, where G_γ is the same as G for every $\gamma\in\Gamma$, and will be provided with the usual product topology. The set $\mathfrak{R}=\mathfrak{R}(\Gamma, G)$ of all representations of Γ into G may be described as the subset of $G^{(\Gamma)}$, consisting of all the mappings r of Γ into G which satisfy $r(\gamma\gamma')=r(\gamma)r(\gamma')$ for every pair γ, γ' of elements of Γ; this is a closed subset of $G^{(\Gamma)}$ and will be provided with the topology induced on it by that of $G^{(\Gamma)}$; with that topology (the so-called "topology of pointwise convergence"), $\mathfrak{R}$ will be called the space of representations of Γ into G. If Γ is generated by a family of elements $(\gamma_\alpha)_{\alpha\in A}$, indexed by a set A, a representation r of Γ into G is uniquely determined by the elements $r(\gamma_\alpha)$, so that there is a one-to-one correspondence between $\mathfrak{R}$ and a certain subset of the set $G^{(A)}$ of all mappings of A into G. More precisely, Γ is then a homomorphic image of the free group Γ' with the generators $(\gamma'_\alpha)_{\alpha\in A}$; let φ be the homomorphism of Γ' onto Γ which maps γ'_α onto γ_α for every $\alpha\in A$; let Δ' be the kernel of φ; the elements of Δ', being elements of Γ', are "words" $w(\gamma')$ in the γ'_α, and we have then, for every such "word", $w(\gamma)=\varepsilon$, where ε is the neutral element of Γ; these are the "relations between the generators γ_α of Γ". The space $\mathfrak{R}'=\mathfrak{R}(\Gamma', G)$ is then in an obvious one-to-one correspondence with $G^{(A)}$, and it is a trivial matter to verify that this is a homeomorphism when $G^{(A)}$ is provided with the product topology in a manner similar to that described above. Then $\mathfrak{R}$ is in an obvious one-to-one correspondence with the closed subset $\mathfrak{R}_1$ ef $\mathfrak{R}'$, consisting of all the representations of Γ' into G which map Δ' into the neutral element e of G; and it is again a trivial matter to verify that this is a homeomorphism. We will identify $\mathfrak{R}'$ with $G^{(A)}$, and $\mathfrak{R}$ with $\mathfrak{R}_1$, by means of these correspondences. Let us assume further that $(w_\beta)_{\beta\in B}$ is a family of elements of Δ', such that Δ' is generated by the w_β and by their images under all inner automorphisms of Γ'; if we write each such element as a "word" $w_\beta(\gamma)$, we say then that the relations between the γ_α are "generated" by the "fundamental relations" $w_\beta(\gamma)=\varepsilon$; and $\mathfrak{R}$, as a subset of $\mathfrak{R}'=G^{(A)}$, is then the set of the elements (g_α) of $G^{(A)}$ which satisfy the relations $w_\beta(g)=e$.

Particular interest attaches to those representations r of Γ into G which

Reprinted from *Ann. of Math.* 72, 1960, by permission of Princeton University Press.

are injective (or, as one also says, faithful) and such that $r(\Gamma)$ is a discrete subgroup of G with compact quotient space $G/r(\Gamma)$; of course G has then to be locally compact. Clearly a representation r has these properties if and only if there are a neighborhood U of e in G such that $r^{-1}(U) = \{\varepsilon\}$ and a compact subset K of G such that $G = K \cdot r(\Gamma)$. Let us denote by $\mathfrak{R}_0 = \mathfrak{R}_0(\Gamma, G)$ the set of all such representations, considered as a subset of $\mathfrak{R}$. It has been conjectured by A. Selberg that, if G is a semi-simple Lie group, $\mathfrak{R}_0$ is an open subset of $\mathfrak{R}$. This will now be proved for all Lie groups. More precisely, the following theorem will be proved:

Let G be a connected Lie group; let Γ be a discrete group, and r_0 an injective representation of Γ into G, such that $r_0(\Gamma)$ is discrete in G with compact quotient-space $G/r_0(\Gamma)$. Then there are a neighborhood U of e in G, a compact subset K of G, and a neighborhood $\mathfrak{U}$ of r_0 in the space $\mathfrak{R}$ of all representations of Γ in G, such that $r^{-1}(U) = \{\varepsilon\}$ and $G = K \cdot r(\Gamma)$ for all $r \in \mathfrak{U}$. Moreover, Γ has then a finite set of generators with a finite set of fundamental relations.

The last statement is included only for the sake of completeness, since it is an immediate consequence of the fact that the fundamental group of any compact manifold has the property in question (incidentally, a proof for this is included in what follows) and that the same is true of the fundamental group of any connected Lie group. In view of these facts, $\mathfrak{R}$ can be described as has been done above, using a finite set of generators (γ_α) and a finite set of fundamental relations (w_β); then the space denoted above by $\mathfrak{R}'$ is the product of finitely many Lie groups, isomorphic to G, and is therefore a connected real-analytic manifold; $\mathfrak{R}$ is the subset of $\mathfrak{R}'$ defined by the finitely many real-analytic relations $w_\alpha(g) = e$, and is therefore a real-analytic subset of $\mathfrak{R}'$. The theorem stated above implies, as we have said, that the subset of $\mathfrak{R}$ which has been denoted by $\mathfrak{R}_0$ is open on $\mathfrak{R}$; if G is the hyperbolic group (the quotient of $SL(2, \mathbf{R})$ by its center), it is known that $\mathfrak{R}_0$ is actually a manifold; the question naturally arises whether this is true for $\mathfrak{R}_0$, or rather for each connected component of $\mathfrak{R}_0$, whenever G is a Lie group.

2. As will be seen in no. 11, the general case of our theorem can be reduced to the case when G is simply connected. When G is such, $G/r_0(\Gamma)$ is a compact manifold V whose fundamental group is isomorphic to Γ. We first deal with some purely topological aspects of this situation.

In nos. 2-5, we will denote by V any connected manifold (it would be enough for our purposes to assume that V is connected and locally simply connected). Let $\tilde{V}$ be the universal covering of V, with the projection

p onto V; let Γ be the fundamental group of V, considered as a group of automorphisms of $\tilde{V}$, so that V can be identified with $\tilde{V}/\Gamma$. We write $x\gamma$ for the image of a point x of $\tilde{V}$ under an element γ of Γ, and ε for the neutral element of Γ.

Assume that $(\tilde{U}_i)_{i\in I}$ is a family of connected open subsets of $\tilde{V}$, indexed by a finite set I, with the following properties:

(a) *the sets* $\tilde{U}_i\gamma$, *for* $i \in I$, $\gamma \in \Gamma$, *are a covering of* $\tilde{V}$ (i.e., their union is $\tilde{V}$);

(b) *for every pair* (i, j) *there is at most one element* γ *of* Γ *such that* $\tilde{U}_i\gamma$ *meets* $\tilde{U}_j$.

For each i, put $U_i = p(\tilde{U}_i)$; applying (b) to $i = j$, we see that $\tilde{U}_i\gamma$ cannot meet $\tilde{U}_i$ unless $\gamma = \varepsilon$; this means that p induces on $\tilde{U}_i$ a bijective mapping, and therefore a homeomorphism, of $\tilde{U}_i$ onto U_i.

By (a), the sets U_i are a covering of V; call N the nerve of that covering; this is the set of all subsets J of I, such that $\bigcap_{j\in J} U_j$ is not empty. In particular, we have $\{i, j\} \in N$ if and only if $p(U_i)$ meets $p(U_j)$, i.e., if and only if there is γ in Γ such that $\tilde{U}_i\gamma$ meets $\tilde{U}_j$; by (b), when that is so, γ is uniquely determined by that condition; this element γ will be denoted by γ_{ij}. It is clear that $\gamma_{ii} = \varepsilon$ for all i in I, and that $\gamma_{ij}\gamma_{ji} = \varepsilon$ for all $\{i, j\} \in N$.

A subset J of I is in N if and only if, for some j in J, there are a point x in $\tilde{U}_j$ and elements γ_h of Γ such that x is in $\tilde{U}_h\gamma_h$ for all h in J, and then the same is true for all choices of j in J. But then we must have $\gamma_h = \gamma_{hj}$ for all h in J. Therefore J is in N if and only if, for some j in J, all pairs $\{j, h\}$ with h in J are in N, and the sets $\tilde{U}_h\gamma_{hj}$, for $h \in J$, have a non-empty intersection; and then the same is true for all j in J. In particular, take $J = \{i, j, k\}$; this is in N if and only if $\{i, j\}$ and $\{i, k\}$ are in N and there are points u_i in $\tilde{U}_i$, u_j in $\tilde{U}_j$, u_k in $\tilde{U}_k$, such that $u_i = u_j\gamma_{ji} = u_k\gamma_{ki}$; but then u_j is in $\tilde{U}_j$ and in $\tilde{U}_k\gamma_{ki}\gamma_{ij}$, so that we have $\gamma_{kj} = \gamma_{ki}\gamma_{ij}$.

As V is connected, the nerve N is connected; this means that I cannot be written as the union of two disjoint non-empty subsets I', I'', such that no pair $\{i', i''\}$, with i' in I' and i'' in I'', belongs to N. In fact, if this were not so, the unions of the $U_{i'}$ and of the $U_{i''}$ would be disjoint non-empty open subsets of V. We select some element i_0 of I as "origin", and, for each i in I, we select a "chain" C_i, i.e., a sequence $i_0, i_1, \cdots, i_m = i$, with the origin i_0 and the end-point $i_m = i$, such that, for $1 \leqq \mu \leqq m$, $\{i_{\mu-1}, i_\mu\}$ is in N. We put $\delta_i = \gamma_{i_0 i_1}\gamma_{i_1 i_2}\cdots\gamma_{i_{m-1} i_m}$ for the chain C_i. We take for C_{i_0} the chain i_0, i_0, so that $\delta_{i_0} = \varepsilon$. Now, for every $\{i, j\}$ in N, put $\sigma_{ij} = \delta_i\gamma_{ij}\delta_j^{-1}$. These elements satisfy the relations $\sigma_{ik} = \sigma_{ij}\sigma_{jk}$ whenever $\{i, j, k\}$ is in N (which implies, for $i = j = k$, that $\sigma_{ii} = \varepsilon$ for all i, and, for $i = k$, that $\sigma_{ij}\sigma_{ji} = \varepsilon$ for all $\{i, j\}$ in N), and, for every chain $C_i = (i_0, \cdots, i_m)$, the relation $\sigma_{i_0 i_1} \cdots \sigma_{i_{m-1} i_m} = \varepsilon$. It will now be shown that *the* σ_{ij} *generate* Γ, *and that the relations we have just written generate all the relations between them.*

3. As to the first assertion, we use the fact that the nerve $\tilde{N}$ of the covering of $\tilde{V}$ by the $\tilde{U}_i\gamma$ must be connected. Now a pair $\{(i, \gamma), (j, \gamma')\}$ is in $\tilde{N}$ if and only if $\tilde{U}_i\gamma$ meets $\tilde{U}_j\gamma'$, i.e., if and only if $\{i, j\}$ is in N and $\gamma = \gamma_{ij}\gamma'$. Let γ be any element of Γ; there must be a chain of $\tilde{N}$, with the origin (i_0, γ) and the end-point (i_0, ε); if this chain consists of the elements (i_μ, γ_μ), with $0 \leqq \mu \leqq m$, we must therefore have $i_0 = i_m$, $\gamma_0 = \gamma$, $\gamma_m = \varepsilon$, and, for $1 \leqq \mu \leqq m$, $\{i_{\mu-1}, i_\mu\} \in N$ and $\gamma_{\mu-1} = \gamma_{i_{\mu-1} i_\mu}\gamma_\mu$. This gives:

$$\gamma_0 = \gamma_{i_0 i_1}\gamma_{i_1 i_2} \cdots \gamma_{i_{m-1} i_m}\gamma_m ,$$

which, together with the relations $i_m = i_0$, $\gamma_0 = \gamma$, $\gamma_m = \varepsilon$, $\delta_{i_0} = \varepsilon$, and with the definition of the σ_{ij}, implies that we have

$$\gamma = \sigma_{i_0 i_1}\sigma_{i_1 i_2} \cdots \sigma_{i_{m-1} i_0} .$$

Now we prove our assertion about the relations between the σ_{ij}. Let Γ^* be a group generated by elements σ^*_{ij}, with the fundamental relations enumerated at the end of no. 2; the relations $F(\sigma^*_{ij}) = \sigma_{ij}$ determine a homomorphism of Γ^* onto Γ, and we have to show that this is an isomorphism. Let W be the union of the disjoint open sets $\tilde{U}_i \times \{(i, \gamma^*)\}$ in the product $\tilde{V} \times I \times \Gamma^*$, where I and Γ^* are provided with the discrete topology. In W, we introduce an equivalence relation R as follows. Two points (u_i, i, γ^*), (u_j, j, γ'^*), with $u_i \in \tilde{U}_i$, $u_j \in \tilde{U}_j$, will be called equivalent under R if and only if $p(u_i) = p(u_j)$ and $\gamma^* = \sigma^*_{ij}\gamma'^*$. This is reflexive, because $\sigma^*_{ii} = \varepsilon^*$ for all i (where ε^* is the neutral element of Γ^*), and symmetric, because $\sigma^*_{ij}\sigma^*_{ji} = \varepsilon^*$ for all $\{i, j\}$ in N; in order to prove transitivity, let (u_i, i, γ^*) be equivalent to (u_j, j, γ'^*), and the latter point to (u_k, k, γ''^*); then $p(u_i) = p(u_j) = p(u_k)$, so that $\{i, j, k\}$ is in N; also, we have $\gamma^* = \sigma^*_{ij}\gamma'^*$, $\gamma'^* = \sigma^*_{jk}\gamma''^*$, which, in view of the relations between the σ^*_{ij}, implies $\gamma^* = \sigma^*_{ik}\gamma''^*$; this proves that (u_i, i, γ^*) and (u_k, k, γ''^*) are equivalent. One sees at once that the equivalence relation R is open; therefore $V^* = W/R$ is a manifold.

We can define a mapping of W into $\tilde{V}$, by putting $f(u_i, i, \gamma^*) = u_i\delta_i^{-1}F(\gamma^*)$; if (u_i, i, γ^*) and (u_j, j, γ'^*) are equivalent under R, we have $p(u_i) = p(u_j)$, which implies $u_j = u_i\gamma_{ij}$ and therefore $u_j\delta_j^{-1} = u_i\delta_i^{-1}\sigma_{ij}$, and $\gamma^* = \sigma^*_{ij}\gamma'^*$; therefore those two points have the same image in $\tilde{V}$ under the mapping f, so that f determines a mapping φ of $V^* = W/R$ into $\tilde{V}$. The inverse image of $\tilde{U}_i\gamma$ by f consists of the points (u_j, j, γ^*) of W such that $u_j\delta_j^{-1}F(\gamma^*) = u_i\gamma$ for some $u_i \in \tilde{U}_i$; when that is so, we have $p(u_i) = p(u_j)$ and $\{i, j\} \in N$, so that (u_j, j, γ^*) is equivalent under R to $(u_i, i, \sigma_{ij}^*\gamma^*)$. Therefore the inverse image of $\tilde{U}_i\gamma$ by φ consists of the union of the images in V^* of the subsets $\tilde{U}_i \times \{(i, \gamma^*)\}$ of W for which $F(\gamma^*) = \delta_i\gamma$; as those images are disjoint open subsets of V^*, and as φ induces on each one of them a homeomorphism onto $\tilde{U}_i\gamma$, this proves that V^*, with the mapping φ onto $\tilde{V}$, is a covering of $\tilde{V}$; moreover, we see that φ is bijective if and only if F is so. As $\tilde{V}$ is simply connected, this implies that F is bijective if and only if V^* is connected.

4. In order to prove that V^* is connected, it will be enough, since the $\tilde{U}_i$ are connected, to show that the nerve of the covering of V^* by the images of the sets $\tilde{U}_i \times \{(i, \gamma^*)\}$ is connected. This will be done by constructing a "chain" of sets $\tilde{U}_{i_\nu} \times \{(i_\nu, \gamma_\nu^*)\}$, with $1 \leqq \nu \leqq n$, beginning with a given set $\tilde{U}_i \times \{(i, \gamma^*)\}$ and ending up with $\tilde{U}_{i_0} \times \{(i_0, \varepsilon^*)\}$, such that the images in V^* of any two consecutive sets of the chain have a common point. The latter condition will be fulfilled if and only if, for every ν, $\{i_{\nu-1}, i_\nu\} \in N$ and $\gamma_{\nu-1}^* = \sigma_{i_{\nu-1}i_\nu}^*\gamma_\nu^*$; when that is so, we have

$$\gamma^* = \gamma_1^* = \sigma_{i_1i_2}^*\sigma_{i_2i_3}^* \cdots \sigma_{i_{n-1}i_n}^*$$

with $i_1 = i$, and $i_n = i_0$. Conversely, if we can write γ^* in that form, we only have to denote by γ_ν^* the product of the last $n - \nu$ factors in the right-hand side in order to have a chain fulfilling the required conditions.

Now, since Γ^* is generated by the σ_{ij}^*, we can write for γ^* an expression consisting of factors σ_{jh}^* and $(\sigma_{jh}^*)^{-1}$; using the defining relations for Γ^*, we can replace each factor $(\sigma_{jh}^*)^{-1}$ by σ_{hj}^*, so that γ^* now appears as a product of factors σ_{jh}^*. For each factor σ_{jh}^* in that expression, we use the relations corresponding to the chains $C_j = (j_0, j_1, \cdots, j_p)$, $C_h = (h_0, h_1, \cdots, h_q)$, with $j_0 = h_0 = i_0$, $j_p = j$, $h_q = h$, in order to rewrite it as

$$\sigma_{jh}^* = \sigma_{i_0j_1}^*\sigma_{j_1j_2}^* \cdots \sigma_{j_{p-1}j}^*\sigma_{jh}^*\sigma_{hh_{q-1}}^* \cdots \sigma_{h_2h_1}^*\sigma_{h_1i_0}^* ;$$

substituting for the σ_{jh}^* the expressions in the right-hand sides, we get for γ^* an expression which is of the desired form except that it begins with i_0 instead of i; multiplying this to the left with the inverse of the relation corresponding to the chain C_i, we get what we want.

5. We add some remarks to the facts proved in nos. 2–4. Firstly, a covering such as (U_i), used above, can be characterized as follows, in terms of V alone. Let us say that a connected open subset U of V is *homotopically flat on* V if every closed path contained in U is homotopic to 0 on V; this will be so if and only if the inverse image $p^{-1}(U)$ of U in $\tilde{V}$ for p consists of disjoint connected components, each of which is mapped bijectively onto U by p. Now let $(U_i)_{i\in I}$ be a finite covering of V by *connected open sets* U_i, such that, *whenever* $U_i \cap U_j$ *is not empty*, $U_i \cup U_j$ *is homotopically flat on* V; and take for $\tilde{U}_i$ any connected component of $p^{-1}(U_i)$; these will satisfy conditions (a) and (b). The description given above of the fundamental group Γ of V by means of the generators σ_{ij} and of the relations written in no. 2 depends only upon the nerve N of the covering (U_i); moreover, after the group Γ has been so constructed, no. 4 proves that $\tilde{V}$ itself is isomorphic to the quotient of the union of the open subsets $U_i \times \{(i, \gamma)\}$ of $V \times I \times \Gamma$ by the equivalence relation between points (u_i, i, γ), (u_j, j, γ') of that union which is given by $u_i = u_j$, $\gamma = \sigma_{ij}\gamma'$. It would make no difference in this construction if we substituted the γ_{ij} for the σ_{ij}, since this merely amounts to transforming the equivalence relation by the mapping $(u, i, \gamma) \rightarrow (u, i, \delta_i\gamma)$ of the union of the sets $U_i \times \{(i, \gamma)\}$ onto itself.

One may also note the following consequence of these results. By a *cochain of* I *in a group* G, let us understand a mapping $(i, j) \rightarrow x_{ij}$ into G of the set of those pairs (i, j) for which $\{i, j\}$ is in N; this will be called a *cocycle* if $x_{ik} = x_{ij}x_{jk}$ whenever $\{i, j, k\}$ is in N; two cocycles (x_{ij}), (y_{ij}) will be called *equivalent* if there is a mapping $i \rightarrow z_i$ of I into G such that $y_{ij} = z_i x_{ij} z_j^{-1}$ for every $\{i, j\} \in N$. Then the classes of equivalent cocycles of I in G are in a one-to-one correspondence with the classes of representations of Γ into G; as usual, two such representations are called equivalent if they can be derived from one another by an inner automorphism of G.

6. Now we go back to the Lie group G. Any quotient of G by a discrete subgroup may be considered as a Clifford-Klein form of G. In order to give a precise content to this concept, we introduce the notion of G-structure on a manifold. Let n be the dimension of G; let $\omega_1, \cdots, \omega_n$ be a basis for the right-invariant differential forms of degree 1 on G. These satisfy the Maurer-Cartan equations:

$$R_i(\omega) = d\omega_i - \sum_{j<k} c_{ijk}\omega_j\omega_k = 0 ,$$

where the c_{ijk} are the constants of structure for G. By a G-manifold, we shall understand an analytic variety V of dimension n, provided with n differential forms η_i, satisfying the equations $R_i(\eta) = 0$ and linearly independent at every point of V; the η_i are called the structural forms of

V. If V and V' are two G-manifolds, a mapping φ of V into V' will be called a G-mapping if it is analytic and if the inverse images by φ of the structural forms for V' are those for V; if φ is bijective, then its inverse is also a G-mapping, and φ is called a G-isomorphism. Every G-mapping of V into V' is a "local isomorphism" in the sense that each point of V has a neighborhood which is mapped G-isomorphically by φ onto its image in V'. It follows from Frobenius's theorem on completely integrable systems that, if V and V' are G-manifolds, a a point on V and a' a point on V', there is a G-isomorphism of a neighborhood of a on V onto a neighborhood of a' on V' which maps a onto a'; by the same theorem, any two such isomorphisms must coincide in some neighborhood of a on V; from this it follows that, if V is connected, two G-mappings of V into V' which coincide at one point must coincide everywhere.

The group G itself has a natural G-structure, determined by the forms ω_i; the automorphisms for that structure are the right-translations. Therefore the G-structure of G can be transported to the quotient G/Γ of G by any discrete subgroup Γ (this being understood as the space of right cosets $x\Gamma$). Every point of a G-manifold has a neighborhood which is isomorphic to a neighborhood of e (the neutral element of G) on G. A G-manifold V is called *complete* if there is an open neighborhood U of e in G with the following property: to every point a of V, there is a neighborhood W of a and a G-isomorphism of U onto W, mapping e onto a. The group G itself, and every group locally isomorphic to G, are complete G-manifolds; every compact G-manifold is complete.

If V is a connected and simply connected G-manifold, and V' a complete G-manifold, there is one and only one G-mapping of V into V' which maps a given point a of V onto a given point a' of V'; if at the same time V is complete, then, for such a mapping, V becomes a covering manifold of V' and therefore its universal covering. If we take for G the simply connected Lie group with the given structure, then this shows that every complete, connected and simply connected G-manifold is isomorphic to G. If now V is any complete connected G-manifold, its universal covering may be identified with G; if Γ is the fundamental group of V, it operates on G by G-automorphisms, i.e., by right-translations; this means that Γ can be identified with a discrete subgroup of G, and V with G/Γ. This applies in particular to every compact and connected G-manifold.

Let U be a connected open subset of the simply connected group G; let V be the quotient G/Γ of G by a discrete subgroup Γ; let U' be an open subset of V, and assume that there is a G-isomorphism φ of U onto U'. Let p be the canonical mapping of G onto $V=G/\Gamma$; take a point a in U;

as p is surjective, there is a point b of G such that $p(b) = \varphi(a)$. Then φ, and the mapping of U into V defined by $u \rightarrow p(ua^{-1}b)$, are G-mappings of U into V which coincide at a; as U is connected, they coincide everywhere on U. In other words, p induces on $Ua^{-1}b$ a G-isomorphism of that set onto U'; this means that U' is homotopically flat on V. In particular, the results of nos. 2-5 can be applied to any finite covering of a compact connected G-manifold V by connected open subsets U_i, with the property that, whenever U_i meets U_j, $U_i \cup U_j$ is G-isomorphic to an open subset of the simply connected group G. This idea will now be carried out more in detail.

7. As explained above, we assume, until further notice, that the Lie group G is connected and simply connected, and we proceed to prove for that case the theorem stated in no. 1. To simplify notations, we identify Γ with $r_0(\Gamma)$ by means of r_0; we put $V = G/\Gamma$; then G can be identified with the universal covering $\tilde{V}$ of V, and Γ with its fundamental group. In view of our assumptions and of the definitions in no. 6, V is a compact G-manifold.

As Γ is discrete, there is a neighborhood U_0 of e in G, containing no element of Γ except e. As G/Γ is compact, there is a compact subset K of G such that $G = K\Gamma$. We can choose an open neighborhood U of e in G, such that $s^{-1}u_1^{-1}u_2u_3^{-1}u_4s$ is in U_0 whenever s is in K and the u_i are in U; choosing once for all local coordinates $x_1, \cdots, x_n$ in a neighborhood of e in G, we take for U a ball $\sum_i x_i^2 < \rho^2$ of sufficiently small radius ρ. Then, if s, s' are two elements of K, there is at most one $\gamma \in \Gamma$ such that $Us\gamma$ meets Us'; when that is so, we denote that element by $\gamma(s, s')$; we also put $\tau(s, s') = s\gamma(s, s')s'^{-1}$, so that $U\tau(s, s')$ meets U; we have $\gamma(s, s')\gamma(s', s) = e$, and a similar relation for τ. In particular, for every s in K, we have $\gamma(s, s) = e$, $\tau(s, s) = e$.

Call p, as in no. 2, the canonical mapping of G onto $V = G/\Gamma$. For $s \in K$, $Us\gamma$ cannot meet Us unless $\gamma = e$; this means that p induces on Us a homeomorphism (more precisely, a G-isomorphism) of Us onto $p(Us)$. Call $N(K)$ the nerve of the covering of V by the sets $p(Us)$. A pair $\{s, s'\}$ is in $N(K)$ if and only if there is $\gamma \in \Gamma$ such that $Us\gamma$ meets Us', in which case we have $\gamma = \gamma(s, s')$; a finite subset S of K is in $N(K)$ if and only if, for some s_0 in S, every pair $\{s_0, s\}$, with $s \in S$, is in $N(K)$ and there are elements u_s of U such that $u_{s_0} = u_s\tau(s, s_0)$ for every $s \in S$; then the same is true for every choice of s_0 in S. Applying this to a set $S = \{s, s', s''\}$, we see (just as in no. 2) that, if this set is in $N(K)$, we have

$$\gamma(s, s'') = \gamma(s, s')\gamma(s', s'') ,$$

and a similar relation with τ instead of γ.

8. As K is compact, we can choose a finite subset S of K such that K is contained in the union of the sets Us for $s \in S$; then the sets Us, for $s \in S$, have the properties (a) and (b) stated for the sets U_i in no. 2. The nerve of the covering of V by the sets $p(Us)$ is the intersection $N(S)$ of $N(K)$ with the set of all subsets of S. For each T in $N(S)$, we can choose, once and for all, elements $u_T(t)$ of U such that all the elements $u_T(t)t$, for $t \in T$, have the same image in V; this means that we have $u_T(t) = u_T(t')\tau(t', t)$ for all t, t' in T.

Call φ the mapping of $U \times S$ into V defined by $\varphi(u, s) = p(us)$; as this is surjective, and as V is compact, there is a compact subset X of $U \times S$ such that $\varphi(X) = V$; for each $s \in S$, call X_s the compact subset of U such that $X_s \times \{s\} = X \cap (U \times \{s\})$. Let U' be the ball $\sum_i x_i^2 < \rho'^2$, where ρ' is taken $<\rho$ and so close to ρ that U' contains all the sets X_s and all the points $u_T(t)$ for $T \in N(S), t \in T$. Then $U' \times S$ contains X, so that $\varphi(U' \times S) = V$, which means that the sets $p(U's)$, for $s \in S$, are still a covering of V; therefore the sets $U's$, for $s \in S$, still have the properties (a), (b) of no. 2. For $T \in N(S)$ and $t \in T$, the point $u_T(t)t$ is in $U't$; this shows that T is in the nerve of the covering of V by the sets $\varphi(U's)$; as this nerve is obviously contained in $N(S)$, it is still $N(S)$.

We can now define G and V by means of the non-connected manifolds $U' \times S \times \Gamma$, $U' \times S$, with suitable identifications. Call f the mapping of $U' \times S \times \Gamma$ into G defined by $f(u, s, \gamma) = us\gamma$; one sees at once that two points (u, s, γ), (u', s', γ') have the same image by f in G if and only if we have $\{s, s'\} \in N(S)$, $\gamma = \gamma(s, s')\gamma'$, $u' = u\tau(s, s')$; if we write R for this relation, it follows from this that R is an equivalence relation and that G can be identified with $(U' \times S \times \Gamma)/R$; as R is compatible with the G-structure of $U' \times S \times \Gamma$, G can be identified with $(U' \times S \times \Gamma)/R$, not only as a topological space, but even as a G-manifold. Similarly, V, as a G-manifold, can be identified with $(U' \times S)/R'$, where R' is the equivalence relation between pairs (u, s), (u', s') of $U' \times S$ defined by $\{s, s'\} \in N(S)$, $u' = u\tau(s, s')$.

Furthermore, we can use the sets Us to define a set of generators for Γ in the manner explained in no. 2. In order to do this, we have to choose an element s_0 of S, and, for each $s \in S$, a chain C_s as described in no. 2; that being done, we define elements $\delta(s)$, $\sigma(s, s')$ of Γ, in the manner explained there; the $\sigma(s, s')$ are then generators for Γ, and the relations are those stated in no. 2.

9. We now modify as follows the equivalence relations R, R' defined above. Once and for all, we choose a neighborhood Ω of e in G, such that $U'\Omega \subset U$, $u_T(t)\Omega^{-1} \subset U'$ for every $T \in N(S)$ and every $t \in T$, and that the closure of $X_s\Omega^{-1}$, for every $s \in S$, is a compact subset Y_s of U'. Now take a representation $\gamma \to \bar{\gamma}$ of Γ into G; this will be given by assigning the images $\bar{\sigma}(s, s')$ of the generators $\sigma(s, s')$ of Γ in that representation, which can be taken arbitrarily, subject to the relations between the $\sigma(s, s')$. We put

$$\bar{\tau}(s, s') = s\delta(s)^{-1}\bar{\sigma}(s, s')\delta(s')s'^{-1}$$
$$\omega(s, s') = \bar{\tau}(s, s')\tau(s, s')^{-1} .$$

As a consequence of the relations between the $\bar{\sigma}(s, s')$, we have $\bar{\tau}(s, s)=e$ for all $s \in S$, $\bar{\tau}(s, s')\bar{\tau}(s', s)=e$ for all $\{s, s'\} \in N(S)$, $\bar{\tau}(s, s'')=\bar{\tau}(s, s')\bar{\tau}(s', s'')$ for all $\{s, s', s''\} \in N(S)$. Moreover, if the representation $\gamma \to \bar{\gamma}$ is close enough to the identity mapping of Γ onto itself, the elements $\omega(s, s')$ will be in Ω for all $\{s, s'\} \in N(S)$. It will now be shown that, when this is so, the $\bar{\sigma}(s, s')$ generate a discrete subgroup $\bar{\Gamma}$ of G, isomorphic to Γ, such that $G/\bar{\Gamma}$ is compact.

In fact, call $\bar{R}$ the relation between elements (u, s, γ), (u', s', γ') of $U' \times S \times \Gamma$, given by $\{s, s'\} \in N(S)$, $\gamma=\gamma(s, s')\gamma'$, $u'=u\bar{\tau}(s, s')$; call $\bar{R}'$ the relation between elements (u, s), (u', s') of $U' \times S$, given by $\{s, s'\} \in N(S)$, $u' = u\bar{\tau}(s, s')$. We first prove that these are equivalence relations. It is clear that they are reflexive and symmetric. Assume that $\bar{R}'$ holds for (u, s), (u'', s'') and also for (u', s'), (u'', s''); this can be written as $\{s, s''\} \in N(S)$, $\{s', s''\} \in N(S)$, and

$$u'' = \bar{u}\tau(s, s'') = \bar{u}'\tau(s', s'') ,$$

with $\bar{u} = u\omega(s, s')$, $\bar{u}' = u'\omega(s, s')$, so that $\bar{u}$, $\bar{u}'$ are in $U'\Omega$, hence in U. Therefore those relations imply that $\{s, s', s''\}$ is in $N(S)$; in view of the relations between the $\bar{\tau}(s, s')$, it follows at once from this that $\bar{R}'$ holds for (u', s'), (u'', s''). The same proof shows that $\bar{R}$ is also an equivalence relation. As the equivalence relations $\bar{R}$, $\bar{R}'$ are open and are compatible with the G-structures of $U' \times S \times \Gamma$ and of $U' \times S$, the quotients $\bar{G} = (U' \times S \times \Gamma)/\bar{R}$, $\bar{V}=(U' \times S)/\bar{R}'$ are G-manifolds. We denote by $\bar{f}$ and by $\bar{\varphi}$ the canonical mappings of $U' \times S \times \Gamma$ onto $\bar{G}$ and of $U' \times S$ onto $\bar{V}$, respectively.

We now prove that $\bar{V}$ is compact, by showing that it is the union of the images under $\bar{\varphi}$ of the compact subsets $Y_s \times \{s\}$ of $U' \times S$. In fact, let (u, s) be any point of $U' \times S$; as V is the union of the sets $p(X_s s)$, there is an element s' of S and a point x of $X_{s'}$, such that (x, s') is equivalent to (u, s) for R', which means that $\{s, s'\}$ is in $N(S)$ and that $u = x\tau(s', s)$. Then, if we put $y = x\omega(s', s)^{-1}$, y is in $X_{s'}\Omega^{-1}$, hence in $Y_{s'}$, and we have $u = y\tau(s', s)$, which shows that (u, s) is equivalent to (y, s') for $\bar{R}'$. This proves our assertion.

The sets $\bar{\varphi}(U' \times \{s\})$, for $s \in S$, are an open covering of $\bar{V}$. We now prove that the nerve of this covering is still $N(S)$. In fact, assume first that T is in that nerve; then every pair $\{t, t'\}$ of elements of T must be in $N(S)$, and there are elements u_t of U' for every $t \in T$, such that $u_{t'} = u_t\bar{\tau}(t, t')$ for all t, t' in T. Taking t_0 in T, and putting $\bar{u}_t = u_t\omega(t, t_0)$ for all $t \in T$, we get $u_{t_0} = \bar{u}_t\tau(t, t_0)$ for all $t \in T$; as the $\bar{u}_t$ are in $U'\Omega$, hence in U, this implies that T is in $N(S)$. Conversely, let T be any set in $N(S)$; taking t_0 in T, put $\bar{u}_t = u_T(t)\omega(t, t_0)^{-1}$; then we have, by the definition of the elements $u_T(t)$, $\bar{u}_{t_0} = \bar{u}_t\bar{\tau}(t, t_0)$ for all $t \in T$; as the $\bar{u}_t$ are in U', this shows that T is in the nerve of the covering of $\bar{V}$ by the sets $\bar{\varphi}(U' \times \{s\})$.

10. As $\bar{V}$ is compact, it is a complete G-manifold. It has the covering by the sets $\bar{\varphi}(U' \times \{s\})$, with the nerve $N(S)$. If $\{s, s'\}$ is in $N(S)$, the union of the sets $\bar{\varphi}(U' \times \{s\})$, $\bar{\varphi}(U' \times \{s'\})$ is the quotient of the union of the two sets $U' \times \{s\}$, $U' \times \{s'\}$ by the equivalence relation induced on that union by $\bar{R}'$; it is at once seen that this quotient is isomorphic to $U' \cup U'\bar{\tau}(s, s')$; as explained in no. 6, this implies that it is homotopically flat on $\bar{V}$. By the results in no. 5, this shows that the fundamental group of $\bar{V}$ is isomorphic to Γ, and furthermore that the universal covering of $\bar{V}$ is the manifold constructed as explained in no. 5; but it is at once seen that this is nothing else than $\bar{G}$. We have thus proved that $\bar{G}$ is connected and simply connected, as well as complete. As such, it is isomorphic to G and may be identified with it; as the isomorphism between $\bar{G}$ and G is determined only up to right-translation, we may assume the identification to be made in such a way that the point $\bar{f}(e, s_0, e)$ of $\bar{G}$ is identified with the point s_0 of G.

As two G-isomorphisms of U' into G can differ only by a right-translation, the sets $\bar{f}(U' \times \{(s, \gamma)\})$, in the identification we have just made of $\bar{G}$ with G, must appear as right-translates of U', i.e., as sets of the form $U'\rho(s, \gamma)$. We will now determine the factors $\rho(s, \gamma)$, or at any rate the factors $\rho(s_0, \gamma)$ and $\rho(s, e)$, since that will be enough for our purpose. Since we have $\bar{f}(e, s_0, e) = s_0$, we have $\rho(s_0, e) = s_0$.

Let $\{s, s'\}$ be in $N(S)$; then $\bar{\varphi}(U' \times \{s\})$, $\bar{\varphi}(U' \times \{s'\})$ have a point in common, which is the image by $\bar{\varphi}$ of a point (u, s) of $U' \times \{s\}$ and of a point (u', s') of $U' \times \{s'\}$, so that we have $u = u'\bar{\tau}(s', s)$. Take any γ in Γ, and put $\gamma' = \gamma(s', s)\gamma$; then the points (u, s, γ), (u', s', γ') have the same image by $\bar{f}$. On the other hand, by the definition of $\rho(s, \gamma)$, we have

$$\bar{f}(u, s, \gamma) = u\rho(s, \gamma), \qquad \bar{f}(u', s', \gamma') = u'\rho(s', \gamma') .$$

This gives

$$\rho(s', \gamma(s', s)\gamma) = \bar{\tau}(s', s)\rho(s, \gamma) .$$

If we call $\bar{\delta}(s)$, $\bar{\gamma}(s', s)$ the images of $\delta(s)$, $\gamma(s', s)$ in the given representation $\gamma \rightarrow \bar{\gamma}$ of Γ, the definition of $\bar{\tau}(s', s)$ can be written

$$\bar{\tau}(s', s) = \lambda(s')\bar{\gamma}(s', s)\lambda(s)^{-1}$$

with $\lambda(s)$ defined by

$$\lambda(s) = s\delta(s)^{-1}\bar{\delta}(s) ;$$

we note that, by the definition of the elements $\delta(s)$, we have $\delta(s_0) = e$, hence $\bar{\delta}(s_0) = e$ and $\lambda(s_0) = s_0$. Now, putting $\rho'(s, \gamma) = \lambda(s)^{-1}\rho(s, \gamma)$, we can write as follows the relations obtained above:

$$\rho'(s', \gamma(s', s)\gamma) = \bar{\gamma}(s', s)\rho'(s, \gamma) .$$

Let $s_0, s_1, \cdots, s_m$ be such that $\{s_{\mu-1}, s_\mu\} \in N(S)$ for $1 \leqq \mu \leqq m$, and put

$$\gamma = \gamma(s_0, s_1)\gamma(s_1, s_2) \cdots \gamma(s_{m-1}, s_m) .$$

By induction on m, we deduce from the above formula that we have

$$\rho'(s_0, \gamma) = \bar{\gamma}\rho'(s_m, e) .$$

It was proved in no. 3 that one can find a sequence $s_0, s_1, \cdots, s_m$ with the property stated above, and such that $s_m = s_0$ and that γ is any given element of Γ. As we have $\rho'(s_0, e) = e$, this shows that we have, for every γ in Γ, $\rho'(s_0, \gamma) = \bar{\gamma}$, and therefore

$$\rho(s_0, \gamma) = s_0\bar{\gamma} .$$

On the other hand, $\bar{V}$ is the quotient of $\bar{G}$, i.e., of G, by the fundamental group Γ of $\bar{V}$, considered as operating on $\bar{G}$; and the construction of the universal covering in no. 5 shows that an element γ of that fundamental group operates on $\bar{G}$ by mapping the class of (u, s, γ'), for the relation $\bar{R}$, onto the class of $(u, s, \gamma'\gamma)$; in particular, it maps $\bar{f}(e, s_0, e) = s_0$ onto $\bar{f}(e, s_0, \gamma) = \rho(s_0, \gamma) = s_0\bar{\gamma}$, i.e., it operates on it by right-multiplication by $\bar{\gamma}$. But the operation on $\bar{G}$ of any element of the fundamental group of $\bar{V}$ is an automorphism of the G-structure and is therefore a right-translation; this shows that it is the right-translation $\bar{\gamma}$, and that $\bar{V}$ is the same as $G/\bar{\Gamma}$, where $\bar{\Gamma}$ is the image of Γ by the representation $\gamma \to \bar{\gamma}$.

We now observe that $\bar{f}(U' \times \{(s_0, e)\}) = U's_0$ is mapped isomorphically onto its image $\bar{\varphi}(U' \times \{s_0\})$ by the projection of $\bar{G}$ onto $\bar{V}$. In view of what we have just proved, this means that we cannot have $u's_0 = u''s_0\bar{\gamma}$ unless $\gamma = e$; therefore we cannot have $\bar{\gamma} \in s_0^{-1}U's_0$ unless $\gamma = e$.

Furthermore, applying the relations found above to the chain $C_s = (s_0, s_1, \cdots, s_m)$ with $s_m = s$, we get

$$\rho'(s_0, \delta(s)) = \bar{\delta}(s)\rho'(s, e)$$

which, in view of what we have already proved, gives $\rho'(s, e) = e$ and $\rho(s, e) = \lambda(s)$. Now $\bar{V}$ is the image of the union in G of the sets

$$\bar{f}(U' \times \{(s, e)\}) = U'\rho(s, e) = U's\delta(s)^{-1}\bar{\delta}(s)\ ,$$

which are respectively contained in the sets Us provided the $\bar{\delta}(s)$ are close enough to the $\delta(s)$. If we call K' the closure of the union of the sets Us for $s \in S$, this means that we have $G = K'\bar{\Gamma}$, provided the representation $\gamma \to \bar{\gamma}$ is taken close enough to the identity mapping of Γ onto itself. This completes the proof of the theorem stated in no. 1, for the case when G is simply connected.

11. Let us still denote by G the connected and simply connected Lie group with the given structure, and let G' be a connected Lie group, locally isomorphic to G. We can then identify G' with a quotient G/Z, where Z is a discrete subgroup of the center of G, and the fundamental group of G' is isomorphic to Z. As it is known that G' is homeomorphic to the product of a maximal compact subgroup G'' of G' with an open ball, Z is also the fundamental group of a compact group G'' and is therefore finitely generated. Call p the canonical mapping of G onto $G'=G/Z$.

Let Γ' be a discrete subgroup of G' with compact quotient-space G'/Γ'; put $\Gamma = p^{-1}(\Gamma')$. Then Γ is a discrete subgroup of G, containing Z; we can identify Γ' with Γ/Z and G/Γ with G'/Γ', so that G/Γ is compact; we may therefore apply to G and Γ the theorem in no. 1. Let (γ_i) be a set of generators for Γ, such that there is a finite set $R_\lambda(\gamma) = e$ of fundamental relations between them; these may be chosen for instance as described above. Let (ζ_j) be a finite set of generators for Z; each of these can be expressed in terms of the γ_i; for each, take one such expression, say $\zeta_j = F_j(\gamma)$. Then Γ' is generated by the $\gamma'_i = p(\gamma_i)$ and the relations $R_\lambda(\gamma') = e'$, $F_j(\gamma') = e'$ are clearly a fundamental set of relations for the γ'_i, if e' denotes the neutral element of G'.

Let r_0, r'_0 be the identity mappings of Γ and of Γ', respectively, onto themselves. Let U be an open neighborhood of e in G, such that p induces on U a homeomorphism of U onto $U' = p(U)$; let φ be the homeomorphism of U' onto U, inverse to p. Let r' be a representation of Γ' into G'; assume, first of all, that, for every i, $r'(\gamma'_i)$ is in $U'\gamma'_i$, and put

$$\bar{\gamma}_i = \varphi\big(r'(\gamma'_i)\gamma'^{-1}_i\big)\gamma_i .$$

Then we have $p(\bar{\gamma}_i) = r'(\gamma'_i)$. As the $r'(\gamma'_i)$ satisfy the fundamental relations written above for Γ', the elements $R_\lambda(\bar{\gamma})$, $F_j(\bar{\gamma})$ are all in Z; they depend continuously upon the γ'_i, hence upon r', and coincide respectively with e and with the ζ_j if $r' = r'_0$; if we take r' so close to r'_0 that $R_\lambda(\bar{\gamma})$ is in U for every λ and $F_j(\bar{\gamma})$ in $U\zeta_j$ for every j, then, since $U \cap Z = \{e\}$, we must have $R_\lambda(\bar{\gamma}) = e$, $F_j(\bar{\gamma}) = \zeta_j$ for all λ and j. This means that there is a representation r of Γ into G, such that $r(\gamma_i) = \bar{\gamma}_i$ for every i, and that this induces on Z the identity mapping of Z onto itself. Moreover, it is clear that r depends continuously upon r'.

We have thus defined a continuous mapping $r' \to r$ into $\mathfrak{R}(\Gamma, G)$ of a neighborhood of r'_0 in $\mathfrak{R}(\Gamma', G')$, such that, for every r', r induces the identity mapping on Z and that $p\big(r(\gamma)\big) = r'\big(p(\gamma)\big)$ for every $\gamma \in \Gamma$. It is now a trivial matter to verify that, since the theorem in no. 1 holds for G, Γ and r_0, it holds also for G', Γ' and r'_0.

12. Now, going back to the notations of no. 1, we consider again a connected Lie group G (which we do not assume to be simply connected) and a discrete group Γ with a finite set $(\gamma_1, \cdots, \gamma_N)$ of generators and a finite set $R_\lambda(\gamma) = \varepsilon$ of fundamental relations between them. As explained there, we can identify the space $\mathfrak{R} = \mathfrak{R}(\Gamma, G)$ of representations of Γ into G with the real-analytic subset of $G^{(N)}$ defined by the relations $R_\lambda(g_1, \cdots, g_N) = e$; and the set $\mathfrak{R}_0$ of those injective representations $r \in \mathfrak{R}$ for which $r(\Gamma)$ is discrete with compact quotient-space is an open subset of $\mathfrak{R}$.

Let X be a topological space or a differentiable or real-analytic manifold; let f be a continuous resp. differentiable resp. real-analytic mapping of X into $G^{(N)}$, such that $f(X) \subset \mathfrak{R}_0$; for each $x \in X$, write r_x instead of $f(x)$; r_x is then, for every $x \in X$, a representation of Γ into G, with the properties specified above. We make Γ operate on the space $X \times G$ by putting, for every $x \in X$, $g \in G$:

$$(x, g)\gamma = \big(x, g \cdot r_x(\gamma)\big) .$$

It is clear that Γ operates on $X \times G$ continuously resp. differentiably resp. real-analytically. Take any $x \in X$, $g \in G$; since in any case the mapping $x \to r_x$ is continuous, the theorem in no. 1 shows that there is a neighborhood Y of x in X, and a neighborhood U of e in G, such that, for every $y \in Y$, $r_y(\gamma) \in U$ implies $\gamma = \varepsilon$; if now U' is a neighborhood of e in G, such that $U'^{-1}U' \subset U$, one sees at once that the neighborhood $Y \times gU'$ of (x, g) in $X \times G$ has no point in common with its image under any element γ of G, other than ε. This means that we can define the quotient $S = (X \times G)/\Gamma$ as a topological space, or as a differentiable or real-analytic manifold, as the case may be; $X \times G$ is then a covering of S (its universal covering, if both X and G are simply connected). As the operations of Γ on $X \times G$ are compatible with the projection from $X \times G$ to X, that projection determines a mapping p of S onto X, which is continuous, resp. differentiable, resp. real-analytic; for every $x \in X$, $p^{-1}(x)$ is no other than the compact manifold $G/r_x(\Gamma)$. By the theorem in no. 1, for every $x \in X$, there is a neighborhood Y of x and a compact subset K of G such that $p^{-1}(Y)$ is the image of $Y \times K$ in the canonical mapping of $X \times G$ onto S; this implies at once that, to every compact subset K_1 of X, there is a compact subset K_2 of G such that $p^{-1}(K_1)$ is the image of $K_1 \times K_2$, hence compact; in other words, p is a proper mapping of S onto X. All this applies to the case $X = \mathfrak{R}_0$, f being the identity mapping of $\mathfrak{R}_0$ onto itself. Also, p has locally, in a sufficiently small neighborhood of each point of S, the same local properties as the projection from $X \times G$ to X; in particular, if X is a differentiable manifold, p is a differentiable mapping which has everywhere maximal rank (i.e., the Jacobian matrix of p has everywhere a rank equal to the dimension of X).

We now apply this to the case when X is an open interval, say $-1 < x < 1$, with its natural analytic structure. By means of a locally finite covering of S, we can put on S a differentiable ds^2; using Grauert's theorem,[1] we can even do this real-analytically. This ds^2 can be mapped back into $X \times G$; this defines on $X \times G$ an analytic ds^2, invariant under Γ. The elementary theory of differential equations shows now that the orthogonal trajectories of the fibres $\{x\} \times G$ in $X \times G$, i.e., the curves which (for the given ds^2) are at every point orthogonal to the fibre through that point, make up a family of curves which can be written as $g = F(x, g_0)$, this being the equation of the orthogonal trajectory through the point $(0, g_0)$; and F is an analytic function of (x, g_0). If, for each x, we put $F_x(g_0) = F(x, g_0)$, F_x is then an analytic homeomorphism of G onto itself. As the differential equations of the orthogonal trajectories are invariant under Γ, we have, for every $\gamma \in \Gamma$:

$$F_x(g_0 \cdot r_0(\gamma)) = F_x(g_0) \cdot r_x(\gamma) .$$

[1] H. Grauert, *On Levi's problem and the imbedding of real-analytic manifolds*, Ann. of Math., 68 (1958), 460–471. It will be shown elsewhere that the same could also be done without making use of Grauert's theorem.

Dividing by the equivalence relations determined in G by the operations of $r_0(\Gamma)$ and of $r_x(\Gamma)$, respectively, we see that F_x determines an analytic homeomorphism of $G/r_0(\Gamma)$ onto $G/r_x(\Gamma)$.

Now it is known[2] that, on any connected real-analytic set, any two points can be joined by a succession of analytic arcs. Therefore:

With the notations of no. 1, *let* r, r' *be two points in the same connected component of* $\mathfrak{R}_0$. *Then there is an analytic homeomorphism* F *of* G *onto itself, such that*

$$F(g \cdot r(\gamma)) = F(g) \cdot r'(\gamma)$$

for every $g \in G$ *and every* $\gamma \in \Gamma$; *and this determines an analytic homeomorphism of* $G/r(\Gamma)$ *onto* $G/r'(\Gamma)$.

INSTITUTE FOR ADVANCED STUDY

[2] A. H. Wallace, *Sheets of real analytic varieties*, Canad. J. Math., 12 (1960), 51–67 (see lemma 5.2(4), p. 66). The same result is already proved in H. Whitney et F. Bruhat, *Quelques propriétés fondamentales des ensembles analytiques-réels*, Comment. Math. Helv., 33 (1959), 132–160 (see Prop. 2, p. 141), but the formulation, as given there, is slightly weaker than what we need.

[1961b] Organisation et désorganisation en mathématique

Le sujet que je voudrais aborder ce soir n'est pas proprement mathématique. La mathématique possède cette particularité de n'être pas comprise par les non-mathématiciens. Mes collègues historiens de l'Institute for Advanced Study à Princeton se plaignent de temps en temps qu'ils ne comprennent rien à ce que j'écris, tandis que je regarde parfois ce qu'ils écrivent, en me figurant le comprendre, et que j'aie même l'audace d'avoir une opinion là-dessus. Mais aujourd'hui je sors des mathématiques. Toutes les critiques sur ce que je vais vous dire ne m'étonneront pas du tout.

Pourtant je dois vous prévenir d'avance que je vais parler seulement pour les mathématiques et non pas pour les autres sciences; ce que je vais dire ne pourra être appliqué à l'astronomie ni à la physique.

Un caractère particulier des mathématiques est qu'il y a toujours eu et il y a encore aujourd'hui un certain degré d'unité. Dans d'autres domaines, il y a tendance à des spécialisations variées. Il n'y avait pas autrefois de séparation claire entre l'astronomie, la mécanique, la physique et même la chimie. Mais ces branches se sont séparées par la suite, et à présent, même dans l'intérieur de la physique, il se forme des spécialités qui sont complètement distinctes et entre lesquelles il y a peu de communication.

En mathématique aussi, il y a bien entendu des spécialités qu'on nomme analyse, géométrie ou algèbre. Mais ces spécialités n'ont pas d'existence permanente et les lignes de démarcation se déplacent et changent continuellement. Parler de spécialités rigidement établies en mathématique est certainement un non-sens. Les mathématiciens qui se spécialisent étroitement se condamnent à une vue incomplète de la mathématique contemporaine; l'essentiel est que chacun, même dans sa spécialité, ait une connaissance suffisante de l'ensemble des mathématiques. Il y a à chaque époque un certain nombre de tels mathématiciens: aux alentours de 1900–1910, citons seulement Hilbert et Poincaré; dans la génération suivante il y avait Hermann Weyl. Il me paraît extrêmement important qu'il existe de tels mathématiciens et qu'il n'y ait rien qui encourage des chercheurs à se compartimenter étroitement. C'est là le premier point de vue.

Pour aborder le second point de vue, je commencerai par expliquer la différence entre ce qu'on appelle "organisation" et ce qu'on appelle "organisme." Un organisme est quelque chose de vivant et une organisation est quelque chose de bureaucratique et mécanique. Il est d'ailleurs essentiel que des organismes soient sains. Par exemple un cancer peut être un organisme vivant à sa manière, mais qui n'est pas particulièrement désirable pour qui lui donne l'hospitalité. Quand je dis organisme, j'entends un organisme sain et c'est cela que je veux opposer au mot organisation.

Reprinted from *Bull. Soc. Franco-Jap. des Sc.* 3, 1961, pp. 25–35, by permission of the editors.

Quand je parle de désorganisation, je tiens à ce qu'il soit clairement entendu qu'elle n'est nullement incompatible avec la naissance et le développement d'organismes sainement constitués. J'ai connu quelques-uns des organismes de ce genre. L'un à la naissance duquel j'ai pris une certaine part, c'est le groupe qu'on désigne sous le nom de Bourbaki; l'autre à la création duquel je n'ai pris aucune part, mais à la vie duquel je participe actuellement, c'est l'Institute for Advanced Study à Princeton.

Je parlerai d'abord de ce dernier. Comme il y a là un excellent exemple de ce qu'on peut appeler un organisme par opposition à une organisation, il ne sera pas inutile que j'en dise quelques mots. Il est caractéristique d'un organisme du genre de ceux dont je parle en ce moment, qu'à leur naissance ils sont créés sur une petite échelle sans aucune idée préconçue du but qu'ils recherchent. L'Institute a été créé aux envivons de 1930 par Flexner, qui a eu l'idée de choisir les mathématiques comme sujet de recherches pour deux raisons. D'abord c'est leur universalité: on peut faire appel à des mathématiciens de toutes les parties du monde et les différences de langues sont si peu importantes entre eux qu'au bout de très peu de temps ils s'entendent toujours. Le second point est que les mathématiques ne coûtent pas cher; qu'elles ont un rendement maximum pour une somme d'argent donnée. La quantité d'argent qu'il faut pour les recherches mathématiques est infime en comparaison de ce que coûtent les sciences expérimentales. Je ne parle pas de la physique nucléaire qui n'était qu'à ses débuts à cette époque-là. Mais déjà le radium coûtait très cher. Il n'y avait pas de cyclotron, mais il y avait un tas de gadgets qui coûtaient des sommes astronomiques. En mathématique, heureusement, on peut encore se débrouiller avec un crayon et du papier. Même une bibliothèque mathématique représente une dépense insignifiante auprès d'un laboratoire pour un physicien ou pour un chimiste, un hôpital pour un médecin, etc.

Flexner a donné de l'importance aux mathématiques pour ces raisons, et il a fait venir Hermann Weyl, cité tout à l'heure comme un exemple de mathématicien qui a compris et pénétré l'ensemble des mathématiques de son époque. C'est lui qui a développé à ses débuts la partie mathématique de l'Institute for Advanced Study, et fondé la position importante qu'elle occupe aujourd'hui, celle qui consiste à servir de "clearing house" pour les idées mathématiques.

Il est absolument essentiel, pour l'existence même des mathématiques, qu'il y ait dans le monde au moins un endroit qui serve de clearing house—un endroit où les idées s'échangent constamment non seulement dans l'intérieur d'une même spécialité mais d'une spécialité à l'autre. Je ne sais pas où était le clearing house au temps d'Archimède. C'était peut-être à Alexandrie. Mais comme plusieurs des mémoires d'Archimède sont écrits sous forme de lettres adressées à d'autres mathématiciens contemporains, il est manifeste que l'échange d'idées entre mathématiciens de diverses régions du monde hellénique constituait un facteur essentiel du progrès mathématique à cette époque. Au début du 19e siècle, le principal clearing house s'est trouvé à Paris. Il y est resté jusque vers 1880. A ce moment-là, les activités de ce genre se partageaient entre Paris et Göttingen, et pendant une dizaine d'années après la première guerre mondiale, c'était essentiellement Göttingen qui a servi de clearing house. Vers 1930, Hitler a tout démoli en Allemagne; l'activité de Göttingen est tombée à zéro très rapidement. Paris, pour toutes sortes de raisons, a été en très mauvaise condition pour reprendre ce rôle à ce moment-là. Il y avait donc une place à prendre, et cette place pouvait être prise à relativement peu de frais par l'Institute à Princeton, car il ne faut pas beaucoup d'argent pour faire venir un mathématicien d'une partie du monde à l'autre.

Hermann Weyl a dirigé les activités de l'Institute sans aucune idée d'organisation et sans même consciemment avoir cette idée de constituer à Princeton le clearing house. Il partageait avec ses collègues von Neumann, Veblen et Alexander l'idée d'inviter les mathématiciens sans distinction de spécialités, de nationalités, seulement à titre individuel, quand on pensait qu'ils pouvaient avoir quelque chose d'intéressant à dire. Quand ces mathématiciens se sont trouvés ensemble, ils ont commencé à échanger des idées les uns avec les autres, et peu à peu le clearing house s'est formé. Il a fallu à peu près cinq ou six ans pour devenir ce qu'on peut appeler un organisme bien vivant et solide. La guerre l'a mis un peu en sommeil, mais après la guerre, l'Institute a repris sa vie et s'est développé un peu plus quantitativement, toujours sans aucune tentative de règle, de bureaucratie et de tout ce qu'on nomme organisation.

J'ajoute que depuis une dizaine d'années, Paris a recommencé à jouer aussi, très heureusement, ce rôle de clearing house grâce à des circonstances favorables: d'abord le nombre de mathématiciens français de premier plan qui se sont trouvés à Paris a beaucoup augmenté vers 1950, un grand nombre de ceux qui se trouvaient en province sont venus à Paris. Je n'ai pas besoin de dire que la centralisation excessive peut avoir des inconvénients, mais en tout cas, la concentration de mathématiciens de premier plan à Paris présente des avantages considérables; c'est un facteur de nature à attirer des mathématiciens étrangers à Paris. Le CNRS a beaucoup aidé à cet égard. Mais j'ai constaté avec regret qu'au cours des dernières années le CNRS s'est organisé de plus en plus. L'invitation d'un mathématicien ne se fait plus qu'à travers toutes sortes de formalités. Heureusement il est apparu dans ces dernières années encore un autre institut à Paris: l'Institut des Hautes Etudes Scientifiques. Il est né en se modelant explicitement sur la ligne de l'Institute à Princeton. Il n'est jamais très bon de se modeler sur un autre institution au départ, mais comme il est encore tout petit, il est complètement libre de bureaucratie autant que je sache, et il y a espoir qu'il se développe en un organisme vivant.

Je vous ai promis de parler aussi d'un autre organisme: Bourbaki. Quand ce groupe commença à se réunir aux environs de 1934, il était très innocent et très ignorant. Il avait l'idée naïve que les mathématiques étaient bien organisées telles qu'elles étaient dans les traités classiques, et qu'il était temps de les refaire un peu mieux dans un esprit plus moderne. Quand ce groupe commença à discuter de cette idée, il n'a pas fallu trois mois pour découvrir que la première chose à faire était de tout désorganiser. Nous avons donc mis toutes les mathématiques dans un chapeau et les avons secouées énergiquement. Alors un tas de sujets ont commencé à se grouper par eux-mêmes pour notre propre stupéfaction, d'une manière naturelle mais à laquelle nous n'étions pas habitués. Nous avons laissé faire et nous avons poursuivi dans cette voie en conservant dans nos discussions le caractère soigneusement désorganisé. Dans une réunion de ce groupe, il n'y a jamais eu de président de séance. Chacun parle qui a envie de parler et tout le monde a le droit de l'interrompre. Si l'on s'aperçoit qu'il n'a rien d'intéressant à dire, on s'arrange pour le faire taire; et s'il veut continuer à parler, il est obligé de crier fort. Ceux qui ont entendu le poème symphonique "Till Eulenspiegel" de Richard Strauss peuvent avoir une idée de ce qui se passe; il y a là un thème du héros Till Eulenspiegel qui reparaît de temps en temps, et à ce Till Eulenspiegel il arrive tout le temps des catastrophes épouvantables: les cuivres se mettent à tonner, son thème disparaît complèment, et puis, quand les cuivres sont essoufflés, le thème Till Eulenspiegel revient et finalement c'est lui qui gagne. Ce genre de chose est aussi arrivé dans nos discussions, mais ne croyez pas que l'état actuel de Bourbaki reflète nécessairement l'opinion de celui de nous qui criait le plus fort. J'ai seulement voulu mettre en valeur le caractère anarchique de ces discussions qui s'est conservé dans toute l'existence de ce groupe.

Vous avez le droit de demander comment un groupement aussi désorganisé et aussi anarchique a pu arriver à des réalisations concrètes d'une vingtaine de volumes parus sous le nom de Bourbaki. Remarquez bien qu'aucun de ces volumes n'est le produit d'un travail individuel. La bonne organisation aurait sans doute voulu qu'on assigne à chacun un sujet ou un chapitre, comme il se fait dans les volumes bien organisés. Mais l'idée ne nous est jamais venue de faire cela. En mathématique qui a une structure logique, la structure vivante et organique nous paraît beaucoup plus importante qu'une structure organisationnelle, si j'ose risquer ce barbarisme. C'est indispensable que le travail soit le travail collectif du groupe. Il nous a paru étonnant à nous-mêmes qu'en travaillant dans ces conditions anarchiques, on soit arrivé à des résultats aussi concrets. C'est un phénomène assez étonnant que nous avons l'habitude d'attribuer à la coopération mystérieuse de notre maître Nicolas Bourbaki, mais il serait très difficile de vous expliquer par quelle voie se produit cette coopération. Ce qu'il y a à retenir de cette expérience sur un plan concret, c'est que tout effort d'organisation aurait abouti à un traité comme tous les autres; la naissance d'un organisme vivant est un phénomène dont les conditions sont difficiles à décrire et qui ne peut pas se répéter à volonté.

Je pense qu'il est temps d'arriver à une espèce de conclusion. Je tiens à souligner encore une fois que j'ai parlé seulement pour les mathématiques. Dans un autre domaine, en astronomie par exemple, il est parfaitement évident que pour explorer systématiquement toutes les régions du ciel, il faut une collaboration de tous les observatoires; et par conséquent il est indispensable d'avoir une organisation qui assigne ses tâches à chaque observatoire. Mais je considère que cela n'est pas nécessaire en mathématique. Ce n'est pas par hasard, je pense, que dans les deux pays que je connais le mieux, la France et les Etats-Unis, les mathématiciens les plus sérieux et les plus distingués ont fini par se désintéresser complètenent du fonctionnement de la société mathématique de leur pays respectif. Ma conclusion est que, ce qu'il faut désirer, ce sont des circonstances favorables à la naissance d'un organisme sain, mais toute tentative d'organisation, autant que je puisse voir, en mathématique, non seulement n'est pas de nature à favoriser la naissanse de tels organismes, mais serait plutôt de nature à empêcher cette naissance. C'est pourquoi, en mathématique, je suis complètement en faveur de la désorganisation.

(*Résumé par la Rédaction de la conférence faite par M. A. Weil le* 10 *mai* 1961 *à la Maison franco-japonaise de Tokio*)

[1962a] Sur la théorie des formes quadratiques

Dans le premier de ses célèbres mémoires ([4]) sur les formes quadratiques, Siegel a établi un théorème fondamental qui peut s'énoncer sous la forme suivante. Convenons de désigner par $N(S, T)$ le nombre de solutions de l'équation matricielle $S[X] = T$ lorsque S, T sont deux matrices symétriques données, à coefficients entiers rationnels, d'ordre m et d'ordre n respectivement (avec $n \leqslant m$), et que la matrice X, à m lignes et n colonnes, est assujettie à être à coefficients entiers rationnels; suivant l'usage, $S[X]$ désigne la matrice ${}^tX.S.X$, où ${}^tX$ est la transposée de X. Si S et T sont les matrices de formes définies positives, il est clair que $N(S, T)$ est fini; on posera dans ce cas :

$$\mu(S, T) = N(S, T)/N(S, S).$$

Supposons que S et T soient définies positives (c'est-à-dire que les formes quadratiques de matrices S, T soient telles); et choisissons, pour chaque classe de formes du «genre» de S, un représentant S_i; le théorème de Siegel s'écrit alors comme suit :

$$\sum_i \mu(S_i, T) = \gamma(S) \cdot \prod_v \alpha_v(S, T); \tag{1}$$

dans cette formule, le coefficient $\gamma(S)$ ne dépend que du genre de S; v parcourt l'ensemble des «places» du corps Q des nombres rationnels, ensemble qu'on peut considérer comme ayant pour éléments les nombres premiers rationnels et le symbole ∞; enfin, pour chaque v, $\alpha_v(S, T)$ désigne, en un certain sens, la «mesure» de l'ensemble des solutions de l'équation $S[X] = T$ dans le complété Q_v de Q pour la place v (complété qui est le corps des réels si $v = \infty$, et le corps Q_p des nombres p-adiques si v est le nombre premier p), et ne dépend que du genre de S et de celui de T.

9

Dans les mémoires suivants de la même série, Siegel étendit la formule (1) aux formes quadratiques, définies ou non, sur un corps de nombres algébriques; dans tous les cas, la structure de la formule qui exprime son théorème fondamental reste la même, mais les nombres $\mu(S_i, T)$ qui y figurent ne peuvent se définir en général au moyen des nombres de solutions entières de certaines équations; on les définit au moyen des volumes de «domaines fondamentaux» pour certains groupes discontinus. Ce qui nous intéresse pour l'instant, c'est qu'on aboutit dans tous les cas à une formule du type (1), et en particulier que le premier membre comporte toujours une sommation sur toutes les classes du genre de S.

Dans un travail ultérieur ([5]), Siegel, en appliquant aux formes *indéfinies* une méthode nouvelle, obtint pour celles-ci une formule plus précise, qui donne la valeur de $\mu(S, T)$; compte tenu de (1), ce nouveau résultat peut s'exprimer en disant que tous les termes du premier membre de (1) ont même valeur. Cependant, ce résultat n'est démontré que moyennant une restriction supplémentaire sur le nombre n de variables de la forme T; supposant que S et T sont à coefficients entiers rationnels et que S est équivalente, sur R, à une forme à p carrés positifs et $m - p$ carrés négatifs, Siegel est obligé, pour appliquer sa méthode, de supposer que

$$n \leqslant \inf\left(p, m-p, \frac{m-3}{2}\right). \tag{2}$$

$$\begin{cases} m > 2n+2 \\ r \geqslant n \end{cases}$$

Il était naturel de se demander si ces derniers résultats de Siegel sont vraiment indépendants des précédents, et si l'inégalité (2) est nécessaire pour assurer leur validité. Le but du présent travail est de répondre à ces questions par la négative.

Nous prendrons pour point de départ l'idée féconde de Tamagawa, qui consiste à introduire dans la théorie des groupes algébriques le langage des «adèles». Il était déjà connu, d'après Tamagawa, que le «nombre de Tamagawa» du groupe orthogonal (défini au moyen d'une forme quadratique non dégénérée sur un corps de nombres algébriques) est toujours égal à 2, et que ce résultat est équivalent à la formule (1) pour le cas $T = S$. Le calcul du nombre de Tamagawa du groupe orthogonal est d'ailleurs effectué complètement dans mon cours de Princeton ([6]), par une méthode qui, si elle est en substance assez proche (au langage près) de la démonstration de la formule (1) par Siegel, en est logiquement indépendante. Ce résultat étant supposé acquis, nous nous proposons ici de démontrer ce qui suit :

(A) La formule (1), pour S et T non-dégénérées et $n \leqslant m-3$ (la même méthode, convenablement modifiée, permettrait de traiter aussi le cas $n = m - 2$, et celui où T est de déterminant 0);

(B) Le fait que si, dans le premier membre de (1), on groupe ensemble tous les termes correspondant à des formes S_i appartenant à un même «genre spinoriel», la somme obtenue a la même valeur pour tous les «genres spinoriels» contenus dans le genre de S.

Lorsque S est une forme *indéfinie*, il résulte d'un théorème de Eichler et Kneser (cf. [2]), qu'il y a identité entre les «genres spinoriels» et les classes du genre de S; en ce cas, (B) permet donc de conclure que tous les termes du premier membre de (1) ont même valeur, ce qui est le résultat même de Siegel, relatif aux formes indéfinies, affranchi de la condition (2) et soumis seulement aux conditions énoncées ci-dessus dans (A).

Pour le cas $n = 1$, ces résultats se trouvent déjà dans un travail récent ([3]) de M. Kneser; comme celui-ci a bien voulu me le communiquer, il les avait en fait obtenus pour n quelconque (y compris certains cas où l'on a $n = m - 2$ ou $\det(T) = 0$); sa méthode ne diffère pas substantiellement de celle qui sera suivie ici. Si je me suis permis néanmoins de revenir sur la question, c'est principalement afin de mettre en évidence le fait que la condition (2) ne tient pas à la nature du problème, ce qui ne peut apparaître clairement tant qu'on se borne au cas $n = 1$.

1. Comme corps de base, nous adoptons un corps de nombres algébriques k, dont les complétions distinctes seront désignées par k_v, v parcourant l'ensemble des «places» de k; on notera p un idéal premier de k, ainsi que la place correspondante, de sorte que les k_p désignent toutes les complétions p-adiques de k; et on notera A l'anneau des adèles de k.

Une fois pour toutes, nous nous plaçons dans un espace vectoriel de dimension m sur k, que nous identifions à k^m par le choix d'une base; nous nous y donnons une forme quadratique non dégénérée, déterminée, pour la base choisie, par la matrice symétrique S à m lignes et m colonnes, à coefficients dans k. On désignera par G le groupe orthogonal $O^+(S)$, formé des matrices X de déterminant 1 satisfaisant à $S[X] = S$; suivant l'usage, on note G_k, G_{k_v}

ou plus brièvement G_v, et G_A, les groupes des solutions de det $X=1$, $S[X]=S$, à coefficients dans k, dans k_v, et dans A, respectivement; ces groupes sont munis de leurs topologies naturelles.

Supposant désormais $m \geqslant 3$, nous désignerons par G'_v le groupe des commutateurs de G_v (c'est-à-dire, bien entendu, le sous-groupe de G_v engendré par les commutateurs d'éléments de G_v) et par G'_A celui de G_A. Nous noterons ν la «norme spinorielle» de G; celle-ci définit, pour tout v, une représentation continue de G_v dans le groupe fini $k^*_v/(k^*_v)^2$, et, sur G_A, une représentation continue de G_A dans $I_k/(I_k)^2$, I_k désignant le groupe des idèles de k. Si S est d'indice $\geqslant 1$ dans k_v (c'est-à-dire si la forme quadratique définie par S «représente zéro» dans k_v), on sait que G'_v n'est autre que le noyau de ν dans G_v; il en est ainsi en toute place à l'exception au plus des places à l'infini si $m \geqslant 5$, et en presque toute place pour $m=3$ ou 4. Si S est d'indice 0 (c'est-à-dire si la forme S «ne représente pas zéro») dans k_v, G'_v est encore le noyau de ν sauf si $m=4$ et si v est un idéal premier de k, ne divisant pas 2; dans ce dernier cas, G'_v est un sous-groupe ouvert de G_v, d'indice 2 dans le noyau de ν, et G_v/G'_v est un groupe de type (2,2,2). On conclut aussitôt de là que G'_A est un sous-groupe fermé de G_A, d'indice fini (égal à une puissance de 2) dans le noyau G''_A de ν; pour $m \neq 4$, on a $G'_A = G''_A$; dans tous les cas, tous les éléments de G_A/G'_A sont d'ordre 2. De plus, au moyen d'un théorème d'«approximation faible» tout à fait élémentaire, on vérifie immédiatement que, même pour $m=4$, on a $G'_A\, G_k = G''_A\, G_k$; comme c'est seulement le groupe $G'_A\, G_k$ qui nous importe dans ce qui suit, on pourrait donc, sans rien changer, y substituer G''_A à G'_A. Notons enfin (bien que cette remarque ne soit pas utile pour notre objet) que la norme spinorielle détermine un isomorphisme de $G_A/G'_A\, G_k$ sur le groupe $I_k/k^*\,(I_k)^2$, dont la structure est déterminée par la théorie du corps de classes (c'est le groupe de Galois du composé de toutes les extensions quadratiques de k).

2. Pour tout sous-groupe ouvert G_Ω de G_A, on peut considérer les classes bilatères dans G_A suivant les sous-groupes G_Ω et G_k; l'ensemble de ces classes s'appellera par définition le *genre orthogonal* déterminé par G et G_Ω. Si les U_i sont des représentants des classes bilatères en question, on aura donc :

$$G_A = \bigcup_i G_\Omega U_i G_k. \tag{3}$$

Il résulte d'ailleurs des travaux de Siegel que les classes d'un genre orthogonal sont toujours en nombre fini; mais nous n'aurons pas à faire usage de ce résultat.

Si de plus G_A' est comme ci-dessus le groupe des commutateurs de G_A, l'ensemble $G_\Omega G_A' G_k$ est un sous-groupe ouvert de G_A; les classes suivant ce sous-groupe s'appelleront les *sous-genres* du genre orthogonal déterminé par G et G_Ω; chacun d'eux est évidemment réunion de classes du genre en question (qu'on appellera, par abus de langage, les classes de ce sous-genre). Comme $G_\Omega G_A' G_k$ contient le groupe des commutateurs de G_A, les sous-genres forment le groupe commutatif $G_A/G_\Omega G_A' G_k$; d'après ce qui précède, c'est un groupe discret dont tous les éléments sont d'ordre 2. De plus, comme G_A/G_k est de mesure finie (égale au nombre de Tamagawa de G si la mesure est normalisée convenablement), des résultats généraux connus sur la mesure de Haar montrent que $G_A/G_\Omega G_A' G_k$ est de mesure totale finie, donc que c'est un groupe fini puisqu'il est discret; bien entendu, cela résulte aussi, si l'on veut, du fait que les classes d'un genre sont en nombre fini. On en conclut que les sous-genres forment un groupe de type (2,2, ..., 2).

Supposons en particulier que la forme quadratique définie par S soit «indéfinie», c'est-à-dire qu'il y ait au moins une place à l'infini v de k telle que la forme S représente zéro dans k_v. Il s'ensuit alors du théorème d'approximation de M. Kneser (cf. [2]) que le noyau de la norme spinorielle, donc à plus forte raison le groupe G_A', est contenu dans $G_\Omega G_k$, donc aussi dans $U^{-1} G_\Omega U G_k$ quel que soit $U \in G_A$; cela donne $UG_A' \subset G_\Omega U G_k$, et par suite

$$G_\Omega U G_A' G_k \subset G_\Omega U G_k.$$

Comme G_A' est le groupe des commutateurs de G_A, le premier membre n'est pas autre chose que le sous-genre $UG_\Omega G_A' G_k$. On a donc montré que, dans le cas d'une forme indéfinie, il n'y a pas de distinction à faire entre classes et sous-genres d'un genre orthogonal.

3. Pour retomber sur les notions classiques de la théorie des formes quadratiques, on supposera que k est le corps Q des nombres rationnels, que S est à coefficients entiers rationnels, et qu'on a pris $G_\Omega = \Pi\, G_\Omega^{(v)}$, où $G_\Omega^{(v)} = G_v$ quand v est la place à l'infini de k, et où $G_\Omega^{(p)}$ désigne, pour tout nombre premier p, l'ensemble des éléments de G_p à coefficients entiers p-adiques. Soit alors R

le réseau Z^m des points à coordonnées entières dans Q^m; pour tout p, soit de même $R_p = Z_p^m$ (c'est l'adhérence de R dans Q_p). Pour chaque i, soit $R_p^{(i)}$ le transformé de R_p par l'automorphisme de Q_p^m défini par la coordonnée de U_i^{-1} relative à p (coordonnée qui, par définition de G_A, est un élément de G_p). Il y a alors, comme on sait, un réseau $R^{(i)}$ et un seul dans Q^m dont l'adhérence dans Q_p^m est $R_p^{(i)}$ quel que soit p. Soit S_i la matrice qui exprime la forme quadratique définie par S lorsqu'on prend pour base de Q^m, au lieu de la base canonique, une base (arbitrairement choisie) du réseau $R^{(i)}$. On vérifie facilement, dans ces conditions, que les S_i sont des représentants des classes du genre de la forme quadratique S, au sens classique de ces mots. Quant aux «sous-genres», ils ne sont pas autre chose dans ce cas que les «genres spinoriels» introduits par Eichler dans la théorie des formes quadratiques (cf. [1]).

Un peu plus généralement, prenons pour k un corps de nombres algébriques; soit R un réseau de k^m, c'est-à-dire un module de type fini sur l'anneau des entiers de k, contenant m vecteurs linéairement indépendants sur k; et, pour tout idéal premier p de k, soit R_p l'adhérence de R dans k_p^m. Posons $G_\Omega^{(v)} = G_v$ pour toute place à l'infini de k; et, pour tout idéal premier p de k, prenons pour $G_\Omega^{(p)}$ le groupe des éléments de G_p qui transforment R_p en lui-même. Considérons le genre orthogonal défini par G et par $G_\Omega = \Pi\, G_\Omega^{(v)}$. Les U_i étant comme plus haut des représentants des classes de ce genre, désignons de nouveau par $R_p^{(i)}$ le transformé de R_p par la coordonnée de U_i^{-1} relative à p, et par $R^{(i)}$ le réseau dont l'adhérence dans k_p^m est $R_p^{(i)}$ quel que soit p. Les réseaux $R^{(i)}$, dans l'espace k^m muni de la forme quadratique S, constituent à nouveau des représentants des classes du genre de S, au sens classique. On notera d'ailleurs qu'on peut, sans changer G_Ω, remplacer les R_p par des réseaux $c_p R_p$ respectivement homothétiques aux R_p, à condition que l'on ait $c_p = 1$ pour presque tout p; en procédant ainsi, on pourra par exemple faire en sorte que la forme quadratique définie par S soit à valeurs entières sur R_p (ou bien que la forme bilinéaire définie par S soit à valeurs entières sur $R_p \times R_p$, ces conditions étant équivalentes si p ne divise pas 2), et qu'il n'y ait pas de réseau homothétique à R_p, contenant R_p et distinct de R_p, qui satisfasse à la même condition. Il est clair qu'alors les réseaux $R_p^{(i)}$ ont la même propriété. Ici encore nos «sous-genres» ne sont autres que les «genres spinoriels».

4. Désormais, nous conviendrons une fois pour toutes de prendre pour G_Ω un sous-groupe ouvert de G_A de la forme $\Pi\, G_\Omega^{(v)}$, où les $G_\Omega^{(v)}$ sont soumis aux conditions suivantes : (*a*) $G_\Omega^{(v)} = G_v$ pour toute place à l'infini v de k; (*b*) pour tout idéal premier p de k, $G_\Omega^{(p)}$ est un sous-groupe ouvert de G_p ; (*c*) pour presque tout p, $G_\Omega^{(p)}$ est le groupe des éléments de G_p à coefficients entiers dans k_p. On sait d'ailleurs que, si ϱ est une représentation linéaire fidèle de G, ayant k pour corps de rationalité, la condition (*c*) est équivalente à la suivante : (*c'*) pour presque tout p, $G_\Omega^{(p)}$ est le groupe des éléments X de G_p tels que $\varrho(X)$ soit à coefficients entiers dans k_p. On désignera par G_∞ le produit $\Pi\, G_v$, étendu aux places à l'infini de k, et par G_c le groupe compact $\Pi\, G_\Omega^{(p)}$, où le produit est étendu aux idéaux premiers de k; on a $G_\Omega = G_\infty \times G_c$.

Sur le groupe algébrique G, on choisira, une fois pour toutes, une «jauge», c'est-à-dire une forme différentielle (au sens algébrique) invariante à droite et à gauche, de degré égal à la dimension de G, ayant k pour corps de rationalité. Cette forme détermine, comme on sait (cf. [6]) une mesure de Haar m_v sur chacun des groupes G_v; de plus, si on pose, pour tout idéal premier p de k, $\mu(p) = m_p(G_\Omega^{(p)})$, le produit infini $\Pi\, \mu(p)$ est absolument convergent. On peut donc définir sur G_Ω la mesure produit des m_v; la mesure de Haar m sur G_A qui coïncide sur G_Ω avec $|D|^{-\dim(G)/2}\Pi m_v$ (où D est le discriminant de k, et $\dim(G) = m(m-1)/2$) est indépendante du choix de G_Ω, et du choix d'une jauge sur G, et s'appelle la mesure de Tamagawa sur G_A. On en déduit, par passage au quotient, une mesure (qui sera encore notée m) sur le quotient de G_A par n'importe quel sous-groupe discret de G_A, et par exemple sur G_A/G_k.

Par définition, le «nombre de Tamagawa» de G est $m(G_A/G_k)$; on sait qu'il est égal à 2. Il s'ensuit que $m(G_\Omega G_k/G_k)$ a une valeur finie, nécessairement > 0 puisque G_Ω est ouvert; cette valeur est égale à $m(F)$ si F est un «domaine fondamental» pour G_k dans $G_\Omega G_k$, c'est-à-dire une partie borélienne de $G_\Omega G_k$ qui rencontre en un point et un seul toute classe à droite suivant G_k contenue dans $G_\Omega G_k$; on satisfait à cette condition en prenant pour F un domaine fondamental pour le groupe $G_0 = G_\Omega \cap G_k$ dans G_Ω; par exemple, on pourra prendre $F = F_0 \times G_c$, où F_0 est un domaine fondamental dans G_∞ pour la projection de G_0 sur le premier facteur G_∞ du produit $G_\Omega = G_\infty \times G_c$. Si on note m_∞ la mesure de Haar dans G_∞, produit de $|D|^{-\dim(G)/2}$ par le produit des mesures

m_v pour toutes les places à l'infini v de k, on a alors $m(F) = m_\infty(F_0)\Pi\mu(p)$. Ce résultat peut aussi s'écrire

$$m(G_\Omega G_k/G_k) = m_\infty(G_\infty/G_0)\,\Pi\mu(p),$$

où, pour simplifier, on a écrit G_0 au lieu de la projection de G_0 sur G_∞. Si, dans cette formule, nous substituons $U^{-1}G_\Omega U$ à G_Ω, où U est un élément quelconque de G_A, elle reste évidemment valable (les $\mu(p)$ gardant les mêmes valeurs) à condition de substituer à G_0 le groupe

$$G_0(U) = U^{-1}G_\Omega U \cap G_k;$$

ici encore, par abus de notation, nous ne distinguons pas entre $G_0(U)$ et sa projection sur G_∞. Comme m est invariante à gauche, cela donne :

$$m(G_\Omega UG_k/G_k) = m_\infty(G_\infty/G_0(U))\Pi\mu(p). \tag{4}$$

Si dans cette formule on substitue à U les éléments U_i figurant dans (3), c'est-à-dire les représentants des classes du genre considéré, et qu'on fasse la somme des formules obtenues, il vient

$$m(G_A/G_k) = \Pi\,\mu(p)\sum_i m_\infty(G_\infty/G_0(U_i)). \tag{5}$$

C'est là le nombre de Tamagawa de G; comme nous le rappelions tout à l'heure, il est égal à 2. Dans le cas «classique» qu'on a considéré au n° 3, ce résultat n'est pas autre chose que le théorème fondamental de Siegel sur la «mesure d'un genre», c'est-à-dire la formule (1) pour $T = S$; dans ce cas, les groupes $G_0(U_i)$ sont les «groupes d'unités» des classes du genre de S.

Il est évident d'ailleurs qu'on aurait obtenu une formule analogue en sommant seulement sur les classes d'un sous-genre : la formule serait la même, à un facteur près égal au nombre des sous-genres (donc à une puissance de 2). En particulier, s'il s'agit d'une forme indéfinie, chacun des termes du second membre de (5) a la valeur $2^{1-\nu}$ si 2^ν est le nombre des sous-genres (ou, ce qui revient au même dans ce cas, le nombre des classes).

5. Soit maintenant T une matrice symétrique à n lignes et n colonnes, de déterminant non nul, à coefficients dans k; une fois pour toutes, nous supposerons que l'on a $1 \leqslant n \leqslant m-3$ (donc $m \geqslant 4$). Nous désignerons par H la variété affine définie, dans

l'espace à mn dimensions des matrices X à m lignes et n colonnes, par l'équation $S[X] = T$; nous supposerons que H a au moins un point rationnel sur k, ou, ce qui revient au même en vertu d'un théorème classique de Hasse, que H a des points rationnels sur chacun des corps k_v. On notera H_k, H_v, H_A les ensembles de points de H à coordonnées dans k, dans k_v et dans A, respectivement.

Choisissons une fois pour toutes un élément M de H_k, et désignons par g le sous-groupe de G formé des éléments X de G tels que $X \cdot M = M$. Si $m_1, \ldots, m_n$ sont les n colonnes de la matrice M, et si V est le sous-espace de k^m engendré par les vecteurs m_i, T est la matrice, par rapport à la base $(m_1, \ldots, m_n)$ de V, de la forme quadratique induite sur V par la forme déterminée par S dans k^m; comme on a supposé T de déterminant non nul, les m_i sont linéairement indépendants, et le sous-espace W de k^m orthogonal à V par rapport à S est supplémentaire de V dans k^m, donc de dimension $m - n$; de plus, la forme quadratique induite par S sur W est non dégénérée. Le groupe g est alors le sous-groupe de G qui laisse invariants tous les points de V, et il s'identifie d'une manière évidente au groupe orthogonal de la forme induite par S sur W. La variété H n'est pas autre chose, dans ces conditions, que l'espace homogène G/g; plus précisément, le théorème de Witt montre, comme on sait, que l'application $X \to X \cdot M$ détermine, par passage au quotient, des isomorphismes de G_k/g_k sur H_k, de G_v/g_v sur H_v et de G_A/g_A sur H_A : en particulier, $X \to X \cdot M$ est une application ouverte de G_A sur H_A, et, pour tout v, c'est une application ouverte de G_v sur H_v.

Soit G_Ω un sous-groupe ouvert de G_A, et soit $g_\Omega = g_A \cap G_\Omega$; g_Ω est un sous-groupe ouvert de g_A, et il est clair que l'intersection $g_A \cap G_\Omega U G_k$ de g_A avec une classe du genre déterminé par G et G_Ω est une réunion (qui peut être vide) de classes du genre déterminé par g et g_Ω. Plus précisément, considérons, dans H_A, l'ensemble ouvert

$$U^{-1} G_\Omega M = (U^{-1} G_\Omega U) \cdot U^{-1} M,$$

qui est une orbite pour le sous-groupe ouvert $U^{-1} G_\Omega U$ de G_A; et posons :

$$H_0(U) = H_k \cap U^{-1} G_\Omega M.$$

L'ensemble $H_0(U)$, qui peut être vide, est évidemment stable pour le sous-groupe $G_0(U) = G_k \cap U^{-1} G_\Omega U$ de G_k, et peut donc s'écrire comme réunion d'orbites par rapport à ce groupe; si les M_ϱ sont des représentants de ces orbites, on pourra écrire chacun d'eux sous la forme $M_\varrho = U^{-1}X_\varrho M$ avec $X_\varrho \in G_\Omega$, et aussi sous la forme $M_\varrho = Y_\varrho M$ avec $Y_\varrho \in G_k$ puisque G_k opère transitivement sur H_k. Si, dans ces conditions, on pose $V_\varrho = X_\varrho^{-1} U Y_\varrho$, on vérifie facilement que l'on a

$$g_A \cap G_\Omega U G_k = \bigcup_\varrho g_\Omega V_\varrho g_k \tag{6}$$

et que les ensembles qui figurent au second membre sont disjoints.

6. Si de plus G_Ω satisfait aux conditions (*a*), (*b*), (*c*) du début du n° 4, il est clair que g_Ω y satisfera aussi; on pourra alors appliquer la formule (4) du n° 4 aux termes du second membre de (6). Pour cela, on choisira une jauge dans g, au moyen de laquelle on définira la mesure de Tamagawa m' dans g_A, des mesures de Haar m'_v dans les groupes g_v, et, comme au n° 4, une mesure de Haar m'_∞ dans le groupe g_∞.

On peut alors, d'une manière et d'une seule, choisir une jauge dans H (c'est-à-dire une forme différentielle au sens algébrique, invariante par G, de degré égal à la dimension de H, et ayant k pour corps de rationalité) de telle sorte que la jauge dans G soit formellement le produit des jauges dans g et dans H. Au moyen de cette jauge, on définira des mesures invariantes m''_v, m''_A dans les espaces homogènes H_v, H_A, et on aura, au sens de la théorie des espaces homogènes, $m''_v = m_v/m'_v$, $m''_A = m_A/m'_A$.

Cela posé, soit W un élément quelconque de G_A; dans la formule (6), remplaçons U par WU et G_Ω par $WG_\Omega W^{-1}$; il vient :

$$g_A \cap WG_\Omega UG_k = \bigcup_\varrho (g_A \cap WG_\Omega W^{-1}) V_\varrho g_k,$$

où les V_ϱ sont déterminés comme suit: on écrit l'ensemble

$$H_k \cap U^{-1} G_\Omega W^{-1} M$$

comme réunion d'orbites $G_0(U) \cdot M_\varrho$ distinctes par rapport au groupe

$$G_0(U) = G_k \cap U^{-1} G_\Omega U,$$

et, pour chaque ϱ, on écrit

$$M_\varrho = U^{-1} X_\varrho W^{-1} M = Y_\varrho M$$

avec $X_\varrho \in G_\Omega$, $Y_\varrho \in G_k$, puis $V_\varrho = WX_\varrho^{-1}UY_\varrho$. Appliquons (4) au résultat ainsi obtenu; il vient

$$m'((g_A \cap WG_\Omega UG_k)/g_k)$$
$$= \sum_\varrho m'_\infty(g_\infty/(g_k \cap Y_\varrho^{-1}G_0(U)Y_\varrho)) \quad \prod_p m'_p(g_p \cap W_p G_\Omega^{(p)} W_p^{-1}),$$

où W_p désigne la coordonnée de W relative à p.

Mais, pour chaque p, $W_p G_\Omega^{(p)} W_p^{-1} M$ est une partie ouverte compacte de H_p, orbite de M par rapport au groupe $W_p G_\Omega^{(p)} W_p^{-1}$; comme le stabilisateur de M dans ce groupe est l'intersection de celui-ci avec g_p, on a donc :

$$m'_p(g_p \cap W_p G_\Omega^{(p)} W_p^{-1}) = m_p(W_p G_\Omega^{(p)} W_p^{-1}) \cdot m''_p(W_p G_\Omega^{(p)} W_p^{-1} M)^{-1}.$$

Au second membre, le premier facteur est égal à $m_p(G_\Omega^{(p)})$, c'est-à-dire à $\mu(p)$, et le second à $m''_p(H_\Omega^{(p)})^{-1}$ si l'on a posé, pour tout v :

$$H_\Omega^{(v)} = G_\Omega^{(v)} W_v^{-1} M.$$

De plus, nous écrirons aussi :

$$H_\Omega = \prod H_\Omega^{(v)} = G_\Omega W^{-1} M.$$

C'est là une orbite de G_Ω dans H_A, et réciproquement toute orbite de G_Ω dans H_A s'écrit ainsi pour un choix convenable de W. On notera qu'en vertu de résultats généraux élémentaires sur les variétés adéliques (cf. [6]), $H_\Omega^{(p)}$ est, pour presque tout p, l'ensemble des points de H à coordonnées dans l'anneau des entiers de k_p; il est facile d'ailleurs de vérifier cette assertion directement. La formule obtenue plus haut peut s'écrire maintenant :

$$\text{(7)} \qquad m'((g_A \cap WG_\Omega UG_k)/g_k) \prod m''_p(H_\Omega^{(p)})$$
$$= \prod_p \mu(p) \sum_\varrho m'_\infty(g_\infty/(g_k \cap Y_\varrho^{-1}G_0(U)Y_\varrho)),$$

et les Y_ϱ qui figurent au second membre s'obtiennent en écrivant

$$\text{(8)} \qquad H_k \cap U^{-1}H_\Omega = \bigcup_\varrho G_0(U)M_\varrho, \quad M_\varrho = Y_\varrho M, \quad Y_\varrho \in G_k,$$

où la réunion qui apparaît au second membre de la première de ces formules est une partition du premier membre en ensembles disjoints.

7. Comme dans la formule (3) du n° 2, désignons par U_i des représentants des classes du genre déterminé par G_Ω dans G_A. Si, pour chaque i, on substitue U_i à U dans (8), on pourra écrire

$$(9) \quad H_k \cap U_i^{-1} H_\Omega = \bigcup_\varrho G_0(U_i) \cdot M_{i\varrho}, \quad M_{i\varrho} = Y_{i\varrho} M, \quad Y_{i\varrho} \in G_k;$$

bien entendu, le nombre de termes qui figurent au second membre de la première de ces formules dépend de i (pour certaines valeurs de i, il peut s'annuler). Si maintenant on fait la somme des formules obtenues en substituant U_i à U dans (7), on obtiendra

$$(10) \qquad m'(g_A/g_k) \prod_p m''_p(H_\Omega^{(p)})$$
$$= \prod_p \mu(p) \sum_{i,\varrho} m'_\infty(g_\infty/(g_k \cap Y_{i\varrho}^{-1} G_0(U_i) Y_{i\varrho})).$$

On peut obtenir une formule plus précise en faisant porter la sommation, non pas sur tous les U_i, mais seulement sur les représentants U_j des classes d'un sous-genre $UG_\Omega G'_A G_k$; on écrira Σ' au lieu de Σ, pour indiquer que la sommation porte seulement sur ces U_j, pour un sous-genre U donné. Au lieu du facteur $m'(g_A/g_k)$ du premier membre de (10), il faudra alors écrire

$$(11) \qquad m'((g_A \cap WUG_\Omega G'_A G_k)/g_k).$$

Mais on a $G_A = g_A G_\Omega G'_A G_k$; cela résulte par exemple du fait que, puisque $m - n \geqslant 3$, g contient un sous-groupe g' isomorphe à un groupe orthogonal à 3 variables, donc isomorphe au quotient d'un groupe de quaternions de norme $\neq 0$ par son centre; pour ce dernier, la «norme spinorielle» n'est autre que la norme quaternionique, d'où résulte aussitôt que tout idèle dont les coordonnées à l'infini sont > 0 est norme spinorielle d'un élément de g'_A, donc à plus forte raison d'un élément de g_A; cela donne $G_A = g_A G_\infty G''_A$, où G''_A est le noyau de la norme spinorielle dans G_A, d'où (puisque $G''_A \subset G'_A G_k$) le résultat annoncé. Il s'ensuit qu'il y a un élément Z de g_A tel que $WU \in ZG_\Omega G'_A G_k$; on a alors

$$g_A \cap WUG_\Omega G'_A G_k = Z \cdot (g_A \cap G_\Omega G'_A G_k),$$

ce qui prouve que (11) a une valeur indépendante de WU; comme la somme des valeurs de (11), lorsqu'on y substitue à U des représentants de tous les sous-genres, est $m'(g_A/g_k)$, on voit que (11) a la valeur $2^{-\nu}m'(g_A/g_k)$, où 2^ν est le nombre des sous-genres dans G_A. Cela donne :

$$(12) \qquad 2^{-\nu}m'(g_A/g_k)\prod_p m''_p(H_\Omega^{(p)})$$

$$= \prod_p \mu(p) \sum_{j,\varrho}{}' m'_\infty(g_\infty/(g_k \cap Y_{j\varrho}^{-1}\, G_0(U_j)\, Y_{j\varrho})),$$

où, comme il a été expliqué, la sommation du second membre porte sur les représentants U_j des classes d'un sous-genre $UG_\Omega G'_A G_k$. En particulier, s'il s'agit d'une forme indéfinie S, chaque sous-genre ne contient qu'une classe, et il n'y a pas à sommer sur j au second membre.

Dans les formules (10) et (12), les premiers membres contiennent les «composantes» $H_\Omega^{(p)}$ d'une orbite arbitraire $H_\Omega = G_\Omega W^{-1}M$ de G_Ω dans H_A, et les seconds membres contiennent les éléments $Y_{i\varrho}$ qui sont définis à partir de cette orbite au moyen de (9). Considérons alors plus généralement, au lieu d'une orbite, toute partie de H_A de la forme $K = \Pi K_v$, où les K_v sont des parties des H_v satisfaisant aux conditions suivantes : (*a*) pour tout v, K_v est stable par rapport à $G_\Omega^{(v)}$ (ce qui implique que K est stable par rapport à G_Ω, et que, lorsque v est une place à l'infini, $K_v = H_v$); (*b*) pour tout idéal premier p de k, K_p est compacte; (*c*) pour presque tout p, K_p est l'ensemble des points de H_p dont les coordonnées sont des entiers de k_p. Ces conditions impliquent que K est réunion finie d'orbites de G_Ω dans H_A. Cela posé, si on substitue K_p à $H_\Omega^{(p)}$ dans le premier membre de (10), ou dans celui de (12), ce premier membre devient une fonction additive de K. De même, si on substitue K à H_Ω dans (9), l'ensemble des $Y_{i\varrho}$ défini par cette relation dépend additivement (en un sens évident) de K, de sorte que les seconds membres de (10) et de (12) en dépendent additivement aussi. Il s'ensuit que, si on substitue K à H_Ω dans (9), et K_p à $H_\Omega^{(p)}$ dans (10) et (12), les formules obtenues restent toujours valables. En d'autres termes, (10) et (12) restent valables pourvu qu'on suppose que les $H_\Omega^{(p)}$ (au lieu d'être des orbites pour les groupes $G_\Omega^{(p)}$) satisfont aux conditions (*a*), (*b*), (*c*). Par exemple, si S et T sont à coefficients entiers dans k, et si on a pris pour $G_\Omega^{(p)}$, pour tout p, l'ensemble des éléments de G_p à coefficients entiers dans k_p, on satisfera aux conditions imposées en prenant aussi pour $H_\Omega^{(p)}$, pour tout p, l'ensemble des éléments de H_p à coefficients entiers dans k_p.

On notera que le calcul ci-dessus ne dépend nullement de la connaissance du nombre de Tamagawa $m'(g_A/g_k)$; nous avons eu besoin seulement de savoir que ce nombre a une valeur finie. Pour retrouver le résultat final de Siegel, il suffit de remplacer ce nombre par sa valeur (égale à 2, comme on sait) dans les formules obtenues; (10) et (5) donnent les théorèmes de Siegel dans le cas de la théorie générale des formes quadratiques, tandis que (12) contient le résultat relatif aux formes indéfinies.

Si T est de déterminant nul, ou bien si $n = m - 2$, le groupe g cesse d'être semisimple. Presque rien n'est cependant à changer aux calculs ci-dessus tant que c'est l'extension d'un groupe orthogonal par le groupe additif d'un espace vectoriel (ce qui est le cas si T est de rang r, si $m - 2n + r \geqslant 3$, et si on prend pour H la variété formée par les matrices X de rang n qui satisfont à $S[X] = T$). De toute façon, les considérations exposées ici se prêtent à des généralisations assez variées, qu'il n'entrait pas dans notre propos d'examiner pour l'instant.

BIBLIOGRAPHIE

[1] M. Eichler, *Quadratische Formen und orthogonale Gruppen*, J. Springer, Berlin 1952.

[2] M. Kneser, Klassenzahlen indefiniter quadratischer Formen in drei oder mehr Veränderlichen, *Arch. d. Math.* **7** (1956), 323-332.

[3] M. Kneser, Darstellungsmasse indefiniter quadratischer Formen, *Math. Zeitschr.* **77** (1961), 188-194.

[4] C.L. Siegel, Über die analytische Theorie der quadratischen Formen : (I) *Ann. of Math.* **36** (1935), 527-606; (II) *Ann. of Math.* **37** (1936), 230-263; (III) *Ann. of Math.* **38** (1937), 212-291.

[5] C.L. Siegel, On the theory of indefinite quadratic forms, *Ann. of Math.* **45** (1944), 577-622.

[6] A. Weil, *Adeles and algebraic groups*, Lecture-notes, Institute for Advanced Study, Princeton 1961.

[1962b] On discrete subgroups of Lie groups (II)

1. This is a continuation of my paper [7] with the same title, which will be referred to as D^I, and which has to be supplemented in the manner described below in Appendix I. Indeed, the present paper is nothing else than a combination of the ideas of D^I with the method of variation of structure, as applied to special types of semisimple groups by Calabi and by Calabi-Vesentini in their recent work[1].

We shall mainly be concerned with semisimple groups without compact components, i.e., with connected semisimple Lie groups having no connected compact normal subgroup. However, we begin by considering any connected Lie group G having at least one discrete subgroup with compact quotient; this implies that G is unimodular (it would even be enough for this to assume that G has a discrete subgroup H such that G/H has a finite measure, for the measure determined on G/H by a right-invariant measure on G).

Let n be the dimension of G; choose a basis $X_1, \cdots, X_n$ for the space of right-invariant vector-fields on G; we have

$$(1) \qquad [X_\lambda, X_\mu] = \sum_{\nu=1}^n c_{\lambda\mu}^\nu X_\nu \qquad (1 \leqq \lambda, \mu \leqq n)\,,$$

where the $c_{\lambda\mu}^\nu$ are the constants of structure of G. The X_λ will be considered, in the usual manner, as differential operators acting on functions on G. To say that they are right-invariant means that they commute with right-translations, so that they are the infinitesimal operators belonging to the group of left-translations on G. The dual basis to the X_λ, in the space of differential forms on G, consists of the forms ω^λ given by $i(X_\lambda)\omega^\mu = \delta_\lambda^\mu$, where i is the interior product and (δ_λ^μ) is the unit-matrix. Then we have, for every function f on G:

$$(2) \qquad df = \sum_{\lambda=1}^n X_\lambda f \cdot \omega^\lambda\,.$$

The ω^λ are a basis for the right-invariant differential forms on G. On G, we have the right-invariant differential form $\omega^1 \wedge \cdots \wedge \omega^n$; G being oriented so as to make this positive, we can use it as volume-element on G and denote it, as such, by $d\Omega$. As G is unimodular, this must be invariant under left-translations, or, what amounts to the same, under the

[1] Cf. [3], [4] and [1]. I am also greatly indebted to Calabi for permission to make use of notes on seminar lectures given by him on this subject in Princeton in 1958–59.

Reprinted from *Ann. of Math.* 75, 1962, by permission of Princeton University Press.

infinitesimal operators X_λ; in the usual notation, this can be written

$$\theta(X_\lambda)\cdot\omega^1\wedge\cdots\wedge\omega^n=0 \qquad (1\leqq\lambda\leqq n)\,.$$

Using H. Cartan's well known identity $\theta(X)=i(X)d+di(X)$, we get:

$$d(\omega^1\wedge\cdots\wedge\omega^{\lambda-1}\wedge\omega^{\lambda+1}\wedge\cdots\wedge\omega^n)=0\,.$$

Therefore, if H is any discrete subgroup of G such that G/H is compact, we have, by Stokes's formula:

$$(3)\qquad \int_{G/H} X_\lambda f\cdot d\Omega=\int_{G/H}\pm d(f\cdot\omega^1\wedge\cdots\wedge\omega^{\lambda-1}\wedge\omega^{\lambda+1}\wedge\cdots\wedge\omega^n)=0$$

for all λ and all functions f on G/H.

2. Now consider a group Γ and a one-parameter family $t\to r_t$ of representations of Γ into G; we assume that *r_0 is injective, $r_0(\Gamma)$ is discrete in G, $G/r_0(\Gamma)$ is compact,* and also that *$t\to r_t(\gamma)$ is of class C^∞ for every $\gamma\in\Gamma$.* We can then apply the results of D^{I}, no. 12, supplemented by Appendix I of this paper; this says that there is an open interval I containing 0, such that, if Γ is made to act on $I\times G$ by

$$(t,x)\gamma=\big(t,x\cdot r_t(\gamma)\big) \qquad (t\in I,\ x\in G,\ \gamma\in\Gamma)\,,$$

it operates freely and properly on $I\times G$. Then the quotient-space $S=(I\times G)/\Gamma$ is a separated manifold of class C^∞, and the mapping $(t,x)\to t$ of $I\times G$ onto I determines on S a proper mapping π of S onto I; for each $t\in I$, the "fibre" $\pi^{-1}(t)$ can be identified in an obvious manner with the compact manifold $G/r_t(\Gamma)$. The vector-fields X_λ determine in an obvious manner n vector-fields on $I\times G$; as these are invariant under Γ, they determine n vector-fields on S; these vector-fields, on $I\times G$ and on S, will also be denoted by X_λ; they are, at every point (t,x) of $I\times G$ (resp. at every point M of S), tangent to the fibre $t\times G$ (resp. $\pi^{-1}(\pi(M))$) through that point, and they satisfy (1).

We can also make G act on $I\times G$ by $s\cdot(t,x)=(t,sx)$; as these operations commute with those of Γ, they determine operations of G on S; the corresponding infinitesimal transformations are the linear combinations of the X_λ with constant coefficients.

3. Now let $\mathfrak{F}$ be the class of all vector-fields Y of class C^∞ on S such that $Y\pi=1$. By an obvious identification, this may also be considered as the class of the vector-fields Y of class C^∞ on $I\times G$, invariant under Γ, such that $Yt=1$ (where t means the function $(t,x)\to t$ on $I\times G$). On $I\times G$, a vector-field Y satisfies $Yt=1$ if and only if it can be written as $Y=\partial/\partial t+\sum_\lambda\varphi^\lambda X_\lambda$, where the φ^λ are functions on $I\times G$; but this does not show how to choose the φ^λ so that Y may be invariant under Γ. However, it is easily seen that $\mathfrak{F}$ is not empty; in fact, by means of a locally finite covering, put on S a ds^2 of class C^∞, and take for Y, at every point M of S, the vector which is orthogonal to the fibre $\pi^{-1}(\pi(M))$ through M and satisfies $Y\pi = 1$; this belongs to $\mathfrak{F}$. If $Y \in \mathfrak{F}$, the vector-fields in $\mathfrak{F}$ are those of the form $Y + \sum_\lambda \varphi^\lambda X_\lambda$, where the φ^λ are functions of class C^∞ on S.

Taking $Y \in \mathfrak{F}$, write now $[X_\lambda, Y]$ as a linear combination of Y and the X_λ. Since we have $Y\pi = 1$ and $X_\lambda \pi = 0$, we have $[X_\lambda, Y]\pi = 0$, so that Y cannot occur in $[X_\lambda, Y]$; this gives:

$$[X_\lambda, Y] = \sum_{\mu=1}^{n} f_\lambda^\mu \cdot X_\mu \,. \tag{4}$$

The Jacobi identity gives:

$$X_\lambda f_\mu^\nu - X_\mu f_\lambda^\nu = \sum_\rho (c_{\lambda\mu}^\rho f_\rho^\nu + c_{\mu\rho}^\nu f_\lambda^\rho - c_{\lambda\rho}^\nu f_\mu^\rho) \,. \tag{5}$$

Also, if we substitute $Y' = Y + \sum_\lambda \varphi^\lambda X_\lambda$ for Y, the f_λ^μ are replaced by

$$f'^\mu_\lambda = f_\lambda^\mu + X_\lambda \varphi^\mu + \sum_\rho c_{\lambda\rho}^\mu \varphi^\rho \,. \tag{6}$$

Suppose now that, for two vector-fields Y, Y' in $\mathfrak{F}$, we have $[X_\lambda, Y' - Y] = 0$ for all λ; since $Y' - Y$ is a linear combination of the X_λ, this means that $Y' - Y$ induces, on each fibre $t \times G$ of $I \times G$, a vector-field which commutes with all the X_λ, i.e., a left-invariant vector-field. This must at the same time be invariant under Γ, i.e., under the right-translations $r_t(\gamma)$ for all $\gamma \in \Gamma$. As right-translations act on the left-invariant vector-fields by the adjoint group of G, this means that, for each t, $Y' - Y$ is a left-invariant vector-field belonging to the subalgebra $\mathfrak{n}_t = \mathfrak{n}(r_t(\Gamma))$ of the Lie algebra $\mathfrak{g}$ of G which consists of the vectors invariant under $\mathrm{Ad}(r_t(\gamma))$ for every $\gamma \in \Gamma$.

4. *We now make the additional assumption that* $\mathfrak{n}_t = \{0\}$ *for all* $t \in I$ (for our immediate purposes, it would be enough to assume that the dimension of $\mathfrak{n}_t$ remains constant for all t in some neighborhood of 0). As shown in Appendix II, this is certainly the case whenever G is semisimple without compact components. Then, if Y, Y', f_λ^μ, f'^μ_λ are as above, $f'^\mu_\lambda = f_\lambda^\mu$ for all λ, μ implies $Y' = Y$.

Now we seek to determine $Y' \in \mathfrak{F}$ so that, for each $t \in I$, the integral

$$\int_{\pi^{-1}(t)} \sum_{\lambda,\mu} (f'^\mu_\lambda)^2 d\Omega$$

is a minimum. Choosing $Y \in \mathfrak{F}$ arbitrarily, and putting $Y' = Y + \sum_\lambda \varphi^\lambda X_\lambda$, we can express this by saying that the φ^λ are to be determined for each t in such a way that the integral

$$\int_{\pi^{-1}(t)} \sum_{\lambda,\mu} (f_\lambda^\mu + X_\lambda \varphi^\mu + \sum_\rho c_{\lambda\rho}^\mu \varphi^\rho)^2 d\Omega$$

should be a minimum. For a given t, this is a variational problem of classical type, and standard techniques show (in view of the fact that $f'^{\mu}_{\lambda} = f^{\mu}_{\lambda}$ implies $Y' = Y$) that this has for each t a unique solution. I owe to Hörmander the proof of the fact that this solution is of class C^{∞}, not only on each fibre $\pi^{-1}(t)$, but even on the manifold S; his proof will be found below in Appendix III. Replacing now Y by Y', we may assume that Y itself is the solution of our variational problem; then we must have, for all choices of the φ^{λ}, the Euler equations

$$\int_{\pi^{-1}(t)} \sum_{\lambda,\mu} f^{\mu}_{\lambda}(X_{\lambda}\varphi^{\mu} + \sum_{\rho} c^{\mu}_{\lambda\rho}\varphi^{\rho})d\Omega = 0 ;$$

if we transform this by means of (3), we get:

$$\sum_{\lambda} X_{\lambda} f^{\nu}_{\lambda} + \sum_{\lambda,\mu} c^{\mu}_{\nu\lambda} f^{\mu}_{\lambda} = 0 . \tag{7}$$

5. Now let us assume that there is a subgroup G' of G, connected or not, such that the left-translations by elements of G' leave the quadratic forms $\sum_{\lambda} (\omega^{\lambda})^2$ invariant; this is to say that, for every $s \in G'$, Ad(s) induces on the X_{λ} an orthogonal substitution $X_{\lambda} \to \sum_{\mu} \alpha^{\mu}_{\lambda} X_{\mu}$. Then, if Y_s is the transform of the vector-field Y under the operation $(t, x) \to (t, sx)$ of s, (4) gives

$$[\sum_{\mu} \alpha^{\mu}_{\lambda} X_{\mu}, Y_s] = \sum_{\mu,\nu} f^{\mu}_{\lambda} \alpha^{\nu}_{\mu} X_{\nu} ,$$

which, in view of the orthogonality of (α^{μ}_{λ}), may also be written

$$[X_{\lambda}, Y_s] = \sum_{\mu,\nu,\rho} f^{\nu}_{\rho} \alpha^{\lambda}_{\rho} \alpha^{\mu}_{\nu} X_{\mu} .$$

This shows at once that $\sum_{\lambda,\mu} (f^{\mu}_{\lambda})^2$ is unchanged if Y is replaced by Y_s, so that Y_s is also a solution of the variational problem by which we determined Y. As that solution is unique, this proves that Y is invariant under G'. In particular, if G' is a Lie subgroup of G, Y must be invariant under the infinitesimal transformations of G'; this is the same as to say that $[X, Y] = 0$ for all the vectors X in the Lie algebra of G'. Also, this shows that Y is invariant under the center of G.

6. The above results will now be applied to the case when G is a connected semisimple group without compact components, with the Lie algebra $\mathfrak{g}$; as proved in Appendix II, our assumption $\mathfrak{n}_t = \{0\}$ is verified in that case. Let $\mathfrak{k}$ be the Lie algebra of a maximal compact subgroup of Ad(G); we can consider it in an obvious manner as a subalgebra of $\mathfrak{g}$; let K be the connected subgroup of G with the Lie algebra $\mathfrak{k}$; let $n - r$ be its dimension. Latin indices $i, j, \cdots$, will range from 1 to r, while the Greek indices $\alpha, \beta, \cdots$ will range from $r + 1$ to n (and the indices $\lambda, \mu, \cdots$ from 1 to n as before). We choose $X_1, \cdots, X_n$ so that the X_{α}, for

$r+1 \leqq \alpha \leqq n$, are a basis of $\mathfrak{k}$ and that the Killing form of G is

$$2\sum_{i=1}^{r}(\omega^i)^2 - 2\sum_{\alpha=r+1}^{n}(\omega^\alpha)^2 .$$

It is known that $X_i \to -X_i$, $X_\alpha \to X_\alpha$ is then an involutory automorphism of $\mathfrak{g}$; therefore, among the $c^\nu_{\lambda\mu}$, only the $c^\alpha_{\beta\gamma}$, c^α_{ij}, $c^i_{\alpha j}$, $c^i_{j\alpha}$ can be $\neq 0$. We shall write $c_{\alpha\beta\gamma}$, $c_{\alpha ij}$ instead of $c^\alpha_{\beta\gamma}$, c^α_{ij}. Writing that the Killing form is invariant under the adjoint representation, one sees that the $c_{\alpha\beta\gamma}$ are alternating in all three indices α, β, γ, and also that we have

$$c^i_{j\alpha} = -c^i_{\alpha j} = -c_{\alpha ij} .$$

This implies that the infinitesimal operators X_α annul the form $\sum_\alpha(\omega^\alpha)^2$, so that K leaves that form invariant; as it leaves the Killing form invariant, the form $\sum_\lambda(\omega^\lambda)^2$ is also invariant under K.

The above facts imply that $[X_i, [X_j, X_k]]$ is a linear combination of the X_i; we write, as usual

$$[X_i, [X_j, X_k]] = \sum_{h=1}^{r} R_{hijk}X_h ,$$

where the R_{hijk} are given by

(8) $$R_{hijk} = -\sum_{\alpha=r+1}^{n} c_{\alpha hi}c_{\alpha jk} ;$$

they can be interpreted geometrically as the Riemann curvature tensor for the riemannian symmetric space G/K. They have the obvious symmetry properties

(9) $$R_{hijk} = R_{jkhi} = -R_{ihjk} = -R_{hikj} ;$$

moreover, the Jacobi identity between X_i, X_j, X_k gives the well-known relations

(10) $$R_{hijk} + R_{hjki} + R_{hkij} = 0 .$$

Finally, writing that the coefficient of $\omega^i\omega^j$ in the Killing form is $2\delta_{ij}$, we get

$$\sum_{k=1}^{r}\sum_{\alpha=r+1}^{n} c_{\alpha ik}c_{\alpha jk} = \delta_{ij} ,$$

which can also be written as

(11) $$\sum_{k=1}^{r} R_{ikjk} = -\delta_{ij} .$$

7. Now we come back to the solution Y of the variational problem of no. 4. Applying to K the result of no. 5, we see that $[X_\alpha, Y] = 0$ for all α, i.e., $f^\lambda_\alpha = 0$ for all λ, α. Write f_{ij}, $f_{\alpha i}$ instead of f^i_j, f^α_i; the equations (5), (7) become:

(12) $$X_k f_{ij} - X_j f_{ik} = \sum_\alpha (c_{\alpha ik}f_{\alpha j} - c_{\alpha ij}f_{\alpha k})$$

$$X_k f_{\alpha j} - X_i f_{\alpha k} = \sum_h (c_{\alpha jh} f_{hk} - c_{\alpha kh} f_{hj}) \tag{13}$$

$$\sum_k X_k f_{ik} + \sum_{\alpha,k} c_{\alpha ik} f_{\alpha k} = 0 \tag{14}$$

$$\sum_j X_j f_{\alpha j} + \sum_{i,j} c_{\alpha ij} f_{ij} = 0 \tag{15}$$

$$X_\alpha f_{ij} = \sum_k (c_{\alpha kj} f_{ik} - c_{\alpha ik} f_{kj}) \,. \tag{16}$$

(we omit one additional relation which is not needed for our purposes). Now put:

$$\Phi = \frac{1}{2} \sum_{i,j,k} (X_k f_{ij} - X_j f_{ik})^2 \,,$$

$$\Psi = \sum_i \left(\sum_k X_k f_{ik}\right)^2 \,.$$

We want[2] to evaluate the integral $\int (\Phi + \Psi) d\Omega$, taken on the fibre $\pi^{-1}(t)$. Using (12), we see that we have

$$\begin{aligned} \Phi &= \sum_{i,j,k} X_k f_{ij} (X_k f_{ij} - X_j f_{ik}) \\ &= \sum_{\alpha,i,j,k} (c_{\alpha ik} f_{\alpha j} \cdot X_k f_{ij} - c_{\alpha ij} f_{\alpha k} \cdot X_k f_{ij}) \,, \end{aligned}$$

and therefore, using (3):

$$\int_{\pi^{-1}(t)} \Phi d\Omega = \int_{\pi^{-1}(t)} \Phi' d\Omega$$

with

$$\Phi' = \sum_{\alpha,i,j,k} (c_{\alpha ij} f_{ij} \cdot X_k f_{\alpha k} - c_{\alpha ik} f_{ij} \cdot X_k f_{\alpha j}) \,.$$

Similarly, using (14), we can write

$$\Psi = \sum_{i,j} X_j f_{ij} \left(\sum_k X_k f_{ik}\right) = -\sum_{\alpha,i,j,k} c_{\alpha ik} f_{\alpha k} \cdot X_j f_{ij} \,,$$

and therefore, as above,

$$\int_{\pi^{-1}(t)} \Psi d\Omega = \int_{\pi^{-1}(t)} \Psi' d\Omega$$

with

$$\Psi' = \sum_{\alpha,i,j,k} c_{\alpha ik} f_{ij} \cdot X_j f_{\alpha k} \,.$$

Now, using (13) and (15), one finds:

$$\Phi' + \Psi' = -F(f) \,,$$

where F is the quadratic form in the f_{ij} given by

$$F(f) = -\sum_{i,j,h,k} (R_{ijhk} f_{ij} f_{hk} + R_{ikjh} f_{ij} f_{hk} + R_{ikhk} f_{ij} f_{hj}) \,,$$

[2] This decisive step in our proof is modelled after the work of Calabi on discrete groups of displacements in spaces of constant negative curvature; cf. footnote[1].

which, in view of (9), (10) and (11), can also be written

$$F(f) = \sum_{i,j}(f_{ij})^2 + \sum_{i,j,h,k} R_{ihkj} f_{ij} f_{hk} .$$

8. It will now be proved that $F(f) \geqq 0$; more precisely, the quadratic form F is positive and non-degenerate unless at least one of the simple components of the Lie algebra of G is of dimension 3. In fact, we can write $f = f' + f''$, where $f' = (f'_{ij})$ is symmetric and $f'' = (f''_{ij})$ is alternating in the indices i, j. If we define the bilinear form $F(f', f'')$ by

$$F(f', f'') = F(f' + f'') - F(f') - F(f'') ,$$

we have, in view of (9):

$$\frac{1}{2} F(f', f'') = \sum_{i,j} f'_{ij} f''_{ij} + \sum_{i,j,h,k} R_{ihkj} f'_{ij} f''_{hk} ;$$

as the first sum changes sign if we exchange i, j, and the second sum does so if we exchange i with j and h with k, this is 0. Therefore $F(f) = F(f') + F(f'')$. Also we have, for a similar reason

$$\sum_{i,j,h,k} R_{ihkj} f''_{ij} f''_{hk} = \sum_{i,j,h,k} R_{ikjh} f''_{ij} f''_{hk} ,$$

and therefore, using (8), (9) and (10):

$$\sum_{i,j,h,k} R_{ihkj} f''_{ij} f''_{hk} = -\frac{1}{2} \sum_{i,j,h,k} R_{ijhk} f''_{ij} f''_{hk} = \frac{1}{2} \sum_{\alpha} \left(\sum_{i,j} c_{\alpha ij} f''_{ij}\right)^2 .$$

This proves that $F(f'') \geqq 0$, and also that $F(f'')$ can be 0 only if $f'' = 0$.

Now we want to show that $F(f') \geqq 0$. In fact, if we make on the X_i any orthogonal substitution $X_i \to \sum_j \xi_{ij} X_j$, this will change f_{ij} into $\sum_{h,k} \xi_{hi} \xi_{kj} f_{hk}$, and therefore the quadratic form $\sum_{i,j} f_{ij} T_i T_j$ into

$$\sum_{h,k} f_{hk} \left(\sum_i \xi_{hi} T_i\right)\left(\sum_j \xi_{kj} T_j\right) ;$$

we may therefore choose that orthogonal substitution in such a way that at a given point, the quadratic form $\sum_{i,j} f_{ij} T_i T_j$ becomes a diagonal form $\sum_i a_i T_i^2$. Then we have, at that point, $f'_{ij} = a_i \delta_{ij}$. By considering the effect of the same substitution on the R_{ijhk}, one sees immediately that it does not change the value of the form $F(f')$. Therefore, in order to show that $F(f') \geqq 0$, it is enough to show that this is so at a point where $f'_{ij} = a_i \delta_{ij}$. Now, at such a point, we have

$$F(f') = \sum_i a_i^2 + \sum_{i,j} r_{ij} a_i a_j ,$$

where we have put

$$r_{ij} = -R_{ijij} = \sum_{\alpha} (c_{\alpha ij})^2 ,$$

so that we have $r_{ij} = r_{ji} \geqq 0$ and also, in view of (11):

$$(17)\qquad \sum_j r_{ij} = 1 \qquad (1 \leqq i \leqq r)\,.$$

Let ρ be an eigenvalue of the quadratic form $\sum_{i,j} r_{ij}a_i a_j$; if (v_i) is an eigenvector belonging to ρ, we have

$$\rho v_i = \sum_j r_{ij} v_j \qquad (1 \leqq i \leqq r)\,,$$

and therefore, in view of (17),

$$|\rho v_i| \leqq \sup_j |v_j| \qquad (1 \leqq i \leqq r)\,,$$

which obviously implies $|\rho| \leqq 1$. Therefore $F(f') \geqq 0$ for all f', as we had asserted.

9. In no. 7, we have proved that

$$\int_{\pi^{-1}(t)} (\Phi + \Psi) d\Omega = -\int_{\pi^{-1}(t)} F(f) d\Omega\;;$$

Φ and Ψ are obviously $\geqq 0$, and we have just proved that $F(f) \geqq 0$. Therefore Φ, Ψ and $F(f)$ are 0. In view of the results of no. 8, this implies that $f'' = 0, f = f'$. As $\Phi = 0$, (12) gives $g_{ijk} = g_{ikj}$ for all i, j, k if we put

$$g_{ijk} = \sum_\alpha c_{\alpha ij} f_{\alpha k}\,.$$

But we have $g_{ijk} = -g_{jik}$; as the substitutions $(ijk)\to(jik)$, $(ijk)\to(ikj)$ generate the symmetric group in the three letters i, j, k, one sees now at once that g_{ijk} must be both symmetric and alternating in i, j, k, so that it is 0. Put $W_k = \sum_\alpha f_{\alpha k} X_\alpha$; as we have $g_{ijk} = 0$, we have $[W_k, X_i] = 0$ for all i, so that W_k is an element of $\mathfrak{k}$ which commutes with all the X_i. Now one verifies immediately that the vectors W in $\mathfrak{k}$ with that property make up a normal subalgebra $\mathfrak{w}$ of $\mathfrak{g}$; as this is contained in $\mathfrak{k}$, the corresponding subgroup of $\mathrm{Ad}(G)$ is both compact and normal, which contradicts the assumption that G is without compact components unless $\mathfrak{w} = \{0\}$; therefore we have $W_k = 0$ for all k, hence $f_{\alpha k} = 0$ for all α, k.

10. Now we derive some further consequences from $F(f) = 0$ when $f = (f_{ij})$ is symmetric in i, j. If we write $\mathfrak{g}$ as the direct sum of simple algebras, and divide up the ranges of the indices λ, α, i accordingly, the $c^\nu_{\lambda\mu}$ are 0 unless all three indices belong to one and the same simple factor of $\mathfrak{g}$, so that R_{ijhk} is 0 unless all four indices belong to the same simple factor. Therefore $F(f)$ splits up into the similar forms belonging to the simple factors of $\mathfrak{g}$, plus the sum $\sum (f_{ij})^2$ extended to all the pairs (i, j) in which i and j belong to distinct simple factors of $\mathfrak{g}$. As $F(f) = 0$, this shows that $f_{ij} = 0$ unless i, j belong to one and the same simple factor of

$\mathfrak{g}$; and it remains for us to determine when $F(f)$ is 0 in the case of a simple Lie algebra $\mathfrak{g}$; this cannot occur unless -1 is an eigenvalue of the form $\sum_{i,j} r_{ij}a_i a_j$ for some choice of the basis (X_λ) of $\mathfrak{g}$. Let (v_i) be an eigenvector belonging to the eigenvalue -1; we have

$$-v_i = \sum_j r_{ij}v_j \qquad (1 \leqq i \leqq r);$$

in view of (17), this can be written

$$\sum_j r_{ij}(v_i + v_j) = 0 \qquad (1 \leqq i \leqq r).$$

Put $v = \sup_i |v_i|$; then we must have $r_{ij} = 0$ whenever $|v_i| = v$ and $v_i + v_j \neq 0$. Therefore, if $|v_i| = v$, there is a value of j for which $v_j = -v_i$; in other words, the sets of values of i for which $v_i = v$ and for which $v_i = -v$ are not empty. After re-ordering the X_i if necessary, we may now assume that $v_i = v$ for $1 \leqq i \leqq s$, $v_i = -v$ for $s + 1 \leqq i \leqq s + t$, and $|v_i| < v$ for $s + t + 1 \leqq i \leqq r$, with $s > 0$, $t > 0$. Then the matrix (r_{ij}) is of the form

$$\begin{pmatrix} 0 & M & 0 \\ {}^tM & 0 & 0 \\ 0 & 0 & N \end{pmatrix}$$

where M, N are respectively an (s, t)-matrix and a square matrix of order $r - s - t$, and ${}^tM$ is the transpose of M. In view of the values obtained for the r_{ij}, $r_{ij} = 0$ implies $c_{\alpha ij} = 0$, hence also $c^i_{\alpha j} = 0$ for all α. Therefore, in the representation of $\mathfrak{k}$ determined by $X_\alpha \to (c^i_{\alpha j})$, every element X of $\mathfrak{k}$ is mapped onto a matrix of the form

$$\rho(X) = \begin{pmatrix} 0 & A & 0 \\ B & 0 & 0 \\ 0 & 0 & C \end{pmatrix}.$$

It is known that ρ must be irreducible (in fact, if a proper subspace $\mathfrak{m}$ of the space generated by the X_i is stable under ρ, one varifies at once[3] that $\mathfrak{m} + [\mathfrak{m}, \mathfrak{m}]$ is a normal subalgebra of $\mathfrak{g}$; therefore, as $\mathfrak{g}$ is simple, $\mathfrak{m}$ must be $\{0\}$). In particular, we must have $s + t = r$, so that ρ is of the form

$$\rho(X) = \begin{pmatrix} 0 & A \\ B & 0 \end{pmatrix}.$$

If X, X' are in $\mathfrak{k}$, $\rho([X, X'])$ must be of that form; as we have

[3] This argument is taken from E. Cartan's classical *Mémorial* volume, "*La Théorie des Groupes Finis et Continus et l'Analysis Situs*," Paris, 1930. The discerning reader will already have noticed that our whole approach to the subject of semisimple Lie groups, including the notation, is derived from Ch. IV of that volume.

$$\rho([X, X']) = [\rho(X), \rho(X')] = \begin{pmatrix} AB' - A'B & 0 \\ 0 & BA' - B'A \end{pmatrix},$$

this implies that $\rho([X, X']) = 0$. But the kernel of ρ is the same normal subalgebra $\mathfrak{w}$ of $\mathfrak{g}$ which was considered in no. 9; as this is $\{0\}$, we see that $\mathfrak{k}$ is abelian; as it has the faithful irreducible representation ρ, this implies that $r = 2$, $n - r = 1$, and that $\mathfrak{g}$ is the Lie algebra of dimension 3 belonging to the hyperbolic group. Therefore, if this is not so ($\mathfrak{g}$ being still assumed to be simple), $F(f) = 0$ implies $f = 0$.

Going back now to the general case of a semisimple group, we see that, *unless* $\mathfrak{g}$ *has a simple factor of dimension* 3, *all the* f^{μ}_{λ} *are* 0, *so that the vector-field* Y *on* $I \times G$ *satisfies* $[X_\lambda, Y] = 0$ *for all* λ. In other words, the vector-field Y is then invariant under *all* left-translation $(t, x) \to (t, sx)$ in $I \times G$.

11. Consider now the differential systems, in S and in $I \times G$, whose solutions are the curves which, at every point, are tangent to Y. As the vector-field Y on S is nowhere tangent to the fibre $\pi^{-1}(t)$, and as these fibres are compact, one sees at once that, in S, every such curve cuts each fibre once and only once; therefore the same is true in $I \times G$, so that, in $I \times G$, every solution of our differential system is a cross-section of $I \times G$, i.e., the image of I by a mapping $t \to (t, \xi(t))$ of class C^∞. We shall denote by $t \to (t, \xi(t, s))$ the uniquely determined solution of that system in $I \times G$ which goes through the point $(0, s)$. As Y is invariant under Γ operating on $I \times G$ to the right in the manner explained in no. 2, we have, for all $t \in I$, $s \in G$ and $\gamma \in \Gamma$:

$$\xi(t, sr_0(\gamma)) = \xi(t, s)r_t(\gamma) . \tag{18}$$

On the other hand, if G' is a group of left-translations leaving Y invariant, we have, for all $t \in I$, $s \in G$ and $s' \in G'$:

$$\xi(t, s's) = s'\xi(t, s) . \tag{19}$$

Let us assume first, as at the end of no. 10, that $\mathfrak{g}$ has no simple factor of dimension 3. In that case, as we have seen there, Y is invariant under all left-translations by G, so that (19) gives $\xi(t, s) = s\xi(t, e)$; then (18) gives, for all γ and t:

$$r_t(\gamma) = \xi(t, e)^{-1}r_0(\gamma)\xi(t, e) .$$

This can be expressed by saying that r_t differs from r_0 only by an inner automorphism of G.

In D^I, we agreed to denote by $\mathfrak{R}_0(\Gamma, G)$ the space of the injective representations r of Γ into G such that $r(\Gamma)$ is discrete and $G/r(\Gamma)$ is compact. In particular, let Γ be a discrete subgroup of G such that G/Γ is compact, so that the identity mapping r_0 of Γ belongs to $\mathfrak{R}_0(\Gamma, G)$; from now on, *the connected component of* r_0 *in* $\mathfrak{R}_0(\Gamma, G)$ *will then be denoted by* $\mathfrak{R}_1(\Gamma, G)$. With this notation, let r, r' be any two points in $\mathfrak{R}_1(\Gamma, G)$; as shown in D^{I}, they can be joined together by a succession of analytic arcs contained in $\mathfrak{R}_1(\Gamma, G)$. We have just proved that, in a sufficiently small neighborhood of any point on such an arc, all points belong to representations which differ only by inner automorphisms. An obvious compactness argument gives now:

THEOREM 1. *Let* G *be a connected semisimple Lie group without compact components, whose Lie algebra has no simple factor of dimension* 3. *Let* Γ *be a discrete subgroup of* G *such that* G/Γ *is compact. Then* $\mathfrak{R}_1(\Gamma, G)$ *consists of the representations of* Γ *into* G *induced on* Γ *by the inner automorphisms of* G.

12. In order to get a more complete result, we need additional information on the nature of the solution (f_{ij}) of our variational problem in the case of a simple group G of dimension 3; as shown in no. 5, this must be invariant under the center of G, so that it is enough to consider the case when G is its own adjoint group, i.e., when it is the quotient of $SL(2, \mathbf{R})$ by its center $\{\pm \mathbf{1}_2\}$. Here we have $r = 2, n = 3$; it is easily seen that the $c^{\nu}_{\lambda\mu}$ are uniquely determined by the conventions in no. 6, except for the sign, and that this may be chosen so that we have

$$[X_1, X_2] = X_3\,, \qquad [X_1, X_3] = X_2\,, \qquad [X_2, X_3] = -X_1\,.$$

Then K is the compact subgroup of dimension 1 with the infinitesimal transformation X_3. It is well-known that the space H of left-cosets of K in G can be identified with the half-plane $\mathrm{Im}(z) > 0$ in the plane of a complex variable z; we do this so that K is the coset corresponding to the point $i = \sqrt{-1}$ in H (we shall no longer need i as an index, so that this notation will cause no confusion). Then, if s is the image in G of the element $\begin{pmatrix} a & b \\ c & d \end{pmatrix}$ of $SL(2, \mathbf{R})$, s acts on H by

$$z \to zs = \frac{az + c}{bz + d}\,,$$

and the coset Ks in G corresponds to the point $\tau = (ai + c)/(bi + d)$ of H.

Now, if we combine the results of no. 9 with (13), we see that, for any solution of our variational problem, we must have $f_{12} = f_{21}$ and $f_{11} + f_{22} = 0$. Put $F = f_{11} + i \cdot f_{12}$; then (14), (16) give $X_2F = -i \cdot X_1F$, $X_3F = 2i \cdot F$. An easy calculation, which we omit, shows that the most general solution for these differential equations is

$$F(s) = (bi + d)^{-4}\Phi(\tau) ,$$

where Φ is any holomorphic function in H; F is invariant under a right-translation $s \to ss_0$ if and only if the "quadratic differential" $\Phi(\tau)d\tau^2$ is invariant under s_0 acting on H as we have said. For a given $\Phi \neq 0$, it is clear that the subgroup G' of G which leaves $\Phi(\tau)d\tau^2$ invariant is closed. Assume that G' is not discrete; then there is a one-parameter subgroup G_1 of G leaving $\Phi(\tau)d\tau^2$ invariant; therefore, in a suitable neighborhood of any point of H where Φ is not 0, the holomorphic differential $\Phi^{1/2}d\tau$ is invariant under G_1. It is now easily seen that, in any neighborhood of a point of H, every holomorphic differential which is invariant under a one-parameter subgroup of G must be either 0 or of the form $d\tau/(A\tau^2 + B\tau + C)$, where A, B, C are constants. Therefore, when we assume that $\Phi \neq 0$ and that G' is not discrete, $\Phi d\tau^2$ must be of the form

$$\Phi d\tau^2 = (A\tau^2 + B\tau + C)^{-2}d\tau^2 .$$

This is invariant under an element s of G, corresponding to $\begin{pmatrix} a & b \\ c & d \end{pmatrix}$ in $SL(2, \mathbf{R})$, if and only if the binary form $Au^2 + Buv + Cv^2$ is invariant under $(u, v) \to (au + cv, bu + dv)$. One finds at once that G' has then at most two connected components, and that G/G' cannot be compact. Therefore, *if* $\Phi \neq 0$ *and* G/G' *is compact*, G' *must be discrete in* G.

13. Now we go back to the problem discussed in nos. 3–10, and we begin by assuming that G is a product of simple groups $G^{(\rho)}$, none of which is compact. As the f_λ^μ satisfy (5) and (7), they also satisfy the equations

$$\begin{aligned}\textstyle\sum_\lambda (X_\lambda)^2 f_\mu^\nu = \sum_{\lambda,\rho} (c_{\rho\mu}^\lambda + c_{\lambda\mu}^\rho) X_\lambda f_\rho^\nu + \sum_{\lambda,\rho} c_{\mu\rho}^\nu X_\lambda f_\lambda^\rho \\ - \textstyle\sum_{\lambda,\rho} c_{\lambda\rho}^\nu X_\lambda f_\mu^\rho - \sum_{\lambda,\rho} c_{\nu\lambda}^\rho X_\mu f_\lambda^\rho ,\end{aligned}$$

obtained by applying X_λ to (5), using summation with respect to λ, and applying (1) and (7). For each value of $t \in I$, this is an elliptic system on the fibre $\pi^{-1}(t)$. Therefore, if, for a sequence (t_m) of values of t, tending to 0, we have, on $\pi^{-1}(t_m)$, a solution $\bar{f}_\lambda^\mu(t_m)$ of the system (5), (7), and if we assume for instance that we have, for each t_m:

$$\int_{\pi^{-1}(t_m)} \textstyle\sum_{\lambda,\mu} \bar{f}_\lambda^\mu(t_m)^2 d\Omega = 1 , \tag{20}$$

the known *a priori* estimates for solutions of elliptic systems (cf. [5], [6]) show that a suitable subsequence of the sequence $\bar{f}_\lambda^\mu(t_m)$ converges towards a solution $\bar{f}_\lambda^\mu$ of the same system on $\pi^{-1}(0)$, and that the convergence is uniform in the $\bar{f}_\lambda^\mu(t_m)$ and their derivatives up to any order.

Now we choose a basis of the Lie algebra of G consisting of bases $X_\lambda^{(\rho)}$ for the Lie algebras of the simple factors $G^{(\rho)}$ of G; Y being as before, we know that $[X_\lambda^{(\rho)}, Y]$ is 0 unless $G^{(\rho)}$ has the dimension 3, and also that, for each ρ, $[X_\lambda^{(\rho)}, Y]$ is a linear combination of the $X_\mu^{(\rho)}$ corresponding to the same value of ρ; therefore we may write

$$[X_\lambda^{(\rho)}, Y] = \sum_\mu f_{\mu\lambda}^{(\rho)} X_\mu^{(\rho)} .$$

Applying (12) and (16), we see that $X_\nu^{(\rho)} f_{\mu\lambda}^{(\rho')} = 0$ for $\rho \neq \rho'$; therefore, for each ρ, the $f_{\mu\lambda}^{(\rho)}$, considered as functions on $I \times \prod_\rho G^{(\rho)}$, depend upon the I-coordinate and the $G^{(\rho)}$-coordinate alone.

For each ρ, put:

$$a_\rho(t) = \int_{\pi^{-1}(t)} \sum_{\lambda,\mu} (f_{\mu\lambda}^{(\rho)})^2 d\Omega ;$$

we have $a_\rho(t) = 0$ for all $t \in I$ unless $G^{(\rho)}$ is of dimension 3. Let ρ be such that $a_\rho(t)$ is not identically 0 in any neighborhood of $t = 0$, and let (t_m) be a sequence of values of t, tending to 0, such that $a_\rho(t_m) \neq 0$. Put now

$$\bar{f}_{\mu\lambda}^{(\rho\rho)}(t_m) = a_\rho(t_m)^{-1/2} f_{\mu\lambda}^{(\rho)}(t_m) ,$$

$$\bar{f}_{\mu\lambda}^{(\rho'\rho'')}(t_m) = 0 \qquad\qquad (\rho' \neq \rho \quad \text{or} \quad \rho'' \neq \rho) ;$$

this defines, for each t_m, a solution of the system (5), (7) which satisfies (20); as we have seen, it must (after the sequence (t_m) has been replaced by a suitable subsequence) converge towards a solution $(\bar{f})$ of the system (5), (7) on $\pi^{-1}(0)$, other than 0, such that $\bar{f}_{\mu\lambda}^{(\rho'\rho'')} = 0$ unless $\rho' = \rho'' = \rho$; this determines a solution of the same system on G, invariant under right-translations by elements of $r_0(\Gamma)$. But then the functions $\bar{f}_{\mu\lambda}^{(\rho\rho)}$ define a solution of the corresponding system on $G^{(\rho)}$, other than 0, which is invariant under the projection of $r_0(\Gamma)$ on $G^{(\rho)}$. Let G' be the group of all the right-translations in $G^{(\rho)}$ which leave that solution invariant. Then $r_0(\Gamma)$ is contained in the group of the elements of G whose $G^{(\rho)}$-coordinate is in G'; as $G/r_0(\Gamma)$ is compact, and as we have seen in no. 12 that G' is closed in $G^{(\rho)}$, this implies that $G^{(\rho)}/G'$ is compact, and therefore, by the final result in no. 12, that G' is discrete. This proves that, *unless the projection of $r_0(\Gamma)$ on $G^{(\rho)}$ is discrete in $G^{(\rho)}$, all the $f_{\mu\lambda}^{(\rho)}$ must be 0 in some neighborhood of $t = 0$ in I.*

14. For convenience, we shall identify Γ with $r_0(\Gamma)$ from now on. Collect into a partial product G'' of G all the simple factors $G^{(\rho)}$ of G of dimension 3 such that the projection of Γ on $G^{(\rho)}$ is discrete; let G' be the product of all the other simple factors of G. We know that, if $G^{(\rho)}$ is any one of the factors in G', all the $f_{\mu\lambda}^{(\rho)}$ are 0 for t in a suitable neighborhood of 0, which we may assume to be I. Then we have $[X, Y] = 0$ for every X in the Lie algebra of G', so that Y is invariant under left-translations by elements of G'; therefore, if $\xi(t, s)$ is as in no. 11, (19) is valid for all $t \in I$, $s \in G$, $s' \in G'$.

Call Γ', Γ'' the projections of Γ on G', G''; and call Δ', Δ'' its intersections with G', G'' considered as subgroups of G. The definition of G'' implies that Γ'' is discrete in G''; therefore we can apply corollary 3 of Appendix II. This shows in particular that Γ' is discrete in G', that Δ' has finite index in Γ', and that G'/Δ' is compact. Now, if we apply (18) and (19) to any $\delta' \in \Delta'$, we get

$$\xi(t, s\delta') = \xi(t, s)r_t(\delta') , \qquad \xi(t, \delta's) = \delta'\xi(t, s) . \tag{21}$$

For $s = e$, these relations show that, if we modify r_t by the inner automorphism of G determined by $\xi(t, e)$, i.e., if we replace it by $\xi(t,e) \cdot r_t \cdot \xi(t,e)^{-1}$, r_t induces the identity on Δ'. Then, if $\gamma = (\gamma', \gamma'') \in \Gamma$, the projection of $r_t(\gamma)$ on G'' depends only upon t and γ'' and may be written as $r''_t(\gamma'')$, where r''_t is a one-parameter family of representations of Γ'' into G'' such that r''_0 is the identity. Now, applying (21) to any $s = s'' \in G''$, we see, in view of the fact that $r_t(\delta') = \delta'$ and $s''\delta' = \delta's''$, that $\xi(t, s'')$ commutes with every $\delta' \in \Delta'$; therefore, for every $s'' \in G''$, the projection of $\xi(t, s'')$ on G' is in the normalizer $N(\Delta')$ of Δ' in G'; as that projection is e for $t = 0$, and $N(\Delta')$ is discrete by corollary 1 of Appendix II, this shows that $\xi(t, s'')$ is in G'' for all $t \in I$ and $s'' \in G''$. That being so, if we take $s = e$ and $\gamma \in \Delta''$ in (18), we see that $r_t(\gamma) \in G''$ for all $t \in I$ and $\gamma \in \Delta''$; therefore, if $\gamma = (\gamma', \gamma'') \in \Gamma$, the projection of $r_t(\gamma)$ on G' depends only upon t and γ' and may be written as $r'_t(\gamma')$, where r'_t is a one-parameter family of representations of Γ' into G' such that r'_0 is the identity. As r'_t is the identity on Δ', corollary 2 of Appendix II shows that it is the identity on Γ'. This gives, for all $\gamma = (\gamma', \gamma'') \in \Gamma$:

$$r_t((\gamma', \gamma'')) = (\gamma', r''_t(\gamma'')) .$$

If now we apply the results of $\mathrm{D^I}$ just as in no. 11, and if we use the notation $\mathfrak{R}_1(\Gamma, G)$ in the manner explained there, we see that we have proved the following theorem:

THEOREM 2. *Let G be a product of connected non-compact simple Lie groups. Let Γ be a discrete subgroup of G such that G/Γ is compact. Let G'' be the product of those simple factors $G^{(\rho)}$ of G which are of dimension 3 and such that the projection of Γ on $G^{(\rho)}$ is discrete in $G^{(\rho)}$, and let G' be the product of all the other simple factors of G. Then the projections Γ', Γ'' of Γ on G', G'' are discrete in G' and in G'', respectively; G'/Γ' and G''/Γ'' are compact; and Γ is of finite index in $\Gamma' \times \Gamma''$. Moreover, if j is the injection mapping of Γ into $\Gamma' \times \Gamma''$, and if $\mathfrak{R}'$ is the set of the representations of Γ' into G' induced on Γ' by the inner automorphisms of G', then $(r', r'') \to (r' \times r'') \circ j$ is a homeomorphism of*

$\mathfrak{R}' \times \mathfrak{R}_1(\Gamma'', G'')$ *onto* $\mathfrak{R}_1(\Gamma, G)$.

Here we have denoted by $r' \times r''$ the representation of $\Gamma' \times \Gamma''$ into $G' \times G''$ which maps (γ', γ'') onto $(r'(\gamma'), r''(\gamma''))$.

15. In order to obtain a complete result for a product of simple non-compact groups, we still have to deal with the case $G = G''$. The result is as follows:

THEOREM 3. *Let G be a product of connected non-compact simple Lie groups G_ρ of dimension 3. Let Γ be a discrete subgroup of G such that G/Γ is compact and that, for every ρ, the projection Γ_ρ of Γ on G_ρ is discrete in G_ρ. Then, for each ρ, G_ρ/Γ_ρ is compact, and Γ is of finite index in $\prod_\rho \Gamma_\rho$. Moreover, if j is the injection mapping of Γ into $\prod_\rho \Gamma_\rho$, $(r_\rho) \to (\prod_\rho r_\rho) \circ j$ is a homeomorphism of $\prod_\rho \mathfrak{R}_1(\Gamma_\rho, G_\rho)$ onto $\mathfrak{R}_1(\Gamma, G)$.*

Here we have denoted by $\prod_\rho r_\rho$ the representation of $\prod_\rho \Gamma_\rho$ into G which maps (γ_ρ) onto $(r_\rho(\gamma_\rho))$.

The first assertion in our theorem follows at once from corollary 3 of Appendix II by induction on the number of the factors in G. The second part will be proved in our usual manner by dealing first with a one-parameter family r_t of representations of Γ into G. Notations being the same as before, we shall write, on $I \times G$:

$$Y = \frac{\partial}{\partial t} + \textstyle\sum_{\rho,\lambda} \varphi_\lambda^{(\rho)} X_\lambda^{(\rho)} ;$$

then the $\varphi_\lambda^{(\rho)}$ satisfy the equations (6) with f, f' replaced by $0, f$; this can be written

$$X_\lambda^{(\rho)}\varphi_\lambda^{(\rho)} + \textstyle\sum_\nu c_{\mu\lambda\nu}^{(\rho)}\varphi_\nu^{(\rho)} = f_{\mu\lambda}^{(\rho)}$$
$$X_\lambda^{(\rho')}\varphi_\mu^{(\rho)} = 0 \qquad (\rho' \neq \rho) .$$

The latter equations show that $\varphi_\mu^{(\rho)}$, as a function on $I \times \prod_\rho G_\rho$, depends only upon the I-coordinate and the G_ρ-coordinate, so that we can write

$$Y = \frac{\partial}{\partial t} + \textstyle\sum_{\rho,\lambda} \varphi_\lambda^{(\rho)}(t, x_\rho) \cdot X_\lambda^{(\rho)}$$

at the point $(t, (x_\rho))$ of $I \times \prod_\rho G_\rho$. This implies that the solutions $(t, \xi(t, s))$ of the differential system determined by Y on $I \times G$ are of the form

$$\xi(t, (s_\rho)) = ((\xi_\rho(t, s_\rho)) \tag{22}$$

where, for each ρ, $(t, \xi_\rho(t, s_\rho))$ is the solution through $(0, s_\rho)$ of the differential system determined in $I \times G_\rho$ be the vector-field

$$Y_\rho = \frac{\partial}{\partial t} + \textstyle\sum_\lambda \varphi_\lambda^{(\rho)}(t, x_\rho) \cdot X_\lambda^{(\rho)} .$$

If we again identify Γ with $r_0(\Gamma)$, we see now at once, by combining (18) with (22), that the G_ρ-coordinate of $r_t(\gamma)$, for $\gamma = (\gamma_\rho) \in \Gamma$, depends only upon t and γ_ρ and may be written as $r_t^{(\rho)}(\gamma_\rho)$, where $r_t^{(\rho)}$ is a one-parameter family of representations of Γ_ρ into G_ρ. The conclusion of Theorem 3 follows now by making use of the results of $\mathrm{D^I}$ in the same way as in no. 11.

16. Now take for G any connected semisimple group without compact components, and let Z be its center. Notations being as before, it has been shown in no. 5 that Y is invariant under Z, so that (19) gives $\xi(t, zs) = z\xi(t, s)$ for $z \in Z$; if now $z = r_0(\gamma)$ for some $\gamma \in \Gamma$, a comparison with (18) shows that $z = r_t(\gamma)$ for all $t \in I$. Let now Γ be a discrete subgroup of G such that G/Γ is compact; by making use of the results of $\mathrm{D^I}$ in the same way as in no. 11, we see now that, whenever r, r' are in $\mathfrak{R}_1(\Gamma, G)$ and an element γ of Γ is such that $r(\gamma) = z \in Z$, then $r'(\gamma) = z$. Therefore every $r \in \mathfrak{R}_1(\Gamma, G)$ can be extended to an injective representation r^* of the group $\Gamma^* = Z \cdot \Gamma$ into G by putting $r^*(z\gamma) = z \cdot r(\gamma)$ for $z \in Z$, $\gamma \in \Gamma$. Moreover, as $Z \cdot \Gamma$ is contained in the normalizer $N(\Gamma)$ of Γ in G, corollary 1 of Appendix II shows that it is discrete in G; as G/Γ is compact, G/Γ^* is so; for similar reasons, the group $r^*(\Gamma^*) = Z \cdot r(\Gamma)$ is discrete in G, and $G/r^*(\Gamma^*)$ is compact, for every $r \in \mathfrak{R}_1(\Gamma, G)$. Thus we have proved that every element of $\mathfrak{R}_1(\Gamma, G)$ induces the identity on $\Gamma \cap Z$, and that $r \to r^*$ is a homeomorphism of $\mathfrak{R}_1(\Gamma, G)$ onto $\mathfrak{R}_1(\Gamma^*, G)$.

From now on, assume that Γ contains Z. Let Z_1 be a subgroup of Z; put $G' = G/Z_1$; call p the canonical homomorphism of G onto G'; and put $\Gamma' = p(\Gamma)$, so that $\Gamma = p^{-1}(\Gamma')$. As every $r \in \mathfrak{R}_1(\Gamma, G)$ induces the identity on Z, the relation $p \circ r = r' \circ p$ determines a mapping $r \to r'$ of $\mathfrak{R}_1(\Gamma, G)$ into $\mathfrak{R}_1(\Gamma', G')$, which is obviously continuous. Choose now (as in $\mathrm{D^I}$, no. 11) a finite set (γ_i) of generators of Γ, such that Γ is defined by a finite set of relations $R_\lambda(\gamma_i) = e$ between the γ_i; choose a finite set (ζ_j) of generators for Z_1; and, for each ζ_j, choose an expression $\zeta_j = F_j(\gamma_i)$ of ζ_j in terms of the γ_i; then, if we put $\gamma'_i = p(\gamma_i)$, Γ' has the generators γ'_i and is defined by the relations $R_\lambda(\gamma'_i) = e'$, $F_j(\gamma'_i) = e'$ between them. Take any $r'_0 \in \mathfrak{R}_1(\Gamma', G')$; put $s'_i = r'_0(\gamma'_i)$; and, for each i, choose $s_i \in G$ such that $p(s_i) = s'_i$. Let V be a neighborhood of e in G, such that $V \cap Z_1 = \{e\}$; choose an open neighborhood U of e in G such that $R_\lambda(u_i s_i) \in V \cdot R_\lambda(s_i)$ and $F_j(u_i s_i) \in V \cdot F_j(s_i)$ for all λ, j whenever all the u_i are in U, and also such that p induces on U a homeomorphism of U onto its image U' in G'; call φ the inverse of that homeomorphism. Let $\mathfrak{U}'$ be the open neighborhood of r'_0 in $\mathfrak{R}_1(\Gamma', G')$, consisting of the representations r' such that $r'(\gamma'_i) \in U's'_i$ for all i. Then it is easy to see that if, for any $r' \in \mathfrak{U}'$, there is an $r \in \mathfrak{R}_1(\Gamma, G)$ such that $p \circ r = r' \circ p$, this must be given by formulas

$$r(\gamma_i) = z_i^{-1} \cdot \varphi\big(r'(\gamma'_i)s_i'^{-1}\big) \cdot s_i \ ,$$

where the z_i are elements of Z_1 satisfying the relations

$$R_\lambda(z_i) = R_\lambda(s_i) \ , \qquad F_j(z_i) = \zeta_j \cdot F_j(s_i) \ .$$

As these relations are independent of the choice of r' in $\mathfrak{U}'$, one concludes immediately from this, and from obvious continuity considerations, that the inverse image of $\mathfrak{U}'$ under the mapping $r \to r'$ is the union of neighborhoods of the points in the inverse image of r'_0, and that this mapping determines, on each one of these neighborhoods, a homeomorphism onto $\mathfrak{U}'$. In other words, for this "natural" mapping, $\mathfrak{R}_1(\Gamma, G)$ is a covering space of $\mathfrak{R}_1(\Gamma', G')$[4].

In particular, we can apply this to the case $Z_1 = Z$; G' is then the adjoint group of G and is a product of simple groups, so that the structure of $\mathfrak{R}_1(\Gamma', G')$ is fully determined by Theorems 2 and 3. In view of the known facts on fuchsian groups, this shows for instance that $\mathfrak{R}_1(\Gamma, G)$ is a manifold. Alternatively, we may write $G = G_1/Z_1$, where G_1 is the simply connected group with the same infinitesimal structure as G, and Z_1 is a subgroup of the center of G_1; then, if Γ_1 is the inverse image of Γ in G_1, we see that $\mathfrak{R}_1(\Gamma_1, G_1)$ is a covering space of $\mathfrak{R}_1(\Gamma, G)$; here again G_1 is a product of simple groups, so that the structure of $\mathfrak{R}_1(\Gamma_1, G_1)$ is again given by Theorems 2 and 3.

Appendix I

Through an oversight, the main theorem of D^I, as formulated there in no. 1, is not quite strong enough for the application which is made of it in D^I, no. 12; this is to be corrected now. We wish to show that the theorem in question is valid with the following addition:

Let G, Γ, r_0, $\mathfrak{R}$, $\mathfrak{U}$ be as in that theorem; then, for every $g \in G$, there is a neighborhood W of g in G, and a neighborhood $\mathfrak{U}'$ of r_0 in $\mathfrak{U}$, such that the union of the sets $r^{-1}(W)$, for all $r \in \mathfrak{U}'$, is a finite set.

Assume first that G is simply connected. Let all assumptions and notations be as in nos. 7–10 of D^I; put $W = s_0^{-1}U'^{-1}s_0 g$. As f maps $U' \times S \times \Gamma$ onto G, we can write $s_0 g = us\gamma$, with $u \in U'$, $s \in S$, $\gamma \in \Gamma$. If the representation $\gamma \to \bar\gamma$ is close enough to the identity, the point $\bar u$ determined by

$$us\gamma = \bar u s\delta(s)^{-1}\bar\delta(s)\bar\gamma$$

[4] If G has no component of dimension 3, these two spaces are actually isomorphic. This follows from Theorem 1 and from a result of Borel [2, Corollary 4.4]. If the same could be proved for groups of dimension 3, then Theorems 2 and 3 would show that it remains true for all semisimple groups.

will be in U'. Now assume that, for such a representation, and for some $\gamma' \in \Gamma$, $\bar{\gamma}'$ is in W; this means that we have

$$\bar{u}' s_0 \bar{\gamma}' = s_0 g = \bar{u} s \delta(s)^{-1} \bar{\delta}(s) \bar{\gamma}$$

with some $\bar{u}' \in U'$. This can also be written as

$$\bar{f}(\bar{u}', s_0, \gamma'\gamma^{-1}) = \bar{f}(\bar{u}, s, e) ,$$

which amounts to saying that $(\bar{u}', s_0, \gamma'\gamma^{-1})$ and $(\bar{u}, s, e)$ are equivalent for $\bar{R}$; this implies that $\{s_0, s\} \in N(S)$ and $\gamma'\gamma^{-1} = \gamma(s_0, s)$. So γ' must have one of the finitely many values $\gamma(s_0, s)\gamma$. This proves our assertion when G is simply connected. Reasoning as in D^{I}, no. 11, one extends it at once to the general case.

Now let assumptions and notations be as in D^{I}, no. 12. From what we have proved above, it follows that, when Γ is made to act on $X \times G$ by

$$(x, g)\gamma = \big(x, g \cdot r_x(\gamma)\big) ,$$

it operates *properly* on $X \times G$. This means that, given any two compact subsets K, K' of $X \times G$, there are at most finitely many elements γ of Γ such that $K\gamma$ meets K'. Therefore the space $S = (X \times G)/\Gamma$ is separated (i.e., "Hausdorff"). While this fact had not expressly been stated in no. 12 of D^{I}, some of the assertions made there would not make sense unless this were so.

Once the above addition to the main theorem of D^{I} has been obtained, it is a trivial matter to strengthen it as follows: *one can choose W and $\mathfrak{U}'$ so that the sets $r^{-1}(W)$, for $r \in \mathfrak{U}'$, are all empty if $g \notin r_0(\Gamma)$ and all equal to $\{g\}$ if $g \in r_0(\Gamma)$.*

APPENDIX II

Let G be a connected Lie group of dimension n; in D^{I}, no. 6, we defined a G-structure on a manifold V of dimension n as being given by n everywhere linearly independent differential forms ω^λ on V satisfying the Maurer-Cartan equations for G. If the X_λ, at every point of V, are the vectors defined by $i(X_\lambda)\omega^\mu = \delta^\mu_\lambda$, the X_λ make up n everywhere linearly independent vector-fields on V, satisfying the structural equations (1) for G; a G-structure may be considered as given by n such vector-fields, just as well as by structural forms ω^λ. The group G itself is always to be considered as carrying the G-structure determined by the right-invariant vector-fields X_λ (cf. no. 1); then, if Γ is a discrete subgroup of G, G/Γ (the space of right cosets $s\Gamma$ in G) carries a G-structure, determined in an obvious manner by that of G.

As observed in D^I, no. 6, the automorphisms of the G-structure of G are the right-translations; if Γ is a discrete subgroup of G, a right-translation $x \to xs$ determines an automorphism of G/Γ if and only if $s\Gamma s^{-1} = \Gamma$, i.e., if and only if s belongs to the normalizer $N(\Gamma)$ of Γ; and it is easily seen (using the elementary facts noted in D^I, no. 6, i.e., essentially nothing more than Frobenius's theorem) that all automorphisms of G/Γ can be obtained in this manner. The group of automorphisms of G/Γ may therefore be identified with $N(\Gamma)/\Gamma$.

Let $N_0(\Gamma)$ be the component of e in the closed subgroup $N(\Gamma)$ of G; it is a connected Lie group. For each $\gamma \in \Gamma$, the image of $N_0(\Gamma)$ by $x \to x\gamma x^{-1}$ must be a connected subset of Γ, containing γ, and is therefore $\{\gamma\}$. Thus $N_0(\Gamma)$ is also the component of e in the centralizer $Z(\Gamma)$ of Γ (consisting of the elements of G which commute with every $\gamma \in \Gamma$). In particular, the Lie algebra $\mathfrak{n}(\Gamma)$ of $N_0(\Gamma)$, which may be identified with those of $Z(\Gamma)$ and of $N(\Gamma)/\Gamma$, consists of the vectors X in the Lie algebra $\mathfrak{g}$ of G which are invariant under $\mathrm{Ad}(\gamma)$ for every $\gamma \in \Gamma$ (as usual, we denote by $\mathrm{Ad}(s)$ the automorphism of $\mathfrak{g}$ induced by the inner automorphism $x \to sxs^{-1}$ of G).

Now assume that G/Γ is compact, i.e., that there is a compact subset K of G such that $G = K\Gamma$. Then, if ρ is any representation of G in a finite-dimensional vector-space A over $\mathbf{R}$, any vector $a \in A$ which is invariant under $\rho(\gamma)$ for every $\gamma \in \Gamma$ has a compact orbit under $\rho(G)$. In this situation, we can apply the following lemma:

LEMMA. *Let ρ be a representation of a topological group G in a finite-dimensional vector-space A over* $\mathbf{R}$. *Let A' be the set of all the vectors in A whose orbit under $\rho(G)$ is relatively compact. Then A' is a subspace of A, invariant under $\rho(G)$; and ρ induces on A' a representation ρ' of G such that $\rho'(G)$ is contained in a compact group of automorphisms of A'.*

The first assertion is obvious. Now let $a_1, \cdots, a_n$ be a basis for A'; as the vectors $\rho(x)a_i$ belong to a bounded subset of A' for all $x \in G$, G induces on A' a relatively compact set of endomorphisms of A', hence also a relatively compact subset of the group of automorphisms of A'.

Now let again G be a Lie group with the Lie algebra $\mathfrak{g}$; call $\mathfrak{c}$ the set of the vectors in $\mathfrak{g}$ whose orbits under the adjoint group are relatively compact. It is clear that this is not only a vector-subspace of $\mathfrak{g}$ but a Lie subalgebra of $\mathfrak{g}$, invariant under $\mathrm{Ad}(G)$ and even under all automorphisms of $\mathfrak{g}$. The adjoint representation $x \to \mathrm{Ad}(x)$ of G induces on $\mathfrak{c}$ a representation whose kernel is the centralizer C of $\mathfrak{c}$ in G; in view of the lemma, this implies that G/C has an injective representation into a compact group. In the case with which we are mainly concerned in this paper, G is connected and semisimple without compact components, so that it has no non-trivial representation into a compact group; therefore, in that case, we have $C = G$, hence $\mathfrak{c} = \{0\}$. If now Γ is a discrete subgroup of G such that G/Γ is compact, it follows from what has been said above that every vector in $\mathfrak{n}(\Gamma)$ has a compact orbit under the adjoint group, so that $\mathfrak{n}(\Gamma) \subset \mathfrak{c}$; therefore:

THEOREM. *Let G be a connected semi-simple Lie group without compact components; let Γ be a discrete subgroup of G such that G/Γ is compact; let $\mathfrak{n}(\Gamma)$ be the set of all the vectors in the Lie algebra of G which are invariant under* Ad(γ) *for every $\gamma \in \Gamma$. Then $\mathfrak{n}(\Gamma) = \{0\}$.*

This is of course contained in a deeper result proved by Borel for the case when G/Γ is merely assumed to have finite measure [2, Corollary 4.4].

COROLLARY 1. *Let G and Γ be as in the theorem; then the normalizer $N(\Gamma)$ of Γ in G is discrete, $G/N(\Gamma)$ is compact, and Γ is of finite index in $N(\Gamma)$.*

In fact, the first assertion amounts to saying that $N_0(\Gamma) = \{e\}$, and this is equivalent to our theorem. The other assertions follow from this at once.

COROLLARY 2. *Let G and Γ be as in the theorem, and let Δ be a subgroup of finite index of Γ. Then the space of the representations of Γ into G which induce the identity on Δ is discrete.*

The subgroup Δ' of Γ which induces the identity mapping on the homogeneous space Γ/Δ is of finite index in Γ (at most equal to $d!$ if d is the index of Δ in Γ) and is a normal subgroup of Γ; replacing Δ by Δ', we see that it is enough to consider the case when Δ itself is normal in Γ. As Δ is of finite index in Γ, G/Δ is compact, so that $N(\Delta)$ is discrete by corollary 1. Now, if a representation r of Γ into G induces the identity on Γ, we have $r(\Gamma) \subset N(\Delta)$. Therefore, if r, r' are two such representations, and if (γ_i) is a finite set of generators for Γ, we must have $r(\gamma_i) = r'(\gamma_i)$ for all i, and therefore $r = r'$, as soon as r' is close enough to r.

COROLLARY 3. *Let G', G'' be two connected semisimple Lie groups without compact components; let Γ be a discrete subgroup of $G = G' \times G''$ with compact quotient. Let Δ', Δ'' be the intersections of Γ with G' and with G'' considered as subgroups of G, and let Γ', Γ'' be its projections on G' and on G''. Assume that Γ'' is discrete in G''. Then Γ' is discrete in G'; G'/Γ' and G''/Γ'' are compact; Γ has a finite index in $\Gamma' \times \Gamma''$, and $\Delta' \times \Delta''$ has a finite index in Γ.*

Let K be a compact subset of G such that $G = K\Gamma$; call K', K'' its projections on G' and on G''. For any x' in G', we can write $(x', e'') = k\gamma$

with $k \in K$ and $\gamma = (\gamma', \gamma'') \in \Gamma$; then γ'' belongs to $K''^{-1} \cap \Gamma''$, which is a finite set since Γ'' is discrete and K'' is compact. Choose a finite number of elements $\gamma_i = (\gamma'_i, \gamma''_i)$ of Γ so that $K''^{-1} \cap \Gamma'' = \{\gamma''_1, \cdots, \gamma''_m\}$. Then, if x', k, γ are as above, there is an i such that $\gamma = \gamma_i\delta'$ with $\delta' \in \Delta'$. This gives

$$x' \in (\bigcup_i K'\gamma'_i) \cdot \Delta' ,$$

which shows that G'/Δ' is compact. Therefore, by corollary 1, $N(\Delta')$ is discrete in G'. On the other hand, one sees at once that Γ' is contained in $N(\Delta')$, so that it is discrete. Exchanging now G' and G'' in the above proof, we see that G''/Δ'' is compact. Our other assertions are now obvious.

Appendix III

(This appendix reproduces, with minor verbal changes, a communication of L. Hörmander to the author, and is published here with his permission).

Let notations be as in nos. 2 and 3; take any vector-field $Y_0 \in \mathfrak{F}$ on S, and consider, as in no. 11, the solutions of the differential system determined on S by that vector-field. For every point M of S, call $\Phi(M)$ the point where the solution of that system which goes through M cuts the fibre $\pi^{-1}(0)$. Then, for each t, Φ induces on the fibre $\pi^{-1}(t)$ a homeomorphism of class C^∞ of that fibre onto $\pi^{-1}(0)$, and the mapping $M \rightarrow (\pi(M), \Phi(M))$ is a homeomorphism of class C^∞ of S onto $I \times \pi^{-1}(0)$. Put $V = \pi^{-1}(0)$; then the mapping of $\pi^{-1}(t)$ onto V induced by Φ will map the vector-fields X_λ onto n vector-fields $X_\lambda(t)$ on V; similarly, if Y and the f^μ_λ are as in no. 3, it will map the functions induced by the f^μ_λ on $\pi^{-1}(t)$ onto functions $f^\mu_\lambda(t)$ on V; it maps the volume element $d\Omega$ on $\pi^{-1}(t)$ onto a volume element $d\Omega_t = \delta(t)^2 d\Omega$ on V, with a density $\delta(t)^2$ which is nowhere 0; and the $X_\lambda(t)$, the $f^\mu_\lambda(t)$ and $\delta(t)$ are all of class C^∞ on $I \times V$. After replacing the $X_\lambda(t)$ by $\delta(t)X_\lambda(t)$, writing $f_{\mu\lambda}(t)$ instead of $\delta(t)f^\mu_\lambda(t)$, $c_{\mu\lambda\rho}(t)$ instead of $\delta(t)c^\mu_{\lambda\rho}$ and φ_μ instead of φ^μ, we can now state the variational problem of no. 3 as follows: *for each value of t, the functions φ_μ are to be chosen so as to minimize the integral*

$$(23) \qquad \int_V \sum_{\mu\lambda} (f_{\mu\lambda}(t) + X_\lambda(t)\varphi_\mu + \sum_\rho c_{\mu\lambda\rho}(t)\varphi_\rho)^2 d\Omega .$$

Here all the data are assumed to be of class C^∞ on $I \times V$; for each t, the $X_\lambda(t)$ are everywhere linearly independent vector-fields; and one wishes to show that the problem has a unique solution, of class C^∞ on $I \times V$, under the assumption that, for each value of t, the system

$$X_\lambda(t)\varphi_\mu + \sum_\rho c_{\mu\lambda\rho}(t)\varphi_\rho = 0 \tag{24}$$

has no solution of class C^∞ on V, other than 0.

On the space L^2 of functions of integrable square on V, we use the norm $\| g \| = \left(\int g^2 d\Omega\right)^{1/2}$; similarly, for a system $g = (g_{\mu\lambda})$ of such functions, we use the norm given by

$$\| g \|^2 = \sum_{\lambda,\mu} \| g_{\mu\lambda} \|^2 = \int \sum_{\lambda,\mu} (g_{\mu\lambda})^2 d\Omega \ ;$$

with this norm, the space of such systems will also be denoted by L^2 (this will cause no confusion). On the other hand, for $\varphi = (\varphi_\mu)$, we introduce the norm given by

$$||| \varphi |||^2 = \sum_{\lambda,\mu} \| X_\lambda(0)\varphi_\mu \|^2 + \sum_\mu \| \varphi_\mu \|^2 \ ,$$

and we call H the space of the $\varphi = (\varphi_\mu)$ for which this is finite, i.e., for which all the φ_μ are in L^2 and their first derivatives, in the distribution sense, are also in L^2.

We shall now prove that the inequality

$$||| \varphi |||^2 \leqq C^2 \sum_{\lambda,\mu} \| X_\lambda(0)\varphi_\mu + \sum_\rho c_{\mu\lambda\rho}(0)\varphi_\rho \|^2 \tag{25}$$

holds, for a suitable choice of the constant C, for all $\varphi \in H$. In fact, if this were not so, there would be a sequence $\varphi^{(i)}$ with $||| \varphi^{(i)} ||| = 1$ such that the right-hand side of (25) tends to 0. By a well-known principle based on Poincaré's inequality (cf. e.g., Courant-Hilbert, Vol. 2, pp. 488–490), every sequence for which $||| \varphi^{(i)} |||$ is bounded has a subsequence which converges in L^2; therefore we may assume that $\varphi^{(i)}$ converges in L^2 towards a limit φ. As the right-hand side of (25) tends to 0 for this sequence, this implies that the $X_\lambda(0)\varphi_\mu$ converge in L^2. Therefore φ is in H, we have $||| \varphi ||| = 1$, and φ is a solution of the system (24) with $t = 0$. As (24) for $t = 0$ implies

$$\sum_\lambda X_\lambda(0)\big(X_\lambda(0)\varphi_\mu + \sum_\rho c_{\mu\lambda\rho}(0)\varphi_\rho\big) = 0 \ ,$$

and as this is an elliptic system, the theory of elliptic systems (cf. e.g., [5] or [6]) shows that φ can be modified on a null-set so as to become C^∞. We have thus obtained a non-zero solution of (24) for $t = 0$, of class C^∞, against our assumption. This proves (25).

From the continuity of the data in t, it follows now at once that we have the inequality

$$||| \varphi |||^2 \leqq 4C^2 \sum_{\lambda,\mu} \| X_\lambda(t)\varphi_\mu + \sum_\rho c_{\mu\lambda\rho}(t)\varphi_\rho \|^2 \tag{26}$$

for all $\varphi \in H$ and all t in some neighborhood I' of 0 in I. From now on, we assume that t is in I'.

From (26), it follows that the mapping G_t of H into L^2 given by

$$\varphi \to G_t(\varphi) = \left(X_\lambda(t)\varphi_\mu + \sum_\rho c_{\mu\lambda\rho}(t)\varphi_\rho\right)$$

has a closed range. Let $P(t)$ be the projection on this range in L^2. Then the problem of minimizing (23) has the unique solution

$$\varphi \doteq -G(t)^{-1}P(t)f$$

in H, and it follows from (26) that $|||\varphi||| \leqq 2C\,||f||$.

The solution φ of our variational problem must also satisfy the Euler equations of that problem

$$\int \sum_{\mu,\lambda} (f_{\mu\lambda} + X_\lambda\varphi_\mu + \sum_\rho c_{\mu\lambda\rho}\varphi_\rho)(X_\lambda\psi_\mu + \sum_\rho c_{\mu\lambda\rho}\psi_\rho)d\Omega = 0$$

for all $\psi = (\psi_\mu)$ of class C^∞ on V. This is a weak form of a system

$$L_\mu\varphi = F_\mu\ , \tag{27}$$

where the leading term in L_μ is $-\sum_\lambda X_\lambda^2\varphi_\mu$, so that this is an elliptic system; F_μ is the effect of an operator of the first order acting on f, so that F_μ is of class C^∞ on $I' \times V$. Therefore, for each $t \in I'$, φ can be modified on a null-set so that it will be of class C^∞ on V (cf. [5], [6]).

The system (27) has no other solution than φ in H. In fact, assume now that φ is any solution of (27) in H. In view of the definition of L_μ, we have

$$\int \sum_{\lambda,\mu} (X_\lambda\varphi_\mu + \sum_\rho c_{\mu\lambda\rho}\varphi_\rho)^2 d\Omega = \int \sum_\mu (L_\mu\varphi)\varphi_\mu d\Omega = \int \sum_\mu F_\mu\varphi_\mu d\Omega\ .$$

Combining this with (26), we get

$$|||\varphi|||^2 \leqq 4C^2\,||F||\cdot||\varphi|| \leqq 4C^2\,||F||\cdot|||\varphi|||\ ,$$

and therefore

$$|||\varphi||| \leqq 4C^2\,||F||\ . \tag{28}$$

In particular, $F = 0$ implies $\varphi = 0$, as we asserted.

If $\alpha = (\alpha_1, \cdots, \alpha_n)$, where the α_i are integers $\geqq 0$, we shall write, as usual, $|\alpha| = \sum_\lambda \alpha_\lambda$; and we write X_0^α for the differential operator of order $|\alpha|$ given by

$$X_0^\alpha = X_1(0)^{\alpha_1} \cdots X_n(0)^{\alpha_n}\ .$$

With this notation, the proofs for the regularity of solutions of elliptic systems (cf. again [5], [6]) give estimates

$$\sup_V |X_0^\alpha\varphi_\mu| \leqq C_\alpha\left(|||\varphi||| + \sum_{|\beta| \leq |\alpha|+n+1} \sup_{V,\mu} |X_0^\beta F_\mu|\right)\ ,$$

with C_α independent of t. In view of (28), we get now

(29) $$\sup_V |X_0^\alpha \varphi_\mu| \leqq C'_\alpha \sum_{|\beta| \leqq |\alpha|+n+1} \sup_{V,\mu} |X_0^\beta F_\mu| ,$$

which is valid whenever (27) has the solution $\varphi \in H$.

Until now we have only used the fact that the data, and in particular the F_μ, are of class C^∞ on V for each t. Now, in order to discuss the differentiability in t, we exhibit the dependence upon t in (27) by writing it as $L_\mu(t)\varphi(t) = F_\mu(t)$. Put

$$\psi(t, h) = h^{-1}[\varphi(t + h) - \varphi(t)] ;$$

this is a solution of the system

(30) $$L_\mu(t)\psi(t, h) = G_\mu(t, h) ,$$

where we have put

$$G_\mu(t, h) = h^{-1}[F_\mu(t + h) - F_\mu(t)] - h^{-1}[L_\mu(t + h) - L_\mu(t)]\varphi(t + h) .$$

As $\psi(t, h)$ is in H, we can apply (29), substituting $\psi(t, h), G_\mu(t, h)$ for φ, F_μ. In view of (29) and of our assumptions on the differentiability of the data on $I \times V$, this gives at once a uniform bound for $|X_0^\alpha \psi_\mu(t, h)|$ for each α (and for all $t, t + h$ in I'); this shows that the $X_0^\alpha \varphi_\mu(t)$ are Lipschitz-continuous in t.

For $h \to 0$, $G_\mu(t, h)$ tends to a limit $G_\mu(t)$; for each t, this is of class C^∞ on V; moreover, from the differentiability of the data on $I \times V$, it follows that, for every α, $X_0^\alpha G_\mu(t, h)$ tends uniformly to $X_0^\alpha G_\mu(t)$ for $h \to 0$. Consider the system $L_\mu(t)\psi = G_\mu(t)$, which is just (27) differentiated formally with respect to t; as (30) has the solution $\psi(t, h)$, and as the range of an elliptic system is closed, this has a solution ψ in H. Then we have

$$L_\mu(t)[\psi(t, h) - \psi] = G_\mu(t, h) - G_\mu(t) .$$

Applying the estimates (29) to this system, we see now that $X_0^\alpha \psi_\mu(t, h)$ tends uniformly to $X_0^\alpha \psi_\mu$, for every α, for $h \to 0$. Therefore we have $\psi = \partial\varphi/\partial t$, and this is of class C^∞ on V for each t. Repeating the same argument for ψ and G_μ, we find that $\partial^2\varphi/\partial t^2$ is of class C^∞ on V, etc. This proves that φ is of class C^∞ on $I' \times V$. Since the same conclusion must hold true for some neighborhood I'' of any point t of I, we see that φ is of class C^∞ on $I \times V$, as was to be proved.

REMARK. The assumption that (24) has no solution can be replaced by the assumption that the dimension of the space of solutions of (24) is the same for all $t \in I$; this dimension is necessarily finite by Ascoli's theorem. One merely has to replace H by a supplement in H of that space of solutions for $t = 0$. If no such assumption is made, the result is false, as shown by the following example. Take $V = \mathbf{R}/\mathbf{Z}$ (the real line modulo 1);

let f be any function of class C^∞ on V such that $\int f dx \neq 0$, and consider the problem of minimizing the integral

$$\int\left(f + \frac{d\varphi}{dx} + t\varphi\right)^2 dx .$$

This has a unique solution $\varphi(t)$ for $t \neq 0$, but $\int \varphi(t) dx$ tends to ∞ for $t \to 0$.

This concludes Hörmander's communication and completes the proof of the facts which were needed in no. 4 of this paper. It is natural to conjecture that, if the data of the variational problem in no. 4 are real-analytic, the solution is real-analytic; but Hörmander informs me that a proof for this would presumably require more delicate arguments; anyway, it would not be true unless one assumes that $\mathfrak{n}_t = \{0\}$, or at least that the dimension of $\mathfrak{n}_t$ is constant. As the argument I had in mind in writing the footnote on page 383 of D^{I} depended upon this, I must now withdraw that footnote; I see no other way at present of proving the real-analytic equivalence of the fibres considered there than by using Grauert's theorem.

INSTITUTE FOR ADVANCED STUDY

BIBLIOGRAPHY

1. A. BOREL, *On the curvature tensor of the hermitian symmetric manifolds*, Ann. of Math., 71 (1960), 508-521.
2. ———, *Density properties for certain subgroups of semisimple groups without compact components*, Ann. of Math., 72 (1960), 179-188.
3. E. CALABI, *On compact riemannian manifolds with constant curvature*, I, Proc. Symp. Pure Math. III (Differential Geometry), Providence, 1961, 155–180.
4. ———, and E. VESENTINI, *On compact locally symmetric Kähler manifolds*, Ann. of Math., 71 (1960), 472-507.
5. K. O. FRIEDRICHS, *On the differentiability of the solutions of linear elliptic differential equations*, Comm. Pure and Appl. Math., 6 (1953), 299-325.
6. L. NIRENBERG, *Remarks on strongly elliptic partial differential equations*, Comm. Pure and Appl. Math., 8 (1955), 649–675.
7. A. WEIL, *On discrete subgroups of Lie groups*, Ann. of Math., 72 (1960), 369–384.

[1962c] Algebraic Geometry

Algebraic geometry is concerned with such geometric loci as can be defined, in terms of some suitable coordinate system, by algebraic relations between coordinates, that is, by relations involving only the four species of ordinary arithmetic (as opposed to relations involving trigonometric, exponential, or other transcendental functions, infinite series, or any other limiting process). For instance, in plane geometry, an algebraic curve is one which can be defined by an equation $f(x, y) = 0$, where f is a polynomial in the coordinates x, y. Straight lines, circles, conic sections are algebraic curves. Curves which cannot be so defined (for example, the sinusoid and the cycloid) are called transcendental and fall outside the scope of algebraic geometry. This basic distinction between algebraic and transcendental curves was first made by René Descartes (1596–1650), who called them, respectively, geometric and mechanical curves.

Degree and Dimension

A first principle of classification of algebraic curves is according to their degree, that is, according to the degree of the polynomial $f(x, y)$ in the equation of the curve $f(x, y) = 0$. As every change of coordinates is expressed by linear formulas (expressing the new coordinates x', y' linearly in terms of the old ones x, y, and conversely), the degree of a curve does not depend upon the choice of coordinates; one expresses this fact by saying that the degree is a geometric character attached to the curve. The curves of degree 1 are no other than the straight lines in the plane; those of degree 2 are the conic sections (including circles and the degenerate conic sections consisting of pairs of straight lines). These facts were already known to Pierre de Fermat (1601–1665), who may thus, together with Descartes, be considered as the founder of algebraic geometry.

Similarly, in space geometry, an algebraic surface will be a locus defined by one equation $f(x, y, z) = 0$ between the three space coordinates x, y, z, where the left-hand side is a polynomial in these coordinates. The degree of f is again a geometric character of the surface, called its degree; it is equal to 1 in the case of a plane, to 2 in the case of a quadric. On the other hand, in order to define a space curve, one must have at least two equations $f(x, y, z) = 0$, $g(x, y, z) = 0$.

More generally, if any kind of element can be determined by coordinates $x_1, \ldots, x_n$ in such a way that every choice of the coordinates $x_1, \ldots, x_n$ determines exactly one element of that kind, then any number of equations

$$f_1(x_1, \ldots, x_n) = 0, \ldots, f_h(x_1, \ldots, x_n) = 0 \tag{1}$$

(where the left-hand sides are polynomials) is said to determine an algebraic locus of such elements (also called a variety, or a bunch of varieties, or a closed algebraic set). Clearly, if $(x_1, \ldots, x_n)$ is any solution of the system (1), it is also a solution of every equation of the type $F_1 f_1 + \cdots + F_h f_h = 0$, where $F_1, \ldots, F_h$ are arbitrary polynomials in the coordinates. If there is such an equation involving only some of the coordinates but not all of them, say $x_1, \ldots, x_r$ with $r < n$, one says that the latter are not independent (for the given locus). The maximal number of independent coordinates, for a given locus, is called the dimension of the locus. An algebraic curve is a locus of dimension 1; an algebraic surface is of dimension 2; a locus of dimension 0 must consist of a finite number of points. This fundamental concept also goes back to Fermat.

Universal Domain

In using, as above, the language of analytic geometry, it is ordinarily understood that the coefficients and variables are taken to be numbers (real or imaginary). Actually, in order to write polynomial equations, no more is required than a domain whose elements can be combined together by the operations of addition and multiplication, with the properties which are ordinarily assumed for them; such a domain is called a ring. However, in order to deal with its specific problems, algebraic geometry allows itself a domain where all algebraic equations in one unknown have a solution (in the language of modern algebra, an algebraically closed field) and which contains algebraically independent elements (elements which do not satisfy any algebraic relation) in arbitrarily large number; this is called a universal domain. Such is the domain consisting of all complex numbers (real or imaginary), whereas the field of real numbers fails to satisfy the requirements of algebraic geometry because it is not algebraically closed (the equation $x^2 + 1 = 0$ has no solution in it). The necessity of introducing points with imaginary coordinates, in order to give a coherent formulation of the basic principles and results of elementary algebraic geometry, was first realized during the first decades of the 19th century; this is the true meaning of Poncelet's principle of continuity.

One frequently distinguishes between classical algebraic geometry, which takes as its universal domain the domain of complex numbers, and modern or abstract algebraic geometry, which makes no restriction on the universal domain other than those implied in the definition. A peculiar feature of modern algebraic geometry, and a paradoxical one from the point of view of the classical theory, is the special attention given to universal domains of characteristic p, where p may be any prime (if $1 + 1 + \cdots + 1 = 0$, 1 being repeated p times in the left-hand side, the domain is said to be of characteristic p, otherwise of characteristic 0). This is justified by the occurrence of such domains in all applications of algebraic geometry to problems concerning congruences in number theory.

An algebraic plane curve, given by an equation $f(x, y) = 0$, is called irreducible if the polynomial f is irreducible, that is, if it is not the product of two polynomials of lower degree. If it were such a product, say $g(x, y)h(x, y)$, the curve would be the union of the two curves defined respectively by $g(x, y) = 0$ and by $h(x, y) = 0$. In general, an algebraic locus is called irreducible if it is not the union of two other algebraic loci; an irreducible locus is also called a variety.

Algebraic Geometry

Rationality; Birational Correspondences

An irreducible curve $f(x, y) = 0$ is called rational if x, y can be expressed as rational functions

$$x = R(t),\ y = S(t) \tag{2}$$

of a suitable parameter t. A straight line, being given by an equation $ax + by + c = 0$, is rational, since it can be parametrized by $x = t$, $y = -(a/b)t - (c/b)$. Every conic is a rational curve. So is, for instance, the curve $y^2 - x^3 = 0$, of degree 3, since it can be parametrized by putting $x = t^2$, $y = t^3$. On the other hand, it can be shown that the curve $y^2 - x^3 - 1 = 0$ is not rational. This concept of rationality had occurred already in the early stages of integral calculus, since it is fundamental for the classification of integrals of the type

$$\int F(x, y)dx \tag{3}$$

where F is a rational function of x, y, and y is the algebraic function of x determined by the equation $f(x, y) = 0$. In fact, if the curve $f(x, y) = 0$ is rational, (3) can be written, by means of (2), as the integral of a rational function of t, and therefore can be integrated by rational and logarithmic functions. This is the case, for instance, whenever y is given as $y = \sqrt{ax^2 + bx + c}$, since this can be written as $y^2 = ax^2 + bx + c$, which is the equation of a conic. On the other hand, the integral $\int (dx/\sqrt{x^3 - 1})$ cannot be expressed by rational and logarithmic functions (it is an elliptic integral).

If the curve $f(x, y) = 0$ is rational, it can be shown that one can choose, as parameter t in (2), a rational function of x, y; as t may be taken to be one coordinate of a point on a straight line, this is expressed by saying that the formulas (2), together with the formula expressing t in terms of x, y, define a birational correspondence between the curve $f(x, y) = 0$ and a straight line. More generally, consider two curves C, D, respectively given by two equations $f(x, y) = 0$, $g(u, v) = 0$. If it is possible to express the coordinates of a variable point (x, y) of C in terms of the coordinates of a variable point (u, v) of D by rational functions

$$x = R(u, v),\ y = S(u, v) \tag{4}$$

and at the same time those of (u, v) in terms of those of (x, y), also by rational functions

$$u = R'(x, y),\ v = S'(x, y), \tag{5}$$

then one says that the formulas (4), (5) determine a birational correspondence between C and D, and that C and D are birationally equivalent. A rational curve is thus one which is birationally equivalent to a straight line.

The Genus of a Curve

By means of the formulas (4), (5), every integral of type (3) can be transformed into a similar one in terms of u, v, and conversely. Thus, from the point of view of the classification of integrals of type (3), birationally equivalent curves are interchangeable. An integral of type (3) is called of the first kind if it remains finite for every choice of the limits of integration and if the same is true of its transforms under any change of variables of type (4). While this definition seems to depend upon the concepts of integral calculus, it is easily seen that, in substance, it is purely algebraic and remains valid even in abstract algebraic geometry. Integrals of type (3) which are not of the first kind are said to be of the second or of the third kind, according to the way in which they can become infinite.

As shown by the examples given above, the degree of a curve is not a birational invariant; that is, it need not be the same for two birationally equivalent curves. From the point of view of birational equivalence, the main element of the classification of algebraic curves is the genus, which is defined as the maximal number of independent integrals of the first kind belonging to the curve. The rational curves are those of genus 0. Curves of genus 1 are called elliptic curves, because they can be parametrized by means of elliptic functions (when the universal domain is the field of complex numbers); they can also be characterized as those nonrational curves which are birationally equivalent to curves of degree 3. The concept of genus, and the essential results concerning integrals of algebraic differentials (also called abelian integrals), including their classification into three kinds and a study of their periods, were given by B. Riemann (1826–1866) in a famous paper (1857). Riemann used transcendental methods, involving Dirichlet's principle (an existence theorem for the solutions of certain types of partial differential equations, a full justification for which was given only much later, in 1900, by David Hilbert). Algebraic proofs for the same results were given later by R. Dedekind and H. Weber (1882) and many other authors.

The concepts of rationality and birational equivalence, and also those concerning the integrals of algebraic differentials, can be extended to algebraic surfaces and varieties of higher dimension. However, while the work of Riemann and of his successors may be said to have given a fairly complete picture of the theory of algebraic curves, the same is far from being the case for higher-dimensional varieties. Some of the reasons for this will now be explained.

Simple and Multiple Points

As shown in the elements of differential calculus, if (a, b) is a point of the curve given by $f(x, y) = 0$, the tangent to the curve at that point has the equation

$$f'_a \cdot (x - a) + f'_b \cdot (y - b) = 0 \tag{6}$$

where the coefficients f'_a, f'_b are the values taken at the point (a, b) by the partial derivatives of f with respect to x and to y. The usual proof for this depends upon a limiting process. From the algebraic point of view, however, (6) may be taken as the definition of the tangent, the derivatives of a polynomial being taken to be defined by the rules given in differential calculus for their calculation. Such a definition of the tangent, however, becomes meaningless at a point (a, b) for which f'_a and f'_b both vanish; when that is so, the point is said to be multiple; otherwise it is called simple. The simplest types of multiple points are called nodes (Fig. 1) and cusps (Fig. 2). If an irreducible curve of degree n has no other multiple points (including its points at infinity in the sense of projective geometry) than r nodes and s cusps, its genus is

$$p = \frac{(n-1)(n-2)}{2} - r - s.$$

Figure 1

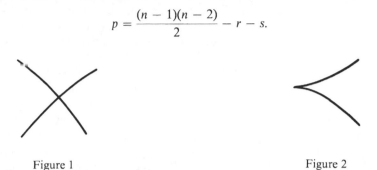

Figure 2

Similarly, on an algebraic surface, a point is called simple if the formula for the tangent plane at that point, as given by the rules of differential calculus, remains formally meaningful; otherwise it is called multiple. These definitions can be extended without difficulty to curves, surfaces, and higher-dimensional varieties in spaces of arbitrary dimension. At a simple point, the method of power-series expansions can be applied (provided such expansions are interpreted in a purely formal manner, leaving aside all questions of convergence which are foreign to algebraic geometry). This is the main reason why algebraic geometry has many results concerning the properties of algebraic varieties at a simple point, while it is comparatively helpless when it has to deal with multiple points.

Further Problems and Methods

The question arises whether a variety V can be transformed, by a birational correspondence, into another one, V', without multiple points. In order to be of any use, such a transformation must take into account, not only the points at finite distance, but also, in some suitable sense, the points at infinity. The classical way of doing this, and, even now, the most satisfactory in many respects, makes use of the concepts of projective geometry; thus, in the problem stated above, V and V' have to be interpreted as varieties in projective spaces. In the case of a curve, the problem turns out to have one and essentially only one solution (in the sense that, if V' and V'' are two solutions, the birational correspondence which must exist between V' and V'' determines a one-to-one correspondence between the points on V' and V''). Whether the problem always has a solution in the case of higher-dimensional varieties is still in doubt, but the solution can certainly not be unique in the sense explained above. For this reason, algebraic geometry, when it has been concerned with such varieties, has concentrated largely on those problems which do not depend too much on the choice of a model.

Methods for dealing with these problems can be classified roughly into algebraic and transcendental methods. In the latter, the field of complex numbers is taken as universal domain, and its properties are freely used (including all available results of function theory, topology, and the theory of partial differential equations; these methods generalize those which were so successfully applied by Riemann to the theory of curves; among their best-known exponents, one must mention Henri Poincaré, Émile Picard, S. Lefschetz, W. V. D. Hodge and K. Kodaira. Algebraic methods, while they sometimes appear to be less powerful, are of greater scope, since they involve no restriction on the universal domain; they include the so-called geometric methods of the Italian school of algebraic geometry, which dominated the field between 1890 and 1925 (its most prominent representatives being Corrado Segre, Federïgo Enriques, Guido Castelnuovo, Francesco Severi). While the work of this school has been criticized for its frequent lack of rigor and its weakness in the elucidation of fundamental concepts, later work has largely justified it by showing most of its methods to be essentially sound and by applying them to further problems, which are of too technical a nature to be discussed here.

[1964a] Remarks on the cohomology of groups

1. This is a sequel to two recent papers [3a, b] where I proved some theorems on the deformation of certain types of discrete subgroups of Lie groups; the method consisted in proving (in [3a]) a general result on the small deformations of such groups, and then combining this with the determination of their infinitesimal deformations, as was (in substance) done in [3b]. I have now noticed that, by using an elementary lemma of a general nature, one may deduce the results of [3b] more directly from the knowledge of the infinitesimal deformations, or, what amounts to the same, of the relevant cohomology groups. The first purpose of the present note is to indicate briefly how this can be done.

For simplicity, the lemma in question will be formulated for analytic manifolds, since the real-analytic case is alone relevant to the above-mentioned problems; the lemma is actually valid, not only for analytic manifolds over any complete valued field, but also for manifolds of class C^r (with any $r \geqq 1$) over the reals, and for non-singular algebraic varieties in the sense of abstract algebraic geometry. By a morphism, we understand a mapping of a manifold into a manifold, of the type indicated by the case under consideration (analytic, or of class C^r, or, in the case of algebraic varieties, any everywhere defined mapping in the sense of algebraic geometry).

LEMMA 1. *Let U and V be analytic manifolds and $(W_\iota)_{\iota \in I}$ a family of analytic manifolds; let f be a morphism of U into V, and, for each ι, let F_ι be a morphism of V into W_ι such that $F_\iota \circ f$ is a constant mapping with the constant value c_ι; and put $X = \bigcap_\iota F_\iota^{-1}(c_\iota)$. Let a be a point of U, and $b = f(a)$ its image in V by f; let A, B be the tangent vector-spaces to U at a, and to V at b, respectively; call M the image of A in B under the tangent linear mapping to f at a. Also, for each ι, call L_ι the kernel of the tangent linear mapping to F_ι at b, and put $L = \bigcap_\iota L_\iota$. Assume now that $L = M$; then there is an open neighborhood V_0 of b in V such that, if V' is any open neighborhood of b in V_0, $X \cap V'$ is a submanifold of V' and coincides with the image $f(U) \cap V'$ of $f^{-1}(V')$ under f.*

In some open neighborhood of a in U, take a submanifold U_1 of U with the same dimension as M, containing a, and transversal at a to the kernel of the tangent linear mapping to f at a; then, if A_1 is the tangent linear variety to U_1 at a and if f_1 is the mapping of U_1 into V induced by f, the tangent linear mapping to f_1 at a is an isomorphism of A_1 onto M. On the other hand, for each

149

Reprinted from *Ann. of Math.* 80, 1964, by permission of Princeton University Press.

ι, take local coordinates $x_\iota^{(i)}$ in a neighborhood of c_ι, with the value 0 at c_ι; then each function $x_\iota^{(i)} \circ F_\iota$ is defined in a neighborhood of b on V; and, among these functions, we can choose finitely many functions φ_ν whose differentials at b are linearly independent, and such that L is defined by the equations $d\varphi_\nu = 0$. We can now choose an open neighborhood V_0' of b in V where all the φ_ν are everywhere defined, and where their common zeros make up a manifold Y; L is then the tangent linear variety to Y at b, and $X \cap V_0'$ is contained in Y. As f maps U into X, this implies that f maps $f^{-1}(V_0')$ into Y, and that f_1 maps $f_1^{-1}(V_0')$ into Y. In the analytic case now under consideration, the assumption $L = M$ implies then that there is a neighborhood of a in U_1 which f_1 maps isomorphically onto a neighborhood of b in Y; the same would be true in the case of C^r-manifolds. In the case of algebraic varieties, the assumption $L = M$ implies that a is an isolated point of $f_1^{-1}(b)$, and hence, by a theorem of Chevalley (re-stated and proved as Lemma 1 in M. Rosenlicht, Trans. A.M.S. 101 (1961), p. 212), that the set-theoretic image under f_1 of any neighborhood of a in U_1 is a neighborhood of b in Y. Thus, in any case, the image of U_1 under f_1 contains an open neighborhood of b in Y, which we may write as $Y \cap V_0$, where V_0 is an open neighborhood of b in V_0'. Let now V' be any open neighborhood of b in V_0; then the image of $f^{-1}(V')$ under f is contained in $X \cap V'$, which is contained in $Y \cap V'$; on the other hand, it contains the image of $f_1^{-1}(V')$ under f_1, which contains $Y \cap V'$; therefore it is the same as $Y \cap V'$ and the same as $X \cap V'$. This completes the proof.

2. Now let ρ be a representation of a group Γ, i.e., a homomorphism of Γ into the automorphism group of a finite-dimensional vector-space V over a field K. Let z be a mapping of Γ into V; for each $\gamma \in \Gamma$, call $\rho'(\gamma)$ the automorphism of the affine space underlying V which is given by $x \to \rho(\gamma)x + z(\gamma)$. Then ρ' is a homomorphism of Γ into the group of automorphisms of that affine space if and only if z satisfies the relation

$$z(\gamma\gamma') = z(\gamma) + \rho(\gamma)z(\gamma') , \tag{1}$$

for all γ, γ' in Γ; one expresses this by saying that z is a 1-cocycle (we shall say more briefly a cocycle) of Γ in V, when Γ operates on V by $(\gamma, x) \to \rho(\gamma)x$. Let t_a be the translation $x \to x + a$ in V; then $\rho'(\gamma) = t_a\rho(\gamma)t_a^{-1}$ is equivalent to

$$z(\gamma) = a - \rho(\gamma)a ; \tag{2}$$

if this is so for all γ, z is a coboundary; the quotient of the space of cocycles by the space of coboundaries is the cohomology space $H^1(\Gamma, V)$.

Let $(\gamma_\alpha)_{\alpha \in A}$ be a family of generators for Γ. Let Γ' be the free group generated by a family of generators $(\gamma_\alpha')_{\alpha \in A}$ indexed by the same set A; let Δ' be the kernel of the homomorphism of Γ' onto Γ which maps γ_α' onto γ_α for every

α. The elements of Δ' can be considered, in the usual manner, as "words" $w(\gamma')$ in the γ'_α; for every such word, we have $w(\gamma) = \varepsilon$, where ε is the neutral element of Γ. If (w_λ) is a family of elements of Δ', such that Δ' is generated by the w_λ and by their transforms under all inner automorphisms of Γ', then one says that Γ is defined by the generators γ_α with the relations $w_\lambda(\gamma) = \varepsilon$; when that is so, a homomorphism r' of Γ' into a group G with the neutral element e has the constant value e on Δ', and therefore determines a homomorphism r of Γ into G, if and only if $r'(w_\lambda) = e$ for all λ. Since such a homomorphism r' is uniquely determined by the $r_\alpha = r'(\gamma'_\alpha)$, and these can be chosen arbitrarily, we may also say that a homomorphism r of Γ into G is uniquely determined by the elements $r_\alpha = r(\gamma_\alpha)$, and that these can be chosen arbitrarily provided they satisfy the relations $w_\lambda(r) = e$. In particular, let again ρ be a representation of Γ, and let z and ρ' be as above. Then we see that z is a cocycle if and only if $w_\lambda(\rho'(\gamma)) = e$ for all λ. In other words, the cocycle z is uniquely determined by the vectors $z_\alpha = z(\gamma_\alpha)$, and these can be chosen arbitrarily provided they satisfy the relations $w_\lambda(\rho'(\gamma)) = e$. Moreover, z is then a coboundary if and only if there is a vector a such that (2) is satisfied whenever one substitutes one of the γ_α for γ.

In order to write in a convenient form the conditions we have just found for the z_α, write each word $w_\lambda(\gamma)$ as the product $\delta_1 \cdots \delta_{n(\lambda)}$ of a sequence of factors, each one of which is either of the form γ_α or of the form γ_α^{-1}; and put, for $1 \leqq i \leqq n(\lambda)$

$$(3) \qquad \begin{aligned} u_{\lambda i} &= \rho(\delta_1 \cdots \delta_{i-1})\, z_\alpha \qquad && \text{if } \delta_i = \gamma_\alpha\,, \\ u_{\lambda i} &= -\,\rho(\delta_1 \cdots \delta_i)\, z_\alpha && \text{if } \delta_i = \gamma_\alpha^{-1}\,. \end{aligned}$$

Then it is easily seen that the relations $w_\lambda(\rho'(\gamma)) = e$ for the z_α are equivalent to the following ones:

$$(4) \qquad \textstyle\sum_{i=1}^{n(\lambda)} u_{\lambda i} = 0\,.$$

These are therefore the relations which determine the cocycles of Γ in V; $H^1(\Gamma, V)$ is 0 if and only if every solution of these equations is a coboundary, i.e., of the form $z_\alpha = a - \rho(\gamma_\alpha)a$ for some choice of a.

3. Now assume that Γ is finitely generated and that $(\gamma_\alpha)_{\alpha \in A}$ is a finite set of generators for Γ, indexed by a finite set A. Let R be the set of all homomorphisms of Γ into a group G; if we identify each $r \in R$ with the point (r_α) of $G^{(A)}$, R is the set of the elements of $G^{(A)}$ which satisfy the relations $w_\lambda(r) = e$. We shall consider only the following two cases:

(a) G is a Lie group; then $G^{(A)}$ is also a Lie group, and R is a real-analytic subset of $G^{(A)}$; in this case, we take for K the field $\mathbf{R}$ of real numbers;

(b) G is an algebraic group; then $G^{(A)}$ is also an algebraic group, and R is a closed subset of $G^{(A)}$ in the Zariski topology; in this case, we take for K the universal domain.

In both cases, each w_λ may be considered as a morphism of $G^{(A)}$ into G, and we have $R = \bigcap_\lambda w_\lambda^{-1}(e)$. On the other hand, for a given $r \in R$, consider all the transforms r' of r by the inner automorphisms of G; these are given by $r'_\alpha = xr_\alpha x^{-1}$, with $x \in G$, and the mapping $x \to (xr_\alpha x^{-1})$ is a morphism of G into $G^{(A)}$, which maps G into R. We shall now apply Lemma 1 to these morphisms. This requires the determination, for the present situation, of the spaces denoted by L and by M in Lemma 1.

We identify the tangent vector-space to G at any point of G with the tangent vector-space to G at e, i.e., with the Lie algebra $\mathfrak{g}$ of G, by means of a right-translation. Then G operates on $\mathfrak{g}$ by means of the adjoint group; more precisely, the inner automorphism $x \to sxs^{-1}$ of G induces on the tangent vector-space $\mathfrak{g}$ of G at e the automorphism $X \to \mathrm{Ad}(s)X$.

It is now easily seen that the image M of the tangent vector-space $\mathfrak{g}$ to G at e, under the tangent mapping to the morphism $x \to (xr_\alpha x^{-1})$ at e, consists of the vectors $(Z_\alpha) \in \mathfrak{g}^{(A)}$ of the form $Z_\alpha = X - \mathrm{Ad}(r_\alpha)X$, where X is any vector in $\mathfrak{g}$. On the other hand, write again $w_\lambda(\gamma)$ as $\delta_1 \cdots \delta_{n(\lambda)}$, where the δ_i are as above; then the image of a tangent vector (Z_α) to $G^{(A)}$ at r, under the tangent mapping to the morphism w_λ of $G^{(A)}$ into G, is $\sum_i u_{\lambda i}$, where the $u_{\lambda i}$ are given by (3), provided one substitutes (Z_α) for (z_α) and $\mathrm{Ad}\circ r$ for ρ in (3). Therefore, after this substitution is made, the kernel L_λ of the tangent mapping to w_λ at r is defined by (4); and those equations, taken for all λ, define the linear variety $L = \bigcap_\lambda L_\lambda$. In other words, L is the space of the cocycles of Γ in $\mathfrak{g}$, when Γ operates on $\mathfrak{g}$ by $(\gamma, X) \to \mathrm{Ad}(r(\gamma))X$, while M is the space of coboundaries for the same group; $L = M$ is equivalent to $H^1(\Gamma, \mathfrak{g}) = 0$. In view of Lemma 1, this gives the following theorem:

If $H^1(\Gamma, \mathfrak{g}) = 0$, there is a neighborhood of r in which every element of R is the transform of r by an inner automorphism of G.

As a consequence, in order to prove Theorem 1 of [3b], one has only to verify that, under the assumptions of that theorem, $H^1(\Gamma, \mathfrak{g}) = 0$; in substance, this is precisely what is done in nos. 6–10 of that paper (cf. also [4]).

4. In the cases covered by Theorems 2 and 3 of [3b], $H^1(\Gamma, \mathfrak{g})$ is not 0; nevertheless, these theorems can be proved by a similar method, viz., by applying Lemma 1 to the situation described above in nos. 2–3, and combining this with the information about $H^1(\Gamma, \mathfrak{g})$ contained in [3b] and with the direct determination of this group for the case in which Γ is a discrete subgroup, with compact quotient-space, of the 3-dimensional hyperbolic group. It seems hardly worthwhile to give a detailed proof along these lines, which would not lead to any new result; but I shall take this opportunity for giving some results about the cohomology of the groups Γ of the last-mentioned type, since this also plays a role in other investigations (cf. e.g., [1] and [2]). As in [1], we consider more generally the discrete subgroups Γ of the hyperbolic group for which the quotient-space has a finite measure. It is known that these groups can be obtained as follows.

To begin with, take a free group Λ with $2g + n$ generators $A_1, \cdots, A_g, B_1, \cdots, B_g, C_1, \cdots, C_n$ (where $g \geqq 0, n \geqq 0$); call E the neutral element of that group. Put $R_0 = E$, and define elements (or "words") $R_1, \cdots, R_{g+n}$ of that group inductively by the following formulas

$$(5) \qquad R_\alpha = R_\alpha(A, B, C) = R_{\alpha-1}A_\alpha B_\alpha A_\alpha^{-1}B_\alpha^{-1} \qquad (1 \leqq \alpha \leqq g),$$

$$(6) \qquad R_{g+\nu} = R_{g+\nu}(A, B, C) = R_{g+\nu-1}C_\nu \qquad (1 \leqq \nu \leqq n);$$

actually, for $1 \leqq \alpha \leqq g$, the word R_α contains only the A_β and B_β for $1 \leqq \beta \leqq \alpha$ and could have been written $R_\alpha(A, B)$.

Choosing now n integers $s_\nu \geqq 0$, we take for Γ the group with the $2g + n$ generators $a_1, \cdots, a_g, b_1, \cdots, b_g, c_1, \cdots, c_n$ and the defining relations

$$(7) \qquad R_{g+n}(a, b, c) = e; \qquad c_\nu^{s_\nu} = e \qquad (1 \leqq \nu \leqq n),$$

where e is the neutral element of Γ; we shall denote by λ the homomorphism of Λ onto Γ which maps $A_\alpha, B_\alpha, C_\nu$ onto $a_\alpha, b_\alpha, c_\nu$, respectively, for $1 \leqq \alpha \leqq g$, $1 \leqq \nu \leqq n$.

5. We shall now define an involutory automorphism of Γ which will be needed in our discussion of the cohomology of Γ. Define elements $A'_\alpha, B'_\alpha, C'_\nu$ of Λ by putting

$$(8) \qquad A'_\alpha = F_\alpha(A, B) \quad = R_{\alpha-1}B_\alpha^{-1}R_\alpha^{-1} \qquad (1 \leqq \alpha \leqq g),$$

$$(9) \qquad B'_\alpha = G_\alpha(A, B) \quad = R_\alpha A_\alpha^{-1}R_{\alpha-1}^{-1} \qquad (1 \leqq \alpha \leqq g),$$

$$(10) \qquad C'_\nu = H_\nu(A, B, C) = R_{g+\nu-1}R_{g+\nu}^{-1} \qquad (1 \leqq \nu \leqq n).$$

Then a trivial induction shows that we have the relation

$$(11) \qquad R'_i = R_i(A', B', C') = R_i^{-1} \qquad (1 \leqq i \leqq g + n),$$

which gives at once

$$F_\alpha(A', B') = A_\alpha, \qquad G_\alpha(A', B') = B_\alpha \qquad (1 \leqq \alpha \leqq g),$$

$$H_\nu(A', B', C') = C_\nu \qquad (1 = \nu \leqq n);$$

this shows that there is an involutory automorphism Φ of Λ which maps A_α, B_α, C_ν onto $A'_\alpha, B'_\alpha, C'_\nu$, respectively. From (6), (10) and (11), it follows that we have

$$\Phi C_\nu^{s_\nu} = R_{g+\nu-1} C_\nu^{-s_\nu} R_{g+\nu-1}^{-1} , \qquad \Phi(R_{g+n}) = R_{g+n}^{-1} ,$$

which implies that Φ maps the kernel of λ onto itself; therefore the relation $\varphi\circ\lambda = \lambda\circ\Phi$ determines an involutory automorphism φ of Γ. Put $a'_\alpha = \varphi(a_\alpha)$, $b'_\alpha = \varphi(b_\alpha)$, $c'_\nu = \varphi(c_\nu)$.

Assume now that Λ operates on a vector-space V by $(X, x) \to X\cdot x$; then, for any cocyle z of Λ in V, we have

(12) $$z(R_\alpha) = \sum_{\beta=1}^{\alpha} (A'_\beta - E) R_\beta B_\beta \cdot z(A_\beta) - \sum_{\beta=1}^{\alpha} (B'_\beta - E) R_{\beta-1} A_\beta \cdot z(B_\beta) \qquad (1 \leqq \alpha \leqq g) ,$$

(13) $$z(R_{g+\nu}) = z(R_g) + \sum_{\mu=1}^{\nu} R_{g+\mu-1} \cdot z(C_\mu) \qquad (1 \leqq \nu \leqq n) ,$$

and also, for every integer $s \geqq 0$:

(14) $$z(C_\nu^s) = (E + C_\nu + \cdots + C_\nu^{s-1}) \cdot z(C_\nu) .$$

In particular, if ρ is a representation of Γ in a vector-space V over a field K, we can apply (12), (13) and (14) to the representation $\rho\circ\lambda$ of Λ in V. On the other hand, the remarks in no. 2 show that a cocycle z of Γ in V is uniquely determined by the vectors $z(a_\alpha)$, $z(b_\alpha)$, $z(c_\nu)$, and that these can be chosen arbitrarily provided they satisfy the relations obtained by writing

$$\bar{z}(R_{g+n}) = 0 , \qquad \bar{z}(C_\nu^{s_\nu}) = 0$$

for the cocycle $\bar{z}$ of Λ in V defined by

$$\bar{z}(A_\alpha) = z(a_\alpha) , \qquad \bar{z}(B_\alpha) = z(b_\alpha) , \qquad \bar{z}(C_\nu) = z(c_\nu) .$$

6. For each ν, call Γ_ν the subgroup of Γ generated by c_ν; it is isomorphic to $\mathbf{Z}$ if $s_\nu = 0$, and cyclic of order s_ν if $s_\nu > 0$. In view of (14), and with the notations which have just been explained, the relation $\bar{z}(C_\nu^{s_\nu}) = 0$ can be written

(15) $$\sum_{h=0}^{s_\nu-1} \rho(c_\nu^h) z(c_\nu) = 0 ,$$

which expresses that $z(c_\nu)$ determines a cocycle of Γ_ν in V; this is a coboundary if and only if $z(c_\nu)$ is of the form

(16) $$z(c_\nu) = w_\nu - \rho(c_\nu) w_\nu$$

with $w_\nu \in V$. We shall say that a cocycle z of Γ in V is *parabolic* if, for every ν, it induces a coboundary on Γ_ν, i.e., if $z(c_\nu)$ is of the form (16) for every ν. Every coboundary of Γ in V is of course a parabolic cocycle; we shall write $P^1(\Gamma, V)$ for the quotient of the space of parabolic cocycles by the space of coboundaries of Γ in V. It is easily seen (and, of course, well-known) that every solution of (15) is of the form (16) if s_ν is not a multiple of the characteristic of K; if that is so for every ν, every cocycle of Γ in V is parabolic, and $P^1(\Gamma, V) = H^1(\Gamma, V)$; in particular, this is so if K is of characteristic 0 and none of the s_ν is 0.

From the above remarks, it follows that a parabolic cocycle z is uniquely determined by the vectors $z(a_\alpha)$, $z(b_\alpha)$, w_ν, and that these can be chosen arbitrarily, provided they satisfy the relation which was written above as $\bar{z}(R_{g+n}) = 0$; this can at once be written in terms of the $z(a_\alpha)$, $z(b_\alpha)$, w_ν by using (12), (13) and (16). In order to write it more conveniently, put

$$(17)\qquad \begin{aligned} u_\alpha &= \rho\big(R_\alpha(a, b, c)b_\alpha\big)\, z(a_\alpha) && (1 \leq \alpha \leq g)\,, \\ v_\alpha &= \rho\big(R_{\alpha-1}(a, b, c)a_\alpha\big)\, z(b_\alpha) && (1 \leq \alpha \leq g)\,, \\ t_\nu &= \rho\big(R_{g+\nu}(a, b, c)\big)\, w_\nu && (1 \leq \nu \leq n)\,. \end{aligned}$$

The relation in question can then be written as follows

$$(18)\qquad \sum\nolimits_\alpha [\rho(a'_\alpha) - 1_V]u_\alpha - \sum\nolimits_\alpha [\rho(b'_\alpha) - 1_V]v_\alpha + \sum\nolimits_\nu [\rho(c'_\nu) - 1_V]t_\nu = 0\,,$$

where $1_V = \rho(e)$ is the identity automorphism of V. Call $F(u, v, t)$ the left-hand side of (18); F is a linear mapping of V^{2g+n} into V. Let d be the dimension of V, and let i' be the codimension in V of the image of V^{2g+n} under F; then the kernel of F, i.e., the space of the solutions (u, v, t) of (18), has the dimension $D = (2g + n)d - d + i'$. On the other hand, for each ν, call e_ν the rank of the endomorphism $1_V - \rho(c_\nu)$ of V. Then the kernel of the mapping $w_\nu \to z(c_\nu)$ defined by (16) has the dimension $d - e_\nu$; therefore, in the mapping of the space of solutions (u, v, t) of (18) into the space of parabolic cocycles which is defined by (16) and (17), the dimension of the kernel is $\sum_\nu (d - e_\nu)$. This gives, for the space of parabolic cocycles, the dimension

$$(19)\qquad P = (2g - 1)d + i' + \sum\nolimits_\nu e_\nu\,.$$

In order to give a more convenient interpretation for i' than the one given above, let V' be the dual space to V; write $\langle x, x'\rangle$ for the bilinear form on $V \times V'$ which defines the duality between V and V'; as usual, denote by ${}^t\rho(s)$, for $s \in \Gamma$, the transpose of $\rho(s)$, i.e., the automorphism of V' defined by

$$\langle \rho(s)x, x'\rangle = \langle x, {}^t\rho(s)x'\rangle\,.$$

By definition, i' is the dimension of the space of vectors $x' \in V'$ such that

$$\langle F(u, v, t), x'\rangle = 0$$

for all (u, v, t). This is clearly equivalent to the relations

$${}^t\rho(a'_\alpha)x' = x'\,, \qquad {}^t\rho(b'_\alpha)x' = x'\,, \qquad {}^t\rho(c'_\nu)x' = x'\,.$$

As the a'_α, b'_α, c'_ν make up a set of generators for Γ, this shows that *i' is the dimension of the space of the vectors in V' which are invariant under ${}^t\rho(s)$ for all $s \in \Gamma$.*

On the other hand, *call i the dimension of the space of the vectors in V which are invariant under $\rho(s)$ for all $s \in \Gamma$.* This is the dimension of the kernel of the mapping $a \to z$ of V onto the space of coboundaries of Γ which is defined by (2); therefore that space has the dimension $d - i$, and we get, for the dimension p of the space $P^1(\Gamma, V)$, the formula

$$p = (2g - 2)d + i + i' + \sum_\nu e_\nu .$$

This gives the dimension of the cohomology space $H^1(\Gamma, V)$ in the cases in which all cocycles are parabolic (e.g., if no s_ν is 0 and K is of characteristic 0).

7. As in no. 3, these results can be applied to the study of the space of the representations of Γ into a group G of one of the types introduced there, i.e., a Lie group in case (a) and an algebraic group in case (b). We assume that none of the s_ν is a multiple of the characteristic of the field K (i.e., in case (a), that none of them is 0); then every cocycle of Γ is parabolic; more precisely, as we have already observed in no. 6, the cohomology space $H^1(\Gamma_\nu, V)$, for any representation of Γ_ν in a vector-space over K, is 0. For each ν, call W_ν the set of the elements w of G which satisfy $w^{s_\nu} = e$; the theorem at the end of no. 3 shows that W_ν is an analytic submanifold of G in case (a), and that it is the union of finitely many mutually disjoint non-singular subvarieties of G in case (b); moreover, it shows that the connected component in W_ν of any point w of W_ν consists of the points xwx^{-1} for $x \in G$, and that the tangent linear variety to that component at w is the image M_ν of $\mathfrak{g}$ under the tangent linear mapping to $x \longrightarrow xwx^{-1}$ at e.

Now let R be the set of the homomorphisms of Γ into G; for each $r \in R$, put $r_\alpha = r(a_\alpha)$, $r'_\alpha = r(b_\alpha)$, $r''_\nu = r(c_\nu)$, and identify r with the point $(r_\alpha, r'_\alpha, r''_\alpha)$ of $G^{2g} \times W$, where $W = \prod_\nu W_\nu$. We can consider R_{g+n} as defining, in an obvious manner, a mapping of $G^{2g} \times W$ into G, and the set R is then nothing else than $R_{g+n}^{-1}(e)$. By the same kind of calculations as those in nos. 3, 5, 6, it is easy to determine the tangent linear mapping to R_{g+n} at any point, or, what amounts to the same, the tangent linear variety S to the graph of R_{g+n} at any point $(r, R_{g+n}(r))$ of that graph, and in particular, at the point (r, e) of this graph for any $r \in R$; if we take again for ρ, as in no. 3, the homomorphism $\mathrm{Ad} \circ r$ of Γ into the group of automorphisms of $\mathfrak{g}$, and if we write again $F(u, v, t)$ for the left-hand side of (18), we find that S is the space of all vectors of the form

$$\big(z(a_\alpha), z(b_\alpha), z(c_\nu), F(u, v, t)\big)$$

when one takes for $(z(a_\alpha), z(b_\alpha))$ all the vectors in $\mathfrak{g}^{2g}$, for (w_ν) all the vectors in $\mathfrak{g}^n$, and for (u, v, t) and $(z(c_\nu))$ the vectors defined in terms of these by (16) and (17). With the notations of no. 6, S has then the dimension $2gd + \sum_\nu e_\nu$, d being the dimension of G. The points of S for which $F(u, v, t) = 0$ are no other than the cocycles of Γ in $\mathfrak{g}$, and make up a subspace of S whose dimension P is given by (19); its codimension in S is d if and only if $i' = 0$. This shows that the graph of R_{g+n} is transversal to $(G^{2g} \times W) \times e$ at (r, e), for a given $r \in R$, if and only if $i' = 0$. Therefore, *when* $i' = 0$, *there is a neighborhood of* r *in which* R *is an analytic submanifold of* $G^{2g} \times W$ *in case* (a), *and a non-singular subvariety of* $G^{2g} \times W$ *in case* (b), *with the dimension* $P = (2g - 1)d + \sum_\nu e_\nu$.

INSTITUTE FOR ADVANCED STUDY

BIBLIOGRAPHY

1. G. SHIMURA, *Sur les intégrales attachées aux formes automorphes*, J. Math. Soc. Japan, 11 (1959), 291–311.
2. A. WEIL, *Généralisation des fonctions abéliennes*, J. Math. Pures et Appl. (IX), 17 (1938), 47–87.
3. ———, *On discrete subgroups of Lie groups*, (a) Ann. of Math., 72 (1960), 369–384; (b) ibid. 75 (1962), 578–602.
4. Y. MATSUSHIMA and S. MURAKAMI, *On vectorbundle-valued harmonic forms and automorphic forms on symmetric riemannian manifolds*, Ann. of Math., 78 (1963), 365–416.

(Received June 5, 1963)

Commentaire

N.B. Dans ce commentaire, une référence telle que [1938a] renvoie à l'article du texte portant cet indicatif (cf. Table des Matières); [1938a]* renvoie au commentaire de l'article en question.

[1951c] Review of "Introduction to the theory of algebraic functions of one variable" (by C. Chevalley)

Le livre de Chevalley sur les fonctions algébriques parut en 1951, et on m'en demanda le compte-rendu pour le *Bulletin of the A.M.S.* La qualité de ce livre et de la contribution qu'il apportait à son sujet était hors de doute; mais il témoignait d'une attitude qui me paraissait dépassée, et je pris cette occasion pour marquer la différence entre le point de vue de Chevalley, qui avait été celui de l'école algébrique allemande, et le point de vue géométrique auquel je m'étais rallié depuis longtemps. Quant à l'usage qu'on fit un peu plus tard de citations tronquées, extraites de mon compte-rendu, pour faire échec à une candidature de Chevalley à la Sorbonne (cf. [1955e]), est-il besoin de dire que je ne m'en sentis nullement responsable?

On notera, pp. 390–392, une présentation de certains résultats de Chevalley, différente de la sienne. Il s'agit là d'une extension aux intégrales de 3e espèce de mes anciennes observations sur les intégrales $\int (\log f) d(\log g)$ (cf. [1939a]*). On obtient ainsi une généralisation des relations bilinéaires de Riemann, et en même temps une expression purement algébrique de la dualité entre les groupes d'homologie $H_1(S - P, Q)$ et $H_1(S - Q, P)$, où je continuais à rechercher l'analogue, en théorie classique, de la loi de réciprocité pour les corps de fonctions en caractéristique p. En effet, arrivé à ce point, on n'est pas loin des "jacobiennes généralisées" de Rosenlicht et de la théorie du corps de classes (cf. [1950a]*).

[1952a] Sur les théorèmes de de Rham

J'ai déjà dit ([1940b]*, [1947b]*) combien, de longue date, j'attachais d'importance aux théorèmes de de Rham, et combien leur pratique m'était devenue familière. J'avais fini par voir là une pierre de touche de toute théorie homologique; et lorsque par exemple Eilenberg me fit part en 1944 de la théorie axiomatique qu'il venait de bâtir avec Steenrod, ma première question fut pour demander si celle-ci rendait compte des théorèmes de de Rham; ma déception fut grande d'apprendre qu'il n'en était rien.

Une fois au Brésil, mes réflexions sur la théorie de Hodge d'une part (v. [1947b]), et de l'autre mes calculs sur les "W-groupes" (v. [1951b]) m'avaient amené à me constituer une technique d'algèbre homologique, peu raffinée mais qui a suffi à mes besoins. Sans doute y avais-je été grandement aidé par les notions que j'avais acquises aux Etats-Unis, au contact d'Eilenberg, sur les groupes d'Eilenberg-MacLane. D'autre part, lors d'un rapide voyage à Paris en juin et juillet 1945, je m'étais rencontré brièvement avec Leray, tout juste revenu de captivité, et il m'avait parlé de sa "cohomologie à coefficients variables"; c'est ainsi du moins que le souvenir m'en était resté, et cette idée, bien que vague dans mon esprit, m'avait frappé. Enfin, je ne pouvais ignorer que Bourbaki avait commencé à envisager sérieusement la composition d'un livre sur la "topologie combinatoire" comme on disait alors, c'est-à-dire principalement sur l'homologie; il devait y renoncer plus tard devant l'afflux des ouvrages, dont quelques-uns de bonne qualité, qui allaient paraître dans la décade suivante; mais en attendant ce sujet était à l'ordre du jour.

C'est ainsi que j'obtins au début de 1947 l'essentiel des résultats qui forment le contenu de [1952a]; j'en fis part aussitôt à Dieudonné, qui m'avait rejoint au Brésil l'année précédente, et à Cartan qui était alors à Strasbourg. Celui-ci, de son côté, venait d'étudier de près les travaux de Leray, de sorte que ma lettre trouva chez lui un terrain tout préparé; il y répondit sur le champ par une série de lettres et de papiers qui constituèrent bientôt une théorie complète de la cohomologie; c'était la théorie dite des "carapaces", qui allait former le sujet de son cours de Harvard de 1948, puis de son séminaire de 1948–49 à l'Ecole Normale. Bien entendu les théorèmes de de Rham y rentraient comme cas particulier.

Pendant quelques années je crus que ces développements, et ceux qui suivirent (surtout le Séminaire Cartan de 1950–51) avaient rendu superflue ma démonstration. Je finis par penser qu'un résultat de cette importance méritait d'être traité séparément; de plus, mon théorème au sujet du type d'homotopie (§5) s'y rattachait naturellement et pouvait présenter quelque intérêt. D'ailleurs, à l'occasion d'une séance de séminaire à Chicago, N. Hamilton avait apporté à ma démonstration une amélioration substantielle (cf. [1949d]*); cela m'encouragea à la rédiger pour les *Commentarii*, qui avaient déjà accueilli [1947b].

[1952b] Sur les "formules explicites" de la théorie des nombres premiers

Ayant démontré l'"hypothèse de Riemann" pour les corps de fonctions de dimension 1, je ne pouvais pas ne pas chercher à en tirer des lumières sur l'hypothèse de Riemann classique. Du reste je m'étais persuadé, d'abord qu'on ne démontrerait jamais celle-ci pour le corps des rationnels sans la démontrer en même temps pour tous les corps de nombres, puis que la clef en serait un théorème de positivité, analogue en quelque manière au théorème de Castelnuovo, et qui du même coup entraînerait la conjecture d'Artin. Je me plaçais ainsi, je crois, dans la ligne de Hilbert; Hellinger m'a raconté en effet que celui-ci, après avoir démontré la réalité des valeurs caractéristiques d'un noyau symétrique en enseignant pour la première fois sa théorie des équations intégrales, avait ajouté: "Et avec ce théorème, Messieurs, nous démontrerons l'hypothèse de Riemann."

C'est dans cet esprit que j'avais repris une fois de plus l'examen des analogies entre corps de nombres et corps de fonctions. Ce sujet se prête à un grand nombre d'exercices, et les "formules explicites" de la théorie classique des nombres premiers en fournissent un qui est assez simple (si on en laisse de côté les subtilités) pour qu'on puisse en dégager le formalisme algébrique et l'étendre aux fonctions L. C'est ce qui est fait dans [1952b], où il est montré que l'hypothèse de Riemann pour l'ensemble des fonctions L sur un corps de nombres équivaut à la positivité d'une certaine distribution sur le groupe des classes d'idèles du corps. Il en est de même pour les corps de fonctions, de sorte que pour ceux-ci cette positivité est un fait acquis.

Il n'est pas plus difficile, en principe, de procéder de même à l'égard des fonctions L "d'Artin-Hecke" (cf. [1951b]*), en ajoutant la conjecture d'Artin à l'hypothèse de Riemann. C'est ce qui est fait dans [1972] au moyen d'un formalisme quelque peu clarifié et simplifié; on obtient ainsi sur les "W-groupes" des distributions dont la positivité équivaut à l'ensemble des conjectures en question.

A la lumière de travaux récents où des cas particuliers de la conjecture d'Artin ont pu être traités avec succès, on peut se demander à présent si elle n'est pas moins rebelle que sa compagne. Néanmoins, comme je l'ai indiqué dans [1972], l'interprétation qui est donnée de l'une et de l'autre dans ce dernier travail, jointe à l'analogie entre les corps de nombres et les corps de fonctions, me semble fournir actuellement l'argument le plus convaincant en faveur de leur validité à toutes deux dans le cas classique.

Pour ceux qui, en attendant une solution définitive de ces problèmes, s'intéresseraient à des résultats partiels, fussent-ils numériques, voici deux points qu'il n'est peut-être pas inutile de signaler. D'une part, si le scepticisme à l'égard de l'hypothèse de Riemann classique a beaucoup diminué, j'ai constaté qu'il subsiste encore vis-à-vis des fonctions L de Hecke. Pourquoi un spécialiste des ordinateurs, en ce temps où on les fait fonctionner un peu à tort et à travers, ne s'amuserait-il pas à calculer des zéros des plus simples de ces fonctions, à savoir celles qui appartiennent au corps de Gauss $\mathbf{Q}(i)$? D'autre part, on s'est acharné à jalonner dans la bande critique des domaines où les zéros de $\zeta(s)$ ne peuvent pénétrer. Mais, comme il apparaît dans [1952b], l'hypothèse de Riemann équivaut au fait que, pour une classe suffisamment large de fonctions $\Phi(s)$ positives sur la droite $\mathrm{Re}(s) = \frac{1}{2}$, la somme $\sum \Phi(\rho)$ est positive. N'y aurait-il pas un exercice instructif pour un analyste dans la recherche de fonctions Φ pour lesquelles il en est ainsi?

Quant à la notion de distribution qui intervient dans ce travail, et dont je pris prétexte pour le dédier à un analyste, elle était encore relativement nouvelle, même dans le cas des variables réelles, puisque Laurent Schwartz ne les avait introduites pour celles-ci qu'en 1945. A la fin de [1952b], p. 265, je me suis même exprimé comme si cette notion avait déjà été définie sur tous les groupes localement compacts; elle ne le fut que par Bruhat en 1961 (*Bull. Soc. Math. Fr.* 89, pp. 43–75). Il est vrai que j'en avais déjà fait l'essai dans un cas particulier, pendant mon séjour au Brésil, en définissant pour mon usage ce que j'appelai plus tard la "distribution d'Herbrand"; mais là il s'agit seulement d'un groupe totalement discontinu, où la notion de distribution est élémentaire et se confond avec celle de fonction simplement additive des parties ouvertes compactes du groupe étudié.

[1952c] Fibre-spaces in algebraic geometry

Il n'a pas été jugé utile de reproduire ces notes, dues à A. Wallace, d'un cours professé en 1952 à Chicago. Il suffira d'en résumer ici le contenu:

§1. Révision de la notion de "variété abstraite" (cf. la 2e édition de [1946a]).– §2. Définition des variétés fibrées avec groupe structural opérant sur les fibres, au moyen de "fonctions de transition" à valeurs dans le groupe.–§3. Classification des variétés fibrées à groupe $G_m = GL(1)$ opérant "naturellement" sur la droite projective D.–§4. Surfaces réglées: (a) classification des variétés fibrées sur une courbe (i.e. à base de dimension 1), fibrées par D, appartenant au groupe affine, $x \to ax + b$, opérant sur D; (b) existence d'une section sur toute surface réglée (variété fibrée sur une courbe, à groupe $PGL(2)$ opérant sur D).–§5. Variétés fibrées à groupe $\mathbf{C}^\times$ sur une variété analytique complexe (cf. [1958a], Chap. V).

[1952d] Jacobi sums as "Grössencharaktere"

Peu avant la guerre, si mes souvenirs sont exacts, G. de Rham me raconta qu'un de ses étudiants de Genève, Pierre Humbert, était allé à Göttingen avec l'intention d'y travailler sous la direction de Hasse, et que celui-ci lui avait proposé un problème sur lequel de Rham désirait mon avis. Une courbe elliptique C étant donnée sur le corps des rationnels, il s'agissait principalement, il me semble, d'étudier le produit infini des fonctions zêta des courbes C_p obtenues en réduisant C modulo p pour tout nombre premier p pour lequel C_p est de genre 1; plus précisément, il fallait rechercher si ce produit possède un prolongement analytique et une équation fonctionnelle. J'ignore si Pierre Humbert, ou bien Hasse, avaient examiné aucun cas particulier. En tout cas, d'après de Rham, Pierre Humbert se sentait découragé et craignait de perdre son temps et sa peine.

J'avoue avoir pensé que Hasse avait été par trop optimiste. Je dis à de Rham, non seulement que le problème me semblait bien trop difficile pour un débutant, mais même que je ne voyais aucune raison pour que le produit en question eût les propriétés que Hasse lui supposait.

Par la suite, Pierre Humbert se tourna vers Siegel et la théorie des formes quadratiques; je ne sais si ma conversation avec de Rham contribua à ce changement d'orientation. Il mourut jeune, peu après la guerre. Quand je revis Hasse à Hambourg, à l'occasion d'une conférence sur le sujet même de [1952d], je n'eus pas l'impression qu'il eût gardé aucun souvenir de cet épisode ni du problème proposé à Pierre Humbert.

Au Brésil, cherchant des applications de l'hypothèse de Riemann, je fis des calculs sur les fonctions zêta des courbes hyperelliptiques sur un corps fini (cf. [1948c]), et en particulier celle de $Y^2 = X^4 + 1$ sur $\mathbf{F}_p$. C'est là un exercice facile; la fonction zêta, ou pour mieux dire sa partie non triviale, est $1 + pU^2$ si $p \equiv 3 \pmod 4$; si $p \equiv 1 \pmod 4$, c'est $(1 - \alpha U)(1 - \bar{\alpha} U)$, où $\alpha = a + bi$, $\bar{\alpha} = a - bi$ sont les facteurs premiers de p dans $\mathbf{Z}(i)$, normés par $a \equiv 1 \pmod 4$. Quant à cette dernière condition, mes notes de cette époque renvoient au mémoire de Gauss sur les résidus biquadratiques; c'est sans doute ce qui me donna l'idée, un peu plus tard, d'étudier ce mémoire de plus près (cf. [1974a], p. 106). Comme l'indiquent ces notes, il s'ensuit immédiatement que le produit infini de Hasse pour la courbe $Y^2 = X^4 + 1$ est une fonction L de Hecke relative au corps $\mathbf{Q}(i)$. La conjecture de Hasse commençait à prendre forme à mes yeux.

Les choses en restèrent là, il me semble, jusqu'à une discussion que j'eus avec Chevalley au cours des années suivantes. Il ne croyait pas que les fonctions L de Hecke eussent un rôle à jouer en théorie des nombres. Je soutenais le contraire (cf.

[1936i]* et [1951b]*) et citai en exemple le produit de Hasse pour la courbe $Y^2 = X^4 + 1$, peut-être aussi pour $Y^2 = X^3 - 1$, en ajoutant qu'il devait s'agir là d'un phénomène bien plus général. Là je m'avançais beaucoup; ce qui finalement me donna confiance dans cette idée, ce fut une fois de plus l'analogie entre corps de nombres et corps de fonctions; j'observai (v. [1950b], p. 99) que la conjecture de Hasse pour les courbes sur un corps de nombres correspond exactement à mes conjectures de 1949 pour les surfaces sur un corps fini, au sujet desquelles il ne me restait plus aucun doute.

Parvenu à ce point, je me devais d'examiner les courbes pour lesquelles je savais calculer explicitement la fonction zêta, c'est-à-dire avant tout les courbes $Y^m = aX^n + b$. En ce cas, tout se ramenait aisément à un problème concernant les "sommes de Jacobi", et plus précisément à la détermination d'une racine de l'unité qui entre dans l'expression de ces sommes; j'ignorais qu'à la terminologie près une bonne partie de la question avait été traitée un siècle plus tôt par Eisenstein (v. [1974d], p. 2). En tout cas, je trouvai que les fonctions zêta des courbes $Y^m = aX^n + b$ sur un corps de nombres s'expriment bien, comme je l'espérais, par des fonctions L de Hecke. Le cas des courbes $Y^2 = aX^4 + b$ et $Y^2 = aX^3 + b$ permettait de supposer qu'il pouvait en être de même pour toute courbe elliptique à multiplication complexe, et un calcul sommaire montrait que ce cas se ramenait, en première approximation, à la détermination d'un signe ± 1. Cette observation, communiquée à Deuring, donna lieu par la suite à sa belle série de recherches sur les fonctions zêta de ces courbes (*Gött. Nachr.* 1953, no. 6; 1955, no. 2; 1956, no. 4; 1957, no. 3). Pour des résultats sur les sommes de Jacobi qui contiennent ceux de [1952d] comme cas particuliers, v. [1974d].

[1952e] On Picard varieties

Depuis le colloque de Paris en 1949 (v. [1950a]), je m'efforçais d'approfondir et de développer les idées que j'y avais esquissées, ainsi que les résultats du travail d'Igusa (*Am. J. of Math.* 74 (1952), pp. 1–22) dont Kodaira, arrivé à Princeton en 1949, m'avait transmis le manuscrit à la fin de la même année. Kodaira aussi s'intéressait à ces questions; en 1950, à la suite d'un séminaire de G. de Rham sur les formes harmoniques et les courants dans le cas réel, il exposa d'importants résultats sur les variétés kählériennes (v. G. de Rham et K. Kodaira, *Harmonic Integrals*, I.A.S. 1950).

Au congrès de Cambridge, Hodge exposa ses idées du moment. J'y renouai connaissance avec lui; ce fut le point de départ d'un échange de lettres, des plus instructifs pour moi, dans les mois qui suivirent. J'eus aussi vers la même époque une abondante correspondance avec Kodaira, de Rham, Laurent Schwartz et Chow sur les sujets en question.

En ce qui concernait la "variété d'Albanese" (nommée "dual Picard variety" dans [1952e]), il n'était besoin que d'une mise au point assez facile. Je crus élargir un peu le cadre des variétés projectives, où s'était placé Igusa, en introduisant la notion de "variété de Hodge", formellement moins restrictive. Je ne prévoyais pas que bientôt Kodaira démontrerait l'identité substantielle des deux notions, dans un travail qu'on peut qualifier de tour de force (*Ann. of Math.* 60 (1954), pp. 28–48).

En tout cas, du point de vue de la méthode, je n'eus pas tort sans doute d'établir cette distinction.

Pour la "variété de Picard" et ses liens avec les classes de diviseurs, Igusa, Kodaira et moi pouvions nous inspirer de Poincaré, des Italiens, de Lefschetz. Mes vieilles connaissances les fonctions multiplicatives y jouaient leur rôle (cf. [1934b,c]*); ce n'est pas étonnant, puisque ces fonctions, sur une variété V, ne sont pas autre chose que les sections des variétés fibrées sur V, de groupe $G_m = GL(1, \mathbf{C}) = \mathbf{C}^\times$ (la fibre étant $\mathbf{C}$ ou bien la droite projective), et puisque la variété de Picard de V est la variété des modules pour ces fibrés (cf. [1938a]*, [1949c], [1950a], [1952c]). Mais il ne ressortait pas clairement du travail d'Igusa si l'application canonique induit bien une application holomorphe sur toute famille algébrique ou algébroïde de diviseurs. J'eus quelque peine à l'établir ([1952e], p. 883) et n'y parvins pas même complètement; à cette époque où on ne disposait pas du théorème d'Hironaka, ni de la théorie des courants élaborée par la suite par Federer, ni même du théorème de Lelong sur les courants définis par les variétés analytiques, ma technique n'était pas adéquate à ce que j'avais en vue. Même pour pouvoir appliquer la théorie de l'homologie aux sous-variétés d'une variété V, je ne pouvais m'appuyer que sur un travail inédit, et qui malheureusement l'est resté; c'était la thèse de mon étudiant Norman Hamilton, alors en voie d'achèvement, mais qui, je ne sais plus pourquoi, ne fut soutenue qu'en 1955. Il a fallu, comme on sait, un travail de Borel et Haefliger (*Bull. Soc. Math. Fr.* 89 (1961), pp. 461–513) pour combler cette lacune.

A plus forte raison les ressources de la technique étaient-elles insuffisantes pour ce qui, dès 1950, me paraissait ouvrir le plus de perspectives nouvelles, je veux dire la théorie des "jacobiennes intermédiaires". C'est là-dessus que porte presque toute la correspondance dont il a été fait mention plus haut, et où je ne cessais de réclamer en vain à mes amis, et particulièrement à Schwartz et à de Rham, les résultats sur les courants dont je voyais que j'avais besoin. Ici quelques explications vont être nécessaires.

Soit A l'espace des formes harmoniques réelles de degré $2p + 1$ sur la variété V de dimension complexe n; on peut l'identifier au groupe de cohomologie $H^{2p+1}(V, \mathbf{R})$. Dans A, soit Δ le réseau image de $H^{2p+1}(V, \mathbf{Z})$, ensemble des formes à périodes entières. Le complexifié $A_{\mathbf{C}}$ de A est somme directe des sous-espaces $X_{a,b}$ formés respectivement par les formes de type de Hodge (a, b) avec $a + b = 2p + 1$; soit $P_{a,b}$ le projecteur de $A_{\mathbf{C}}$ sur $X_{a,b}$. Soient $0 \leq \nu \leq p$, $a = 2p + 1 - \nu$, $b = \nu$; alors $P_{a,b} + P_{b,a}$ est l'extension à $A_{\mathbf{C}}$ d'un projecteur de A sur un sous-espace A_ν dont $X_{a,b} + X_{b,a}$ est le complexifié, et les projecteurs $P_{a,b}$ et $P_{b,a}$ déterminent sur A_ν des isomorphismes (réels) sur $X_{a,b}$ et sur $X_{b,a}$, respectivement. Transportant à A_ν, au moyen de ceux-ci, la structure complexe de $X_{a,b}$ ou bien celle de $X_{b,a}$, on obtient sur A_ν deux structures complexes, imaginaires conjuguées l'une de l'autre. Comme A est somme directe des A_ν, on peut ainsi y définir 2^{p+1} structures complexes distinctes, qu'on peut considérer comme déterminées par les opérateurs de carré -1:

$$J_\varepsilon = i \sum_{\nu=0}^{\mu} \varepsilon_\nu (P_{2p+1-\nu,\nu} - P_{\nu,2p+1-\nu})$$

avec $\varepsilon_\nu = \pm 1$ pour $0 \leq \nu \leq p$. Pour chacune de ces structures, A/Δ devient un tore complexe.

Hodge, dans son livre (*Harmonic Integrals*, pp. 192–196), avait établi un théorème (reproduit, aux notations près, dans mon livre [1958a], pp. 77–78, comme corollaire du th. 7) dont voici l'essentiel. On peut définir dans A une forme alternée $B(x, y)$, à valeurs entières sur $\Delta \times \Delta$, s'annulant sur $A_\mu \times A_\nu$ pour $\mu \neq \nu$, et telle que, pour $0 \leq \nu \leq p$, la forme induite par $B(x, J_\varepsilon y)$ sur $A_\nu \times A_\nu$ soit symétrique et définie (positive ou négative suivant le choix de ε_ν); le calcul montre aussi que ces formes sont toutes positives si on a pris

$$J_\varepsilon = -C = -\sum i^{a-b} P_{a,b}.$$

Naturellement ce résultat subsiste pour $J_\varepsilon = C$, pourvu qu'on remplace B par $-B$; le choix $J_\varepsilon = -C$ est déterminé par le fait qu'on obtient ainsi la variété d'Albanese de V pour $p = n - 1$ et sa variété de Picard pour $p = 0$.

En vertu des théorèmes connus sur les variétés abéliennes (cf. p. ex. [1949d] ou [1958a]), il s'ensuit que, pour $0 \leq p < n$, le tore complexe ainsi défini par $J_\varepsilon = -C$ sur A/Δ est une variété abélienne; pour tout choix de J_ε, autre que $\pm C$, cette assertion ne serait plus vraie en général.

Ce sont ces variétés qui sont définies dans [1952e] sous le nom de "jacobiennes" et que, pour $0 < p < n - 1$, on nomme souvent "jacobiennes intermédiaires". Comme je m'en aperçus plus tard et comme le montrent des exemples très simples (en particulier le cas où V est un produit de courbes elliptiques), elles ont un grave défaut: leurs modules ne sont pas fonctions holomorphes de ceux de V, ce qui semble ruiner tout espoir d'une interprétation algébrique. Comme Griffiths l'a montré, on remédie à cet inconvénient par un autre choix de J_ε, mais cela donne des tores complexes qui en général ne sont pas des variétés algébriques.

Quoi qu'il en soit, ma construction, jusqu'à ce point, ne faisait usage que de théorèmes de Hodge qui ne soulèvent pas de discussion. Mais l'essentiel pour moi dans mes réflexions sur ce sujet était l'application, heuristiquement définie, du groupe des cycles algébriques homologues à zéro, de codimension $p + 1$, dans la jacobienne définie par les formes de degré $2p + 1$.

L'idée de cette application a dû me venir, consciemment ou non, de Volterra et de ses "fonctions de ligne". Encore tout jeune, il avait observé qu'une forme différentielle fermée de degré 2 dans un domaine de l'espace ordinaire, intégrée sur une surface S dont le contour est la différence $L - L_0$ de deux lignes fermées, détermine une fonction additive de la ligne fermée L, et qu'il y avait là un important sujet d'étude. Il avait vu aussi que cette notion s'étend d'elle-même aux dimensions quelconques, et qu'elle fait intervenir des questions d'"analysis situs" à cause des périodes de la forme en question; là il dut se souvenir des leçons de son maître Betti. Il avait développé longuement (*loc. cit.*, [1947b]*) le lien entre cette idée et sa théorie des "fonctions conjuguées" (c'est-à-dire en somme des formes harmoniques) qu'il présentait comme généralisation de la théorie de Riemann des fonctions analytiques, et par laquelle il préludait aux travaux de Hodge (cf. [1947b]*). Ce que je cherchais à faire en 1950 rentrait dans ce programme; un cycle algébrique X de codimension $p + 1$, homologue à zéro sur V, étant donné, j'intégrais sur un "cycle singulier" Q de bord X les formes harmoniques de degré $2n - 2p - 1$; cela donnait dans l'espace A dual de l'espace de ces formes une "fonction de ligne" $f(X)$, bien définie modulo périodes, donc une application canonique f du groupe des cycles X dans la jacobienne intermédiaire relative aux formes de degré $2p + 1$. C'est pourquoi, aux noms variés qu'on a proposés pour cette application, je substituerais volontiers le nom d'"application de Volterra" s'il y fallait absolument un nom propre.

Par la suite D. Liebermann, grâce aux moyens techniques qu'ont fourni les travaux plus récents (Lelong, Borel-Haefliger, Hironaka, Federer), a pu mettre au point ce qui chez moi était resté à l'état d'esquisse provisoire et réussir là où j'avais échoué, je veux dire dans la démonstration de l'analyticité (au sens complexe) de l'application en question; en voici l'essentiel. Soit X_z un cycle algébrique positif qui varie analytiquement en fonction de paramètres z; V étant supposée projective, on se ramène, au moyen des coordonnées de Chow de X_z, au cas où z varie dans une variété algébrique, puis on voit aisément qu'il suffit de traiter le cas où celle-ci est une courbe Z, et où X_z est une variété irréductible. Soit $p + 1$ la codimension de X_z, et soit Y la variété de codimension p décrite par X_z quand z varie sur Z. D'après Hironaka, on peut considérer Y comme image $\varphi(Y')$ d'une variété Y' sans point singulier, et X_z comme image $\varphi(X'_z)$ d'un diviseur X'_z sur Y'. Soient a un point fixe et z un point variable sur Z; joignons-les par un chemin λ. Quand t varie sur λ, X'_t décrit un cycle singulier Q' de dimension topologique $2n - 2p - 1$ sur Y', de bord $X'_z - X'_a$, dont l'image $Q = \varphi(Q')$ dans V a pour bord $X_z - X_a$. L'image canonique de X_t dans la jacobienne intermédiaire est donnée par l'intégrale sur Q des formes différentielles ω de degré $2n - 2p - 1$ sur V qui satisfont à $d\omega = 0$, $d(C\omega) = 0$. Mais il revient alors au même d'intégrer sur Q' les formes $\omega' = \varphi^{-1}(\omega)$, et celles-ci satisfont évidemment à $d\omega' = 0$, $d(C\omega') = 0$. Il s'ensuit qu'on est ramené au cas des diviseurs sur la variété Y', pour lesquels le résultat est connu en vertu de la théorie de la variété de Picard et d'un théorème de Kodaira (*loc. cit.* [1952e], p. 893), et à des propriétés "fonctorielles" évidentes des jacobiennes intermédiaires.

Telle est dans ses grandes lignes la démonstration de Liebermann (*Am. J. of Math.* 90 (1968), pp. 1165–1199; v. surtout pp. 1190–1193). Elle fait voir en particulier qu'avec les notations ci-dessus on a $\omega' = 0$ chaque fois que la décomposition de ω suivant les types de Hodge ne fait apparaître que des types (a, b) autres que $(n - p - 1, n - p)$ et que $(n - p, n - p - 1)$. Avec les notations introduites précédemment, cela revient à dire que l'image canonique de $X_z - X_a$, donc de tout cycle algébriquement équivalent à zéro, est dans l'image de l'espace A_p dans le tore A/Δ. Mais toutes les structures complexes définies sur A par les opérateurs J_ε coïncident sur A_p au signe près; ce signe est déterminé par le fait que l'application canonique doit être holomorphe. Du point de vue de cette application, le choix de J_ε est donc sans importance. Il n'est pas difficile de voir qu'il y a dans le tore complexe A/Δ un tore complexe maximal B_p contenu dans l'image de A_p, indépendant du choix de J_ε, et que celui-ci contient l'image de tout cycle algébriquement équivalent à zéro sur V. Ce tore est une variété abélienne, puisqu'il en est ainsi de A/Δ pour $J_\varepsilon = -C$; comme d'autre part, d'après Griffiths, il y a un choix de J_ε pour lequel les modules de A/Δ sont fonctions holomorphes de ceux de V, il est à présumer qu'il en est de même de ceux de B_p.

Je reviens maintenant à ma correspondance avec Hodge; celui-ci disait avoir, lui aussi, cherché sans succès une interprétation des variétés abéliennes déterminées par les matrices des périodes des formes harmoniques. En revanche, c'est lui qui me fit connaître l'exemple si frappant des hypersurfaces cubiques dans P^4: "I am sure", m'écrivait-il en novembre 1950, "that the period matrix of the Picard integrals on this surface" [la surface définie par les droites sur la variété] "is equivalent to the "3-dimensional" Riemannian matrix of the variety." Je ne sais où j'en étais de mes réflexions à ce moment, mais son exemple, qui sans doute lui venait de Todd (v. J. A. Todd, *Proc. Ed. Math. Soc.* (II) 4 (1935), pp. 175–184; cf. G. Fano, *Atti R. Acc. Torino* 39 (1904), pp. 597–615 et 778–792), m'encouragea grandement; c'est fort peu après cette lettre qu'apparaissent dans les miennes les "jacobiennes intermédiaires" et l'application canonique. J'allai même jusqu'à penser que celle-ci pouvait être toujours surjective, et fis part à Hodge de cette "conjecture". Il ne tarda pas à la démolir; voici ce qu'il m'écrivait en février 1951:

"... I now feel that I was a little optimistic in suggesting that this" [l'hypersurface cubique] "might be a guide to the general situation ... Let $X = \Gamma - \Gamma'$ ... Γ and Γ' will belong to the same algebraic system on V .... Hence there exists a one parameter family of analytic cycles including Γ and Γ' which lie in an analytic cycle Z of $p + 1$ complex dimensions. We can then take $Q \subset Z$. But every harmonic form of type (r, s), $r + s = 2p + 1$, on V vanishes on Z, and hence on Q, unless $r = p$, $s = p + 1$ or $r = p + 1$, $s = p$. Hence the image of X lies in $\{U_i^{rs} = 0, (r, s) \neq (p, p + 1) \text{ or } (p + 1, p)\}$ where U_i^{rs} is the coordinate in $J_p(V)$ defined by the form u_i^{rs}."

C'est seulement en relisant cette correspondance en 1978 que je me suis aperçu que le paragraphe ci-dessus contenait, clairement exprimée, l'idée de Liebermann, qui bien entendu n'en a rien su. Sans doute il n'aurait guère été possible, en 1951, de l'exploiter à fond; il n'en est pas moins remarquable que Hodge me l'ait communiquée et qu'il n'en ait rien tiré, ni moi non plus; je me contentai à cet égard de la remarque qui forme la conclusion de [1952e], p. 893.

Le reste de cette correspondance concernait d'une part mes tentatives pour établir les propriétés "fonctorielles" des jacobiennes intermédiaires et de l'application canonique; pour la plus grande partie cela a été fait par Liebermann et ne présente pas de difficulté sérieuse, vu les moyens dont on dispose actuellement. D'autre part je m'efforçai de trouver des conditions purement algébriques, nécessaires et suffisantes pour qu'un cycle algébriquement équivalent à zéro ait pour image 0 dans la jacobienne intermédiaire correspondant à sa dimension. Ce problème est toujours ouvert, que je sache, et je doute que les conjectures que je formulai sur ce sujet en 1951 aient eu quelque valeur.

Il me reste à signaler une inadvertance à la fin de la page 82 de mes *Variétés kählériennes* ([1958a]), où je reproduis d'après [1952e] la définition des jacobiennes; c'est bien $-C$, comme dans [1952e], et non pas C, qui définit la structure complexe de celles-ci.

[1953] Théorie des points proches sur les variétés différentiables

Je me suis trop avancé au début de cette conférence (p. 112) en attribuant à Nicolas

Bourbaki les idées qui y sont exposées. En réalité, j'avais, sur ce sujet, soumis à Bourbaki un avant-projet assez détaillé, avec un chapitre d'application à la théorie locale des groupes de transformations et des groupes de Lie. Bien que Bourbaki eût reçu ensuite d'un autre de ses collaborateurs un manuscrit qui traitait de ces questions tout au long par la même méthode, il ne crut pas devoir en adopter le principe. Il n'est rien résulté de là que l'exposé ci-dessus, dont l'occasion fut un colloque organisé à Strasbourg par Ehresmann.

Depuis les premiers tâtonnements du calcul infinitésimal et de la géométrie différentielle, les géomètres ont pensé "points infiniment voisins" (ou "points proches"; le terme latin est "proximus"), quitte à rédiger tout autrement lorsque cette notion fut tombée en discrédit; il y a là un chapitre d'histoire qui mériterait d'être écrit. Une tangente a toujours été pensée comme droite qui coupe la courbe en deux points infiniment voisins; si Leibniz a pu éprouver quelque difficulté à adapter cette idée intuitive au voisinage du second ordre (cf. N. Bourbaki, *Eléments d'histoire des mathématiques*, p. 212, note (**)), ce n'était là qu'une légère erreur de parcours. De même, dès les débuts de la théorie des groupes de transformations, il a été question de "transformations infinitésimales", et il n'est pas de géomètre qui n'ait senti que le crochet, non seulement s'obtient à partir du commutateur par passage à la limite (cf. [1939b]), mais qu'en un certain sens "c'est" un commutateur. La même idée est apparue en géométrie algébrique dans la théorie des points singuliers des courbes planes; là elle a été mise sur une base solide par l'emploi de transformations quadratiques, mais elle préexistait à celui-ci. On peut en voir d'autres exemples dans Thomson et Tait (*loc. cit.* [1948a]*), et aussi dans les potentiels dits de double couche de la physique mathématique classique, puisque ceux-ci proviennent d'aimants infinitésimaux transversaux à une surface le long de laquelle ils sont répartis avec une densité superficielle continue; il est bien connu qu'il y a là une des origines de la notion moderne de distribution.

Il y a eu à notre époque diverses tentatives pour donner de la précision à ces idées vagues. Je ne veux pas parler ici de la "non-standard analysis", qui ne parvient à son but que par une modification substantielle des axiomes de l'analyse classique et dont l'utilité, que je sache, n'a pas été démontrée d'une manière convaincante. Mais, de même qu'on peut voir dans l'étude des algèbres de Lie une théorie du voisinage du premier ordre de l'élément neutre dans les groupes de Lie (avec cette réserve cependant que déjà le crochet se trouve dans le voisinage du second ordre), les groupes formels et les hyperalgèbres sont à considérer comme des techniques pour étudier, et cela en toute caractéristique, les voisinages infinitésimaux de tout ordre de l'élément neutre. La théorie des schémas elle-même, dès qu'elle traite de schémas non "réduits" (c'est-à-dire définis localement par des idéaux qui ne sont ni premiers ni intersections d'idéaux premiers), est à envisager sous le même aspect.

Vers 1952, Bourbaki avait commencé à solliciter de ses collaborateurs des rapports sur la théorie élémentaire des groupes de transformations, des groupes de Lie et des espaces homogènes. Je me proposai, sinon de renouveler ce sujet, du moins de le traiter dans un langage nouveau où la notion intuitive d'éléments infiniment voisins prendrait un sens mathématique précis. J'espérais d'ailleurs pouvoir ensuite exploiter mon idée dans la géométrie algébrique de caractéristique

p, où l'inséparabilité créait des difficultés que les moyens classiques n'arrivaient pas à surmonter (cf. [1955a,b]*) et semblait devoir se prêter à un traitement analogue. Ce sont ces mêmes questions relatives à la caractéristique p qui motivèrent dans le même temps les recherches de Dieudonné sur les hyperalgèbres; il y avait là plus qu'une simple coïncidence, car Dieudonné et moi, après avoir été fort proches l'un de l'autre à São Paulo en 1946 et 1947, l'étions de nouveau à Chicago depuis qu'il avait accepté une chaire à Northwestern University.

Je ne sais s'il y aurait intérêt à rechercher les liens qui doivent exister entre les diverses notions dont je viens de parler. Peut-être celle de "point proche" qui fait le sujet de [1953] avait-elle l'avantage d'être plus directement basée sur l'intuition géométrique; ce n'était sans doute pas suffisant pour justifier l'introduction d'une notation nouvelle quelque peu biscornue. Ainsi dut en juger Bourbaki.

[1954a] Remarques sur un mémoire d'Hermite

J'avais connu Ostrowski à Göttingen en 1927; alors déjà son érudition était légendaire, et j'avais eu l'occasion d'y avoir recours. Sollicité d'envoyer une contribution à un volume qui allait lui être dédié, je crus ne pouvoir mieux faire que d'offrir une note qui n'était qu'un simple exercice, mais tiré d'un mémoire d'Hermite célèbre autrefois et à peu près inconnu de nos jours.

Depuis que j'avais rédigé [1948a] au Brésil, j'étais resté mécontent de n'avoir pu définir la jacobienne d'une courbe que sur une extension non précisée du corps de base (v. [1948b], n° 37; cf. aussi [1955a,b]). En 1949, Chow avait annoncé qu'il savait remédier à cet inconvénient par l'emploi des "coordonnées de Chow"; Matsusaka avait même ensuite appliqué cette méthode avec succès à la variété de Picard; mais il n'avait pas, à ce qu'il me semblait alors, dissipé toutes les obscurités du sujet (cf. [1954d]*). D'ailleurs, s'il était plausible que la jacobienne J d'une courbe C fût définie sur le corps de base, maints exemples montraient qu'il ne peut en être de même, en général, de l'application canonique de C dans J. Ce n'était pas choquant, puisque cette application n'est canonique qu'à une translation près. Mais il s'imposait de clarifier mes idées par l'examen des courbes de genre 1 à la lumière de l'expérience que j'en avais acquise autrefois; sur ce sujet F. Châtelet m'avait précédé, mais son travail (*Ann. Univ. Lyon* (IIIA) 89 (1946), pp. 40–49) avait échappé à mon attention.

Je savais bien que, du point de vue arithmétique (c'est-à-dire sur le corps des rationnels), ces courbes se classifient suivant leur degré, la réduction de l'une d'elles à un degré plus bas n'étant en général pas possible ou demandant du moins la solution d'un difficile problème diophantien. Après les courbes qui ont un point rationnel, et se ramènent donc à la forme dite de Weierstrass, viennent les courbes $y^2 = f(x)$ où f est de degré 4, puis les cubiques planes, puis les intersections de quadriques dans P^3 (ces trois types étant ceux qui apparaissent chez Fermat), etc. A mes débuts j'avais reconnu le lien entre ces types de courbes et la méthode de résolution des équations de genre 1 par n-section, la bisection conduisant en particulier aux courbes $y^2 = f(x)$, ou encore, sous forme homogène, $Y^2 = f(X, Z)$ (cf. [1929]). Je me trouvais ainsi renvoyé à Hermite. J'y trouvai en effet ce que j'y cherchais, c'est-à-dire les formules qui permettent, au moyen des invariants et covariants de la forme biquadratique binaire $f(X, Z)$, d'écrire la jacobienne de $y^2 = f(x, 1)$ et les relations entre les deux courbes. On obtient ainsi un exemple typique d'espace homogène principal, sur lequel j'allais pouvoir modeler la théorie générale de ces espaces.

J'examinai aussi du même point de vue le cas des cubiques planes, qui n'offre pas plus de difficulté à condition d'avoir recours aux *Higher Plane Curves* de Salmon (Chap. V, n°s 217–232); avec les notations de Salmon pour les invariants et covariants de la forme cubique ternaire $f(X, Y, Z)$, la jacobienne de $f = 0$ est

$$I^2 - 4\Theta^3 + 108S\Theta H^4 \quad 27TH^6.$$

Par chance, depuis l'année où je préparais le concours de l'Ecole Normale, je possédais, en traduction française, ce livre, celui qui le précède (*Conic Sections*) et celui qui le suit (*Analytic Geometry of Three Dimensions*), trois ouvrages qui encore à présent sont une mine d'informations utiles. J'avais déjà tiré de ce chapitre, au trimestre d'été 1948, un cours d'introduction à la géométrie algébrique dont j'ai parfois regretté qu'il n'ait pas été rédigé. L'essentiel en était la théorie des groupes algébriques de dimension 1, présentés comme cubiques planes (non singulières, à point double ou bien à rebroussement suivant qu'il s'agit du genre 1, de G_m ou de G_a), au moyen de la "résiduation" de Sylvester (*loc. cit.* Chap. V, n°s 158–161) qui y tient lieu du théorème de Riemann-Roch.

[1954b,c] Mathematical Teaching in Universities; The mathematical curriculum

L'article [1954b] est à peu de chose près identique au résumé d'une conférence faite en 1931 à la réunion annuelle de la *Indian Mathematical Society* (cf. photographie, page 131 du tome I). J'y ai seulement substitué à l'Inde la Poldévie; ce pays, comme on sait, est étroitement associé à la légende de Nicolas Bourbaki.

Le réunion de 1931 eut lieu à Trivandrum dans l'extrême Sud de l'Inde; y assistaient en majorité des brahmanes du Sud, dont certains fort orthodoxes. J'étais seul Européen présent; cela posa un petit problème à l'occasion des repas, qui étaient pris en commun. La jeune génération le résolut avec bonne humeur en faisant discrètement sécession et m'accueillant en sa compagnie.

Quant à [1954c] qui a été inséré ici pour ne pas le séparer de [1954b], il dut être rédigé pendant les premières années de mon séjour à Chicago, lorsque Marshall Stone y réorganisait l'enseignement. C'était un projet pour une brochure à distribuer aux étudiants; il ne fut pas adopté et est resté inédit jusqu'à présent.

[1954d] Sur les critères d'équivalence en géométrie algébrique

Depuis 1949, je regardais la construction d'une théorie algébrique de la variété de Picard comme la tâche la plus urgente en géométrie algébrique abstraite. Les travaux des Italiens et ceux de Lefschetz m'avaient donné à penser que la clef s'en trouverait dans une étude attentive des relations d'équivalence (linéaire, algébrique, numérique) entre diviseurs (cf. [1950a], p. 440, tome I). En ce domaine, je ne voulais me fier qu'à ce que je saurais démontrer par moi-même; parmi mes confrères géomètres, seul Zariski me paraissait mériter une confiance totale, mais ses travaux étaient orientés dans une direction trop différente de la mienne pour que j'eusse l'occasion d'en faire usage.

De leur côté, Chow à Johns Hopkins, Néron et Samuel en France, Matsusaka au Japon s'intéressaient activement au même sujet. De temps à autre nous nous tenions mutuellement au courant de nos progrès. Il n'était pas question de priorité entre nous; il me semble que cette maladie, qui a parfois été le fléau de la vie scientifique, est devenue plus bénigne de nos jours, parmi les mathématiciens tout au moins; en tout cas nous en étions heureusement indemnes.

Comme il était naturel, Chow avait recours avant tout à la méthode des "coordonnées de Chow" qu'il avait introduite en 1937, en collaboration avec v. d. Waerden. C'est aussi par cette méthode que Matsusaka réussit à construire effectivement la variété de Picard (*Jap. J. of Math.* 21 (1951), pp. 217–235 et 22 (1952), pp. 51–62). Pour moi, afin de m'assurer d'une base solide, je crus devoir reprendre avant tout les critères d'équivalence, dus principalement à Severi, qui sont exposés dans les classiques *Algebraic Surfaces* de Zariski, et les munir de démonstrations inattaquables, valables en toute caractéristique. C'est cette laborieuse mise au point qui fait l'objet de [1954d]; pour ma commodité et celle de mes amis j'avais commencé par en formuler les résultats dans une note ([1952f]) qu'il n'a pas paru utile de reproduire dans ce volume.

Toute mise au point court le risque d'être ennuyeuse, et celle-ci n'y échappe pas. Une bonne partie de ses résultats aurait été la conséquence de la théorie des variétés de Picard et d'Albanese et de leurs propriétés "fonctorielles" si l'on avait su établir celle-ci directement. Mais je n'en voyais pas encore le moyen (cf. [1955a,b]*).

[1954e] Footnote to a recent paper

Depuis [1949b], l'un de mes passe-temps favoris était de calculer des exemples de "mes" conjectures. Non que j'eusse longtemps conservé des doutes à leur sujet; j'aurais presque été tenté de dire, comme Euler (*Opera* (I), vol. II, p. 384) et comme Severi (*Hamb. Abh.* 9 (1933), p. 357) que "pour n'être pas démontrée, la chose n'en était pas moins certaine." Mais il y avait quelque plaisir à obtenir chaque fois le résultat attendu et à tirer de calculs arithmétiques la valeur de nombres de Betti dont ensuite les topologues ne manquaient pas de me confirmer l'exactitude. Je n'ai jamais cru utile de publier ces exercices; si [1954e] fait exception, c'est que l'auteur de l'article auquel je répondais avait cru trouver un contre-exemple à mes conjectures, qu'il avait mal comprises. De plus, mon calcul faisait apparaître un lien entre l'intersection, supposée lisse, de deux quadriques dans P^n pour n impair, et une certaine courbe hyperelliptique, et ce point pouvait mériter d'être examiné de plus près; en effet L. Gauthier en donna peu après l'explication (*Rend. Sem. Mat. Torino*, 14 (1954–55), pp. 325–328); cf. aussi U. V. Desale et S. Ramanan, *Inv. math.* 38 (1976), pp. 161–185.

[1954f] Number of points of varieties in finite fields

Mes conjectures de 1949 impliquaient que, si V est une variété lisse de dimension n, projective ou tout au moins complète, sur un corps à q éléments, le nombre de ses points rationnels est q^n, à une erreur près qui est de l'ordre de $q^{n-1/2}$ (et même de q^{n-1} si V est "régulière"). Serge Lang était à Chicago, arrivé de Princeton où il avait été l'élève d'Artin; il désirait s'initier à la géométrie algébrique. Je lui proposai d'examiner ensemble ce qu'on pouvait dire du terme d'erreur, dans l'évaluation ci-dessus, à la lumière des résultats déjà acquis. En effet nous fûmes bientôt en état de donner dans [1954f] une estimation grossière, mais déjà utile, valable même pour des variétés non lisses et non complètes.

[1954g] On the projective embedding of abelian varieties

Dans son célèbre mémoire du prix Bordin, Lefschetz avait obtenu au moyen des fonctions thêta le plongement projectif des variétés abéliennes. Pour le cas des jacobiennes, j'avais, sans le savoir, retrouvé son résultat et sa méthode dans ma thèse ([1928], Chap. II); il me le fit gentiment observer quelques années plus tard, tout en m'encourageant vivement à continuer dans cette voie. J'ai fini par suivre son conseil.

Pour un volume qui devait lui être dédié, il semblait tout indiqué de reprendre sa méthode et de la transposer à la géométrie algébrique abstraite; il n'y avait plus grande difficulté à cela.

[1954h] Abstract versus classical algebraic geometry

Au congrès d'Amsterdam, l'un des nouveaux lauréats de la médaille Fields, qu'on n'avait jamais vu muni d'une cravate, crut cet ornement nécessaire pour sa présentation à la reine de Hollande; il est fait allusion à ce "happening" dans ma conférence (p. 550, 1.6–5 du bas). Celle-ci eut un caractère quelque peu improvisé, du fait que je n'avais pas compté assister au congrès; la défection, au dernier moment, de l'un des conférenciers fit que je reçus des organisateurs un appel pressant auquel il eût été discourtois de me dérober.

En passant, je me laissai aller à un coup d'œil rétrospectif (p. 555, 1.22–24) sur mes anciennes recherches au sujet du théorème de Castelnuovo; le peu que j'en dis serait à rectifier d'après [1940b]*. En la circonstance, la recherche d'une plus minutieuse exactitude m'aurait entraîné trop loin. Quant à mes commentaires sur l'hypothèse de Riemann en dimension >1, cf. [1941]*. Mon espoir qu'on la tirerait d'un théorème de positivité valable en géométrie algébrique abstraite ne s'est pas trouvé vérifié, malgré une ingénieuse suggestion de Serre (*Ann. of Math.* 71 (1960), pp. 392–394); la démonstration de Deligne est toute arithmétique. De mon côté, j'ai observé depuis lors qu'en vertu de la théorie de Hodge un théorème de positivité est valable en caractéristique 0, dans la dimension topologique 2, pour une surface fibrée par des courbes elliptiques et une correspondance compatible avec la fibration (cf. [1967a]*); mais je n'ai pu le démontrer par voie algébrique, et de toute façon il est trop spécial pour qu'on puisse en tirer ne serait-ce qu'une conjecture plausible pour des cas plus généraux.

[1954i] Poincaré et l'arithmétique

A l'occasion du congrès d'Amsterdam, il se tint à la Haye une petite réunion en commémoration du centenaire de la naissance de Henri Poincaré, et on me demanda d'y parler de Poincaré arithméticien. Là aussi je dus improviser, mais je savais de quoi je parlais, et j'eus tout loisir, rentré chez moi, de rédiger un texte moins inadéquat. Il se trouva que, dans cette réunion, on avait tout simplement omis la géométrie algébrique! Je me gardai bien d'attirer l'attention sur cet oubli, dont je fis mention ensuite dans mon texte écrit (p. 4, 1.3–8). Plus tard, l'un des organisateurs m'a dit son regret de n'y avoir pas pensé à temps et fait appel à moi. C'était bien ce que j'avais craint; une telle tâche eût exigé une bien plus longue préparation.

[1955a,b] On algebraic groups of transformations; On algebraic groups and homogeneous spaces

Grâce entre autre à l'impulsion donnée par Marshall Stone (cf. [1949c]* et [1954b,c]*), il s'était créé au département de mathématique de Chicago une atmosphère scientifique des plus stimulantes; collègues, visiteurs, étudiants y contribuaient, chacun à sa manière. Malgré des débuts peu prometteurs (cf. [1948c]* et [1949b]*), et malgré un climat et un environnement déprimants, je n'avais pas tardé à m'y trouver à l'aise. Du reste, l'attention se concentrait sur un sujet plutôt que sur un autre suivant la présence de tel ou tel visiteur.

L'année 1954–1955 vit assemblée à Chicago une constellation hors du commun; Borel, Hertzig, Lang, Matsusaka, Murre, Swinnerton-Dyer, Zeeman s'y trouvèrent réunis; Dieudonné et Rosenlicht étaient nos voisins à Northwestern. Ce fut l'année des groupes algébriques et des variétés abéliennes.

Pour un auditoire de cette qualité, je voulus d'abord, dans mon cours, compléter ce qui était resté inachevé dans [1948b] au sujet de la construction des groupes algébriques, c'est-à-dire principalement ce qui a trait aux groupes de transformations, aux espaces homogènes et à la détermination précise du corps de définition. C'est ce qui fait l'objet de [1955a]. Le contenu de [1955b] en forme la suite naturelle; là je pus m'appuyer, non seulement sur mes propres observations au sujet des courbes elliptiques (cf. [1954a]), mais surtout sur des résultats récents de Chow concernant les jacobiennes (*Am. J. of Math.* 76 (1954), pp. 453–476). J'obtins ainsi un début de théorie des espaces homogènes principaux attachés à un groupe algébrique, dont le lien avec la cohomologie galoisienne, anticipé déjà en partie par F. Châtelet (*loc. cit.* [1954a]*), devait apparaître clairement quelques années plus tard (cf. J. Tate, *Sém. Bourb.* n° 156, Déc. 1957).

La suite de mon cours de 1954–1955 fut consacrée aux variétés abéliennes, et plus précisément à la théorie des variétés de Picard et d'Albanese, fondée sur ce que je nommai le "théorème de la balançoire" ou "seesaw principle," directement emprunté à Severi, et le "théorème du cube". Il n'y manquait plus guère que la bidualité (toute variété abélienne est la duale de sa duale, c'est-à-dire de sa variété de Picard) et les précisions supplémentaires sur les isogénies inséparables et leurs noyaux que j'attendais de ma notion de point proche (cf. [1953]) et qui en fait sont venues de la théorie des schémas.

Heureusement je pus me dispenser de rédiger ces recherches; Serge Lang m'offrit fort opportunément de les incorporer dans l'ouvrage qu'il se proposait d'écrire sur ce sujet, ce à quoi je l'autorisai volontiers. Je lui suggérai seulement d'attendre au moins de pouvoir y insérer une démonstration de la bidualité, qui à mon avis ne pouvait tarder. Il ne me crut pas, et son livre (*Abelian Varieties*, *Interscience Publ.*, N.Y./London) parut en 1959. L'attente n'aurait pas été longue, car deux démonstrations de la bidualité furent publiées aussitôt après (M. Nishi, *Mem. Coll. of Sc., Kyoto* (A) 32 (1959), pp. 333–350; P. Cartier, *Ann. of Math.* 71 (1960), 315–361; cf. P. Cartier, *Sém. Bourb.* n° 164, Mai 1958).

On notera que j'étais resté fidèle au principe énoncé dans l'introduction de [1948b]: "L'étude des jacobiennes et la théorie générale des variétés abéliennes se prêtent un mutuel secours, de sorte qu'il convient de les mener de front." Depuis lors, Mumford, dans ses *Abelian Varieties* (Oxford/Bombay 1970), a fait voir qu'à présent on peut construire toute la théorie sans jamais faire mention des jacobiennes. Il n'y a d'ailleurs pas lieu de s'en étonner. Toute la théorie de la jacobienne est déjà contenue en puissance dans le théorème de Riemann-Roch pour les courbes; il était donc à prévoir qu'on pourrait se dispenser d'y avoir recours dès qu'on disposerait de moyens techniques impliquant ce théorème comme cas particulier; c'est ce que montrerait, j'imagine, une analyse attentive du livre de Mumford.

[1955c,d] On a certain type of characters of the idèle-class group of an algebraic number-field; On the theory of complex multiplication

Depuis que j'étais à Chicago, j'avais noué avec les mathématiciens japonais, par correspondance ou personnellement, des relations de plus en plus cordiales, et je suivais les travaux de plusieurs d'entre eux avec beaucoup d'attention. Kodaira et Iwasawa, en route pour le congrès de Cambridge, étaient venus me visiter pendant l'été de 1950. A ce même congrès j'avais retrouvé Iyanaga, perdu de vue depuis 1933, et noué avec lui les liens d'une amitié qui m'a été précieuse en mainte circonstance depuis lors. Pour Igusa, on a vu (cf. [1950a]*) que ses premières recherches s'étaient rencontrées avec les miennes et que j'avais eu à m'occuper de leur publication. J'avais souvent vu Nakayama pendant les années qu'il passa à Urbana, et j'ai déjà dit (v. [1951b]*) comment en 1951 il me sauva, sinon la vie, du moins l'honneur. Enfin, après un échange de lettres qui avait duré plusieurs années, Matsusaka était venu me rejoindre à Chicago en 1954. En conséquence, quand les mathématiciens japonais entreprirent pour la première fois d'organiser chez eux une réunion internationale qu'ils dédièrent à Takagi et à la théorie des nombres, je fus particulièrement heureux d'être invité à y participer.

Ce fut la plus belle, la plus joyeuse et la plus féconde réunion mathématique à laquelle il m'ait jamais été donné d'assister; seul le congrès international de Zurich en 1932 m'a laissé un souvenir quelque peu comparable. Est-ce seulement un effet de l'âge? Il me semble qu'à force de se multiplier, ce genre de réunion, depuis une quinzaine d'années, n'a pu manquer de s'affadir. Au pays andhra, dit-on, les vieillards se plaignent que les piments n'ont plus le goût si fort qu'ils l'avaient autrefois ...

Je m'embarquai à Seattle, pour Yokohama, sur le Hikawa-Maru, à présent défunt. Comme contribution au colloque, j'apportais quelques idées que je croyais neuves sur l'extension aux variétés abéliennes de la théorie classique de la multiplication complexe. Comme chacun sait, Hecke avait eu l'audace, stupéfiante pour l'époque, de s'attaquer à ce problème dès 1912; il en avait tiré sa thèse, puis avait poussé son travail assez loin pour découvrir des phénomènes qui lui avaient paru inexplicables, après quoi il avait abandonné ce terrain de recherche dont assurément l'exploration était prématurée. En 1955, à la lumière des progrès effectués en géométrie algébrique, on pouvait espérer que la question était mûre.

Elle l'était en effet; à peine arrivé à Tokyo, j'appris que deux jeunes japonais venaient d'accomplir sur ce même sujet des progrès décisifs. Mon plaisir à cette nouvelle ne fut un peu tempéré que par ma crainte de n'avoir plus rien à dire au colloque. Mais il apparut bientôt, d'abord que Shimura et Taniyama avaient travaillé indépendamment de moi et même indépendamment l'un de l'autre, et surtout que nos résultats à tous trois, tout en ayant de larges parties communes, se complétaient mutuellement. Shimura avait rendu possible la réduction modulo $\mathfrak{p}$ au moyen de sa théorie des intersections dans les variétés définies sur un anneau local (*Am. J. of Math.* 77 (1955), pp. 134–176); il s'en était servi pour l'étude des variétés abéliennes à multiplication complexe, bien qu'initialement, à ce qu'il me dit, il eût plutôt eu en vue d'autres applications. Taniyama, de son côté, avait concentré son attention sur les fonctions zêta des variétés en question et principalement des jacobiennes, et avait généralisé à celles-ci une bonne partie des résultats de Deuring sur le cas elliptique. Quant à ma contribution, elle tenait surtout à l'emploi de la notion de "variété polarisée"; j'avais choisi ce terme, par analogie avec les "variétés orientées" des topologues, pour désigner une structure supplémentaire qu'on peut mettre sur une variété complète et normale quand elle admet un plongement projectif. Faute de cette structure, la notion de modules perd son sens.

Il fut convenu entre nous trois que je ferais au colloque un exposé général ([1955d]) esquissant à grands traits l'ensemble des résultats obtenus, exposé qui servirait en même temps d'introduction aux communications de Shimura et de Taniyama; il fut entendu aussi que par la suite ceux-ci rédigeraient le tout avec des démonstrations détaillées. Leur livre a paru en 1961 sous le titre *Complex multiplication of abelian varieties and its application to number theory* (Math. Soc. of Japan, Tokyo); mais Taniyama était mort tragiquement en 1958, et Shimura avait dû l'achever seul.

D'autre part, tout en restant loin des résultats de Taniyama sur les fonctions zêta des variétés "de type CM" (comme on dit à présent), j'avais aperçu le rôle que devaient jouer dans cette théorie certains caractères de Hecke privilégiés, baptisés (faute de mieux) "caractères de type (A_0)", ainsi que les caractères à valeurs $\mathfrak{P}$-adiques qu'ils permettent de définir (cf. [1955c], p. 6). Je trouvai là une première explication du phénomène qui avait le plus étonné Hecke; il consiste en ce que, dès la dimension 2, les modules et les points de division des variétés de type CM définissent en général des extensions abéliennes, non sur le corps de la multiplication complexe, mais sur un autre qui lui est associé. Ce sujet a été repris et plus amplement développé par Taniyama (*J. Math. Soc. Jap.* 9 (1957), pp. 330–366); cf. aussi [1959b].

[1955e] Science Française?

A chacun de mes séjours à Paris, annuels depuis 1948 (sauf en 1955 quand je visitai le Japon), mes amis et moi ne manquions pas de faire d'amères constatations sur le triste état où nous semblait tombée la recherche scientifique en France; n'y faisaient exception que les mathématiques, qui étaient florissantes, et quelques groupes de travail qui se distinguaient çà et là.

Ces réflexions n'étaient pas nouvelles; à mon retour d'Amérique en 1937 j'avais déjà composé un article resté inédit; c'est le texte [1938c] (v. tome I, pp. 232–235), et Delsarte, à la veille de la guerre, avait publié dans la *Revue Rose* une série d'articles sur le même sujet (*loc. cit.* [1939a]*; cf. [1971b]). Vers 1954, il fut question de savoir qui parmi nous attacherait le grelot. Comme Delsarte me le fit observer, l'opération, pour certains de nos amis, aurait pu présenter quelque risque; ce risque était presque nul pour lui, résolu qu'il était à n'avoir jamais d'ambitions "sorbonnardes" ni académiques, et tout à fait nul pour moi dans la mesure où ma situation, à cheval sur deux continents, m'assurait une entière indépendance: "je suis oiseau, voyez mes ailes; je suis souris, vivent les rats." Grâce à Henri Cartan, en effet, j'avais été réintégré en 1945 dans le système universitaire français, mais en qualité de "détaché". "Voyez-vous, Weil," me disait à São Paulo un collègue français un jour que nous sortions de chez notre attaché culturel, "il y a dans le monde les attachés, et il y a les détachés."

A l'occasion de la publication des écrits de ma sœur, j'étais entré en relations avec les gens de la N.R.F., Albert Camus d'abord, puis surtout Brice Parain, qui eût été le Socrate de notre époque si notre époque avait mérité un Socrate. Celui-ci fit publier mon article après m'avoir donné d'utiles conseils en vue de sa rédaction définitive.

A présent je peux bien révéler un secret de Polichinelle; les professeurs A et B (pages 8–10) s'appelaient Siegel et Chevalley. L'homme d'état dont il est question au début était Mendès-France. Il répondit à l'envoi de mon article par une lettre attristée:

"... Mais, hélas, que de choses à faire, que de problèmes à résoudre, qui doivent tous être abordés en même temps en raison de leur importance, et en raison de tous les ajournements dont ils ont souffert jusqu'ici."

Un autre homme politique répondit sur un ton bien différent, mais pour dire au fond la même chose:

"Votre article est tout à fait juste, et ses conclusions exactement celles auxquelles j'ai abouti et que dans ce régime affreusement décadent je ne sais comment faire triompher."

Le premier venait d'être chef du gouvernement. Le second fut premier ministre quelques années plus tard. Bien entendu il n'en fut ni plus ni moins, jusqu'à l'explosion de 1968, dont l'université française n'a pas fini de mesurer les conséquences.

[1956] The field of definition of a variety

Ce travail, consacré à la "descente du corps de base", prend la suite de [1955a,b], qu'il permet dans une large mesure d'améliorer et de simplifier. Dans [1961a] (Chap. I, §3, pp. 4–10), la question est plus amplement élucidée au moyen du "foncteur" $R_{K/k}$, qui associe à une variété V de dimension d, définie sur une extension séparable K d'un corps k, une variété $W = R_{K/k}(V)$ de dimension $d \cdot [K:k]$, définie sur k, telle que $W_k = V_K$. Du même coup apparaît la possibilité de "tordre" une variété (ou un groupe, ou une algèbre) au moyen d'un groupe d'automorphismes; cette idée fut utilisée par exemple par D. Hertzig dans sa thèse (Chicago 1957; cf. *Proc. Am. Math. Soc.* 12 (1961), pp. 657–660; cf. aussi [1960b], Part I, pp. 589–601).

[1957a] Zum Beweis des Torellischen Satzes

Andreotti, lors d'une visite à Chicago, attira mon attention sur le théorème de Torelli, dont il avait donné une démonstration dans le style italien, quelques années auparavant. Sur ce sujet, on consultera utilement l'excellent petit livre de Mumford, *Curves and their Jacobians* (U. of Mich. Press 1975), pp. 68–94 et 103–104.

[1957b] Hermann Weyl (1885–1955)

Quand de Rham me demanda au nom de l'*Enseignement Mathématique* une notice nécrologique sur Hermann Weyl, je ne crus pas pouvoir m'en charger seul; j'étais resté trop ignorant de tout ce qui concerne les groupes semisimples et leurs représentations. Heureusement Chevalley accepta de collaborer avec moi, se chargeant notamment de toute la portion (pp. 178–184) consacrée à ce sujet.

[1957c] (1) Réduction des formes quadratiques; (2) Groupes des formes quadratiques indéfinies et des formes bilinéaires alternées

En 1957–58 je passai toute une année à Paris; Satake et Shimura y arrivèrent en automne; Cartan en profita pour faire porter son séminaire sur les fonctions automorphes, et principalement celles qui appartiennent aux sous-groupes arithmétiques des groupes simples. Evidemment c'était avant tout l' œuvre de Siegel qu'il s'agissait d'étudier; je me chargeai de deux exposés préliminaires sur la théorie de la réduction.

Commenter Siegel m'a toujours paru l'une des tâches qu'un mathématicien de notre temps pouvait le plus utilement entreprendre. Tel avait dû être aussi l'avis de Hermann Weyl, qui y avait consacré plusieurs travaux (v. ses *Ges. Abh.*, n° 120, vol. III, pp. 719–757; n° 126, vol. IV, pp. 46–74; n° 136, vol. IV, pp. 232–264). En ce qui me concerne, [1946b] avait été mon premier essai dans ce genre; [1957c], puis [1958d], [1960b], [1961a], [1964b], [1965] ont suivi. A lire Siegel, j'avais été frappé entre autre par le fait que la compacité des domaines fondamentaux pour les groupes classiques est liée à l'absence de zéros pour les formes qui les déterminent; c'est en partie pour me convaincre du degré de généralité de cette observation que j'avais entrepris l'examen détaillé de la théorie de la réduction telle que je la trouvais exposée dans le mémoire de Siegel de 1940 (*Ges. Abh.* n° 33, vol. II, pp. 138–168) et chez H. Weyl (*loc. cit.*).

Traditionnellement, depuis Gauss, cette théorie s'est proposé de décrire l'espace où opère un groupe discret comme une mosaïque de domaines juxtaposés, transformés les uns des autres par le groupe. A cette idée s'apparentait la méthode de la triangulation des variétés, que Poincaré avait voulu mettre à la base de la topologie combinatoire, et qui avait fini par se heurter de front à la "Hauptvermutung". La topologie aurait pu y faire naufrage si la méthode "cartographique" (cf. [1946a]*), dite parfois "méthode de Čech", n'avait pris le relais au moment opportun; cela n'a pas empêché ensuite la triangulation et la Hauptvermutung de reprendre leurs droits, mais dans le rôle plus modeste qui leur revenait. C'est la même réaction salutaire qui avait amené H. Weyl à définir les surfaces de Riemann par voisinages empiétant les uns sur les autres, plutôt que par les barbares coupures des analystes de jadis. "Quiconque coupera une surface de Riemann la tuera", avait coutume de dire Bourbaki.

Selon Bourbaki, une notion bien comprise de structure quotient définie par des éléments locaux devait rendre désuets la plupart des pavages et découpages traditionnels. Néanmoins, là aussi le fanatisme n'est pas de mise; si la théorie de la réduction avait accordé à ces pavages une importance excessive, ils peuvent avoir du bon, par exemple lorsqu'il s'agit de compactification, et je les traitai un peu trop dédaigneusement dans [1957c] (v. pp. 366 et 371). Mais il m'importait surtout de mettre en valeur ce que je jugeais essentiel parmi les résultats de Siegel, c'est-à-dire le critère de compacité, le volume fini de l'espace quotient, et l'existence de "domaines de Siegel" (domaines possédant le propriété (M) de [1957c], p. 367). Quant aux démonstrations qui en ont été données ensuite, cf. [1958d] et [1958d]*.

[1958a] Introduction à l'étude des variétés kählériennes

Cet ouvrage, qui était en germe dans [1947b] et [1949d], a été composé à Chicago à partir de 1955; une bonne partie du contenu des chapitres I, II, IV avait été exposée à diverses reprises dans mes cours de Chicago, puis à Göttingen dans une série de conférences qui avait été rédigée par l'un de mes auditeurs et multigraphiée. Je puisai largement aussi dans les écrits de G. de Rham et de Kodaira, en particulier leur séminaire de Princeton (*Harmonic Integrals*, I.A.S. 1950) et les *Variétés Différentiables* de de Rham (Hermann 1955). A celui-ci j'empruntai notamment les opérateurs G et H, dont les propriétés formelles, rappelées dans mon chapitre IV, p. 66, impliquent les théorèmes d'existence de Hodge et peuvent ainsi en tenir lieu. C'est d'autre part la contribution de Kodaira au séminaire de Princeton qui est à la base de mon chapitre V; j'aurais pu l'alléger beaucoup si j'avais voulu me contenter de l'application qui en est faite aux tores complexes au chapitre VI.

[1958b,c] On the moduli of Riemann surfaces; Final Report on contract AF18(603)-57

Il y aurait presque un livre, ou du moins un bel article, à écrire sur l'histoire des modules et des variétés de modules; il faudrait pour cela remonter jusqu'aux débuts de la théorie des fonctions elliptiques. Ici, comme partout ailleurs dans ces commentaires, je bornerai mes remarques aux aspects auxquels j'ai touché ou bien qui m'ont touché personnellement.

La théorie des modules des courbes, inaugurée par Riemann, a fait à notre époque deux pas en avant décisifs, d'abord en 1935 du fait de Siegel (*Ges. Abh.*

n° 20, §13, vol. I, pp. 394–405), puis par les remarquables travaux de Teichmüller; sur ceux-ci, il est vrai, il continua quelque temps à planer des doutes qui ne furent levés définitivement que par Ahlfors en 1953 (*J. d'An. Math.* 3, pp. 1–58). D'ailleurs on finit par se rendre compte que la découverte par Siegel (*loc. cit.*) des fonctions automorphes appartenant au groupe symplectique atteignait en premier lieu les modules des variétés abéliennes (cf. p. ex. [1957c], pp. 376) et par ricochet seulement ceux des courbes, par l'intermédiaire de leurs jacobiennes et du théorème de Torelli.

Grâce à Siegel, on disposait ainsi d'un premier exemple de théorie des modules pour des variétés de dimension > 1. On doit à Kodaira et Spencer d'avoir découvert (*Ann. of Math.* 67 (1958), pp. 328–466) que les progrès de la cohomologie permettaient, non seulement d'aborder un nouvel aspect du même problème, mais encore, du point de vue local tout au moins, de s'attaquer au cas général des variétés à structure complexe.

Toutes ces questions m'intéressaient fort; il était naturel pour moi de m'y essayer aussi. En 1957–58, j'étais à Paris, en congé de l'Université de Chicago; il en avait été convenu ainsi depuis longtemps, et l'Université, tout en s'y prêtant de bonne grâce, avait insisté pour financer ce congé au moyen d'un "contrat" avec l'aviation militaire américaine (*U.S. Air Force*), comme il se faisait couramment à cette époque. Non sans un peu de répugnance, je consentis à cet arrangement, auquel je gagnai un transport gratuit par avion militaire pendant l'hiver de 1958. A cette occasion j'eus à me présenter, au milieu d'une foule de colonels et de majors, au sergent qui remettait les billets aux passagers, et, prié d'indiquer mon grade, je répondis "Only a professor", sur quoi il me dit sérieusement: "I think a professor is just as good as a colonel."

Colonel ou professeur, j'étais censé faire mon rapport à la fin de mon "contrat" et ne vis pas de raison de me dérober à cette "obligation"; ce fut [1958c]. Auparavant, on m'avait demandé une contribution au recueil d'articles qu'on voulait offrir à Artin en mars 1958 pour son soixantième anniversaire; cela me décida à rédiger mes observations, tout incomplètes qu'elles fussent, sur les modules des courbes et ce que je nommai "l'espace de Teichmüller"; sur le même sujet, je fis en mai un exposé au séminaire Bourbaki (non reproduit ici, car il ferait double emploi avec [1958b]), et j'en résumai les résultats dans la première partie de mon rapport. Mais je m'aperçus bientôt qu'en plus d'un point je m'étais rencontré avec Ahlfors et avec Bers; ceux-ci poursuivirent ces recherches, et ne tardèrent pas à me dépasser. Quant aux questions posées à la fin de [1958b], ils ont fait voir que la réponse est positive pour les deux premières, et négative pour la troisième.

Dans la seconde partie de mon rapport, il s'agit des variétés kählériennes dites K3, ainsi nommées en l'honneur de Kummer, Kähler, Kodaira et de la belle montagne K2 au Cachemire. De bonne heure j'avais été intrigué par l'exemple donné par Severi, au moyen d'une quartique dans P^3, d'une surface possédant un groupe infini d'automorphismes lié au groupe des unités d'un corps quadratique réel (v. ses *Op. Mat.* n° XLVIII, vol. II, pp. 259–285); un moment j'avais même espéré trouver là un moyen d'engendrer des extensions abéliennes de ce corps, donc une généralisation de la multiplication complexe; c'était sans doute trop beau pour être vrai. Mon attention fut de nouveau attirée sur les K3 par une observation de

Milnor, qui, lors d'une visite à Chicago, demanda pourquoi les surfaces de Kummer, après désingularisation, ont mêmes nombres de Betti que les quartiques non singulières dans P^3. Ce genre de considérations amenait tout naturellement aux idées décrites dans [1958c]; mais encore à présent il reste beaucoup à faire, je crois, avant que ce sujet ne soit complètement élucidé.

[1958d] Discontinuous subgroups of classical groups

En 1957, pendant mon absence de Chicago, j'avais accepté l'offre d'une chaire à l'Institute de Princeton à dater de l'automne 1958; il fut convenu qu'avant de prendre congé définitivement de Chicago j'y passerais le trimestre d'été. Andrew Wallace, qui y avait été mon élève (cf. [1952c]) et qui était alors professeur à Toronto, vint m'y rejoindre; je lui proposai de rédiger mon cours. Il hésita d'abord; mais, quand il m'entendit parler de la "méthode babylonienne" de réduction (cf. [1957c], p. 365), ce terme lui plut tellement qu'il se décida aussitôt.

Ce cours ne fut pas autre chose que le développement de ce qui était esquissé dans [1957c]. Suivant toujours Siegel et Weyl, je donnai d'abord, d'après Siegel, la définition unifiée des groupes classiques au moyen des algèbres semisimples à involution (cf. [1960b] et [1960b]*); puis je procédai à la construction, pour ces groupes, de "domaines de Siegel", c'est-à-dire de domaines satisfaisant à la condition (M) de [1957c]. Pour le cas général des groupes semisimples, cf. Borel et Harishchandra (*loc. cit.* [1965]); pour une version "adélique" des mêmes résultats, v. Godement, *Sém. Bourbaki*, n° 257, mai-juin 1963.

[1959a] Adèles et groupes algébriques

Depuis quelques années, la notion de variété adélique, ou en tout cas celle de groupe adélique, était "dans l'air"; un cas particulier en était apparu par exemple dans un problème de Kuga (n° 16 d'une collection de problèmes qui fut distribuée aux participants du colloque de Tokyo-Nikko en 1955). Pour les groupes algébriques linéaires, la définition générale du groupe adélique fut donnée en 1957 par Ono (*loc. cit.* [1959a]) qui l'appliqua utilement aux groupes commutatifs, généralisant ainsi les anciens résultats de Chevalley sur le groupe des idèles. Mais la portée de cette méthode m'apparut seulement à la lecture d'une communication de Tamagawa à Mautner que celui-ci me fit voir, en 1958 je crois, lors d'un de ses passages à Paris. En quelques pages, Tamagawa y définissait, pour le groupe orthogonal, la mesure et le nombre auxquels son nom est resté attaché et montrait que le calcul du "nombre de Tamagawa" pour ce groupe était à lui seul l'équivalent du principal résultat de Siegel dans la théorie des formes quadratiques.

De mon côté j'étais persuadé depuis longtemps que la théorie des nombres classique avait fait fausse route en séparant trop nettement des autres les places à l'infini (cf. [1951b], [1952b] et la préface de [1967c]). En ce qui concerne les formes quadratiques, cela ressortait déjà des conclusions de Hasse et de celles de Siegel; que la notion d'adèle y trouvât sa place n'avait rien pour étonner; Tamagawa en donnait l'éclatante confirmation. Je crus opportun de reprendre la question à ses débuts, tout en demandant à Tamagawa de me renseigner plus amplement sur sa méthode et ses résultats; [1959a] est basé sur la correspondance que j'eus avec lui et sur mes propres réflexions sur le même sujet. Pour de plus amples développements, v. [1961a].

[1959b] Y. Taniyama

J'appris la mort de Taniyama à Princeton en novembre 1958, alors que tout semblait prévu pour qu'il vînt y passer l'année 1959–1960. La lettre reproduite ici est extraite d'un fascicule d'une revue japonaise que ses amis dédièrent à sa mémoire.

[1960a] De la métaphysique aux mathématiques

Après la mort d'Enrique Freymann, la maison d'éditions Hermann, qu'il avait si longtemps et si brillamment pilotée à travers vents et marées, fut reprise par Pierre Berès, personnalité bien différente, mais, elle aussi, non dépourvue de relief. Parmi bien d'autres entreprises, il lança la revue *Sciences* (aujourd'hui défunte), destinée en principe à publier des exposés de vulgarisation d'un niveau élevé. La mathématique ne s'y prête guère, mais il insista auprès de moi d'une manière si pressante que je me laissai convaincre. Je me souvins opportunément de la lettre que j'avais adressée à ma sœur en 1940, de ma retraite de Bonne-Nouvelle, et qui s'était retrouvée parmi ses papiers; c'est celle qui a été reproduite ici ([1940a]). La partie de cette lettre qui porte sur le rôle des analogies en mathématique me parut convenir à l'occasion. En vingt ans, l'hypothèse de Riemann n'avait rien perdu de son attrait ni de son mystère; rien ne m'empêchait de mettre mon texte sous le signe du colloque de Tokyo-Nikko (cf. [1955c,d]); il n'y fallut que de légères retouches.

On notera, p. 54, que je continuai à me référer seulement à un compte-rendu de Hilbert quand j'aurais dû citer le XIIe problème de sa célèbre conférence de 1900; à cela il n'était plus d'excuse (cf. [1940a]*). Quant au compte-rendu en question, j'ai le souvenir précis qu'il se cache dans le *Jahrbuch*; mais, après quelque temps perdu récemment à une recherche infructueuse, j'ai renoncé à le retrouver.

[1960b] Algebras with involutions and the classical groups

De longue date l'œuvre d'Elie Cartan m'avait persuadé de l'importance des espaces riemanniens symétriques dans la théorie des groupes semisimples et surtout dans celle des groupes simples non compacts. J'avais aperçu de bonne heure, et fait observer à Siegel, le rôle joué implicitement par cette notion dans ses travaux sur les formes quadratiques indéfinies (v. ses *Ges. Abh.*, n° 33, vol. II, pp. 138–168); si on la dégage des notations matricielles auxquelles Siegel est toujours resté attaché, on voit qu'elle intervient comme espace des involutions positives permutables avec une involution donnée dans une algèbre de matrices. Par la suite Siegel avait étendu sa méthode aux autres groupes classiques (*Ges. Abh.* n° 60, §6, vol. III, pp. 167–178; cf. [1958d] et [1965]).

Ces questions étaient à l'ordre du jour quand j'arrivai à Princeton et y retrouvai Borel en 1958. Depuis quelques années, lui et Chevalley avaient fait faire à la théorie des groupes algébriques des progrès surprenants, et Chevalley avait montré (à ma grande déception, je l'avoue) que, sur un corps algébriquement clos de caractéristique $p > 1$, il n'y a pas plus de groupes simples que sur le corps complexe. Cependant ils n'avaient pas tiré au clair la classification de ces groupes sur un corps de base quelconque.

La vraie difficulté de ce problème tient à la présence des groupes exceptionnels et au désir bien naturel de ne pas traiter ceux-ci comme des monstres mais de les englober dans une théorie générale où ils n'apparaissent plus comme tels. Pour cela il faut, comme on dit, "soulever des poids et arracher des racines"; c'est un exercice qui a toujours dépassé mes forces et que j'ai dû, à regret, abandonner à des collègues mieux doués pour cela. Du moins, comme me le fit observer un amateur de cocycles très connu, mon travail de 1956 sur la descente du corps de base, en donnant le moyen de "tordre" une structure par un groupe d'automorphismes, permettait de retrouver élégamment l'idée de Siegel, suivant laquelle tous les groupes classiques peuvent être décrits comme groupes d'automorphismes d'algèbres à involution. Lorsque le corps de base est le corps des réels, on retrouve également ainsi, sous forme géométrique, la construction donnée par Siegel pour les espaces riemanniens symétriques correspondants.

En rédigeant ce travail en 1958–59, mon secret espoir était de pouvoir inclure dans mon exposé au moins quelques-uns des groupes exceptionnels; pour cela je voulais substituer, aux algèbres associatives classiques, l'algèbre de Cayley ou "algèbre des octaves", à laquelle justement Borel avait consacré l'un de ses premiers travaux. Pour bien faire j'aurais souhaité aussi pouvoir traiter les formes exceptionnelles que peut prendre le groupe orthogonal à 8 variables sur les corps admettant des extensions de degré 3. Après quelques essais infructueux, je dus y renoncer.

J'avais destiné ce travail au volume "jubilaire" du *Journal of the Indian Mathematical Society*; il fut inséré dans la seconde partie de ce volume, qui parut seulement en 1961; c'est là l'explication de la remarque finale de la note, p. 589, que les éditeurs voulurent bien ne pas prendre en mauvaise part. Quant aux initiales de cette note, elles se réfèrent à l'*Office of Useless Research of the Poldavian Air Force* (cf. [1954b]).

[1960c] On discrete subgroups of Lie groups

A Princeton mon collègue Atle Selberg s'était posé depuis quelque temps la question de l'arithméticité des sous-groupes discrets, à covolume fini, des groupes semi-simples; il avait formulé à ce propos diverses conjectures, dont certaines portaient plus particulièrement sur les groupes à quotient compact, et avait obtenu des résultats partiels mais encourageants (cf. sa communication au *Bombay Colloquium on Function Theory*, T.I.F.R. 1960, pp. 147–164). Il y a là une série de problèmes qui n'ont pas encore été tous résolus, mais sur lesquels de grands progrès ont été faits dans les dernières années, principalement grâce à G. A. Margulis (cf. J. Tits, *Sém. Bourbaki*, n° 482, fév. 1976, qui contient une abondante bibliographie).

Lorsqu'on se borne au cas des groupes "co-compacts" c'est-à-dire à quotient compact, il s'agit, géométriquement parlant, du problème des formes de Clifford-Klein d'une structure géométrique homogène donnée; si la structure en question est celle d'espace riemannien à courbure constante négative, on retrouve bien le problème classique des formes de Clifford-Klein de la géométrie hyperbolique. S'agissant d'un groupe semisimple quelconque, on peut, comme le faisait Selberg, appliquer cette idée à l'espace riemannien symétrique associé, pourvu du moins que le groupe discret opère sans point fixe; d'après un théorème de Selberg (*loc. cit.*), on peut toujours se ramener à ce cas en remplaçant au besoin le groupe donné par un sous-groupe d'indice fini.

Pour moi, en abordant cette question, je trouvai plus avantageux d'opérer dans le groupe de Lie lui-même, considéré comme muni de la structure de G-variété définie dans [1960c], p. 374. J'y étais d'autant plus enclin que, dans l'avant-projet destiné à Bourbaki dont il a été fait mention dans [1953]*, j'avais étudié ces structures avec quelque détail, sous le nom d'"espaces de Lie"; ce sont en somme les espaces qui sont "localement homogènes principaux". Le passage au quotient par un groupe discret Γ donne alors sans autre hypothèse une G-variété, compacte si Γ est co-compact.

Dans ses recherches, Selberg avait fait usage du pavage d'un espace riemannien symétrique par des domaines fondamentaux polyédraux. Il était plus naturel pour moi d'avoir recours à la méthode des recouvrements ouverts, qui en mainte circonstance, combinée ou non avec un minimum de cohomologie, m'avait rendu de si utiles services (v. [1941]*, [1946a], [1949d], [1952a], [1952c], [1955a]; cf. [1957c]*). Encore une fois elle répondit bien à ce que j'en attendais. Les ouverts dont j'avais besoin étaient à peu près les "group-chunks" de [1955a], et je n'eus qu'à imiter la procédure suivie dans [1952a], §5, pour vérifier en toute généralité l'une des conjectures de Selberg; c'est le théorème énoncé dans [1960c], p. 370.

[1961a] Adèles and algebraic groups

J'ai dit plus haut (v. [1959a]*) l'impression que m'avait faite en 1958 la découverte de Tamagawa; j'y consacrai mon cours à l'Institute en 1959–60; c'est ce cours, excellemment rédigé par Demazure et Ono, et augmenté d'un appendice sur le groupe G_2 par Demazure, qui forme le contenu du volume [1961a]. Les deux premiers chapitres traitent de ce qu'on pourrait appeler la géométrie et l'analyse adéliques; les deux autres traitent des groupes classiques, et principalement du calcul du nombre de Tamagawa.

Siegel, lorsqu'il avait découvert ses théorèmes sur les formes quadratiques, avait donné des démonstrations complètes pour les formes à coefficients rationnels; pour les formes à coefficients dans un corps de nombres algébriques, il avait traité des cas particuliers typiques, puis avait laissé au lecteur le soin de suivre ses indications dans le cas général. La méthode adélique, elle, permet de traiter d'un seul coup tous ces cas et même celui où le corps de base est un corps de fonctions de caractéristique $p > 1$. En ce sens, la première démonstration complète des théorèmes de Siegel qui ait été publiée est celle qui est contenue dans [1961a], avec le complément que devait lui apporter [1962a]; cela suffirait, s'il en était besoin, à justifier l'emploi de la méthode adélique dans ces questions.

Quant à l'intervention de fonctions zêta au Chap. IV de [1961a] (suggérée elle aussi par des travaux de Siegel; v. ses *Ges. Abh.*, n°s 30–31, vol. II, pp. 41–96), elle prend la place des évaluations d'intégrales qui forment chez Siegel la "partie analytique" des démonstrations. C'est ainsi que, dans la détermination du nombre de classes par Dirichlet, les fonctions L avaient pris la place des évaluations de volumes dont s'était servi Gauss dans sa solution (restée inédite de son vivant) du même problème.

[1961b] Organisation et désorganisation en mathématique

Au cours d'un nouveau séjour au Japon, on me demanda de faire à la Maison Franco-Japonaise de Tokyo (celle même dont Delsarte devint le directeur un peu plus tard) une causerie en français pour un public plus littéraire que scientifique. J'en profitai pour m'attaquer au monstre de l'organisation et de la planification scientifiques, qui de nos jours prétend tout régenter. "Le veau se cogne au chêne", comme dit Soljenitsyn ....

[1962a] Sur la théorie des formes quadratiques

J'ai dit plus haut que la détermination du nombre de Tamagawa pour le groupe orthogonal équivaut au théorème principal de Siegel sur les formes quadratiques; mais ce n'est pas tout à fait exact. Siegel avait donné une formule pour le nombre de représentations d'une forme φ à v variables par une forme f à n variables, sur un corps de nombres algébriques, pour tout $v \leq n$; si on désigne par $S(n, v)$ ce résultat, on peut le transformer en un énoncé équivalent relatif à l'adélisation de l'espace $R(f, \varphi)$ des représentations de φ par f sur un "domaine universel"; celui-ci est un espace homogène $O(f)/O(\varphi)$ par rapport au groupe orthogonal $O(f)$ défini par f. Tamagawa avait fait voir que son énoncé, qui donnait la valeur 2 pour le "nombre de Tamagawa" de $O(f)$, équivalait à l'énoncé $S(n, n)$ de Siegel. Une fois ce point acquis, la question se posait de savoir si les énoncés $S(n, v)$, pour $1 \leq v \leq n - 1$, peuvent s'en déduire par des raisonnements formels sur des espaces homogènes. Comme il est montré dans [1962a], la réponse est affirmative.

[1962b] On discrete subgroups of Lie groups (II)

Ici encore il s'agit d'idées qui étaient "dans l'air" et ne demandaient qu'à s'incarner. Selberg avait posé la question de la rigidité des sous-groupes discrets des groupes semisimples; j'avais conclu moi-même, dans [1960c], que la question de la rigidité des sous-groupes discrets et co-compacts d'un groupe de Lie G simplement connexe se ramène à l'étude des petites déformations d'une G-variété compacte G/Γ de groupe fondamental Γ, celui-ci pouvant être considéré comme donné par des générateurs et des relations en nombre fini. C'est là en somme un problème de "modules", susceptible d'être abordé par l'une ou l'autre des méthodes dont j'avais déjà appris à faire usage (cf. [1958b,c]), et par exemple par celle de Kodaira et Spencer.

Comme le savaient bien les géomètres classiques, la première chose à faire dans un problème de déformation est de le linéariser en examinant d'abord les déformations infinitésimales (cf. [1953]*). Si le problème linéarisé se trouve être localement trivial, il convient de l'aborder globalement au moyen d'un recouvrement ouvert; il s'énonce alors en termes de cohomologie; c'est là en somme le principe de la méthode de Kodaira et Spencer. Pour aller plus loin, il devient tout indiqué de chercher à faire usage de la méthode des cocycles harmoniques, qu'on pourrait appeler méthode de Hodge; elle consiste à normaliser chaque cocycle dans sa classe de cohomologie par une condition de minimum. Lorsque celle-ci détermine le cocycle d'une manière unique au moyen d'une équation elliptique, on dira qu'un tel cocycle est harmonique. Il reste ensuite, d'une part à étudier directement l'espace des cocycles harmoniques, et d'autre part à revenir en arrière et examiner quelles conclusions on peut tirer de là pour la détermination des déformations finies de la structure dont on était parti.

Tel est le schéma de démonstration que je suivis dans [1962b]; il était directement inspiré des travaux de Calabi et Vesentini cités dans [1962b], p. 578, note 1. Un premier pas consiste à faire usage de [1960c] pour se ramener au cas d'une déformation dépendant différentiablement d'un seul paramètre; différentiant par rapport à celui-ci on obtient (p. 579) une déformation infinitésimale représentée par un champ de vecteurs Y sur chaque fibre $\pi^{-1}(t)$; à son tour celui-ci est remplacé (pp. 580–581) par un champ harmonique. Enfin, quand le groupe G est semisimple sans composante compacte, la détermination des champs harmoniques peut être effectuée complètement au moyen de la théorie des algèbres de Lie. Conformément aux conjectures de Selberg, on trouve ainsi que le sous-groupe Γ de G, discret et co-compact, est rigide chaque fois que G n'a pas de composante de dimension 3; s'il en a, le "manque de rigidité" de Γ provient exclusivement de ce qui était déjà connu dans le cas des groupes fuchsiens.

[1962c] Algebraic Geometry

Il m'a parfois été proposé de collaborer à des encyclopédies; le plus souvent cette offre s'accompagnait de conditions aux limites peu attrayantes. Exceptionnellement l'*Encyclopedia Americana* me laissa toute liberté pour rédiger un article sur la géométrie algébrique; celui-ci parut dans l'édition de 1962 et a été réimprimé, légèrement écourté je crois, dans les éditions suivantes. Il est reproduit ici dans sa première version.

[1964a] Remarks on the cohomology of groups

Comme il a été indiqué plus haut, la démonstration, dans [1962b], se divisait en deux parties: l'une qui ramenait le problème des petites déformations à celui des déformations infinitésimales, et l'autre où ce dernier, après avoir été formulé en termes cohomologiques, était traité au moyen de la théorie des algèbres de Lie par la méthode des cocycles harmoniques.

Je m'aperçus par la suite que la première partie pouvait être remplacée par un raisonnement très simple et général, reposant sur un lemme élémentaire de calcul différentiel (le lemme 1 de [1964a]). En effet, une fois acquis les résultats de [1960c], il ne s'agit plus que d'étudier les représentations, dans un groupe de Lie connexe G, d'un groupe Γ donné par des générateurs et des relations en nombre fini. Plus précisément, tout se ramène à l'étude locale de ces représentations au voisinage de l'une d'elles. Elles forment un ensemble analytique réel; leurs déformations infinitésimales peuvent être regardées comme des cocycles de Γ dans l'algèbre de Lie de G; les cobords correspondent aux déformations "triviales" déterminées par les automorphismes intérieurs de G.

Or c'était là justement une question que j'avais examinée de près lorsque je travaillais à mon mémoire de 1938 au Journal de Liouville. Il est vrai qu'alors je m'étais borné au cas où le groupe G est, soit $GL(n, \mathbf{C})$, soit $SL(n, \mathbf{C})$, soit le groupe unitaire $U(n, \mathbf{C})$, et où le groupe discret Γ est un groupe fuchsien sans élément parabolique; en ce temps-là, bien entendu, je ne disposais ni du langage ni de l'appareil de la cohomologie.

Dans l'intervalle, Eichler, puis Shimura avaient repris certaines de ces questions, en se plaçant à un point de vue quelque peu différent du mien. Le moment me parut opportun pour exhumer mes vieux papiers et compléter à mon tour quelques-uns des résultats de Shimura; c'est l'objet des n°s 4–7 de [1964a]. Quant à la justification qu'on peut en tirer de certaines des affirmations de [1938a], v. [1938a]*. On notera que, dans [1964a], p. 153, j'aurais dû exclure le cas "trivial" $g = 0$, $n \leq 2$, où tout ce qui suit est en défaut. D'autre part, pour comparer les résultats de [1964a] avec ceux de [1938a], il faut tenir compte du fait que, pour $G = GL(n, \mathbf{C})$, ou $G = U(n, \mathbf{C})$, l'entier noté i' dans [1964a], p. 155, est >0; plus précisément, il est "en général" égal à la dimension du centre de G, ce qui entraîne une correction dans la formule finale, p. 157.

Appendix I: Correspondence, by XXX

A correspondent, who wishes to remain anonymous, writes as follows:

. . . Una notissima congettura di F. Severi (*Rend. Pal.* 28 (1909), p. 45) asserisce che "*ogni varietà dotata di punti multipli si può considerare come limite di una senza singolarità, appartenente allo stesso spazio.*"

Secondo una notizia orora diffusa da Nancago dall'agenzia "United Press," l'ipotesi dell'illustre autore sarebbe stata confutata dall'egregio geometra francese Renato Thom, basandosi sull'esempio dei coni del 3° ordine nello spazio S_6 e mediante assai delicate considerazioni topologiche.

Forse non dispiacerà ai lettori del Suo pregiato periodico trovare qui una trattazione geometrica elementare dell'esempio di Thom. Di fatti, si determineranno tutte le varietà del 3° ordine in uno spazio S_n qualunque. Questo trarrà con sè, come conseguenza immediata, la falsità dell'ipotesi suddetta.

Sia V_r una varietà del 3° ordine nello spazio S_n, di dimensione $r < n-1$, non contenuta in un iperpiano. Sia C il cono, proiettante la V_r da un punto semplice qualunque M di V_r; sia M' un altro punto di V_r, semplice sul cono C. Il cono C è del secondo ordine; quindi la sua proiezione da M' è una varietà lineare di dimensione $r+1$, sicché la V_r è contenuta in una varietà lineare di dimensione $r+2$. È dunque $r = n-2$, e C hà la dimensione $n-1$. Lo stesso vale per il cono C', proiettante V_r da M'. I coni C, C' sono distinti, giacché M' è semplice sul cono C; la loro intersezione è dunque una varietà riducibile del 4° ordine, spezzata nella V_r e una varietà lineare. Siano $A=0$, $B=0$ le equazioni di quest'ultima. Allora si possono scrivere le equazioni dei coni C, C' nella forma:

$$AP = BQ, \qquad AP' = BQ', \tag{1}$$

denotando con P, Q, P', Q' quattro forme lineari nelle coordinate omogenee nello spazio. Sia s il numero di forme indipendenti fra le sei forme A, B, P, Q, P', Q'; questo è almeno 4, giacché, se fosse 2, i coni C, C' non sarebbero irriducibili, e, se fosse 3, la loro intersezione si spezzerebbe in quattro varietà lineari distinte o coincidenti. I valori possibili per s sono quindi 4, 5 e 6.

* Received June 3, 1957.

Reprinted from the *Am. J. of Math.* 79, 1957, pp. 951-952, by permission of the editors,

Sia L la varietà lineare, di dimensione $n-s$, definita dalle equazioni $A=B=0$, $P=Q=P'=Q'=0$. Ogni varietà lineare, proiettante da L un punto dell'intersezione di C e C', è contenuta in questa, come si vede subito sulle equazioni (1). Proiettando V_r da L, si ottiene quindi una varietà W del 3° ordine di dimensione $s-3$ in uno spazio S_{s-1}; e V_r non è altro che il cono proiettante W da L. Nello spazio S_{s-1}, si può prendere per coordinate omogenee s forme indipendenti fra le forme A, B, P, Q, P', Q'; allora le equazioni (1) vi definiscono una varietà del 4° ordine, spezzata nella W e una varietà lineare. Adesso distinguiamo tre casi:

(a) $s=6$: W è la varietà di Segre W_3 immersa in S_5, immagine birazionale senza eccezione del prodotto di un piano e una retta; come è noto, è priva di punti multipli.

(b) $s=5$: W è sezione iperpiana della sopradetta W_3. È facile vedere che tutte le sezioni iperpiane irriducibili della W_3 sono proiettivamente equivalenti fra di loro; denotando con W_2 una di esse, è anch'essa una varietà razionale senza punti multipli.

(c) $s=4$: W è la ben nota cubica razionale W_1 immersa in S_3.

Così è dimostrato che ogni varietà del 3° ordine appartiene a uno dei seguenti tipi:

1° le varietà di dimensione r, contenute in una varietà lineare di dimensione $r+1$;

2° le tre varietà razionali W_3, W_2, W_1 enumerate disopra;

3° i coni proiettanti una di queste tre da una varietà lineare di dimensione qualunque.

Evidentemente, una varietà del secondo o terzo tipo non può essere limite di una varietà del primo tipo, e perciò una varietà del terzo tipo, di dimensione maggiore di 3, non può essere limite di varietà prive di punti multipli.

X. X. X.

Appendix II: Correspondence, by R. Lipschitz

We have received the following letter, purporting to come from an ultramundane correspondent:

SIR,

It is sometimes a matter of wonder, to us in Hades, that what we had believed to be our best work remains buried under thick layers of dust in your libraries, while the very talented young men in the mathematical world of the present day strive manfully against problems which are by no means as novel as they think.

For instance, it is not so long ago that the very remarkable algebraic systems discovered by my friend Professor Clifford shortly before leaving your world have again attracted the attention of your algebraists after many years of oblivion. When, during my lifetime, I first became interested in them, I, too, fancied that they were new; I soon found out my mistake, and hastened to acknowledge Professor Clifford's prior discovery. It is now a matter of great satisfaction to me to hear that his name has been given to them, as a fitting tribute to his memory among the living.

On the other hand, as Professor Clifford has told me himself, it had not occurred to him to apply these algebraic systems to the study of the substitutions which transform a sum of squares into a sum of squares (or, as my young friend and colleague Hermann Weyl would say, of the orthogonal group); he kindly insists that this idea was wholly mine. As you may well believe, we have often discussed this topic since I had the honour of joining the distinguished company of the mathematicians in the Elysian Fields; incidentally, without the many delightful conversations which I have had with him, I should hardly be able now to write to you in English (a feat which I could have accomplished only with great difficulty during my lifetime).

It is not, however, in order to assert my claims to fame in this matter that I am now asking for the hospitality of your journal. In what you are pleased to call the nether world, we are happily free from vainglorious feelings. But it may be useful to a few of your contemporaries to have their attention drawn upon some formulas contained in my memoir *Untersuchungen über die Summen von Quadraten* (a brief account of which may be found in the *Bulletin des Sciences Mathématiques* for 1886), since they would be sought in vain, unless I am much mistaken, in various

247

Reprinted from *Ann. of Math.* 69, 1959, by permission of Princeton University Press.

learned volumes recently published on this very subject.

Unfortunately, it appears that there is now in your world a race of vampires, called referees, who clamp down mercilessly upon mathematicians unless they know the right passwords. I shall do my best to modernize my language and notations, but I am well aware of my shortcomings in that respect; I can assure you, at any rate, that my intentions are honourable and my results invariant, probably canonical, perhaps even functorial. But please allow me to assume that the characteristic is not 2.

Call $e_1, \cdots, e_n$ the generators of Professor Clifford's algebraic system; this means that $e_i^2 = -1$ for all i, and $e_j e_i = -e_i e_j$ for $i < j$. For each set $I = \{i_1, \cdots, i_m\}$ of indices, written in their natural order

$$1 \leqq i_1 < i_2 < \cdots < i_m \leqq n ,$$

put

$$e(I) = e_{i_1} e_{i_2} \cdots e_{i_m} ,$$

with $e(I) = 1$ if $m = 0$; the set I and the unit $e(I)$ will be called *even* if m is even, *odd* if m is odd. Linear combinations of even (resp. odd) units will be called even (resp. odd) quantities.

Now take an alternating matrix $X = (x_{ij})$, and assume at first that the determinant of $E + X$ (where E is the unit matrix) is not 0. My learned and illustrious colleague Professor Cayley was, I believe, the first one to observe that, if X is such a matrix, the formula

$$U = (E - X)\cdot(E + X)^{-1} \tag{1}$$

defines an orthogonal matrix U, and that conversely X can be expressed in terms of U by the formula

$$X = (E - U)\cdot(E + U)^{-1} . \tag{2}$$

For each even set $J = \{j_1, \cdots, j_{2p}\}$ of indices (written, as always, in their natural order), put

$$x(J) = \frac{1}{2^p p!} \sum_H \varepsilon(J, H) x_{h_1 h_2} x_{h_3 h_4} \cdots x_{h_{2p-1} h_{2p}}$$

where the summation is extended to all permutations H of J, and $\varepsilon(J, H)$ is $+1$ or -1 according as the permutation is even or odd; put $x(J) = 1$ for $p = 0$. Consider the even quantity

$$\Omega = \sum_J x(J) e(J) \tag{3}$$

where the summation is extended to all even sets of indices J. On the other hand, take two vectors $\xi = (\xi_1, \cdots, \xi_n)$, $\eta = (\eta_1, \cdots, \eta_n)$ such that $\eta = U\xi$; by the definition of U, this can be written as

(4) $$\xi_i - \sum_j x_{ij}\xi_j = \eta_i + \sum_j x_{ij}\eta_j$$

or again as

$$\xi_i e_i + \sum_j x_{ij}e_i e_j \cdot \xi_j e_j = \eta_i e_i + \sum_j \eta_j e_j \cdot x_{ij} e_i e_j \, .$$

Multiply this to the left with

$$\frac{1}{2^p p!} x_{h_1h_2}x_{h_3h_4} \cdots x_{h_{2p-1}h_{2p}} e_{h_1}e_{h_2} \cdots e_{h_{2p}}$$

and take the sum over all sequences $(h_1, \cdots, h_{2p}, i)$ of distinct indices in odd number. It is easily verified that the result can be written as

(5) $$\Omega \sum_i \xi_i e_i = \sum_i \eta_i e_i \Omega \, ;$$

conversely, if (5) holds, a comparison of the coefficients of the units e_i on both sides will show that (4) is satisfied, so that $\eta = U\xi$.

Thus, to every orthogonal matrix U which can be expressed as in (1), we have associated an even quantity Ω such that (5) is equivalent to $\eta = U\xi$; as (2) shows, this will be so whenever $\det(E + U)$ is not 0. Now, for every set I of distinct indices $i_1, \cdots, i_p$, denote by $D(I)$ the diagonal matrix whose diagonal coefficients δ_i are such that δ_i is -1 or $+1$ according as i is in I or not. If A is an arbitrary matrix, one can easily verify the identity

$$\sum_J \det(E + D(J)A) = 2^{n-1}(1 + \det(A)) \, ,$$

where the sum is taken over all *even* sets J ; in particular, if $\det(A)$ is not -1, at least one term on the left-hand side must be other than 0. Therefore, if U is an orthogonal matrix of determinant $+1$, there is at least one of the orthogonal matrices $U' = D(J)U$ which can be expressed by (1), so that we can associate with it an even quantity Ω' such that the relation

$$\Omega' \sum_i \xi_i' e_i = \sum_i \eta_i' e_i \Omega'$$

is equivalent to

$$\eta_i' = \delta_i \sum_j u_{ij}\xi_j'$$

with δ_i equal to -1 or $+1$ according as i is in J or not. But then (5) will be equivalent to $\eta = U\xi$ provided we put $\Omega = e(J)\Omega'$. If U had been an orthogonal matrix of determinant -1, one could have reached a similar conclusion, provided n is even, by considering odd instead of even sets.

Not only have we thus proved that, to every orthogonal substitution U of determinant $+1$, there is an even quantity Ω such that (5) is equivalent to $\eta = U\xi$, but we have also given an explicit method for the construction of Ω (which, as may readily be seen, is uniquely determined by this condition up to a scalar factor). Therein, I believe, lies the advantage of the method followed in my memoir.

To every quantity Ω, let us associate another one Ω^* by putting

$$(e_{i_1}e_{i_2}\cdots e_{i_p})^* = e_{i_p}\cdots e_{i_2}e_{i_1},$$

and extending this to all quantities by linearity. If, in formula (1), we substitute $-X$ for X, this changes U into U^{-1} and Ω into Ω^*. From this, one concludes at once that, if Ω is the quantity associated with any orthogonal substitution, $\Omega\Omega^*$ must be a scalar; in my memoir, this scalar was called the norm of Ω and denoted by $N(\Omega)$; now, as I am told, it is known as the spinor norm. In particular, if Ω is given by (3), its norm is given by

$$N(\Omega) = \Omega\Omega^* = \sum_J x(J)^2 .$$

Since $x(J)$ is the pfaffian of the matrix consisting of the x_{ij} for $i \in J$, $j \in J$, its square $x(J)^2$ is the determinant of that matrix. From this it follows at once that $N(\Omega)$ is nothing else than the determinant of $E+X$; expressing X in terms of U by (2), we get

$$N(\Omega) = 2^n\cdot\det(E+U)^{-1} .$$

Similarly, if J is an even set such that the determinant of $E+D(J)U$ is not 0, put $U' = D(J)U$, and call X' and Ω' the matrix and the quantity derived from U' as X and Ω were derived from U. Then we have

$$N(\Omega') = 2^n\cdot \det(E + D(J)U)^{-1} .$$

On the other hand, we see as above that Ω and $e(J)\Omega'$ can differ only by a scalar factor; comparing the coefficients of $e(J)$ in these two quantities, we get

$$\Omega = x(J)e(J)\Omega' ,$$

so that we have

$$\det(E + D(J)U) = 2^n N(\Omega)^{-1} x(J)^2 .$$

As I mentioned in my memoir, these formulas can be combined into a single one as follows. Let $t = (t_1, \cdots, t_n)$ be a vector; write diag(t) for the diagonal matrix with the diagonal coefficients $t_1, \cdots, t_n$; and put, for each even set of indices J:

$$\Delta(J) = \det(E + D(J)\,\mathrm{diag}(t)) .$$

Then we have

$$N(\Omega)\det(E + \mathrm{diag}(t)U) = \sum_J \Delta(J)x(J)^2;$$

moreover, as this formula is homogeneous in the coefficients of the even quantity Ω, it remains valid if Ω is multiplied by a scalar factor. Therefore it holds whenever U is an orthogonal matrix of determinant $+1$, provided Ω is an even quantity, given by (3), such that (5) is equivalent to $\eta=U\xi$. I can still vividly recall my pleasure when I first came across this result in bygone days. But I fear that I am becoming garrulous, and that your patience with me may be exhausted by now.

I have the honour to be, etc.

R. LIPSCHITZ